DELIUS KLASING

Wartung und Reparatur

Jeremy Churchill und Penny Cox

BMW

K 75 und 100

Modelle:

K 75	740 cm³	Europa 1/1987–9/1996, USA 2/1988–1995
K 75 C	740 cm³	Europa 9/1985–12/1988, USA 2/1986–1988
K 75 S	740 cm³	Europa 1/1986–9/1996, USA 9/1986–1995
K 75 T	740 cm³	USA 2/1986–1987
K 75 RT	740 cm³	Europa 4/1991–12/1996, USA 1990–1995
K 100	987 cm³	Europa 10/1983–8/1990, USA 8/1984–1986
K 100 RS	987 cm³	Europa 11/1983–8/1990, USA 8/1984–1989
K 100 RT	987 cm³	Europa und USA 8/1984–12/1988
K 100 LT	987 cm³	Europa 1/1987–4/1991, USA 9/1986–1992

Delius Klasing Verlag

Originaltitel:
»Haynes Service and Repair Manual« BMW K 100 & 75

Bibliografische Information der Deutschen Nationalbibliothek
Die Deutsche Nationalbibliothek verzeichnet diese Publikation in der Deutschen Nationalbibliografie; detaillierte bibliografische Daten sind im Internet über »http://dnb.dnb.de« abrufbar.

2. Auflage
ISBN 978-3-667-10989-7
Die Rechte für die deutsche Ausgabe liegen beim
Verlag Delius Klasing & Co. KG, Bielefeld

Übertragen und bearbeitet von Udo Stünkel
Einbandgestaltung: Ekkehard Schonart
Gesamtherstellung: Books on Demand, Norderstedt
Printed in Germany

Delius Klasing Verlag, Siekerwall 21, D-33602 Bielefeld
Tel.: 0521/559-0, Fax: 0521/559-115
E-Mail: info@delius-klasing.de
www.delius-klasing.de

Inhalt

BMW – Immer etwas anders

Vom Flugmotor zum Motorrad

Seit sich die Bayerischen Motorenwerke mit Zweirädern beschäftigen, kann man die Firmenphilosophie damit umschreiben, daß BMW immer etwas anderes als die Konkurrenz bauen wollte. Man beachtete die Mitbewerber im wesentlichen nur, um herauszufinden, was diese nicht bauten, und stieß dann mit innovativer Technik in diese Nische.

Die erste echte BMW, die R 32 von 1923, war die erste eigenständige Nachkriegskonstruktion im Motorradbau weltweit. Ohne Rücksicht auf Traditionen und etablierte Praktiken begründete diese Maschine eine deutsche Motorenbau-Schule und stand Pate für fast alle in den folgenden 75 Jahren vorgestellten BMW-Motorräder. Ihr 180°-Zweizylindermotor hieß aufgrund der sich gleichzeitig aufeinanderzu bewegenden Kolben »Boxer« – BMW hatte jedoch weder das Arbeitsprinzip noch den Motor erfunden. Die 1917 gegründete Firma BMW hatte im Ersten Weltkrieg die leistungsstärksten deutschen Flugmotoren gebaut, doch der Versailler Vertrag verbot den Deutschen den Weiterbau von Flugzeugen. Chefkonstrukteur Max Friz besorgte sich ein englisches Douglas-Motorrad und baute den Boxer-Motor nach, den er dann an Victoria in Nürnberg verkaufte. Schließlich wurde dieser Motor auch in ein eigenes Fahrzeug namens Helios eingebaut, doch ein großer Erfolg sollte diese Maschine nicht werden – auch weil der hintere Zylinder unter Kühlungsproblemen litt. Der weiß/blaue Propeller war an dieser Maschine ebenfalls noch nicht zu sehen, weshalb die Erfolgsstory offiziell erst anfing, als Friz den Motor drehte, so daß beide Zylinder seitlich im Wind lagen und die Kraft, wie beim Auto, über die längs liegende Kurbelwelle, eine Einscheiben-Trokkenkupplung und ein Dreigang-Getriebe, direkt auf die Kardanwelle übertragen wurde. Diese »R 32« genannte 500 cm^3-Maschine wurde der Durchbruch, das in sich geschlossenes System und die Perfektion der gesamten Konstruktion des Seitenventilers beeindruckte das Publikum auf dem Pariser Salon 1923. Zuverlässig, gut verarbeitet und sehr bequem, nur etwas schwer und behäbig war die Maschine – all das sollte fortan bei BMW zur Tradition werden.

Die K 75 C bot mit einer einfachen Verkleidung guten Windschutz.

Der sportlichste Dreizylinder K 75 S erhielt ein straffes Fahrwerk, dessen Komponenten auch für andere Modelle geordert werden konnten.

Schnell wurde das neue Konzept erweitert und verfeinert. Die 1925 vorgestellte R 37 produzierte bei gleichem Hubraum, doch mit im Zylinderkopf hängenden Ventilen, sportliche 16 PS. Gleichzeitig wurde mit der R 39 die erste Viertelliter-Einzylindermaschine vorgestellt. 1928 erwarb BMW in Eisenach die Dixi-Werke und baute mit dem Austin 7 das erste Auto in Lizenz. Die R 63 mit 735 cm^3 wurde ab jetzt die Basis für schwere sportliche Maschinen und Rekordfahrzeuge.

Die dreißiger Jahre waren die Ära der Geschwindigkeitsrekorde zu Land, zu Wasser und in der Luft, und der Name Ernst Henne wurde nicht weniger als zehnmal in den Rekordbüchern

Die unverkleidete K 75, hier in der Version mit niedriger Sitzbank.

verzeichnet – achtmal mit Zweirädern und zwei mal als Gespannfahrer. Die ersten Rekorde errang er mit einer Kompressor-R 63, aber 1936 fuhr er mit einer 500er R 5, die als Besonderheiten die erste Telegabel im Großserienbau sowie zwei kettengetriebene Nokkenwellen, und dadurch kürzere Stößelstangen hatte – und damit drehzahlfester war. Geschlossen wurden die Ventile jetzt mit Haarnadel- statt Schraubenfedern. Auf Basis dieses Motors wurde auch eine reine Rennmaschine vorgestellt, deren jeweils beiden obenliegenden Nockenwellen über Königswellen angetrieben wurden. Mit einem Kompressor versehen, wurde diese Maschine der Schrecken aller Rennstrecken, und »Schorsch« Meier gewann 1939 als erster Ausländer auf einer ausländischen Maschine die Senior Tourist Trophy auf der Isle of Man. Nach dem Zweiten Weltkrieg wurde diese Maschine ohne Kompressor weiterentwickelt.

Während des Krieges wurde die Produktion bei BMW auf Militärfahrzeuge umgestellt, zunächst baute man die veraltete seitengesteuerte R 12, dann die moderne überschwere R 75, hauptsächlich als Gespann für die Wehrmacht, außerdem wieder Flugzeugmotoren. Der verlorene Krieg traf den Rüstungskonzern BMW besonders hart: Das Werk in Eisenach war an die Russen verloren, und die Amerikaner demontierten die Hallen in München. Erst 1948 konnte wieder langsam die Produktion der Einzylinder R 24 gestartet werden. Zwei Jahre später verläßt der erste Nachkriegs-Boxer das Fließband, die R 51/2 als kaum veränderte R 51-Nachfolgerin. Ab 1955 führt BMW das Vollschwingen-Fahrwerk ein, also eine moderne Hinterradschwinge statt der Geradewegfederung, und eine geschobene Earles-Schwinge für das Vorderrad, zum einen wegen der Entwicklungs-Sackgasse im Telegabelbau, zum anderen für besseres Fahrverhalten im Beiwagenbetrieb. Die Maschinen hießen jetzt R 50, R 60 und R 69. Außerhalb Deutschlands verkauften sich diese teuren Maschinen nur in den USA gut. Ende der fünfziger Jahre ging der Verkauf von Motorrädern weltweit stark zurück, und die vernachlässigte Auto-Sparte hatte die Firma inzwischen soweit in die Krise getrieben, daß BMW fast an Mercedes verkauft werden mußte, doch dann retteten die Erfolge neuer Autos die Firma. Als eine der wenigen Neuerungen wurde 1960 die Sportversion R 69 S, mit 42 PS eines der schnellsten Serienmotorräder der Welt, eingeführt. Gegen Ende des Jahrzehnts konnten die US-Ausführungen dieses Modells mit einer neuartigen Telegabel geordert werden – und für die Wiedergeburt des Motorrades zu Beginn der Siebziger hatte man sich etwas ganz Neues vorgenommen . . .

Ohne Zusatzbuchstaben gab es die K 100 auch nur mit Grundausstattung.

Das neue Werk in Spandau und der neue Boxer

Da die Autoproduktion in München immer mehr Platz brauchte, der Staat die Industrie-Ansiedlung auf der »Insel« West-Berlin förderte, und sowieso eine völlig neue Baureihe geplant war, zog Ende der sechziger Jahre die Motorradsparte der BMW AG in ein ehemaliges Siemens-Werk nach Berlin-Spandau um. Hier wurde ab 1969 die »/5«-Reihe mit 500er, 600er und 750er Maschinen gebaut. Die Weiterentwicklungen hießen entsprechend »/6« und »/7«.

Konnte der engagierte Tourenfahrer zwar schon vorher seine Maschine mit verschiedenen Verkleidungen ausrüsten, wurde im Jahre 1976 mit der RS-Reihe das weltweit erste Motorrad mit serienmäßiger Vollverkleidung vorgestellt. Die sportliche Maschine war nicht nur schnittig, auch der Windschutz war sehr effektiv. Mit einer höheren Scheibe und Verbreiterungen kam kurz danach die ebenso erfolgreiche RT als Tourer. Beide Maschinen waren sehr bequem und konnten mit Koffer-

Die K 100 RS erwies sich als solider Sport-Tourer.

RS bedeutet »Reise Sport«, deswegen gab es sie auch als Special Edition mit Koffern.

systemen ausgerüstet werden, so daß einer großen Reise nichts mehr im Wege stand.
Als nächstes überraschten die bayerischen Berliner 1980 die Welt mit der R 80 G/S, einer (damals) riesigen Enduro mit über 180 kg Leergewicht. Schon immer hatte das Werk mit Sport-Enduros bei den internationalen Sechstagerennen erfolgreich mitgewirkt, und 1981 gewann Hubert Auriol mit einer BMW die Rallye Paris-Dakar, eine bessere Werbung konnte es nicht geben.

Die K-Serie

Gegen Ende der siebziger Jahre sah der gute alte Boxer trotz inzwischen 1000 cm^3 gegen die Konkurrenz aus Japan ziemlich alt aus, und die Entwicklungsabteilung mußte sich etwas Neues überlegen. Weil man bekanntlich immer etwas anderes bauen wollte, und es die Honda Goldwing schon gab, fiel ein Vierzylinder-Boxer ins Wasser. Im Jahre 1983 wurde die neue BMW schließlich der Öffentlichkeit vorgestellt. Man hatte etwas ganz Neues konstruiert (wenn man einen Prototypen der englischen Firma Ariel aus den fünfziger Jahren einmal wegläßt), und einiges Traditionelle bewahrt. Konkret wurde ein wassergekühlter Vierzylinder-Reihenmotor längs und auf die Seite gekippt mittragend unter einen Brückenrahmen gehängt und so weiterhin liegende Zylinder und eine direkte Linie für dem Kardan-Antrieb erhalten. Wie schon bei der G/S kam eine Einarmschwinge zum Einsatz, die die Radmontage erleichterte. Die wegen ihres prägnanten Motors »Fliegender Ziegelstein« genannte K-Reihe kam als RS, RT und ohne Verkleidung daher.

Die K 100 RT war für lange Reise-Touren mit einer großen Verkleidung ausgerüstet.

Es war klar, daß BMW die K-Reihe, von der nach kurzer Zeit auch eine 750er Dreizylinder angeboten wurde, prädestinierte und damit über geraume Zeit den Boxer ablösen wollte. Doch die Kundschaft sah das anders. Genauso wie Porsche, die ihrer Kundschaft wassergekühlte Frontmotoren schmackhaft machen wollten, mußten auch die Bayern einsehen, daß ihr Klientel luftgekühlte Boxermotoren mehr als alles andere liebte. Immer wieder totgesagt, wurde der alte Zweiventil-Boxer bis 1996 angeboten. Zwischendurch hatte man die K mit Vierventiltechnik und ABS ausgerüstet, doch als neuester Stand der Motorradtechnik wurde 1993 nichts anderes als ein luftgekühlter Zweizylinder-Boxer vorgestellt. Mit den hochliegenden Nockenwellen, Vierventiltechnik, Einspritzung und einer neuartigen Vorderradführung ist die Boxer-BMW auch nach einem dreiviertel Jahrhundert gut für die Zukunft gerüstet.

Die K 100- und K 75-Modelle

Die ersten Modelle der neuen Reihe waren die K 100 und K 100 RS. Die Presse war bei der Vorstellung etwas irritiert, hatte BMW es doch geschafft, ein völlig neues Fahrzeug mit einem einmaligen Motor-Konzept zu bauen, dem man jedoch auch ohne weiß-blauen Propeller auf den ersten Blick angesehen hätte, aus welchem Stall es stammt. Nach kurzer Zeit gab es die verschiedensten Spitznamen für die K-Reihe: Unterflour-BMW, Toaster, flying brick (fliegender Ziegelstein).
Die RS-Version, eigentlich als Reise-Sportler angeboten, wurde Mitte der achtziger Jahre sogar auf dem TT-Kurs der Isle of Man eingesetzt. Ihre prägnante Sport-Verkleidung bot einen guten Windschutz. Zu ihrer Zeit gab es kaum ein anderes Motorrad, mit dem sich so schnell und trotzdem bequem lange Strecken zurücklegen ließen. Schließlich bot BMW die RS auch als Special Edition mit Krauser-Koffern an.
Nicht ganz so eilige Kunden mußten sich noch ein Jahr gedulden, dann gab es nach bewähr-

ter BMW-Manier auch eine RT. Hatte die Boxer-RT jedoch nur eine etwas höhere Windschutzscheibe, so besaß die K 100 RT fast die Front eines Reisebusses. Gerade sitzend konnte man sich auch oberhalb der Autobahnrichtgeschwindigkeit entspannen und die vorüberfliegende Landschaft genießen. Als wahrer Luxus-Tourer kam 1987 die K 100 LT – serienmäßige Koffer und Radio ließen kaum noch Wünsche der Fernreisenden offen, ein Nivomat-Federbein stellte sich selbstständig auf unterschiedliche Zuladung ein.

Einen Nachteil hatten die K 100-Modelle: der fest im Rahmen verschraubte Vierzylindermotor belästigte die Besatzung konstruktionsbedingt mit starken Vibrationen zweiter Ordnung, so daß manchem Fahrer regelmäßig die Finger einschliefen und der linke Fuß von der Raste gerüttelt wurde. Abhilfe konnte hier zunächst die K 75 schaffen, ihr Dreizylinder mit Ausgleichswelle lief wesentlich ruhiger.

Äußerlich unterschied sich die K 75 durch den dreieckigen Auspuff von der Quadrat-Auspuff-K 100. Vom Motor hatte man den hinteren Zylinder gekappt, und die Kurbelwelle so gekröpft, daß die Kolben sich jeweils um 120° versetzt bewegen. Die erste K 75 mit der Bezeichnung C war 1985 mit der lenkerfesten Verkleidung und Hinterradtrommelbremse eine echte Spar-K. Ihr zur Seite gestellt wurde ein Jahr später die S-Special, eine für BMW-Verhältnisse rassige Sportmaschine mit drei Scheibenbremsen, einer neuen Sportverkleidung und straffem Fahrwerk. 1987 erschien die nackte K 75, die es optional mit einer wesentlich niedrigeren Sitzbank gab, im gleichen Jahr kam die dem US-Markt vorbehaltene T heraus. Erst 1989 wurde die K 75 RT vorgestellt.

Ab 1989 wurde die K 100-Reihe auf Vierventilmotoren umgestellt und als aufgebohrte K 1100 angeboten, im gleichen Jahr wurde die K 75 C eingestellt. BMW hatte inzwischen erkannt, daß der gute alte Boxer nicht abzulösen ist, und die neue Generation entwickelt. Die Dreizylinder wurden nicht weiterentwichelt und nach und nach eingestellt. Für die Vierzylinder sah man eine Zukunfts-Chance und stellte 1996 die K 1200 RS mit im Alu-Brückenrahmen schwingungsentkoppelt aufgehängten Vierventiler vor, die Vorderradführung des mit 300 kg nicht gerade leichten, aber 130 PS starken Sport-Tourers besorgte die in der Boxer-Serie erfolgreich eingeführte Telelever-Gabel. 1999 setzt BMW im Segment Super-Tourer neue Maßstäbe: Die 400 kg schwere K 1200 LT verfügt über Sitzheizung, Rückwärtsgang und 130 Liter Stauraum, ein Kühlschrank wird gegen Aufpreis geliefert.

Als Langstrecken-Tourer brachte die K 100 LT genügend Stauraum mit.

Danksagung

Wir danken der Firma CW Motorcycles aus Dorchester, England, die uns die in diesem Buch behandelten Motorräder zur Verfügung gestellt hat. Außerdem möchten wir uns bei der Cooper-Avon Reifen Company für die Unterstützung und technische Beratung zum Thema Reifen sowie der NGK Spark Plugs (UK) Ltd. bedanken, die uns beim Thema Zündkerzen weitergeholfen hat. Einige Fotos stammen von BMW England, das Titelfoto stammt von Paul Moverley und die Rückseite von Kel Edge. Die Einleitung »BMW – Immer etwas anders« wurde von Julian Ryder geschrieben.

Zu diesem Buch

Der Sinn dieses Buches ist es, Ihnen zu helfen, mit Ihrem Motorrad viel Freude zu haben. Diese Hilfe kann auf verschiedenen Wegen geschehen: Sie können entscheiden, welche Arbeiten erledigt werden müssen und was Sie davon selbst ausführen können; Ihnen werden Informationen zur Instandhaltung und Pflege Ihrer Maschine gegeben; es werden Ihnen Diagnosen und Reparatur-Rehenfolgen angeboten, um Störungen zu beseitigen.

Wir wünschen uns, daß Sie mit diesem Handbuch viele Arbeiten selber erledigen können. Bei vielen simplen Arbeiten kann es einfacher sein, sie selber auszuführen, als einen Werkstattermin auszumachen und das Motorrad zum Händler zu bringen und wieder abzuholen. Noch wichtiger ist, daß man schon viel Geld sparen kann, wenn man auch nur einige Vorarbeiten erledigt, noch mehr, wenn man alle Reparaturen selber erledigt. Ebenfalls ein wichtiger Punkt ist das gute Gefühl, das entsteht, wenn Sie eine Arbeit erfolgreich zu Ende gebracht haben.

Obwohl wir sehr bemüht gewesen sind, die Richtigkeit der Informationen in diesem Buch zu gewährleisten, kommt es immer wieder vor, daß Motorradhersteller während der Produktion technische Veränderungen vornehmen, von denen wir nichts wissen. Autor und Verlag können deshalb keine Verantwortung für Fehlinformationen übernehmen, die dem Kunden Schaden oder Verletzungen zugefügt haben.

Fahrzeug-Identifikation

Rahmen- und Motornummern

Die Rahmennummer ist auf der rechten Seite in das zwischen Getriebe und Sitzbank befindliche Rahmenrohr eingeschlagen und findet sich wieder auf dem darüberliegenden Typenschild. Die Motornummer ist vor der Kupplungsglocke rechts in das Motorgehäuse eingeschlagen. Die Rahmennummer steht im Fahrzeugschein und -brief. Um der Polizei das Wiederfinden einer gestohlenen Maschine zu erleichtern, sollte man sich auch die Motornummer notieren. Außerdem ist oben auf dem Sicherungskasten ein Farbcode angegeben, mit dem lackierte Teile und Lacke zugeordnet werden können.

Position der Rahmennummer

Position der Motornummer

Ersatzteilkauf

Wenn Ersatzteile beschafft werden sollen, ist es wichtig, genau herauszufinden, um welches Modell es sich handelt. Manchmal reicht es, den Typ (z.B. K 100 RS) zu benennen, oft ist es notwendig, das Produktions-(oder besser: Modell-)jahr anzugeben. Ein Modelljahr beginnt nach den Sommerferien des Vorjahres, d.h. eine 1986er K 100 RS kann von September 1985 bis August 1986 gebaut worden sein. Beachten Sie, daß das Modelljahr nicht mit der ersten Zulassung in Ihren Papieren übereinstimmen muß.

Um Ihre Maschine zu identifizieren, müssen die kompletten Motor- und Fahrgestellnummern notiert und dem BMW-Händler vorgelegt werden, damit dieser anhand seiner Informationen entscheiden kann, welche Ersatzteile in Frage kommen, da auch während der laufenden Produktion Bauteile geändert worden sein können.

Um absolut sicher zu gehen, daß das Ersatzteil auch paßt, ist es am besten, das alte Teil mit zum Händler zu nehmen. Falls bereits früher Ersatzteile verbaut worden sind, kann es sein, daß modifizierte Teile alte ersetzt haben und dafür am Fahrzeug auch andere Komponenten geändert worden sind. Begutachten Sie hierfür alle in Frage kommenden Bauteile.

Ordern Sie Ersatzteile bei einem BMW-Vertragshändler oder einer autorisierten Werkstatt. Hier wird sichergestellt, daß die richtigen Teile verkauft oder bestellt werden. Verschleißteile wie Öl- und Luftfilter, Bremsbeläge, Zündkerzen, Lampen und elektrische Teile, Schmiermittel oder Reifen können auch kostengünstig im Zubehörhandel beschafft werden, achten Sie jedoch darauf, daß diese Teile zugelassen sind und der Originalqualität entsprechen. Denken Sie daran: Sollte zum Beispiel durch einen Nachrüst-Ölfilter die Motorschmierung aussetzen, könnte ein Hersteller sich weigern, Garantieleistungen zu übernehmen.

Sicherheit geht vor!

Asbest

• Bestimmte Abriebe, Isolierungen, Versiegelungen und andere Gegenstände, wie Bremsklötze, Kupplungsbeläge und Dichtungen, enthalten Asbest. Äußerste Vorsicht sollte aufgebracht werden, um den Staub solcher Produkte nicht einzuatmen, da dies äußerst gesundheitsschädlich sein kann. Im Zweifelsfall sollten Sie lieber annehmen, daß Asbest enthalten ist.

Feuer

• Seien Sie sich stets bewußt, daß Benzin leichtentzündlich ist. Niemals sollten Sie bei der Arbeit an einem Fahrzeug rauchen oder eine offene Flamme benutzen. Aber damit ist das Feuerrisiko noch nicht gebannt: Ein Funke durch einen Kurzschluß, das Aufeinanderschlagen zweier Metallgegenstände, den unbedachten Umgang mit Werkzeug, oder sogar eine statische Aufladung Ihres Körpers oder Ihrer Kleidung kann Benzindämpfe zünden, die in geschlossenen Räumen hochexplosiv sein können. Verwenden Sie Benzin niemals als Reinigungsmittel. Verwenden Sie als sicher geprüfte Lösungsmittel.

• Klemmen Sie stets die Batterie ab, bevor Sie an benzinführenden oder elektrischen Teilen arbeiten. Lassen Sie niemals Benzin auf den heißen Motor oder Auspuff gelangen.

• Es ist sehr empfehlenswert, einen Feuerlöscher, der speziell für das Löschen von Benzin- oder Elektrobränden geeignet ist, in der Garage oder Werkstatt griffbereit zu haben. Löschen Sie niemals ein Benzin- oder Elektrofeuer mit Wasser!

Dämpfe

• Manche Dämpfe sind hochgiftig und können schnell Bewußtlosigkeit oder sogar Tod verursachen, wenn sie in einer bestimmten Konzentration eingeatmet werden. Benzindämpfe gehören dazu, genauso Dämpfe von manchen Lösungsmitteln und Trichloräthylen. Jeder Umgang mit diesen leicht flüchtigen Stoffen sollte nur in gut belüfteten Räumen geschehen.

• Bei der Anwendung von Reinigungs- oder Lösungsmitteln sollten Sie stets die Anwendungshinweise lesen und beachten. Verwenden Sie niemals Stoffe aus unmarkierten Behältern, sie könnten giftige Dämpfe freisetzen.

• Lassen Sie niemals einen Verbrennungsmotor in geschlossenen Räumen laufen. Auspuffgase enthalten Kohlenmonoxid, das hochgiftig ist. Wenn Sie den Motor laufen lassen müssen, sollten Sie dies außerhalb des Gebäudes tun oder zumindest das Heck des Fahrzeuges so stellen, daß es sich außerhalb der Werkstatt befindet.

Batterie

• Vermeiden Sie es, offenes Feuer in die Nähe der Batterie zu bringen oder dort Funken zu erzeugen. Die Batterie gibt Wasserstoff ab, der hochexplosiv ist.

• Klemmen Sie stets die Batterie ab, wenn Sie an benzinführenden oder elektrischen Teilen (außer, wenn es ausdrücklich vorgesehen ist) arbeiten.

• Wenn es möglich ist, öffnen Sie die Einfüllvorrichtungen der Batterie, wenn Sie sie laden. Überladen Sie die Batterie nicht, sonst könnte sie platzen.

• Füllen, reinigen und tragen Sie die Batterie vorsichtig. Die Batteriesäure ist auch in verdünntem Zustand stark ätzend. Augen- und Hautkontakt sollte durch das Tragen von Gummihandschuhen und Brille oder Gesichtsschutz vermieden werden. Sollten Sie die Batteriefüllung selber vornehmen wollen, geben Sie die Säure vorsichtig in das Wasser, niemals das Wasser in die Säure.

Strom

• Versichern Sie sich beim Einsatz von Elektrowerkzeugen, Werkstattleuchten usw. immer, daß der Gerätestecker fest in der Steckdose sitzt und der Anschluß, wo es notwendig ist, gut geerdet ist. Solche Gerätestecker nicht in feuchter Umgebung benutzen und das Erzeugen von Funken im Bereich von Benzin und Benzindämpfen vermeiden. Beachten Sie stets, daß die Stecker und Dosen den Sicherheitsstandards entsprechen.

• Einen starken elektrischen Schlag kann man sich beim Berühren bestimmter Bereiche des elektrischen Systems zuziehen, wie das Zündkabel (Hochspannungskabel), wenn der Motor läuft oder gestartet wird, speziell wenn die Bauteile feucht sind oder die Isolierung defekt ist. Bei elektronischen Zündsystemen ist die Sekundärspannung erheblich höher und könnte sich als fatal erweisen.

Niemals ...

✗ die Maschine starten, ohne zu überprüfen, ob der Leerlauf eingelegt ist.

✗ die Druckkappe plötzlich von einem heißen Kühlsystem entfernen – die Kappe mit einem Tuch abdecken und zunächst nach und nach den Druck entweichen lassen, sonst könnten Sie sich durch austretendes Kühlmittel verbrühen.

✗ versuchen, Öl abzulassen, ohne sicher zu sein, daß es genügend abgekühlt ist, um Verbrühungen zu vermeiden.

✗ irgendeinen Teil des Motors oder des Auspuffsystems anfassen, ohne sicher zu sein, daß es kalt genug ist, um sich nicht zu verbrennen.

✗ Bremsflüssigkeit oder Frostschutzmittel auf die Lackierung oder Kunststoffteile gelangen lassen.

✗ giftige Flüssigkeiten wie Benzin, Hydrauliköl oder Frostschutzmittel mit dem Mund ansaugen oder auf die Haut gelangen lassen.

✗ Staub einatmen, da er gesundheitsschädlich sein könnte (s. o. »Asbest«).

✗ verschüttetes Öl oder Fett zurücklassen. Entfernen Sie es sofort, damit niemand ausrutscht.

✗ ausgeleierte Schlüssel oder andere Werkzeuge benutzen, da sie abrutschen und Verletzungen verursachen können.

✗ ein Gewicht anheben, das zu schwer für Sie sein könnte – Hilfe hinzuziehen.

✗ hetzen, um eine Arbeit durchzuführen oder die Arbeit auf unsicherem Weg abkürzen.

✗ Kindern oder Tieren die Möglichkeit geben, sich unbeobachtet in oder an Fahrzeugen aufzuhalten.

✗ einen Reifen über den empfohlen Druck aufpumpen. Durch die Belastung der Karkasse kann der Reifen in Extremfällen platzen.

Stets ...

✓ sicherstellen, daß die Maschine immer einen festen Stand hat. Dies ist besonders wichtig, wenn das Motorrad hochgebockt ist, um Rad oder Gabel auszubauen.

✓ vorsichtig an das Lösen einer festsitzenden Mutter oder Schraube gehen. Es ist grundsätzlich besser, an einem Schraubenschlüssel zu ziehen, als ihn zu drücken, damit Sie beim Abrutschen von der Maschine weg, anstatt auf sie fallen.

✓ bei Arbeiten wie Bohren, Schleifen, Drehen usw. Augenschutz tragen.

✓ speziell bei Schmutzarbeiten die Hände durch eine Creme vor Infektionen schützen. Das erleichtert auch das Entfernen der Schmutzschicht. Der Langzeitkontakt mit gebrauchtem Motoröl kann ein Gesundheitsrisiko sein. – Achten Sie aber darauf, daß Ihre Hände nicht durch die Creme rutschig werden.

✓ lose Kleidung (Ärmel, Halstücher usw.) und lange Haare außerhalb des Bereichs von beweglichen Teilen halten.

✓ Ringe, Uhren usw. vor der Arbeit ablegen, speziell bei Arbeiten an der Elektrik

✓ den Arbeitsbereich sauber und ordentlich halten, weil man nur zu leicht über herumliegende Gegenstände fallen kann.

✓ beim Zusammendrücken von Federn zum Ein- oder Ausbau Vorsicht walten lassen. Stellen Sie sicher, daß durch den Gebrauch von zweckmäßigem Werkzeug kontrolliert ge- und entspannt werden kann und die Möglichkeit ausgeschlossen wird, daß die Feder plötzlich wegspringt.

✓ sicherstellen, daß Flaschenzüge oder Hebevorrichtungen genügend Tragkraft für die zu verrichtende Arbeit haben.

✓ jemanden in regelmäßigen Abständen bitten, die Arbeiten zu überprüfen.

✓ die Arbeit in einer logischen Reihenfolge durchführen und anschließend überprüfen, ob alles richtig zusammengebaut befestigt ist.

✓ daran denken, daß die Sicherheit Ihres Fahrzeuges auch Ihre und die von anderen beeinflußt. Daher sollte Sie in jedem Zweifelsfall einen Fachmann zu Rate ziehen.

• Falls Sie sich verletzt haben, suchen Sie so bald wie möglich einen Arzt auf.

Vor jeder Fahrt

Anmerkung: *Die in Ihrem Fahrerhandbuch angegebenen Kontrollen sollten mit den hier angegebenen täglichen Kontrollen übereinstimmen.*

1 Motorölstands-Kontrolle

Vor Beginn

✓ Bringen Sie den Motor durch das Fahren einer kurzen Strecke auf Betriebstemperatur.

Achtung: Starten Sie den Motor nicht in einem geschlossenen Raum.

✓ Schalten Sie den Motor ab, und stellen Sie das Motorrad auf den Hauptständer. Warten Sie einige Minuten, damit sich der Ölstand stabilisieren kann. Achten Sie darauf, daß das Motorrad auf einem ebenen Untergrund steht.

Vorsichtsmaßnahmen

- Wenn Sie regelmäßig Öl nachgießen müssen, sollten Sie nach den Gründen des Ölverlustes suchen. Sind äußerlich keine Lecks zu entdecken, wird das Öl vom Motor verbrannt (siehe *Fehlersuche*).

- Starten Sie den Motor nie, wenn der Ölstand im Schauglas unter Minimum oder über Maximum steht. Beides kann schwere Motorschäden zur Folge haben.

- Bei normalem Gebrauch wird das Schauglas immer sauber sein. Wenn Sie Ihr Motorrad überwiegend bei niedrigen Außentemperaturen, sehr selten, oder nur im Kurzstreckenverkehr bewegen, kann es zu Verunreinigungen durch Kondenswasser kommen. Dies können Sie durch regelmäßiges Fahren bei Betriebstemperatur verhindern. Sollte dies nicht möglich sein, müssen Sie die Ölwechselintervalle verkürzen. Bei den ersten Modellen kam es durch zu stark verunreinigtes Motoröl zum Durchrutschen des Starterfreilaufs.

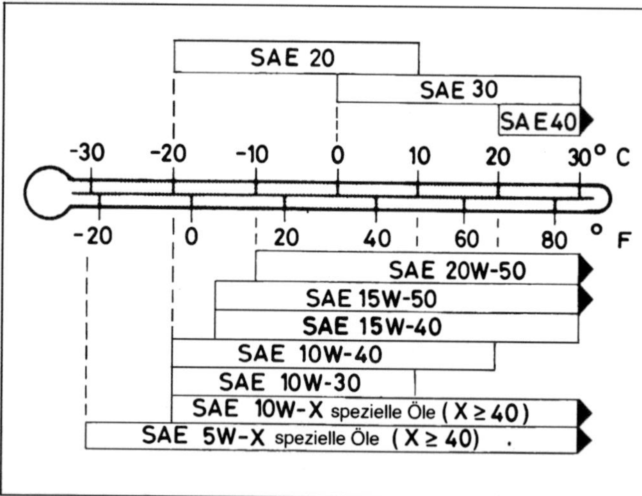

Das richtige Öl

- Moderne, hochdrehende Motoren stellen große Anforderungen an ihr Motoröl. Es ist deshalb sehr wichtig, daß Sie für Ihr Motorrad das korrekte Öl benutzen.
- Benutzen Sie von den angegebenen Öltypen und Viskositäten immer gutes Qualitätsöl und füllen Sie den Motor nicht zu voll.

Anmerkung: *BMW empfiehlt, den Motor während der Einlaufphase und während der ersten 10.000 km nicht mit synthetischem Öl zu betreiben.*

- Der Unterschied zwischen der MIN- und MAX-Markierung beträgt etwa 0,6 Liter.

Öltyp	API-Klasse SF, SG oder SH
Ölviskosität	Beachten Sie die Tabelle, und suchen Sie für Ihre Einsatz-Temperaturen die entsprechende Viskosität heraus.

1 Kontrollieren Sie den Ölstand im Schauglas, welches sich rechts unten am Getriebe befindet. Die Marken für Minimum und Maximum sind durch waagerechte Striche dargestellt. Stellen Sie das Motorrad waagerecht. Der Ölstand muß sich immer zwischen den Markierungen befinden.

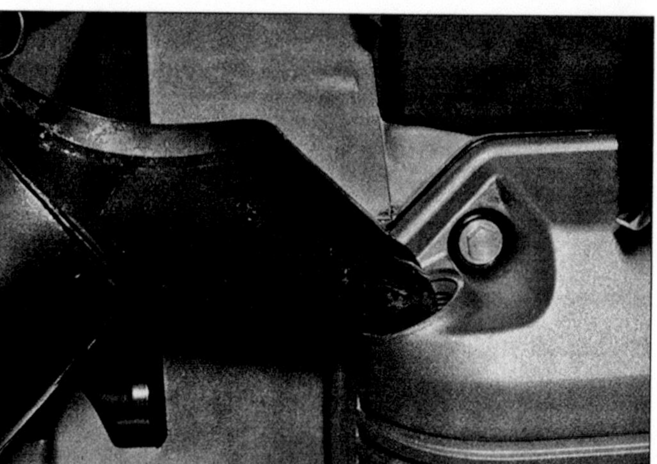

2 Wenn Sie Öl nachfüllen, entfernen Sie zuerst die Verschlußschraube rechts hinten am Motor und füllen dann das Öl ein. Die Differenz zwischen Minimum und Maximum beträgt 0,6 Liter. Achtung! Füllen Sie niemals zuviel Öl nach.

2 Kontrolle der Hydraulik-Bremsen

Warnung: Der Kontakt mit Bremsflüssigkeit verursacht Augenschäden. Vermeiden Sie den Kontakt von Bremsflüssigkeit mit lackierten Flächen. Entfernen Sie Spritzer sofort. Verwenden Sie niemals alte Bremsflüssigkeit. Halten Sie den Behälter stets geschlossen, Bremsflüssigkeit zieht Wasser und ist dann nicht mehr zu verwenden.

Vor jeder Inbetriebnahme

✓ Verwenden Sie nur neue Bremsflüssigkeit mit der richtigen Spezifikation (DOT 4). Bremsflüssigkeit ist hygroskopisch, d.h. sie bindet das Wasser aus der Luft. Durch die Aufnahme von Wasser sinkt der Siedepunkt der Bremsflüssigkeit, dies kann die Funktionsfähigkeit der Bremse beeinflussen.

1 Achten Sie darauf, daß der Bremsflüssigkeitsstand im vorderen Hauptbremszylinder nicht unter die Minimum-Marke sinkt.

✓ Stellen Sie das Motorrad waagerecht, und drehen Sie den Lenker in eine Position, bei der der Vorratsbehälter am rechten Lenkerende so gerade wie möglich steht. Kontrollieren Sie den Bremsflüssigkeitsstand im Vorratsbehälter. Der Flüssigkeitsstand muß sich zwischen den Marken für Minimum und Maximum befinden. Bei den zwischen 1983 und 1987 gebauten Modellen befindet sich der Behälter für die Fußbremse rechts über der rechten Fußrastenplatte. Bei Modellen ab 1988 muß der rechte Seitendeckel zur Kontrolle und zum Nachfüllen entfernt werden.

Vorsichtsmaßnahmen

- Zu Ihrer eigenen Sicherheit sollten Sie den Bremsflüssigkeitsstand vor jedem Fahrtantritt kontrollieren. Sinkt der Bremsflüssigkeitsstand, kontrollieren Sie vor dem Nachfüllen das Bremssystem auf undichte Stellen.
- Denken Sie daran, daß der Flüssigkeitsstand automatisch durch den Verschleiß der Bremsbeläge sinkt. Vermeiden Sie das Absinken unter die Minimummarke, sonst besteht die Gefahr, daß Luft in das System eindringt.
- Testen Sie vor jedem Fahrtantritt die Funktionsfähigkeit der Bremsanlage. Sollte sich die Bremse bei Betätigung schwammig anfühlen, ist Luft im Bremssystem. (Entlüften der Bremsanlage – siehe Kapitel 10.)
- Bei Modellen mit hinterer Trommelbremse ist darauf zu achten, daß das Gestänge geschmiert und die Trommel richtig justiert ist.
- Bevor Sie die Membrane des Hauptbremszylinders entfernen, achten Sie darauf, daß lackierte Stellen vor dem Kontakt mit Bremsflüssigkeit geschützt sind. Entfernen Sie Staub und Schmutz um die Membrane herum.

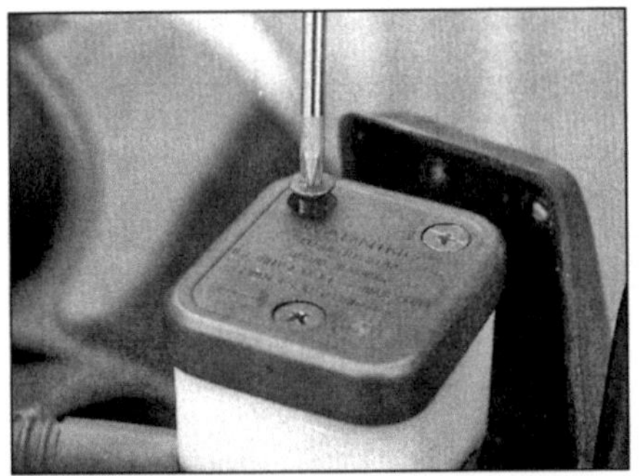

2 Zum Nachfüllen entfernen Sie die drei Halteschrauben und heben den Deckel samt Membrane ab.

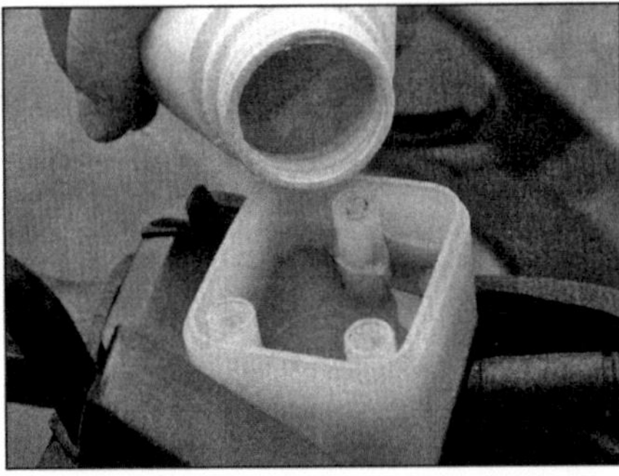

3 Füllen Sie mit neuer Bremsflüssigkeit (DOT 4) auf. Der Flüssigkeitsstand sollte zwischen Minimum und Maximum liegen.

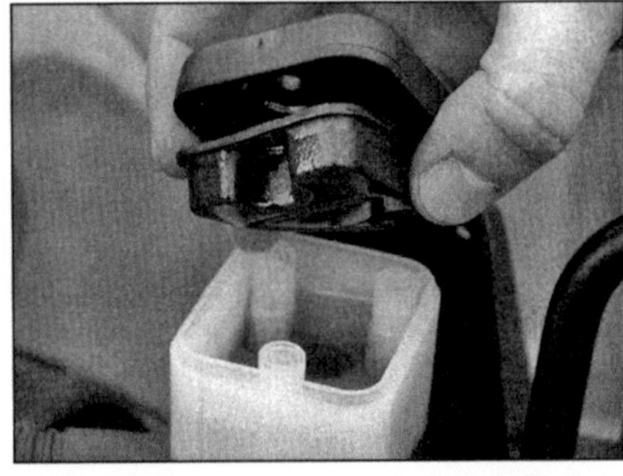

4 Reinigen und trocknen Sie die Gummimembrane. Legen Sie sie danach auf den Vorratsbehälter, und befestigen Sie den Deckel mit den drei Halteschrauben.

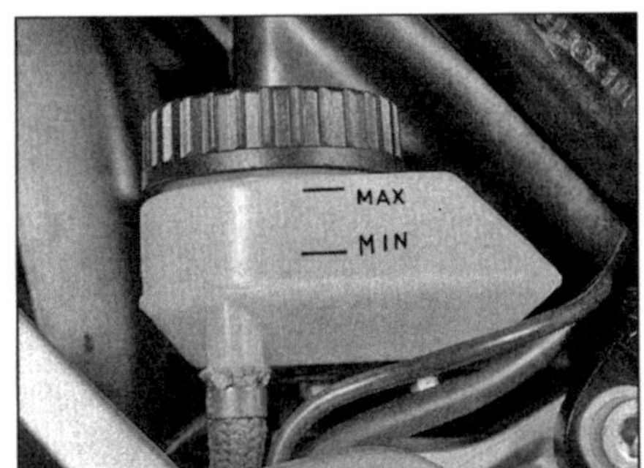

5 Im hinteren Vorratsbehälter sollte der Flüssigkeitsstand über der Minimummarkierung liegen.

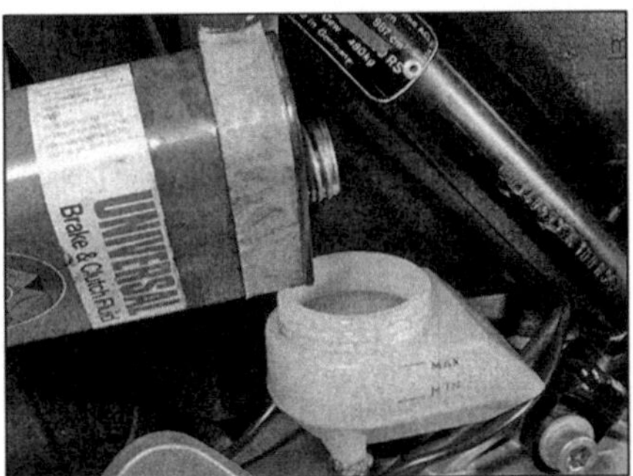

6 Zum Nachfüllen entfernen Sie die Verschlußschraube und füllen Bremsflüssigkeit (DOT 4) auf. Der Flüssigkeitsstand sollte zwischen MIN und MAX liegen.

7 Reinigen und trocknen Sie die Gummimembrane. Legen Sie sie auf den Vorratsbehälter, und schrauben Sie den Deckel wieder fest.

3 Kühlflüssigkeitsstand

Vor jeder Inbetriebnahme

✓ Da der Kühlflüssigkeitsstand von der Motortemperatur abhängig ist, ist es wichtig, diesen bei kalten Motor zu überprüfen. Die erste Kontrolle des Tages sollte daher dem Kühlflüssigkeitsstand gelten.

✓ Stellen Sie das Motorrad auf den Hauptständer, gehen Sie sicher, daß es auf ebenem Grund steht.

Vorsichtsmaßnahmen

- Verwenden Sie nur zugelassene Kühlflüssigkeit (siehe Kapitel 5). Es ist wichtig, daß immer Frostschutzmittel mit aufgefüllt wird, dies gilt auch für die Sommermonate. Füllen Sie nie nur Wasser auf, da sonst das Frostschutzmittel zu stark verdünnt wird.
- Füllen Sie niemals zuviel Flüssigkeit in den Vorratsbehälter. Es ist ausreichend, wenn der Flüssigkeitsstand zwischen Minimum und Maximum steht. Sollte der Flüssigkeitsstand im Kontrollrohr nicht mehr von außen ablesbar sein, so ist dieses auszutauschen, dabei muß das System entsprechend nachgefüllt werden.
- Sollte ständig Kühlflüssigkeit fehlen, überprüfen Sie das Kühlsystem auf undichte Stellen. Geringer Verbrauch an Kühlflüssigkeit ist normal.

1 Der Vorratsbehälter auf der rechten Seite des Motorrades ist mit einem Ableseröhrchen . . .

2 . . . oder einem transparenten Ansatz am vorderen Teil des Vorratsbehälters ausgerüstet. Die Maximum- und Minimum-Marken befinden sich auf dem Behälter selbst.

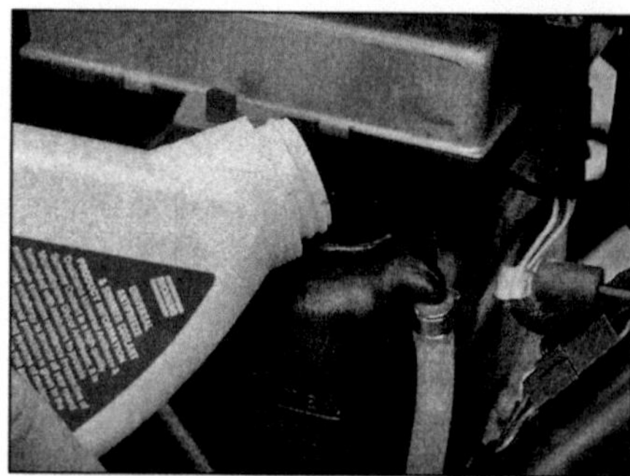

3 Wenn der Flüssigkeitsstand nahe der Minimum-Marke oder darunter steht, füllen Sie zugelassene Kühlflüssigkeit bis zur Maximum-Marke auf.

4 Federung, Lenkung und Hebel

Federung und Lenkung

- Stellen Sie sicher, daß die Lenkung frei und leichtgängig ist.
- Überprüfen Sie die vordere und hintere Radaufhängung auf Freigängigkeit. Außer bei Maschinen mit Nivomat müssen Sie sicherstellen, daß die Federeinstellung dem Beladungszustand entspricht.

Hebel

- Überprüfen Sie die Einstellungen von Gas- und Kupplungsseilzug, ebenso den richtigen und festen Sitz des Schalthebels. Lockere Schrauben oder reißende Bowdenzüge sollten immer besser vor der Fahrt angezogen oder ersetzt werden, als nachts im Regen am Straßenrand.
- Überprüfen Sie den festen Sitz aller Halterungen und Befestigungen, besonders die Befestigung der Radachsen, der Radaufhängungen und der Fußrasten. Ziehen Sie alle Schrauben mit den vorgeschriebenen Drehmomenten an (siehe nachfolgende Kapitel).

5 Sicherheits- und gesetzlich vorgeschriebene Überprüfungen

Beleuchtungs- und Signalanlage

- Nehmen Sie sich ruhig eine Minute Zeit, um die Funktion des Hauptscheinwerfers, der Rückleuchte, des Bremslichts und der Blinker zu überprüfen. Überprüfen Sie die Leuchtweiteneinstellung des Hauptscheinwerfers (siehe Kapitel 11).
- Überprüfen Sie die Funktion des Signalhorns.
- Fahren Sie nur mit funktionsfähigem Tachometer.

ABS-Überprüfung

- Modelle mit ABS sollten vor Fahrtantritt überprüft werden. Nach dem Einschalten der Zündung sollte die ABS-Leuchte anfangen zu blinken. Die Warnlampe sollte vor dem ersten Betätigen der Bremse ebenfalls blinken. Wenn die Maschine schneller als 4 km/h rollt, müssen die beiden Lampen, nach der internen Überprüfung des Systems, erlöschen.

Trommelbremsen-Überprüfung K 75, K 75 C und K 75 T

- Überprüfen Sie, ob die hintere Trommelbremse ordentlich verzögert, ohne zu schleifen.
- Das Bremsgestänge muß ordentlich abgeschmiert und genau justiert sein. Sollte eine Einstellung nötig sein, lesen Sie die dafür erforderlichen Schritte im Kapitel 1 nach.

Sicherheit

- Stellen Sie die Freigängigkeit des Gasgriffs bei allen Lenkeinschlägen sicher.
- Nach Betätigen das Not-Aus-Schalter muß der Motor sofort ausgehen.
- Der Seitenständer muß von der Rückholfeder fest nach oben gehalten werden, dieses gilt auch für den Hauptständer.

Kraftstoff

- Überprüfen Sie vor Fahrtantritt, ob genug Kraftstoff vorhanden ist. Sollten Sie irgendwelche Leckagen entdecken, beheben Sie die Ursache sofort.
- Verwenden Sie nur den vorgeschriebenen Kraftstoff.
- Vermeiden Sie das Eindringen von Schmutz und Wasser, insbesondere wenn der Verschluß beim Tanken geöffnet ist. Füllen Sie den Tank nie bis zum Verschluß auf, es sollte immer etwas Platz zum Ausdehnen des Kraftstoffs vorhanden sein. Besitzer von US-Modellen sollten die speziellen Hinweise in Kapitel 6 beachten.

6 Reifenkontrolle

Reifensicherheit

- Überprüfen Sie den Reifen auf Beschädigung durch spitze Steine, Nägel und andere scharfkantige Gegenstände. Entfernen Sie grobe Verschmutzungen. Das Fahren mit abgefahrenen Reifen ist extrem gefährlich, da Traktion und Handling beeinträchtigt werden.
- Überprüfen Sie den Zustand des Ventils, die Staubschutzkappe sollte angebracht sein.
- Entfernen Sie kleine Fremdkörper sofort aus dem Reifen. Dadurch können durchgehende Schäden der Reifendecke vermieden werden.
- Sollte ein Schaden auftreten, oder sollte es zu permanenten Druckverlusten kommen, suchen Sie unverzüglich einen Reifenfachhändler auf.

Profiltiefe

- Laut Gesetz müssen Reifen eine Mindest-Profiltiefe von 1,6 mm aufweisen. BMW empfiehlt eine Mindestprofiltiefe von 2 mm (vorne), bzw. von 2 oder 3 mm (hinten, unter 130 km/h oder über 130 km/h).
- Viele Reifen sind zusätzlich mit Verschleißmarken versehen. Ist das Profil an diese Marken angelangt, sollte der Reifen erneuert werden.

Reifenluftdruck

- Der Reifenluftdruck ist immer im kalten Zustand zu messen. Zu niedriger Luftdruck kann den Reifen von der Felge springen lassen, zu hoher Luftdruck sorgt für einen ungleichmäßige Verschleiß und für schlechte Fahreigenschaften.
- Verwenden Sie nur geeichte Druckmesser.
- Der richtige Luftdruck sorgt für eine längere Lebensdauer der Reifen, für eine ordentliche Fahrstabilität und für einen maximalen Fahrkomfort.
- Die angegebenen Drücke sind von BMW für die Standardbereifung angegeben. Bei anderen Reifen verwenden Sie bitte die vom Hersteller angegebenen Werte.
- Achten Sie bei der Kontrolle des Reifenluftdrucks auch auf den Beladungszustand und die geplante Reisegeschwindigkeit.

Reifenluftdruck	Vorne	Hinten
75er-Modelle		
Solo	2.00 bar	2.50 bar
mit Sozius	2.30 bar	2.90 bar
100er-Modelle		
Solo	2.25 bar	2.50 bar
Sozius bis 180 km/h	2.25 bar	2.70 bar
Sozius über 180 km/h	2.70 bar	2.90 bar

1 Überprüfen Sie den Luftdruck nur im kalten Zustand, und erhöhen Sie den Luftdruck vorsichtig.

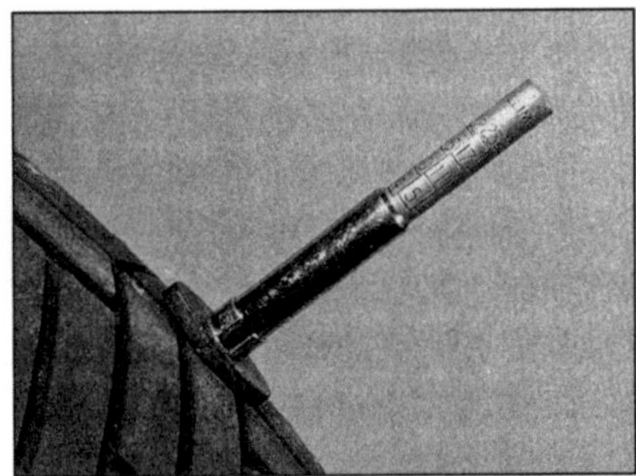

2 Messen Sie die Profiltiefe in der Mitte des Reifens mit einem Profiltiefenmesser.

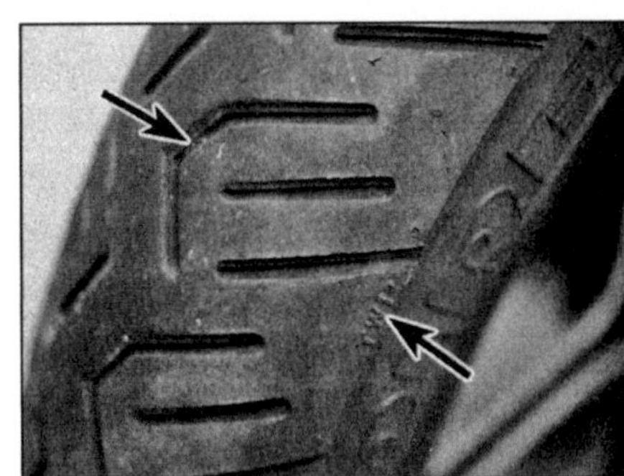

3 Verschleißindikatoren und ihre Markierungen (Pfeile)

Notizen

Kapitel 1
Instandhaltung und Wartung

Inhalt (in alphabetischer Reihenfolge, die Zahlen geben die Numerierung in den grauen Feldern wieder)

Schwierigkeitsgrade

Leicht. Für Anfänger mit wenig Erfahrung geeignet.	**Relativ leicht.** Für Anfänger mit etwas Erfahrung geeignet. 	**Relativ schwierig.** Geeignet für geübte Selbstschrauber. 	**Schwer.** Geeignet für Mechaniker mit Erfahrung. 	**Sehr schwer.** Geeignet für Experten und Profis.

Technische Daten

Motor

Zündkerzen	Bosch X5DC
Elektrodenabstand	
Standard	0,6 bis 0,7 mm
Verschleißgrenze	0,8 mm
Ventilspiel – kalter Motor (Kühlflüssigkeitstemperatur max 20°C)	
Einlaß	0,15 bis 0,20 mm
Auslaß	0,25 bis 0,30 mm
Leerlaufdrehzahl	950 ± 50 U/min.
Gas- und Chokezugspiel	0,5 bis 1,0 mm
Kupplungszugspiel (am Handgriff)	
75er-Modelle	2,0 bis 2,5 mm
100er-Modelle	4,0 bis 4,5 mm
Kupplungszuglänge (Getriebeende)	75 ± 1 mm

Fahrzeugteile

Bremsbeläge (Verschleißgrenze)	1,5 mm	
ABS-Radsensorabstand	0,35 bis 0,65 mm	
Fußbremshebelspiel (Pedalspitze)	15 bis 25 mm	
Reifenluftdruck – kalter Zustand:	**vorne**	**hinten**
75er-Modelle		
Solo	2.00 bar	2.50 bar
mit Sozius	2.30 bar	2.90 bar
100er-Modelle		
Solo	2.25 bar	2.50 bar
Sozius bis 180 km/h	2.25 bar	2.70 bar
Sozius über 180 km/h	2.70 bar	2.90 bar

Anmerkung: Die Luftdruckangaben beziehen sich nur auf die Originalbereifung, für andere Fabrikate können andere Werte gelten.

Drehmomente

Motorölfilter	
1. Schritt	Handfest anziehen
2. Schritt	maximal ½ Umdrehung fester (10 bis 12 Nm)
Ölsumpf- und Filterabdeckungsschrauben	7 ± 1 Nm
Motorölablaßschraube	32 ± 4 Nm
Getriebeeinfüll- und -ablaßschraube	20 ± 3 Nm
Endantriebeinfüllschraube	20 ± 2 Nm
Endantriebablaßschraube	25 ± 3 Nm
Zündkerzen	20 ± 2 Nm
Gabelölablaßschrauben:	
1985 bis 1993 75er-Modelle, alle 100er-Modelle	9 ± 1 Nm
ab 1993 75er-Modelle	keine Angaben
Gabelöleinfüllstopfen:	
1985 bis 1993 75er-Modelle, alle 100er-Modelle	15 ± 2 Nm
ab 1993 75er-Modelle	keine Angaben
obere Lenkkopfschraube	74 ± 5 Nm
Lenkkopf-Einstellmutter – späte 75er-Modelle	45 ± 3 Nm
Kontermuttern der Einstellschrauben – späte 75er-Modelle	45 ± 3 Nm
Einstellbarer Lagerzapfen der Hinterradschwinge	7,3 ± 0,5 Nm
Kontermutter des einstellbaren Lagerzapfens	41 ± 3 Nm

Verwendete Flüssigkeiten

Motor	
Füllmenge – mit Filterwechsel	3,75 Liter
Qualität	gutes HD-Öl für 4-Takt-Motoren API Klassifikation SF, SG oder SH
Viskosität	siehe Abschnitt »*Tägliche Kontrolle*« Getriebe und Endantriebsgehäuse
Getriebe und Endantrieb	
Füllmenge	
Getriebe	850 ± 50 cm³
Endantriebsgehäuse	260 cm³
Qualität	gutes Getriebeöl API Klassifikation GL-5 oder MIL-L-2105 B oder C
Viskosität:	
über 5°C	SAE 90
unter 5°C	SAE 80
alternativ	SAE 80 W 90
Kühlmittel	siehe Kapitel 5
Kraftstoff	siehe Kapitel 6
Teleskopgabel	
Füllmenge – je Standrohr:	
K 75 S, alle-Modelle mit S-Gabeln	280 ± 10 cm³
K100, alle 75er-Modelle	330 ± 10 cm³
K 100 RS, K 100 RT, K 100 LT	360 ± 10 cm³
Qualität	Gabelöl, siehe Kapitel 8
Bremsflüssigkeit	DOT 4 z. B. ATE SL
Bewegliche Kupplungen und Verbindungen, wie Druckplatte	
Getriebeeingangswelle, Endantriebswelle	Graphit-Fett oder Molybdän-Paste
Vorderradachse, Lenkkopf und Lagerzapfen der Hinterradschwinge	Lithiumfett z. B. Shell Retinax A
Lenkkopfdämpfer	Silikonfett z. B. Sillicone Grease 300 Heavy
alle anderen Abschmierpunkte	wie Radlagerfett
Batteriepole	Vaseline, Polfett, wie Bosch Ft 40 V1
Kabelnippel, alle anderen Zapfen	Motoröl, Nähmaschinenöl
Bowdenzüge	Teflon-Öl, »Ballistol«-Waffenöl

Instandhaltungsplan

Anmerkung: *Die täglichen Kontrollen, wie sie auch in der Betriebsanleitung aufgeführt sind, sollten vor jeder Fahrt durchgeführt werden. Außerdem sind sie Bestandteil aller größeren Inspektionen. Die unten aufgeführten Intervalle sind vom Hersteller für die verschiedenen Modelljahre vorgeschrieben worden. Trotzdem kann es passieren, daß in Ihrem Handbuch für bestimmte Kontrollen andere Zeitabstände vorgeschrieben sind.*

Wartungsintervalle – kilometerabhängig

BMW unterteilt die Wartungsintervalle in kleine und große Inspektionen. Sie sind nach folgendem Muster auszuführen:

Kleine Inspektion alle 15.000 Kilometer, beginnend nach den ersten 7.500 Kilometern
Große Inspektion alle 15.000 Kilometer, beginnend nach den ersten 15.000 Kilometern

Das bedeutet, es finden alle 7.500 Kilometer kleine und große Inspektion im Wechsel statt.

Wartungsintervalle – zeitabhängig

Sollte die Maschine nur unregelmäßig bewegt werden, oder werden nur geringe Kilometerlaufleistungen gefahren, müssen die Wartungsintervalle zeitabhängig durchgeführt werden.
Kleine und große Inspektion sollten im halbjährigen Wechsel durchgeführt werden, beginnend nach sechs Monaten mit der kleinen Inspektion.

Täglich (vor jeder Fahrt)

- ☐ Siehe Kapitel »Vor jeder Fahrt« am Anfang dieses Handbuchs.

Kleine Inspektion

- ☐ Motorölfilterwechsel (Abschnitt 1) – siehe Anmerkung 1
- ☐ Getriebeölstandskontrolle (Sektion 2)
- ☐ Endantriebölstandskontrolle (Sektion 3)
- ☐ ABS-Test und Überholung (Sektion 4)
- ☐ Kontrollen und Lagerzapfenabschmierung (Sektion 5)
- ☐ Ventilspiel – Überprüfung und Einstellung – Modelle ab 1989 (Sektion 6)
- ☐ Zündkerzen – Überprüfung und Einstellung (Sektion 7)
- ☐ Luftfilterreinigung (Sektion 8) – siehe Anmerkung 2
- ☐ Batterietest (Sektion 9) – siehe Anmerkung 3
- ☐ Abschlußüberprüfung (Sektion 10)

Große Inspektion

Umfaßt alle Überprüfungen der kleinen Inspektion, zusätzlich:

- ☐ Getriebeölwechsel (Sektion 11) – siehe Anmerkung 4
- ☐ Endantriebölwechsel (Sektion 12) – siehe Anmerkung 5
- ☐ Gabelölwechsel (Sektion 13) – siehe Anmerkung 6
- ☐ Tachometerimpulsgeber – Reinigung (Sektion 14)
- ☐ Luftfiltererneuerung (Sektion 15) – siehe Anmerkung 2
- ☐ Kühlsystem – Überprüfung (Sektion 16) – siehe Anmerkung 7
- ☐ Kupplung – Überprüfung und Einstellung (Sektion 17)
- ☐ Zündkerzenerneuerung (Sektion 18)
- ☐ Kraftstoffsystem – Überprüfung (Sektion 19)
- ☐ Scheibenbremsbelagkontrolle (Sektion 20)
- ☐ Bremsflüssigkeit – Erneuerung (Sektion 21) – siehe Anmerkung 8
- ☐ Trommelbremse – Überprüfung und Einstellung (Sektion 22)
- ☐ Räder und Radaufhängung – Überprüfung (Sektion 23) – siehe Anmerkung 9
- ☐ Steuerkopfaufhängung – Überprüfung (Sektion 24) – siehe Anmerkung 9
- ☐ Schwingarmaufnahme – Überprüfung (Sektion 25)
- ☐ Kraftstoffiltererneuerung (Sektion 26) – siehe Anmerkung 10
- ☐ Endantriebswelle – Schmierung (Sektion 27)
- ☐ Ventilspiel – Überprüfung und Einstellung – Modell ab 1989 (Sektion 6)

Anmerkungen – Ergänzende Bemerkungen

1 Motoröl – Bei normalem Gebrauch erfolgt der Wechsel alle sechs Monate. Sollte die Maschine häufig bei Temperaturen unter 0°C oder nur auf Kurzstrecken gefahren werden, muß der Ölwechsel alle 3.000 Kilometer oder alle drei Monate durchgeführt werden.
2 Luftfilter – Bei Fahrten in sehr staubigen Gebieten sollten die Reinigungsintervalle verkürzt werden.
3 Batterie – Sollte mindestens alle drei Monate überprüft werden.
4 Getriebeöl – Sollte spätestens jährlich gewechselt werden.
5 Endantriebsöl – Sollte spätestens jährlich gewechselt werden.
6 Gabelöl – Sollte spätestens jährlich gewechselt werden.
7 Kühlmittel – Sollte spätestens alle zwei Jahre gewechselt werden.
8 Bremsflüssigkeit – Sollte spätestens jährlich gewechselt werden.
9 Rad- und Steuerkopfaufhängung – Unter extremen Bedingungen sollten sie alle 30.000 Kilometer gereinigt und abgeschmiert werden. Lesen Sie in den entsprechenden Abschnitten der Kapitel 10 und 8 nach.
10 Kraftstoffilter – Sollte spätestens alle 30.000 Kilometer erneuert werden, d.h. bei jeder zweiten großen Inspektion. Sollte der Kraftstoff minderer Qualität oder stark verunreinigt sein, ist der Wechsel bei jeder großen Inspektion durchzuführen.

Wo befindet sich was?

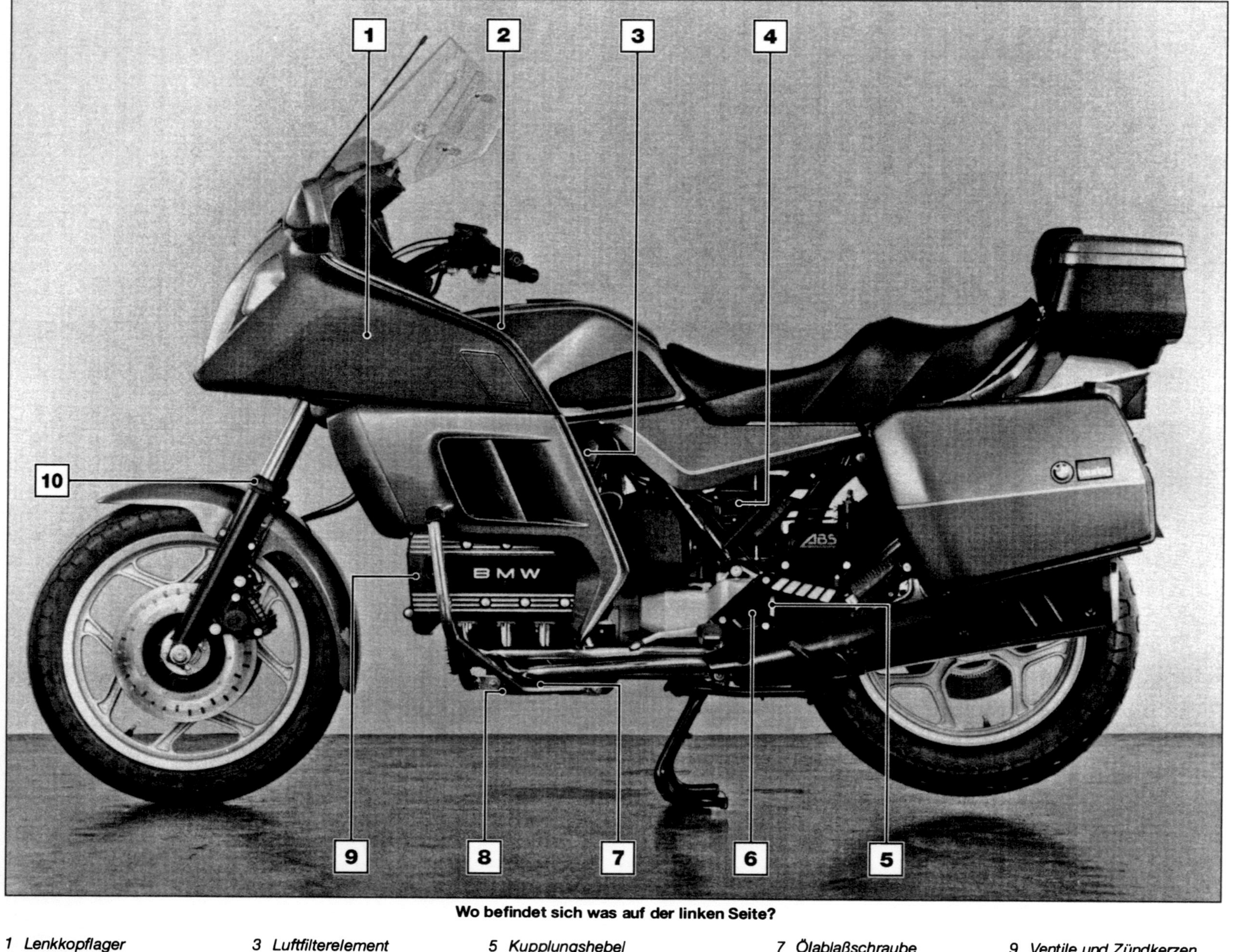

Wo befindet sich was auf der linken Seite?

1 Lenkkopflager
2 Kraftstoffilter
3 Luftfilterelement
4 Batterie
5 Kupplungshebel
6 Schwingeneinstellzapfen
7 Ölablaßschraube
8 Motorölfilter
9 Ventile und Zündkerzen
10 Gabeldichtring

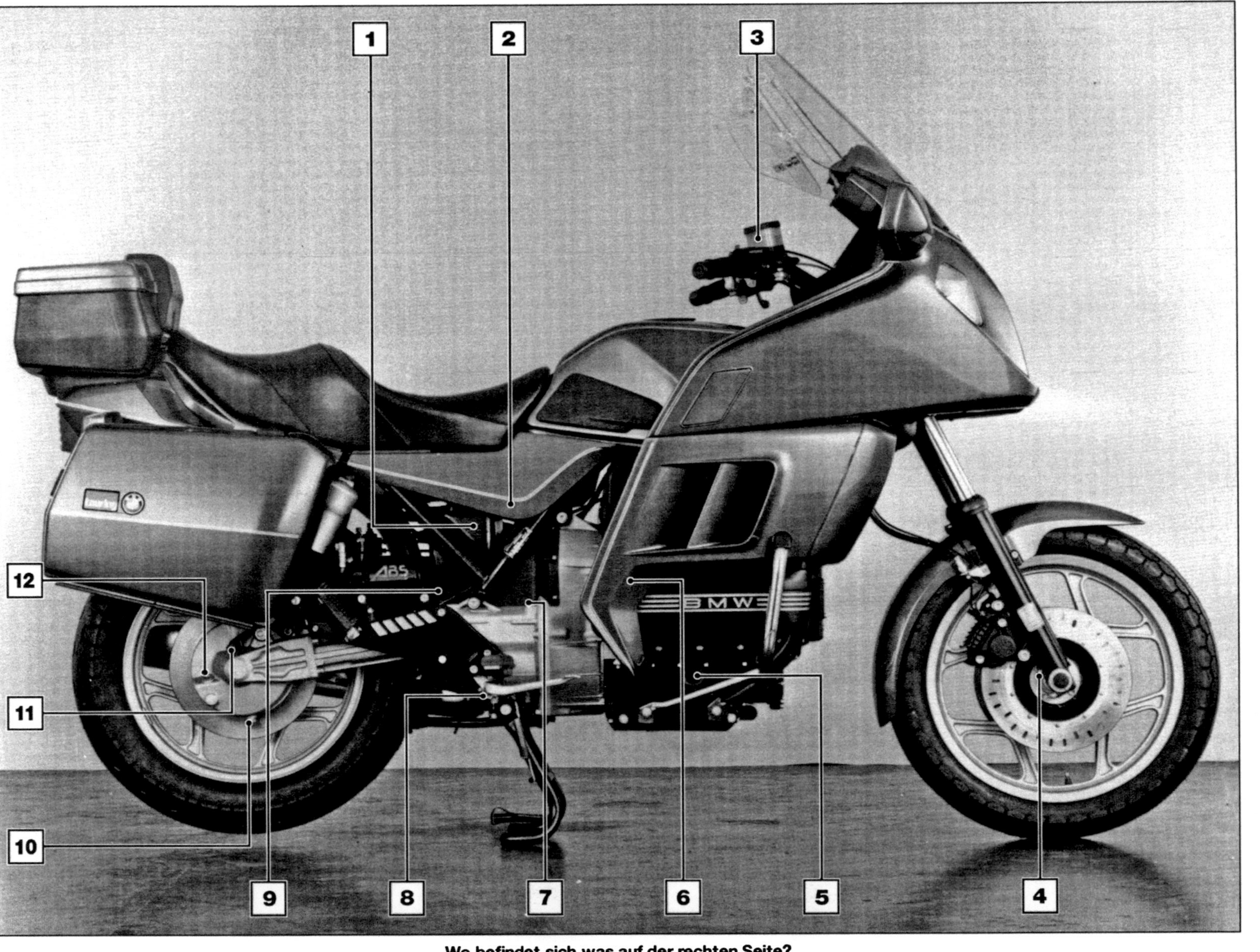

Wo befindet sich was auf der rechten Seite?

1 *Kühlmittelausgleichsbehälter*
2 *Bremsflüssigkeitsbehälter (hinten) – spätere Modelle*
3 *Bremsflüssigkeitsbehälter (vorne)*
4 *Gabelölablaßschraube*
5 *Motorölschauglas*
6 *Einfüllstopfen (Motoröl)*
7 *Einfüllstopfen (Getriebeöl)*
8 *Getriebeölablaßschraube*
9 *Bremsflüssigkeitsbehälter (hinten) – frühe Modelle*
10 *Endantriebsölablaßschraube*
11 *Geschwindigkeitsimpulsgeber*
12 *Einfüllstopfen (Endantrieb)*

1

Einleitung

1 Dieses Kapitel hilft dem Besitzer, einfache Arbeiten an seiner Maschine durchzuführen. Dabei stehen Arbeiten, die die Sicherheit und Wirtschaftlichkeit erhöhen, die Lebensdauer verlängern und den Fahrspaß erhöhen, im Vordergrund.

2 Die Entscheidung, wann und wo man in die regelmäßige Wartung seiner Maschine einsteigt, wird durch verschiedene Faktoren beeinflußt. Vielleicht ist die Garantiezeit für Ihr Motorrad abgelaufen, und Sie wollen die regelmäßigen Wartungsarbeiten selbst durchführen. Oder Sie besitzen Ihr Motorrad schon eine längere Zeit, haben sich aber nie um Wartungsarbeiten gekümmert, und wollen nun zum nächstmöglichen Zeitpunkt einsteigen, um Schäden zu vermeiden. Vielleicht hatte Ihr Motorrad auch einen größeren Schaden, und Sie wollen nun nach der Reparatur in die regelmäßige Wartung einsteigen, um derartige Probleme zu vermeiden. Besitzen Sie eine gebrauchte Maschine, und haben Sie keine Kenntnisse über die Wartung durch den Vorbesitzer, sollten Sie zuerst eine große Inspektion durchführen. Später verfahren Sie dann nach dem vorgegebenen Wartungsschema.

3 Bevor Sie Reparaturen oder Wartungsarbeiten an Ihrer Maschine durchführen, muß das Motorrad gründlich gereinigt werden, insbesondere an den Stellen, an denen Sie arbeiten wollen. Damit verhindern Sie das Eindringen von Schmutz in das empfindliche Innenleben Ihrer Maschine. Auch lassen sich einige Schäden so besser bereits bei einer Sichtkontrolle erkennen.

4 Häufig sind Hinweis-Aufkleber direkt am Motorrad angebracht. Sollten diese Hinweise vom Text dieses Handbuchs abweichen, verfahren Sie nach den Anweisungen der angebrachten Aufkleber.

Kleine Inspektion

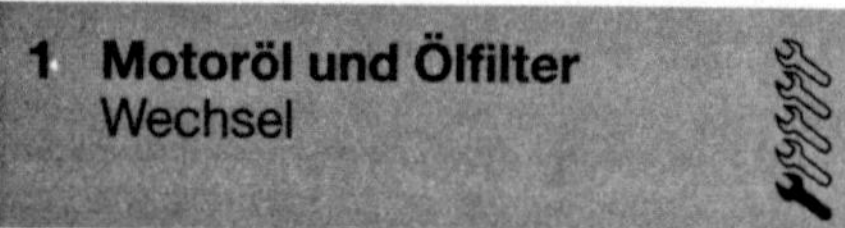

1 Motoröl und Ölfilter
Wechsel

1 Der Ölwechsel läßt sich schneller bei warmen Öl durchführen, daher sollte der Motor vor dem Ölwechsel immer auf Betriebstemperatur gebracht werden. Außerdem sind dann abgelagerte Schmutz- und Verschleißpartikel besser im Öl gebunden und können ausgespült werden.

1.2 Schrauben Sie die Ölablaßschraube (in der Mitte der Ölwanne) heraus, um das Motoröl abzulassen.

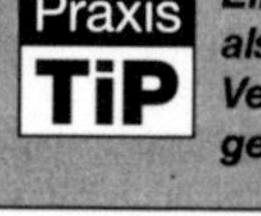

Ein Motorschaden ist teurer als der Betrag, der durch die Verwendung billigen Öls eingespart wird.

2 Stellen Sie die Maschine auf den Hauptständer und stellen Sie ein Gefäß mit mindestens 4 Litern Fassungsvermögen unter die Ölwanne. Entfernen Sie zuerst den Einfüllstutzen, lösen Sie anschließend die Ölablaßschraube (siehe Abbildung). Während das Öl abläuft, können Sie die Ablaßschraube reinigen. Entfernen Sie alle Metallspäne vom Magneten, setzen Sie danach eine neue Dichtung ein. Der Kupferdichtring muß nach jedem Herausschrauben der Ablaßschraube erneuert werden.

1.3 Der Motorölfilter befindet sich unter einem extra Deckel am Ölwannengehäuse.

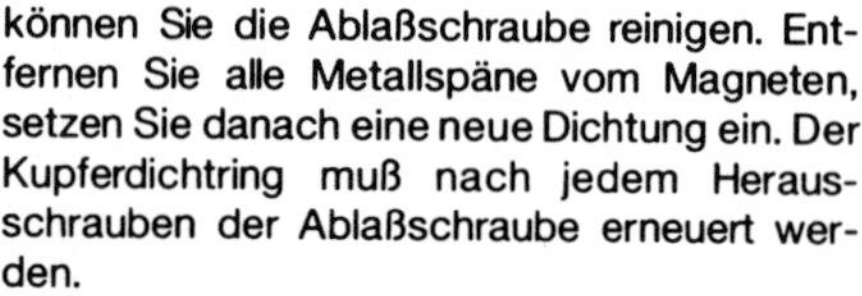

3 Entfernen Sie die drei Halteschrauben, und nehmen Sie danach die Abdeckung ab. Achten Sie dabei auf den Dichtring (siehe Abbildung). Reinigen Sie den Deckel in Lösungsmittel, und erneuern Sie den O-Ring, falls dieser beschädigt sein sollte.

4 Lösen Sie die Halterung und entnehmen Sie das Filterelement. Bei frühen 100er-Modellen war der Ölfilter sechseckig, dadurch konnte ein spezielles Werkzeug verwendet werden (siehe Abbildung). Einige Besitzer früherer Modelle haben aber das Filterelement zu fest angezogen, dadurch sind sowohl am Filter und seiner Dichtung, sowie am Gehäuse und der Filteraufnahme Schäden entstanden. Um das Risiko dieser Schäden zu minimieren, wurde die Filterform bei späteren Modellen geändert. Zum Lösen des neuen Filterelements wird ein spezielles Werkzeug, mit der BMW-Teilenummer 11 4 650, benötigt. Dieses Werkzeug ist relativ billig und kann bei jedem BMW-Händler bestellt werden. Wenn Sie dieses Werkzeug nicht haben, muß zum Entfernen des Ölfilters der Deckel der Ölwanne ab-

1.4a Zum Entfernen des Filterelements wird ein Spezialwerkzeug benötigt, welches in die oberen Einbuchtungen eingreift, . . .

1.4b . . . um dann mit dem Filterelement zusammen herausgeschraubt zu werden.

1.4c Ohne Spezialwerkzeug können Sie nach der Demontage der Ölwanne den Filter mit einem herkömmlichen Filterschlüssel herausdrehen.

genommen werden. Danach kann der Filter mit einem normalen Ölfilterschlüssel für Kraftfahrzeuge gelöst werden (siehe Abbildung). Anschließend ist das Siebfilter, wie in Kapitel 6 beschrieben, zu reinigen. Ölfilter älteren Typs sollten gegen Filter neueren Typs ausgetauscht werden.

Praxis TiP ***Kontrollieren Sie das Altöl sorgfältig. Fangen Sie dazu das abgelassene Öl in einem sauberen Behälter auf, um kleinere Metallstücke oder andere Materialien zu erkennen. Metallisch glänzendes Öl ist in der Einfahrphase normal, andernfalls ist die Schmierung nicht ausreichend gewesen. Ganze Metallstücke oder Späne sind ein Hinweis auf einen sich abzeichnenden Motorschaden, der Motor sollte zur Kontrolle und zur Reparatur zerlegt werden.***

5 Nachdem das alte Öl abgelassen wurde, sollten die Dichtflächen des Ölfilters gereinigt werden. Der neue Dichtring muß leicht mit Öl benetzt werden. Ziehen Sie den neuen Filter zuerst nur handfest an, danach sind maximal eine halbe Umdrehung zum Festziehen erlaubt (siehe Abbildung) . Sollten Sie nicht das original BMW-Werkzeug verwenden, müssen Sie mit äußerster Vorsicht vorgehen. Überdrehen oder beschädigen Sie nicht den Filter. Befestigen Sie die Ölwanne wie in Kapitel 6 beschrieben. Bevor Sie den Deckel des Ölfilters aufsetzen, überzeugen Sie sich vom korrekten Sitz des O-Rings, ziehen Sie danach vorsichtig die Halteschrauben an (siehe Abbildung). Achten Sie hierbei auf das vorgeschriebene Drehmoment. Verwenden Sie immer einen neuen Dichtring für die Ablaßschraube. Bevor Sie die Ablaßschraube mit dem vorgeschriebenen Drehmoment anziehen, sollte diese gründlich gereinigt werden.

6 Verwenden Sie nur gutes Viertakt-Motorenöl. Beachten Sie die Hinweise zur Viskosität aus dem Kapitel »Tägliche Kontrolle«. Verwenden Sie Mehrbereichsöle, dabei sollten Sie Öle mit geringerer Bandbreite wie 10 W 30 Ölen mit größerer Bandbreite wie 10 W 50 vorziehen.

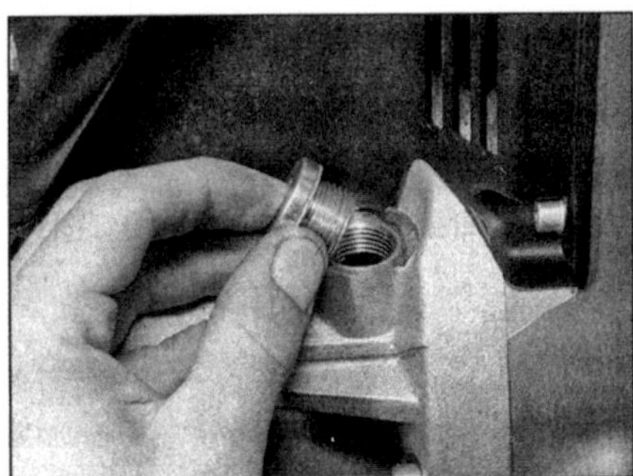

2.1a Entfernen Sie den Verschlußstopfen der Getriebeöleinfüllöffnung zur Kontrolle des Ölstands.

1.5a Überdrehen Sie das Filter bei der Montage nicht – beachten Sie das Siebfilter, es sollte bei jeder Demontage des Ölsumpfdeckels gereinigt werden.

Mehrbereichsöle sind besser als Einbereichsöle. Befüllen Sie das Kurbelgehäuse mit der richtigen Menge an Öl, verschließen Sie danach die Einfüllöffnung mit der Verschlußschraube. Starten Sie den Motor, und lassen Sie ihn Betriebstemperatur erreichen. Stoppen Sie den Motor, und warten Sie einige Minuten, bevor Sie den Motorölstand kontrollieren. Füllen Sie gegebenenfalls Motoröl nach. Entfernen Sie alle Ölspritzer, und kontrollieren Sie den Motor auf Dichtigkeit, insbesondere an allen vorher gelösten Schraubverbindungen.

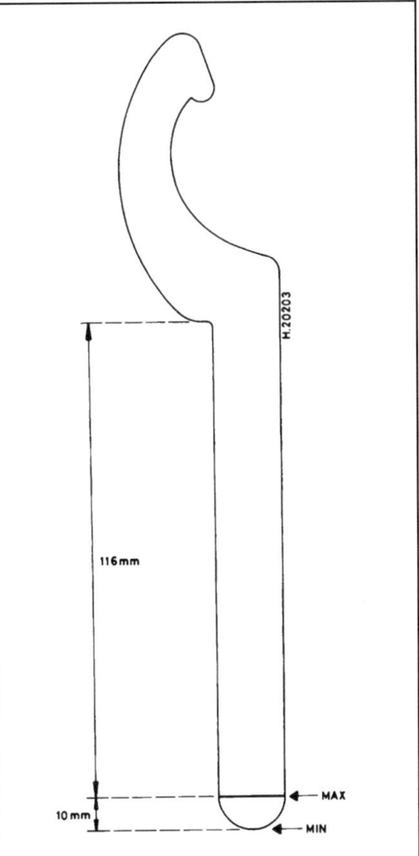

2.1b Maße des Getriebeölmeßstabs

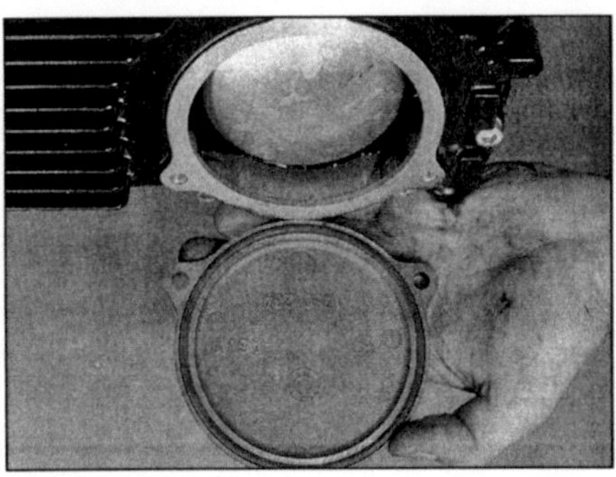

1.5b Vor der Montage des Filterdeckels müssen Sie den korrekten Sitz des Dichtrings überprüfen.

7 Sollte der Ölsumpf entfernt worden sein, sind alle zugänglichen Teile des Kurbelgehäuses mit einem sauberen Lappen zu reinigen. Ebenso ist das Siebfilter der Ölpumpe, wie in Kapitel 6 beschrieben, zu reinigen.

2 Getriebe Ölstandskontrolle

1 Stellen Sie die Maschine auf einem ebenen Untergrund auf den Hauptständer und entfernen Sie die Verschlußschraube des Einfüllstutzens (siehe Abbildung). Der Hakenschlüssel mit der BMW-Teilenummer 71 11 2 300 061 dient zusätzlich als Meßstab für das Getriebeöl. Sollte es nicht im Bordwerkzeug vorhanden sein, kann er bei Ihrem BMW-Händler nachbestellt werden, alternativ fertigen Sie sich selbst einen Meßstab nach den u.a. Maßen (siehe Abbildung). 1

2 Stecken Sie den Meßstab in die Einfüllöffnung, so daß der Bogen auf der Dichtfläche am Einfüllstutzen aufliegt. Der Ölstand muß zwischen Minimum und Maximum stehen. Entfernen Sie alle Ölspritzer auf dem Gehäuse. Beim Nachfüllen sollten Sie nur qualitativ hochwertiges Öl mit der vorgeschriebenen Viskosität verwenden (siehe Abbildung). Erneuern Sie den Dichtring, wenn dieser beschädigt oder gealtert ist. Drehen Sie nun den Verschlußstopfen vorsichtig wieder herein,

2.2 Verwenden Sie zum Nachfüllen nur qualitativ hochwertiges Öl mit der vorgeschriebenen Viskosität.

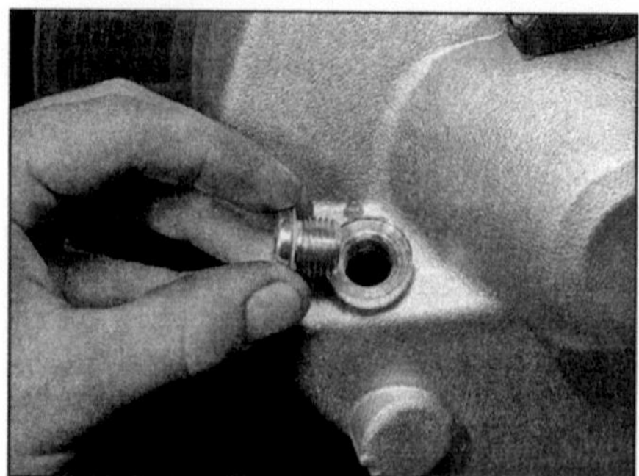

3.1 Entfernen Sie den Verschlußstopfen am Endantriebsgehäuse, um den Ölstand zu kontrollieren.

4.3a Abstandsmessung zwischen Sensor und Geberrad mittels einer Fühlerblattlehre.

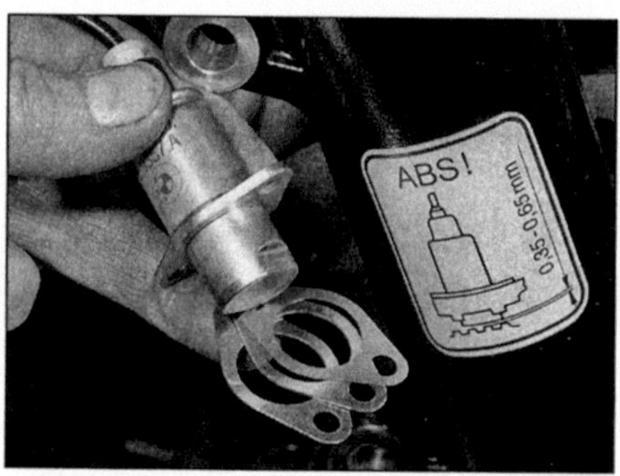

4.3b Um den korrekten Abstand einzustellen, sind Distanzscheiben in verschiedenen Stärken erhältlich.

und ziehen Sie ihn mit dem vorgeschriebenen Drehmoment an. Entfernen Sie alle Ölspritzer.

3 Endantriebsgehäuse
Ölstandskontrolle

1 Stellen Sie das Motorrad auf ebenem Grund auf den Hauptständer, und entfernen Sie die Verschlußschraube vom Öleinfüllstutzen des Endantriebs (siehe Abbildung). Der Ölstand sollte am unteren Ende der Einfüllöffnung stehen, der Verschlußstopfen darf nicht den Ölspiegel berühren. Saugen Sie sorgfältig jegliches überschüssige Öl mit einer Spritze ab, damit kein Öl aus der Entlüftung auf Bremsenteile gedrückt wird.

2 Verwenden Sie nur qualitativ hochwertiges Öl zum Nachfüllen, achten Sie dabei auf die vorgeschriebene Viskosität. Erneuern Sie den Dichtring, wenn dieser beschädigt oder alt ist. Entfernen Sie sorgfältig alle Ölreste vom Gehäuse und von der Schwinge.

4 ABS
Überprüfung und Überholung

1 Überprüfen Sie, wie in Abschnitt 20 beschrieben, die Bremsbeläge auf Beschädigungen. Erneuern Sie die Beläge immer paarweise. Überprüfen Sie den Zustand aller hydraulischen Bremsleitungen, beim Verdacht auf Beschädigung sind sie sofort zu ersetzen.

2 Zum Überprüfen der Bremsscheiben gehen Sie nach den Anweisungen aus Kapitel 10 Sektion 5 vor.

3 Messen Sie mit einer Fühlerblattlehre den Abstand zwischen der Sensorspitze und dem gegenüberliegenden Zahn des Geberrings. Messen Sie an unterschiedlichen Positionen des Rades, um Unrundlauf am Geberring zu ermitteln. Die Schwankungen dürfen nicht größer als 0,2 mm sein. Laut Hersteller sollen die Messungen an sechs Stellen im Abstand von 60° durchgeführt werden. Sollte der Wert außerhalb der vorgeschriebenen Werte liegen (siehe Einstellwerte), muß der Sensor neu positioniert werden. Dies geschieht durch Zugabe oder Wegnahme von Distanzringen zwischen Sensor und Halter. Distanzringe erhalten Sie bei Ihrem BMW-Händler in folgenden Stärken: 0,05, 0,1, 0,2, 0,3, 0,4 und 0,5 mm. Entfernen Sie den Sensor, wie in Kapitel 10 beschrieben, vom Halter, und legen Sie die entsprechenden Ringe dazwischen (siehe Abbildung). Danach sollten Sie die Abstände erneut messen, und das ABS-System von Ihrem BMW-Händler auf korrekten Betrieb überprüfen lassen.

4 Abschließend muß die Sauberkeit kontrolliert werden, es darf sich kein Staub und Dreck zwischen Sensorspitze und Geberring befinden.

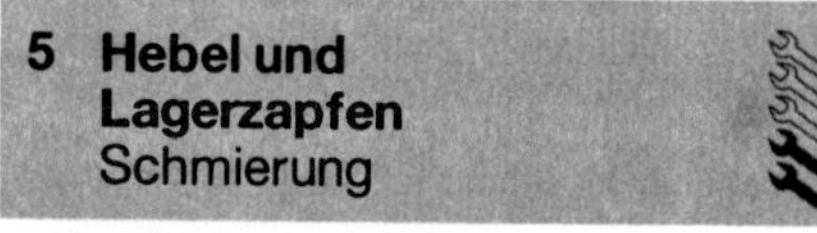

5 Hebel und Lagerzapfen
Schmierung

Handbrems- und Kupplungshebel

1 Zum Entfernen des Handbremshebels ist die Haltemutter zu lösen, danach kann der Lagerzapfen herausgedrückt werden. Beachten Sie dabei die Einbauposition der Unterlegscheiben.

2 Zum Entfernen des Kupplungshebels müssen Sie zuerst den Seilzug lockern, und diesen danach aushängen. Achten Sie darauf, daß die Nippel an beiden Enden des Seilzuges nicht verloren gehen.

3 Zur Schmierung lesen Sie in den entsprechenden Abschnitten in den Kapiteln 3 und 10 des Handbuches nach.

Gaszug

4 Um am Gaszug zu arbeiten, müssen Sie zuerst (falls vorhanden) die Abdeckung an der Drosselklappenanlage entfernen. Entspannen Sie die Seilzugaufnahme an der Drosselklappenanlage, drehen sie danach das Seilzugende vorsichtig nach innen, und lösen Sie den Nippel aus der Aufnahme. Ziehen Sie den Gaszug vorsichtig nach oben, dabei sollten Sie sich die genaue Verlegung merken. Beachten Sie dabei insbesondere die Lage des Gaszuges oberhalb des Luftfilters.

5 Entfernen Sie den Gasgriff, wenn nötig. Entfernen Sie dazu die einzelne Halteschraube des rechten Schalterelements. Lösen Sie die Halteschraube, und nehmen Sie die obere Schalterabdeckung ab, dabei sollten Sie sich die Einbauposition des Gasgriffs merken. Hängen Sie nun das Ende des Gaszugs aus, und entfernen Sie den Gaszug von der Maschine.

6 Beim Zusammenbau sind alle beweglichen Teile des Gasgriffs zu schmieren. Bei einigen Modellen sind Gewichte an den Lenkerenden angebracht. Das rechte ist vor dem Ausbau der Griffe zu entfernen, dazu muß die Halteschraube des Spreitzkonus gelöst und herausgenommen werden. Beim Zusammenbau darf das Gewicht die Freigängigkeit des Gasdrehgriffs nicht behindern. Vor der Montage der oberen Schalterabdeckung sollten Sie sich vergewissern, daß die volle Beweglichkeit des Hebels an der Drosselklappenanlage sichergestellt ist.

7 Achten Sie bei der Montage auf die korrekte Verlegung des Gaszuges, vermeiden Sie hierbei scharfe Knicke und das Berühren anderer Bauteile. Überprüfen Sie die Lage des Seilzuges bei allen Lenkeinschlägen. Der äußere Teil des Seilzuges darf die Abdeckplatte am Lenker nicht berühren, ebenso sollte der direkte Kontakt mit anderen Teilen des Lenkkopfes vermieden werden. Das äußere Ende des Gaszuges sollte sauber an der Drosselklappenanlage anliegen, bei Beschädigungen des Endstückes ist dieses zu ersetzen. Überprüfen Sie, ob die Drosselklappen automatisch zuklappen, wenn der Gasgriff losgelassen wird.

8 Bei einigen 100er-Modellen der Jahre 1983 bis 1985, genauere Angaben kann Ihnen Ihr BMW-Händler machen, wurde ein zusätzliches Massekabel zwischen dem rechten Lenkerschalter und dem Rahmen hinter dem Steuerkopf verlegt. Sollte dieses Kabel fehlen, wird die Erdung über das innere Kabel des Gaszuges hergestellt und der Zug dabei eventuell stark erhitzt, wodurch die Bowdenzug-Hülle verschmoren kann. Insbesondere bei gummigelagerten Lenkerrohren kann die Funktion des Bremslichtschalters gestört sein. Sollten hierzu Fragen auftreten, wenden Sie sich an Ihren BMW-Händler.

6.3 Der Zylinder ist im Verdichtungs-OT, wenn beide Nockenspitzen nach oben zeigen und beide Ventile geschlossen sind – hier Zylinder 1.

Choke-Bowdenzug

9 Um den Choke-Kontrollzug zu entfernen, müssen Sie die Sicherungsschraube am unteren Ende lösen, danach kann der Einsteller gelockert werden. Anschließend lösen Sie das untere Ende des Choke-Zugs aus der Aufnahme an der Drosselklappenbetätigung. Am Lenkerende müssen Sie zuerst die schwarze Plastikabdeckung abnehmen, anschließend lösen Sie die lange Halteschraube, um den Hebel zu entfernen. Achten Sie hierbei auf die Einbaulage der Feder.

Schmierung

10 Überprüfen Sie alle Hebelzapfen auf Schmutz, bei Beschädigung sind diese zu erneuern. Vor jeder Montage sind die Zapfen zu reinigen und zu schmieren.

11 Überprüfen Sie bei allen Bowdenzügen den Zustand der inneren Züge, ebenso den Zustand der Nippel am Ende der Seilzüge. Die äußeren Kabelhüllen sollten auf Scheuerstellen hin untersucht werden, die Enden der Ummantelung dürfen nicht ausgefranst sein. Bei Beschädigungen sind die Bauteile sofort zu ersetzen. Die Hüllen sind mit Teflon, Nylon oder einer anderen selbstschmierenden Schutzschicht beschichtet, sie dürfen nicht mit Öl geschmiert zu werden.

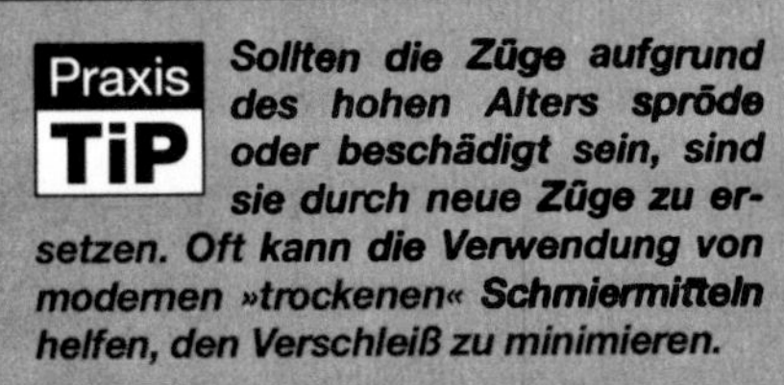

Sollten die Züge aufgrund des hohen Alters spröde oder beschädigt sein, sind sie durch neue Züge zu ersetzen. Oft kann die Verwendung von modernen »trockenen« Schmiermitteln helfen, den Verschleiß zu minimieren.

12 Abschließend sollten alle Nippel und Zapfen mit einigen Tropfen Motoröl oder Maschinenöl geschmiert werden. Schlösser und Schalter sollten ebenfalls mit WD40 oder CRC5-56 geschmiert werden.

Lagerzapfen

13 Gehen Sie nach den genauen Beschreibungen aus Kapitel 2, 8 und 10 vor. Reinigen und schmieren Sie regelmäßig alle Zapfen, den Kupplungsausrückmechanismus und alle Teile des Bremsgestänges. Überprüfen Sie die Fußrasten und alle anderen federunterstützten Teile auf ihre Sicherheit und korrekte Funktion.

6.5 Das Ventilspiel wird wie gezeigt mit einer Fühlerlehre zwischen Nocken und Tassenstößel gemessen.

6 Ventilspiel Überprüfung und Einstellung (Modelle bis 1988)

1 Die Arbeiten sind in zwei Schritte unterteilt. Während die Überprüfung von jedem Besitzer vorgenommen werden kann, ist das Einstellen der Ventile eine kompliziertere Sache. Wer unsicher ist, sollte zuerst diesen Abschnitt durchlesen, um dann zu entscheiden, ob die Arbeiten selbst durchgeführt werden können, oder aber durch einen BMW-Händler ausgeführt werden sollen. Beachten Sie, daß eine Kontrolle des Ventilspiels nicht unbedingt eine Einstellung bedeutet, wenn die Überprüfungen in den vorgeschriebenen Intervallen durchgeführt werden.

Ventilspielüberprüfung

2 Zum Überprüfen des Ventilspiels muß der Motor kalt sein. Entfernen Sie zuerst die Zündkerzen und die äußere rechte Ventilabdekkung, wie in Kapitel 2 beschrieben. Legen Sie einen großen Gang ein, und drehen Sie das Hinterrad solange, bis die Kurbelwelle in der vorgeschriebenen Position steht.

3 Das Ventilspiel wird zwischen Nocken und dem Tassenstössel gemessen. Zur Messung des Auslaß-Ventilspiels muß sich im zu messenden Zylinder der Kolben kurz vor dem oberen Totpunkt (OT) des Verdichtungstaktes befinden. Um das Spiel des Einlaßventils zu messen, muß der Kolben kurz hinter OT stehen. Um festzustellen, ob der Zylinder sich im OT befindet, stecken Sie vorsichtig einen Schraubendreher in die Öffnung der Zündkerze. Durch Drehen des Hinterrades läßt sich nun feststellen, ob die Ventile geöffnet sind und der betreffende Zylinder im OT steht – im Verdichtungstakt müssen beide Ventile geschlossen sein. Der Zylinder steht dann im OT, wenn sich der Schraubendreher beim Drehen des Hinterrades nicht mehr nach oben oder unten bewegt (siehe Abbildung). Ein methodisches Vorgehen erleichtert die Arbeit ganz wesentlich, beginnen Sie immer am vorderen Zylinder (1), und arbeiten Sie sich dann nach hinten durch (75er-Modelle). Bei den 100er-Modellen drehen Sie nach dem ersten Zylinder die Kurbelwelle jeweils eine halbe Umdrehung weiter, dabei prüfen Sie die Zylinder in der Reihenfolge 1 – 3 – 4 – 2.

4 Wenn die Abdeckung der Zündanlage entfernt wurde, können Sie die Kurbelwelle auch mit Hilfe eines Schlüssels, den Sie auf die Rotorhalteschraube setzen, gegen den Uhrzeigersinn drehen.

5 Egal, welche Methode Sie verwenden, bringen Sie die Nockenwelle in die richtige Position, und messen Sie den Abstand zwischen den Nocken und den Tassenstösseln mit einer Fühlerblattlehre (siehe Abbildung). Wenn das korrekte Meßblatt sich mit leichtem Schlupf zwischen Nocken und Tassenstössel bewegen läßt, ist das Ventilspiel richtig. Führen Sie die Messung an allen Ventilen in der o.a. Reihenfolge durch.

6 Sollte das Ventilspiel nicht korrekt sein, sind die entsprechenden Ausgleichsplättchen zu wechseln. Die Stärke der zu verwendenden Plättchen hängt von der Größe der Abweichung ab. Die Arbeitsabläufe sind im folgenden Abschnitt beschrieben.

Einstellung des Ventilspiels mit Spezialwerkzeug

7 Die Ausgleichsplättchen werden auf folgende Weise ausgetauscht. Zuerst wird der Federniederhalter (BMW-Teilenummer 11 1 721) angesetzt, um den Tassenstössel nach unten zu drücken. Danach wird das Distanzstück (BMW-Teilenummer 11 1 722) so zwischen Nocken und Tassenstössel gesetzt, daß das Einstellplättchen frei beweglich ist. Mit einer Spitzzange oder der Spezialzange (BMW-Teilenummer 1 11 730) kann nun das Plättchen herausgenommen werden. Nur wenn diese Spezialwerkzeuge vorhanden sind, kann das Einstellen der Ventile vorgenommen werden.

8 Stellen Sie die Nockenwelle so, daß die Nockenspitze genau gegenüber dem einzustellenden Ventil steht, und drehen Sie die Schlitze am Rand des Tassenstössels so, daß

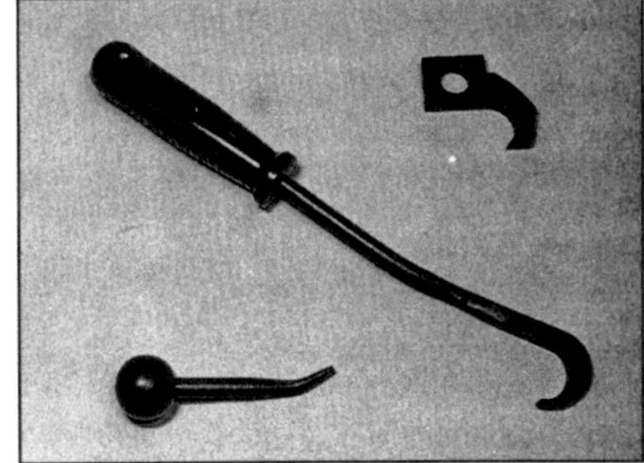

6.7 Wenn die Nockenwellen eingebaut bleiben, werden zum Einstellen des Ventilspiels spezielle Werkzeuge benötig.

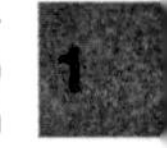

6.8a Setzen Sie den Federniederhalter unter die Nockenwelle, und drücken Sie den Hebel herunter (Auslaßventile) . . .

6.8b . . . bzw. herauf (Einlaßventile), bis die Ventile soweit heruntergedrückt sind, daß das Distanzstück eingesetzt werden kann.

6.8c Die Plättchen können herausgenommen werden, wenn die Schlitze verdreht wurden – überprüfen Sie den Sitz des Distanzstücks am Stößel.

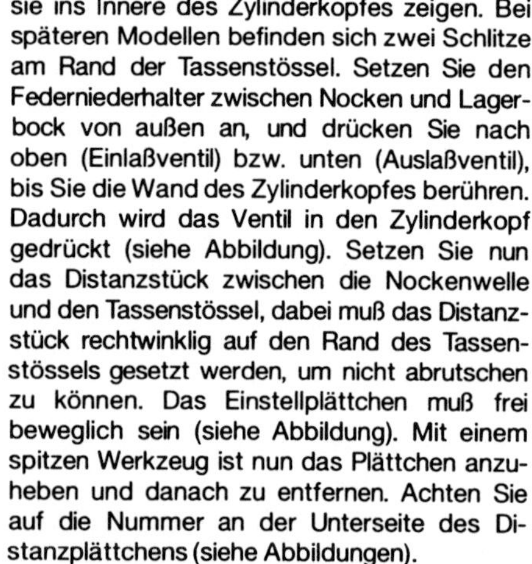

sie ins Innere des Zylinderkopfes zeigen. Bei späteren Modellen befinden sich zwei Schlitze am Rand der Tassenstössel. Setzen Sie den Federniederhalter zwischen Nocken und Lagerbock von außen an, und drücken Sie nach oben (Einlaßventil) bzw. unten (Auslaßventil), bis Sie die Wand des Zylinderkopfes berühren. Dadurch wird das Ventil in den Zylinderkopf gedrückt (siehe Abbildung). Setzen Sie nun das Distanzstück zwischen die Nockenwelle und den Tassenstössel, dabei muß das Distanzstück rechtwinklig auf den Rand des Tassenstössels gesetzt werden, um nicht abrutschen zu können. Das Einstellplättchen muß frei beweglich sein (siehe Abbildung). Mit einem spitzen Werkzeug ist nun das Plättchen anzuheben und danach zu entfernen. Achten Sie auf die Nummer an der Unterseite des Distanzplättchens (siehe Abbildungen).

9 Distanzplättchen gibt es in 0,05-mm-Schritten von 2,0 bis 3,0 mm Stärke. Zum Einstellen der Ventile sollten Sie sich die Stärke des vorgefundenen Plättchens notieren, falls die Nummer auf der Unterseite fehlt, ist die Stärke mit einer Mikrometerschraube zu messen (siehe Abbildung). Sollte das Spiel zu klein gewesen sein, nehmen Sie eine um den fehlenden Betrag dünnere Scheibe, und kontrollieren Sie anschließend das Spiel. Bei zu großem Spiel müssen Sie die entsprechend dickere Scheibe einsetzen, anschließend ist wieder das Spiel zu kontrollieren. Normalerweise reichen Ersatz-Plättchen mit einem Schritt mehr oder weniger.

Praxis TiP ***Man kann Kosten sparen durch den Austausch der Plättchen untereinander, so daß nur eine kleine Anzahl Plättchen neu gekauft werden muß.***

10 Bei der Montage der Plättchen ist darauf zu achten, daß die Seite mit der Nummer unten liegt. Dadurch soll verhindert werden, daß die Nockennase die Nummer abschleift. Die Plättchen müssen vollständig in ihrer Aufnahme sitzen (siehe Abbildung). Setzen Sie den Federniederhalter erneut an, drücken das Ventil nieder und entfernen dann das Distanzstück. Lassen Sie danach das Ventil vorsichtig nach oben gleiten. Drehen Sie abschließend die Schlitze am Tassenstössel eine volle Umdrehung herum, um den richtigen Sitz des Plättchens zu kontrollieren. Messen Sie erneut das Ventilspiel, und halten Sie den Wert schriftlich fest. Verfahren Sie bei allen anderen Ventilen genauso.

11 Haben Sie alle Ventile eingestellt und überprüft, sollte der Motor einige Umdrehungen durchgedreht werden. Wenn Sie hierfür den Elektrostarter verwenden, beachten Sie bitte die Sicherheitshinweise aus Kapitel 7 zum Schutz der Zündanlage. Danach sind nochmals alle Ventile zu überprüfen. Sollte alles in Ordnung sein, montieren Sie den Zylinderkopfdeckel wie in Kapitel 2 beschrieben. Bei auffälligen Änderungen des Ventilspiels sollte die Drosselklappensynchronisation, wie in Kapitel 6 beschrieben, überprüft werden.

Anmerkung: *Notieren Sie bei jeder Überprüfung Datum, Kilometerstand und alle wichtigen Daten wie ursprüngliches Ventilspiel, Stärke der alten und neuen Plättchen und neues Ventilspiel. Dadurch ergibt sich ein genaues Bild über den Verschleiß des Ventilantriebs, insbesondere über die Überprüfungsintervalle einzelner Ventile. Auch lassen sich so schwere Motorschäden eventuell vermeiden. Plättchen zu kaufen ist günstiger, als neue Ventile und Ventilsitze zu beschaffen. Die Plättchen können sich nach dem Einfahren setzen, erneutes Einstellen ist trotzdem selten erforderlich.*

Einstellen des Ventilspiels ohne Spezialwerkzeuge

12 Besitzer, die sich das nötige Spezialwerkzeug nicht beschaffen wollen oder können, sollten wissen, daß es trotzdem möglich ist, das Ventilspiel einzustellen. Dies erfordert allerdings eine wesentlich umfangreichere Arbeit, auch muß schon bei der Messung sehr ordentlich vorgegangen werden. Das Verfahren ist nur sehr grob dargestellt, für detailliertere Informationen lesen Sie bitte in den entsprechenden Sektionen von Kapitel 2 nach.

13 Messen und notieren Sie sorgfältig die Werte aller Ventile (siehe oben). Sollten Einstellarbeiten nötig sein, entfernen Sie die vordere und rechte äußere Motorabdeckung. Entfernen Sie die Nockenwellen, wie in Kapitel 2 beschrieben.

6.8d Die Nummer ist auf der Unterseite des Plättchens angebracht, sie gibt Auskunft über die Stärke (hier 2,05 mm).

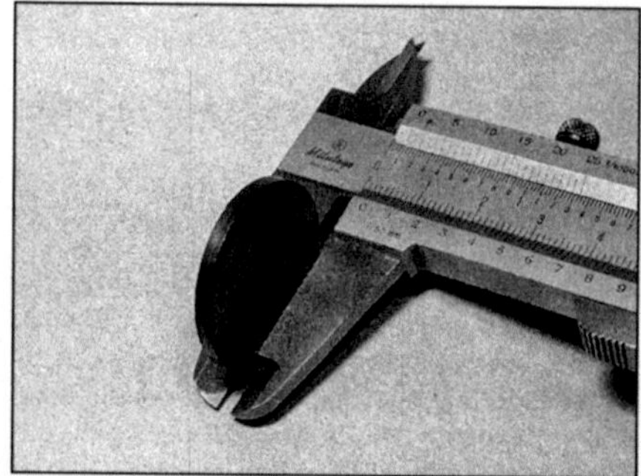

6.9 Bei undeutlicher Nummer müssen Sie die Stärke des Plättchens mit einer Schieblehre oder Mikrometerschraube messen.

6.10 Montieren Sie die Plättchen mit der Nummer nach unten, und überprüfen Sie die korrekte Lage in der Aufnahme.

7.1a Entfernen Sie die Kerzenabdeckung vom Zylinderkopfdeckel . . .

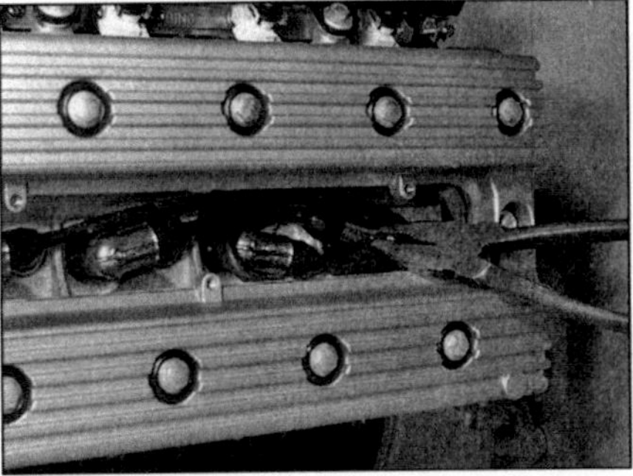

7.1b . . . und ziehen Sie mit einer Zange die Kerzenstecker ab, merken Sie sich vorher die genaue Einbaulage der Zündkabel.

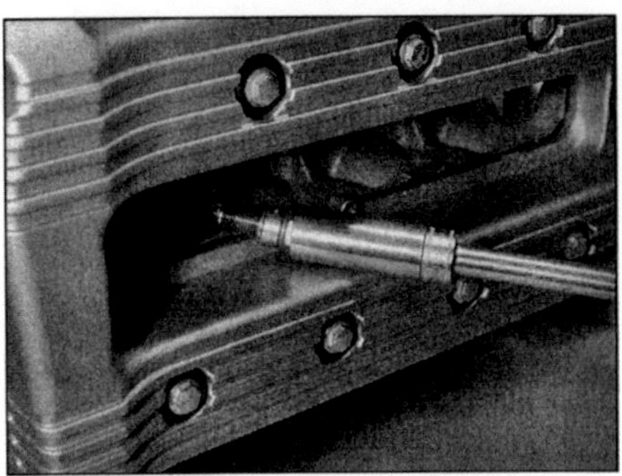

7.1c Zündkerzen sollten als Satz ausgetauscht werden, wenn eine Kerze die Verschleißgrenze erreicht oder überschritten hat.

14 Bedenken Sie, daß nur eine Nockenwelle zur Zeit entfernt werden sollte, ansonsten droht Unordnung. Beim Abnehmen der Plättchen müssen Verwechslungen vermieden werden. Entfernen Sie die Nockenwelle sehr langsam und vorsichtig und ersetzen Sie sie durch Holzstücke, um die Plättchen an ihrem Platz zu sichern.

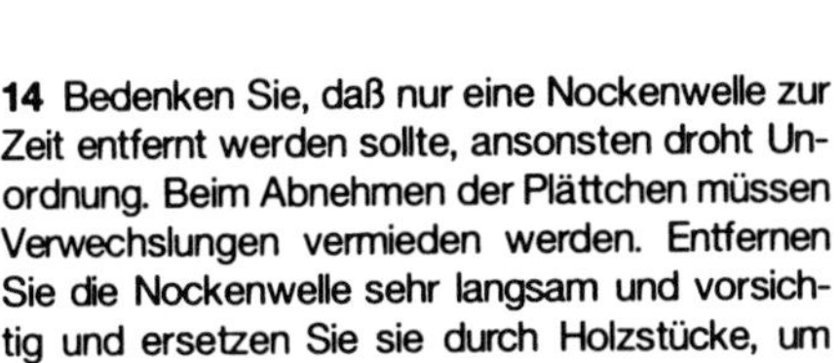

15 Notieren Sie die Stärken der Plättchen, und tauschen Sie diese gegen dünnere oder dickere aus. Setzen Sie sie vorsichtig in die Tassenstößel.

16 Haben Sie alle erforderlichen Ventile eingestellt, montieren Sie die Nockenwelle, justieren diese und legen die Steuerkette auf. Abschließend kontrollieren Sie das Ventilspiel. Haben Sie sorgfältig gearbeitet, dürfte das Ventilspiel stimmen, ansonsten wiederholen Sie den Vorgang. Notieren Sie alle wichtigen Daten, um ein vollständiges Bild über den Verschleiß des Ventilantriebs zu erhalten. Nach dem Abschluß aller Einstellarbeiten montieren Sie die äußeren Motorabdeckungen, ebenso alle anderen abgebauten Teile. Bei auffälligen Abweichungen des Ventilspiels ist eine Überprüfung der Drosselklappensynchronisation, wie in Kapitel 6 beschrieben, notwendig.

7 Zündkerzen
Überprüfung und Einstellung

1 Sie sollten diese Arbeiten nur bei kaltem Motor durchführen, oder aber Sie müssen sehr vorsichtig arbeiten, um sich nicht am heißen Zylinderkopf zu verbrennen. Lösen Sie die drei Halteschrauben, und entfernen Sie die Zündkerzenabdeckung von der linken Motorabdekkung (siehe Abbildung). Merken Sie sich die genaue Einbaulage der Zündkabel, bevor Sie die Kerzenstecker lösen (siehe Abbildung). Vor dem Herausdrehen der Zündkerzen sollten Sie Schmutz aus dem äußeren Teil des Kerzenkanals entfernen. Dann schrauben Sie die Zündkerzen heraus. Markieren Sie die Kerzen, um Sie später wieder den richtigen Zylindern zuordnen zu können (siehe Abbildung).

2 Verwenden Sie eine Fühlerblattlehre, um den Elektrodenabstand zu messen (siehe Abbildungen). Das BMW-Zündsystem ist so sensibel, daß alle Kerzen ausgetauscht werden müssen, sollte eine Zündkerze das erlaubte Maß von 0,8 mm überschreiten. Ist dies der Fall, oder sollte eine Kerze anderweitig beschädigt sein, so sind alle Kerzen durch vorgeschriebene neue Zündkerzen zu ersetzen. Sollten Sie Fragen zu den erlaubten Kerzentypen haben, wenden Sie sich bitte an Ihren BMW-Händler. Von der richtigen Art und dem richtigen Wärmewert hängt die Qualität der Verbrennung ab, alternativ können Sie NGK-Kerzen vom Typ D7EA verwenden. Der Einbau wird weiter unten beschrieben.

3 Sollten die Kerzen in einem akzeptablen Zustand sein, ist der korrekte Elektrodenabstand einzustellen. Vergleichen Sie das Kerzenbild mit den Abdeckungen auf der Innenseite des hinteren Buchumschlags. Sollte der Verdacht eines Fehlers vorliegen, müssen Sie sich schleunigst den Rat eines Experten einholen, der die alten Kerzen begutachten kann. Der Wärmewert der Kerzen ist auf den Normalbetrieb abgestellt, Veränderungen des Wärmewertes (kälter oder heißer) sollten nur nach Rücksprache vorgenommen werden.

4 Reinigen Sie die Elektroden vorsichtig mit einem kleinen Messer oder etwas Schleifpapier von allen Verbrennungsrückständen. Zerstören Sie dabei nicht die Mittelelektrode oder den Keramikfuß. Eine Reinigung durch Sandstrahlen ist nicht zu empfehlen, da hierbei die Gefahr besteht, daß Teilchen zwischen den Isolationsfuß und den metallischen Rand der Kerzen geraten. Diese können später in den Brennraum gelangen und dort schwere Schäden verursachen. Übermäßig stark verschmutzte Kerzen sind zu erneuern.

1

5 Nach der Reinigung sollten die gegenüberliegenden Teile der Elektrode abgeflacht werden, hierzu verwenden Sie am besten eine flache Feile oder eine Nagelfeile. Egal welche Methode oder welches Werkzeug Sie verwenden, stellen Sie sicher, daß sich vor dem Einbau kein Schmutz oder Abrieb an der Zündkerze befindet. Sollten Sie die abschließende Reinigung nicht durchführen, können schwere Schäden die Folge sein.

6 Vor jedem Einbau, egal ob neue Kerze oder gereinigte Kerzen, sollten Sie den Elektrodenabstand messen. Nutzen Sie hierzu ein Zündkerzenmeßkreis oder eine Fühlerblattlehre. Zum Einstellen des Elektrodenabstands dür-

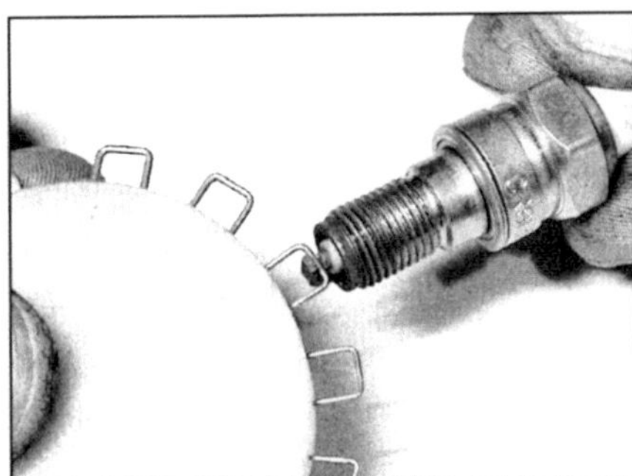

7.2a Eine Rund-Meßlehre kann zum Messen des Elektrodenabstands verwendet werden.

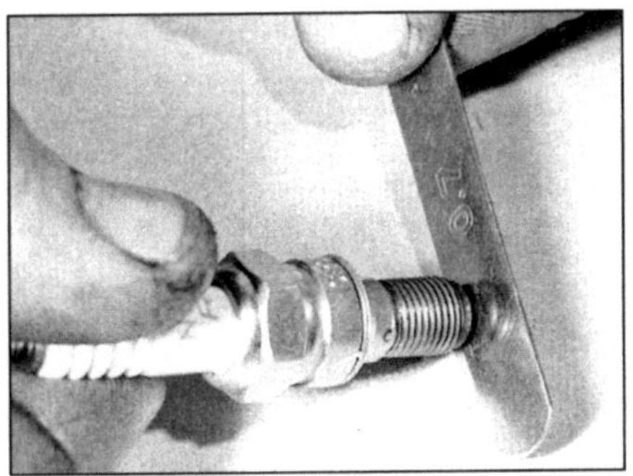

7.2b Oder verwenden Sie eine Fühlerblatt-Meßlehre zum Messen.

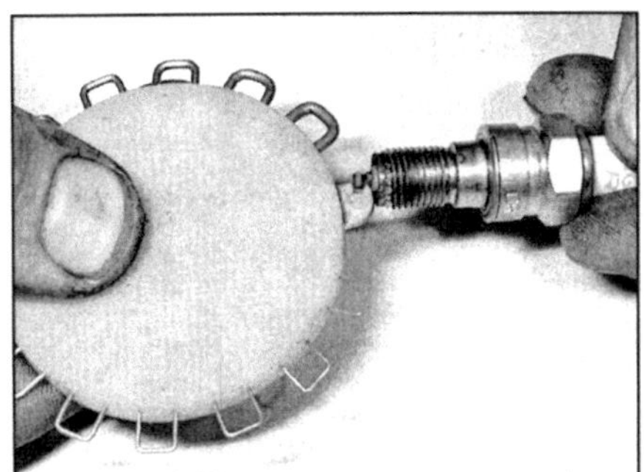

7.2c Der Elektrodenabstand wird durch Verbiegen der Seitenelektrode erreicht.

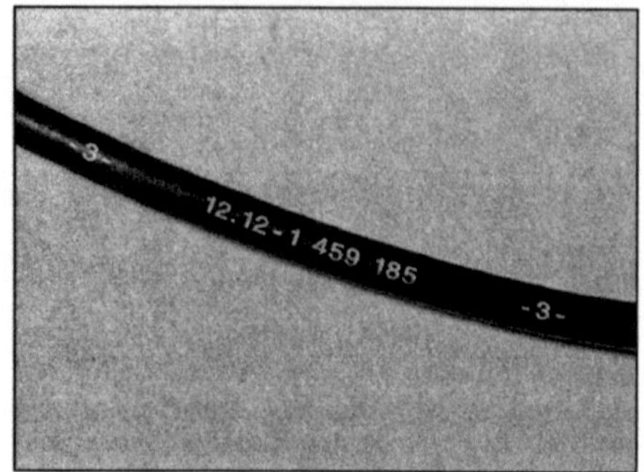

7.9 Die Zündkabel sind mit Nummern versehen, um den korrekte Anschluß zu gewährleisten.

fen Sie nur die äußere Elektrode biegen. Versuchen Sie niemals, die innere Elektrode zu verändern, ein Schaden am Porzelanfuß wäre die Folge.

7 Vor dem Einsetzen der Kerzen sollten Sie die Gewinde mit etwas Kupferpaste einfetten, dadurch können Schäden am Gewinde vermieden werden. Drehen Sie die Kerzen nur handfest herein, gebrauchte Kerzen danach eine viertel Umdrehung, und neue Kerzen maximal eine halbe Umdrehung mit dem Kerzenschlüssel, um die Gasdichtigkeit sicherzustellen – vermeiden Sie jedoch ein Überdrehen der Kerzen. Verwenden Sie nur passendes Werkzeug, gegebenenfalls einen Drehmomentschlüssel, um die Kerzen mit dem erlaubten Drehmoment anzuziehen.

Praxis TiP ***Um ein Verkanten der Kerzen beim Hineindrehen zu vermeiden, schieben Sie einen Schlauch auf den oberen Teil der Kerzen. Mit diesem Hilfsmittel können Sie die Kerzen führen und hereinschrauben. Sollte die Kerze allerdings verkantet auf dem Gewinde sitzen, wird der Schlauch auf der Kerze durchrutschen, dadurch können Schäden am Kerzengewinde und am Motorgehäuse vermieden werden.***

8 Beim Überdrehen der Kerzen können die Gewinde im Motorgehäuse zerstört oder herausgedreht werden. Ein defektes Gewinde kann, ohne den Zylinderkopf zu entfernen, mit Gewinde-Reparatureinsätzen repariert werden.

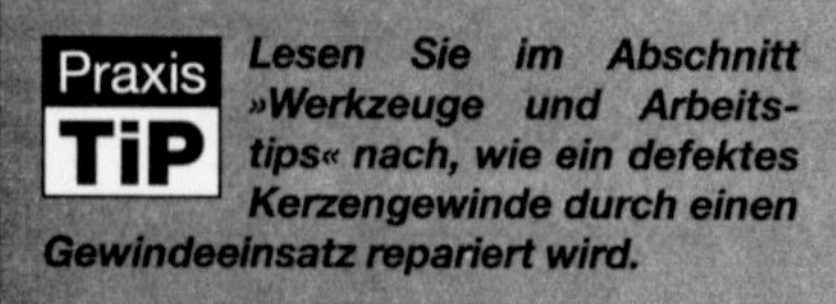

Praxis TiP ***Lesen Sie im Abschnitt »Werkzeuge und Arbeitstips« nach, wie ein defektes Kerzengewinde durch einen Gewindeeinsatz repariert wird.***

9 Vor dem Aufsetzen der Kerzenstecker sollten Sie sich von der korrekten Einbaulage aller Zündkabel überzeugen. Die Kabel sind zur Einbauhilfe numeriert (siehe Abbildung).

8 Luftfilterelement
Reinigung

1 Demontieren Sie den Luftfilter, wie im ersten Teil von Kapitel 6, Sektion 14, beschrieben.

2 Blasen Sie das Filterelement von oben nach unten mit einem Druckluftgerät durch, grobe Teile sind von außen mit einer weichen Bürste zu entfernen.

3 Sollte die Maschine in sehr staubigen und schmutzigen Gebieten häufig eingesetzt werden, kann es sinnvoll sein, den Filter bei jedem Reinigungsintervall zu erneuern.

9 Batterie
Kontrolle

1 Die Batterie muß regelmäßig überprüft werden, dieses sollte mindestens alle drei Monate geschehen.

2 Bei einem Schnelltest müssen nur die Sitzbank und die beiden Seitendeckel abgenommen werden (siehe Kapitel 8). Wenn die Pole überprüft werden, oder aber destilliertes Wasser nachgefüllt werden muß, müssen zu ihrem Ausbau das Gepäckfach und die Zündeinheit entfernt werden (siehe Kapitel 6).

3 Um die Batterie vollständig auszubauen, müssen Sie zuerst die Sitzbank entfernen und die beiden Seitendeckel abnehmen. Danach lösen Sie das Werkzeugfach und entfernen die Zündeinheit. Klemmen Sie die Kabel von den Batteriepolen ab (Minus immer zuerst), und lösen Sie den Entlüftungsschlauch. Entfernen Sie die langen Halteschrauben mit dem Haltebügel (siehe Abbildung). Bedenken Sie, daß dadurch der Ausgleichsbehälter der Kühlanlage nicht mehr befestigt ist, dieser ist separat zu sichern. Drücken Sie nun die Batterie nach hinten, und heben Sie sie nach oben heckwärts heraus.

4 Beim Einbau sollten Sie die Batterie sehr vorsichtig in den Aufnahmekasten setzen, die Pole müssen dabei nach vorne zeigen. Setzen Sie den Entlüftungsschlauch wieder auf den Entlüftungsstopfen an der Batterie auf, achten Sie hierbei auf eine knickfreie Verlegung. Sie sollten vorher die Durchgängigkeit des Schlauchs überprüfen. Das Schlauchende sollte keine Fahrzeugteile berühren, dies gilt insbesondere für das Hinterrad und die Auspuffanlage (siehe Abbildung). Setzen Sie den Kühlwasserausgleichsbehälter auf seine Gummilagerungen, und befestigen Sie den Batteriehaltebügel. Ziehen Sie die Halteschrauben nicht zu fest an, sonst kann das Batteriegehäuse reißen. Achten Sie darauf, daß die Batteriepole sauber und mit dem vorgeschriebenen Schmiermittel gegen Korrosion geschützt sind. Befestigen Sie die Kabel (Plus zuerst), und ziehen Sie die Schrauben an. Abschließend schieben Sie die Abdekkungen über die Pole (siehe Abbildung).

5 Um den Flüssigkeitsstand der Batterie zu überprüfen, müssen Sie die Maschine waage-

9.3 Die Batterie und der Kühlwasser-Ausgleichsbehälter werden durch einen gemeinsamen Bügel gehalten – entfernen Sie die Halteschrauben zur Demontage.

9.4a Stellen Sie sicher, daß der Entlüftungsschlauch durchgängig ist und frei von Knikken verlegt wurde.

9.4b Die Batterieanschlüsse müssen immer sauber und fest angeschraubt sein.

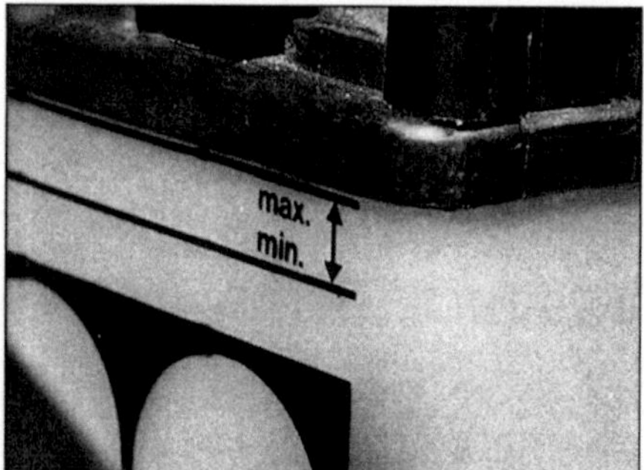

9.5 Der Flüssigkeitsstand sollte zwischen den Markierungen liegen.

recht aufstellen. Wenn Markierungen an der Batterie angebracht sind, sollte der Flüssigkeitsspiegel zwischen den Markierungen liegen. Sind keine Markierungen angebracht, so sollte der Flüssigkeitsspiegel etwa 5–10 mm unter der oberen Plastikabdeckung liegen (siehe Abbildung). Sollte es notwendig sein, Flüssigkeit nachzufüllen, so entfernen Sie zuerst den Haltebügel, und öffnen danach die Verschlußstopfen der Batterie. Verwenden Sie nur destilliertes Wasser zum Auffüllen der Batterie. Schließen Sie anschließend die Stopfen, und befestigen Sie den Haltebügel.

Praxis TiP

Da die Öffnungen der Batterie sehr klein sind, ist es hilfreich, eine Flasche mit einer spitzen Öffnung oder eine Wegwerfspritze zum Nachfüllen zu verwenden.

6 Der Entlüftungsschlauch muß durchgängig sein, die Verlegung muß knickfrei erfolgen, und es dürfen keine anderen Teile berührt werden (siehe oben). Sollten die Pole verschmutzt oder die Schraubverbindungen gelockert sein, sind die Kabel abzunehmen, und die Pole zu reinigen. Ziehen Sie die Schrauben beim Zusammenbau vorsichtig – und nicht zu fest – an.

Benetzen Sie die Pole mit etwas Petroleum, oder fetten Sie sie mit säurefreiem Fett ein, dadurch wird die Korrosion verhindert.

7 Überprüfen Sie immer den festen Sitz der Polschrauben, und stellen Sie sicher, daß die Abdeckungen korrekt befestigt sind. Die Sicherungen sollten fest sitzen, und die Kontaktflächen müssen sauber und frei von Korrosion sein. Es sollten immer Sicherungen der richtigen Stärke eingesetzt sein. Ebenso sollte immer ein genügender Vorrat an benötigten Ersatz-Sicherungen vorhanden sein.

8 Überprüfen Sie die Batterie regelmäßig auf Verschlammung. Diese kann durch Überladung oder durch lange Intervalle der Entladung entstehen. Eine gute Batterie sollte keine oder nur geringe Sedimente aufweisen, die Platten sollten glatt und von brauner oder grauer Farbe sein. Sollten die Sedimente bis zum unteren Ende der Platten reichen, sind die Platten verzogen oder weisen Löcher auf, ist die Batterie schadhaft und muß erneuert werden. Bedenken Sie, daß eine schadhafte Batterie für viele Schäden in der elektrischen Anlage verantwortlich sein kann.

9 Sollte die Maschine längere Zeit nicht benutzt werden, ist die Batterie auszubauen und regelmäßig zu laden. Dies sollte alle 4 bis 6 Wochen geschehen (siehe Kapitel 11).

10 Abschließende Untersuchung

Überprüfen Sie folgende Punkte regelmäßig:

a) *Überprüfen Sie die Radachse auf das richtige Anzugsdrehmoment.*
b) *Überprüfen Sie die Funktion des Kupplungsmechanismus und der Schaltung.*
c) *Überprüfen Sie die Lenkung.*
d) *Überprüfen Sie Räder, Bremsen und Reifen.*
e) *Überprüfen Sie die Beleuchtungsanlage, Instrumente und andere elektrische Bauteile.*
f) *Überprüfen Sie die Leerlaufdrehzahl, und stellen Sie diese gegebenenfalls ein.*

Große Inspektion

11 Getriebe
Ölwechsel

1 Vor dem Getriebeölwechsel muß die Maschine ausreichend warm gefahren werden.

2 Stellen Sie die Maschine auf den Hauptständer, entfernen Sie die Einfüll- und Ablaßschraube, und lassen Sie das Öl in ein geeignetes Gefäß fließen (siehe Abbildung). Während das Öl abläuft, sollte Sie sorgfältig die Ablaßschraube reinigen. Entfernen Sie alle metallischen Rückstände von dem Magneten der Ablaßschraube. Erneuern Sie den Dichtring vor dem Einbau. Wenn das Öl vollständig abgeflossen ist, schrauben Sie die Ablaßschraube wieder herein, und ziehen diese mit dem vorgeschriebenen Drehmoment an.

Bauen Sie sich einen Abweiser aus Pappe, damit das Öl nicht mehr über oder auf den Hauptständer fließt.

3 Befüllen Sie das Getriebe anschließend mit der richtigen Ölmenge und -sorte, überprüfen Sie danach den Ölstand, wie in Abschnitt 4 beschrieben.

12 Endantriebsgehäuse
Ölwechsel

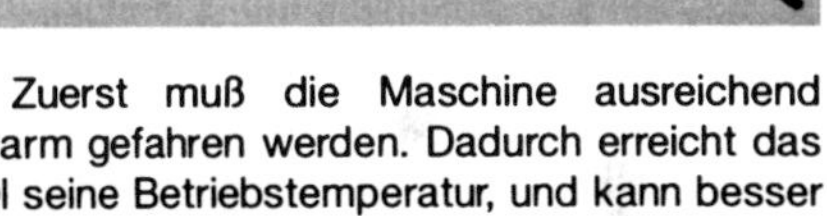

1 Zuerst muß die Maschine ausreichend warm gefahren werden. Dadurch erreicht das Öl seine Betriebstemperatur, und kann besser abgelassen werden.

2 Stellen Sie das Motorrad auf den Hauptständer, der Untergrund muß eben sein. Entfernen Sie die Einfüll- und die Ablaßschraube, damit das Öl abfließen kann (SA). Verwenden Sie einen Abweiser aus Pappe, um das Öl beim Ablassen von Reifen und Felge fernzuhalten.

11.2 Die Getriebeölablaßschraube ist mit einem Magneten versehen – reinigen Sie ihn sorgfältig.

12.2 Die Ablaßschraube des Endantriebs befindet sich am unteren Teil des Gehäuses.

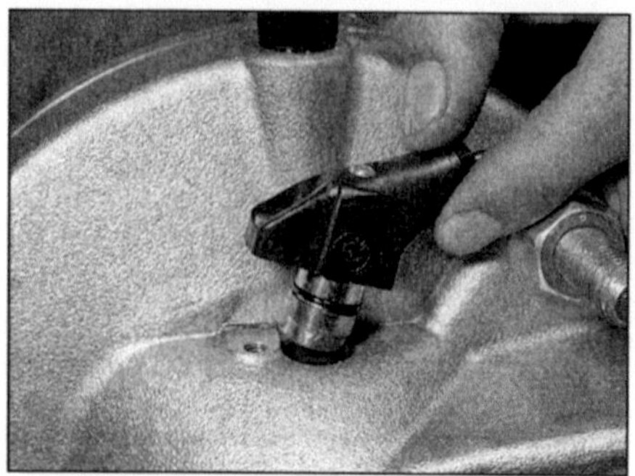

14.1 Der Tachometerimpulsgeber muß regelmäßig zum Reinigen ausgebaut werden.

3 Erneuern Sie die Dichtungen, wenn diese beschädigt sein sollten. Reinigen Sie beide Schrauben gründlich vor dem Einbau, insbesondere sind metallische Reste am Magneten der Ablaßschraube zu entfernen. Nachdem das Öl vollständig abgelaufen ist, setzen Sie beide Schrauben wieder ein, und ziehen Sie sie mit dem vorgeschriebenen Drehmoment an. Befüllen Sie nun den Endantrieb mit dem vorgeschriebenen Öl.
4 Überprüfen Sie den Ölstand, wie in Abschnitt 2 beschrieben.

13 Vorderradgabel
Ölwechsel

1 Decken Sie zuerst Rad und Bremse ab, damit kein Öl auf diese Teile gelangt. Stellen Sie danach ein Gefäß mit ausreichender Aufnahmekapazität unter die Gabeln. Lösen Sie die Ablaßschraube (die kleine Sechskantschraube hinten unten am Tauchrohr).
2 Komprimieren Sie die Gabel durch Herunterdrücken, achten Sie dabei auf herausspritzendes Öl. Warten Sie einige Minuten, und wiederholen Sie den Vorgang.
3 Bevor Sie die Ablaßschrauben wieder hereindrehen, erneuern Sie gegebenenfalls die Dichtungen. Ziehen Sie die Ablaßschrauben mit dem vorgesehenen Drehmoment an. Anschließend entfernen Sie die oberen Plastikstopfen an den Standrohren, dazu kann es nötig sein, die Lenkerabdeckung zu entfernen, um ausreichend Platz zum Arbeiten zu schaffen.
4 Schrauben Sie die Einfüllschrauben am oberen Ende der Standrohre heraus. Stellen Sie die Maschine auf den Hauptständer, und legen Sie einen Holzklotz unter den Motorblock, so daß die Gabel voll entspannt ist (Vorderrad frei über dem Boden).
5 Befüllen Sie die Holme nun mit der entsprechenden Menge des vorgeschriebenen Öls (siehe Kapitel 8). Verwenden Sie niemals normales Gabelöl, BMW schreibt die Verwendung von Ölen bis maximal SAE 3 vor. Normale Gabelöle sind bis zu 10mal dickflüssiger, wodurch sich die Fahreigenschaften stark verschlechtern würden. Überprüfen Sie den Ölstand durch Einschieben einer etwa 1 Meter langen und 5 mm starken Stange. Die Ölstände müssen in beiden Gabelrohren gleich sein. Schrauben Sie anschließend die Verschlußschrauben wieder hinein, und ziehen Sie diese mit dem vorgeschriebenen Drehmoment an. Abschließend befestigen Sie die Plastikkappen und alle anderen abgebauten Teile.
6 Entfernen Sie den Holzklotz, nehmen Sie die Maschine vom Hauptständer, ziehen die Vorderradbremse und pumpen anschließend etwa fünf- bis zehnmal. Danach sollte der ursprüngliche Dämpfungseffekt eingetreten sein.

14 Tachometer-impulsgeber
Reinigung

1 Entfernen Sie die einzelne Halteschraube, und nehmen Sie den Impulsgeber vorsichtig aus dem Gehäuse des Endantriebs (siehe Abbildung). Reinigen und entfetten Sie den Impulsgeber, überprüfen Sie ihn danach auf Beschädigungen. Vor der Montage ist die Dichtung zu überprüfen und gegebenenfalls zu erneuern. Ziehen Sie beim Einbau die Halteschraube an, aber gehen Sie dabei vorsichtig vor, um sie nicht zu überdrehen.

15 Luftfiltereinsatz
Erneuerung

1 Bauen Sie das Filterelement, wie in Kapitel 6 beschrieben, aus. Setzen Sie das neue Filterelement ein, achten Sie hierbei auf den korrekten Sitz (siehe Abbildung). Sichern Sie die obere Gehäusehälfte durch das Einschnappen der Halteclips (siehe Abbildung). Etwas Fett auf die Dichtflächen erhöht die Dichtwirkung, insbesondere beim Einsatz unter sehr feuchten oder staubigen Bedingungen.

16 Kühlsystem
Überprüfung

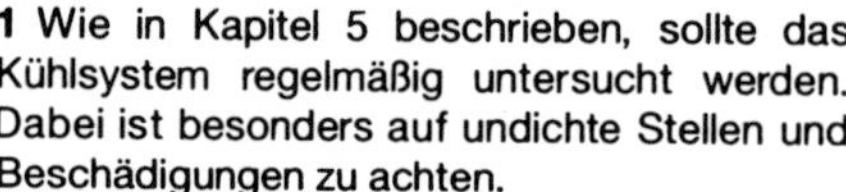

1 Wie in Kapitel 5 beschrieben, sollte das Kühlsystem regelmäßig untersucht werden. Dabei ist besonders auf undichte Stellen und Beschädigungen zu achten.
2 Überprüfen Sie den Kühlflüssigkeitsstand wie im Abschnitt *»Tägliche Kontrolle«* beschrieben.
3 Die Kühlflüssigkeit muß alle zwei Jahre ausgetauscht werden.

17 Kupplung
Überprüfung und Einstellung

1 Die Kupplung ist korrekt eingestellt, wenn der Abstand zwischen dem Kupplungshebel und Griffhalter stimmt, und wenn die Kupplung weich trennt und verbindet (siehe Abbildung).
2 Zum Einstellen der Kupplung ist zuerst die Kontermutter am Kupplungshebelhalter zu lösen, danach wird der Abstand zwischen dem vorderen Ende des Ausrückhebels und der unteren Seilzugaufname eingestellt. Dieser Abstand sollte etwa 75 ± 1 mm betragen (siehe Abbildungen), abschließend ist die Einstellung mit der Kontermutter zu sichern.
3 Lösen Sie die Kontermutter am Einstellerhebel hinten am Getriebe. Verdrehen Sie die Einstellschraube um ein bis zwei Umdrehungen,

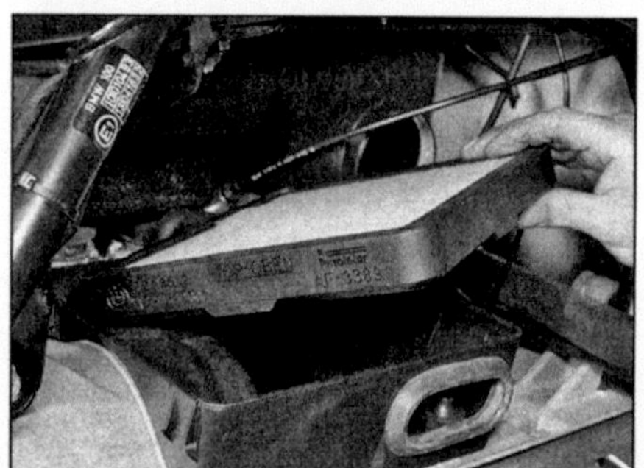

15.1a Vergewissern Sie sich, daß der Filtereinsatz korrekt eingebaut wurde. Dadurch wird das Eindringen von Schmutz in den Motor vermieden.

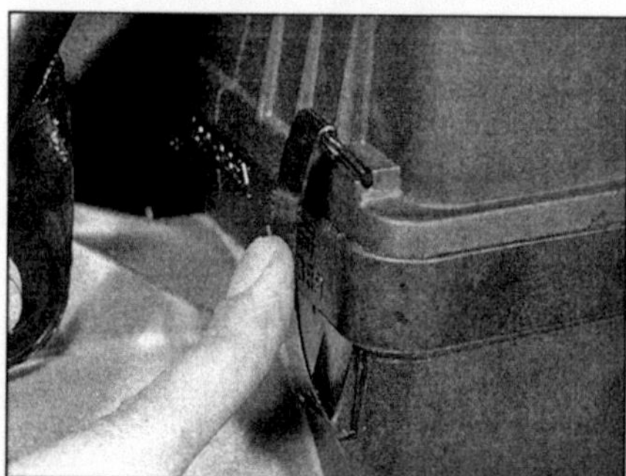

15.1b Die obere Hälfte des Luftfiltergehäuses ist durch Federclips gesichert.

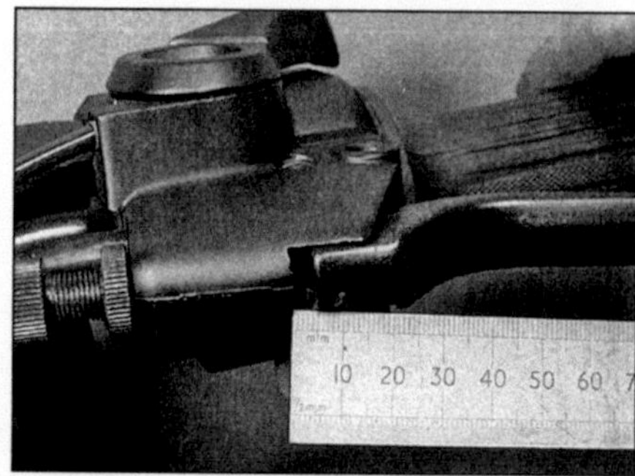

17.1 Messung des freien Spiels am Kupplungshebel – hier am 100er Modell gezeigt.

17.2a Benutzen Sie die Einstellschraube am Griffhebel, . . .

17.2b . . . um die korrekte Länge des inneren Seilzuges einzustellen.

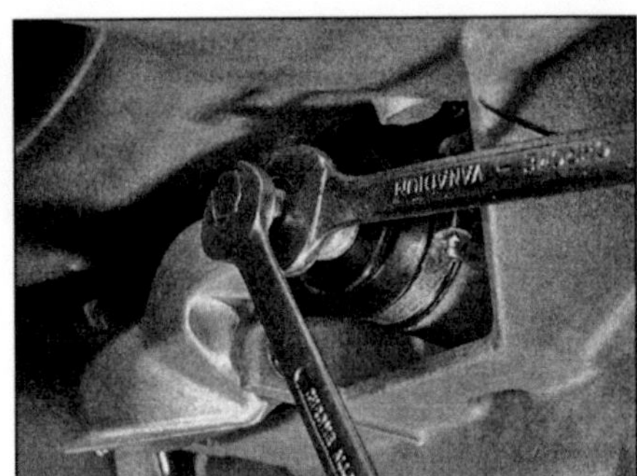

17.3a Die Einstellung wird am Mechanismus des Ausrückhebels vorgenommen.

um zu sehen, ob der Kupplungszug spannungsfrei ist. Drehen Sie danach die Schraube wieder hinein, bis leichter Widerstand fühlbar ist. Überdrehen Sie dabei nicht diese Schraube. Halten Sie die Schraube fest, und sichern Sie sie mit der Kontermutter (siehe Abbildung). Stellen Sie das Spiel am Kupplungshebel ein, und sichern Sie es mit der Kontermutter. Betätigen Sie die Kupplung mehrmals, damit sich der Zug setzen kann. Überprüfen Sie nun erneut das Kupplungsspiel, und stellen Sie es gegebenenfalls ein. Ölen Sie den Kupplungszug sowie alle Nippel und Hebel mit den vorgeschriebenen Mitteln. Falls vorhanden, überprüfen Sie das Rückholsystem des Seitenständers, es darf das freie Spiel des Kupplungsseilzugs nicht behindern (siehe Abbildung).

4 Sollte die Kupplung rutschen oder schleifen, oder sollte sie sehr schwergängig sein, ist sie zur Kontrolle zu zerlegen. Um eine bessere Funktionsfähigkeit zu erreichen, sind alle Teile, wie in Kapitel 3 beschrieben, zu schmieren.

18 Zündkerzen
Erneuerung

1 Die Zündkerzen sollten unabhängig von ihrem Zustand regelmäßig ausgetauscht werden. Überprüfen Sie vor dem Einbau den korrekten Wärmewert und den richtigen Elektrodenabstand (siehe Sektion 7).

19 Kraftstoffsystem
Überprüfung

1 Alle Leitungen des Kraftstoffsystems sind auf undichte Stellen hin zu untersuchen, wie in Kapitel 6 beschrieben. Überprüfen Sie die Einstellung und Beweglichkeit der Drosselklappenanlage, sowie die des Choke-Bowdenzuges. Überprüfen Sie die Leerlaufeinstellung. Bedenken Sie, daß eine deutliche Änderung des Ventilspiels als Ursache eine Veränderung der Drosselklappensynchronisation haben kann. Gegebenenfalls ist die Synchronisation einzustellen.

2 Der Kraftstoffilter muß in regelmäßigen Intervallen erneuert werden (siehe Sektion 26).

20 Scheibenbremsbeläge
Verschleißkontrolle und Erneuerung

Anmerkung: *Ab 1989 wurden Sintermetallbeläge an den vorderen Scheibenbremsen verwendet. Diese Beläge dürfen nicht in die Vorgängermodelle eingebaut werden. BMW hat zur Sicherheit die rückwärtigen Metallplatten verbreitert, so daß eine Verwendung bei früheren Modellen nicht möglich ist.*

1 Um die Stärke des Verschleißes und den Grad der Beschädigung feststellen zu können, sind die Plastikabdeckungen der Bremszangen zu entfernen (siehe Abbildung). Sollte ein

17.3b Einige Modelle sind mit einem Rückholsystem für den Seitenständer ausgerüstet.

Bremsbelag beschädigt sein, oder sollte die Verschleißgrenze an einem Punkt erreicht sein, so sind alle vier Beläge der Vorderradbremse zu erneuern. Sollten die Beläge verschmutzt oder leicht verölt sein, sind sie zur Reinigung und Begutachtung auszubauen.

2 Treiben Sie mit einem geeigneten Werkzeug die zwei Haltestifte von innen nach außen (siehe Abbildung), achten Sie darauf, daß die Haltefeder nicht herausspringt. Entfernen Sie den zentralen Haltestift, und entnehmen Sie die beiden Bremsbeläge (siehe Abbildung).

3 Sollten die Beläge an irgend einer Stelle unter 1,5 mm dick (siehe Abbildung), stark verschmutzt, verölt oder stark beschädigt sein, sind sie paarweise auszutauschen. Es gibt keinen befriedigenden Weg, Belagmaterial zu entfetten. Sollten die Beläge noch einmal ver-

20.1 Entfernen Sie die Plastikabdeckung vom Bremssattel, um die Beläge kontrollieren zu können.

20.2a Nehmen Sie Hammer und Dorn, um die Haltestifte herauszutreiben – verlieren Sie nicht die Haltefeder oder den zentralen Stift.

20.2b Entfernen Sie die Bremsbeläge, aber merken Sie sich die Einbaulage – achten Sie auf ungleichmäßigen Verschleiß.

20.3 Bremsbeläge müssen paarweise ausgetauscht werden, wenn einer oder beide die Verschleißgrenze erreicht oder unterschritten haben.

20.5a Beim Einbau müssen die Bremsbeläge an der Scheibe anliegen, . . .

wendet werden, so sind sie mit einer ölfreien sauberen Drahtbürste zu reinigen. Entfernen Sie alle Spuren von Straßendreck und Korrosion, Fremdkörper sind mit einem spitzen Werkzeug aus dem Belag zu entfernen. Glänzende Stellen sollten mit etwas Schleifpapier aufgerauht werden.

4 Werden beim Zusammenbau neue Bremsbeläge verwendet, müssen zuerst die Bremskolben auseinandergedrückt werden. Dadurch wird der Platz geschaffen, den neue Beläge mehr einnehmen. Das Auseinanderdrücken sollte von Hand erfolgen können. Ist dies nicht möglich, sind die Bremskolben auszubauen und zu reinigen, wie in Kapitel 10 beschrieben. Beim Auseinanderdrücken ist der Flüssigkeitsstand im Vorratsbehälter zu beobachten. Sollte er zu hoch steigen, muß die überflüssige Bremsflüssigkeit mit einem sauberen Lappen abgesaugt werden. Vermeiden Sie Bremsflüssigkeits-Spritzer auf lackierten Flächen.

5 Fetten Sie die Haltestifte vor dem Zusammenbau leicht ein. Kupferpaste darf nur auf die Rückseiten der Beläge aufgebracht werden, vermeiden Sie jeden Kontakt mit dem eigentlichen Bremsbelag. Montieren Sie vorsichtig die Beläge in die Bremssättel, und halten Sie sie vorsichtig mit dem ersten Haltestift fest. Befestigen Sie nun vorsichtig den zentralen Haltestift, legen Sie anschließend die Feder unter den ersten (siehe Abbildungen), und über den zentralen Haltestift. Drücken Sie nun die Feder herunter, und führen Sie den zweiten Stift ein, dabei muß die Feder unter den zweiten Haltestift liegen (siehe Abbildung). Montieren Sie abschließend die Plastikabdeckung.

6 Betätigen Sie nun vorsichtig mehrfach dem Bremshebel, um die Bremsbeläge an die Scheibe zu führen. Beobachten Sie dabei den Flüssigkeitsstand im Vorratsbehälter. Werden alte Beläge verwendet, kann es notwendig sein, den Bremsflüssigkeitsstand durch Nachfüllen von Bremsflüssigkeit über die Minimum-Marke zu erhöhen. Bei neuen Belägen kann es notwendig sein, Bremsflüssigkeit zu entfernen. Setzen Sie abschließend den Deckel mit der Dichtung auf.

7 Bevor Sie mit der Maschine fahren, ist eine Dichtigkeitskontrolle der Bremsanlage nötig. Die Vorderradbremse muß einwandfrei arbeiten. Bedenken Sie, daß neue oder überarbeitete Bremsbeläge eingebremst werden müssen, um die volle Bremsleistung zu erzielen. Neue Beläge sollten die ersten 100 bis 150 Kilometer vorsichtig eingebremst werden.

21 Bremsflüssigkeit
Erneuerung

1 Hydraulische Bremsflüssigkeit muß regelmäßig ausgetauscht werden, um eine gleichbleibende Bremswirkung sicherzustellen. Überalterte Bremsflüssigkeit zieht mit der Zeit Wasser, damit wird der Siedepunkt gesenkt und die Bremsleistung gemindert.

2 Bevor Sie mit den Arbeiten beginnen, besorgen Sie sich einen ausreichend großen Behälter mit geeigneter Bremsflüssigkeit. Lesen Sie

20.5b . . . bevor der erste Haltestift eingeschoben wird, danach wird der zentrale Haltestift eingeführt und die Feder wie gezeigt befestigt, . . .

20.5c . . . um abschließend unter den zuletzt eingeführten zweiten Haltestift gespannt zu werden.

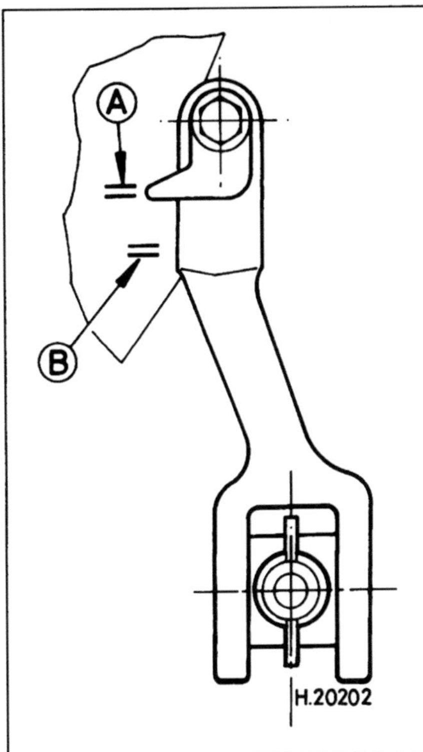

22.3 Verschleißanzeiger der hinteren Trommelbremse

A Maximale Belagdicke
B Minimale Belagdicke

die entsprechenden Sektionen in Kapitel 10 durch. Stecken Sie einen langen durchsichtigen Plastikschlauch auf jeden Entlüftungsnippel, und stellen Sie ein ausreichend großes Gefäß darunter. Öffnen Sie nun die Entlüftungsnippel etwa ¼ bis ½ Umdrehung, und betätigen Sie den entsprechenden Bremshebel, dadurch wird die alte Bremsflüssigkeit herausgepumpt. Der Vorratsbehälter muß immer bis mindestens Minimum aufgefüllt sein, ansonsten kann Luft in das System eindringen, was ein Entlüften der Anlage notwendig machen würde.

3 BMW empfiehlt, daß vor dem Austausch der Bremsflüssigkeit die Bremsbeläge auszubauen sind, um die Bremskolben vollständig zurückschieben zu können. Bei den vorderen Bremsen sind beide Seiten der Bremsanlage einzubeziehen, dadurch kann sichergestellt werden, daß die alte Bremsflüssigkeit vollständig erneuert wird. Abschließend füllen Sie den Vorratsbehälter, wie im Abschnitt *»Vor jeder Fahrt«* beschrieben, auf.

Praxis TiP ***Alte Bremsflüssigkeit ist dunkler als neue, daher kann man gut im Schlauch erkennen, wann die alte Bremsflüssigkeit vollständig herausgepumpt wurde.***

22 Trommelbremse
Überprüfung und Einstellung

1 Das Bremspedal kann eingestellt werden, um der normalen Fußhaltung des Fahrers angepaßt zu werden. Dafür muß die Schraube unterhalb des hinteren Bremslichtschalters verdreht werden, zuerst muß dazu deren Kontermutter gelöst werden.

2 Zum Einstellen muß das Motorrad auf den Hauptständer gestellt werden, das Hinterrad muß frei über dem Boden sein. Drehen Sie die Einstellschraube am Ende der Bremsstange hinein, bis Sie beim Drehen des Rades ein Schleifen hören. Dies ist das Zeichen dafür, daß die Beläge Kontakt zur Trommel haben, danach drehen Sie die Einstellschraube etwa drei bis vier Umdrehungen zurück. Dadurch erhalten Sie etwa 15 bis 25 mm freies Spiel am Bremspedal.

3 Der Verschleiß der Bremsbeläge kann am außen angebrachten Verschleißmesser abgelesen werden (siehe Abbildung). Bei korrekt eingestellter Bremse und neuen Belägen muß der Anzeiger auf der Maximum-Marke am Endantriebsgehäuse stehen. Durch den Verschleiß der Beläge wandert der Anzeiger herunter. Sollte der Zeiger auf der Minimum-Marke oder darunter stehen, sind die Beläge verschlissen und sind zu erneuern (siehe Kapitel 10).

4 Sollte die Bremse schwammig arbeiten oder schleifen, insbesondere nachdem das Hinterrad ausgebaut worden war, kann eine Verspannung die Ursache sein. Lösen Sie die Radachsenmutter, drehen das Hinterrad und betätigen die Bremse. Halten Sie die Bremse getreten, während Sie die Achsmutter langsam mit dem vorgeschriebenen Drehmoment anziehen.

5 Überprüfen Sie regelmäßig das Bremsgestänge. Die Bremse arbeitet am wirkungsvollsten, wenn der Winkel zwischen dem Bremsgestänge und dem Bremshebel kleiner als 90° ist. Sollte der Winkel dauerhaft über 90° liegen, arbeitet die Bremse nicht wirkungsvoll. Dann muß der Bremshebel auf der Welle neu positioniert werden. Dazu ziehen Sie den Hebel von der Welle ab, und setzen Sie ihn nach dem Motto »Versuch und Irrtum« in verschiedenen Positionen auf die Wellenverzahnung, bis Sie die korrekte Stellung ermittelt haben. Gehen Sie immer sicher, daß der Bremshebel richtig eingebaut und gesichert wurde, daß der Verschleißmesser richtig arbeitet, und daß die Bremse korrekt eingestellt ist.

23 Räder und Radlager
Überprüfung

Räder

1 Überprüfen Sie das gesamte Rad auf Risse und Ausbrüche, insbesondere an den Speichenangüssen und den Felgenrändern. Allgemein gilt, daß beschädigte Räder immer erneuert werden müssen, da auch kleine Risse unter Belastung zum Bruch des ganzen Rades führen können. Kleine Kerben können vorsichtig mit einer Feile und feinem (600er oder 1000er) Schleifpapier beseitigt werden. Sollten irgendwelche Zweifel über den Zustand der Räder bestehen, wenden Sie sich an die entsprechenden Fachkräfte.

2 Um Korrosion zu verhindern, ist jedes Rad mit einer schützenden Farb- oder Lackschicht überzogen. Sollte diese Schutzschicht an einer Stelle zerstört sein, wird das Aluminium sofort beginnen zu korrodieren. Diese Korrosion ist an einer weiß/grauen Schicht zu erkennen. Obwohl diese Korrosionsschicht selbst schützend wirkt, ist die entsprechende Stelle sofort zu behandeln und anschließend zu versiegeln.

3 Der Rundlauf der Räder sollte ebenfalls überprüft werden. Dazu wird das Rad möglichst schnell gedreht und dabei ein feststehender Gegenstand an das Rad herangeführt, so läßt sich ein unrunder Lauf erkennen. Sollte die Abweichung hier größer als 0,5 mm sein, ist das Rad zu erneuern. Ist das Rad nach einem Unfall beschädigt, ist die sicherste Methode immer der komplette Austausch. Defekte Radlager führen ebenfalls zu Gleichlaufstörungen, sie sollten zuvor überprüft und umgehend erneuert werden.

4 Harte Schläge und starke Korrosion können auch eine Verminderung des Reifenluftdrucks zur Folge haben. Nehmen Sie bei einem Verdacht auf Radschäden professionelle Hilfe in Anspruch.

Vorderradlager

5 Stellen Sie das Motorrad auf den Hauptständer, und legen Sie einen Holzklotz unter den Motorblock, so daß das Vorderrad frei vom Boden ist. Versuchen Sie nun, das Rad von oben nach unten zu bewegen und es auf die Achse zu verschieben. Sollte dabei Spiel auftreten, sind die Radlager, wie in Kapitel 10 beschrieben, zu wechseln.

Hinterradlager

6 Stellen Sie das Motorrad auf den Hauptständer, so daß das Hinterrad frei vom Boden ist. Halten Sie nun das Rad oben und unten fest, und versuchen Sie es seitlich zu bewegen. Sollten Sie hierbei Spiel fühlen, bringen Sie die Maschine zu einem BMW-Händler, um die Lager des Endantriebs überprüfen zu lassen. Es darf an der Radnabe kein Axialspiel fühlbar sein.

24 Lenkkopflager
Überprüfung und Einstellung

1 Zum Prüfen des Lenkkopflagerspiels ist das Motorrad auf den Hauptständer zu stellen, das Vorderrad sollte frei vom Boden sein. Fassen

26.1 Der Kraftstoff-Filter sollte bei jeder zweiten größeren Inspektion erneuert werden, bei Bedarf natürlich öfter.

Sie die Tauchrohre unten an und versuchen Sie, die Gabel nach vorne und hinten zu bewegen. Dabei dürfen Sie kein Spiel feststellen. Die Gabel muß leicht zu jeder Seite fallen, und sie darf sich nicht schwergängig über die Geradeaus-Stellung bewegen lassen. Bei den 75er-Modellen müssen zuvor die Halteschrauben des Fluidbloc-Lenkungsdämpfers entfernt werden.

2 Zum Einstellen des Lenkkopflagerspiels entfernen Sie zuerst die Lenkerabdeckung und den Kraftstofftank. Bei Maschinen mit rahmenfester Verkleidung sind alle inneren Verkleidungsteile zu lösen, die einem Zugang zu den Gabelklemmschrauben im Wege sind. Bei allen Modellen sind die unteren Gabelbrückenklemmschrauben zu lösen, die Standrohre müssen in der unteren Gabelbrücke frei beweglich sein.

3 Bei allen 100er-Modellen und bei frühen 75er-Modellen sind die oberen Lenkrohrschrauben zu lösen und die Rändelmutter zu drehen, bis die Einstellung stimmt. Ziehen Sie nach der Justierung die oberen Klemmschrauben mit dem vorgeschriebenen Drehmoment an. Ziehen Sie die unteren Klemmschrauben wieder an, und befestigen Sie alle abgebaute Teile wieder.

4 Bei späten 75er-Modellen lösen Sie zuerst die Kontermuttern, anschließend lösen Sie die Einstellmutter. Drehen Sie die Rändelmutter unter der oberen Gabelbrücke, bis die Einstellung stimmt. Ziehen Sie die Einstellmutter und anschließend die Kontermutter mit den vorgeschriebenen Drehmomenten an. Ziehen Sie die unteren Gabelbrückenklemmschrauben vorschriftsmäßig fest und montieren Sie alle abgebauten Teile wieder an.

5 Kontrollieren Sie bei allen Modellen die Festigkeit aller Halteschrauben. Überprüfen Sie die Freigängigkeit der Lenkung zwischen den Lenkanschlägen, sie darf weder Spiel aufweisen, noch schwergängig sein.

25 Schwingenlager
Überprüfung

1 Stellen Sie die Maschine auf den Hauptständer, überprüfen Sie das Spiel durch Ziehen und Schieben am Ende des Schwingarms. Sollte Spiel vorhanden sein, demontieren Sie die linke Fußrastenhalteplatte, und lösen Sie die Kontermutter der Lagerzapfenhalterung.

2 Ziehen Sie die Halteschraube am Lagerzapfen so fest wie möglich an, verwenden Sie dabei jedoch nur einen normalen Inbusschlüssel ohne Verlängerung. Nun lösen sie die Schraube vollständig, und ziehen Sie anschließend mit dem vorgeschriebenen Drehmoment wieder an. Halten Sie die Schraube in Position, und ziehen Sie danach die Kontermutter – wenn möglich vorschriftsmäßig – an.

3 Sollte noch immer Spiel fühlbar sein, sind die Schwingenlager defekt und müssen erneuert werden.

4 Zum Abschmieren der Schwingenlager muß die Schwinge ausgebaut werden (siehe Kapitel 9).

26 Kraftstoffilter
Austausch

1 Der Kraftstoffilter muß bei jeder zweiten Inspektion ausgetauscht werden. Wird Kraftstoff minderer Qualität verwendet, sollte der Austausch bei jeder Inspektion erfolgen (siehe Kapitel 6).

27 Endantriebswellen-verzahnung
Schmierung

1 Der Hersteller schreibt vor, daß bei diesem Wartungsintervall die Antriebswellen zu schmieren sind. Dies ist besonders wichtig für Maschinen mit hoher Laufleistung.

2 Lesen Sie im Kapitel 9 die Sektionen 2 und 4 für den Ein- und Ausbau durch, ebenfalls finden Sie in diesem Kapitel alles über die empfohlenen Schmiermittel.

28 Ventilspiel
Überprüfung und Einstellung (Modelle ab 1989)

Das Vorgehen entspricht dem aus Abschnitt 6, nur daß der Hersteller dies hier nur alle 15.000 Kilometer vorschreibt.

Kapitel 2
Motor

Inhalt (in alphabetischer Reihenfolge, die Zahlen geben die Numerierung in den grauen Feldern wieder)

Schwierigkeitsgrade

Leicht. Für Anfänger mit wenig Erfahrung geeignet. 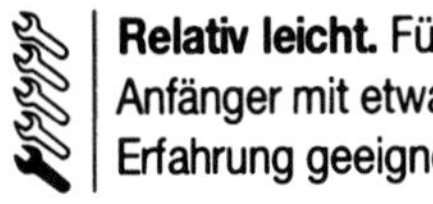	**Relativ leicht.** Für Anfänger mit etwas Erfahrung geeignet. 	**Relativ schwierig.** Geeignet für geübte Selbstschrauber. 	**Schwer.** Geeignet für Mechaniker mit Erfahrung. 	**Sehr schwer.** Geeignet für Experten und Profis.

Technische Daten

Motor

Bohrung	67 mm	
Hub	70 mm	
	K 75-Modelle	**K 100-Modelle**
Anzahl der Zylinder	3	4
Hubraum	740 ccm	987 ccm
Verdichtung	11,0 : 1	10,2 : 1
Nennleistung (Kw/PS – U/min)	55/75 – 8500	66/90 – 8000
Max. Drehmoment (Nm – U/min)	68 – 6750	86 – 8000
Zylinder-Identifizierung	Durchnumeriert von vorne nach hinten; Nummer 1 an Steuerkettenseite	
Zündfolge		
75er-Modelle	3 – 1 – 2	
100er-Modelle	1 – 3 – 4 – 2	
Drehrichtung gegen den Uhrzeigersinn	Blickrichtung von vorne	

Kompressionsdruck

Gut	über 10,0 bar
Normal	8,5 bis 10,0 bar
Schlecht	unter 8,5 bar

Ventilsteuerzeiten – 3 mm geöffnet

Einlaß öffnet	5° vor OT
Einlaß schließt	27° nach UT
Auslaß öffnet	28° vor UT
Auslaß schließt	5° vor OT

Ventilspiel – Motor kalt

Einlaß	0,15 bis 0,20 mm
Auslaß	0,25 bis 0,30 mm

Nockenwelle und Stößel

Nockenwellen-Lagerzapfen	
Vorderes Drucklager	29,980 bis 29,993 mm
Alle anderen Lager	23,980 bis 23,993 mm
Zylinderkopf-Lagerbohrung	
Vorderes Drucklager	30,020 bis 30,041 mm
Alle anderen Lager	24,020 bis 24,041 mm
Radiallaufspiel	0,027 bis 0,061 mm
Nockengrundkreis	30,000 mm
Nockenhub	
Einlaß	9,3927 mm
Auslaß	9,3819 mm
Tassenstößeldurchmesser	33,475 bis 33,491 mm
Stößelbohrung	33,500 bis 33,525 mm
Tassenstößel/Zylinderkopf-Spiel	0,009 bis 0,050 mm

Ventile, Führungen und Federn

Ventiltellerdurchmesser	
Einlaß	34 mm
Auslaß	30 mm
Ventiltellerrand-Dicke	
Standard	1,350 bis 1,650 mm
Verschleißgrenze	1,000 mm
Max. Schlag des Ventiltellers	0,030 mm
Ventil-Gesamtlänge	
Einlaß	111,000 mm
Auslaß	110,610 bis 110,810 mm
Ventilschaftdurchmesser	
Einlaß	6,960 bis 6,975 mm
Auslaß	6,945 bis 6,960 mm
Ventilführung-Bohrung	7,000 bis 7,015 mm
Ventilschaftspiel	
Einlaß – Standard	0,025 bis 0,055 mm
Auslaß – Standard	0,040 bis 0,070 mm
Verschleißgrenze	0,150 mm
Ventilführung-Gesamtlänge	45 mm
Ventilführung Außenmaß	12,964 bis 13,044 mm
Zylinderkopfbohrung Innenmaß	13,000 bis 13,018 mm
Übergröße Ventilführung	+ 0,2 mm
Ventilwinkel	44° 10′ bis 44° 30′
Ventilsitzbreite	1,5 mm
Übermaß-Ventilsitz	+ 0,2 mm
Ventilfederlänge	44,500 mm
Federkraft bei 29mm Prüflänge	740 bis 800 N

Zylinderblock

Bohrung	66,995 bis 67,005 mm
Kolbeneinbauspiel	
Standard	0,030 bis 0,040 mm
Verschleißgrenze	0,080 mm

Kolben und Kolbenbolzen

Kolben Standard AD	**Klasse A**	**Klasse B**
Mahle nominal	66,970 mm	66,980 mm
Mahle tatsächlich	66,963 bis 66,977 mm	66,973 bis 66,987 mm
KS nominal	66,973 mm	66,983 mm
KS tatsächlich	66,966 bis 66,980 mm	66,976 bis 66,990 mm
Gewichtsklasse	+ oder – auf dem Kolbenboden eingeschlagen, alle Kolben müssen die gleiche Klasse haben	
Kolbenbolzen	17,996 bis 18,000 mm	
Bohrung im Kolben	18,002 bis 18,006 mm	
Kolbenbolzenspiel	0,002 bis 0,010 mm	

Kolbenringe

1. Kolbenring (oberer)	
Höhe	1,178 bis 1,190 mm
Stoßspiel	0,250 bis 0,450 mm
Ringnutspiel – 75er-Mod. (Mahle)	0,050 bis 0,082 mm
Ringnutspiel – 75er-Mod. (KS)	0,040 bis 0,072 mm
Ringnutspiel – 100er-Modelle	0,013 bis 0,027 mm
2. Kolbenring (mittlerer)	
Höhe	1,478 bis 1,490 mm
Stoßspiel	0,250 bis 0,450 mm
Ringnutspiel – 75er-Mod. (Mahle)	0,040 bis 0,072 mm
Ringnutspiel – 75er-Mod. (KS)	0,030 bis 0,062 mm
Ringnutspiel – 100er-Modelle	0,012 bis 0,026 mm
Ölabstreifring	
Höhe	2,975 bis 2,990 mm
Stoßspiel	0,200 bis 0,450 mm
Ringnutspiel	0,020 bis 0,055 mm

Pleuelstangen und Pleuelfußlager

Zul. Gewichtsdifferenz der Pleuel (ohne Lagerschalen)	± 4 Gramm

Anmerkung: Alle Pleuel müssen der gleichen Gewichtsklasse/Farbcode angehören

Pleuelbohrung oberes Auge (ohne Buchse)	20,000 bis 20,021 mm
Pleuelfußlager Innenmaß	41,000 bis 41,016 mm
Pleuelfuß-Lagerbreite	21,883 bis 21,935 mm
Hubzapfenlagerbreite	22,065 bis 22,195 mm
Pleuelfußlagerspiel, axial	0,130 bis 0,312 mm
Hubzapfendurchmesser	37,976 bis 38,000 mm
Größenklassen	
weiß	37,976 bis 37,984 mm
grün	37,984 bis 37,992 mm
gelb	37,992 bis 38,000 mm
Hubzapfen, Radialspiel	0,030 bis 0,066 mm
Untermaß Kurbelwellenlager	
1. Stufe (1 Farbmarkierung)	– 0,25 mm
2. Stufe (2 Farbmarkierungen)	– 0,50 mm

Kurbelwelle und Hauptlager

Kurbelgehäuselagerbohrung	49,000 bis 49,016 mm
Kurbelwellen-Axialspiel	0,080 bis 0,183 mm
Drucklagerbreite	
Standard	23,000 mm
1. Untermaß (Kurbelwelle um 0,25 mm abgeschliffen)	23,200 mm
2. Untermaß (Kurbelwelle um 0,50 mm abgeschliffen)	23,400 mm
Hauptlagerschalendurchmesser	44,976 bis 45,000 mm
Größenklassen	
weiß	44,976 bis 44,984 mm
grün	44,984 bis 44,992 mm
gelb	44,992 bis 45,000 mm
Hauptlagerspiel, radial	0,020 bis 0,056 mm
Untermaß Kurbelwellenlager	
1. Stufe (1 Farbmarkierung)	– 0,25 mm
2. Stufe (2 Farbmarkierungen)	– 0,50 mm

Primärantrieb

Übersetzungsverhältnis – Kurbelwelle/Ausgangswelle	1 : 1

Anzugs-Drehmomente – K 75-Modelle

Zylinderkopfdeckelschrauben (links)	8 ± 1 Nm
Kurbelgehäusedeckelschrauben (rechts)	8 ± 1 Nm
Steuerkettendeckelschrauben (vorne)	7 ± 1 Nm
Obere Steuerkettenführungsschienen-Torxschrauben	9 ± 1 Nm
Nockenwellen-Lagerschild-Muttern	9 ± 1 Nm
Kettenritzelschrauben Nockenwelle	54 ± 6 Nm
Steuerkettenspanner-Halteschrauben	9 ± 1 Nm
Kurbelwellen-Ritzel und Rotorflansch-Halteschraube	50 ± 6 Nm
Zylinderkopfschrauben – Gewinde leicht eingeölt	
1. Stufe	30 ± 4 Nm
2. Stufe (nach 20 Minuten)	45 ± 5 Nm
Pleuelfußlager	
1. Stufe	30 ± 3 Nm
2. Stufe Anzugswinkel von	80°
Kurbelwellenlagerbock-Schrauben	50 ± 6 Nm
Motorgehäuseunterteil an Zylinderkopf	
M 10-Schrauben – Ausgangswelle hinten	40 ± 5 Nm
M 8-Schrauben – Ausgangswelle vorne	18 ± 2 Nm
M 6-Schrauben	7 ± 1 Nm
Öl-/Wasserpumpenhalteschrauben	7 ± 1 Nm
Zwischenwellenlager-Sicherungsschrauben	9 ± 1 Nm
Kupplungsgehäuse-Torx-Schrauben	9 ± 1 Nm
M 6-Schrauben Anlasserfreilauf-Gehäuse/Zwischenwelle	9 ± 1 Nm
Schraube Lichtmaschinen-Flansch/Zwischenwelle	33 ± 4 Nm
Rahmenbefestigung der Antriebseinheit	40,5 ± 4 Nm

Anzugs-Drehmomente – K 100-Modelle

Zylinderkopfdeckelschrauben – nur frühe Modelle	7 Nm
Zylinderkopfdeckelschrauben (links)	8 ± 1 Nm
Kurbelgehäusedeckelschrauben (rechts)	8 ± 1 Nm
Steuerkettendeckelschrauben (vorne)	7 ± 1 Nm
Obere Steuerkettenführungsschienen-Torxschrauben	9 ± 1 Nm
Nockenwellen-Lagerschild-Muttern	9 ± 1 Nm
Kettenritzelschrauben Nockenwelle	54 ± 6 Nm
Steuerkettenspanner-Halteschrauben	9 ± 1 Nm
Kurbelwellen-Ritzel und Rotorflansch-Halteschraube	50 ± 6 Nm
Zylinderkopfschrauben – Gewinde leicht eingeölt	
1. Stufe	30 ± 4 Nm
2. Stufe (nach 20 Minuten)	45 ± 5 Nm
Pleuelfußlager	
1. Stufe	30 ± 3 Nm
2. Stufe Anzugswinkel von	80°
Kurbelwellenlagerbock-Schrauben	50 ± 6 Nm
Motorgehäuseunterteil an Zylinderkopf	
M 10-Schrauben – Ausgangswelle hinten	40 ± 5 Nm
M 8-Schrauben – Ausgangswelle vorne	18 ± 2 Nm
M 6-Schrauben	7 ± 1 Nm
Öl-/Wasserpumpenhalteschrauben	7 ± 1 Nm
Zwischenwellenlager-Sicherungsschrauben	9 ± 1 Nm
Kupplungsgehäuse-Torx-Schrauben	9 ± 1 Nm
Anlasserfreilauf-Gehäuse/Zwischenwelle	
M 8-Schrauben	24 Nm
M 6-Schrauben	9 ± 1 Nm
Schraube Lichtmaschinen-Flansch/Zwischenwelle	33 ± 4 Nm
Rahmenbefestigung der Antriebseinheit – frühe Modelle bis 1985	32 Nm
Rahmenbefestigung der Antriebseinheit – Modelle ab 1986	40,5 ± 4 Nm

1 Allgemeine Beschreibung

Der Motor ist ein flüssigkeitsgekühlter Viertakter mit drei (K 75-Modelle) oder vier Zylindern (K 100-Modelle). Die Zylinder liegen längs und flach in Reihe, der Zylinderkopf befindet sich auf der linken und die Kurbelwelle auf der rechten Seite. Alle Gußteile bestehen aus einer Aluminiumlegierung, auch das Kurbelgehäuse ist in Leichtbauweise hergestellt. Die Kolben laufen in elektrolytisch mit Nickel/Silicon-Karbid (»Scanimet«) beschichteten Bohrungen. Die Kühlmittel-Kanäle verlaufen im Zylinderkopf und im Motorblock.

Die geschmiedete Kurbelwelle ist vierfach (75er-Modelle) oder fünffach (100er-Modelle) in geteilten Gleitlagern gelagert. Die Kurbelwelle wird dabei durch verschraubte Lagerböcke mit dem Kurbelgehäuse verbunden. Der hintere Teil der Kurbelwelle ist über Zahnräder mit dem Getriebe verbunden, am vorderen Teil befinden sich ein Kettenrad und ein Rotorflansch, welche die Nockenwellen bzw. die Zündeinheit antreiben.

Die Pleuel sind über Gleitlagerschalen mit der Kurbelwelle verschraubt, die Kolbenbolzen sitzen in Gleitbuchsen im oberen Pleuelauge. Die Kolben tragen jeweils zwei Kompressionsringe und einen Ölabstreifring.

Die Ventile sitzen in einer tiefen Bohrung im Zylinderkopf, sie werden jeweils durch eine Ventilfeder geschlossen. Die Steuerung der Ventile erfolgt durch darüber sitzende Tassenstößel. Zur Sicherstellung des korrekten Ventilspiels befinden sich oben in den Stößeln gehärtete Einstellplättchen, auf diese arbeitet direkt die Nockenwelle.

Die Steuerzeiten werden über zwei im Zylinderkopf liegende Nockenwellen gesteuert. Sie sind durch vier (K 75-Modelle) oder fünf (K 100-Modelle) verschraubte Lagerdeckel mit dem Gehäuse verbunden. Die Nockenwellen werden durch eine einfache Hülsekette angetrieben, die Führung der Kette erfolgt durch mit Kunststoff überzogenen Führungsschienen. Ihre Spannung erhält die Kette durch einen federbelasteten Kettenspanner.

Die Kraft der Kurbelwelle wird über ein großes Zahnrad auf eine zweite unterhalb der Kurbelwelle parallel verlaufende Welle übertragen. Durch die gleiche Größe der Zahnräder erfolgt die Kraftübertragung im Verhältnis 1:1. Durch das in der Ausgangswelle integrierte Anti-Rückschlag-Rad werden die Betriebsgeräusche verringert. Durch diese Welle wird nicht nur die Kraft zur Kupplung und den Antrieb übertragen (siehe Kapitel 3), sondern vom vorderen Ende wird auch die kombinierte Wasser- und Ölpumpe angetrieben. Bei den 75er-Modellen sind zwei Ausgleichsgewichte in der Welle integriert, dadurch werden die Vibrationen des mit 120° Zylinder-Versatzes ausgelegten Motors ausgeglichen. Bei den 100er-Modellen befindet sich ein Gummidämpfer im Inneren der Welle, dieser soll ein Ruckeln im Antrieb verhindern. Das vordere Ende der Welle ist nadelgelagert, das hintere Ende läuft in einem Kugellager. Beide Lager sitzen zwischen dem Haupt-Motorgehäuse und dem unteren Teil des Kurbelgehäuses, welches auch als Ölwanne fungiert.

Das vierte Hauptgehäuse des Motorblocks ist das Kupplungsgehäuse, es enthält die Kupplung und die Antriebsteile des elektrischen Anlassers. Eine Zwischenwelle wird im Verhältnis 1,5 : 1 von der Kurbelwelle angetrieben, im vorderen Teil ist diese Welle nadelgelagert, hinten sitzt sie in einem Kugellager. Die Lichtmaschine ist über einen Dämpfer mit der Zwischenwelle verbunden. Der Starter treibt über ein Vorgelege die Zwischenwelle im Verhältnis 27 : 1 an. Frühe Modelle waren mit einem Drei-Kolben-Anlasser-Freilauf ausgerüstet, spätere Ausführungen besaßen einen 14teiligen Spreiz-Freilauf.

Da die Antriebs- und die Zwischenwelle direkt durch die Kurbelwelle bewegt werden, ist ihre Drehrichtung gegenläufig zur Drehrichtung der Kurbelwelle. Ihre Massen vermindern zusammen mit der Kupplung und der Lichtmaschine die durch das Drehmoment des Motors entstehenden Kippkräfte der Maschine, welche ansonsten einen schlechten Effekt auf das Fahrverhalten hätten.

2 Kompressionstest

1 Um den Zustand des Motors beurteilen zu können, ist es sinnvoll, einen Kompressionstest, wie unten beschrieben, durchzuführen.
2 Um den Test durchführen zu können, muß der Motor betriebswarm sein, die Batterie muß einen ausreichenden Ladezustand haben.
3 Entfernen Sie alle Zündkerzen, und legen Sie sie mit Massekontakt auf dem Zylinderkopf ab. Der Massekontakt ist wichtig, um Schäden an der Zündanlage zu vermeiden. Beachten Sie auch die Sicherheitshinweise aus Kapitel 7 für Arbeiten an der Zündanlage. Vermeiden Sie insbesondere unbeabsichtigte Explosionen des Kraftstoff/Luft-Gemisches.

Warnung: Während Sie einen Zylinder überprüfen, sollten die übrigen Kerzenöffnungen mit Lappen verschlossen sein. Dadurch wird die Gefahr einer Explosion des Gemisches verringert.

4 Setzen Sie ein geeignetes Kompressionsprüfgerät auf eine Kerzenöffnung, öffnen Sie die Drosselklappen voll, und lassen Sie den Motor mit dem Anlasser durchdrehen. Notieren Sie das gemessene Ergebnis.
5 Nach ein bis zwei Umdrehungen der Kurbelwelle sollte ein brauchbares Ergebnis vorliegen. Wiederholen Sie nun den Vorgang bei jedem Zylinder, und notieren Sie sich die Ergebnisse. Es dürfen keine großen Abweichungen innerhalb der Messungen vorliegen. Die gemessenen Werte sollten nun mit den vorgegebenen Werten verglichen werden. Entsprechen die Werte denen der technischen Daten, ist der Motor in einem ordentlichen Zustand.
6 Sollten größere Differenzen zwischen den einzelnen Zylindern vorliegen, oder sollte ein Zylinder sehr schlechte Werte aufweisen, müssen der oder die Zylinder sorgfältig überprüft werden.
7 Bei einem normalen Kompressionstest werden einige Tropfen Öl in die Kerzenlöcher gegeben und der Test wiederholt. Sollte sich danach die Kompression erhöhen, sind vermutlich die Kolbenringe schadhaft, und nicht die Ventile. Da die Dichtwirkung dieser Methode bei liegenden Zylindern schwierig ist, sollten Sie bei einer schlechten Kompression den Motor genauer überprüfen. Suchen Sie die Ursache in verschlissenen Kolbenringen, in schadhaften Ventilen oder in einer schadhaften Zylinderkopfdichtung.

3 Demontage des Motors
Allgemeines

Zeit ist der größte Kostenfaktor einer Überholung, daher bringt der Einbau schadhafter oder zweitklassiger Ersatzteile wenig.

1 Der Motor ist so angebracht, daß viele Arbeiten bei eingebautem Motor erfolgen können. Bei einigen Arbeiten muß allerdings der Motor ausgebaut werden. Dies ist der Fall bei Arbeiten an der Zwischenwelle, den Bauteilen der Starterwellen und der Ausgangs/Ausgleichswelle. Sollte das Kupplungsgehäuse oder die unteren Teile des Motorgehäuses entfernt werden, müssen zuerst das Getriebe und der Endantrieb demontiert werden (siehe Kapitel 4). Danach kann die Kupplung entfernt werden, um Zugang zu den Bauteilen des Zwischenflanschs zu erhalten. Um Schäden am Motor und am Rahmen zu verhindern, muß hierbei sehr vorsichtig vorgegangen werden (siehe Sektion 7).
2 Alle anderen Arbeiten können bei eingebautem Motor und Kupplungsgehäuse erfolgen. Es müssen nicht immer alle Teile entfernt werden, um Zugang zu bestimmten Baugruppen zu erhalten. So ist es z.B. zum Ausbau der Kurbelwelle lediglich nötig, das Kühlwasser abzulassen, die linke, die rechte und die vordere Motorabdeckunge zu entfernen und die Steuerkette abzunehmen. Danach werden die Lagerschalen der Kurbelwelle gelöst, und die Kurbelwelle kann herausgezogen werden.
3 Bei 75er-Modellen ist es notwendig, beim Zusammenbau Markierungen an den Zahnrädern der Kurbelwelle und der Antriebswelle fluchten zu lassen. Sind diese Markierungen nicht sichtbar, wird es nötig, den kompletten

Motor auszubauen, um Markierungen abzubringen. Diese kleine Mehrarbeit verbessert die Arbeitsbedingungen außerdem erheblich.

4 Eine Generalüberholung steht immer dann an, wenn mehr als eine Komponente oder Baugruppe Mängel aufweist. In diesem Fall muß der Motor aus dem Rahmen ausgebaut werden. Dies ist keine allzu schwierige Aufgabe, und man erhält einen hervorragenden Zugriff zu allen Bauteilen. Außerdem läßt sich der Motorblock so hervorragend reinigen, was für den erfolgreichen späteren Zusammenbau ebenfalls notwendig ist.

5 Wenn keine weiteren Hinweise gegeben werden, wird davon ausgegangen, daß Motor und Endantrieb vom Rahmen abgebaut sind, und daß die Kupplung vom Motor getrennt wurde. Ferner wird immer von einer kompletten Überholung des Motors ausgegangen.

4 Demontage des Motorblocks aus dem Rahmen

Anmerkung: *Es ist möglich, den Motor hinter dem Kupplungsgehäuse vom Antrieb zu trennen, dazu müssen allerdings zuerst Endantrieb und Getriebe entfernt werden. (Es ist nicht ratsam, den Motor ohne den zuvorigen Ausbau der zwei Baugruppen zu entfernen. Das Risiko schwerer Schäden ist sehr hoch, außerdem ist es sehr schwierig, die Kupplung mit der Getriebe-Eingangswelle zusammenzufügen. Dies gilt ebenso für die Befestigungen des Motors.) Diese Methode erfordert große Vorsicht beim Zusammenfügen der Getriebeeingangswelle mit der Kupplung. Motor und Rahmen müssen dazu sicher abgestützt sein. Es wird empfohlen, Motor und Antrieb gemeinsam zu entfernen, die Trennung erfolgt später außerhalb des Rahmens. Bei den weiteren Schritten wird diese Annahme vorausgesetzt. Sollten Sie nicht danach vorgehen, sind die Arbeitsgänge bis auf die letzten Schritte jedoch ähnlich. Weiterführende Informationen in Kapitel 4.*

1 Stellen Sie das Motorrad auf den Hauptständer, so daß ein Umkippen nicht möglich ist. Es ist extrem wichtig, das Gewicht der Maschine und des Motors nicht zu unterschätzen. Ein wackeliger Stand kann unvorhergesehene Folgen haben. Wenn möglich, sollte die Maschine auf einer stabilen Herbebühne stehen. Dadurch werden die Arbeiten beim Ausbau erleichtert und die Gesundheit geschont.

2 Lassen Sie das Motoröl ab, und entfernen Sie den Ölfilter, wie in den Wartungsplänen beschrieben.

3 Bei K 75 RT-, K 100 RS-, K 100 RT- und K 100 LT-Modellen ist es nur nötig, die Knieteile, die unteren Verkleidungsteile und die Kühlerabdeckung zu entfernen. Besitzer, die sichergehen wollen, daß keine Schäden an der Verkleidung entstehen, sollten sicherheitshalber die komplette Verkleidung entfernen. Bei K 75 S-Modellen ist es besser, gleich die vollständige Verkleidung zu entfernen. Sollte ein Motorspoiler angebracht sein, muß dieser ebenfalls entfernt werden (siehe Kapitel 8).

4 Entfernen Sie die Sitzbank, beide Seitendeckel, die Kühlerabdeckung sowie den Kraftstofftank (siehe Kapitel 6).

5 Nach dem Entfernen von Baugruppen sollten die entsprechenden Muttern, Schrauben und Bolzen nebst den dazugehörigen Unterlegscheiben, Sprengringen und Gummihalterungen wieder an der dafür vorgesehenen Stelle befestigt werden.

6 Lösen und entfernen Sie das Zündsteuergerät und das Werkzeugfach (siehe Kapitel 6).

7 Entfernen Sie die Batterie, wie in den Wartungsplänen beschrieben, und nehmen Sie den Ausgleichsbehälter der Kühlanlage aus dem Arbeitsbereich.

8 Entfernen Sie den Lufteinlaßschlauch.

9 Die folgende Schritte sind in Kapitel 5 beschrieben. Lassen Sie die Kühlflüssigkeit ab, lösen Sie die Schläuche vom Kühler (ziehen Sie den unteren Schlauch vom Motorgehäuse ab) und entfernen Sie den Kühler.

10 Entfernen Sie die Auspuffanlage (siehe Kapitel 6).

11 Entfernen Sie den Lichtmaschinendeckel, die Abdeckung der Zündspulen (siehe Abbildung), den Kennzeichenhalter und das hintere Schutzblech.

12 Lösen Sie, wie in Kapitel 1 beschrieben, Gaszug, Chokezug und Kupplungszug.

13 Lösen Sie alle Kabelverbindungen zwischen Antriebseinheit und Rahmen. Trennen Sie vorsichtig alle Steckerverbindungen, notieren Sie gegebenenfalls die Einbaulage. Lösen Sie alle Kabelhalterungen am Rahmen. Dazu gehören der Kabelstecker zur Lichtmaschine, das Kabel des Anlassers, die dünnen Kabel der Zündspulen (notieren Sie, welche Farbe an welchen Anschluß gehört), die Masseverbindung zum Rahmen (mit einer Schraube am linken Oberrohr hinter dem Lenkkopf gesichert, das Tachometer-Impulsgeberkabel, der hintere Bremslichtschalter, der Ganganzeigerschalter, der Öldruckschalter, die Kabel der Zündanlage, der Chokelampenschalter und der Kabelbaum des Motors (siehe Abbildungen).

Achtung: Stellen Sie sicher, daß auch wirklich alle Kabel gelöst und so positioniert sind, daß der Ausbau nicht behindert wird.

14 Lösen Sie die zwei vorderen Motorhalteschrauben, die Verbindungsschraube zwischen Rahmen und Kupplungsgehäuse, die zwei Verbindungen zwischen Rahmen und Getriebe sowie die Halteschraube des hinteren Stoßdämpfers. Sollten sich die Schrauben schwer lösen lassen, sprühen Sie Rostlöser auf, und lassen Sie ihn einwirken, bevor Sie einen erneuten Versuch unternehmen. Bei den vorderen Motorhalteschrauben sollten Sie nach dem Lockern der Muttern die Bolzen drehen, bevor Sie sie herausklopfen. Überprüfen Sie noch einmal, ob auch wirklich alle Schraubverbindungen gelöst sind. Der Motor wird nun nur noch von sechs Halterungen im Rahmen gehalten.

15 Suchen Sie sich zwei oder drei Helfer. Einer sollte den Rahmen vorne an der Gabel stützen, einer sollte den Rahmen am Heck anheben, und der dritte sollte Ihnen beim Herausheben des Motors helfen.

16 Legen Sie Holzblöcke oder ähnliches unter das Kurbelgehäuse, damit der Motor nicht herausfallen kann. Legen Sie ebenfalls eine Stütze unter den Endantrieb, dieses Teil sollte groß genug sein, gerade darunter zu passen.

17 Entfernen Sie den Stoßdämpfer an der unteren Halterung, und legen Sie den Endantrieb auf den bereitgelegten Holzklotz. Achten Sie darauf, das die Schwinge nicht herunterfällt, ansonsten kann das Kreuzgelenk und das Gehäuse des Endantriebs beschädigt werden.

18 Bei bereitstehenden Helfern werden die Schraubverbindungen am Kupplungsgehäuse,

4.11 Die Abdeckung der Zündspulen wird von vier Innensechskantschrauben gehalten – K 100-Modelle.

4.13a Notieren Sie sich die Einbaulage der Kabel an der Zündspule, bevor Sie die Kabel lösen.

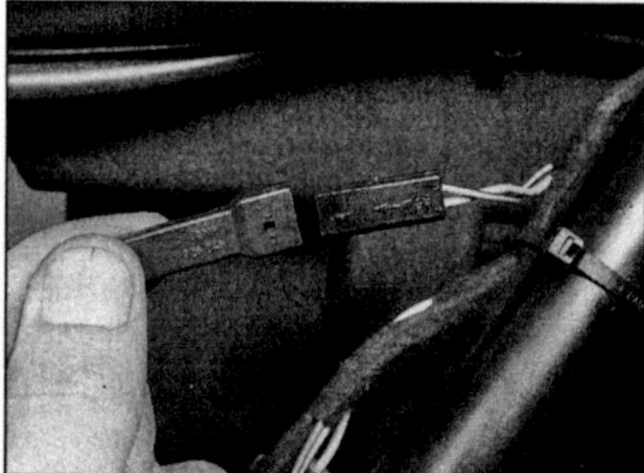

4.13b Überprüfen Sie, daß alle Kabel zwischen Motor und Rahmen gelöst sind – hier das Kabel des Tachometer-Impulsgebers . . .

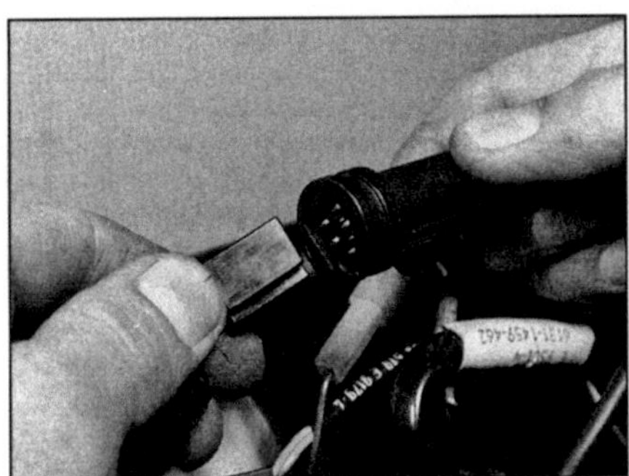

4.13c ... und der Multi-Stecker der Zündanlage.

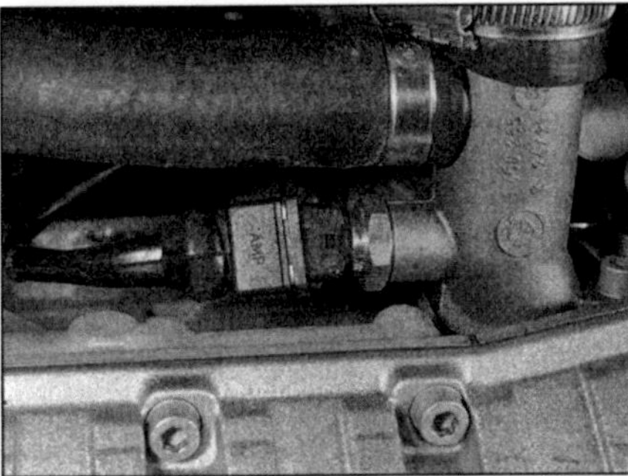

4.13d Der Kühler-Temperaturschalter wird mit einer Drahtsicherung gehalten.

an der vorderen Motorhalterung und am Getriebe gelöst. Merken Sie sich die Anordnung aller Unterlegscheiben und Gummilager. Der Motor kann nun herausgenommen und vorsichtig abgelegt werden.

19 Achten Sie beim Herausheben darauf, den Lack aller Bauteile nicht zu zerkratzen, wenn Sie den Rahmen vorsichtig hinten anheben und nach vorne von der Antriebseinheit abnehmen.

20 Bei K 100 RS-, K 100 RT- und K 100 LT-Modellen müssen Sie die vorderen Gummiblöcke der Motorhalterung auf Beschädigungen und Verschleiß überprüfen. Sollten sie Zeichen von Verschleiß oder Spuren von Beschädigungen aufweisen, sind sie zu erneuern.

5 Motorgehäuse-Zerlegung
Vorbereitungen und allgemeine Arbeiten

Vorbereiten der Zerlegung

1 Wenn der Motor komplett mit Getriebe und Endantrieb ausgebaut wurde, sollten diese Teile nun vom Motor getrennt werden (siehe Kapitel 4). Anschließend entfernen Sie den Drehstromgenerator und den E-Starter (siehe Kapitel 11). Sie müssen die Ständerbaugruppe entfernen, um an die untersten Verbindungsschrauben zwischen Getriebe und Kupplungsgehäuse zu gelangen. Der Endantrieb muß nicht vom Getriebe getrennt werden. Demontieren Sie die Kupplung wie in Kapitel 3 beschrieben.

2 Wie in Kapitel 6 beschrieben, sollten Sie nun die obere Hälfte des Luftfiltergehäuses entfernen, beachten Sie dabei die am Gehäuse befestigten Kabel. Lösen Sie die Steckverbindungen aller elektrischen Komponenten. Ziehen Sie das Luftfilterelement heraus, entfernen Sie die Kraftstoffleitungen und die Einspritzdüsen. Die Luftkammer und die Motorentlüftung sollten ebenfalls entfernt werden. Abschließend entnehmen Sie die Drosselklappengehäuse und die Einlaßstutzen.

3 Demontieren Sie den Kühlerschlauchstutzen (siehe Kapitel 5).

4 Entfernen Sie die Zündspulen, notieren Sie sich dabei vorher die Anordnung der Kabel (siehe Kapitel 7). Entfernen Sie die Zündkerzen und die Zündkabel, wie in Kapitel 1 beschrieben.

5 Wenn es nötig ist, entfernen Sie die Ölwanne mit dem Ansaugsieb (Kapitel 6) und die Öl-/Wasserpumpenbaugruppe (Kapitel 4 und 5).

6 Entfernen Sie die Zündgeberanlage, wie in Kapitel 7 beschrieben.

Allgemeine Arbeiten

7 Sollten die nun folgenden Arbeiten bei noch eingebautem Motor erfolgen, achten Sie auf einen festen Stand der Maschine auf dem Hauptständer. Diese Arbeiten lassen sich leichter ausführen, wenn die Maschine auf einer stabilen Hebebühne steht. Legen Sie Holzblöcke unter das Heck, insbesondere dann, wenn das Hinterrad ausgebaut wird.

8 Bevor Sie anfangen zu arbeiten, sollte die elektrische Anlage ausgeschaltet sein. Der Minuspol der Batterie muß abgeklemmt sein, um Kurzschlüsse zu vermeiden.

9 Bei K 75 RT-, K 100 RS-, K 100 RT- und K 100 LT-Modellen müssen die Kniestücke, die unteren Teile der Verkleidung und die Kühlerabdeckung entfernt sein. Dadurch erhalten Sie ausreichend Platz zum Arbeiten, weitere Einzelheiten lesen Sie in Kapitel 8 nach. Um Beschädigungen komplett zu vermeiden, sollten Sie die komplette Verkleidung entfernen. Der Motorspoiler muß, falls vorhanden, ebenfalls entfernt werden (siehe Kapitel 8)

Eine saubere Maschine erleichtert die Arbeit, außerdem ist das Risiko, daß Schmutz in das Innere des Motors gelangt, geringer.

10 Bevor Teile demontiert werden, sollte der Motor gereinigt und von Öl und Fettresten befreit werden. Ein Eindringen von Schmutz in das Innere des Motor wird so verhindert, außerdem wird die Arbeit so leichter und sauberer. Zum Reinigen verwenden Sie Lösungsmittel oder Kerosin, besser jedoch einen speziellen Motorreiniger. Als Werkzeug verwenden Sie alte Pinsel oder Zahnbürsten. Achten Sie darauf daß kein Reinigungsmittel oder Wasser auf elektrische Bauteile oder in die Einlaß- und Auslaßkanäle gelangt. Sollten Sie in Notfällen mit Benzin arbeiten müssen, achten Sie auf gute Belüftung (siehe Sicherheitshinweise beim Arbeiten mit Benzin).

11 Nachdem der Motor sauber und trocken ist, heben Sie ihn auf den Arbeitsplatz. Sorgen Sie für ausreichend Platz auf der Werkbank, und stellen Sie einige Plastikgefäße bereit. Dadurch können Sie Teile bei der Demontage besser sortieren. Legen Sie Papier und Stift bereit, um Notizen zu machen. Saubere Putzlappen sollten ebenfalls vorhanden sein.

12 Bevor Sie mit den Arbeiten beginnen, sollten Sie die entsprechenden Abschnitte gelesen haben. Dadurch erhalten Sie eine Vorstellung der notwendigen Arbeitsschritte. Bei der Demontage von Bauteilen ist selten großer Kraftaufwand nötig, andernfalls ist dies gesondert vermerkt. Schwierigkeiten bei der Demontage haben häufig ein falsches Vorgehen als Ursache. Lesen Sie im Zweifel immer noch einmal nach, bevor Teile durch falsche Handhabung beschädigt werden.

13 Anmerkung: *Alle Ortsangaben zu Bauteilen, wie links, rechts, oben und unten, beziehen sich immer auf die Sicht aus der normalen Fahrposition. Angaben wie »vorderes und hinteres Ende« wurden weitgehend vermieden, ansonsten beziehen sie sich auf den Zylinderkopf und die Kurbelwelle. Wenn von oberen oder unteren Teilen gesprochen wird, ist hierbei mit »oberen« die Einlaßseite und mit »unteren« die Auslaßseite gemeint. Dieses sollten Sie bei den weiteren Arbeiten im Hinterkopf behalten, insbesondere dann, wenn der Motor sich auf der Werkbank in einer unüblichen Lage befindet.*

2

6 Äußere Deckel
Ausbau

Allgemeines

1 Wenn keine besonderen Anweisungen gegeben werden, gelten die folgenden allgemeinen Punkte für alle Abdeckungen.

2 Bei normalem Ölstand ist es nicht nötig, das Motoröl vor dem Ausbau der Abdeckungen abzulassen. Halten Sie jedoch Lappen bereit, denn etwas Öl kann immer beim Abnehmen austreten.

3 Entfernen Sie Restschmutz von den Abdeckungen, ein Eindringen in das Innere des Motors kann so verhindert werden.

4 Seien Sie vorsichtig im Umgang mit den Gummidichtungen der linken und rechten Abdeckung, diese können mehrmals verwendet werden. Allerdings dürfen Sie nicht überdehnt oder beschädigt sein.

5 Lösen Sie alle Schrauben schrittweise über Kreuz, erst wenn alle Schrauben gelöst sind, werden sie ganz herausgedreht. Schlagen Sie vorsichtig mit einem Gummihammer auf die Abdeckung, um die Dichtungen zu lösen, nehmen Sie abschließend die Deckel ab.

Zylinderkopfabdeckung (Linke Seite)

6 Bei K 100 RT- und K 100 LT-Modellen ist das linke Kniestück zu entfernen, ebenso die unteren Teile der Verkleidung. Falls vorhanden, sollte der Motorspoiler abgenommen werden (siehe Kapitel 8). Demontieren Sie die Zündkerzenabdeckung (siehe Kapitel 1), und legen Sie Putzlappen oder Ähnliches in den Zündkerzenkanal, um das Einfließen von Öl zu verhindern.

7 Bei frühen K 100- und K 100 RS-Modellen müssen Sie die zwei Ablaßschrauben an der Abdeckung herausdrehen, stellen Sie die Maschine anschließend auf den Seitenständer, und lassen Sie das Öl herausfließen. Bei allen anderen Modellen kann das Öl erst aufgefangen werden, wenn der Deckel gelöst ist.

8 Lösen Sie die 10 (75er-Modelle) oder 12 (100er-Modelle) Halteschrauben wie oben beschrieben, und drehen Sie sie heraus. Achten Sie auf aus den Nockenwellenlagern austretendes Öl. Wischen Sie ausgelaufenes Öl sofort auf, und verhindern Sie sein Eindringen in den Kerzenkanal.

Kurbelwellenabdeckung (Rechte Seite)

9 Bei K 75 RT-, K 100 RS-, K 100 RT- und K 100 LT-Modellen müssen Sie das rechte Kniestück, den unteren Teil der Verkleidung und die Kühlerabdeckung entfernen (siehe Kapitel 8).

10 Falls noch nicht geschehen, sollten Sie nun das Kühlmittel ablassen, anschließend lösen und entfernen Sie die unteren Kühlerschläuche (siehe Kapitel 5).

11 Lösen Sie die acht (75er-Modelle) oder zehn (100er-Modelle) Halteschrauben wie oben beschrieben, und drehen Sie sie heraus.

Steuerkettenabdeckung (Vorderseite)

12 Es ist zwar möglich, diese Abdeckung nach dem Lockern der vorderen Motordeckelschrauben und dem Lösen der zwei vorderen Zylinderkopfdeckelschrauben zu entfernen, doch ist allerdings eine Reinigung der Dichtflächen nicht ausreichend möglich, um Öldichtigkeit sicherzustellen. Schrauben Sie daher zuerst die beiden seitlichen Abdeckungen, wie in den Schritten 6 bis 11 beschrieben, ab.

13 Entfernen Sie die komplette Zündgeberbaugruppe (siehe Kapitel 7).

14 Lösen Sie das Kabel des Öldruckschalters und schieben Sie es nach unten, stellen Sie die Metallklemmen sicher. Entfernen Sie die Hupe (nur K 75-Modelle).

15 Lösen Sie die Halteschrauben, und nehmen Sie die Abdeckung ab.

Achten Sie hierbei auf die zwei Dichtungen und die zwei Paßstifte. Erneuern Sie auf jeden Fall die Dichtungen, um Lecks vorzubeugen.

7 Zwischenwellenbauteile und Kupplungsgehäuse
Ausbau

1 Bei eingebautem Motor müssen Sie zuerst das Getriebe und den Endantrieb entfernen (siehe Kapitel 4). Danach demontieren Sie die Lichtmaschine (siehe Kapitel 11) und die Zündspulen (siehe Kapitel 7). Entfernen Sie die Kupplung (siehe Kapitel 3), zusätzlich sollten Sie bei blockiertem Gehäuse nicht nur die Halteschraube der Kupplung lösen, sondern auch die Halteschraube des Lichtmaschinenflanschs. Entfernen Sie die Kurbelwellenabdeckung (siehe Sektion 6).

2 Nun sollten Sie einige Holzblöcke zum Abstützen unter das Rahmenheck und unter den Motor stellen. Denken Sie daran, daß der Motor sich in der vorderen Aufhängung drehen kann, wenn die Halteschraube zwischen Rahmen und Kupplungsgehäuse entfernt wurde. Das Risiko von Schäden kann durch eine gute Abstützung verringert werden.

3 Sollte der Rahmen erhöht aufgehängt worden sein, wie in Kapitel 7 beschrieben, muß beim Ausbau des Kupplungsgehäuses äußerst vorsichtig vorgegangen werden. Wagenheber sind für eine dauerhafte Abstützung schwerer Teile nicht geeignet. Verwenden Sie Abstützeinrichtungen für PKWs oder Holzblöcke, um Rahmen und Motor dauerhaft abzustützen.

4 Wenn die Maschine sicher abgestützt ist, entfernen Sie die Kupplungsgehäuse-Halteschraube mit allen Unterlegscheiben.

5 Wenn der Motor aus dem Rahmen ausgebaut wurde, montieren Sie kurzfristig das Kupplungsgehäuse und blockieren es, um anschließend die Halteschraube des Lichtmaschinenflanschs zu lösen (siehe Abbildung). Entfernen Sie die Halteschraube und den Antriebsflansch, vergessen Sie nicht, den dahinterliegenden O-Ring und die Druckscheibe zu entfernen.

6 Normalerweise läßt sich der Flansch problemlos mit der Hand herausziehen. Sollte dies nicht möglich sein, müssen Sie mit einem Hammer und einem Stück Holz einige Schläge auf die Zwischenwelle ausüben. BMW erlaubt

7.5 Blockieren Sie die Kurbelwelle, um die Halteschraube des Lichtmaschinenflansches zu lösen.

auch die Verwendung eines zweiarmigen Abziehers, wenn ein Adapter zum Schutz der Welle aufgesetzt wird. Eventuell kann es dazu nötig sein, die Arme des Abziehers abzuschleifen, damit sie zwischen Flansch und Gehäuse passen.

7 Entfernen Sie die Verbindungsschrauben zwischen Motorgehäuse und Kupplungsgehäuse, es handelt sich hierbei um Torxschrauben der Größe T 30. Verwenden Sie nur den passenden Schlüssel zum Lösen und Befestigen dieser Schrauben (siehe Abbildung). Besorgen Sie sich hierfür am besten einen Torx-Steckschlüsseleinsatz, so können Sie beim Zusammenbau die Schrauben mit dem richtigen Drehmoment anziehen.

8 Sind alle Schrauben gelöst, schlagen Sie vorsichtig mit einem Gummihammer auf das Kupplungsgehäuse. Haben Sie die Dichtung gebrochen, ziehen Sie das Gehäuse ab. Beachten Sie die zwei Paßhülsen. Überprüfen Sie, ob die Starterfreilaufwelle und die Zwischenwelle nicht mit dem Gehäuse zusammen abgezogen werden.

9 Ziehen Sie die Starterfreilaufwelle vorsichtig aus dem Motorgehäuse heraus, notieren Sie sich hierbei die Position der Feder dahinter (nur frühe 100er-Modelle), bevor Sie sie ganz herausziehen. Ziehen Sie die Zwischenwelle als Einheit heraus (siehe Abbildung).

7.7a Die Verbindungsschrauben zwischen Motorgehäuse und Kupplungsgehäuse sind . . .

7.7b . . . Torxschrauben – dazu muß ein Schlüssel der Größe T 30 verwendet werden.

7.9 Ziehen Sie die Zwischenwelle als Einheit heraus.

8 Nockenwellen und Steuerkette
Ausbau

1 Falls der Motor noch eingebaut ist, entfernen Sie zuerst die äußeren Motorabdeckungen, wie in Sektion 6 beschrieben. Entfernen Sie die Zündkerzen (siehe Kapitel 1).

2 Drehen Sie die Kurbelwelle mit einem in die Rotorflansch-Schraube eingesetzten Inbusschlüssel, so daß möglichst alle Ventile geschlossen sind. Dadurch wird der Druck der Ventilfedern auf die Nockenwelle vermindert. Bei den 75er-Modellen befindet sich der dritte Kolben in dieser Position nahe fast am Verdichtungs-OT.

3 Entfernen Sie den Kettenspanner. Einige frühe 100er-Modelle besitzen einen Kettenspanner, bei dem eine Konterschraube so stark wie möglich im Uhrzeigersinn gedreht wird, danach werden die Halteschrauben gelöst, und der Kettenspanner wird als Einheit entfernt. Die Schraube befindet sich gegenüber dem Kettenspannerkolben. Bei den 75er-Modellen und späten 100er-Modellen muß die Feder von Hand eingedrückt werden, anschließend können die Halteschrauben gelöst werden. Beim Herausnehmen des Kettenspanners sollten Sie langsam vorgehen, damit sich die Feder langsam entspannen kann.

4 Entfernen Sie die Sicherungs- oder Sprengringe, achten Sie dabei auf die Unterlegscheiben dahinter, und nehmen Sie die Spann- und die Gleitschiene heraus (siehe Abbildung). Entfernen Sie die Torx-Halteschrauben der oberen Führungsschiene, und nehmen Sie diese heraus. Diese Torxschrauben haben die Größe T 30, es wurden aber auch schon Schrauben der Größe T 27 gefunden (siehe Abbildung). Für beide Schraubengrößen sollte Werkzeug vorhanden sein.

5 In einigen Fällen besteht etwas Spiel zwischen Kette und Kettenrad, dann kann die Nockenwelle problemlos ausgebaut werden. Normalerweise ist das Spiel zu klein, dann muß das Kettenrad von der Nockenwelle entfernt werden. Halten Sie dazu die Nockenwelle am Sechskant mit einem Schlüssel fest, lösen die Schraube und ziehen das Rad samt der großen Unterlegscheibe ab (siehe Abbildung). Da diese beiden Teile für Einlaß und Auslaß identisch sind, ist es sinnvoll, sie entsprechend zu markieren. Ziehen Sie die Kette vom Kurbelwellenritzel ab.

6 Wenn nötig, können jetzt der Zündrotorflansch und das Kurbelwellenkettenrad demontiert werden.

7 Die Nockenwellen können vor oder nach der Demontage der Steuerkette entfernt werden. Um Beschädigungen zu vermeiden, wurde in diesem Fall die Kette zuerst demontiert.

8 Anmerkung: *Bevor die Nockenwellen entfernt werden, sollten Sie sich unbedingt notieren, wie die Lagerschilder exakt positioniert werden. Sie wurden bei der Herstellung zusammmen mit dem Zylinderkopf gebohrt und dürfen nicht vertauscht oder gedreht werden.*

Die Markierungen befinden sich oben auf den Lagerschildern, die gleiche Markierung sollte sich am Zylinderkopf neben dem entsprechenden Lagerbock befinden. Sie befinden sich an der Einlaßseite oberhalb des Gewindestutzens, am Auslaß darunter. Sie sind nur von hinten zu lesen (siehe Abbildung). Ungerade Zahlen bezeichnen Lagerschalen am Einlaß, gerade

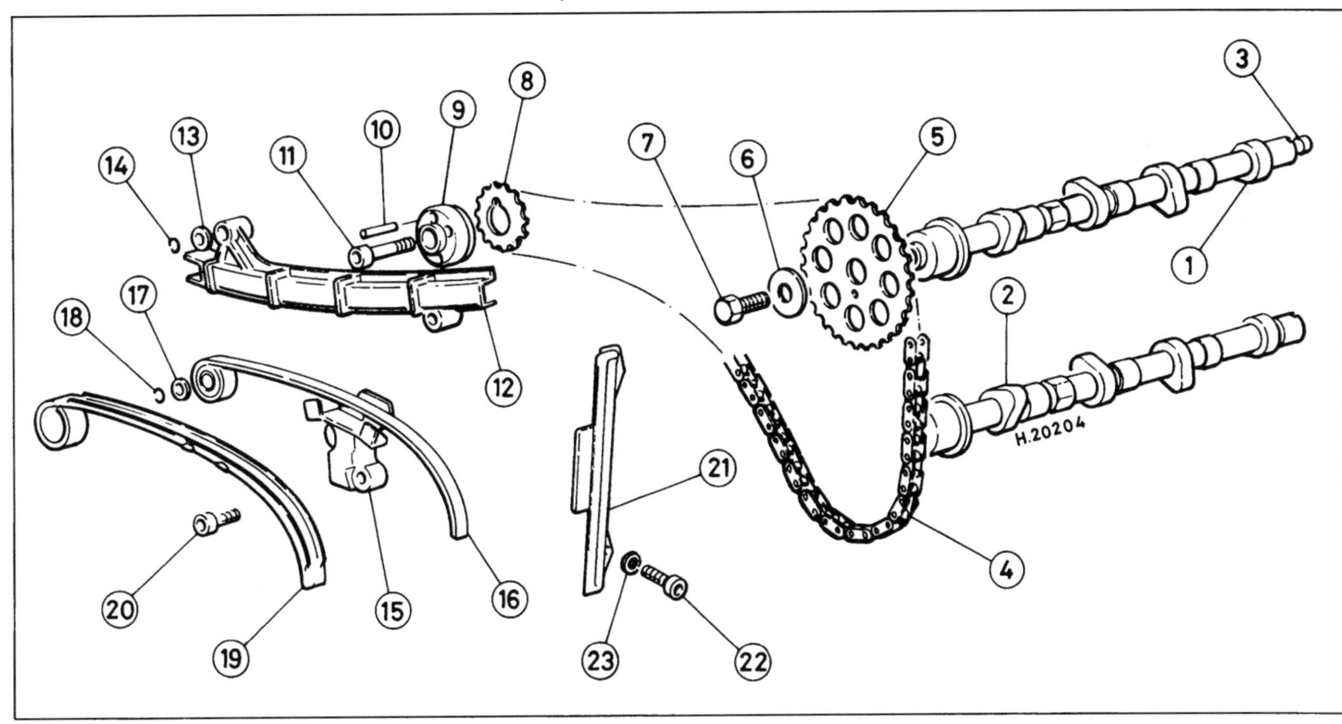

8.4a Nockenwellen und Steuerkette

1 Einlaß-Nockenwelle
2 Auslaß-Nockenwelle
3 Verschlußdeckel – 2 Stück
4 Steuerkette
5 Kettenrad – 2 Stück
6 Unterlegscheibe – 2 Stück
7 Schraube – 2 Stück
8 Kettenrad
9 Rotorflansch
10 Mitnehmerstift
11 Schraube
12 Gleitschiene
13 Unterlegscheibe
14 Sprengring
15 Kettenspanner
16 Metall-Spannerschiene
17 Unterlegscheibe
18 Sprengring
19 Kunststoffschiene
20 Schraube
21 obere Führungsschiene
22 Torxschraube
23 Federscheibe

2

8.4b Die obere Führungsschiene wird durch Torxschrauben gehalten – verwenden Sie nur Werkzeug der richtigen Größe.

Zahlen am Auslaß. Nur die hinteren Lager bei 100er-Modellen sind mit »0« und »10« markiert. Im Zweifel bringen Sie Ihre eigenen Markierungen an, diese dürfen aber nicht eingekratzt oder eingeschlagen werden. Bringen Sie keine Teile durcheinander (siehe Schritt 12).

9 Um ein Verziehen oder Brechen der Nockenwelle zu vermeiden, dürfen Sie die Lagerschilder nicht sofort lösen. Beginnen Sie vorne (Steuerkette) mit dem Axialdruck-Lager, und arbeiten Sie sich dann nach hinten durch. Lösen Sie die Muttern schrittweise nur eine Umdrehung, um ein senkrechtes Anheben der Nockenwelle zu gewährleisten. Achten Sie beim Abnehmen der vorderen Lagerschalen auf die Paßhülsen, legen Sie die Lagerschalen in getrennte und markierte Behälter.

10 Nach dem Lösen des vorderen Lagerschilds werden die anderen Lagerschilder von innen nach außen vorsichtig gelöst, bis der Federdruck abgebaut ist. Legen Sie die Lagerschalen in getrennte und markierte Behälter.

Anmerkung: *Gehen Sie bei dieser Arbeit äußerst ruhig und vorsichtig vor – sollte eine Lagerschale durch Unachtsamkeit beschädigt werden, muß die komplette Zylinderkopfbaugruppe ausgetauscht werden.*

11 Entfernen Sie die Nockenwellen (siehe Abbildung). Eine Markierung der Nockenwellen ist nicht nötig, da die Lagerflächen versetzt sind und sie nur in einer Einbaulage eingebaut werden können.

8.5 Wenn die Kettenritzel entfernt werden sollen, muß die Nockenwelle dabei wie gezeigt festgehalten werden.

12 Wenn beide Nockenwellen ausgebaut wurden, sollten Sie sich zwei Hölzer in der Länge und Stärke der Nockenwellen besorgen. Diese sollten dann an Stelle der Nockenwelle eingesetzt und mit den Lagerschalen vorne und hinten vorsichtig fixiert werden. Dadurch kann ein Herausfallen der Tassenstößel, und damit ein Vermischen von Kleinteilen (Einstellplättchen) verhindert werden.

9 Zylinderkopf
Ausbau

1 Wenn der Motor sich im Rahmen befindet, sind viele Vorarbeiten notwendig, bevor der Zylinderkopf demontiert werden kann. Beginnen Sie wie folgt, wechseln Sie für weitere Informationen zu Sektion 4 in diesem Kapitel.

2 Bei allen RS-, RT- und LT-Modellen müssen die Kniestücke und unteren Verkleidungsteile sowie die Kühlerabdeckung entfernt werden. Bei K 75 S-Modellen sollte zur Verbesserung der Arbeitsbedingungen die Verkleidung entfernt werden. Der Motorspoiler und die Kühlerverkleidungen (falls vorhanden) müssen abgebaut werden. Heben Sie die Sitzbank an, und nehmen Sie beide Seitendeckel ab. Trennen Sie die Batterieanschlüsse (minus zuerst!). Bauen Sie den Kraftstofftank und die Auspuffanlage ab.

3 Entfernen Sie den Luft-Ansaugschlauch, lassen Sie die Kühlflüssigkeit ablaufen, und trennen Sie den Schlauch unten am Kühler ab. Entfernen Sie die Zündspulenabdeckung, und trennen Sie die Gas- und Choke-Bowdenzüge.

4 Lockern Sie die Schellen der Ansaugstutzen und die Klemmen der Motorentlüftung an der Luftkammer sowie der Luftfilterschläuche. Trennen Sie die Kraftstoffleitung und die Kabel der Einspritzdüsen, ebenso alle elektrischen Verbindungen zu den Drosselklappengehäusen.

5 Es kann nötig sein, durch die Demontage der gesamten Luftfilter-Baugruppe mehr Platz zu erhalten, alle Züge und Kabel müssen dazu getrennt sein, ebenso die Kraftstoff- und Unterdruckschläuche des Druckreglers.

6 Trennen Sie den oberen Schlauch am Kühler. Die Kühlflüssigkeits- und Ansaugstutzen sowie der Kraftstoffverteiler und die Einspritzdüsen müssen nicht unbedingt entfernt werden. Trennen Sie die Zündkabel, und entfernen Sie die Zündkerzen.

7 Wechseln Sie zu den Sektionen 7 und 8 dieses Kapitels und entfernen Sie die äußeren Motordeckel sowie die Nockenwellen und die Steuerkette.

8 Kontrollieren Sie, daß alle Teile demontiert oder getrennt sind, die das Abheben des Zylinderkopfes verhindern könnten. Entfernen Sie die vordere linke Motorhalteschraube und ihre Mutter, notieren Sie sich die Anzahl der vorgefundenen Distanzscheiben.

9 Arbeiten Sie sich kreuzweise von außen nach innen, wenn Sie schrittweise die Zylinderkopfschrauben lösen. Nehmen Sie schließlich alle samt Scheiben ab, in den Dreizylinder-Modellen sitzen 8 Schrauben, die Vierzylinder-Köpfe besitzen 10 Schrauben.

10 Klopfen Sie den Zylinderkopf an einer geeigneten Stelle mit einem weichen Hammer an, um die Dichtungen zu lösen, ziehen Sie ihn dann ab (siehe Abbildung).

11 Heben Sie die Dichtung ab, und werfen Sie sie weg. Beachten Sie die zwei Paßhülsen – wenn Sie nicht fest im Zylinderblock sitzen, sollten sie sichergestellt werden.

8.8 Die Nockenwellenlager sind mit Markierungen versehen, notieren Sie diese vor der Demontage.

8.11 Nehmen Sie die Nockenwellen einzeln ab, um das Vertauschen von Teilen zu verhindern – die Lager sind versetzt, so daß die Wellen selbst nicht verwechselt werden können.

10 Kolben und Pleuelstangen
Ausbau

1 Befindet sich der Motor im Rahmen, muß zuerst der Zylinderkopf samt aller Nebenaggregate und Anbauteile entfernt werden (siehe Sektion 9).

2 Drehen Sie die Kurbelwelle mit Hilfe eines in die Zündrotor-Flansch-Schraube gesteckten Inbusschlüssels. Bei den K 75-Modellen wird eine Kolben/Pleuel-Baugruppe zur Zeit ausgebaut, nachdem die Kurbelwelle zunächst auf deren unteren Totpunkt (UT) und dann auf den oberen Totpunkt (OT) gedreht wurde. Bei den K 100-Modellen können zwei Gruppen gleichzeitig demontiert werden, entweder das innere

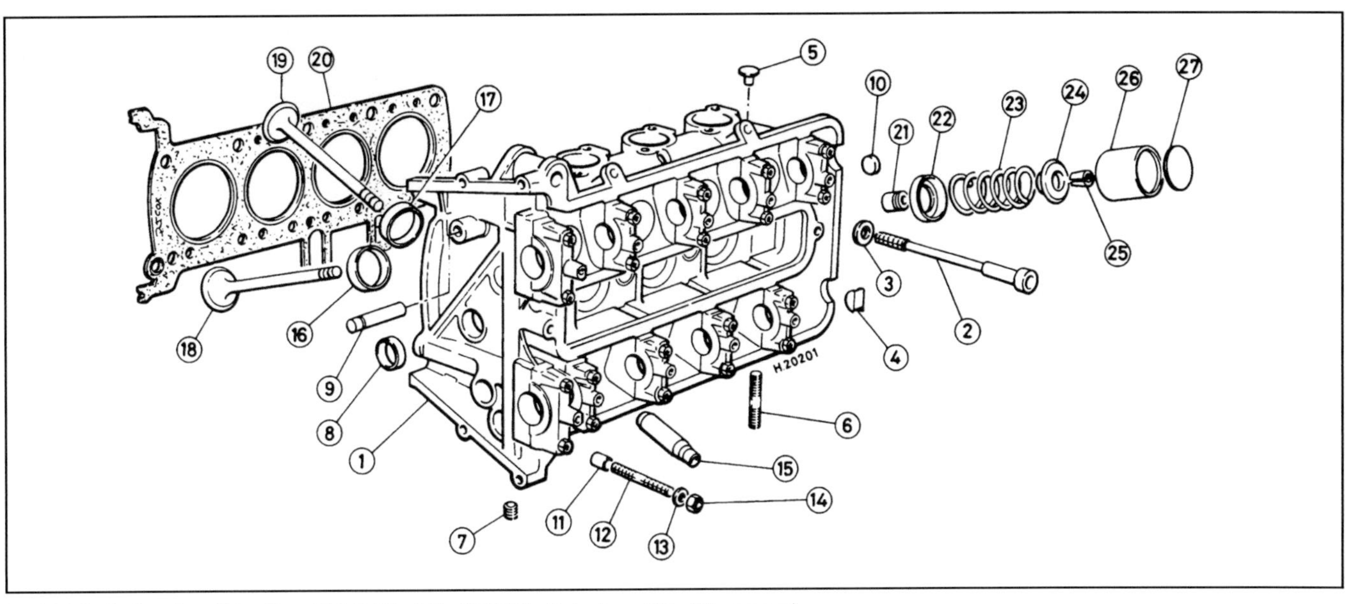

9.10 Zylinderkopf und Ventile – K 100-Modelle (K 75 ähnlich, Anzahl in Klammern)

1 Zylinderkopf
2 Schraube – 10 Stück (8 Stück)
3 Scheibe – 10 Stück (8 Stück)
4 Stopfen – 2 Stück
5 Stopfen – 2 Stück
6 Gewindebolzen – 8 Stück (6 Stück)
7 Gewindestopfen
8 Froststopfen – 2 Stück
9 Steuerkettenschienen-Stift
10 Froststopfen – 2 Stück
11 Paßhülse – 4 Stück
12 Stehbolzen – 20 Stück (16 Stück)
13 Scheibe – 20 Stück (16 Stück)
14 Mutter – 20 Stück (16 Stück)
15 Ventilführung – 8 Stück (6 Stück)
16 Einlaßventilsitz – 4 Stück (3 Stück)
17 Auslaßventilsitz – 4 Stück (3 Stück)
18 Einlaßventil – 4 Stück (3 Stück)
19 Auslaßventil – 4 Stück (3 Stück)
20 Zylinderkopfdichtung
21 Ventilschaftdichtung – 8 Stück (6 Stück)
22 Federsitz – 8 Stück (6 Stück)
23 Ventilfeder – 8 Stück (6 Stück)
24 Federteller – 8 Stück (6 Stück)
25 Sicherungskeile – 16 Stück (12 Stück)
26 Tassenstößel – 8 Stück (6 Stück)
27 Einstellplättchen – 8 Stück (6 Stück) – Größe nach Bedarf

Paar (Nr. 2 und 3) oder das äußere Paar (Nr. 1 und 4).

3 Anmerkung: *Bevor irgendein Teil ausgebaut wird, müssen sorgfältig Notizen zur Identifizierung und Einbaulage angefertigt werden (siehe Abbildung). Drehen Sie langsam die Kurbelwelle und achten Sie auf Farbmarkierungen, Körnerschläge und andere Identifizierungen; notieren Sie diese, und fertigen Sie notfalls selbst welche an.*

Halten Sie je nach Modell drei oder vier Behälter bereit, in denen die Bauteile jeder Kolben/Pleuel-Einheit getrennt gelagert werden können.

4 Die Baugruppen-Teile unserer Maschine waren folgendermaßen zu identifizieren:

a) Der Kolben trägt auf der Einlaß-Seite eine größere Ventiltasche und einen Pfeil im Kolbenboden, der nach vorne (zur Steuerkette) zeigt.

b) Die Pleuelfüße trugen an der Oberseite (zum Einlaß) rote Farbmarkierungen, die Lagerschalen-Laschen lagen sich ebenfalls oben gegenüber.

c) Die Ölbohrung am oberen Pleuelauge war an der Ober-(Einlaß-)Seite angebracht, und jedes Pleuel trug einen einzelnen blauen Farbtupfer (für die Gewichtsgruppe) an der Rückseite (zum Getriebe).

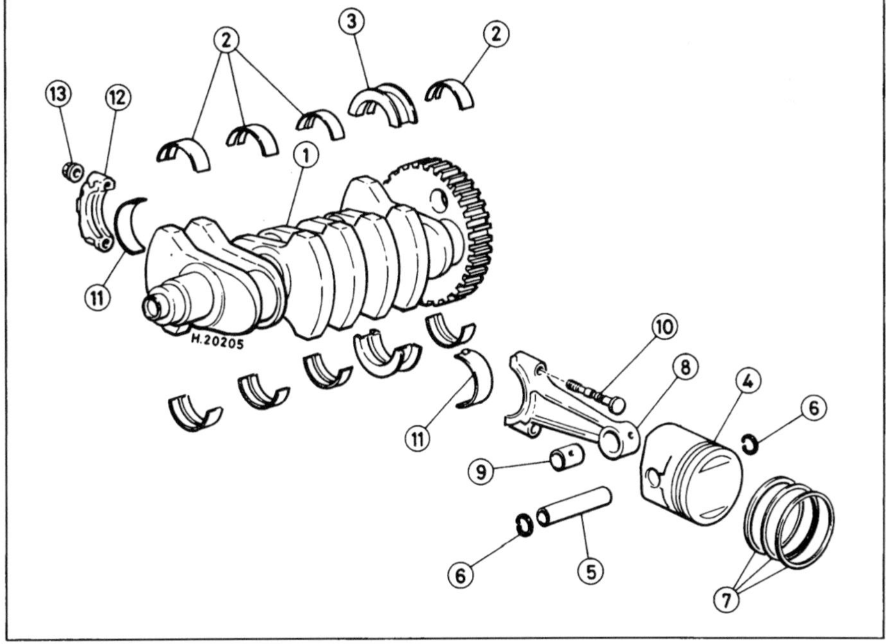

10.3 Kurbelwelle, Pleuel und Kolben – K 100-Modele (K 75 ähnlich)

1 Kurbelwelle
2 Hauptlagerschale
3 Axialdruck-Lager
4 Kolben
5 Kolbenbolzen
6 Sicherungsring
7 Kolbenringe
8 Pleuelstange
9 Kolbenbolzenbuchse
10 Schraube
11 Pleuelfußlagerschale
12 Pleuelfuß
13 Mutter

2

10.4 Markieren Sie die Pleuelfüße vor dem Ausbau, um ihren korrekten Einbau sicherzustellen.

10.6 Lösen Sie die Muttern, und entfernen Sie die Hauptlagerböcke, achten Sie auf die Position der Lagerschalen-Laschen.

10.9 Entfernen Sie die Kolbenbolzensicherungsringe, und erneuern Sie sie in jedem Fall.

d) Pleuel und Fuß tragen die folgende eingeätzte Nummer an der abgeflachten oder »oberen« Einlaßseite: Zylinder 1: »40«, Zylinder 2: »42«, Zylinder 3: »44« und Zylinder 4: »46«. Sicherheitshalber können mit einem Hammer und einem kleinen Dorn die Einlaßseiten der Pleuel und Füße mit einem, zwei, usw. Schlägen markiert werden (siehe Abbildung). Überprüfen Sie die von Ihnen überholte Maschine auf ähnliche Markierungen.

5 Drehen Sie bei den K 75-Modellen die Kurbelwelle so, daß ein Kolben im UT steht, bei den K 100-Modellen müssen die beiden mittleren Kolben unten stehen.

6 Arbeiten Sie schrittweise mit maximal einer Umdrehung zur Zeit, lösen Sie die zwei Muttern, die jeden Pleuelfuß sichern und ziehen Sie diesen ab. Das Teil sitzt oft sehr fest und muß mit einem weichen Hammer losgeklopft werden (siehe Abbildung).

Nachdem die Pleuelfüße demontiert sind, ist es ratsam, zum Schutz der Lageroberflächen die Schraubengewinde mit Schläuchen oder Klebeband zu ummanteln.

7 Drehen Sie die Kurbelwelle, bis der Kolben im OT steht, und drücken Sie ihn mit einem Holzstück oder ähnlichem nach oben heraus. Lagern Sie alle Teile der Kolben/Pleuel-Baugruppe in einem getrennten Behälter und markieren Sie diesen mit der Zylinder-Nummer.

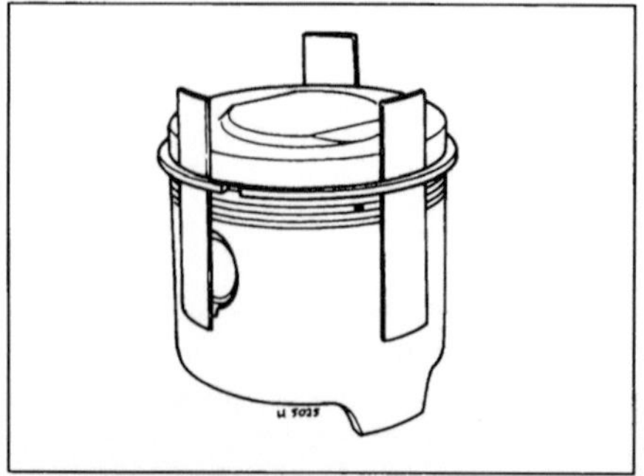

10.10a Eine Methode zur Demontage der Kolbenringe

Ein Verwechseln der gebrauchten Teile würde starken Verschleiß aller beteiligten Komponenten nach sich ziehen.

8 Wiederholen Sie die Prozedur bei den anderen Baugruppen.

9 Bevor ein Kolben vom Pleuel getrennt wird, muß sichergestellt sein, daß durch Markierungen die Position und Einbaulage jedes Teils gewährleistet ist, achten Sie dabei auf die in Abschnitt 4 gegebenen Punkte. Hebeln Sie mit einem kleinen Schraubendreher oder ähnlichem einen Kolbenbolzensicherungsring heraus, und drücken Sie den Bolzen von der anderen Seite her durch (siehe Abbildung). Der Sicherungsring muß in jedem Fall ersetzt werden.

Wenn der Kolbenbolzen sehr fest sitzt, kann der Kolben in heißem Wasser erwärmt werden – Aluminium dehnt sich unter Wärme mehr aus als Stahl. Verbrennen Sie sich dabei nicht!

10 Entfernen Sie vorsichtig die Kolbenringe. Drücken Sie sie so weit wie nötig mit den Daumen auseinander, um sie über den Kolben zu heben. Wenn nötig, können die Ringe mit drei dünnen Metallstreifen angehoben werden (siehe Abbildung). Kolbenringe können sehr leicht brechen und dürfen nicht grob behandelt werden. Merken Sie sich die Kolben-Nut und die Einbaurichtung jedes Rings. Die zwei Teile des Ölabstreifrings müssen einzeln abgenommen werden (siehe Abbildung).

10.10b Der Ölabstreifring besteht aus zwei Teilen – entfernen Sie ihn in zwei Schritten.

11 Motorgehäuse-Unterteil und Ausgangs-/ Ausgleichs-Welle
Ausbau

1 Obwohl diese Bauteile demontiert werden können, während sich das Hauptgehäuse im Fahrwerk befindet, wird hiervon abgeraten. Das Motorgehäuse würde nur sehr unsicher mit zwei Bolzen (bei demontiertem Zylinderkopf sogar nur mit einem!) und einigen Nebenbauteilen am Rahmen halten. Da der Rahmen nur mit dem Vorderrad und dem Heck abgestützt wird, besteht höchste Gefahr für Verletzungen und Beschädigungen.

2 Da die Demontage der gesamten Antriebseinheit nur etwas mehr Arbeit erfordert und wesentlich besseren Zugang und sicherere Arbeitsbedingungen bringt, wird dieses stark empfohlen.

3 Besitzer, die entgegen dieser Empfehlung das Unterteil und die Ausgangswelle bei eingebauter Antriebseinheit demontieren wollen, müssen trotzdem das Getriebe und den Endantrieb abbauen (Kapitel 3 und 8), außerdem die Kupplung (Kapitel 3) und ihr Gehäuse (Sektion 7). Das Motoröl muß abgelassen und der Filter entfernt werden (Kapitel 1), ebenso die Ölwanne und das Ansaugsieb (Kapitel 6). Schließlich wird noch die Kühlflüssigkeit abgelassen und die Öl/Wasserpumpenbaugruppe demontiert (Kapitel 5 und 6).

4 Entfernen Sie die Inbusschrauben entlang der linken und rechten Verbindungslinie des Gehäuse-Unterteils, entfernen Sie dann die zwei Sechskantschrauben hinten innen und die zwei Inbusschrauben vorne innen. Klopfen Sie das Gehäuseteil mit einem weichen Hammer lose, und ziehen Sie es ab, achten Sie dabei auf die beiden O-Ringe um die Öl- und Wasser-Kanäle sowie die zwei Paßhülsen in der Nähe der beiden Ausgangswellenlager. Wenn die Hülsen locker sind, sollten sie sichergestellt werden.

5 Bei den K 75-Modellen werden die Kurbelwelle und die Ausgleichswelle langsam gedreht, bis die Einstell-Markierungen sichtbar sind. Sie sollten als gerade Linie auf dem Kurbelwellenzahnrad und als Punkt oder V auf dem Ausgangswellen-Zahnrad zu erkennen

11.6a Entfernen Sie das Motorgehäuse-Unterteil, um die Ausgangswelle zu lösen, . . .

11.6b . . . achten Sie auf das vordere Lager – es ist locker und kann herunterfallen.

sein. Entfernen Sie niemals eine der Wellen, bis nicht die Markierungen gefunden und notiert sind.

6 Ziehen Sie die Ausgangs/Ausgleichswelle samt ihrem hinteren Dichtring heraus, beachten Sie, daß das vordere Nadellager nur locker auf der Welle sitzt und herunterfallen kann (siehe Abbildungen).

7 Bei einigen älteren Modellen, deren hintere Ausgangswellenlager mit einem 1,75 mm dünnen Sicherungsring am vorderen Rand des äußeren Lagerrings bestückt war, ist dieses Lager mit Loctite 273 oder ähnlichem eingeklebt. Soll es entfernt werden, muß zunächst der Kleber auf etwa 300°C erhitzt und dadurch zerstört werden.

12 Kurbelwelle
Ausbau

1 Wie in Sektion 3 angemerkt, kann die Kurbelwelle bei im Rahmen befindlichen Motor demontiert werden. Dazu müssen das Kühlmittel abgelassen und die äußeren Motordekkel demontiert werden (Sektion 6), um die Steuerkette abnehmen zu können (Sektion 8). Dann werden die Pleuelfüße gelöst (Sektion 10). Wenn ihre Demontage nicht nötig ist, und Sorge getragen wird, daß sie nicht die Ventile berühren, können die Kolben in ihren Zylinderbohrungen verbleiben. In diesem Fall kann auch der Zylinderkopf montiert bleiben.

2 Besitzer von K 75-Modellen müssen sofort nach dem Abnehmen des Kurbelwellendekkels kontrollieren, ob die Fluchtmarkierungen zwischen Kurbelwelle und Ausgleichswelle sichtbar sind. Falls keine sichtbar sind, müssen das untere Motorgehäuseteil und die Ausgleichswelle ausgebaut werden (Sektion 11). Wenn der Zylinderkopf abgenommen werden soll, ist es sehr empfehlenswert, die ganze Antriebseinheit aus dem Fahrwerk zu nehmen. Durch diese kleine Extra-Arbeit verschafft man sich wesentlich besseren Zugang und angenehmere Arbeitsbedingungen.

3 Nachdem die oben beschriebenen Arbeiten erledigt sind, werden die Hauptlagerböcke begutachtet, notieren Sie sorgfältig die Position und die Einbaurichtung jedes Bocks. Achten Sie auf Farbmarkierungen, Hersteller-Stempel und jegliche andere Identifikations-Merkmale. Notieren Sie alle Markierungen, bringen Sie nötigenfalls selbst welche an (siehe Abbildungen).

4 Die Baugruppen-Teile der von uns zerlegten Maschine waren folgendermaßen markiert: Die Hauptlager waren von vorne (Steuerkettenseite) nach hinten durchnumeriert. Die ersten drei Lager waren an der unteren Befestigung (zur Auslaßseite) mit den Ziffern 1, 2 und 3 markiert. Der vierte Bock trägt das Axial-Drucklager und Nr. 5 war nicht markiert. Zur Sicherheit kann mit einem Hammer und einem kleinen Körner die Unterseite jedes Bocks mit einem, zwei, usw. Schlägen markiert werden. Bei den K 75-Modellen sind die Böcke 1 und 2 numeriert, Nr. 3 trägt das Axialdrucklager und Nr. 4 ist unmarkiert. Achten Sie nach der Demontage der Böcke darauf, daß die Laschen und Ölkanäle der Lagerschalen

sich immer an der Unterseite (zum Auslaß) befinden.

5 Lösen Sie die jeweils zwei Lagerbock-Schrauben abwechselnd eine Umdrehung, klopfen Sie die Böcke vorsichtig mit einem weichen Hammer los, und nehmen Sie sie ab. Um ein gleichmäßiges Lösen sicherzustellen, müssen zunächst alle Schrauben gelockert und die Böcke in der angegebenen Reihenfolge gelöst werden:

K 75-Modelle – hinteres Lager, vorderes Lager (Nr. 1), Nr. 2, Nr. 3
K 100-Modelle – hinteres Lager (Nr. 5), vorderes Lager (Nr. 1), Nr. 4, Nr. 2, Nr. 3

6 Wenn alle Böcke entfernt sind, kann die Kurbelwelle herausgehoben werden.

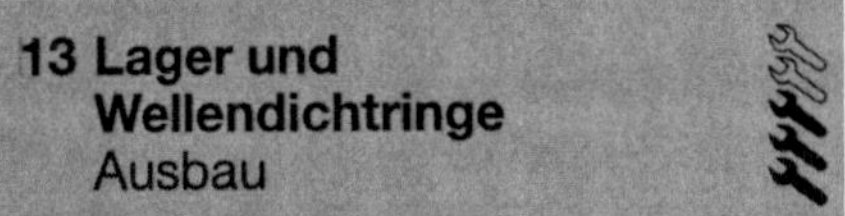

13 Lager und Wellendichtringe
Ausbau

Anmerkung: *Alle Dichtringe sollten regelmäßig ausgewechselt werden, wenn sie demontiert worden sind. Lager sollten hingegen nur ausgebaut werden, wenn eine Kontrolle ergeben hat, daß sie verschlissen oder defekt sind. Gehen Sie wie unten beschrieben vor, achten Sie auf Anmerkungen, die das Erhitzen von Gehäusen vorschreiben. Erwärmen Sie die Teile in einem Backofen oder kochendem Wasser. Richten Sie niemals offene Flammen auf Gehäuseteile. Reinigen Sie Gehäuse immer sorgfältig, und entfernen Sie Bauteile, die durch die Hitze beschädigt werden können. Treffen Sie Vorsichtsmaßnahmen, sich nicht zu verbrennen und keine heißen Teile zu beschädigen.*

1 Die Zwischenwelle rotiert vorne in einem Nadellager, das sich im oberen hinteren Teil des Motorgehäuses befindet, und hinten in einem im Kupplungsgehäuse sitzenden Kugellager.

2 Wenn das Nadellager ersetzt werden soll, muß es mit einem Zughammer und einer passenden Spreizvorrichtung herausgezogen werden. BMW empfiehlt, das Motorgehäuse dazu gleichmäßig auf 100 bis 120°C zu erwärmen. Notfalls kann mit einem Hammer und einem Dorn der Außenlagerring etwas hinein-

12.3a Bevor Sie die Hauptlagerböcke entfernen, . . .

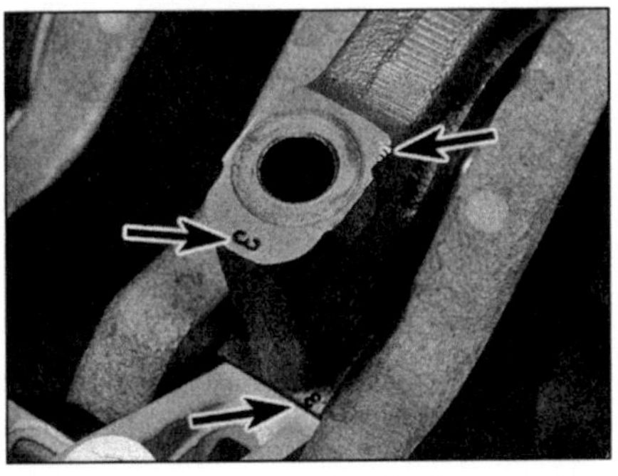

12.3b . . . müssen alle Identifizierungs-Markierungen notiert . . .

12.3c . . . oder neue angebracht werden – siehe Text.

getrieben und das Lager mit einer Zange ausgezogen werden. Zerstören Sie dabei nicht den Lagersitz und sammeln Sie alle Einzelteile säuberlich ein.

3 Wenn das hintere Lager erneuert werden soll, muß das von drei Inbusschrauben gehaltene Sicherungsblech entfernt werden, beachten Sie dabei die dahinterliegende konische Federscheibe. Hebeln Sie vorsichtig den Dichtring heraus (siehe unten), bevor Sie den Sicherungsring entfernen. Das Kugellager kann mit einem geeigneten Werkzeug, das nur den Außenring berührt, herausgetrieben werden, BMW empfiehlt das Kupplungsgehäuse dazu gleichmäßig auf 100 bis 120°C zu erwärmen. Entfernen Sie alle Reste an Schraubensicherung aus den Gewinden der Inbusschrauben.

4 Das vordere Lager der Ausgangswelle kann von Hand von der Welle gezogen werden, während für das hintere Lager ein Abzieher benötigt wird, nachdem dessen Sicherungsring entfernt ist.

5 Das Anlasserfreilauf-Zahnrad dreht sich auf zwei Nadellagern. Diese werden durch Austreiben mit einem geeigneten Dorn entfernt, beschädigen Sie dabei nicht das Zahnrad.

6 Wenn der hintere Wellendichtring der Ausgangswelle ersetzt werden soll, ohne das Motorgehäuse zu trennen, kann er vorsichtig herausgehebelt werden, ohne das Gehäuse oder die Welle zu beschädigen. Benutzen Sie nur ein Werkzeug mit abgerundeten Kanten, und hebeln Sie über auf das Gehäuse gelegte Holzstücke. Alternativ können zwei selbstschneidende Schrauben so weit außen wie möglich in den Dichtring gedreht werden und dieser daran mit einer Zange herausgezogen werden. Beschädigen Sie mit den Schrauben nicht das Gehäuse oder das Lager.

7 Soll der hintere Wellendichtring bei ausgebauter Zwischenwelle erneuert werden, kann er einfach ausgehebelt werden. Wenn er bei eingebauter Welle demontiert werden soll, muß er mit der zweiten in Schritt 6 angewendete Methode herausgezogen werden.

8 Der vordere Kurbelwellendichtring kann zwar ebenfalls mit der Schrauben-Methode entfernt werden, doch sollte aufgrund des festen Sitzes und der Schwierigkeit beim Einbau der vordere Deckel demontiert werden. Dann kann der Dichtring mit einem Hammer und einem passenden Steckschlüssel herausgeklopft werden, unter Umständen erleichtert Eintauchen des Deckels in kochendes Wasser die Demontage.

9 Wenn das Ölstand-Sichtglas undicht oder beschädigt ist, kann es aus dem unteren Motorgehäuseteil ausgebaut werden. Treiben Sie dazu einen scharfkantigen Schraubendreher oder ähnliches in die Mitte des Glases und hebeln Sie es samt Sitz heraus. Hebeln Sie dann den Metallrahmen aus dem Gehäuse, ohne seinen Sitz zu beschädigen. Hebeln Sie nur über Holzstücke, um die Kühlrippen des Gehäuses nicht zu beschädigen.

14 Begutachtung und Erneuerung
Allgemeines

1 Bevor irgendein Bauteil begutachtet werden kann, muß es sorgfältig gereinigt werden. Achten Sie dabei darauf, keine Dichtflächen zu beschädigen. Benutzen Sie einen stumpfen Kratzer (ein altes Küchenmesser oder abgebrochenes Plastik-Lineal kann sehr nützlich sein), um angebackenen Schmutz oder Ölkohle zu entfernen. Mit einer sehr weichen Drahtbürste werden kleinste Reste entfernt.

Achtung: Entfernen Sie keine Farbmarkierungen von internen Bauteilen.

2 Tauchen Sie die Bauteile in Lösungsmittel, um den Großteil des Schmutzes zu entfernen. Sind keine Spezialreiniger zur Hand, kann auch Kerosin, ein Gemisch aus Benzin und Diesel zum Reinigen benutzt werden. Reines Benzin sollte aufgrund der Feuergefährlichkeit niemals verwendet werden. Bei allen verwendeten Lösungsmitteln muß darauf geachtet werden, sie niemals in die Augen und möglichst nicht auf die Haut gelangen zu lassen. Waschen Sie zum Abschluß alle Teile in heißem Seifenwasser (so heiß, wie Ihre Hände ertragen), hierdurch wird erstaunlich viel Schmutz gelöst und die Hitze läßt das Teil schnell trocknen. Kratzen Sie alle übriggebliebenen Reste alter Dichtungsmasse von den Verbindungsflächen.

3 Kontrollieren Sie die Öl- und Kühlwasserkanäle auf Verstopfungen, reinigen Sie sie mit Druckluft oder Rohr-Reiniger. Beachten Sie, daß viele der Kühlmittel-Kanäle mit Frost-Stopfen versehen sind, die herausgedrückt werden, wenn die Flüssigkeit einfrieren sollte, normalerweise brauchen sie niemals entfernt werden. An der Unterseite des Zylinderkopfes ist der Ölkanal mit einem Stopfen mit Inbus-Kopf verschlossen. Wenn der Verschleiß der Nockenwellen auf Ölmangel schließen läßt, sollte dieser Stopfen entfernt und der Kanal mit Druckluft gereinigt werden. Wenn er sauber ist, wird der Stopfen mit Loctite 242 Schraubensicherung eingesetzt und fest angezogen.

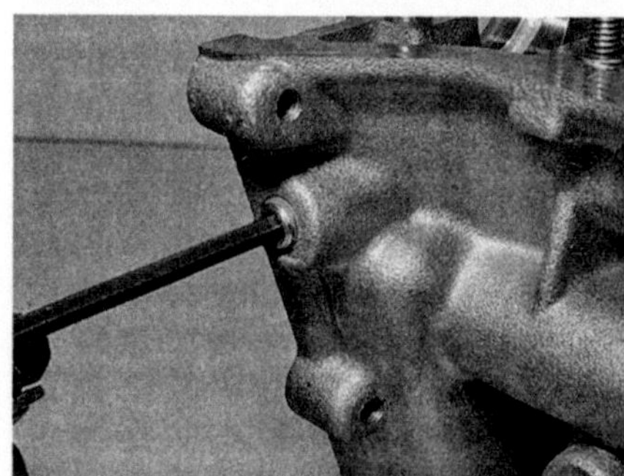

14.3 Entfernen Sie nötigenfalls den Gewindestopfen aus dem Zylinderkopf, um den Ölkanal zu reinigen.

4 Beim geringsten Zweifel über den Zustand des Schmiersystems, z.B. bei starkem Verschleiß oder Verfärbung von Bauteilen, müssen alle Baugruppen zerlegt werden, damit die Ölkanäle kontrolliert und gereinigt werden können. Wechseln Sie wegen genauerer Details über das Schmiersystem nach Kapitel 6. Benutzen Sie zum Reinigen und Trocknen nur saubere und fusselfreie Lappen.

5 Begutachten Sie sorgfältig alle Teile, um den Verschleiß festzustellen, vergleichen Sie gemessene Werte mit den Toleranzgrenzen in den technischen Daten. Besteht Zweifel über den Zustand des Bauteils, sollten Sie auf Nummer Sicher gehen und das Teil ersetzen.

6 Zur Verschleiß-Ermittlung sind verschiedene Meßinstrumente nötig. Wechseln Sie für deren Benutzung und Details zu den *Werkzeug- und Werkstatt-Tips* im Anhang dieses Buches.

15 Motorgehäuse und Abdeckungen
Begutachtung und Erneuerung

1 Kleine Brüche oder Löcher in Leichtmetallgehäusen können provisorisch mit Epoxy-Harz repariert werden. Dauerhafte Reparaturen können nur im speziellen Schweißverfahren ausgeführt werden, und nur ein Spezialist ist in der Lage, wirtschaftliche und praktische Aspekte abzuwägen.

2 Beschädigte Gewinde können kostengünstig wiederhergestellt werden, wenn man nach entsprechendem Aufbohren einen Gewindeeinsatz (z.B. Heli-Coil) einschraubt.

3 Abgerissene Schrauben und Bolzen können normalerweise mit Linksausdrehern demontiert werden, deren kegelförmiges Linksgewinde sich in ein vorsichtig vorgebohrtes Loch in der Schraube einfrißt und die Schraube herauszieht. Drohen irgendwelche Probleme Ihre Fähigkeiten zu übersteigen, wenden Sie sich lieber gleich an einen Spezialisten, bevor Sie teure Bauteile zerstören.

4 Sind Dicht- oder Kontaktflächen beschädigt, können sie eventuell auf einem sehr feinen Blatt Schleifpapier, das auf einer absolut glatte Glasscheibe befestigt ist, abgeschliffen werden. Drücken Sie das Teil sanft herunter, und führen Sie achtförmige Bewegungen aus. Achten Sie darauf, nicht zuviel Material abzutragen, da sich zwischen Gehäuseteilen und darin befindlichen beweglichen Teilen oft sehr wenig Luft befindet. Beenden Sie sofort das Schleifen, wenn die gesamte Oberfläche poliert ist.

Wechseln Sie zu den Werkzeug- und Werkstatt-Tips im Anhang dieses Handbuches, um Details über Gewindeeinsätze, Stehbolzen- und Linksausdreher zu erfahren.

5 Große Oberflächen, wie die Zylinderkopf- oder Fußdichtung, müssen im Notfall geplant werden. Diese Arbeit muß eine Fachwerkstatt erledigen, die allerdings zuvor instruiert sein sollte, nur das nötigste Material abzutragen.
6 Die Dichtfläche kann sich um Schraubenbohrungen aufwölben, besonders wenn die Schrauben überdreht worden sind. In diesem Fall muß mit einem Kegelsenker das Loch leicht angeschnitten werden, dann wird die Oberfläche geschliffen wie oben beschrieben.
7 Kontrollieren Sie schließlich die Sauberkeit aller Löcher und Gewindebohrungen. Durch das Eindrehen einer Schraube in ein verschmutztes Gewinde kann dieses schnell zerstört werden. Entfernen Sie deswegen auch Öl und alte Dichtmasse oder Gewindesicherung. Im schlimmsten Fall werden Teile durch im Gewinde festsitzende Schrauben nicht korrekt verbunden und reißen deswegen. Der einfachste Weg der Reinigung ist das Einführen eines Drahtes und das Erfühlen, ob die Bohrung bis unten hin sauber ist. Anschließend wird aus einer Sprühdose Kontakt-Spray eingespritzt, das alle Reste herausspült. Bei dieser Arbeit muß eine Schutzbrille getragen werden.

16 Lager und Wellendichtringe Begutachtung und Erneuerung

1 Kugellager müssen sorgfältig gereinigt und entfettet werden, bevor man sie untersuchen kann. Halten Sie den äußeren Lagerring fest, und versuchen Sie, den inneren Ring nach oben und unten sowie seitlich zu bewegen. Begutachten Sie die Kugeln, den Käfig und die Laufbahnen, achten Sie auf Unebenheiten und Ausbrüche. Drehen Sie das Lager anschließend schnell, dabei wird jeder Verschleiß durch rauhen und lauten Lauf auffallen. Erneuern Sie das Lager bei jedem Zweifel über seinen Zustand. Ölen Sie das Lager schließlich ein.
2 Rollenlager können auf ähnliche Weise kontrolliert werden, nur muß zur Prüfung des radialen Lagerspiels die Baugruppe zeitweise wieder montiert werden. Beim Auswechseln des Lagers müssen beide Lagerringe getauscht werden. Erneuern Sie das Lager bei jedem Zweifel über seinen Zustand.
3 Verschwenden Sie keine Zeit, Wellendichtringe zu kontrollieren. Alle Simmerringe und O-Ringe müssen nach der Demontage weggeworfen und durch Neuteile ersetzt werden. Sie sind relativ billig und werden beim Ausbau fast immer zerstört. Wird ein Motor nur teilweise zerlegt, sollten trotzdem immer alle Dichtringe vorsorglich ersetzt werden.

Wechseln Sie zu den Werkstatt- und Werkzeug-Tips im Anhang, um mehr Informationen über Lager und Dichtringe zu erhalten.

17 Nockenwellen und Nockenwellen-Antriebsmechanismus – Begutachtung und Erneuerung

1 Begutachten Sie die Nocken auf Anzeichen von Verschleiß und Abplatzungen. Ein gewisser Verschleiß im Bereich der Nockenspitzen ist normal. Ergibt jedoch eine Messung, daß die Nockenwelle bis unterhalb der Toleranzgrenze verschlissen ist, muß sie ersetzt werden. Riefen und ähnliche Beschädigungen können auf einen Fehler im Schmiersystem zurückzuführen sein, eventuell war der Ölfilter verstopft, und das Bypass-Ventil hat ungefiltertes Öl zirkulieren lassen. Begutachten Sie die Lageroberflächen der Wellen und im Zylinderkopf, und beheben Sie die Ursache für den hohen Verschleiß.
2 Wenn die Lageroberflächen der Nockenwellen stark verschlissen sind, ist zumeist auch der Zylinderkopf in Mitleidenschaft gezogen worden und muß ebenfalls ersetzt werden. Die Wellen laufen nicht in Lagerschalen, sondern direkt im Aluminium des Kopfes. Montieren Sie die Lagerschilder, und messen Sie mit einer Mikrometer-Uhr den Innendurchmesser der Nockenwellenlagerung. Wenn eines der Lager außerhalb des Toleranzbereichs liegt, müssen normalerweise der Kopf und alle Schilder ersetzt werden. Letztere können nicht einzeln ausgetauscht werden, da sie mit dem Kopf zusammen gebohrt und dadurch individuell angepaßt werden. Es gibt jedoch Spezialisten, die sich dieser im Motorenbau üblichen Problematik angenommen haben und die Nockenwellenlagerung auf Lagerschalen oder Nadellager umrüsten. Eine solche Reparatur ist zwar nicht billig, aber immer noch günstiger als die Beschaffung eines komplett ausgerüsteten Zylinderkopfes.
3 Messen Sie die Lagerzapfen der Nockenwelle (siehe Abbildung). Wenn einer unterhalb des Toleranzbereichs liegt, muß die Welle ausgetauscht werden. Das Lagerspiel der Wellen kann mit Plastigauge-Meßstreifen ermittelt werden, es darf nicht außerhalb der Angaben in den technischen Daten liegen.
4 Ein Höhenschlag der Nockenwellen kann durch Lagern der Wellen-Enden in Lagerböcken und Messen des Unrundlaufs mit einer Meßuhr an einem mittleren Lager ermittelt werden. Da BMW keine Angaben hierzu macht, muß bei einem festgestellten Schlag von mehr als 0,05 mm der Rat von Fachleuten eingeholt werden.
5 Starkes Axialspiel der Nockenwellen erzeugt besonders im Leerlauf starke Geräusche. Jede Nockenwelle wird mit einem Axial-Druck-Flansch an der Rückseite des vorderen Lagers gestützt. Das Spiel wird durch Ansetzen einer Meßuhr an ein Wellen-Ende ermittelt, es kann jedoch schwierig sein, dieses zu ermitteln, wenn der Ventiltrieb noch montiert ist. Drükken Sie die Welle soweit wie möglich zurück, nullen Sie die Uhr, und drücken Sie die Welle dagegen. Der abgelesene Wert ist das Axialspiel. Wird extremes Spiel festgestellt, müssen Nockenwelle und/oder Zylinderkopf ersetzt werden. Eine Reparatur ist sehr schwer und kann nur von absoluten Spezialisten durchgeführt werden.
6 Die Steuerkette muß auf Verschleiß überprüft werden, besonders wenn der Kolben der Spannerschiene fast vollständig entspannt ist, dieser Zustand weist auf eine Erneuerung der Kette hin. Kontrollieren Sie die Kette überall auf Risse, gebrochene oder fehlende Rollen und Laschen sowie lockere oder steife Verbindungen. Findet sich irgendein Anzeichen von Verschleiß oder Beschädigung, muß die Kette erneuert werden. Markieren Sie zwei im Abstand von etwa 30 cm liegende Punkte, legen Sie die Kette auf ein Lineal, legen Sie eine Leiste darüber, und drücken Sie den Bereich zwischen den Punkten zusammen. Messen Sie den exakten Abstand der Punkte. Ziehen Sie die Kette kräftig auseinander und messen Sie erneut. Wiederholen Sie diese Prozedur an verschiedenen Punkten der Kette. Läßt sich die Kette in irgendeinem Bereich um mehr als 2 Prozent (6 mm) dehnen, ist sie zu erneuern.
7 Die Kettenspannerschiene und die Führungsschienen sowie die Spanner-Baugruppe müssen auf Verschleiß und Beschädigungen untersucht und gegebenenfalls ersetzt werden. Ersetzen Sie ebenso, besonders bei Montage einer neuen Kette, die Ritzel an Kurbelwelle und Nockenwellen, wenn leichte Zweifel über ihren Zustand bestehen. Der Spannerkolben muß glatt und frei von Schmutz und Korrosion sein und sich leicht im Spannergehäuse bewegen. Wenn er nicht richtig arbeitet oder Beschädigungen vorliegen, muß die gesamte Baugruppe ersetzt werden.
8 Die Kunststoff-Gleitfläche der Spannerschiene kann abgenommen und einzeln ausgewechselt werden. Die Metallschiene muß genau wie ihre Gummibuchse auf guten Zustand überprüft werden, außerdem der Gummipuffer, gegen den der Spannerkolben drückt. Ohne ihn ist es nicht möglich, Verschleiß in der Kette auszugleichen. Beim Zusammenbau wird die Gabel der Metallschiene über die Lasche der Kunststoff-Gleitfläche geschoben, dann das untere Ende eingesetzt und schließlich in der Mitte die Laschen über die Schiene geklipst (siehe Abbildungen).

18 Zylinderkopf Begutachtung und Erneuerung

1 Entfernen Sie Kohle-Ablagerungen aus dem Zylinderkopf, zerkratzen Sie die Oberfläche dabei nicht. Polieren Sie die Oberfläche, um weitere Ablagerungen zu erschweren.
2 Kontrollieren Sie den Zustand der Zündkerzengewinde, wenn sie verschlissen oder beschädigt sind, können Gewinde-Einsätze montiert werden.

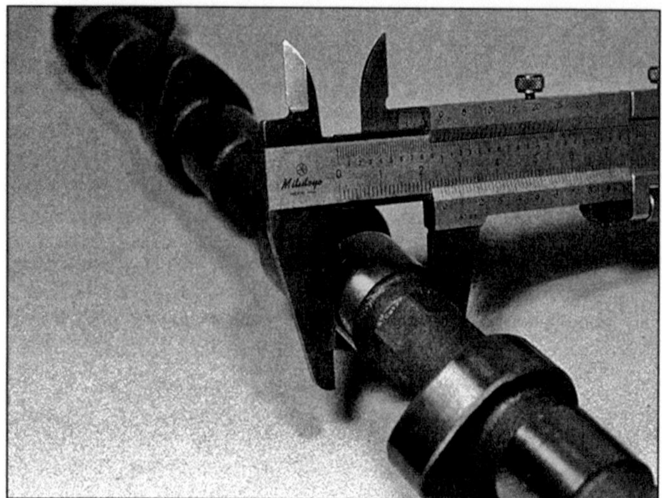
17.3 Messen Sie den Durchmesser der Nockenwellen-Lagerzapfen.

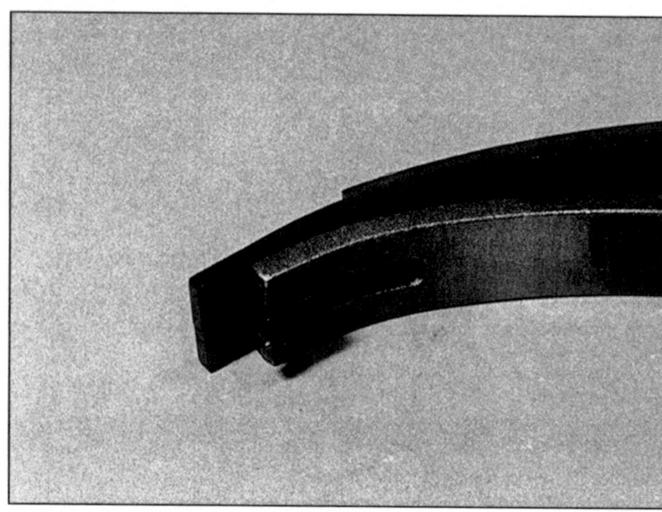
17.8a Einsetzen einer neuen Steuerkettenspanner-Kunststoff-Gleitfläche – schieben Sie die Metallgabel über ihre Lasche, ...

Wechseln Sie zu den Werkzeug- und Werkstatt-Tips im Anhang, um Informationen zur Anwendung von Gewindeeinsätzen zu erhalten.

3 Legen Sie den Zylinderkopf auf eine glatte Glasscheibe oder einen Spiegel, um Verzug zu ermitteln. Aluminium-Zylinderköpfe verziehen sehr schnell, besonders wenn die Zylinderkopfschrauben ungleichmäßig angezogen wurden. Wenn der Verzug nur sehr leicht ist, kann der Kopf mit rotierenden Bewegungen auf sehr feinem Schleifpapier, das auf eine Glasplatte gespannt wurde, geplant werden. Überlassen Sie im Zweifel über Ihre Fähigkeiten diese Arbeit einer Fachwerkstatt.
4 Wenn der Zylinderkopf stark verzogen ist (daran zu erkennen, daß die Zylinderkopfdichtung zum Durchbrennen neigt), muß er von einer kompetenten Werkstatt maschinell geplant werden. Hierdurch wird die Verdichtung des Motors erhöht, was zwar bei der Verwendung des richtigen Treibstoffs (ggf. Super-Plus) die Leistung erhöht, bei zuviel abgetragenem Material aber auch Ventile und Kolben einander berühren lassen kann – besteht dieses Risiko, ist ein neuer Zylinderkopf zu beschaffen.

19 Ventile, Ventilsitze und Ventilführungen
Begutachtung und Erneuerung

1 Beschaffen Sie sich acht geeignete Behälter und markieren Sie jeden mit dem Typ und dem Zylinder des entsprechenden Ventils (z.B. Einlaß, 1). Teilen Sie die Bauteile unverzüglich nach der Demontage in diese Behälter auf, um sie nicht zu verwechseln.

Arbeiten Sie wenn möglich immer nur an einem Ventil, um Verwechslungen zu vermeiden.

2 Mit einem Gummisauger oder einem starken Magneten werden das Einstellplättchen und der Tassenstößel von jedem Ventil entfernt. Drücken Sie mit einer Ventilfeder-Presse, die sicher über dem Federteller sitzt, die Feder zusammen (siehe Abbildung), und nehmen Sie die Keile mit einem dünnen Magneten ab (reiben Sie einen starken Magneten an einem Schraubendreher, um diesen für diesen Zweck zu magnetisieren). Lösen Sie die Federpresse langsam, und nehmen Sie den oberen Federteller, die Feder (beachten Sie die Einbaulage!) und den Federsitz ab. Ziehen Sie das Ventil vorsichtig nach unten heraus (siehe Schritt 3), und hebeln Sie die Ventilschaftdichtung oben von der Ventilführung.

17.8b ... setzen Sie das untere Auge in seinen Kunststoff-Sitz, ...

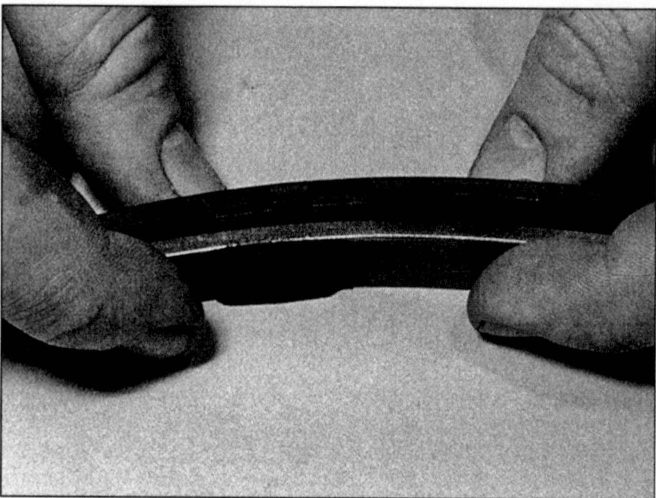
17.8c ... und klipsen Sie die Gleitfläche mit den mittigen Laschen an die Metallschiene.

19.2a Heben Sie das Einstellplättchen und den Tassenstößel mit einem Gummisauger oder einem Magneten heraus – vertauschen Sie die Teile nicht untereinander.

19.2b Die Ventilfeder-Presse muß wie gezeigt modifiziert werden, um in die Tassenstößel-Bohrungen greifen zu können.

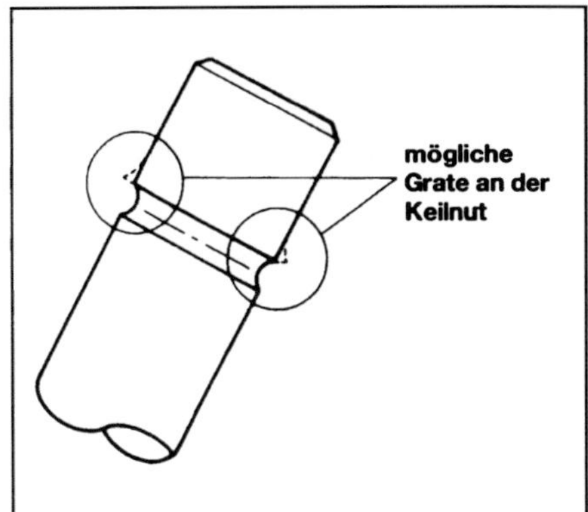

19.3 Wenn sich der Ventilschaft nicht durch die Führung ziehen läßt, muß der Bereich über der Keilnut entgratet werden.

Lagern Sie alle Bauteile eines Ventils in dem dafür vorgesehenen Behälter.

3 Wenn ein Ventil schwierig aus der Führung herauszuziehen ist, muß es zurückgedrückt und auf Grate im Bereich der Keilnut kontrolliert werden. Entfernen Sie diese mit einer sehr feinen Feile oder einem Naßschleifstein (siehe Abbildung), und waschen Sie alle Partikel vor dem Ausbau des Ventils ab.

4 Begutachten Sie die Ventile auf Verschleiß, Überhitzung oder Verbrennungen und ersetzen Sie sie nötigenfalls. Normalerweise müssen Auslaßventile öfter ausgewechselt werden als Einlaßventile, da letztere besser gekühlt sind. Wenn eine der Ventilteller-Oberflächen stark verschlissen ist, versuchen Sie nicht, die Unebenheiten abzuschleifen, da das Ventil dann zu tief sitzen würde. Ersetzen Sie das Ventil auch, wenn die Tellerstärke unterhalb der Toleranzgrenze oder die Gesamtlänge zu gering ist. Außerdem darf der Ventilschaft nicht mehr als erlaubt verbogen sein – gemessen wird am Ventilteller.

5 Kontrollieren Sie die Ventilschäfte und Führungen auf Verschleiß, entweder durch direkte Messungen oder durch Wackeln am eingesetzten Ventil längs und quer zur Nockenwelle; der größte Verschleiß wird festzustellen sein, wenn sich das Ventil in der maximalen Öffnungs-Position befindet. Vergleichen Sie das Spiel zur Kontrolle mit einer neuen Baugruppe. Wenn ein kleiner Innenmeßfühler und eine Mikrometer-Uhr zur Hand sind, können der Schaft und die Führung auch an drei oder vier Punkten längs und quer zur Nockenwelle vermessen werden. Subtrahieren Sie den kleinsten Schaft-Durchmesser vom größten Führungsdurchmesser und vergleichen Sie alle Werte mit den technischen Daten. Ersetzen Sie verschlissene Bauteile.

6 Das Auswechseln der Ventilführungen ist Sache einer Fachwerkstatt. Neue Führungen werden in Übergrößen angeboten und eingepresst. Anschließend muß der Ventilsitz nachgeschnitten werden. Dabei kann schnell der Zylinderkopf beschädigt werden, so daß es sinnvoll ist, diese Arbeit von erfahrenen Fachleuten oder einem BMW-Händler erledigen zu lassen. Für erfahrene und gut ausgerüstete Schrauber ist hier die Prozedur beschrieben:

7 Erhitzen Sie den Zylinderkopf langsam und gleichmäßig in einem Backofen auf 220 bis 240°C. Treiben Sie mit einem abgestuften Dorn die Führung vorsichtig von der Brennraumseite aus ihrem Sitz.

8 Lassen Sie den Kopf nach dem Entfernen der entsprechenden Führungen abkühlen und messen Sie die Führungs-Bohrungen. Wenn die Bohrung größer als die Verschleißgrenze ist, muß sie auf das Übermaß aufgerieben und eine Übermaß-Führung beschafft werden.

9 Treiben Sie nach dem erneuten Erhitzen (s.o.) des Zylinderkopfes die neue(n) Führung(en) mit dem beim Ausbau verwendeten Treibdorn von der Nockenwellen-Seite her ein.

10 Nachdem eine neue Führung installiert wurde, muß sie auf 7,0 mm aufgerieben werden, außerdem ist der Ventilsitz zum Zentrieren nachzuschneiden.

11 Wenn eine Ventilführung erneuert wurde, oder ein Ventilsitz ist stark verschlissen, muß dieser nachgeschnitten werden, um Dichtigkeit zu gewährleisten. Es wird ein entsprechendes Schneidewerkzeug mit Adaptern und Zubehör benötigt, außerdem wird Erfahrung im Umgang damit verlangt, ansonsten kann schnell der Zylinderkopf beschädigt werden, so daß es sinnvoll ist, diese Arbeit von einer erfahrenen Fachwerkstatt oder einem BMW-Händler erledigen zu lassen.

12 Für erfahrene und gut ausgerüstete Schrauber ist hier die Prozedur beschrieben: Setzen Sie den benötigten Schneider auf sein Führungswerkzeug und stecken Sie dieses in die Ventilführung. Unter kräftigem Hand-Druck wird der Schneider eine oder zwei Umdrehungen gedreht, um den Sitz zu reinigen. Ziehen Sie den Schneider heraus und begutachten Sie den Ventilsitz. Ist dieser durchgehend und glatt, fahren Sie mit dem nächsten Schritt fort, ansonsten muß der erste Schnitt wiederholt werden.

13 Achten Sie darauf, nur das nötige Minimum an Material abzutragen, um eine saubere Oberfläche zu erzielen. Sitzt das Ventil durch zuviel Nachschneiden zu weit zurück, muß der Ventilsitzring ausgetauscht werden. BMW bietet neue Ventilsitze in Standardgröße und einem Übermaß an. Zum Wechseln muß der Zylinderkopf auf jeden Fall in eine Fachwerkstatt gebracht werden, da hierzu neben reichlich Erfahrung auch viel Spezialwerkzeug inklusive einer hydraulischen Presse benötigt wird.

Achtung: Wenn Sie den Zylinderkopf zurück erhalten, muß er vor der Montage gründlichst gereinigt werden. Entfernen Sie jeglichen Metall-Abrieb, und blasen Sie alle Bohrungen und Kanäle mit Druckluft aus.

14 Wenn die Sitzoberfläche gereinigt ist, wird kontrolliert, daß sie im Kontaktbereich eine Breite von 1,5 mm aufweist. Ist sie zu breit, muß mit dem Schneidewerkzeug an einer Seite etwas Material abgenommen werden.

2

15 Unabhängig von einer vorangegangenen Ventilüberholung sollten die Ventile vor dem Einbau in den Kopf eingeschliffen (geläppt) werden, um die Dichtigkeit an den Ventilsitzen sicherzustellen. Für diese Arbeit benötigt man Ventilschleifpaste sowie einen Ventildreher. Wenn dieses Werkzeug nicht zur Hand ist, kann auch ein Stück Gummi- oder Plastikschlauch über den Ventilschaft geschoben (nachdem das Ventil in die Führung gesteckt wurde) und damit das Ventil gedreht werden. Geben Sie etwas von der Schleifpaste auf die Ventildichtfläche, und stecken Sie das Ventil in die Führung.

Anmerkung: *Gehen Sie sicher, daß das Ventil in der richtigen Führung steckt und daß keine Schleifpaste an den Ventilschaft gerät.*

Befestigen Sie den Ventildreher (oder den Schlauch) am Ventil, und drehen Sie ihn zwischen den Handflächen. Hin- und Herdrehen ist dem Drehen in einer Richtung vorzuziehen. Heben Sie das Ventil regelmäßig vom Sitz und verteilen Sie die Paste ordentlich. Setzen Sie das Schleifen solange fort, bis die Dichtflächen am Ventil und am Sitz eine gleichmäßige

19.18a Die Ventilschaftdichtung muß mit einem geeigneten Werkzeug – z.B. einer passenden Nuß, . . .

19.18b . . . korrekt auf ihren Sitz an der Ventilführung gepresst werden.

19.18c Setzen Sie das Ventil in die geölte Führung.

Breite und am ganzen Umfang keine Unterbrechungen haben. Ziehen Sie vorsichtig das Ventil aus der Führung, und wischen Sie alle Schleifpasten-Reste ab. Reinigen Sie das Ventil mit Lösungsmittel und wischen Sie es sorgfältig mit einem Tuch ab. Verfahren Sie mit den anderen Ventilen genauso.

16 Wenn das nötige Werkzeug vorhanden ist, kann an verschiedenen Stellen der Durchmesser des Tassenstößels und dessen Bohrung gemessen werden. Ersetzen Sie alle beschädigten oder verschlissenen Teile.

17 Begutachten Sie den Federteller und die Keile, erneuern Sie verschlissene Teile. Messen Sie die freie Länge der Ventilfedern. Sind sie kürzer als in den technischen Daten vorgegeben, oder unterscheiden sich Auslaßventil-Federn stark von denen der Einlaßventile, müssen entsprechende Federn ersetzt werden. Obwohl die Federn einzeln erhältlich sind, ist es ratsam, alle als Satz auszutauschen. Um die volle Motorleistung bei sportlicher Fahrweise zu gewährleisten, tauschen viele Mechaniker die Federn nach längerer Laufzeit vorsorglich aus.

18 Setzen Sie die Federsitze über die Führungen und drücken Sie neue Ventilschaftdichtungen auf ihren Sitz an der Ventilführung (siehe Abbildungen). Ölen Sie die Führungsbohrungen vor der Montage der Ventile reichlich ein (siehe Abbildung). Dann wird die Feder aufgesetzt. Aufgrund der linearen Wicklung braucht bei neuen Federn keine Einbaurichtung beachtet zu werden, alte Federn müssen in ihrer ursprünglichen Lage montiert werden (siehe Abbildung). Bei der von uns zerlegten Maschine besaßen die Federn an der Unterseite eine blaue Farb-Markierung, ähnliche Markierungen wurden auch an anderen Maschinen gefunden.

19 Setzen Sie den Federteller korrekt auf die Feder, setzen Sie die Federpresse an und drücken Sie die Feder soweit zusammen (nicht weiter!), bis die Keile wieder eingesetzt werden können – sie lassen sich mit Fett »ankleben« (siehe Abbildung). Klopfen Sie nach dem Lösen der Federpresse mit einem Hammer leicht auf den Ventilschaft, damit sich die Keile korrekt setzen können.

20 Legen Sie die Einstellplättchen mit etwas Fett in die Tassenstößel, die Markierung muß nach unten zeigen. Setzen Sie den eingeölten Tassenstößel vorsichtig und senkrecht in seine Bohrung – schon leichtes Verkanten kann ihn beschädigen und den Ausbau erschweren (siehe Abbildung). Sichern Sie die Baugruppen gegebenenfalls mit Holzstangen.

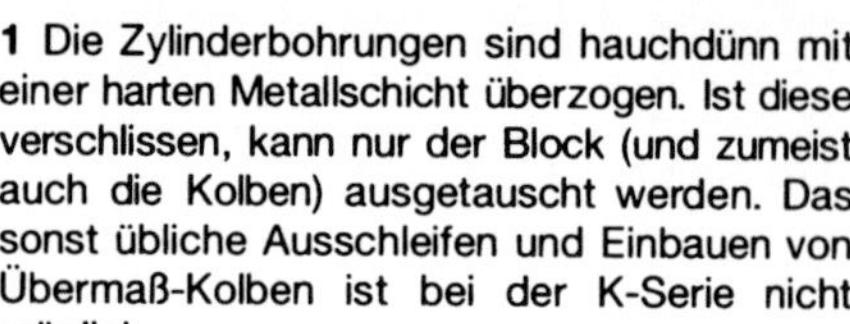

20 Zylinderblock
Begutachtung und Erneuerung

1 Die Zylinderbohrungen sind hauchdünn mit einer harten Metallschicht überzogen. Ist diese verschlissen, kann nur der Block (und zumeist auch die Kolben) ausgetauscht werden. Das sonst übliche Ausschleifen und Einbauen von Übermaß-Kolben ist bei der K-Serie nicht möglich.

2 Das übliche Anzeichen stark verschlissener Zylinder und Kolben ist blauer Rauch aus dem Auspuff, der bei stärkerem Verschleiß immer heller wird. Dieser Rauch darf nicht mit dem beim Starten des Motors üblichen Qualm verwechselt werden, der besonders stark sein kann, wenn die Maschine auf dem Seitenständer gestanden hat. Aufgrund der liegenden Zylinder läuft dabei eine geringe Menge Öl in den Verbrennungsraum, was nur durch die Verwendung moderner Kolbenringe (siehe Sektion 30) vermindert werden kann.

3 Ein anderes Anzeichen äußert sich durch mechanisches Rattern, das durch Kolbenkippen unter geringer Last entsteht. Bei der Begutachtung des oberen Zylinderrandes kann

19.18d Legen Sie Federsitze wie gezeigt ein, . . .

19.18e . . . bevor Sie die Feder (gebrauchte in Ursprungs-Position) einsetzen.

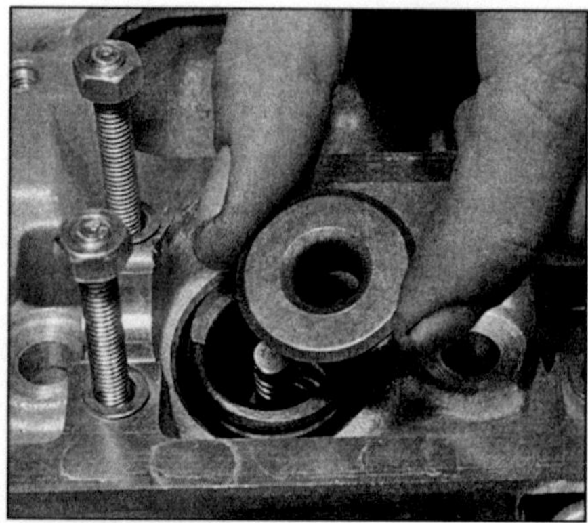

19.19a Setzen Sie den Federteller auf, und pressen Sie die Feder zusammen.

19.19b Lösen Sie die Federpresse, nachdem die Keile eingesetzt sind. Geben Sie einen leichten Hammerschlag auf den Ventilschaft.

19.20 Setzen Sie den Tassenstößel senkrecht über die Ventilbaugruppe.

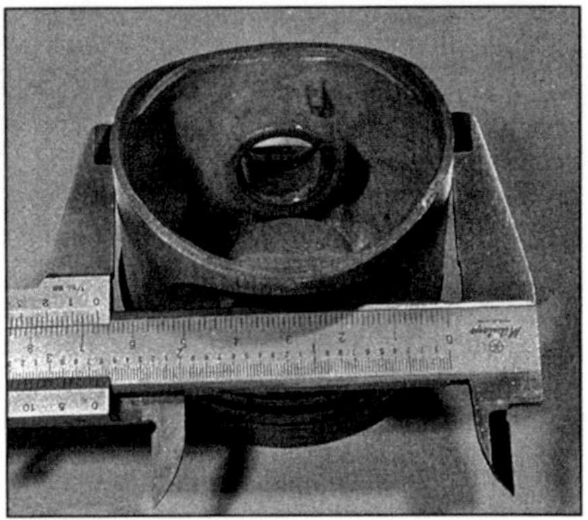

21.2 Messen Sie den Außendurchmesser an den im Text angegebenen Stellen.

dann an der Druckseite eine je nach Verschleiß ausgeprägte Kante des oberen Kolbenring-Totpunktes erfühlt werden.

4 Messen Sie den Zylinderdurchmesser direkt unterhalb dieser Kante, sowohl längs als auch quer zum Kolbenbolzen, mit einem genauen Innenmeßgerät. Führen Sie ähnliche Messungen in der Mitte und am unteren Rand der Kolbenring-Laufbahn durch. Das größte Ergebnis nehmen Sie als Zylinderdurchmesser.

5 Subtrahieren Sie den Durchmesser des Kolbens (siehe Sektion 21) vom Zylinderdurchmesser und vergleichen Sie das erhaltene Spiel mit den technischen Daten. Ist es zu groß, müssen Zylinderblock und/oder Kolben ersetzt werden. Nur sehr exakte Messungen erlauben eine genaue Aussage, welche Teile ersetzt werden müssen. Lassen Sie diese aufgrund der hohen Kosten für Kolben und Zylinder von einer Fachwerkstatt durchführen.

6 Ist das nötige Werkzeug nicht verfügbar, kann nach dem Einführen eines neuen Kolbens (ohne Ringe) bis etwa 12 mm unterhalb des oberen Zylinderrandes das Spiel mit einer Fühlerlehre ermittelt werden. Es darf an der breitesten Stelle nicht größer als der Toleranzwert der technischen Daten sein, andernfalls muß der Zylinderblock ausgetauscht werden.

21 Kolben und Kolbenringe
Begutachtung und Erneuerung

1 Entfernen Sie jegliche Kohleablagerungen vom Kolbenboden, zerkratzen Sie dabei nicht die Oberfläche. Polieren Sie schließlich den Kolben, um neue Ablagerungen zu verzögern. Benutzen Sie dazu niemals Schleifpapier.

2 Kolben verschleißen normalerweise am Kolbenhemd oder am unteren Rand, an den Druck-Seiten treten Kratzer und Abrieb auf. Beschädigungen dieser Art erfordern das Ermitteln des Kolben-Durchmessers. Bei KS-Kolben wird 12 mm, bei Mahle-Kolben 7,6 mm (K 75-Modelle) bzw. 8,6 mm (K 100-Modelle) oberhalb des unteren Randes im rechten Winkel zum Kolbenbolzen gemessen und der Wert mit den Angaben der technischen Daten verglichen. Im Kolbenboden eingeschlagene Markierungen zeigen den Hersteller und die Codierung der Größe.

3 Genaue Verschleißgrenzen für Kolben gibt es nicht, falls ein Kolben einen verschlissenen Eindruck macht oder sein Maß weit unter dem angegebenen Durchmessern liegt, gilt er als verschlissen. Der einzige Weg, den Verschleiß zu berechnen, ist den Kolbendurchmesser vom Zylinderdurchmesser zu subtrahieren (siehe Sektion 20). In diesem Falle muß kontrolliert werden, ob der Kolben und/oder der Zylinder verschlissen ist. Nur sorgfältige von Fachleuten durchgeführte Messungen können hierzu Aussagen machen.

4 Beachten Sie, daß ein Austausch-Kolben nicht nur die gleiche Größe sondern auch das gleiche Gewicht wie das Original haben muß, die Gewichts-Gruppen sind durch ein + oder ein – auf dem Kolbenboden gekennzeichnet.

5 Kontrollieren Sie den Sitz des Kolbenbolzens in den Bohrungen des Kolbens. Er sollte einen strammen und spielfreien Gleitsitz haben und keine Kratzer oder Verschleiß aufweisen. Wenn die nötigen Geräte vorhanden sind, können die Teile einzeln gemessen werden. Kolben und Bolzen müssen immer als Paar behandelt und dürfen niemals vertauscht werden.

6 Benutzen Sie die Kolbenbolzen-Sicherungsringe niemals wieder, verwenden Sie immer neue.

7 Nach einer langen Motorlaufzeit können die Kolbenring-Nuten vergrößert sein. Messen Sie zur Kontrolle das Spiel zwischen den Ringen und der Nut mit einer Fühlerlehre. Ist das Spiel zu groß, müssen Kolben und/oder Ringe ersetzt werden.

8 Zur Messung des Kolbenring-Stoßspiels wird jeder Ring in seine Zylinderbohrung gesetzt und mit dem Kolbenboden senkrecht etwa 2,5 cm unter den oberen Rand geschoben. Schieben Sie eine passende Fühlerlehre in die Öffnung des Ringes (siehe Abbildung). Wenn das Spiel zu groß ist, muß der Ring ersetzt werden.

9 Wenn Sie neue Kolbenringe montieren, ist es notwendig, das Stoßspiel erneut zu prüfen. Das Spiel darf niemals zu klein sein, da sonst schwere Motorschäden drohen. Es kann notfalls mit einer Feile vergrößert werden. Dazu muß der Ring so nahe wie möglich an den Enden gehalten werden, damit diese beim Feilen nicht abbrechen. Nehmen Sie immer nur etwas Material ab und kontrollieren Sie immer wieder das Spiel im Zylinder.

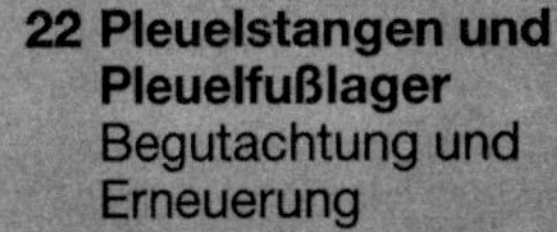

22 Pleuelstangen und Pleuelfußlager
Begutachtung und Erneuerung

Praxis TiP

Es ist empfehlenswert, die Lagerschalen bei einer Motorüberholung unabhängig ihres Zustandes prophylaktisch zu ersetzen. Sie sind relativ billig und es ist falsche Sparsamkeit, teilverschlissene Bauteile wieder zu verwenden.

1 Begutachten Sie die Pleuel auf Anzeichen von Brüchen und Verformung, erneuern Sie alle Pleuel, die nicht in perfektem Zustand sind (siehe Abbildung). Kontrollieren Sie das seitliche Spiel der Pleuel mit einer Fühlerlehre. Wenn der Toleranzwert überschritten ist, muß entweder das Pleuel oder die Kurbelwelle erneuert werden. Verdrehungen oder Biegung des Pleuel kann nur mit einer Spezialausrüstung gemessen werden, die eine Werkstatt besitzt.

2 Wenn das nötige Werkzeug vorhanden ist, kann der Zustand des oberen Pleuelauges durch direkte Messung ermittelt werden, beachten Sie dazu die Toleranzwerte in den technischen Daten dieses Kapitels. Wenn die Ausrüstung nicht vorhanden ist, wird kontrolliert, ob die Oberflächen des oberen Pleuelauges, der Kolbenbohrungen und des gesamten Kolbenbolzens glatt und unverschlissen sind. Der Kolbenbolzen sollte sich mit etwas Druck durch Kolben und Pleuelauge schieben lassen

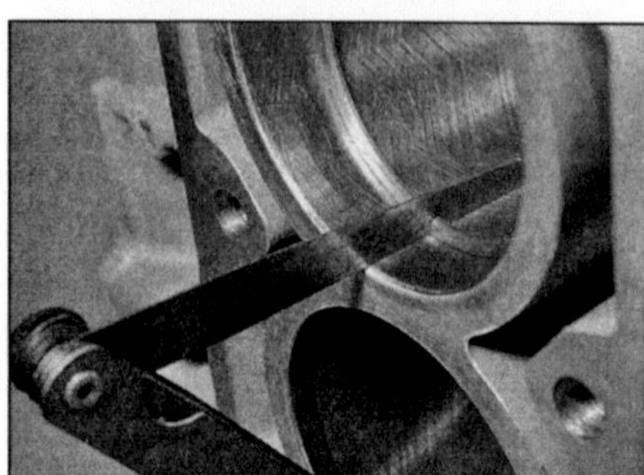

21.8 Messen Sie das Stoßspiel der eingebauten Kolbenringe.

und einen festen Sitz haben, es darf kein Spiel fühlbar sein. Ansonsten sind die entsprechenden Bauteile auszuwechseln.

3 Beim Einsetzen einer neuen Buchse muß ihr Öffnungs-Spalt um 60° nach links oder rechts zur Pleuel-Mittellinie versetzt werden. Bohren und entgraten Sie eine neue Ölbohrung in die Buchse, indem Sie die Ölbohrung des Pleuels als Führung nutzen. Reiben Sie schließlich die neue Buchse auf die vorgegebene Größe auf.

4 Wann immer ein Pleuel ausgewechselt werden soll, muß es zur Minimierung der Vibrationen der korrekten Gewichtsgruppe entsprechen. Bei älteren Modellen gab es sieben Klassen, die mit einem, zwei oder drei Tupfern gelber, weißer oder blauer Farbe auf den Pleuelstangen markiert waren. Alle Pleuel müssen die gleiche Markierung tragen, wenn sie nicht mehr sichtbar sind, müssen die Pleuel ohne Lagerschalen, aber mit Füßen, Schrauben und Muttern einzeln gewogen werden. Ein BMW-Händler kann dann die Gewichtsgruppe herausfinden – der Unterschied liegt bei jeweils 7–8 Gramm. Bei späteren Modellen ab August 1988 ist das Gewicht in Gramm in das Pleuel eingeschlagen.

5 Die Pleuelfußschrauben und -muttern müssen nach jeder Demontage erneuert werden. Die Schrauben dehnen sich bei der Montage und dürfen daher niemals wiederverwendet werden. Sie sitzen besonders fest in den Pleuelstangen, um sie auszutreiben, muß das Pleuel in einen mit weichen Backen bestückten Schraubstock gespannt werden. Achten Sie darauf, das Pleuel nicht zu beschädigen – aus kleinsten Kerben können unter der hohen Belastung Abrisskanten werden!

6 Begutachten Sie die Pleuelfußlagerschalen. Ihre Oberfläche sollte glatt und frei von Abrieb sein. Wenn auch nur eine Lagerschale in einem schlechten Zustand ist, müssen alle als Satz ausgetauscht werden.

Praxis TiP

Verfärbungen und andere Anzeichen starker Hitze sind auf Ölmangel zurückzuführen. Stellen Sie sicher, daß die Ölpumpe und das Überdruckventil sorgfältig kontrolliert und genau wie alle Ölkanäle sorgfältig gereinigt werden, bevor Sie den Motor wieder zusammenbauen.

7 Die Hubzapfen der Kurbelwelle müssen einer genauesten Begutachtung unterzogen werden, besonders dort, wo beschädigte Lagerschalen gesessen haben. Sind die Oberflächen riefig oder zeigen Ausbrüche, sollte Rat bei einer BMW-Werkstatt eingeholt werden. Da es Untermaß-Lagerschalen gibt, kann eine Kurbelwelle theoretisch geschliffen werden, BMW hält sich jedoch mit Informationen zurück und verweist darauf, daß die Lager-Oberfläche gehärtet ist und demnach nicht mit normalen Methoden geschliffen werden kann. Fragen Sie hierzu einen Fachmann.

8 Zur Auswahl neuer Lagerschalen muß die BMW-Größen-Codierung benutzt werden. Der Standard-Hubzapfen-Außendurchmesser ist in drei Größen-Gruppen unterteilt, um die Herstellungs-Toleranzen zu minimieren. Die Größengruppe ist mit einem weißen, grünen oder gelben Farbtupfer nahe am jeweiligen Zapfen an den Kurbelwangen markiert. Ist das entsprechende Werkzeug vorhanden, kann das Maß durch Nachmessen kontrolliert werden (siehe Abbildung). Da die Pleuelfuß-Durchmesser nicht sonderlich variieren, sind die Lagerschalen ebenfalls mit Farbmarkierungen versehen, die denen der Zapfen gleichen müssen.

9 Wenn die vorhandenen Lagerschalen weiterverwendet werden sollen, muß das Lagerspiel mit Plastigauge-Meßstreifen, wie in Sektion 14 beschrieben, kontrolliert werden. Wenn das Ergebnis im Toleranzbereich ist, können die Schalen wieder in ihren alten Positionen eingesetzt werden. Wenn das Spiel auch mit neuen Schalen der korrekten Größe zu groß ist, wird die Kurbelwelle verschlissen sein und muß einem Fachmann zur Begutachtung vorgelegt werden.

Praxis TiP

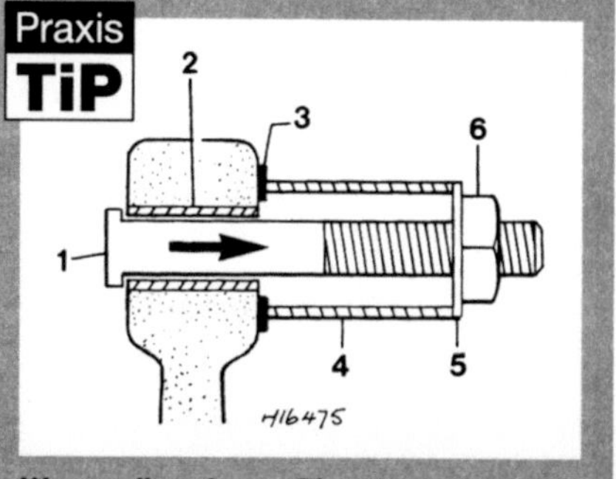

Wenn die obere Pleuelaugenbuchse auszuwechseln ist, muß sie mit einem solchen Werkzeug ausgezogen werden.

1 Auszieh-Bolzen 4 Rohr
2 Lagerbuchse 5 Scheibe
3 Gummischeibe 6 Mutter

22.8 Messen Sie den Hubzapfen-Durchmesser.

22.1 Pleuel-Baugruppe – die Verbindungsschrauben und Muttern müssen nach jeder Demontage erneuert werden.

23 Kurbelwelle und Hauptlager
Begutachtung und Erneuerung

1 Reinigen Sie die Kurbelwelle, kontrollieren Sie besonders die Ölkanäle auf Fremdstoffe.

2 Wenn nötig, können der Zündrotorflansch und das Steuerketten-Zahnrad abgezogen werden. Lösen Sie die Sicherungsschraube, und ziehen Sie mit einem Abzieher den Flansch ab (siehe Abbildung). Das Kettenritzel sollte markiert werden, um die korrekte Einbaurichtung zu gewährleisten. Der Arretierstift im Rotorflansch greift durch das Ritzel und sichert beides in der Nut an der Kurbelwelle.

3 Legen Sie bei der Montage das Ritzel richtig herum auf die Kurbelwelle und stecken Sie den Flansch so auf, daß der Stift korrekt sitzt (siehe Abbildung). Setzen Sie die Halteschraube ein und ziehen Sie sie mit dem vorgeschriebenen Drehmoment fest.

4 Begutachten Sie sorgfältig die Kurbelwelle. Alle Anzeichen von Beschädigungen und Verschleiß bedeuten eine Erneuerung der Welle. Es gibt Motorenspezialisten, die durch Aufschweißen und Abdrehen von Material eine Kurbelwelle wieder reparieren können. In Anbetracht der Kosten für eine neue Welle sollte hier auf jeden Fall nachgefragt werden.

5 Setzen Sie zeitweise die Kurbelwelle wieder in das Gehäuse und messen Sie mit einer Fühlerlehre das Spiel zwischen den Lagerböcken

23.2a Wenn nötig, lösen Sie die Sicherungsschraube für den Zündrotor-Flansch und das Steuerketten-Ritzel.

23.2b Wenn der Abzieher angesetzt werden soll, muß zum Schutz der Kurbelwelle zeitweise die Schraube wieder eingedreht werden.

und den Kurbelwangen (siehe Abbildung). Alternativ kann eine Meßuhr gegen ein Wellen-Ende montiert werden. Drücken Sie die Welle von der Uhr weg, nullen Sie diese, drücken Sie die Welle dagegen und lesen Sie das Ergebnis ab. Wenn das Axialspiel größer als in den technischen Daten angegeben ist, müssen die Drucklager erneuert werden. Ein Verzug der Kurbelwelle kann ermittelt werden, wenn diese an den äußeren Hauptlagern in zwei Böcken gelagert und an einem der mittleren Lager mit einer Meßuhr abgetastet wird. Wenn irgendein Spiel festgestellt wird, sollte ein Fachmann befragt werden.

6 Begutachten Sie die Lagerschalen und Zapfen, messen Sie deren Durchmesser und Verschleiß wie bei den Pleuelfußlagern (Sektion 22, Schritte 6 bis 9). Dazu ist es natürlich nötig, zeitweise die Hauptlager-Böcke zu montieren und mit dem vorgeschriebenen Drehmoment zu sichern, um das Lagerspiel mit Plastigauge ermitteln zu können.

24 Ausgangs-/ Ausgleichswelle Begutachtung und Erneuerung

1 Zur Zerlegung der Ausgangswellen-Baugruppe muß am vorderen Ende der Seegerring abgezogen und die innere Buchse des Nadellagers entfernt werden (siehe Abbildungen). Bei K 75-Modellen müssen das Antriebs-Zahnrad und die Welle markiert werden, so daß sie bei der Montage in ihren originalen Positionen verbunden werden.

2 Halten Sie das Antriebsrad mit dem Kugellager in einer Hand und klopfen Sie mit einem weichen Hammer die Welle heraus, lassen Sie sie dabei nicht auf einen harten Untergrund fallen.

3 Ziehen Sie bei K 100-Modellen die Ruckdämpfergummis aus dem Dämpferkörper und klopfen Sie das Innenteil und die hintere Abdeckung von der Welle. Beachten Sie die Druckscheibe.

4 Zum Zerlegen der Antriebszahnrad-Baugruppe wird das Rad in einen mit weichen Backen ausgerüsteten Schraubstock gespannt, um Beschädigungen an den Zähnen zu vermeiden. Entfernen Sie den großen Sicherungsring (siehe Abbildung). Besorgen Sie sich einen geeigneten Abzieher und einen Adapter, der gegen die Nabe drückt.

5 Ziehen Sie das Lager ab. Beachten Sie die Tellerfeder (frühe Modelle) bzw. den Distanzring (spätere Modelle) dahinter. Die Tellerfeder darf nicht wiederverwendet werden.

6 Das Anti-Rückschlag-Rad sollte mit dem BMW-Werkzeug 12 4 600 entfernt werden, dessen Laschen in die Zahnrad-Bohrungen greifen und dieses bei Drehung im Uhrzeigersinn anhebt, so daß die Feder gelöst werden kann. Wenn dieses Werkzeug nicht zugänglich ist, muß kontrolliert werden, daß die Zähne des Anti-Rückschlag-Rades nicht in den Schraub-

2

23.3 Der Arretier-Stift sichert das Ritzel und den Flansch.

23.5 Messen Sie das Axialspiel der Kurbelwelle.

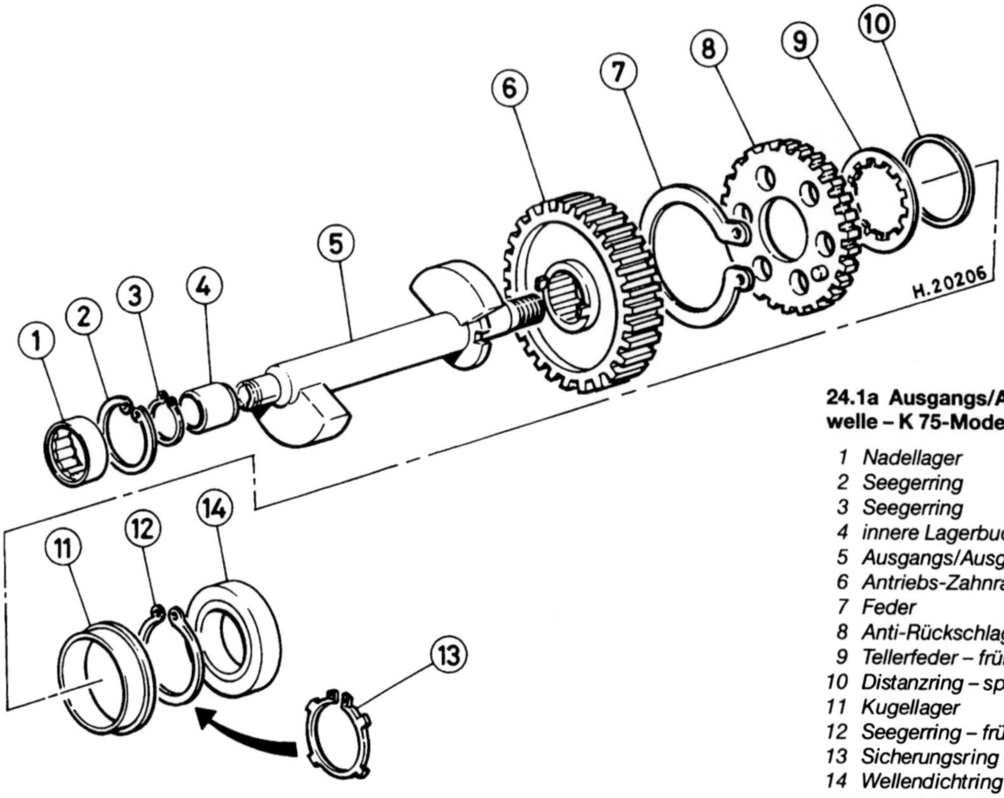

24.1a Ausgangs/Ausgleichswelle – K 75-Modelle

1 *Nadellager*
2 *Seegerring*
3 *Seegerring*
4 *innere Lagerbuchse*
5 *Ausgangs/Ausgleichswelle*
6 *Antriebs-Zahnrad*
7 *Feder*
8 *Anti-Rückschlag-Zahnrad*
9 *Tellerfeder – frühe Modelle*
10 *Distanzring – spätere Modelle*
11 *Kugellager*
12 *Seegerring – frühe Modelle*
13 *Sicherungsring – spätere Modelle*
14 *Wellendichtring*

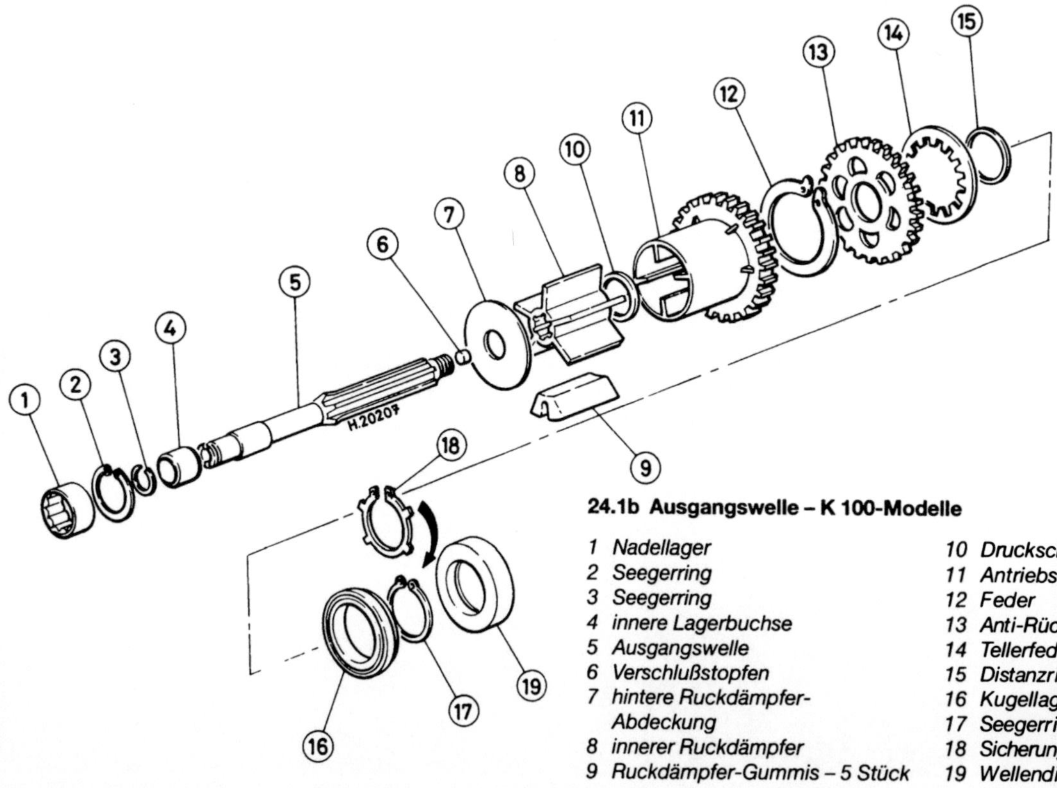

24.1b Ausgangswelle – K 100-Modelle

1 *Nadellager*
2 *Seegerring*
3 *Seegerring*
4 *innere Lagerbuchse*
5 *Ausgangswelle*
6 *Verschlußstopfen*
7 *hintere Ruckdämpfer-Abdeckung*
8 *innerer Ruckdämpfer*
9 *Ruckdämpfer-Gummis – 5 Stück*
10 *Druckscheibe*
11 *Antriebs-Zahnrad*
12 *Feder*
13 *Anti-Rückschlag-Zahnrad*
14 *Tellerfeder – frühe Modelle*
15 *Distanzring – spätere Modelle*
16 *Kugellager*
17 *Seegerring – frühe Modelle*
18 *Sicherungsring – spätere Modelle*
19 *Wellendichtring*

24.4a Entfernen Sie den Sicherungsring mit einer geeigneten Zange, . . .

24.4b . . . bevor Sie mit einem Abzieher das hintere Kugellager von der Ausgangswelle ziehen.

stock-Backen sitzen. Decken Sie es mit dikken Lappen ab. Schieben Sie eine Klinge zwischen die Räder und drücken Sie sie so weit auseinander, bis ein Schraubendreher eingeschoben und die Räder getrennt werden können; der dicke Lappen soll davor schützen, sich durch ein abspringenden Rad zu verletzen. Bei gelöster Feder wird das Anti-Rückschlag-Rad abgezogen. Die Feder kann mit einer Zange entfernt werden.

7 Kontrollieren Sie die Bauteile der Ausgangs/ Ausgleichswelle auf Verschleiß und Beschädigungen, besonders die Zahnflanken und Lageroberflächen, erneuern Sie alle in Frage kommenden Teile. Beachten Sie bei den K 75-Modellen, daß das Antriebsrad und das Anti-Rückschlag-Rad Ende 1987 modifiziert wurden, um die Laufgeräusche zu vermindern. Für kurze Zeit waren die neuen Bauteile mit einem blauen Punkt markiert. Die neueren Bauteile können bei älteren Maschinen verwendet werden. Bei den K 100-Modellen sollten die Ruckdämpfergummis ausgetauscht werden, wenn sie wackeln oder Anzeichen von Verschleiß oder Alterung zeigen; erneuern Sie immer alle fünf Gummis gleichzeitig.

8 Beachten Sie bei der Montage die folgenden Modifikationen. Die erste wurde bei Ende 1985 produzierten K 100-Modellen eingeführt und besteht aus einem hinteren Lager mit einem dicken Bund (3,52 mm) hinten am Außenring, das den 1,75 starken Sicherungsring um den Außenring ersetzte. Hiermit wurden die axialen Kräfte der Ausgangswelle aufgenommen. Ältere K 100-Modelle können nicht mit der späteren Ausführung bestückt werden, ihre Lager müssen in ihren Sitz eingeklebt werden.

9 Während die modifizierten Lager ab Ende 1985 bei den K 100- und bei allen K 75-Modellen eingeführt wurden, besteht die zweite Verbesserung aus einem Sicherungsring mit konisch gebogenen Vierecken, der ab den 1986er-Modellen verwendet wurde. Die Laschen drücken gegen den Lager-Innenring und sichern so die Antriebswelle axial.

10 Zur gleichen Zeit wurde das Anti-Rückschlag-Zahnrad ausgetauscht, bei den K 100-Modellen ebenso die Vorspannungs-Feder. Auch die zunächst verwendete Tellerfeder wurde bei allen Modellen durch eine Distanzscheibe ersetzt. Alle diese Modifizierungen können auch bei älteren Modellen eingebaut werden.

11 Wie in den oberen Absätze beschrieben, besitzen nur die Maschinen ab Ende 1985 bzw. Anfang 1986 eine oder mehrere der Modifizierungen, deswegen sollten sich deren Besitzer mit dem folgenden Text und den entsprechenden Fotos vertraut machen, die von einer K 100 RS von Ende 1986 stammen, und demnach alle Verbesserungen zeigen.

12 Klemmen Sie das Antriebszahnrad in einen mit weichen Backen bestückten Schraubstock und setzen Sie mit einer Zange die Feder so um die Nabe, daß der Paßstift in das dafür vorgesehene Loch greift. Setzen Sie das Anti-Rückschlag-Rad auf (siehe Abbildung).

13 Bei den K 75-Modellen ist es nötig, das Spezialwerkzeug 12 4 600 zu benutzen, da keine Alternative zur Verfügung steht. Setzen Sie das Rad so über die Antriebsrad-Gruppe, daß sein Stift in das Loch der Feder greift. Stecken Sie die Laschen des Werkzeugs in das Zahnrad und drehen Sie es unter Druck im Uhrzeigersinn, bis das Anti-Rückschlag-Rad über der Nabe des Antriebsrades sitzt und der Arretierstift durch die Bohrung des freien Feder-Endes in dem Loch des Antriebs-Rades sitzt. Kontrollieren Sie, daß sich die Räder gegen den Federdruck frei bewegen lassen.

14 Bei den K 100-Modellen ist das Werkzeug nicht unbedingt nötig, doch muß dann sehr sorgfältig gearbeitet werden. Die am freien Feder-Ende befindliche Lasche wird in das große Loch des Antriebsrades gedrückt, so daß die Feder an beiden Enden verankert ist. Halten Sie die Feder während der Montage durch Auflegen eines dicken Lappens davon ab, wegzuspringen. Setzen Sie das Anti-Rückschlagrad über den Bund des Antriebsrades und lassen Sie den Arretierstift in die innere Bohrung der Feder greifen (siehe Abbildung). Kontrollieren Sie nach der Montage den Grad der Überlappung der Zähne, besonders wenn zuvor beträchtliche Motor-Geräusche vernommen wurden. Drehen Sie das Anti-Rückschlag-Rad im Uhrzeigersinn, um jegliches Spiel zu eliminieren und messen Sie die Überlappung der beiden Zahnräder. Diese sollte mindestens 1 mm betragen. Falls sie geringer ist, muß die Einstellung der Feder geändert werden, dieses geschieht durch Abschleifen eines Teils der Feder-Lasche. Diese Arbeit sollte von einer BMW-Werkstatt ausgeführt werden. Beachten Sie, daß ab September 1989 (90er-Modelle) das Antriebsrad, die Feder und das Anti-Rückschlag-Rad zur Geräusch-Verringerung geändert worden sind.

2

15 Bei älteren oder unmodifizierten Modellen wird eine neue Tellerfeder mit der konvexen Seite nach außen, also den Außenrand das Anti-Rückschlag-Zahnrad berührend, aufgelegt (siehe Abbildung). Bei späteren Modellen muß die Höhe des Antriebsrad-Bundes über dem Anti-Rückschlag-Rad gemessen und entsprechend Distanzringe aufgelegt werden, um das Spiel zwischen dem Rad und dem Lager einzustellen – es darf bei K 100-Modellen zwischen 0,01 – 1,15 mm betragen. Distanzringe sind für die K 100-Modelle ab September

24.12 Setzen Sie das eine Ende der Anti-Rückschlag-Feder über den Stift des Antriebsrades.

24.14a Zusammenbau des Anti-Rückschlag-Zahnrades – K 100-Modelle. Drücken Sie das freie Federende in die Bohrung des Antriebsrades . . .

24.14b . . . und setzen Sie das Rad so auf, daß der Arretierstift in die Bohrung am Feder-Ende greift.

24.15 Setzen Sie die Tellerfeder (frühe Modelle) oder den (gezeigten) Distanzring (spätere Modelle) um die Nabe des Antriebs-Rades.

1989 in den Stärken 1,00/1,15/1,30/1,45 mm erhältlich, für alle K 75 und ältere K 100-Modelle gibt es die Scheiben in den Stärken 1,60/ 1,75/1,90/2,05 mm.

16 Waschen Sie alles Öl aus dem Lager und erhitzen Sie es auf 80–100°C. Tragen Sie geeignete Schutzkleidung und setzen Sie das Lager mit dem dünnen Sicherungsring (frühe Modelle) zum Zahnrad bzw. mit dem dicken Bund (späte Modelle) nach hinten, also vom Zahnrad weg. Kontrollieren Sie, daß die Tellerfeder bzw. der Distanzring korrekt um den Zahnradbund liegt und treiben Sie das Lager mit einem Hammer und einem geeigneten

24.17 Der Sicherungsring des hinteren Lagers muß korrekt sitzen – kontrollieren Sie dies sorgfältig.

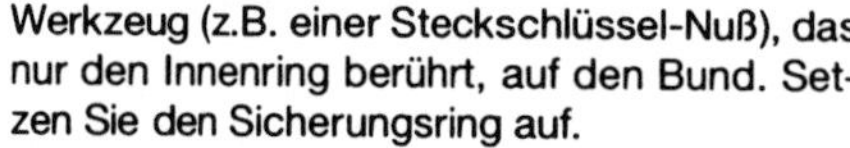

Werkzeug (z.B. einer Steckschlüssel-Nuß), das nur den Innenring berührt, auf den Bund. Setzen Sie den Sicherungsring auf.

17 Es ist bei allen Modellen besonders wichtig, daß der Sicherungsring korrekt in seiner Nut sitzt, um die hohen axialen Kräfte aufnehmen zu können – besonders bei den älteren Modellen ist das Spiel zwischen dem Lager und der Nut sehr gering (siehe Abbildung). Bei späteren Modellen mit dem Laschen-Sicherungsring muß die Wölbung nach außen zeigen, die Laschen also gegen den inneren Lagerring drücken. Schmieren Sie das Lager nach dem Abkühlen mit Öl ein.

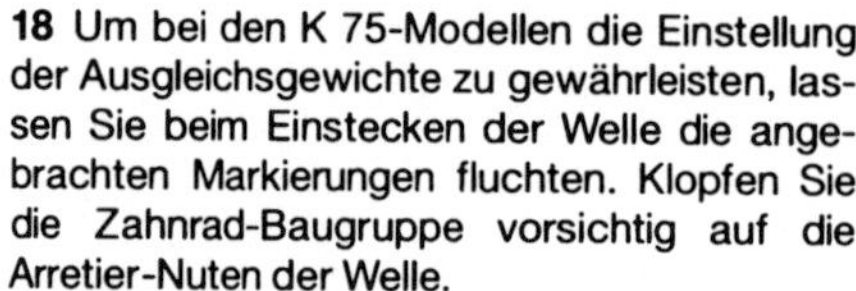

18 Um bei den K 75-Modellen die Einstellung der Ausgleichsgewichte zu gewährleisten, lassen Sie beim Einstecken der Welle die angebrachten Markierungen fluchten. Klopfen Sie die Zahnrad-Baugruppe vorsichtig auf die Arretier-Nuten der Welle.

19 Setzen Sie bei K 100-Modellen die hintere Abdeckung und das Ruckdämpfer-Innenteil auf die Welle. Schmieren Sie die Ruckdämpfergummis und setzen Sie sie in das Gehäuse. Vergessen Sie nicht die Druckscheibe, wenn Sie die Ruckdämpferbauteile zusammenstekken.

20 Montieren Sie bei allen Modellen die innere Lagerbuchse und ihren Sicherungsring (siehe Abbildung).

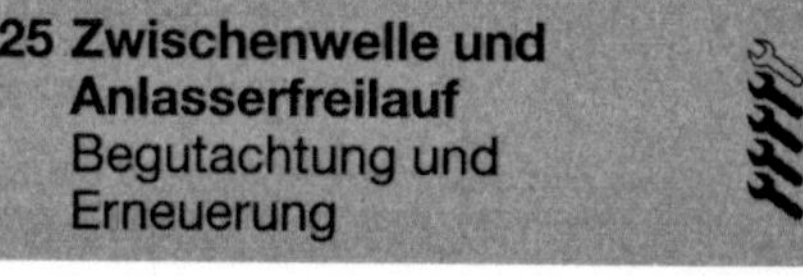

25 Zwischenwelle und Anlasserfreilauf
Begutachtung und Erneuerung

1 Entfernen Sie den O-Ring und die Druckscheibe vom hinteren Ende der Zwischenwelle, halten Sie die Baugruppe fest und drehen Sie das Freilauf-Zahnrad im Uhrzeigersinn ab, es kann nur in dieser Richtung abgezogen werden (siehe Abbildung).

2 Entfernen Sie bei älteren K 100-Modellen die drei Rollen und die dahinter liegenden Federn und Kolben. Lösen Sie die drei Halteschrauben und trennen Sie das Freilaufgehäuse von der Zwischenwelle.

3 Entfernen Sie bei allen späteren Modellen die sechs Schrauben, und ziehen Sie den hinteren Deckel, die Spreiz-Freilauf-Baugruppe (beachten Sie ihre Einbaurichtung), das Freilaufgehäuse und die konische Federscheibe ab (beachten Sie ebenfalls ihre Einbaurichtung).

4 Reinigen und entfetten Sie sorgfältig alle Bauteile, kontrollieren Sie sie auf Verschleiß, achten Sie auf angebrochene Zähne, verschlissene Lagerflächen oder lockere Teile (Rollen oder Konterstücke). Bei Beschädigungen müssen die entsprechenden Teile ausgetauscht werden. Kontrollieren Sie bei den früheren Rollen-Freiläufen die Rollen selbst auf

24.19a Bei den K 100-Modellen müssen die Ruckdämpfer zur Einbauhilfe geschmiert werden . . .

24.19b . . . dann wird die Ausgangswelle und das innere Ruckdämpfer-Segment wie gezeigt eingeschoben.

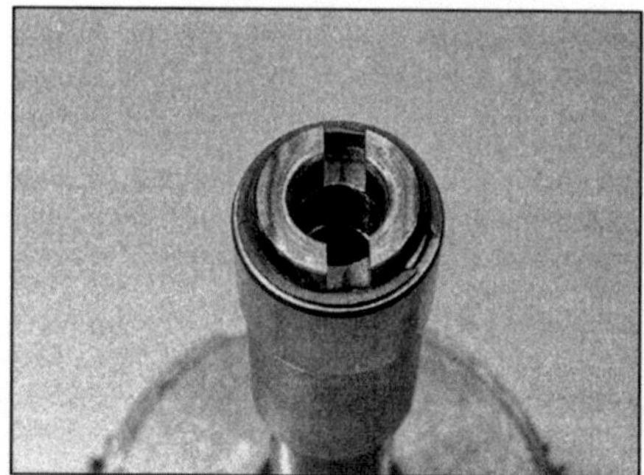

24.20 Entfernen Sie die innere Lagerbuchse und den Sicherungsring nicht vom Ausgangswellen-Ende.

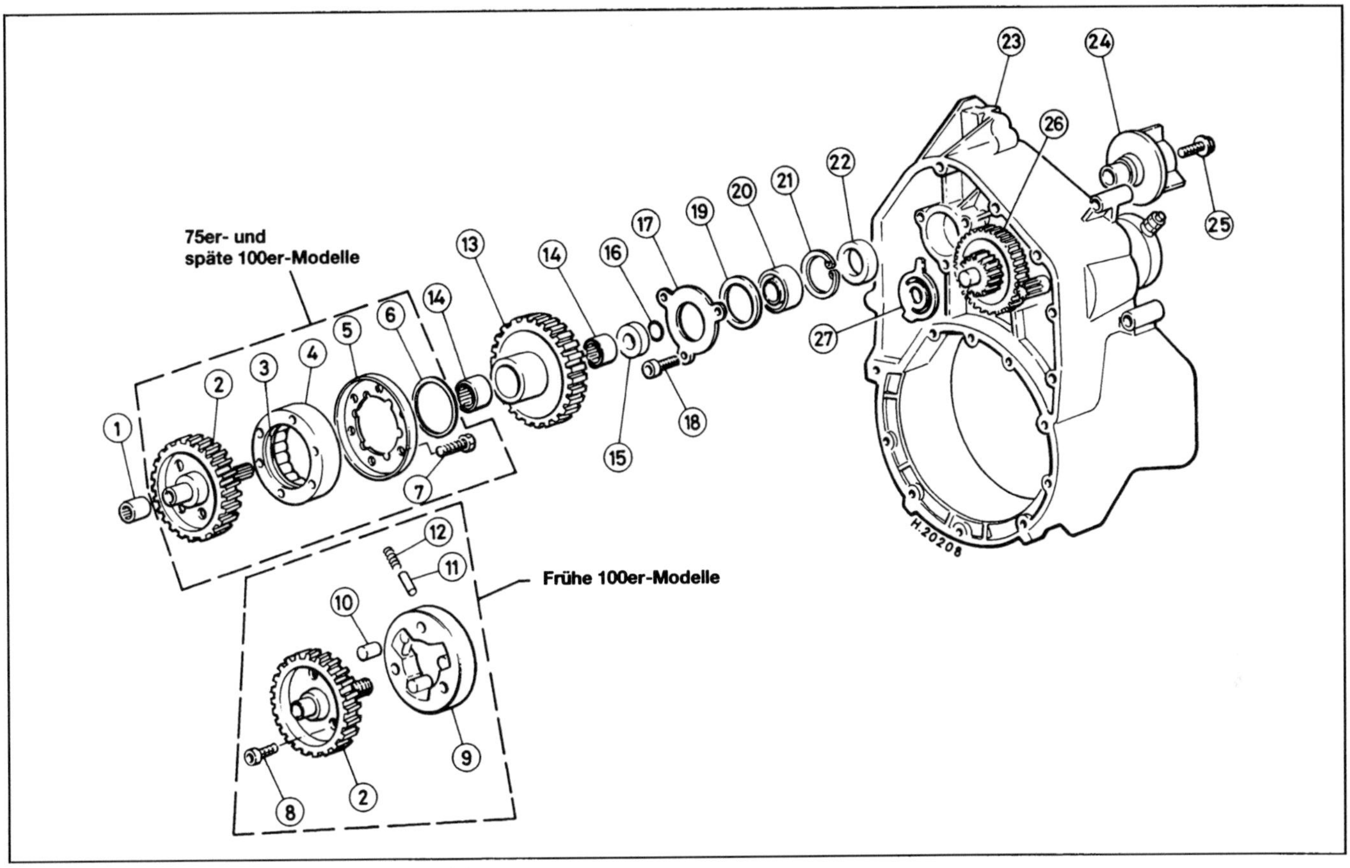

75er- und späte 100er-Modelle

Frühe 100er-Modelle

25.1 Zwischenwellen- und Anlasserfreilauf-Bauteile

1 Lager
2 Zwischenwelle
3 Käfig
4 Spreiz-Freilauf
5 hinterer Deckel
6 konische Federscheibe
7 Schraube – 6 Stück
8 Schraube – 3 Stück
9 Rollen-Freilauf
10 Rolle – 3 Stück
11 Kolben – 3 Stück
12 Feder – 3 Stück
13 Freilauf-Zahnrad
14 Lager – 2 Stück
15 Druckscheibe
16 O-Ring
17 Halteplatte
18 Inbusschraube – 3 Stück
19 konische Federscheibe
20 Lager
21 Seegerring
22 Wellendichtring
23 Kupplungsgehäuse
24 Lichtmaschinen-Antriebsflansch
25 Schraube
26 Anlasser-Freilaufwelle
*27 Feder**

** muß bei frühen Modellen nicht verwendet sein*

Ausbrüche, Abflachungen oder Verschleiß, außerdem müssen die Kolben auf leichtes Gleiten untersucht werden. Im Zweifel über ihren Zustand sollten die Federn ersetzt werden, sie können nur mit Neuteilen verglichen und begutachtet werden. Die bei späteren Modellen verwendeten Spreiz-Freiläufe müssen ähnlich kontrolliert, können aber nur als Baugruppe ersetzt werden. Prüfen Sie bei beiden Ausführungen sorgfältig die Nabe des Freilauf-Zahnrades auf Verschleiß.

5 Vor allem müssen alle Bauteile sorgfältig mit Lösungsmittel gereinigt werden (siehe Abbildung). Die meisten Probleme traten bei diesen Baugruppen durch rutschende Verkonterungen aufgrund von Ölablagerungen auf.

Neue Bauteile müssen vor der Montage sorgfältig entfettet werden, da sie ab Werk mit einer Schutzschicht bezogen sind.

6 Es gab folgende Modifikationen an den Anlasserfreiläufen: Frühe K 100-Modelle waren mit Rollen-Freiläufen ausgerüstet. Bereits Anfang 1984 wurde statt dessen ein 14segmentiger Spreiz-Freilauf eingeführt. Zur gleichen Zeit wurde eine konische 1,15 mm hohe Federscheibe in den Freilauf gesetzt, die das Axialspiel eliminieren sollte. Die Freilauf-Welle wurde verkleinert, so daß auch hier eine Feder das Spiel aufheben mußte. Die Freilauf-Welle ist jetzt 21,3 bis 21,5 mm breit – gemessen an den äußeren Rändern des Zahnrades; wenn ein Neuteil breiter ist, muß die Feder weggelassen werden.

7 Anfang 1985 wurden Teile des Spreiz-Freilaufs modifiziert, so daß Öl besser ablaufen konnte und keinen Schlick bildete, der die Funktion beeinträchtigt. Die wichtigste Änderung betraf das Freilaufgehäuse, das mit drei radial angeordneten 4 mm-Bohrungen versehen wurde, durch die das Öl herausgeschleudert werden konnte. Dieses Teil sollte bei allen Maschinen eingebaut werden, deren Freilauf Probleme bereitet. Außerdem wurden Ablauf-Bohrungen in andere Teile des Freilaufs gebohrt. Die Bauteile wurden durch Nitrieren gehärtet und die Federscheibe auf 1,40 mm verstärkt. Die letzten beiden Verbesserungen müssen nur bei Bedarf eingebaut werden.

8 Reinigen und entfetten Sie alles sorgfältig, und montieren Sie die Teile unter Beigabe von frischem Motoröl. Überprüfen Sie, ob modifizierte Bauteile verwendet werden müssen.

25.5 Die Freilauf-Bauteile müssen bei jeder Gelegenheit sorgfältig gereinigt werden.

25.11a Zusammenbau des Anlasser-Freilaufs – setzen Sie das Freilauf-Gehäuse auf die Antriebswelle, . . .

25.11b . . . und setzen Sie die konische Federscheibe ein – die konvexe Seite nach hinten.

25.11c Die Spreiz-Kupplung wird mit den Federn nach hinten eingebaut.

9 Bei den Rollen-Freiläufen wird das Gehäuse auf die Zwischenwelle gesetzt und die Schrauben mit Loctite 273 eingesetzt, ziehen Sie sie schrittweise bis zum angegebenen Drehmoment fest.

10 Setzen Sie die Federn und Kolben zusammen, schieben Sie sie in ihre Bohrungen im Kupplungsgehäuse, drücken Sie sie mit einem Schraubendreher oder ähnlichem zurück, wenn Sie die Rollen einsetzen.

11 Bei den Spreiz-Freiläufen wird das Freilauf-Gehäuse auf die Zwischenwelle gesetzt und die konische Federscheibe mit der konvexen Seite nach hinten, also dem Außenrand gegen die Antriebswelle, der innere Rand gegen das Freilauf-Zahnrad, eingelegt. Setzen Sie die Freilauf-Baugruppe mit den Federn nach hinten gefolgt von der hinteren Abdeckung auf. Geben Sie einige Tropfen Loctite 273 FL auf die Gewinde der sechs Schrauben und ziehen Sie diese mit dem angegebenen Drehmoment fest (siehe Abbildung).

12 Halten Sie bei beiden Ausführungen das Bauteil und setzen Sie das Freilauf-Zahnrad im Uhrzeigersinn drehend auf die Konter-Elemente (siehe Abbildung). Legen Sie die Druckscheibe und den O-Ring auf die Welle.

13 Kontrollieren Sie die Funktion des Freilaufs, indem Sie das Freilauf-Zahnrad zu drehen versuchen. Von hinten betrachtet darf es sich nur im Uhrzeigersinn drehen lassen, gegen den Uhrzeigersinn muß es blockieren.

26 Motor-Zusammenbau
Allgemeines

1 Bevor der Zusammenbau der Motoreinheit beginnt, müssen die verschiedenen Bauteile sorgfältig gereinigt und nahe am Arbeitsplatz auf sauberem Papier ausgelegt werden.

2 Alle Dichtflächen müssen sauber und unbeschädigt sein. Beim Entfernen alter Dichtungsreste darf die Dichtfläche nicht beschädigt werden. Auf der sicheren Seite ist man mit chemischen Dichtungs-Entferner, die es für verschiedene Materialien zu kaufen gibt. Nicht aushärtende Dichtmasse kann mit einer harten Bürste entfernt werden. Die inzwischen weitverbreiteten selbst-vulkanisierenden Dichtungen können vorsichtig mit einer Klinge oder einem feinen Meißel entfernt werden, kratzen Sie nur im Notfall mit einem scharfen Instrument auf der Fläche.

3 Räumen Sie alles notwendige Werkzeug zusammen und nehmen Sie eine Kanne mit frischem Motoröl zur Hand. Gehen Sie sicher, daß alle neuen Dichtungen und Dichtringe vorhanden sind, genauso wie alle nötigen Ersatzteile. Es gibt kaum etwas Frustrierenderes als ein Stopp mitten während der Montagearbeit, weil eine Dichtung oder ein Teil übersehen worden ist. Generell sollte jegliches bewegliche Teil vor der Montage reichlich geschmiert werden.

4 Der Arbeitsplatz muß groß genug und sauber sein. Beachten Sie Drehmomentangaben und Anzugsreihenfolgen, wenn dieses erwähnt ist. Besonders kleine Schrauben sind schnell überdreht.

5 BMW empfiehlt heute Three Bond 1207 B Silikondichtmasse (früher Loctite 574) für alle entsprechend zu behandelnden Dichtflächen, diese muß zur Vermeidung von Leckagen sorgfältig aufgetragen werden. Alle Dichtflächen müssen absolut sauber sein. Wischen Sie mit einem lösungsmittelgetränkten fusselfreien Lappen alles fettfrei. Geben Sie eine durchgehende dünne Schicht Dichtmasse auf die Fläche, und montieren Sie die Teile unverzüglich zusammen. Ziehen Sie die Schrauben und Muttern schrittweise über Kreuz bis zum

25.11d Setzen Sie den Deckel auf, und sichern Sie die Schrauben mit Sicherungspaste.

25.12 Drehen Sie das Freilauf-Zahnrad im Uhrzeigersinn auf.

gegebenenfalls vorgeschriebenen Drehmoment an. Lassen Sie die Dichtmasse eine Stunde aushärten, bevor Sie den Motor starten. Entfernen Sie jegliche herausgedrückte Dichtmasse.

6 Bedenken Sie, daß in einem guten Zustand befindliche Dichtflächen keine dicken Schichten Dichtmasse benötigen. Die Masse drückt sich zu beiden Seiten aus der Verbindung, außen kann man sie entfernen, innen kann sie jedoch abreißen und schlimmstenfalls Ölkanäle verstopfen. Verwenden Sie Dichtmasse daher sparsam!

27 Lager und Wellendichtringe
Einbau

Lager

Anmerkung: *Die Montage von Lagern erfolgt normalerweise nach dem Erhitzen von Bauteilen. Wechseln Sie zu den allgemeinen Beschreibungen am Beginn von Sektion 13.*

1 Um das vordere Lager der Zwischenwelle montieren zu können, muß ein abgestufter Eintreiber beschafft oder hergestellt werden, der eng in die Lagerrollen paßt (also mit 20,5 mm den gleichen Durchmesser wie die Welle hat) und einen weiteren Bund mit der Breite des äußeren Lagerrandes besitzt, um das Lager einzupressen. Dieses muß mit den Markierungen nach außen, also nach hinten montiert werden. Es muß bündig in dem auf 100–120°C erhitzten Gehäuse sitzen.

2 Zur Montage der Nadellager in das Anlasser-Freilaufrad muß eine Einzug-Vorrichtung benutzt werden. Diese besteht aus einer dikken Stahlscheibe, die größer als und die Bohrung des Zahnrades ist, und einer kleineren dicken Stahlscheibe, deren Durchmesser dem Außenrand des Lagers (etwa 26 mm) entspricht, die aber in das Zahnrad paßt. Außerdem wird eine große Schraube mit Mutter benötigt, die durch die Scheiben, das Zahnrad und ein Lager gesteckt wird (siehe Abbildung).

3 Plazieren Sie das erste Lager absolut senkrecht gegen das Zahnrad, die Beschriftung muß außen liegen. Legen Sie die kleine Scheibe auf das Lager und die große Scheibe gegen das andere Ende des Zahnrades. Stekken Sie die Schraube hindurch und ziehen Sie die Mutter am anderen Ende leicht an. Kontrollieren Sie, daß das Lager senkrecht zum Sitz steht, und ziehen Sie die Mutter solange an, bis das Lager 0,4 ± 0,2 mm unterhalb des Zahnrad-Randes sitzt. Demontieren Sie das Einzieh-Werkzeug und kontrollieren Sie, daß sich die Lagerrollen leicht und weich drehen lassen, ölen Sie sie anschließend ein. Wiederholen Sie den Schritt für das andere Lager.

4 Zur Montage des hinteren Zwischenwellenlagers wird das Kupplungsgehäuse auf etwa 100°C erhitzt und der Arretier-Sicherungsring eingesetzt. Setzen Sie das Lager senkrecht auf den Sitz und klopfen Sie es mit einem Hammer und einem Werkzeug, das nur den Außenring berührt, bis zum Ring in den Sitz. Setzen Sie die Tellerfederscheibe so ein, daß der Außenrand gegen das Lager drückt. Setzen Sie die Halteplatte auf und geben Sie Loctite 242 oder ähnliche Gewindesicherung auf die Schrauben, bevor Sie sie mit dem angegebenen Drehmoment festziehen. Setzen Sie einen neuen Wellendichtring ein (siehe unten).

5 Das hintere Ausgangswellenlager muß vor der Montage auf die Welle erhitzt werden, dann wird es aufgeklopft und der Sicherungsring in seine Nut gesetzt. Das vordere Lager wird während des Zusammenbaus montiert.

Wellendichtringe

Anmerkung: *Einige Wellendichtringe haben anstatt einer einfachen federbelasteten Dichtlippe eine Lippe aus PTFE (»Teflon«). Diese Ringe sind nicht vorgeformt, aber auf den gewünschten Anpreßdruck vorbereitet. Eingeführt wurden sie ab 1988 als hintere Zwischenwellendichtung bei den K 100-Modellen, inzwischen finden Sie sich auch an anderen Punkten. Es ist wichtig, diese Dichtringe zwei Stunden vor der Montage vorzuspannen, entweder geschieht dies auf dem speziellen BMW-Werkzeug oder einem entsprechenden Dorn, hier muß besonders darauf geachtet werden, daß er keine rauhen Stellen aufweist. Der Hersteller empfiehlt, die Dichtringe trocken ohne Öl zu montieren.*

6 Die Montage des hinteren Ausgangswellen-Dichtrings ist in Sektion 29 beschrieben.

7 Der hintere Zwischenwellen- und der vordere Kurbelwellen-Dichtring werden auf die gleiche Weise in ihren Sitz gebaut. Glätten Sie alle Kanten, ölen Sie die Dichtlippen und die äußeren Ränder und setzen Sie die Dichtringe mit den Beschriftungen nach außen auf, die federbelastete Dichtlippe muß also zur abzuhaltenden Flüssigkeit zeigen. Treiben Sie den Dichtring mit einem Hammer und einem Werkzeug, das nur den Außenrand berührt, senkrecht ein, bis er bündig mit dem Gehäuse sitzt, der Kurbelwellen-Dichtring muß bündig mit der Gehäuse-Innenseite sein.

8 Wenn der hintere Zwischenwellen-Dichtring aus der späteren Teflon-Ausführung besteht, muß beim Einbau die Anmerkung oben beachtet werden. Er kann mit dem BMW-Werkzeug 11 1 620 vorgespannt und eingetrieben werden. Wenn das Werkzeug oder ein geeigneter Dorn nicht zu beschaffen ist, kann der Dichtring auch für zwei Stunden über den Sitz des Lichtmaschinen-Flansches gespannt werden, dabei muß jedoch besonders darauf geachtet werden, daß zuvor alle scharfen Kanten des Flansches geglättet sind, um die Dichtlippe nicht zu beschädigen.

27.2 Die Nadellager müssen in die vorgegebene Tiefe des Anlasserfreilaufs gezogen werden.

Ölstand-Sichtfenster

9 Das Ölstand-Sichtfenster muß mit großer Sorgfalt wie oben beschrieben eingesetzt werden. Dabei ist es hilfreich, den Rand vor der Montage mit Motoröl zu benetzen.

28 Kurbelwelle
Einbau

1 Kontrollieren Sie, daß alle Bauteile komplett sauber und trocken sind. Vergewissern Sie sich, daß die richtigen Lagerschalen an ihren vorgesehenen Platz kommen und ihre Laschen in die Paßnuten (nicht bei den Axial-Drucklagern) greifen (siehe Abbildungen).

2 Geben Sie reichlich frisches Öl auf die Kurbelwellenlager und die Lagerschalen.

3 Senken Sie die Kurbelwelle vorsichtig in ihren Platz, lassen Sie bei den K 75-Modellen falls möglich die Markierung zur Ausgleichswelle fluchten. Setzen Sie die Hauptlagerböcke entsprechend der beim Ausbau angebrachten Markierungen auf und stellen Sie sicher, daß sie richtig herum montiert werden (siehe Abbildungen). Achten Sie besonders darauf, daß die Paßnuten der Lagerschalen jeweils beide an der Unterseite der Lager sitzen.

4 Ziehen Sie die Lagerbock-Schrauben schrittweise in der folgenden Reihenfolge bis zum vorgeschriebenen Drehmoment fest (siehe Abbildung): Die Lager werden von vorne (Steuerkette) bis hinten durchnumeriert. Bei den K 75-Modellen wird zunächst Nr. 2, gefolgt von Nr. 3, 1 und 4 angezogen, bei den K 100-Modellen wird zuerst Nr. 3, dann 2, 4, 1 und 5 festgezogen.

5 Kontrollieren Sie nach dem Festziehen, daß sich die Kurbelwelle frei drehen läßt, besonders bei neuen Lagerschalen ist eine geringe Schwergängigkeit normal.

6 Bei den K 75-Modellen wird, falls jetzt die Ausgleichswelle montiert wird, die Markierung der Kurbelwelle in ihre Richtung gedreht.

29 Ausgangs/Ausgleichswelle und untere Motorgehäusehälfte
Zusammenbau

1 Kontrollieren Sie, ob die innere Buchse des vorderen Lagers mit ihrem Sicherungsring gesichert ist, und setzen Sie den größeren Sicherungsring gefolgt vom Nadellager dar-

28.1a Setzen Sie die korrekte Schale in ihre Aufnahme, die Paßlasche muß in ihrer Nut sitzen.

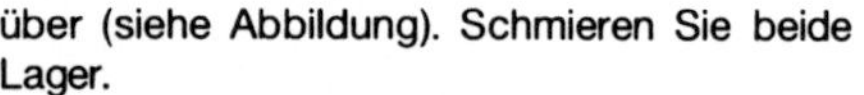

über (siehe Abbildung). Schmieren Sie beide Lager.

2 Bei den Dreizylindermodellen wird die Ausgleichswelle in ihre Lagerböcke gelegt, dabei muß die Körner-Markierung oder der Ausschnitt exakt mit der Linie auf dem Kurbelwellenzahnrad fluchten, wie beim Ausbau notiert. Drücken Sie die Welle in ihren Sitz (siehe Abbildung). Der Bund des hinteren Lagers muß vollständig in der Nut sitzen, und der Sicherungsring des vorderen Lagers muß mit der Öffnung genau über der Dichtfläche liegen, so daß beide Enden bei der Montage in ihre Nuten gedrückt werden.

3 Bei frühen K 100-Modellen, deren hinteres Lager einen 1,75 mm dünnen Sicherungsring aufweist, muß dieser, der äußere Rand der Lagerschale und besonders die Ring-Nut ordentlich gereinigt und entfettet werden. Geben Sie etwas Loctite 273 oder ähnliche Kleber in die Nut und setzen Sie die Welle ein. Drücken Sie beide Lager und Sicherungsringe in die entsprechenden Sitze, der Sicherungsring muß mit der Öffnung genau über der Dichtfläche liegen, so daß beide Enden bei der Montage in ihre Nuten gedrückt werden.

4 Bei späteren K 100-Modellen, deren hinteres Lager einen 3,5 mm dicken Bund am äußeren Rand aufweist, wird die Ausgangswelle wie in Schritt 2 beschrieben eingebaut, außer daß hier keine Markierungen fluchten müssen (siehe Abbildung).

5 Kontrollieren Sie bei allen Modellen, daß die Ausgangs/Ausgleichswelle vollständig in ihren Lagern sitzt und sich mit der Kurbelwelle zusammen frei drehen läßt. Kontrollieren Sie bei den K 75-Modellen, daß die Markierungen fluchten.

6 Setzen Sie die zwei Paßhülsen in ihre Sitze nahe an den Lagern, und legen Sie zwei neue O-Ringe in die Nuten um die Kühlwasser- und Ölkanäle (siehe Abbildungen).

7 Schmieren Sie die Ausgangs/Ausgleichswellen-Lager und die Zahnräder, kontrollieren Sie die Dichtflächen auf absolute Sauberkeit und Fettfreiheit (reinigen Sie sie mit Lösungsmittel). Geben Sie eine dünne Schicht Loctite 574 oder ähnliche Dichtmasse entsprechend der Herstellerangaben darauf (siehe Abbildungen).

28.1b Legen Sie die Axial-Drucklager in ihre Aufnahmen.

28.3b Setzen Sie die Lagerböcke entsprechend der Identifikations-Markierungen korrekt auf.

8 Setzen Sie die untere Motorgehäusehälfte samt ihrer Schrauben auf. Ziehen Sie zunächst die vier inneren Schrauben von Hand an, bis das Gehäuse sicher sitzt, ziehen Sie dann die zwei hinteren Sechskantschrauben mit dem vorgeschriebenen Drehmoment fest, anschließend werden die vorderen zwei Inbusschrauben mit ihrem (geringeren) Drehmoment angezogen (siehe Abbildungen). Schließlich werden die äußeren Inbusschrauben entsprechend festgezogen (siehe Abbildung).

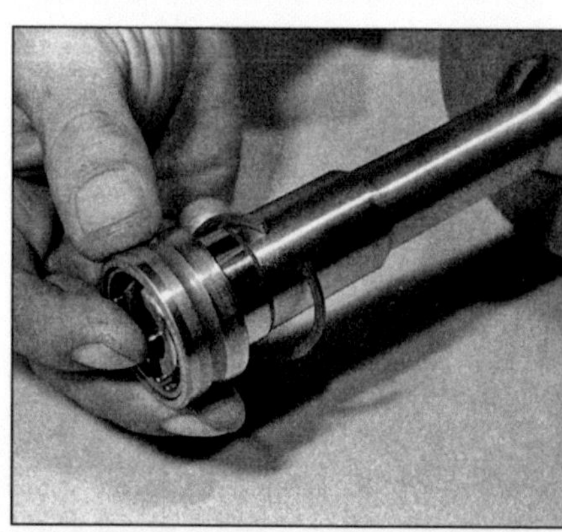

29.1 Setzen Sie den größeren Sicherungsring und das Lager vorne auf die Ausgangswelle.

28.3a Geben Sie reichlich Öl auf die Lager, bevor Sie die Kurbelwelle einlegen.

28.4 Die Hauptlager-Böcke schrittweise und in der korrekten Reihenfolge anziehen – siehe Text.

9 Kontrollieren Sie erneut, ob die Wellen sich frei drehen lassen.

10 Wenn das untere Gehäuseteil montiert ist, kann der hintere Wellendichtring eingesetzt werden. Den Dichtringrand, die Welle und das Gehäuse reinigen sowie hier und auf die Dichtlippe eine dünne Fettschicht geben. Den Dichtring senkrecht aufsetzen und in seinen Sitz klopfen, bis er bündig mit dem Gehäuse ist. Benutzen Sie dazu ein Werkzeug, das nur den Außenrand des Ringes berührt (siehe Abbildung).

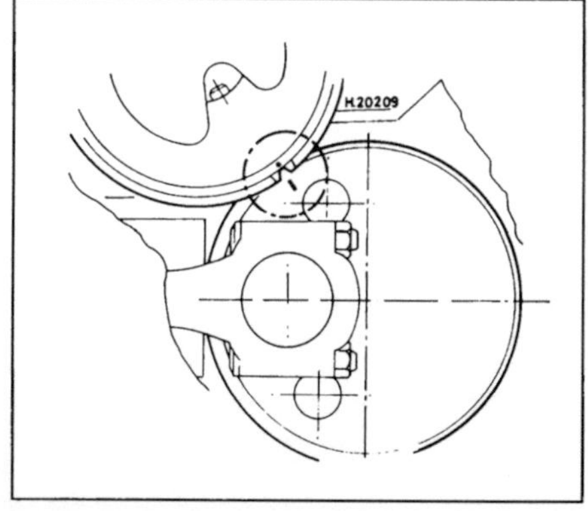

29.2 Kurbelwellen-/Ausgleichswellen-Einstellmarkierungen an Dreizylindermodellen

29.4a Das hintere Ausgangswellenlager muß fest in seinen Lagersitz gepreßt werden.

29.4b Die Öffnung des Sicherungsringes wird in den Bereich der Dichtflächen gelegt.

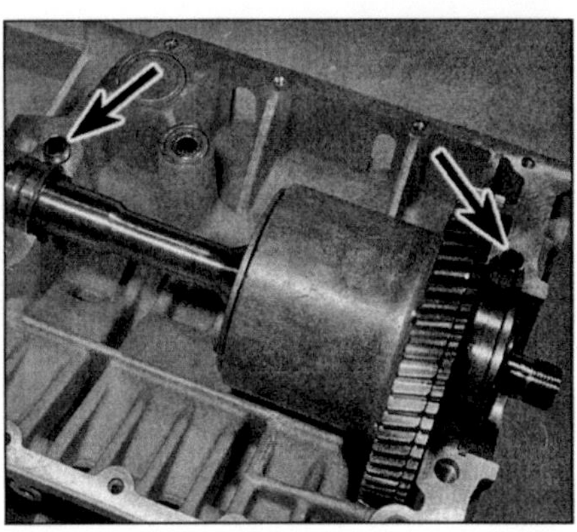

29.6a Kontrollieren Sie, ob die zwei Paßhülsen in ihre Sitze nahe der Lager gepreßt sind.

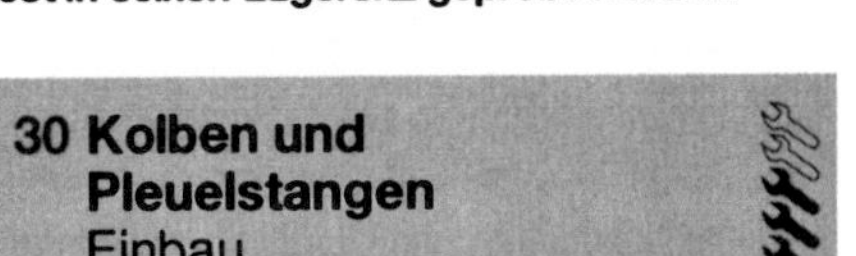

30 Kolben und Pleuelstangen
Einbau

Anmerkung: *Ab 1989 wurden neue Kolben und Ringe verwendet, um das Problem starker Rauchentwicklung nach längerer Standzeit auf dem Seitenständer zu beseitigen. Der zweite Kompressionsring wird mit einem Stift in Position gehalten, so daß er sich nicht drehen kann und durch die unten liegende Öffnung Motoröl in den Brennraum fließen könnte. Wenn nötig, können modifizierte Kolben und Ringe auch in ältere Motoren eingebaut werden.*

1 Setzen Sie den inneren Teil des Ölabstreifrings in die untere Nut des Kolbens. Anschließend wird der äußere Teil eingesetzt, die Öffnungen sollten um 180° verdreht sein. Der zweite (untere) Kompressionsring hat an seiner Oberseite innen eine Abschrägung, außerdem ist die Bezeichnung TOP eingeätzt (siehe Abbildung). Bei Modellen ab 1989 muß darauf geachtet werden, daß die Ringöffnung um den in der Ringnut eingepressten Stift liegt. Der obere Kompressionsring hat einen glatten rechteckigen Querschnitt, an der verchromten Oberseite ist ebenfalls TOP eingeätzt. Setzen Sie die Kompressionsringe entsprechend ihrer Markierungen ein, und verdrehen Sie sie um jeweils 120° zum äußeren Ölabstreifring (bzw. den oberen Kompressionsring und äußeren

29.6b Legen Sie neue O-Ringe um die Kühlwasser- und Ölkanäle.

29.7 Geben Sie eine dünne Schicht Dichtmasse auf die im Text beschriebenen Stellen.

29.8a Ziehen Sie mit dem vorgeschriebenen Drehmoment zunächst die hinteren Ausgangswellen-Halteschrauben an . . .

29.8b . . . gefolgt von den vorderen Befestigungen . . .

29.8c . . . anschließend die Schrauben rund um die Gehäuse-Verbindung anziehen.

29.10 Setzen Sie den hinteren Ausgangswellen-Dichtring wie beschrieben ein.

30.1 Die Kompressionsringe können anhand der TOP-Markierung und der unterschiedlichen Form ausgerichtet und unterschieden werden – siehe Text.

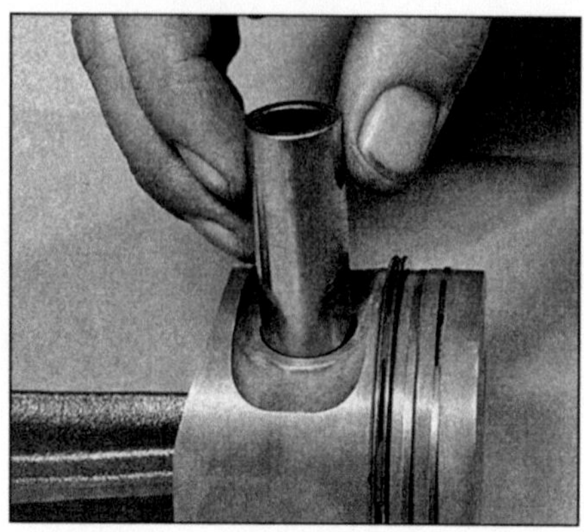

30.2a Verbinden Sie Pleuel und Kolben mit dem Kolbenbolzen, erhitzen Sie dazu den Kolben gegebenenfalls leicht.

30.2b Die Kolbenbolzensicherungsringe müssen in ihren Nuten sitzen, die Öffnung darf nicht in der Ausbau-Nut liegen.

Abstreifring zum festen 2. Ring). Ziehen Sie die Ringe der anderen Kolben entsprechend auf.

2 Setzen Sie jeden Kolben über sein Pleuel und schieben Sie den Kolbenbolzen hindurch. Erwärmen des Kolbens erleichtert die Arbeit (siehe Abbildung). Setzen Sie neue Kolbenbolzensicherungsringe ein, gehen Sie sicher, daß sie in ihrer Nut liegen, und ihre Öffnung nicht in der Nähe der Ausbau-Nut sitzt (siehe Abbildung). Mit Hilfe der Markierungen oder Notierungen beim Ausbau (Sektion 10) wird sichergestellt, daß Kolben und Pleuel zueinander passen. Bei neuen Pleuel muß darauf geachtet werden, daß die »obere« oder Einlaßseite die Paßnut für die Lagerschale trägt und demnach Pfeil auf dem Kolbenboden zur Vorderseite (Steuerkette) zeigen muß.

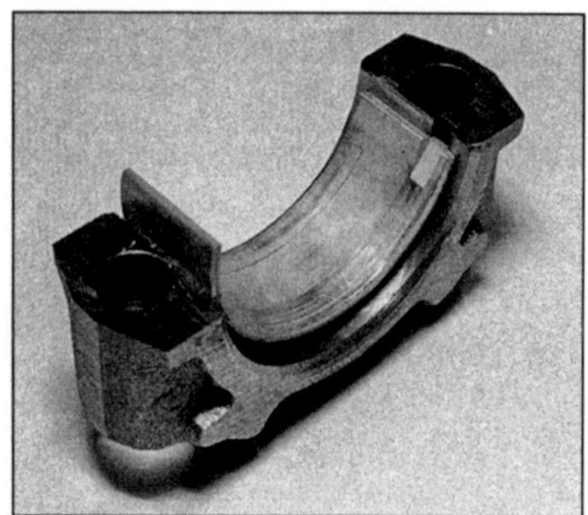

30.3 Die Laschen der Lagerschalen müssen in den Nuten des Pleuels oder des Fußes liegen – ölen Sie alles reichlich.

3 Setzen Sie die Lagerschalen in die Pleuelstange und den Pleuelfuß, jede Schale muß mit der Lasche in die entsprechende Paßnut des Sitzes gedrückt werden (siehe Abbildung). Vermeiden Sie das Berühren der Lageroberfläche mit den Fingern und ölen Sie alles großzügig ein, ebenso werden die Zylinderbohrungen, Kolben und Ringe mit frischem Öl versehen.

4 Drehen Sie die Kurbelwelle für die entsprechende Baugruppe in den unteren Totpunkt und schieben Sie einen Schutzschlauch über die Pleuelfußgewinde. Kontrollieren Sie den korrekten Sitz der Kolbenringe und setzen Sie eine Kolbenringzange über die Ringe. Stellen Sie sicher, daß die Pleuel/Kolben-Baugruppe in den entsprechenden Zylinder gehört und die Einbaurichtung stimmt (siehe Abbildung) Der Kolbenboden trägt einen Pfeil nach vorne, also zur Steuerkette, die Lasche der Pleuel-Lagerschale zeigt nach oben zur Einlaßseite. Setzen Sie die Baugruppe von der Zylinderkopfseite (links) her ein.

5 Schieben Sie den Kolben vorsichtig in den Zylinder, bis die Ringzange aufliegt. Klopfen Sie den Kolben vorsichtig durch den Kompressor, bis er vollständig im Zylinder sitzt. Führen Sie gleichzeitig das Pleuel über den Kurbelwellen-Hubzapfen.

6 Schmieren Sie erneut die Lagerflächen, entfernen Sie die Schläuche von den Gewinden und setzen Sie den Pleuelfuß korrekt auf – die Paßnut muß nach oben zeigen (siehe Abbildung). Ziehen Sie die Pleuelfußmuttern schrittweise an und anschließend wie vorgeschrieben fest.

7 Die Pleuelfußmuttern müssen in zwei Schritten angezogen werden. Der erste dient der Vorspannung der Lagerschalen und wird mit einem korrekt eingestellten Drehmomentschlüssel durchgeführt (siehe Abbildung). Der zweite Schritt wird mit einer im Motorradbau ungewöhnlichen Methode ausgeführt, d.h. die Muttern werden um einen Winkel von 80° weitergezogen (siehe Abbildung). Benutzen Sie entweder eine Gradscheibe oder schneiden Sie sich ein entsprechendes Stück aus Pappe aus, das sie zuvor berechnet haben. Achten Sie darauf, die Gradscheibe oder das Stück Pappe nicht zu verwackeln, wenn Sie die Mut-

30.4a Der Pfeil muß in Fahrtrichtung zeigen, die größere Ventiltasche ist für das oben sitzende Einlaßventil.

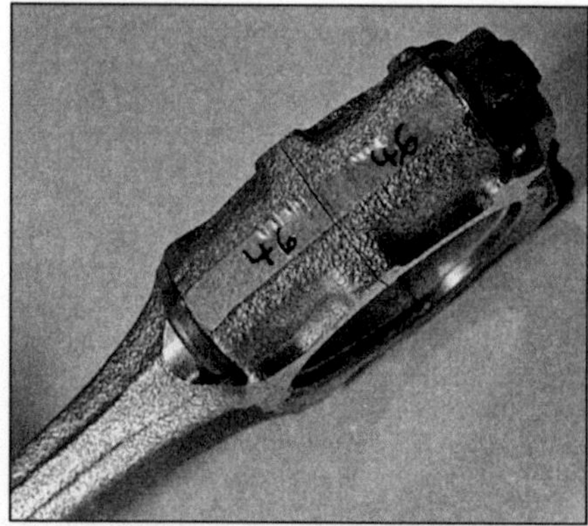

30.4b Markierungen am Pleuel und Pleuelfuß sichern den korrekten Zusammenbau aller Bauteile.

30.5 Benutzen Sie einen Kolbenringspanner aus dem Automobilbedarf für die Kolbenmontage.

30.6 Geben Sie reichlich Öl auf alle Lageroberflächen, bevor Sie die Pleuelfüße montieren.

ter anziehen. Holen Sie sich gegebenenfalls einen Assistenten zur Hilfe.

Anmerkung: *Diese Anzugs-Methode ist sehr effektiv und präzise, sie muß jedoch mit großer Sorgfalt durchgeführt werden.*

8 Wiederholen Sie diese Prozedur bei den anderen Baugruppen. Kontrollieren Sie nach jedem Schritt die freie Drehbarkeit der Kurbelwelle. Eine gewisse Schwergängigkeit ist normal, besonders wenn neue Lagerschalen und Kolbenringe eingebaut wurden, doch sollte sich die Kurbelwelle immer von Hand drehen lassen.

9 Montieren Sie den Zylinderkopf, wie in der folgenden Sektion beschrieben.

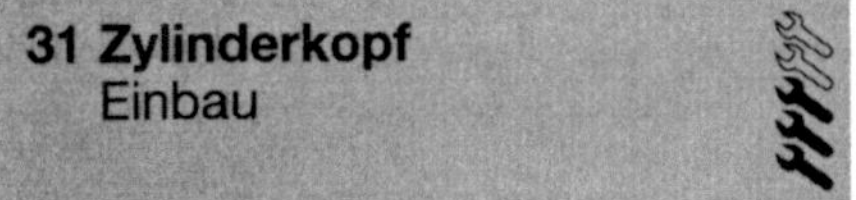

31 Zylinderkopf
Einbau

1 Kontrollieren Sie, ob die Dichtflächen des Zylinderkopfes und des Blocks sauber und fettfrei sind sowie jegliche Korrosions- und

30.7a Ziehen Sie die Muttern der Pleuelfüße beim ersten Schritt mit dem vorgeschriebenen Drehmoment an . . .

Dichtungsreste entfernt sind. Prüfen Sie sie außerdem auf Beschädigungen.

2 Überprüfen Sie, daß die Bohrungen für die Zylinderkopfschrauben bis unten hin sauber und fettfrei sind. Ein Stoß aus der Bremsenreiniger-Sprühdose wird jegliches Öl beseitigen. Reinigen Sie die Schrauben, besonders deren Gewinde.

3 Setzen Sie die zwei Paßhülsen in ihre Ausschnitte im Zylinderblock und legen Sie die neue Dichtung darüber (siehe Abbildung). Es darf keine Dichtmasse verwendet werden, doch kann man die Dichtung mit Fett in Position halten. Beachten Sie, daß die Dichtung nur in eine Richtung montiert werden kann, damit die Kühlwasserkanäle, Ölkanäle und Schraubenbohrungen fluchten. Ölen Sie die Schrauben an den Gewinden und unterhalb der Köpfe ein, und setzen Sie sie zusammen mit ihren flachen Scheiben ein (siehe Abbildung).

4 Setzen Sie den Zylinderkopf auf, positionieren Sie ihn über den Paßhülsen und setzen Sie die Schrauben ein. Ziehen Sie sie zunächst nur handfest an, bis alle montiert sind und der Kopf an seinem Platz ist.

30.7b . . . der zweite Schritt erfolgt mit einer Gradscheibe – siehe Text.

5 Ziehen Sie die Schrauben in der gezeigten Reihenfolge (siehe Abbildungen) schrittweise bis zum ersten vorgeschriebenen Anzugsmoment an, dadurch wird die Dichtung gesetzt.

6 Nach mindestens 20 Minuten Wartezeit werden die Schrauben in der gleichen Reihenfolge bis zum zweiten Schritt angezogen. Da die Schrauben angezogen (aber nicht eingesetzt oder entfernt) werden können (siehe Abbildung), wenn die Nockenwellen montiert sind, muß die Pause die Arbeit nicht aufhalten.

7 Wenn gewünscht, kann die vordere linke Motorhalteschraube und ihre Mutter montiert werden. Vergessen Sie dabei nicht, eventuell vorhandene Distanzscheiben einzusetzen.

32 Nockenwellen und Steuerzeiten-Einstellung
Einbau

1 Entfernen Sie gegebenenfalls die Holzstücke aus den Nockenwellen-Lagern. Sortieren Sie die Lagerböcke ihren Muttern und

31.3a Legen Sie eine neue Zylinderkopfdichtung über die zwei Paßhülsen.

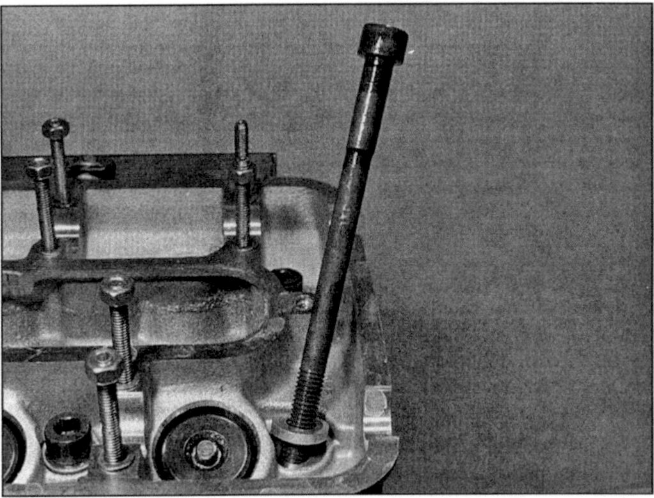

31.3b Reinigen Sie die Gewindebohrungen, und ölen Sie die Zylinderkopfschrauben wie beschrieben vor dem Einbau ein.

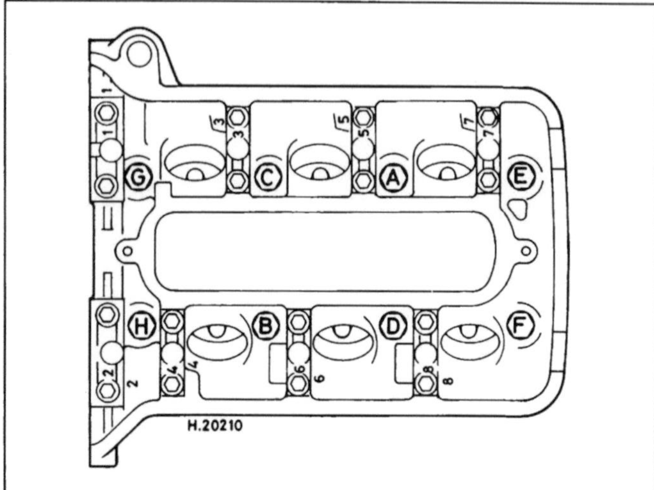

31.5a Anzugsreihenfolge der Zylinderkopf-Schrauben – 75er-Modelle

*A bis H – Zylinderkopf-Anzugsreihenfolge**
1 bis 8 – Positionsmarkierungen der Nockenwellen-Lagerböcke
** Umgekehrte Reihenfolge beim Lösen*

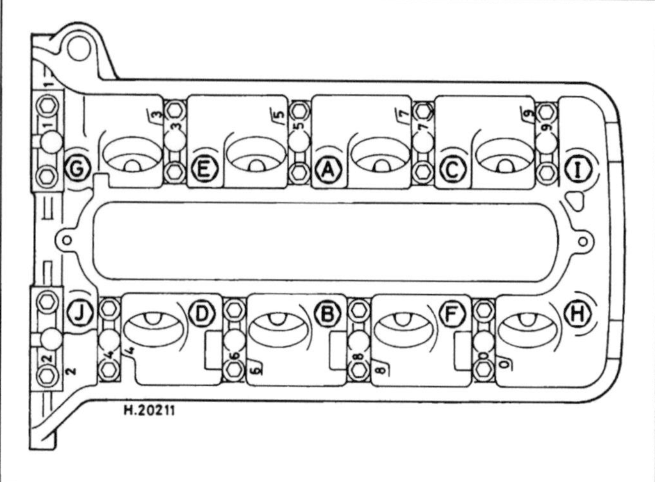

31.5b Anzugsreihenfolge der Zylinderkopf-Schrauben – 100er-Modelle

*A bis J – Zylinderkopf-Anzugsreihenfolge**
1 bis 9 – Positionsmarkierungen der Nockenwellen-Lagerböcke
** Umgekehrte Reihenfolge beim Lösen*

Scheiben zu, trennen Sie Einlaß- und Auslaß-Bauteile und reinigen Sie die Lageroberflächen sowie die Tassenstößel. Stecken Sie alle vier Paßstifte in den Zylinderkopf.

2 Ziehen Sie die Tassenstößel einzeln heraus und kontrollieren Sie, ob die Einstellplättchen korrekt mit den Markierungen nach unten sitzen. Diese »Shims« können schnell verkantet sitzen oder verwechselt werden, was beides zu großen Schwierigkeiten führen würde. Wurde am Ventiltrieb gearbeitet, ist es nötig, zu gegebener Zeit eine Ventilspielkontrolle durchzuführen – die entsprechenden Arbeitsschritte sind in Kapitel 1 beschrieben.

3 Bringen Sie bei den K 75-Modellen den dritten Zylinder, bei K 100-Modellen den ersten Zylinder in den oberen Totpunkt (OT). Verstopfen Sie die Zündkerzen-Bohrungen gegen eintretendes Öl mit Lappen. Kontrollieren Sie, daß beide Nockenwellen hinten mit Holl-Stopfen versehen sind (siehe Abbildung).

4 Drehen Sie die Nockenwelle so, daß die Nocken so weit wie möglich von den Ventilen weg sind und ölen Sie großzügig die Lageroberflächen im Zylinderkopf, den Böcken und der Welle selbst. Setzen Sie zunächst die hinteren Lagerböcke auf (nicht die vorderen mit Axialdruck-Lagern) und montieren Sie wenn möglich die entsprechenden Scheiben und Muttern. Achten Sie darauf, daß die Nummern am Bock und Lagersitz übereinstimmen müssen, am Einlaß müssen sie oberhalb, am Auslaß unterhalb des Gewindestutzens stehen und nur von hinten lesbar sein. Dadurch wird sichergestellt, daß die Lagerböcke in ihren Original-Positionen installiert werden (siehe Abbildungen 8.8, 31.5a und 31.5b).

5 Arbeiten Sie langsam und schrittweise, ziehen Sie die Muttern nur eine Umdrehung zur Zeit an, beginnen Sie mit den Muttern der inneren Lagerböcke (also dem ersten und zweiten von vorne bei den K 75-Modellen und dem dritten und vierten von vorne bei den K 100-Modellen), und arbeiten Sie sich diagonal vor. Da die Nockenwelle gegen den Federdruck in ihr Lager gezogen wird, kann jedes Bruch-Risiko vermieden werden, wenn die Muttern der äußeren Lagerböcke ebenfalls leicht angezogen werden. Sitzen die inneren Lagerböcke fest auf dem Zylinderkopf, werden die äußeren Lagerbock-Muttern angezogen, bis alle hinteren Böcke sitzen. Schmieren Sie dann die vorderen (Druck-)Lagerböcke und setzen Sie sie auf. Wenn alle Böcke sitzen, werden die Muttern in der vorgegebenen Reihenfolge mit dem vorgeschriebenen Drehmoment angezogen (siehe Abbildungen). Achten Sie sehr sorgfältig darauf, bei allen Verbindungen genau den gleichen Druck auszuüben.

Anmerkung: *Arbeiten Sie sehr sorgfältig und bedenken Sie: Wenn einer der Lagerböcke durch Unachtsamkeit beschädigt wird oder*

31.5c Ziehen Sie die Zylinderkopfschrauben bis zum ersten Anzugsschritt fest ...

31.6 ... nach der vorgeschriebenen Zeit wird mit dem zweiten Schritt angezogen – dieses Werkzeug kann auch bei montierten Nockenwellen eingesetzt werden.

32.3 Kontrollieren Sie, ob in den hinteren Enden der Nockenwellen die Hohl-Stopfen eingesetzt sind.

32.8a Beachten Sie die Positionen der Nocken, wenn der Zylinder 1 im OT ist – gezeigt am K 100-Motor.

32.8b Der Arretierstift des Ritzels muß in den Ausschnitt der Nockenwelle greifen . . .

32.8c . . . und die große Scheibe muß mit der Vertiefung gegen das Ritzel liegen.

bricht, muß ein kompletter neuer Zylinderkopf beschafft werden!

6 Schmieren Sie großzügig die Lagerflächen und montieren Sie die zweite Nockenwelle, wie oben beschrieben.

7 Drehen Sie langsam und vorsichtig die Nockenwellen mit einem Maulschlüssel, der auf den dafür vorgesehenen Sechskant gesetzt wird, bis die Nocken für Zylinder 3 (75er-Modelle) bzw. Zylinder 1 (100er-Modelle) vom Ventil weg, aber leicht zur Zylinderkopf-Mitte zeigen. Wenn beim Drehen Widerstand gespürt wird, muß sofort gestoppt und die Kurbelwelle zurückgedreht werden, bis zwischen den Kolben und Ventilen genügend Luft ist, dann wird fortgefahren. Drehen Sie NIEMALS die Nockenwelle mit mehr Kraft weiter, als normalerweise zum Komprimieren der Ventilfedern nötig ist; Kolben und Ventile können sich berühren und dabei beschädigt werden.

8 Wenn beide Nockenwellen und die Kurbelwelle so positioniert sind, daß Zylinder Nr. 1 (Vierzylinder) bzw. Nr. 3 (Dreizylinder) im Verdichtungs-OT stehen (beide Ventile geschlossen), werden die Nockenwellen-Ritzel montiert (siehe Abbildung). Wenn die Steuerkette bei montierten Ritzeln aufgelegt werden kann, werden diese bereits in diesem Schritt vollständig gesichert; wenn nicht, werden sie nur locker montiert, damit sie beim Steuerzeiten-Einstellen abgenommen werden können. Um die Ritzel zu montieren, werden sie mit dem Arretierstift nach hinten in den Ausschnitt der entsprechenden Nockenwelle gehalten, dann wird die große Scheibe mit der Vertiefung gegen das Ritzel gehalten (siehe Abbildungen) und die Sicherungsschraube eingesetzt. Halten Sie die Nockenwelle mit dem Maulschlüssel fest, während die Schraube mit dem vorgeschriebenen Drehmoment angezogen wird (siehe Abbildung).

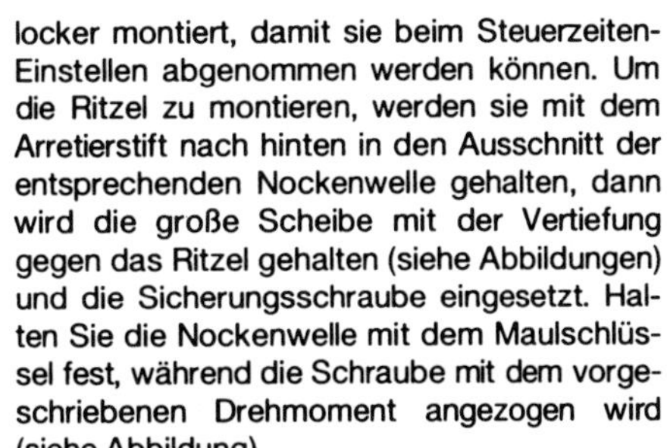

9 Drehen Sie die Nockenwellen, bis die auf dem Ritzel angebrachte Markierung oben mit der Dichtfläche des Zylinderkopfes zum vorderen Lagerbock (links bei ausgebaut »stehendem« Motor) fluchten (siehe Abbildung). Drehen Sie die Kurbelwelle, bis der Stift des Zündrotor-Flanschs exakt mit der zentralen angegossenen Rippe am Motorgehäuse fluchtet. Spätere Modelle tragen nahe am Flansch eine präzisere »OT«-Markierung. Kontrollieren Sie genau, ob für den vorgegebenen Zylinder im Verdichtungs-OT alle Steuerzeitenmarkierungen exakt stimmen, bevor die Steuerkette aufgelegt wird.

10 Legen Sie die Steuerkette über die Ritzel, so daß sie zwischen der Kurbelwelle und der Einlaßnockenwelle sowie zwischen den beiden Nockenwellen so stramm wie möglich ist,

32.8d Ziehen Sie die Ritzel-Sicherungsschraube mit dem vorgeschriebenen Drehmoment an.

wenn alle drei Steuerzeiten-Markierungen fluchten (siehe Abbildung). In einigen Fällen kann es, wie bereits erwähnt, nötig sein, die Nockenwellen-Ritzel zum Einstellen demontieren zu müssen (siehe Schritt 8).

11 Um sicherzustellen, daß die Kettentrume absolut straff sind, kann es nötig sein, die entsprechenden Ritzel gegeneinander zu spannen. Beim Einbau einer guten gebrauchten Steuerkette ist es durch den Verschleiß normal, daß die Markierungen nicht exakt fluchten. Richten Sie sie dann so aus, als wäre die Kette etwas kürzer.

32.9a Drehen Sie die Nockenwellen, bis die Nuten in den Löchern exakt mit der Verbindungsfläche des Zylinderkopfes fluchten.

32.9b Drehen Sie die Kurbelwelle, bis der Stift des Zünd-Rotors im OT des vorgeschriebenen Zylinders mit der OT-Markierung fluchtet.

32.10 Legen Sie die Steuerkette auf, die Steuerzeitenmarkierungen müssen noch fluchten, wenn die Kette stramm gezogen wird.

32.12 Setzen Sie die Kettenspannerschiene ein, und drehen Sie zur Steuerzeiten-Kontrolle den Motor durch.

32.13 Sichern Sie die Schiene mit einer großen Scheibe und der Sicherungsklemme.

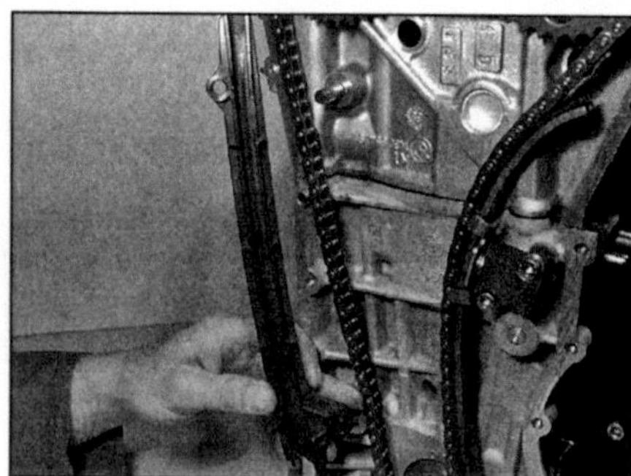

32.14a Die Kettenführungsschiene wird über die Kette gesetzt . . .

12 Setzen Sie die Kettenspannerschiene auf ihren Zapfen und drücken Sie sie mit der Hand kräftig gegen den unteren Kettentrum, um jedes Kettenspiel zu eliminieren (siehe Abbildung). Stecken Sie einen Inbusschlüssel in die Zündrotorflansch-Schraube und drehen Sie die Kurbelwelle langsam zwei ganze Umdrehungen vorwärts (von vorne gesehen gegen den Uhrzeigersinn), bis der entsprechende Zylinder (Nr. 3 bei 75er, Nr. 1 bei 100er-Modellen) wieder im Verdichtung-OT steht und die Steuerzeitenmarkierungen exakt stimmen. Wenn Widerstand fühlbar wird, muß sofort gestoppt und die Ursache gefunden werden. Wenn sich Kolben und Ventile berühren, stimmen die Steuerzeiten nicht, und die Prozedur muß von vorne wiederholt werden, bis der Fehler gefunden und beseitigt ist.

32.14b . . . und an beiden Halterungen mit einer Scheibe und einem Sprengring gesichert.

13 Wenn die Steuer-Markierungen exakt (oder so nahe, daß der Fehler nicht durch Verdrehen um einen Zahn behoben werden kann) stimmen, sind die Steuerzeiten korrekt eingestellt. Sichern Sie die Spannerschiene durch Aufsetzen der Scheibe und der Sicherungsklemme (siehe Abbildung).

14 Setzen Sie die Führungsschiene auf ihre Halterungen und fixieren Sie sie mit Scheiben und Sicherungsringen (siehe Abbildung). Montieren Sie die obere Führungsschiene und ziehen Sie die Torx-Schrauben mit dem vorgegebenen Drehmoment an.

15 Bauen Sie den Steuerkettenspanner zusammen (siehe Abbildung). Bei späteren Ausführungen ohne Konterschraube wird ein Ratschenmechanismus in das Spannergehäuse gesetzt, die Feder wird in die Ratsche geschoben. Sichergehend, daß die Feder nicht am Kolben-Führungsstift hakt, wird dieser über die Ratsche in das Gehäuse geschoben, bis der Stift in die diagonale Nut der Ratsche greift. Drücken Sie den Kolben in das Gehäuse, lassen Sie ihn dabei drehend der Nut folgen. Wenn er vollständig im Gehäuse sitzt, drehen Sie ihn im Uhrzeigersinn, bis sein Kopf rechtwinkelig zum Spannergehäuse steht und die kleinen Zungen nach außen zeigen. Bringen Sie das Bauteil zusammengedrückt in seine Position am Motorgehäuse, die Zungen müssen über den an der Schiene angebrachten Laschen liegen, so daß kein direkter Kontakt zwischen Kolben und Schiene entsteht (siehe Abbildung). Setzen Sie die Schrauben ein und ziehen Sie sie mit dem vorgeschriebenen Drehmoment an (siehe Abbildung). Drükken Sie die Spannerschiene leicht gegen die Kette, so daß der Spanner das Spiel eliminieren kann.

16 Die früheren Kettenspanner werden exakt wie oben beschrieben montiert, nur daß der Kolben die Schiene erst spannt, wenn die Konterschraube vollständig gegen den Uhrzeigersinn gelöst wurde.

17 Montieren Sie die äußeren Motordeckel und die Zündkerzen.

33 Zwischenwellen-Bauteile und Kupplungsgehäuse
Anbau

1 Schmieren Sie die Kurbelgehäuse-Lager. Vergewissern Sie sich, daß sie ordentlich gereinigt und entfettet, und dann mit sauberem Motoröl zusammengebaut wurde, und setzen Sie die Zwischenwelle als Einheit ein.

2 Halten Sie die Anlasserfreilauf-Feder (nur bei frühen K 100-Modellen vorhanden) mit der schmaleren Nase nach oben an die Motorgehäuse-Wandung. Der Außenrand der Feder muß gegen die Zähne des Anlasser-Freilaufrades drücken, wie es die Verschleißmarken zeigen (siehe Abbildung). Setzen Sie die Freilaufwelle auf, die Druckscheibe und ein neuer O-Ring wird auf das hintere Ende der Zwischenwelle geschoben und alles mit einem Tropfen Fett gesichert (siehe Abbildung).

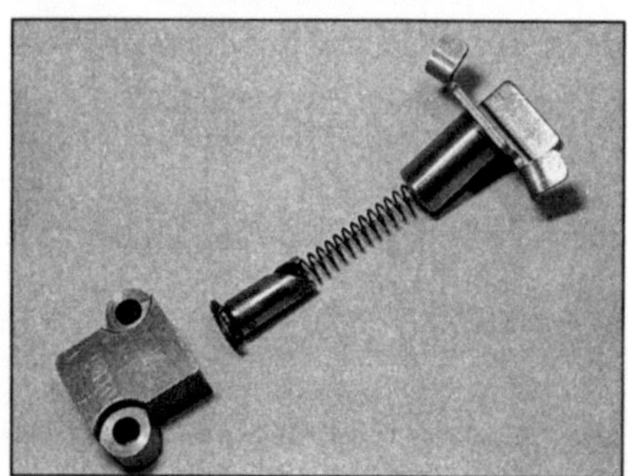

32.15a Der Spanner wird wie im Text beschrieben zusammengebaut – gezeigt ist die spätere Ausführung.

32.15b Beim Anbau müssen die Kolben-Zungen über Plastik-Laschen greifen.

32.15c Ziehen Sie die Halteschrauben vorschriftsmäßig an.

33.2a Setzen Sie die Zwischenwelle ein, und legen Sie (falls vorhanden) die Freilauf-Feder wie gezeigt auf.

33.2b Setzen Sie die Anlasser-Freilaufwelle ein, beachten Sie die Druckscheibe und den O-Ring auf der Zwischenwelle.

3 Kontrollieren Sie, daß die zwei Paßhülsen etwa 6,5 bis 7 mm aus der Dichtfläche des Motorgehäuses herausragen. Geben Sie eine dünne Schicht Dichtmasse auf die Kontaktfläche (siehe Abbildung).

4 Schmieren Sie die Lager im Kupplungsgehäuse und kontrollieren Sie ein letztes Mal, ob der Starter-Freilauf korrekt arbeitet; er soll blockieren, wenn das Zahnrad gegen den Uhrzeigersinn gedreht wird, in der anderen Richtung soll er sich frei drehen. Setzen Sie das Kupplungsgehäuse auf und ziehen Sie die Torx-Schrauben schrittweise bis zum vorgeschriebenen Drehmoment an. Montieren Sie die Verbindungsschraube zum Rahmen, und ziehen Sie sie vorschriftsmäßig fest.

5 Kontrollieren Sie, ob sich die zwei großen Paßhülsen und der Kupplungsgehäuse-Gummistopfen in ihren Positionen an der hinteren Dichtfläche befinden. Die Hülsen müssen 6,5 bis 7 mm aus dem Gehäuse ragen.

6 Kontrollieren Sie, ob der neue O-Ring und die Druckscheibe korrekt auf der Zwischenwelle sitzen, und montieren Sie den Lichtmaschinen-Flansch. Geben Sie einige Tropfen Loctite 273 FL oder ähnliche Schraubensicherungsmasse auf dessen Sicherungsschraube,

33.3 Geben Sie Dichtmasse auf die Verbindungsfläche des Kupplungsgehäuses – beachten Sie die zwei Paßhülsen (Pfeile).

und setzen Sie zeitweise den Kupplungskorb mit der Blockiervorrichtung an, um die Flansch-Schraube vorschriftsmäßig festziehen zu können (siehe Abbildung). Setzen Sie den Kurbelwellen-Deckel, wie in der folgenden Sektion beschrieben, auf.

7 Montieren Sie die Kupplung (siehe Kapitel 3) und das Getriebe (siehe Kapitel 4). Setzen Sie die Lichtmaschine ein (siehe Kapitel 11), und bauen Sie die Zündspulen an (siehe Kapitel 7).

33.6 Ziehen Sie den Lichtmaschinen-Flansch-Bolzen an, beachten Sie die Getriebe-Paßhülsen und den Gummistopfen.

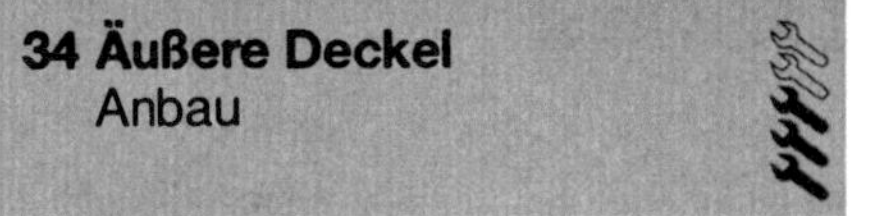

34 Äußere Deckel
Anbau

Allgemeines

1 Bevor irgendein Deckel montiert wird, müssen die Dichtflächen kontrolliert werden, ob sie sauber und fettfrei sind. Außerdem müssen sie selbstverständlich eben und unbeschädigt sein.

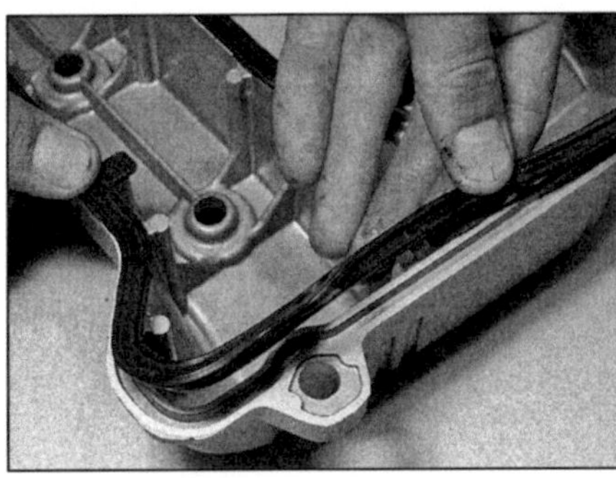

34.2a Die Deckel-Gummidichtungen können nach sorgfältiger Kontrolle eventuell wiederverwendet werden.

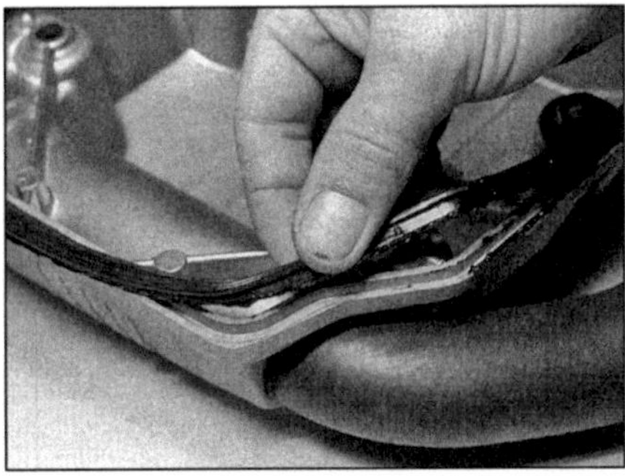

34.2b Kleben Sie die Dichtung mit etwas Dichtmasse in die Deckelnut.

34.2c Dichtmasse muß nur an den im Text beschriebenen Verbindungs-Stellen angebracht werden.

34.2d Halten Sie die Dichtung in Position, während der Deckel montiert wird.

34.2e Ziehen Sie die Schrauben schrittweise der Reihe nach an – nicht zu fest.

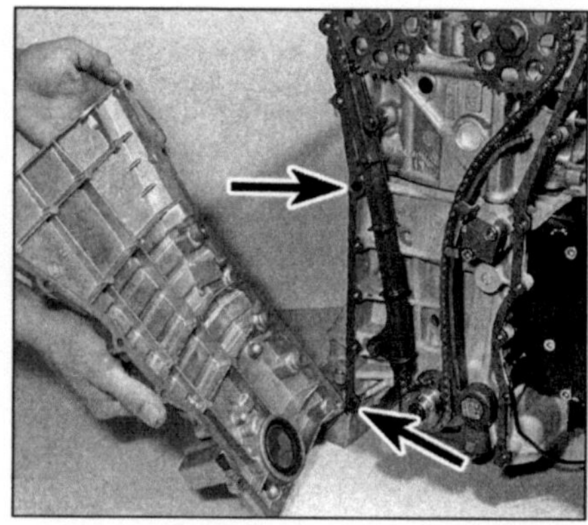
34.3 Die Dichtung der Steuerkettenabdekkung wird über zwei Paßhülsen gesteckt.

2 Die Gummidichtungen der Kurbelwellen- und Zylinderkopfdeckel müssen auf Beschädigungen überprüft werden; sie können mehrmals wiederverwendet werden, wenn sie nicht rissig, gequetscht oder gealtert sind. Wischen Sie alte Fett-Reste auf den Dichtflächen mit Lösungsmittel ab – vergessen Sie nicht die Bereiche um die Schrauben-Bohrungen. Geben Sie eine winzige Menge Dichtmasse in die Dichtungsnuten der Deckel und stecken Sie die Dichtungen hinein (siehe Abbildungen). Die einzigen anderen Stellen, an denen Dichtmittel angebracht werden muß, sind die Verbindungen von Motor und Kupplungsgehäuse, dem Motorblock und dem Steuerkettendeckel (Kurbelwellendeckel), sowie dem Steuerkettendeckel und dem Zylinderkopf (Zylinderkopfdeckel). Das Dichtmittel sollte sich an der Verbindung etwa einen Zentimeter zu jeder Seite ausdehnen (siehe Abbildung). Setzen Sie den Deckel an, und halten Sie ihn in Position, bis die Schrauben eingesetzt sind. Vergessen Sie nicht, etwas Dichtmasse um den Schraubenbund zu geben (siehe Abbildung). Ziehen Sie die Schrauben schrittweise und von innen nach außen mit dem vorgeschriebenen Drehmoment an, nicht zu fest, um die Dichtung nicht zu beschädigen.

Steuerkettendeckel (vorne am Motor)

3 Geben Sie etwas Dichtmittel auf beide Dichtflächen, setzen Sie die neue Dichtung auf die Paßhülsen am oberen Dicht-Rand (siehe Abbildung). Führen Sie das Kabel des Öldruckschalters durch den Deckel und ziehen Sie es beim Ansetzen des Deckels straff, damit keine Schlaufen gelegt und gequetscht werden.

4 Schmieren Sie Fett auf die Dichtlippen des Kurbelwellen-Simmerrings und drücken Sie den Deckel auf die Paßhülsen, achten Sie darauf, den Dichtring nicht zu beschädigen, wenn er über den Zündrotor-Flansch geschoben wird. Setzen Sie die Schrauben ein und ziehen Sie sie schrittweise von innen nach außen bis zum angegebenen Drehmoment fest.

5 Führen Sie das Öldruckschalter-Kabel durch die Deckelöffnung und sichern Sie es mit der Metallklemme. Montieren Sie an den K 75-Modellen die Hupe.

6 Montieren Sie die Zündgeber-Baugruppe, wie in Kapitel 7 beschrieben, und stellen Sie den Zündzeitpunkt so gut wie möglich ein.

7 Setzen Sie die seitlichen Deckel des Motors wir folgt an.

Kurbelwellendeckel (rechts am Motor)

8 Dieser Deckel wird wie oben in den allgemeinen Anmerkungen beschrieben, befestigt (siehe Schritte 1 und 2).

9 Setzen Sie den unteren Kühlerschlauch an und füllen Sie das Kühlsystem auf (siehe Kapitel 5).

10 Montieren Sie alle zuvor demontierten Abdeckungen und Verkleidungsteile.

Zylinderkopfedeckel (links am Motor)

11 Dieser Deckel wird wie oben in den allgemeinen Anmerkungen beschrieben, befestigt (siehe Schritte 1 und 2), doch bedürfen die Halbmond-Dichtungen an den hinteren Nokkenwellen-Enden besonderer Beachtung, damit sie sauber sitzen. Außerdem darf nicht vergessen werden, die Feder auf einen der Lagerböcke zu setzen (siehe Abbildung).

12 Die Feder hat die wichtige Aufgabe, den Massekontakt zum Zylinderkopfedeckel herzustellen, der sonst durch die Gummidichtung völlig isoliert wäre. Dadurch könnte sich die

34.5 Das Kabel des Öldruckschalters muß beim Anbau des Deckels korrekt verlegt sein.

34.11 Die Halbmond-Dichtungen müssen mit besonderer Sorgfalt in den Zylinderkopf gesetzt werden.

34.12 Vergessen Sie nicht die Feder, da ansonsten das Zündsystem beschädigt wird.

durch die Zündkerzen entstehende statische Aufladung sammeln und zum Motorgehäuse überspringen. Dieser starke Funke kann dem Zündsystem einen Schaden zuführen (siehe Abbildung). Bei Modellen mit schwarz lackierten Motorgehäuseteilen muß sichergestellt werden, daß die Farbe an der Kontaktstelle zur Feder abgekratzt wird, um einen guten Massekontakt sicherzustellen.

13 Setzen Sie die Öl-Ablaßschrauben ein (falls vorhanden) und ziehen Sie sie mit dem vorgeschriebenen Drehmoment fest (siehe Kapitel 1).

14 Montieren Sie alle zuvor demontierten Verkleidungsteile.

35 Nebenaggregate Anbau

1 Setzen Sie die Zündgeberbaugruppe so vorsichtig wie möglich als Satz ein (siehe Kapitel 7). Denken Sie daran, das Motorrad so bald wie möglich in eine BMW-Werkstatt zu bringen, um die Zündung kontrollieren zu lassen.

2 Montieren Sie die Öl/Wasserpumpen-Baugruppe (siehe Kapitel 4 und 5) und die Ansaugglocke und die Ölwanne (siehe Kapitel 6).

3 Wenn die Zündkabel mit ihren korrekten Anschlüssen verbunden sind, werden die Zündkerzen eingesetzt und die Kerzenstecker aufgesteckt. Montieren Sie die Zündkerzenabdeckung (siehe Kapitel 1 und 7).

4 Montieren Sie die Kühlschlauchstutzen (siehe Kapitel 5).

5 Montieren Sie gegebenenfalls das Ventil und den Schlauch des Verdunstungs-Systems (nur US-Modelle), die Einlaß-Stutzen, die Drosselklappengehäuse, die Luftkammer, die Motorentlüftung, den Kraftstoffverteiler, die Einspritzdüsen und die Luftfilterbaugruppe, wie in Kapitel 6 beschrieben. Stellen Sie sicher, daß der Kabelbaum korrekt verlegt und mit allen vorgesehenen Klemmen und Bindern gesichert ist.

6 Montieren Sie die Kupplung (siehe Kapitel 3).

7 Montieren Sie das Getriebe (siehe Kapitel 4) mit dem Hauptständer. Bauen Sie die Lichtmaschine und den Anlassermotor an (siehe Kapitel 11). Vervollständigen Sie alles mit der Schwinge, der Kardanwelle, dem Endantrieb, der Hinterradbremse und dem Hinterrad, wie in Kapitel 9 beschrieben.

8 Kontrollieren Sie, daß alle zuvor demontierten Bauteile wieder befestigt sind und daß der Rahmen und die Antriebseinheit bereit für den Zusammenbau sind.

36 Montage des Motors in den Rahmen

1 Vergewissern Sie sich zuerst, daß an den Masseanschlußpunkten und der Kupplungsgehäuseaufnahme des Rahmens die Farbe abgekratzt und das Metall blank ist (siehe Abbildungen). Geben Sie eine dünne Schicht Silikon auf die Stellen, um Korrosion vorzubeugen. Viele verschiedene Elektrik-Ausfälle können in schwachem Massekontakt ihre Ursachen haben.

2 Stellen Sie sicher, daß alle Befestigungsschrauben und Bolzen sauber und rostfrei sind. Fetten Sie die Bolzen ein, um den Einbau zu erleichtern und sie vor Korrosion zu schützen. Holen Sie sich für den Einbau des Motors zwei oder drei Assistenten zur Hilfe.

3 Die Einbau-Prozedur unterscheidet sich leicht zwischen verschiedenen Modellen. Frühe K 100-Modelle bis 1985 mit einer 75 mm breiten Kupplungsgehäuseaufnahme müssen an den vorderen Aufnahmen ausdistanziert werden. Alle K 75 und K 100 ab 1986 sind mit einer 100 mm breiten Kupplungsgehäuseaufnahme versehen und müssen dort mit Distanzscheiben bestückt werden, in Gummi gelagerte Motoren sind zusätzlich vorne links auszudistanzieren. Die Arbeitsschritte sind in den Absätzen unten beschrieben.

Frühe K 100-Modelle

4 Senken Sie den Rahmen über die Antriebseinheit und stecken Sie die Befestigungsbolzen inklusive der Hinterradschwingen-Befestigung locker in ihre Bohrungen. Weil die Halterungen bei diesen Modellen besonderer Aufmerksamkeit bedürfen, muß die Befestigung der Antriebseinheit kontrolliert und gegebenenfalls mit Distanzscheiben korrigiert werden. Beachten Sie, daß Motorvibrationen sich verstärkt ausbreiten und Rahmenteile reißen können, wenn der Rahmen verspannt mit dem Motor verbunden wird.

5 Kontrollieren Sie die Sitze der Rahmen/Getriebe-Halterung und der Rahmen/Kupplungsgehäuse-Halterung. Wenn irgendwo Spiel entdeckt wird, muß es mit Distanzscheiben entsprechender Stärke ausgeglichen werden. An den Getriebeaufnahmen müssen zwei Distanzscheiben gleicher Stärke auf jeder Seite verwendet werden, um das Getriebe in der Mitte des Rahmens zu fixieren.

6 Ziehen Sie die Hinterradschwingen-Halterung fest, dann die Getriebe- und die Kupplungsgehäuseaufnahme an, BMW empfiehlt, den Bolzen der letzteren zuvor mit Kupferpaste einzuschmieren, um Korrosion zu verhindern und Massekontakt zu gewährleisten.

7 Kontrollieren Sie mit einer Fühlerlehre das Spiel zwischen jedem vorderen Rahmen-Rohr und der entsprechenden Aufnahme am Motorgehäuse. Zu Eliminierung werden entsprechende Distanzscheiben zwischengelegt. BMW bietet Distanzscheiben in 0,25 mm-Schritten von 1,0 bis 5,5 mm an. Beachten Sie, daß das Spiel so weit wie möglich auf beiden Seiten gleichmäßig ausgeglichen werden muß, um die mittige Einbaulage des Motors zu gewährleisten.

8 Wenn der Rahmen spielfrei und nicht stramm sitzt, werden die Haltebolzen und Muttern mit den vorgeschriebenen Drehmomenten angezogen.

Alle anderen Modelle

9 Senken Sie den Rahmen über die Antriebseinheit und stecken Sie die Befestigungsbolzen inklusive der Hinterradschwingen-Befestigung locker in ihre Bohrungen. Weil die Halterungen bei diesen Modellen besonderer Aufmerksamkeit bedürfen, muß die Befestigung der Antriebseinheit kontrolliert und gegebenenfalls mit Distanzscheiben korrigiert werden. Beachten Sie, daß Motorvibrationen sich verstärkt ausbreiten und Rahmenteile reißen können, wenn der Rahmen verspannt mit dem Motor verbunden wird.

2

36.1a Kratzen Sie an den Masseanschlüssen des Rahmens . . .

36.1b . . . und am Kupplungsglockenanschluß sorgfältig die Farbe ab.

36.10 Befestigen Sie den Rahmen wie beschrieben am Getriebe.

36.14 Bei Modellen mit fester vorderer Motorhalterung sind normalerweise keine Distanzscheiben nötig, . . .

36.15 . . . doch muß das Spiel bei Gummilagerungen ausgeglichen werden.

10 Kontrollieren Sie die Sitze der Rahmen/Getriebe-Halterung (siehe Abbildung). Wenn irgendwo Spiel entdeckt wird, muß es mit Distanzscheiben entsprechender Stärke ausgeglichen werden. An den Getriebeaufnahmen müssen zwei Distanzscheiben gleicher Stärke auf jeder Seite verwendet werden, um das Getriebe in der Mitte des Rahmens zu fixieren.

11 Ziehen Sie die vordere rechte Motoraufnahme und die rechte Getriebehalterung mit den vorgeschriebenen Drehmomenten an.

12 Kontrollieren Sie mit einer Fühlerlehre das Spiel zwischen den Rahmenhalterungen und der entsprechenden Aufnahme am Kupplungsgehäuse. Zur Eliminierung werden entsprechende Distanzscheiben zwischengelegt. BMW bietet Distanzscheiben in 0,25 mm-Schritten von 1,0 bis 5,5 mm an. Kontrollieren Sie beim Einbau der Scheiben, daß zwischen Rahmen und Gehäuse eine saubere Metall-zu-Metall-Kontaktfläche besteht. Geben Sie etwas Silikon-Fett zum Korrosionsschutz auf die Verbindung. Schmieren Sie die Schraube mit Kupferpaste ein, und ziehen Sie sie mit dem vorgeschriebenen Drehmoment fest.

13 Ziehen Sie die linke Getriebeaufnahme und die Befestigung der Schwinge mit den entsprechenden Drehmomenten fest.

14 Bei allen K 75- und K 100-Modellen mit fester vorderer Motoraufnahme sollte das Spiel an der linken Motoraufnahme eliminiert sein, dann werden die Haltebolzen und Muttern angesetzt und mit dem vorgeschriebenen Drehmoment festgezogen (siehe Abbildung). Ist jedoch noch signifikantes Spiel vorhanden, muß es wie in Schritt 12 beschrieben, ausdistanziert werden, bevor der Bolzen eingesetzt wird.

15 Bei den K 100 RS-, RT- und LT-Modellen, also allen Maschinen, bei denen der Motor vorne in Gummilagern sitzt, muß das Spiel zwischen der Rahmenstrebe und der Halterung am Motor mit einer Fühlerlehre gemessen werden. Nach dem Einlegen der entsprechenden Distanzscheiben darf das maximale Spiel 0,25 mm betragen (siehe Abbildung). Ist das Spiel so weit wie möglich ausgeglichen, wird der Haltebolzen eingeschoben und die Mutter mit dem vorgeschriebenen Drehmoment angezogen.

Alle Modelle

16 Kontrollieren Sie, daß die Antriebseinheit sicher und ohne Spannung im Rahmen sitzt, und alle Befestigungen mit den entsprechenden Drehmomenten angezogen sind. Kontrollieren Sie, ob kein anderes Bauteil beschädigt ist und das Motorrad sicher auf dem Vorderrad und dem Hauptständer steht.

17 Alle elektrischen Leitungen müssen korrekt und sicher verlegt und mit den entsprechenden Anschlußsteckern verbunden werden (siehe Abbildungen). Beachten Sie die beim Trennen angebrachten Markierungen, wenn die Zündspulen verbunden werden.

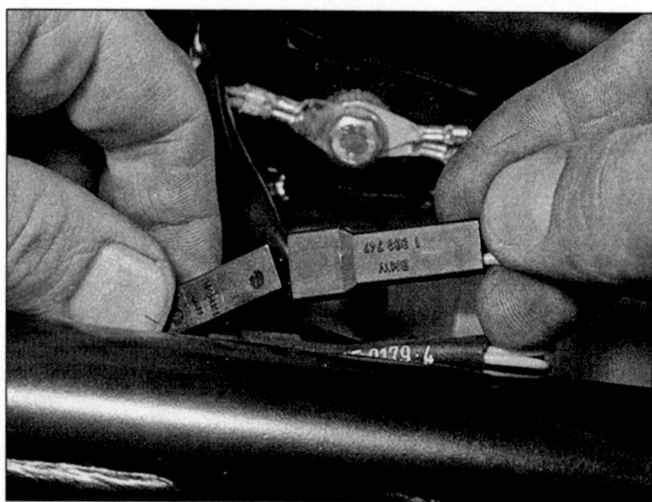
36.17a Alle elektrischen Verbindungen müssen wieder zusammengesteckt werden, . . .

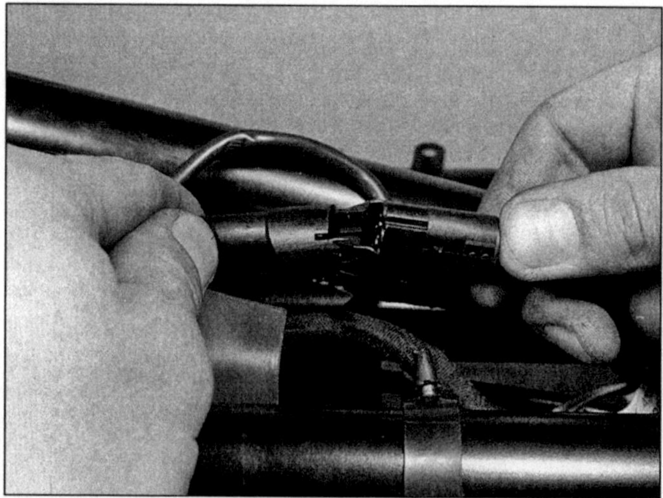
36.17b . . . einige Stecker lassen sich nur in einer Position verbinden.

18 Verbinden Sie die Gas-, Choke- und Kupplungsbowdenzüge wie in Kapitel 1 beschrieben, und stellen Sie sie korrekt ein.

19 Montieren Sie das hintere Schutzblech und den Kennzeichenträger sowie die Abdeckungen der Lichtmaschine und Zündspulen. Bauen Sie die Auspuffanlage wie in Kapitel 6 beschrieben an.

20 Montieren Sie den Kühler, kontrollieren Sie, daß der Ablaßstopfen sicher befestigt und alle Bauteile des Kühlsystems korrekt angebaut sind. Füllen Sie das System mit Kühlflüssigkeit (siehe Kapitel 5) und kontrollieren Sie es auf Undichtigkeiten. Vergessen Sie nicht, den Kühlflüssigkeitsstand zu kontrollieren, nachdem der Motor das erste Mal gestartet wurde, setzen Sie den Kühlerdeckel zur Sicherheit erst nach dieser Kontrolle auf.

21 Montieren Sie die Batterie (siehe Kapitel 1) und befestigen Sie den Kühler-Ausgleichsbehälter. Setzen Sie die Einspritz-Kontrolleinheit und das Gepäckfach ein (siehe Kapitel 6). Montieren Sie den Luft-Ansaugstutzen und sichern Sie ihn mit der einzelnen Schraube.

22 Bauen Sie wie in Kapitel 1 beschrieben, einen neuen Ölfilter ein und füllen Sie den Motor mit Öl. Bedenken Sie, daß nach einer Motorzerlegung eine größere Menge eingefüllt werden muß als bei einem Ölwechsel.

23 Montieren Sie gegebenenfalls die Verkleidung (siehe Kapitel 8).

24 Führen Sie eine Endkontrolle durch, daß alle Bauteile korrekt montiert und eingestellt sind. Montieren Sie den Kraftstofftank, die Kühlerabdeckungen, die Seitendeckel und die Sitzbank. Denken Sie daran, den Ölstand und den Kühlflüssigkeitsstand nach dem ersten Motorlauf noch einmal zu kontrollieren, außerdem muß der Zündzeitpunkt erneut überprüft werden.

37 Erster Start nach Überholung

1 Starten Sie den Motor wie bei einem normalen Kaltstart. Es ist nicht ungewöhnlich, daß ein frisch überholter Motor nicht sofort anspringt. Viele Voraussetzungen müssen stimmen, bis ein mit Neuteilen bestücktes Aggregat erste Töne abgibt. Kontrollieren Sie zunächst, ob die Zündkerzen nicht zuviel Montageöl abbekommen haben. Arbeiten Sie sich methodisch durch die Fehler-Suchlisten.

2 Wenn der Motor anspringt, müssen Sie ihn so langsam wie möglich laufen lassen, bis die Öldrucklampe erloschen ist und der Schmierstoff an alle wichtigen Stellen gelangt ist. Da das Öl erst durch die leeren Leitungen fließen und Druck aufbauen muß, kann die Lampe etwas länger als üblich leuchten.

Warnung: Wenn die Öldruck-Kontroll-Lampe nicht ausgeht, oder zu leuchten beginnt, während der Motor läuft, muß die Maschine sofort abgestellt werden.

Ziehen Sie den Choke-Hebel und lassen Sie ihn mit leicht erhöhter Leerlaufdrehzahl Betriebstemperatur erreichen. Erhöhter Rauch aus dem Auspuff ist normal, da das zur Montage verwendete Öl verbrannt wird. Nach ein gewisser Zeit sollte der Rauch verschwinden.

3 Kontrollieren Sie sorgfältig alles auf Öl-Undichtigkeiten und überprüfen Sie, ob der Antrieb und die Instrumente, besonders die Bremsen, ordentlich funktionieren, bevor Sie die Maschine auf der Straße testen. Wechseln Sie zu Sektion 38, um genaueres über die Einfahr-Vorschriften zu erfahren.

4 Nach Beendigung der Testfahrt, und nachdem der Motor komplett abgekühlt ist, wird der Kühlflüssigkeitspegel kontrolliert (Kapitel 5).

5 Wenn die Zündgeber-Baugruppe demontiert war, und die Zündung noch einzustellen ist, fahren Sie das Motorrad umgehend langsam und vorsichtig in eine BMW-Werkstatt, die dieses erledigt.

6 Kontrollieren Sie schließlich die Ölstände im Motor und Getriebe (siehe *Kapitel »Vor jeder Fahrt«*), und füllen Sie gegebenenfalls auf.

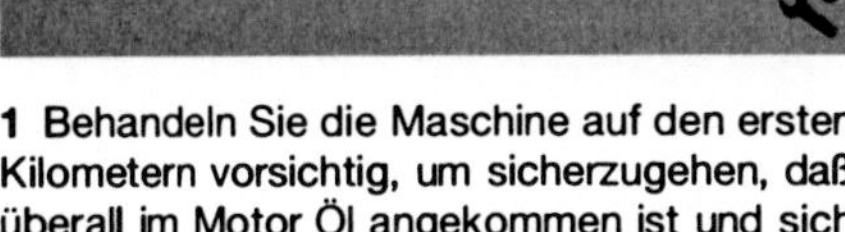

38 Einfahr-Vorschriften

1 Behandeln Sie die Maschine auf den ersten Kilometern vorsichtig, um sicherzugehen, daß überall im Motor Öl angekommen ist und sich alle neuen Teile zu setzen begonnen haben.

2 Ebenfalls ist große Sorgfalt geboten, wenn neue Kolben, Kolbenringe oder Lagerschalen eingebaut wurden. Im Falle neuer Kolben oder Zylinder muß die Maschine behandelt werden, als wäre sie neu. Das bedeutet, daß öfter geschaltet werden muß, um immer im optimalen Drehzahlbereich zu fahren und das Gas auf den ersten 800 km nur bis zur Hälfte geöffnet werden sollte. Eine Geschwindigkeitsbegrenzung wird nicht vorgeschrieben, hauptsächlich sollen die Teile des Motors sich »einschleifen« und die Leistung langsam auf den ersten 800 km gesteigert werden. Hat man bereits Erfahrungen mit der Maschine, wird man merken, wann der Motor sich frei dreht.

3 Wenn sich mangelnde Schmierung andeutet, muß der Motor sofort gestoppt werden und die Ursache gefunden werden. Wenn ein Motor auch nur sehr kurze Zeit ohne Öl gefahren wird, entstehen Schäden größter Ausmaße.

4 Wenn der Motor nach der ersten Fahrt komplett abgekühlt ist, müssen verschiedene Einstellungen kontrolliert werden, besonders das Ventilspiel. Während der Motor das erste Mal lief, haben sich alle Bauteile in ihre Arbeitspositionen gesetzt. Kontrollieren Sie die verschiedenen Ölpegel, besonders der Motorölstand kann leicht gefallen sein, da sich alle Passagen und Ecken gefüllt haben.

Notizen

Kapitel 3
Kupplung

Inhalt (in alphabetischer Reihenfolge, die Zahlen geben die Numerierung in den grauen Feldern wieder)

Schwierigkeitsgrade

Leicht. Für Anfänger mit wenig Erfahrung geeignet. 	**Relativ leicht.** Für Anfänger mit etwas Erfahrung geeignet. 	**Relativ schwierig.** Geeignet für geübte Selbstschrauber.	**Schwer.** Geeignet für Mechaniker mit Erfahrung. 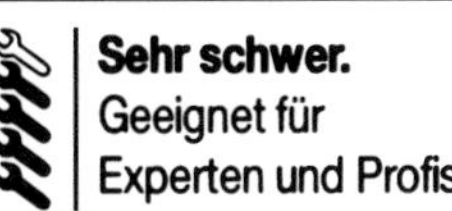	**Sehr schwer.** Geeignet für Experten und Profis. 

Technische Daten

Belagscheibe

Durchmesser

K 75-Modelle	165 ± 1 mm
K 100-Modelle	180 ± 1 mm

Belagstärke

Standard	5,05 bis 5,55 mm
Verschleißgrenze	4,50 mm

Anzugsdrehmomente – K 75-Modelle

Kupplungskorb/Motor-Ausgangswellensicherungsmutter	140 ± 5 Nm
Kupplungsabdeckplatte/Korb-Verbindungsschrauben	19 ± 2 Nm

Anzugsdrehmomente – K 100-Modelle

Kupplungskorb/Motor-Ausgangswellensicherungsmutter

1. Schritt	140 ± 5 Nm
2. Schritt – lösen, dann anziehen mit	90 bis 114 Nm
Kupplungsabdeckplatte/Korb-Verbindungsschrauben	19 ± 2 Nm

3

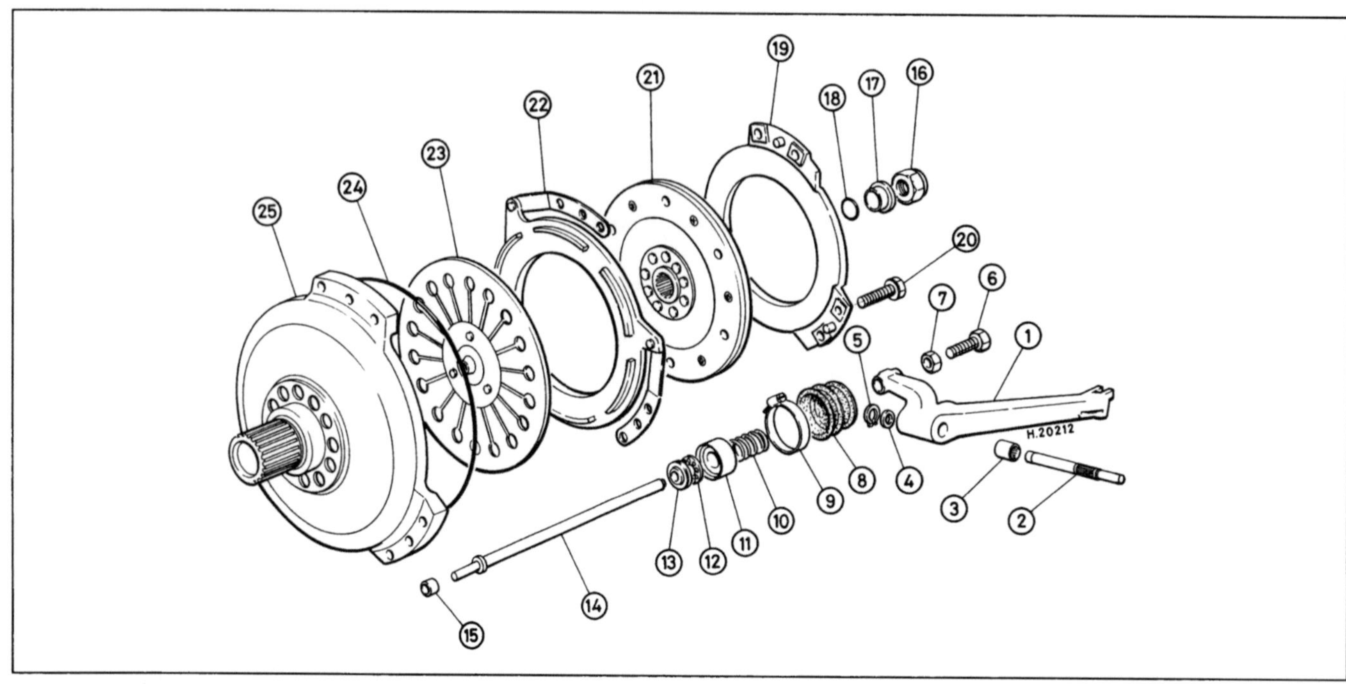

1.1a Kupplungsbaugruppe – K 75-Modelle

1 Ausrückhebel
2 Lagerstift
3 Nadellager
4 Scheibe – 2 Stück
5 Seegerring – 2 Stück
6 Einstellschraube
7 Kontermutter
8 Gummimanschette
9 Schelle
10 Feder
11 Ausrück-Kolben
12 Ausrücklager
13 Ausrücklager-Ring
14 Druckstange
15 Lagerbuchse
16 Mutter
17 Distanzstück mit Bund
18 O-Ring
19 Abdeckplatte
20 Schraube
21 Belagscheibe
22 Druckplatte
23 Tellerfeder
24 Drahtring
25 Kupplungskorb

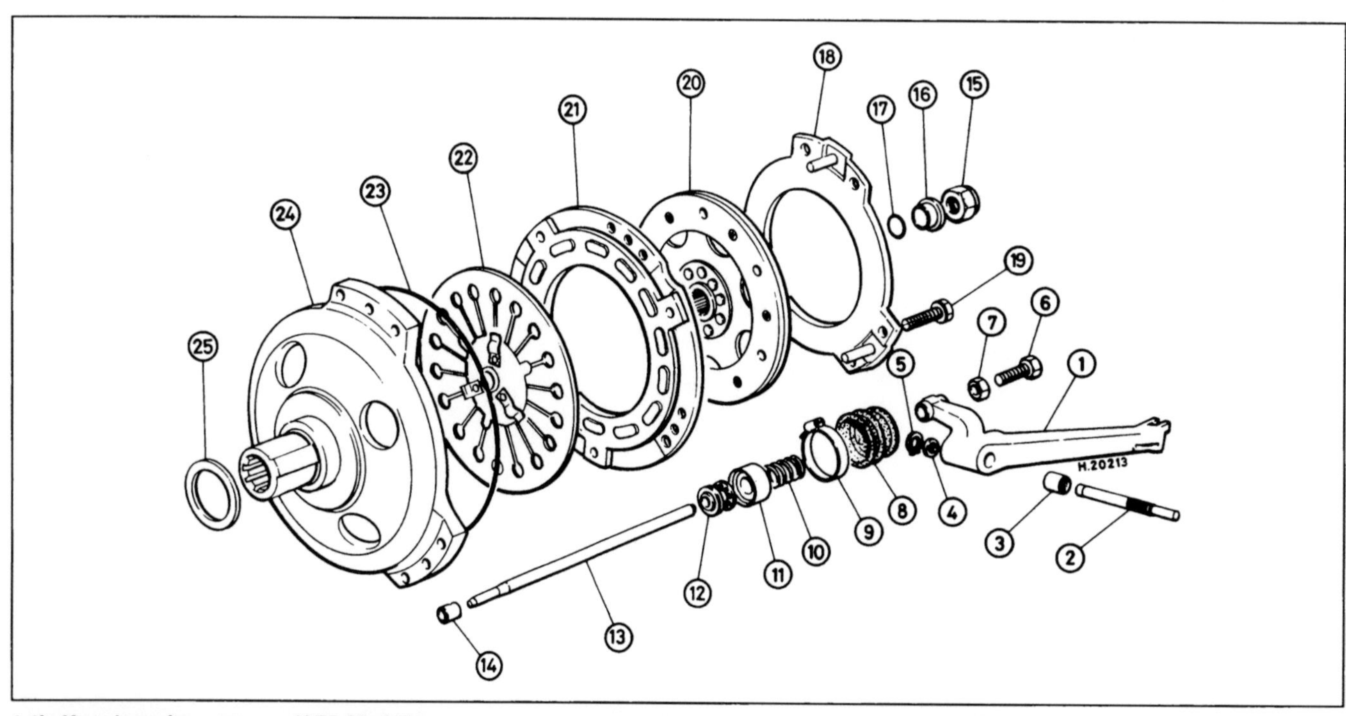

1.1b Kupplungsbaugruppe – K 75-Modelle

1 Ausrückhebel
2 Lagerstift
3 Nadellager
4 Scheibe – 2 Stück
5 Seegerring – 2 Stück
6 Einstellschraube
7 Kontermutter
8 Gummimanschette
9 Schelle
10 Feder
11 Ausrück-Kolben
12 Ausrücklager
13 Druckstange
14 Lagerbuchse
15 Mutter
16 Distanzstück mit Bund
17 O-Ring
18 Abdeckplatte
19 Schraube
20 Belagscheibe
21 Druckplatte
22 Tellerfeder
23 Drahtring
24 Kupplungskorb
25 Druckscheibe

1 Allgemeine Informationen

Die Einscheiben-Trockenkupplung sitzt innerhalb des aus Leichtmetall bestehenden Kupplungskorbes, der hinten an die Motor-Ausgangs-/Ausgleichswelle geschraubt ist. Eine auf einem Drahtring sitzende Tellerfeder preßt die Druckplatte, die die Belagscheibe gegen die am Korb befestigte Abdeckungsplatte klemmt (siehe Abbildungen). Da die Belagscheibe auf der Verzahnung der Getriebeeingangswelle sitzt, besteht so Kraftschluß zwischen Motor und Getriebe.

Der Ausrückmechanismus wird über einen Bowdenzug vom am Lenker sitzenden Kupplungshebel betätigt. Über ein Ausrücklager wird die in der Getriebeeingangswelle steckende Druckstange betätigt, die vorne in einer in der Motorausgangswelle sitzenden Buchse gelagert ist. Wird der Ausrückmechanismus betätigt, drückt ein Bund an der Druckstange die Tellerfeder zurück, so daß die Druckplatte und Belagscheibe gelöst sind. Die Einstellung der Kupplung ist in Kapitel 1 beschrieben.

BMW empfiehlt, die Kupplung einmal im Jahr zu zerlegen, die Verzahnungen der Getriebeeingangswelle und der Belagscheibe zu entfetten, den Verschleiß zu überprüfen und frisch gefettet wieder zusammenzubauen. Dadurch wird eine leichtgängige Funktion und Zuverlässigkeit der Kupplung sichergestellt.

2 Kupplung
Ausbau

1 Obwohl der Kupplungsausrückmechanismus hinten am Getriebe befestigt ist und bei eingebautem Getriebe zerlegt werden kann (außer der Druckstange der K 75-Modelle), wird zum Zugang zur Kupplung selbst der Ausbau des Getriebes nötig – wechseln Sie nach Kapitel 4.

2 Die Kupplung kann bei eingebautem Motor demontiert werden. Sie kann auch mit dem Motor zusammen aus dem Rahmen gebaut und auf der Werkbank demontiert werden. Wechseln Sie für Details zum Motorausbau nach Kapitel 2.

3 Kontrollieren Sie die Verzahnungen der Getriebeeingangswelle und der Belagscheibe, wann immer Sie das Getriebe demontieren. Schmieren Sie sie beim Zusammenbau und kontrollieren Sie, ob der Ausrückmechanismus eine Überholung benötigt.

4 Beachten Sie die zwei großen Paßhülsen am hinteren Ende der Kupplungsglocke. Diese sollten bei jeder Demontage des Getriebes kontrolliert werden (siehe Sektion 4).

3 Kupplung
Zerlegung

1 Bevor Sie die Kupplung zerlegen, muß kontrolliert werden, ob die gelben oder weißen Auswucht-Farbmarkierungen auf der Abdekkung, der Druckplatte und dem Kupplungskorb sichtbar sind, sie sollten in Winkeln von 120° verteilt sein. Oft sind die Markierungen schlecht zu erkennen, so daß es sinnvoll ist, eigene Markierungen über alle Bauteile anzubringen, so daß beim Zusammenbau alles wieder in der gleichen Position zueinander liegt.

Die Bauteile der Kupplung bilden einen großen Teil der Motor-Schwungmasse. Werden die Auswuchtmarkierungen nicht beachtet, wird dieses zu starken Vibrationen führen.

2 Beachten Sie die Einbaulage der Belagscheibe, normalerweise zeigt der längere Teil des Mitnehmers zum Getriebe. Zur Sicherheit wird empfohlen, die Belagscheibe hinten (zum Getriebe) zu markieren.

3.3 Beachten Sie die Auswucht-Markierungen und die Einbau-Richtung der Belagscheibe.

3 Lockern Sie die sechs Abdeckungs-Schrauben kreuzweise und Schritt für Schritt, bis der Federdruck abgebaut ist. Entfernen Sie die Schrauben und ihre Scheiben (siehe Abbildung).

4 Entfernen Sie die Abdeckung, die Belagscheibe, Druckplatte (kontrollieren Sie die Auswucht-Markierungen) und die Tellerfeder – achten Sie hier genau auf die Einbaurichtung. Die drei Paßstifte der Abdeckung können sehr fest sitzen, so daß das Bauteil abgehebelt werden muß, seien Sie dabei vorsichtig, da die Feder plötzlich herausspringen kann. Der Drahtring kann jetzt aus seiner Nut im Kupplungskorb gehebelt werden.

5 Es wird notwendig sein, den Kupplungskorb zu kontern, um die Kupplung am Mitdrehen zu hindern, wenn die Mutter gelöst wird. Stecken Sie bei den K 100-Modellen eine Holzstange oder einen Hammerstiel durch eines der Löcher im Korb und kontern Sie die Kupplung gegen die Gehäuserippen.

6 Bei den K 75-Modellen wird ein kurzes aber dickes Stück Metall an einem Ende mit einem 8 mm großen Loch versehen und mit Hilfe einer Abdeckungsschraube am Kupplungskorb befestigt. Stützen Sie es jetzt gegen ein gut verstärktes Teil des Gehäuses, so daß der Korb nicht gegen den Uhrzeigersinn gedreht werden kann.

7 Beide oben angewandten Methoden sind nur Alternativen zur Benutzung des BMW-Werkzeugs 11 2 800, das so auf den Kupplungskorb geschraubt wird, daß es ihn gegen das Gehäuse verkontert. Zum Nachbau benötigt man ein 225 mm langes und 25 mm breites Stahlband mit einer Stärke von 6 mm (siehe Abbildung).

8 Ist der Kupplungskorb sicher verkontert, wird die Mutter gelöst und das mit einem Bund versehene Distanzstück abgenommen. Greifen Sie den Korb mit beiden Händen und bewegen Sie ihn vor und zurück, bis der auf der Verzahnung sitzende O-Ring erreicht und mit einem spitzen Instrument abgenommen werden kann (siehe Abbildung). Ziehen Sie den Kupplungskorb ab, beachten Sie bei den K 100-Modellen die Druckscheibe.

9 Falls nötig, kann das vordere Druckstangenlager demontiert werden, indem man ein Gewinde hineinschneidet (M 7), eine Schraube eindreht, und hieran die Buchse herauszieht.

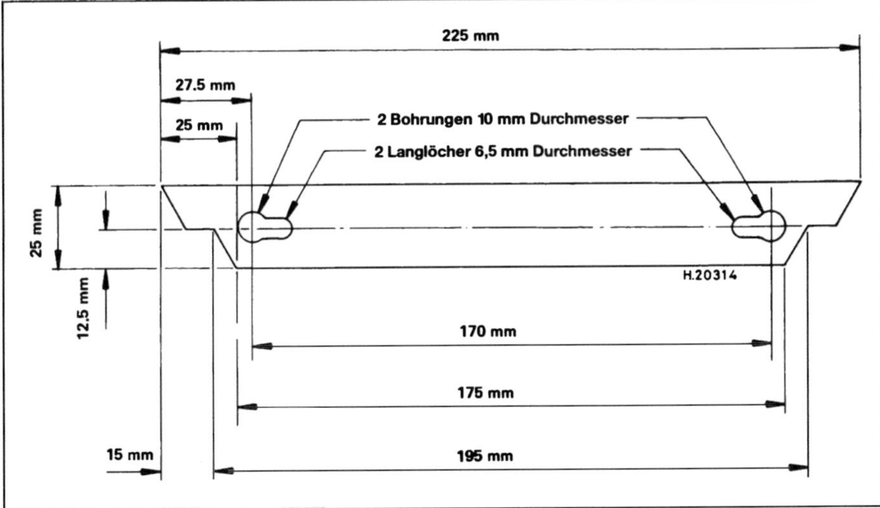

3.7 Arretierwerkzeug für Kupplungskorb

3.8 Entfernen Sie den O-Ring von der Ausgangswelle.

Drehen Sie den Gewindeschneider nicht zu weit hinein. Führen Sie diese Arbeit nur durch, wenn die Buchse wirklich ersetzt werden muß.

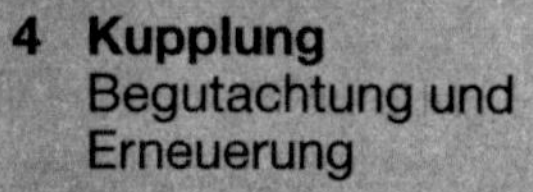

4 Kupplung
Begutachtung und Erneuerung

1 Nach einer großen Kilometerleistung ist es normal, daß die Kupplungsscheibe verschleißt und zu rutschen beginnt. Messen Sie mit Hilfe eines Meßschiebers die Dicke des Belages (siehe Abbildungen). Wenn die Scheibe bis oder über die in den Technischen Daten angegebene Toleranzgrenze verschlissen ist, muß sie ausgewechselt werden. Das gleiche gilt, wenn die Scheibe verbrannt, verölt oder verglast ist.

2 Kontrollieren Sie die Verzahnungen der Belagscheibe und des Mitnehmers auf der Getriebe-Eingangswelle auf Verschleiß und Beschädigungen, und ersetzen Sie gegebenenfalls die Teile.

3 Kontrollieren Sie die Belagscheibe und die Druckplatte auf Verzug, überprüfen Sie die Feder. Ersetzen Sie alle beschädigten Bauteile.

4 Rupft oder hakt die Kupplung, muß zuerst der Ausrückmechanismus überprüft werden (siehe Sektion 6). Ist dieser in Ordnung, müssen genau die Verzahnungen der Getriebeeingangswelle und der Belagscheibe kontrolliert werden. Bei starkem Verschleiß ist das entsprechende Teil zu ersetzen. Kontrollieren Sie die Vorspannung der Getriebewelle (siehe Kapitel 4).

4.1 Messen Sie die Stärke der Belagscheibe.

5 Wenn die Kupplung trotz einer für gut befundenen Belagscheibe durchgerutscht ist, kann entweder die Tellerfeder ausgeleiert sein, oder die Druckplatte ist extrem verschlissen. Ersetzen Sie die entsprechenden Teile.

6 Wenn die Kupplung verölt ist, müssen die Simmerringe an der Kurbelwelle und am Getriebe kontrolliert werden. Beachten Sie, daß Getriebeöl strenger riecht als Motoröl. Reinigen Sie alle Bauteile, eine verölte Belagscheibe muß ersetzt werden. Stellen Sie sicher, daß der Kupplungskorb nicht auf dem Ausgangswellen-Simmering geschliffen hat.

7 Die selbstsichernde Kupplungskorb-Mutter und der O-Ring müssen bei jeder Montage durch Neuteile ersetzt werden.

8 Kontrollieren Sie bei starkem Verschleiß, ob die Paßhülsen korrekt montiert waren und das Getriebegehäuse und die Kupplungsglocke am Motor zentriert haben. Es gibt jeweils zwei große Paßhülsen, die vorne und hinten im Kupplungsgehäuse zu sitzen haben, wenn die Bauteile montiert werden.

5 Kupplung
Zusammenbau

1 Bei den K 100-Modellen wird die Druckscheibe vorne an den Kupplungskorb gesetzt (siehe Abbildung). Bei allen Modellen wird gegebenenfalls ein neues Druckstangenlager hinten in die Ausgangswelle geklopft und mit vorgeschriebenem Schmiermittel versorgt.

5.1 Nur bei den K 100-Kupplungskörben wird vorne die Druckscheibe aufgelegt.

2 Setzen Sie den Kupplungskorb auf die Ausgangswelle und drücken Sie ihn in seine Position. Setzen Sie einen neuen O-Ring und das Distanzstück mit dem Bund nach hinten auf, es folgt die neue Sicherungsmutter (siehe Abbildungen). Kontern Sie den Kupplungskorb mit der beim Zerlegen verwendeten Methode.

3 Bei den K 100-Modellen wird die Mutter zunächst mit dem ersten vorgeschriebenen Schritt festgezogen, um den Korb und den O-Ring zu setzen, dann wird sie vollständig gelockert und mit dem endgültigen Drehmoment angezogen (siehe Abbildung). Bei den K 75-Modellen gibt es nur einen Anzugs-Schritt. Setzen Sie den Drahtring in den Kupplungskorb (siehe Abbildungen).

4 Geben Sie etwas Molybdän-Paste auf alle Verbindungspunkte, an denen die Tellerfeder das Schwungrad und die Abdeckung berührt (siehe Abbildungen). Seien Sie sehr sparsam mit der Paste und lassen Sie nichts davon auf die Belagscheibe geraten.

5 Setzen Sie die Tellerfeder auf den Drahtring, geben Sie auf die Verbindungspunkte sowie auf die drei Stützhebel in der Tellernabe etwas Molybdän-Paste (siehe Abbildungen). Achten Sie darauf, daß alles in der richtigen Einbaulage montiert wird, sehen hierzu in den Abbildungen nach oder begutachten Sie die Feder genauestens nach polierten Stellen, an denen sie die Druckplatte berührt hat. Legen Sie anschließend die Druckplatte auf, gehen Sie dabei sicher, daß die Auswucht-Markierungen korrekt sitzen, entweder müssen die originalen BMW-Markierungen um 120° verdreht sein,

5.2a Legen Sie einen neuen O-Ring und das Distanzstück (mit dem Bund nach außen) auf.

5.2b Die Kupplungskorb-Mutter ist selbstsichernd – sie muß jedesmal erneuert werden.

5.3a Kontern Sie den Kupplungskorb (hier K 100), während Sie die Mutter vorschriftsmäßig anziehen.

5.3b Setzen Sie den Drahtring in den Korb und schmieren Sie ihn mit dem vorgeschriebenen Mittel ein.

5.5a Setzen Sie die Tellerfeder wie gezeigt auf, Verschleißmarken der Druckplatte gelten als Einbauhilfe.

5.5b Schmieren Sie die Kontaktpunkte der Tellerfeder mit etwas Fett ein, beachten Sie die Auswucht-Markierungen.

5.6 Der längere Teil des Mitnehmers muß nach hinten zum Getriebe zeigen.

5.7a Schmieren Sie die Paßstifte, wenn Sie die Abdeckplatte aufsetzen – beachten Sie die Auswucht-Markierung.

5.7b Das BMW-Zentrierwerkzeug wird an den Paßhülsen eingehängt.

oder die eigenen liegen entsprechend der Ausgangslage. Geben Sie etwas Schmierstoff auf die Verbindungspunkte zwischen Feder und Druckplatte.

6 Setzen Sie die Belagscheibe auf die Druckplatte, das längere Ende des Mitnehmers muß zum Getriebe zeigen (siehe Abbildung).

7 Setzen Sie die Abdeckung auf, die Auswuchtmarkierungen müssen entsprechend dem Ausbau liegen. Geben Sie Schmierstoff auf die Paßstifte, um Korrosion zu verhindern (siehe Abbildung). Bevor die Schrauben angezogen werden, muß die Belagscheibe zentriert werden. Am einfachsten geht dieses, indem die Getriebeeingangswelle in die Kupplung gedrückt und das Getriebe mit den Paßhülsen an der Kupplungsglocke ausgerichtet wird. Ist dieses nicht möglich, muß das BMW-Werkzeug 21 2 670 beschafft oder nachgebaut werden (siehe Abbildungen). Setzen Sie das Werkzeug in die Belagscheiben-Verzahnung und stecken Sie die lange Nase in das Druckstangenlager. Das BMW-Werkzeug beinhaltet eine Brücke, die für beste Fluchtung über die Paßhülsen gelegt wird. Bei zentrierter Belagscheibe werden die Schrauben der Abdekkung kreuzweise Schritt für Schritt angezogen, bis das vorgeschriebene Drehmoment erreicht ist.

8 Schmieren Sie die Druckstange, deren Lagerbuchse sowie die Verzahnungen der Eingangswelle und der Belagscheibe, bevor das Getriebe montiert wird.

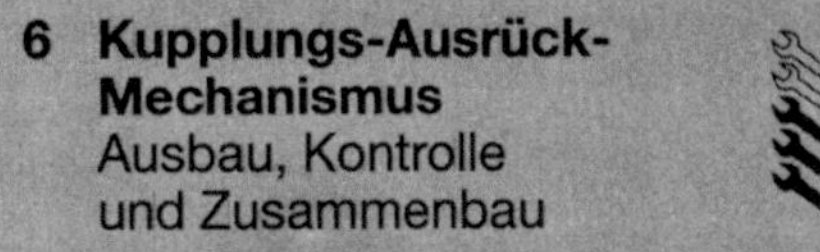

6 Kupplungs-Ausrück-Mechanismus
Ausbau, Kontrolle und Zusammenbau

1 Die Kupplungszug-Kontermutter am Lenker lockern, den Einsteller vollständig hineindrehen, um maximales Spiel zu erhalten. Bauen Sie das untere Ende des Zuges aus dem Ausrück-Hebel am Getriebe.

Praxis TiP ***Wenn Sie den Bowdenzug austauschen wollen, kann das untere Ende des neuen Zuges mit Klebeband am oberen Ende des alten Zuges befestigt werden. Jetzt wird langsam der alte Zug nach unten heraus-, und damit der neue Zug von oben hereingezogen. Mit dieser Methode geht man sicher, den Zug richtig zu verlegen.***

3

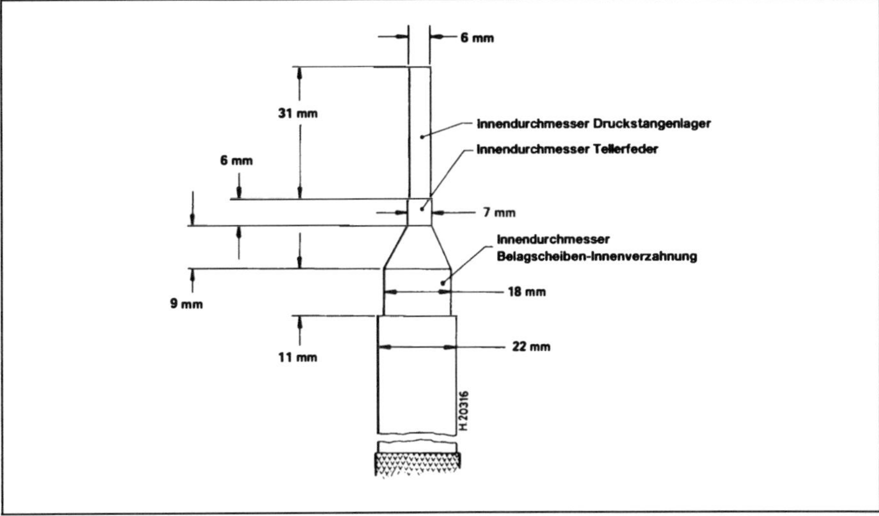

5.7c Zentrier-Werkzeug für die Kupplungs-Belagscheibe

2 Der Lagerbolzen des Ausrück-Hebels ist auf jeder Seite mit einem Sicherungsring gesichert; entfernen Sie den rechten Seegerring und die Scheibe, und drücken Sie den Stift nach links (siehe Abbildung). Bei Modellen, die mit einem Seitenständer-Einklappmechanismus ausgerüstet sind, muß zunächst die Mutter der Betätigungsstange gelöst werden, um den Federdruck zu entlasten. Der Hebel und die Feder können zusammen mit dem Lagerbolzen entfernt werden (siehe Abbildungen).

3 Lockern Sie die Schelle, die die Gummimanschette sichert und nehmen Sie diese zusammen mit der Feder, dem Ausrück-Kolben und dem Ausrücklager ab (Kolben und Lager sind bei späteren Modellen ein Teil) (siehe Abbildung). Nur bei K 100-Modellen kann die Kupplungsdruckstange nach der Demontage des Hinterrades herausgezogen werden, benutzen Sie bei den letzten drei Punkten eine geeignete Zange oder gebogenen Draht, auch mit einem starken Magneten kann die mit einem Stahlkopf bestückte Alustange herausgezogen werden. Steckt Sie fest oder ist verbogen, muß das Getriebe demontiert werden.

4 Bei K 75-Modellen hat die Druckstange einen Bund, der gegen die Tellerfeder drückt, weswegen zu ihrer Demontage der Ausbau des Getriebes nötig ist (siehe Kapitel 4). Entfernen Sie die Kupplungsausrückmechanismus-Bauteile, wie oben beschrieben, klopfen Sie die Druckstange nach vorne aus dem Ausrücklager und ziehen Sie sie nach vorne aus der Eingangswelle. Schmieren Sie sie beim Einbau sorgfältig ein und schieben Sie sie vorsichtig von hinten durch den Dichtring der Eingangswelle, sehr dünnes um den Stift gewickeltes Isolierband schützt den Dichtring, wenn die Druckstange eingeschoben wird. Halten Sie die Stange in Position, entfernen Sie gegebenenfalls das Klebeband, und klopfen Sie mit einem geeigneten Rohr den Lagerring auf ihr hinteres Ende. Schmieren Sie das vordere Ende der Druckstange und alle Verzahnungen, bevor Sie das Getriebe anbauen.

5 Kontrollieren Sie alle Bauteile auf Verschleiß und Beschädigung, und ersetzen Sie entsprechende. Anschließend muß die Druckstange durch Rollen auf einer ebenen Fläche (z.B. einer Glasscheibe) auf Krümmung kontrolliert werden. Wenn sie verbogen ist, muß sie ersetzt werden. Kontrollieren Sie die Manschette auf Risse und Porösitäten, prüfen Sie das Ausrücklager und den Kolben auf guten Zustand (siehe Abbildung). Ersetzen Sie beim geringsten Zweifel die Bauteile.

6 Kontrollieren Sie, ob der Kolben sich frei in seiner Bohrung bewegen kann – diese darf einen maximalen Durchmesser von 28,7 mm haben, andernfalls kann der Kolben klemmen. Ab Juni 1988 sind Kolben und Ausrücklager integriert.

5.7d Ziehen Sie die Schrauben der Abdeckplatte Schritt für Schritt mit dem vorgeschriebenen Drehmoment fest.

6.2a Ziehen Sie den Sicherungsring und die Scheibe ab, klopfen Sie den Lagerstift nach links heraus.

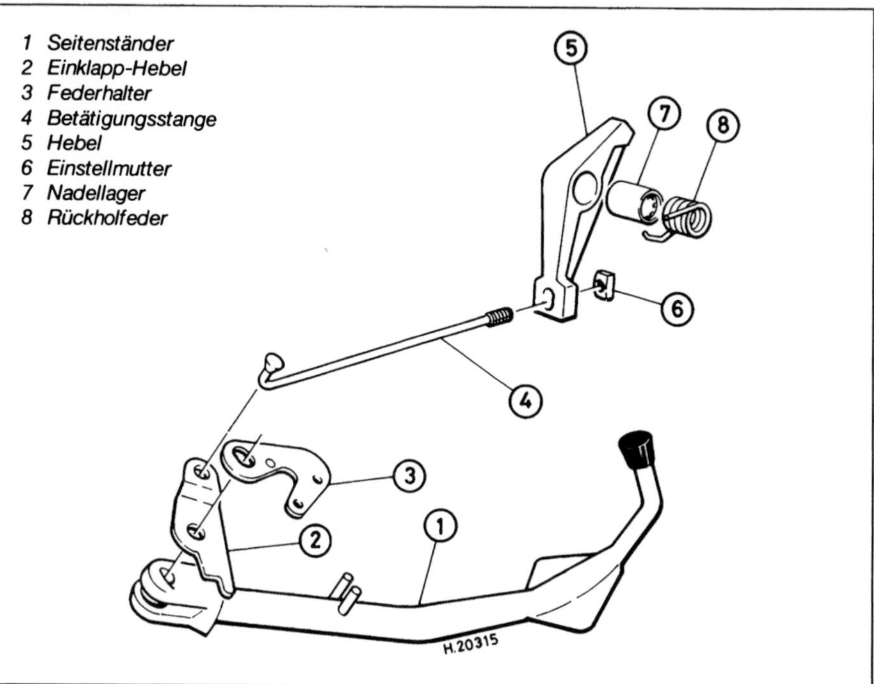

6.2b Seitenständer-Einklappmechanismus – spätere Modelle

6.2c Falls vorhanden, muß die Mutter des Seitenständer-Einklappmechanismus entfernt werden.

6.2d Ziehen Sie den Hebel des Einklappmechanismus zusammen mit dem Lagerstift heraus.

6.3 Lockern Sie die Schelle, um die Manschette und den Hebel entfernen zu können.

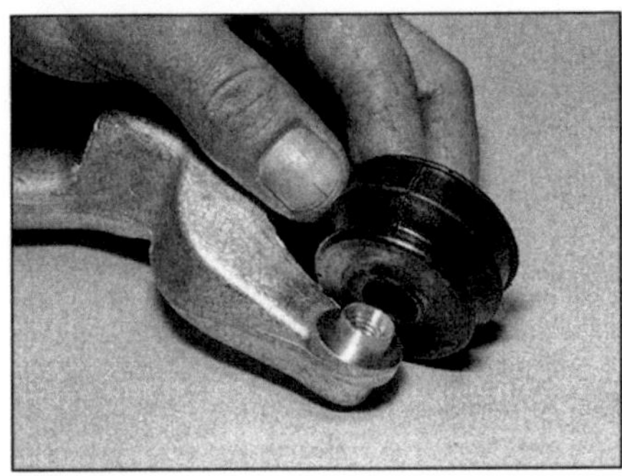

6.5 Kontrollieren Sie die Manschette auf Risse und Brüche – ersetzen Sie sie gegebenenfalls.

6.7 Fetten Sie die Nadellager beim Zusammenbau gut ein.

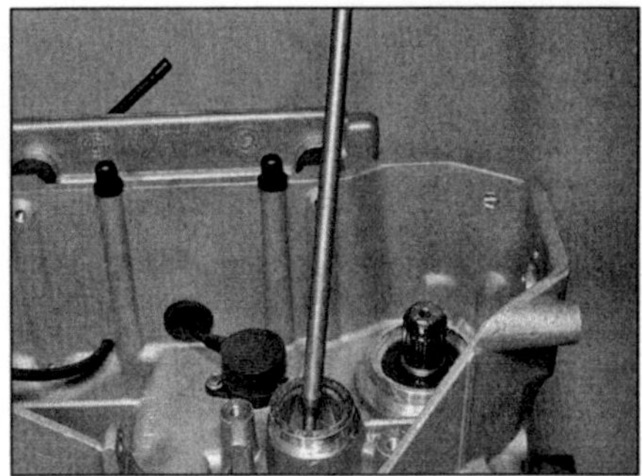

6.9a Die Druckstange kann bei K 100-Modellen nach hinten herausgezogen werden – bei K 75-Modellen muß zunächst das Getriebe demontiert werden.

7 Kontrollieren Sie das Nadellager im Ausrück-Hebel und ersetzen Sie es, wenn es korrodiert ist, im Hebel sehr viel Spiel herrscht, oder er sich nicht weich und frei bewegen läßt. Erwärmen des Hebels in kochendem Wasser erleichtert diese Arbeit. Schmieren Sie das neue Lager mit Fett ein (siehe Abbildung).

8 Wann immer das Getriebe demontiert wurde, muß der Zustand der vorderen Druckstangen-Lagerbuchse im Ende der Motor-Ausgangswelle überprüft werden. Sitzt die Druckstange locker oder ist das Lager anderweitig beschädigt, muß es ersetzt werden. Schmieren Sie es bei jeder sich bietenden Gelegenheit.

9 Der Zusammenbau entspricht der umgekehrten Ausbau-Reihenfolge. Bei K 75-Modellen wird die Druckstange wie oben beschrieben eingebaut, dann das Getriebe montiert (siehe Kapitel 4). Bei K 100-Modellen wird etwas Fett durch den Dichtring in die Eingangswelle gegeben, die Druckstange geölt oder gefettet und eingeschoben (siehe Abbildung). Ölen Sie bei allen Modellen das Ausrücklager, den Kolben und die Feder mit Getriebeöl, wenn die Teile montiert werden (siehe Abbildungen). Ab Juni 1988 sind Kolben und Ausrücklager integriert.

10 Montieren Sie bei den K 100-Modellen gegebenenfalls das Hinterrad, verbinden Sie den Bowdenzug und stellen Sie die Kupplung wie in Kapitel 1 beschrieben ein.

6.9b Schmieren Sie das Ausrücklager, und setzen Sie es (bei älteren Modellen) mit dem Kolben ein.

6.9c Montieren Sie die Feder und die Hebel-Baugruppe samt Manschette.

6.9d Hängen Sie die Rückholfeder des Seitenständer-Einklappmechanismus wie gezeigt ein.

Kapitel 4
Getriebe

Inhalt (in alphabetischer Reihenfolge, die Zahlen geben die Numerierung in den grauen Feldern wieder)

Schwierigkeitsgrade

Leicht. Für Anfänger mit wenig Erfahrung geeignet.	**Relativ leicht.** Für Anfänger mit etwas Erfahrung geeignet. 	**Relativ schwierig.** Geeignet für geübte Selbstschrauber. 	**Schwer.** Geeignet für Mechaniker mit Erfahrung. 	**Sehr schwer.** Geeignet für Experten und Profis. 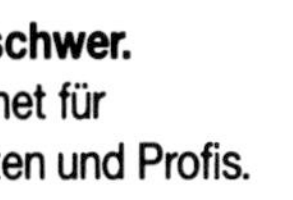

Technische Daten

Getriebe

Untersetzungsverhältnis – inklusive der Eingangswellen-/Zwischenwellen-Untersetzung von	1,944 : 1 (35/18 Zähne)
1. Gang	4,497 : 1
2. Gang	2,959 : 1
3. Gang	2,304 : 1
4. Gang	1,879 : 1
5. Gang	1,666 : 1
Zwischenwellen und Ausgangswellen – Standard-Spiel	0,050 bis 0,150 mm
Eingangswellen-Vorspannung	
Toleranz	0,030 bis 0,080 mm
Reibwerte entsprechend der Vorspannung	
0,030 mm Vorspannung	0,19 ± 0,2 Nm
0,055 mm Vorspannung	0,34 ± 0,2 Nm
0,080 mm Vorspannung	0,50 ± 0,2 Nm

Getriebeschmierung

Empfohlenes Getriebeöl	hochwertiges Hypoid-Getriebeöl API GL 5 oder besser MIL-L-2105 B oder C
Viskosität	
über 5°C	SAE 90
unter 5°C	SAE 80
Ganzjahresöl	SAE 80 W 90
Füllmenge	850 ± 50 cm^3

Anzugs-Drehmomente

Madenschraube in Schaltwellenhebel	17 ± 2 Nm
Leerlauf-Arretier-Stopfen	13 ± 2 Nm
Frontdeckel-Halteschrauben	9 ± 1 Nm
Getriebe/Kupplungsglocken-Halteschrauben	16 ± 1 Nm
Antriebseinheit-Befestigung am Rahmen	
frühe K 100-Modelle (1984 bis 1985)	32 Nm
alle anderen Modelle	40,5 ± 4 Nm
Einfüll- und Ablaßschrauben	20 ± 3 Nm

4

1 Allgemeine Beschreibung

Das zusammen mit BMW entwickelte und von Getrag gebaute Getriebe bildet eine eigene Einheit und ist hinten an den Motor geschraubt. Auf der Eingangswelle trägt es die Belagscheibe der Kupplung. Das Fünf-Gang-Getriebe mit konstantem Eingriff arbeitet Motorrad-untypisch mit einer Zwischenwelle.

Die Eingangswelle rotiert in Kegelrollenlagern, der federbelastete Ruckdämpfer ist mit Distanzscheiben zwischen dem vorderen Lager und einem Bund auf der Welle vorgespannt. Die Welle überträgt die Kraft von der Kupplung zur Zwischenwelle

Die beiden anderen Wellen laufen in Kugellagern, abgesehen vom fünften Gang, der schrägverzahnt ist, sind alle anderen Zahnräder geradeverzahnt. Die Gänge werden durch Verschieben zweier Zahnräder auf der Ausgangswelle und einem auf der Zwischenwelle eingelegt. Diese Zahnräder laufen auf Wellenverzahnungen und tragen an den Seiten Mitnehmer, sie werden durch in Nuten laufenden Schaltgabeln geführt, die wiederum durch eingefräste Nuten in der Schaltwalze gesteuert werden. Die Schaltwalze wird mit dem Schalthebel über den Schaltautomaten betätigt. Ein Klauenmechanismus setzt die Bewegung des Schalthebels in Drehbewegung der Walze um. Eine federbelastete Kugel arretiert den Leerlauf, und ein Schalter außen an der hinteren Abdeckung gibt die Position der Schaltwalze an die Leerlaufkontrolllampe im Cockpit weiter – gegebenenfalls zeigt das Digital-Display im Drehzahlmesser zusätzlich den eingelegten Gang an.

2 Trennen des Getriebes vom Rahmen

Anmerkung: *Es ist möglich, die gesamte Antriebseinheit komplett aus dem Rahmen zu bauen und dann zu trennen – wechseln Sie hierfür zu Kapitel 2. Die unten angegebenen Instruktionen beziehen sich auf den Ausbau des Getriebes, während Motor und Kupplung am Motorrad bleiben.*

1 Wenn das Getriebe überholt werden soll, muß das Getriebeöl abgelassen werden (siehe Wartungshinweise).

2 Heben Sie die Sitzbank an und bauen Sie die Seitendeckel ab. Trennen Sie die Zünd-Einspritz-Kontrolleinheit und heben Sie sie zusammen mit dem Träger heraus (siehe Kapitel 6).

3 Entfernen Sie die Batterie (siehe Wartungshinweise) und sichern Sie den Kühlwasserausgleichsbehälter am oberen Rahmenrohr, um Beschädigungen zu vermeiden. Entfernen Sie nach dem Lösen der Schrauben die Zündspule und die Lichtmaschinenabdeckung.

4 Entfernen Sie die Auspuff-Schalldämpfer (siehe Kapitel 6).

5 Bei K 75-Modellen mit Trommelbremse muß deren Betätigungsstange gelöst werden. Bei allen Modellen müssen die Kabel des Tachometer-Gebers, des Bremslichtschalters und des Leerlauf/Ganganzeigers getrennt werden.

6 Entfernen Sie das Hinterrad (siehe Kapitel 10). Entfernen Sie die vier Muttern und ziehen Sie das Hinterradschutzblech ab.

7 Entfernen Sie wie in Kapitel 9 beschrieben die Fußrastenplatte und die Hinterradbremsbetätigung, lösen Sie die untere Befestigung des Stoßdämpfers. Bauen Sie das Endantriebsgehäuse ab, entfernen Sie die Schwinge und ziehen Sie die Kardanwelle ab.

8 Lösen Sie den Kupplungsbowdenzug am Ausrückhebel und entfernen Sie ihn vom Getriebe (siehe Kapitel 1). Entfernen Sie die Bauteile des Kupplungs-Ausrückmechanismus wie in Kapitel 3 beschrieben.

9 Lösen Sie die Anlassermotor-Befestigungsschrauben und ziehen Sie den Starter ab. Holen Sie sich für den nächsten Schritt zwei Assistenten zur Hilfe.

10 Stützen Sie den Motor mit einem Wagenheber und zwischengelegte Holzblöcke ab, heben Sie die Maschine soweit an, bis der Hauptständer frei ist. Gehen Sie sicher, daß das Motorrad gesichert ist und nicht umfallen kann. Sichern Sie die Abstützung mit zusätzlichen Holzblöcken unter dem Motor und vor dem Vorderrad. Wenn möglich, sollte das Rahmenheck mit einem festen Seil an einer stabilen Befestigung gesichert werden.

11 Wenn die Maschine sicher abgestützt ist, werden die vier Schrauben der Hauptständer-Baugruppe gelöst und diese abgezogen (siehe Abbildung). Lösen Sie die sechs Getriebe/Kupplungsglocken-Verbindungsschrauben (siehe Abbildungen).

12 Entfernen Sie die zwei Getriebe/Rahmen-Inbusschrauben und ziehen Sie das Getriebe nach hinten von der Kupplungsverzahnung. Normalerweise treten hierbei keine Schwierigkeiten auf – wenn doch, muß kontrolliert werden, daß der Anlasser und alle Verbindungsschrauben entfernt sind. Steckt das Getriebe immer noch fest, wird einer der Paßhülsen korrodiert sein. Lassen Sie Kriechöl darauf einwirken und klopfen Sie das Getriebe mit einem weichen Hammer vorsichtig ab.

13 Achten Sie darauf, daß die zwei großen Paßhülsen hinten aus der Dichtfläche der Kupplungsglocke herausragen. Es ist sehr wichtig, daß das Getriebe mit diesen Hülsen über der Kupplung zentriert wird, andernfalls ist in kürzester Zeit ein Kupplungsschaden vorprogrammiert. Beachten Sie ebenfalls die korrekte Position der Gummidichtung unterhalb des Startermotors am Kupplungsgehäuse.

14 Bei den K 75-Modellen muß – bei den K 100-Modellen kann – die Kupplungsdruckstange aus der Eingangswelle gezogen werden.

2.11a Entfernen Sie die Ständerbaugruppe . . .

2.11b . . . und lösen Sie dann die Inbusschrauben zur Kupplungsglocke.

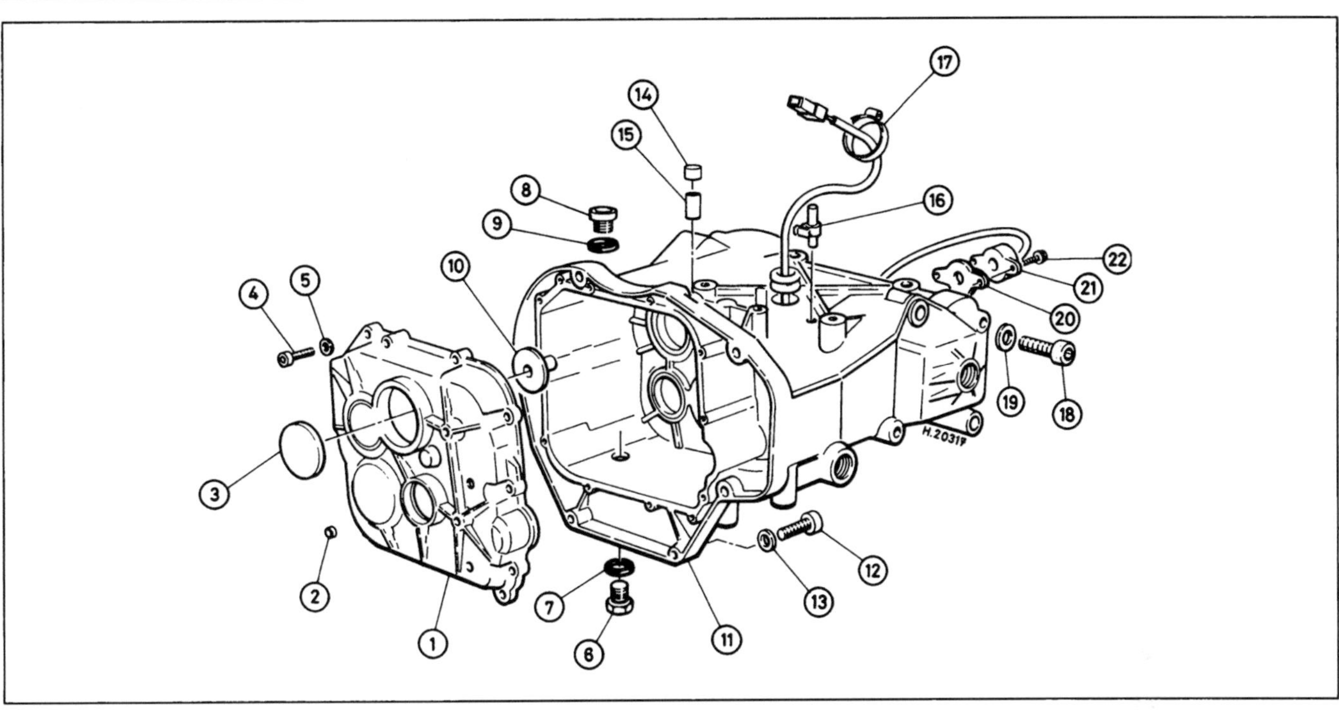

2.11c Getriebegehäuse

1 Vordere Abdeckung
2 Verschlußstopfen
3 Dichtstopfen
4 Schraube – 10 Stück
5 Wellscheibe
6 Ablaßschraube
7 Dichtring
8 Einfüllschraube
9 Dichtring
10 Ölleitscheibe
11 Getriebegehäuse
12 Schraube – 6 Stück
13 Scheibe – 6 Stück
14 Kappe
15 Entlüftungshülse
16 Schelle
17 Kabelschelle
18 Getriebe-/Rahmen-Halteschraube – 2 Stück
19 Scheibe – 2 Stück
20 Dichtung
21 Leerlaufschalter
22 Schraube – 2 Stück

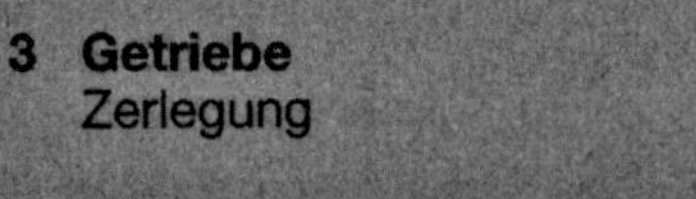

3 Getriebe
Zerlegung

Praxis TiP ***Beim Zerlegen der Getriebewellen sollten die Teile auf eine Stange gesteckt oder ein Draht durch sie hindurchgezogen werden, um die richtige Reihenfolge und Einbaulage zu garantieren.***

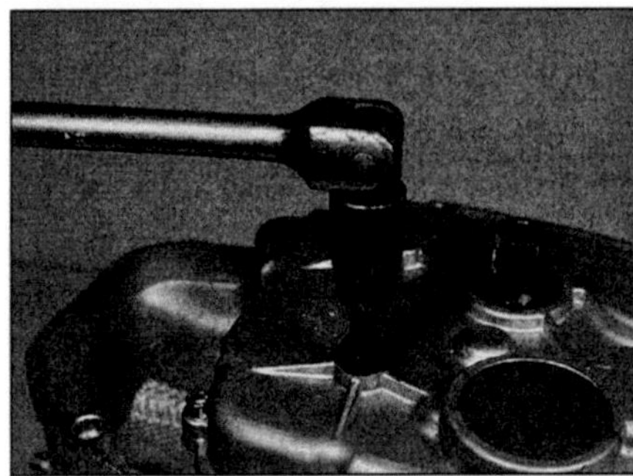

3.1 Lösen Sie den Stopfen der Leerlaufarretierung.

1 Lösen Sie den Stopfen der Leerlaufarretierung und lassen Sie die Feder und die dahinterliegende Kugel aus dem Getriebe herausfallen (siehe Abbildung). Der Leerlauf/Ganganzeigen-Schalter kann gegebenenfalls aus dem Getriebegehäuse geschraubt werden, doch ist dieses zur Demontage der Getriebewellen nicht zwingend nötig.

2 Lösen Sie die Schrauben des Frontdeckels und nehmen Sie diesen ab, dabei wird ein lautes Klicken zu hören sein, wenn der Arretierhebel vom Schaltstern rutscht. BMW empfiehlt, den Deckel vorsichtig auf **100°C** zu erhitzen, um ihn abzunehmen, in der Praxis erwies sich dieses jedoch als unnötig. Nach dem Lösen der Schrauben wird mit einem weichen Hammer auf die Enden der Ein- und Ausgangswelle geklopft, um die Dichtung zu lösen. Unten rechts (Getriebe in Fahrtrichtung) ist ein Hebelpunkt angebracht, an dem mit einem Schraubendreher vorsichtig der Deckel abgehebelt werden kann, ohne die Dichtung zu beschädigen. Hebeln Sie nur an dieser Stelle!

3 Sobald der Deckel demontiert ist, muß die Lage der Lager sowie die Stärke und Anzahl der Distanzscheiben überprüft werden, letztere müssen penibel markiert werden, um bei der Montage wieder an ihren alten Platz zu gelangen. Beachten Sie ebenfalls die beiden Paßhülsen in der Dichtfläche.

4 Ziehen Sie die Schaltgabelwellen heraus und legen Sie sie in markierte beschriftete Behälter, da sie baugleich sind, aber unterschiedliche Verschleißspuren aufweisen. Drehen Sie alle drei Schaltgabeln aus den Führungsnuten in der Schaltwalze.

5 Drücken Sie den Schaltklauenarm zurück und heben Sie die Schaltwalze heraus – klopfen Sie sie zur Hilfe mit einem weichen Hammer von hinten heraus. Der Schaltstern und die Arretierstifte können nötigenfalls aus der Trommel gezogen werden.

6 Die mit Rollen versehenen Schaltgabeln müssen mit einem Filzstift markiert und in markierte Behälter gelegt werden.

7 Heben Sie die Zwischenwelle und die Ausgangswelle gemeinsam heraus. BMW empfiehlt, das Gehäuse vorsichtig auf **100°C** zu erhitzen, um die Wellen demontieren zu können, in der Praxis erwies sich dieses jedoch als unnötig. Nachdem mit einem weichen Hammer auf das Ende der Ausgangswelle geklopft wurde, ließen sich beide Wellen herausziehen. Prüfen Sie, ob keine Distanzscheiben auf den hinteren Wellenlagern liegen geblieben sind.

8 Zum Zerlegen des Schaltautomaten wird zunächst die schwarze Kunststoffkappe von der Getriebeentlüftung gezogen, dann wird mit einem geeigneten Treiber und einem Hammer die Entlüftungsbuchse vorsichtig von innen herausgeschlagen.

9 Ziehen Sie den Sicherungsring von der Führungsstange des Klauenarms, und drücken Sie die Stange nach oben durch die Entlüftungs-Öffnung. Ziehen Sie den Klauenarm und die Halterung ab, falls nötig können beide Teile nach dem Lösen des Sicherungsringes getrennt werden. Beachten Sie das Distanzstück innerhalb der Klauenfeder-Wicklung.

10 Lösen Sie die Madenschraube aus der Schalthebelwelle und ziehen Sie diese heraus – beachten Sie dabei den Distanzring zwischen der Rückholfeder und der Gehäusewand. Entfernen Sie die zwei Sicherungsringe und ziehen Sie die Metallplatte zusammen mit dem Schaltarm, der Rückholfeder und dem Distanzstück ab. Wenn der Schalthebel von der Welle gezogen werden soll, muß zunächst seine Position markiert werden, um den korrekten Zusammenbau zu gewährleisten.

11 Der Arretierhebel kann nach dem Anheben der Rückholfeder über den Anschlag und dem Entfernen des Sicherungsringes vom Frontdeckel abgezogen werden. Nach dem Lösen des Sicherungsringes kann die Arretier-Rolle abgezogen werden. Von innen kann der kleine Stopfen herausgetrieben werden, der die nahe des Hebels liegende Bohrung verschließt.

4 Lager und Dichtringe
Ausbau und Einbau

1 Alle Dichtringe sollten regelmäßig erneuert werden, wenn sie zugänglich sind, natürlich erst recht, wenn sie Anzeichen von Undichtigkeit oder Beschädigungen zeigen.

4.1 Dichtringe (»Simmerringe«) sollten regelmäßig ersetzt werden (siehe Text).

2 Mit einem geeigneten Werkzeug wird der Dichtring von innen nach außen getrieben, achten Sie dabei auf die Einbaurichtung und Einbautiefe des Ringes. Im Falle des vorderen Dichtstopfens der Ausgangswelle muß auch die Ölleitscheibe entfernt werden. Vergessen Sie nicht, sie zu reinigen und mit der Buchse nach innen (hinten) einzusetzen, bevor ein neuer Dichtstopfen montiert wird (siehe Abbildung). Wenn Dichtringe nicht von hinten ausgetrieben werden können, müssen Sie mit einem an der Spitze abgerundeten Werkzeug herausgehebelt werden, ohne ihre Sitze zu beschädigen (siehe Abbildung).

3 Neue Dichtringe werden z.B. mit einer geeigneten Nuß, die nur den harten Außenrand berührt, senkrecht in ihren Sitz getrieben (siehe Abbildung). Schmieren Sie den Außenrand des Dichtringes dünn mit Fett ein und treiben Sie ihn so weit ein, bis er bündig mit dem Gehäuse sitzt – im Falle des hinteren Ausgangswellen-Dichtringes muß er bis zum Bund getrieben werden. Bis auf den hinteren Dichtring in der Eingangswelle müssen alle Ringe mit der Beschriftung nach außen installiert werden. Sind Dichtringe mit einem Pfeil markiert, muß die Welle darin in die entsprechende Richtung drehen.

4 Alle Getriebe-Kugellager sollten leicht zusammen mit den Wellen herauszuziehen sein. Ist dieses nicht der Fall, oder soll ein Kegelrollenlager-Außenring demontiert werden, muß das Gehäuse gleichmäßig auf 100°C erhitzt werden, dann wird mit einem den äußeren Lagerring berührenden Werkzeug das Lager senkrecht herausgetrieben. Verbrennen Sie sich nicht am Gehäuse! Achten Sie auf hinter dem Lager liegende Distanzscheiben. Erneuern Sie immer alle Dichtringe, da sie durch die Hitze beschädigt wurden.

5 Wenn Wellen oder Lager erneuert wurden, oder das Axialspiel nicht korrekt ist, muß dieses vor der Montage der Lager und Dichtungen eingestellt werden (siehe Sektion 7).

6 Kugellager werden mit einem geeigneten Rohr, das nur den Innenring berührt, auf die Welle getrieben. Treiben Sie das Lager bis auf den Bund.

7 Eingangswellen-Kegelrollenlager werden in ähnlicher Weise montiert, doch müssen sie zunächst auf etwa 80°C erhitzt werden. Das vordere Lager muß gegen die am vorderen Wellenflansch liegenden Distanzscheiben gepreßt werden, das hintere soweit auf die Welle, bis der Sicherungsring in seine Nut gesetzt werden kann, dann wird das Lager wieder bis zum Sicherungsring zurückgezogen.

5 Getriebewellen
Zerlegung und Zusammenbau

Eingangswelle

1 Bevor die Eingangswelle zerlegt werden kann, muß der Federdruck des Ruckdämpfers vom hinteren Lager genommen werden. Nach dem Ansetzen geeigneter Abzieher, die die Feder am vorderen Nocken zusammendrükken, kann der Sicherungsring des hinteren Lagers entfernt und das Lager abgezogen werden (siehe Abbildung).

2 Lösen Sie schrittweise den Federdruck bis zur völligen Entspannung (die Feder hat eine Länge von etwa 43 mm).

3 Nach der Demontage der Ruckdämpferelemente ist die Feder und der Federsitz abzuziehen (siehe Abbildung). Wenn das vordere Lager ersetzt werden soll, muß auf die Stärken und Anzahl der Distanzscheiben geachtet werden. Ersetzen Sie gleichzeitig die äußeren Lagerringe (Sektion 4).

4 Schmieren Sie beim Zusammenbau die Wellenverzahnungen und setzen Sie den Federsitz, die Feder und die beiden Ruckdämpferelemente auf. Klemmen Sie das vordere Wellenende vorsichtig in einen mit weichen Backen ausgerüsteten Schraubstock. Beschaffen Sie sich zur Sicherheit einen neuen Seegerring.

5 BMW empfiehlt, die Lager auf etwa 100°C zu erwärmen, doch lassen Sie sich auch kalt mit einem geeigneten Rohr auf die Welle treiben. Wenn die Nut sichtbar ist, wird der neue Seegerring eingesetzt, anschließend muß das

4.2a Setzen Sie die Ölleitscheibe korrekt vor den vorderen Dichtstopfen der Ausgangswelle.

4.2b Zerstören Sie beim Aushebeln des Dichtringes nicht dessen Sitz.

4.3 Beachten Sie die Einbaulage der Simmerringe – nur dieser in der Ausgangswelle zeigt mit der Beschriftung nach innen.

5.1 Bevor das hintere Eingangswellenlager entfernt oder aufgepreßt wird, muß der Ruckdämpfer zusammengepreßt werden.

5.3 Der Eingangswellen-Ruckdämpfer kann nach der Demontage des hinteren Lagers leicht zerlegt werden.

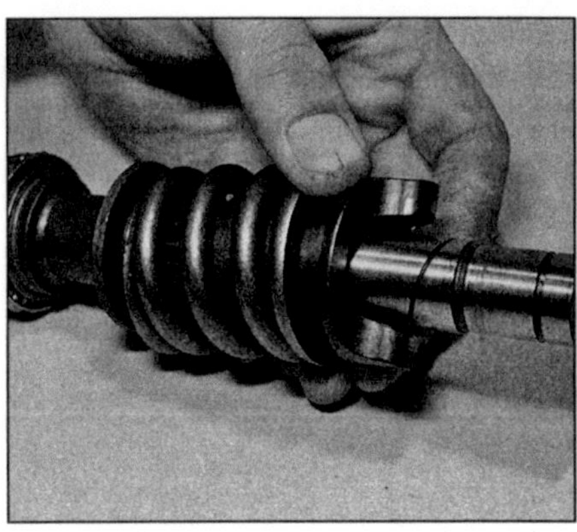

5.4 Montieren Sie Federsitz, Feder und Ruckdämpfer, beachten Sie den Bund und die Seegerring-Nut am Wellenende.

Lager mit einem Abzieher hier gegen gezogen werden, um die korrekte Ruckdämpferspannung sicherzustellen (siehe Abbildung).

6 Auch das vordere Eingangswellen-Lager sollte erhitzt werden, bevor es auf die Welle geschoben wird. Vergessen Sie auf keinen Fall, vorher den korrekten Distanzring aufzulegen (Sektion 7). Pressen Sie das Lager mit einem geeigneten Rohr, bis es am Distanzring und Bund anliegt.

Zwischenwelle

7 Wenn die Lager der Zwischenwelle erneuert werden müssen, können Sie mit einem geeigneten Abzieher abgezogen und einem passenden Rohr und einem Hammer aufgetrieben werden. Wenn die Welle in anderer Weise beschädigt ist, muß sie komplett ersetzt werden.

Ausgangswelle

8 Wenn die Lager der Ausgangswelle erneuert werden müssen, können Sie mit einem geeigneten Abzieher abgezogen werden. Die Zahnräder können nach dem Lösen der Seegerringe mit ihren Buchsen oder Nadellagern abgezogen werden (siehe Abbildung).

9 BMW empfiehlt, die Buchse des 1.-Gang-Rades auf 80°C zu erwärmen, bevor sie mit einem Abzieher abgezogen wird. Bei der von uns zerlegten Maschine ließ sich die Buchse kalt von Hand abziehen.

10 Lagern Sie die Bauteile so, daß sie in der richtigen Reihenfolge und Einbaurichtung wieder montiert werden können. Schauen Sie sich im Zweifel genau die Fotos und Zeichnungen im Buch an.

11 Schmieren Sie beim Zusammenbau alle Bauteile und erneuern Sie jeden zweifelhaften Sicherungsring. Die Abbildungen zeigen die Bestückung der Ausgangswelle (siehe Abbildungen).

6 Getriebe Begutachtung und Erneuerung

1 Reinigen Sie sorgfältig alle Bauteile und entfernen Sie jegliche Korrosion. Entfernen Sie Dichtungsreste von den Frontdeckel-Dichtflächen.

2 Kontrollieren Sie das Gehäuse und den Frontdeckel auf Brüche und ausgerissene Gewinde. Gewinde können mit Einsätzen repariert werden (siehe Anhang).

3 Begutachten Sie die Zahnräder auf Ausbrüche und Abrundungen an den Zähnen und Mitnehmern (siehe Abbildung). Letztere sind Gründe für herausspringende Gänge; nur der Austausch der betroffenen Teile schafft Abhilfe. Kontrollieren Sie die inneren Verzahnungen und das Spiel der Zahnräder auf der Welle. Auf Buchsen laufende Zahnräder benötigen besondere Kontrolle, da Verschleiß sie extrem wackeln läßt.

4 Kontrollieren Sie die Verzahnungen und Lagerzapfen der Ein- und Ausgangswelle auf Beschädigungen und Verschleiß. Bei Anzeichen von Überhitzung sollten die Wellen auf Biegung kontrolliert werden.

5 Begutachten Sie die Schaltgabeln auf Verbiegung und starken Verschleiß – geringer Verschleiß ist normal. Prüfen Sie jedes Klauenende zusammen mit der Nut, in der es läuft. Beachten Sie die Rollen, die in den Nuten der Schaltwalze laufen, auch diese unterliegen einem natürlichen Verschleiß.

6 Kontrollieren Sie die entsprechenden Schaltautomat-Komponenten auf Beschädigungen und Verschleiß. Prüfen Sie sie auf Verzug und spielfreie Funktion. Erneuern Sie alle defekten Teile.

7 Wie schon erwähnt, sollten alle Dichtringe regelmäßig ersetzt werden.

8 Waschen Sie die Lager mit Lösungsmittel. Ziehen Sie sie nicht ab, wenn sie in Position

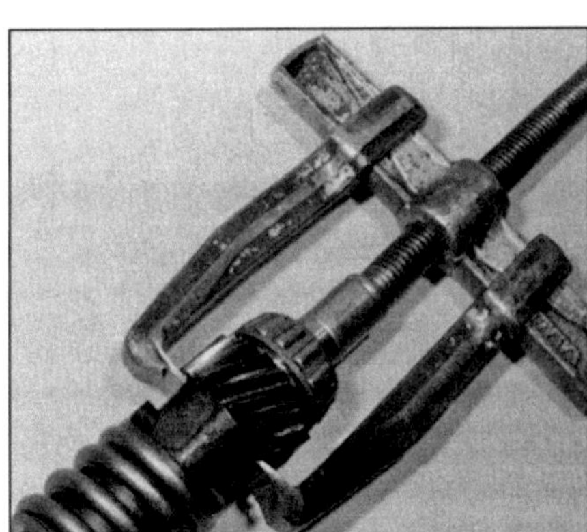

5.5 Nachdem der Sicherungsring montiert ist, muß das hintere Lager dagegen gezogen werden.

5.8 Benutzen Sie zur Demontage der Lager den Abzieher wie gezeigt.

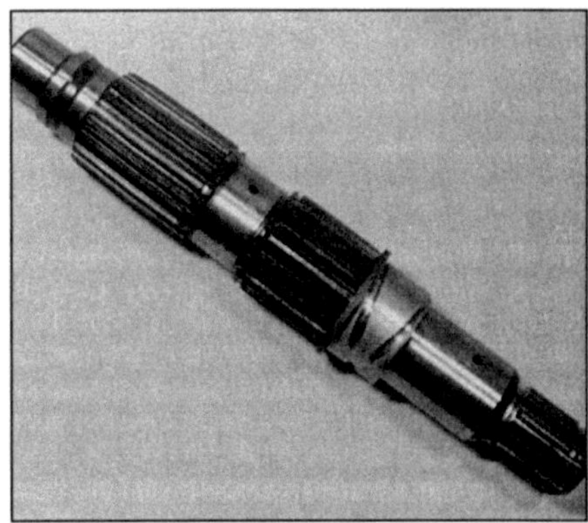

5.11a Schieben Sie den Distanzring und die 5.-Gang-Buchse wie gezeigt auf die Ausgangswelle.

5.11b Schieben Sie das 5.-Gang-Rad, eine zweite Distanzscheibe und das Lager auf, . . .

5.11c . . . klopfen Sie dieses auf seinen Sitz an der Buchse.

5.11d Setzen Sie das 3.-Gang-Rad wie gezeigt von vorne auf, es folgen der Seegerring und eine verzahnte Druckscheibe.

5.11e Das 2.-Gang-Rad läuft auf einem geteilten Nadellager.

5.11f Schieben Sie das 2.-Gang-Rad wie gezeigt auf, . . .

5.11g . . . es folgen die verzahnte Druckscheibe und der Seegerring.

5.11h Das 4.-Gang-Rad wird aufgeschoben, dann folgen eine Distanzscheibe und die 1.-Gang-Rad-Buchse.

5.11i Schließlich folgen das 1.-Gang-Rad, . . .

5.11j . . . eine Distanzscheibe und das Lager.

5.11k Treiben Sie das Getriebewellenlager mit einem geeigneten Werkzeug auf.

gereinigt und überprüft werden können. Lassen Sie keine trockenen Lager rotieren. Wird radiales Spiel festgestellt, oder läuft das Lager rauh, muß es ersetzt werden. Begutachten Sie die Lagerringe und Rollen auf Verschleiß und Ausbrüche, ersetzen Sie alle zweifelhaften Teile.

9 Alle demontierten Seegerringe sollten beim geringsten Zweifel über ihren Zustand ersetzt werden.

10 Ebenfalls sollten die verschiedenen Federn des Schaltmechanismus zur Sicherheit ersetzt werden, da sie mit der Zeit ermüden und brechen können.

Praxis TiP

Werden an der Schaltwalze, den Schaltgabeln oder dem Schaltwellenarm Verschleiß oder Beschädigungen festgestellt, dürfen keine Reparaturversuche unter Einwirkung von Hitze vorgenommen werden, da diese Bauteile aus speziellem Leichtmetall bestehen, das empfindlich auf starke Hitze reagiert. Es wird empfohlen, alle diese Bauteile zu erneuern, wenn sie beschädigt oder verschlissen sind.

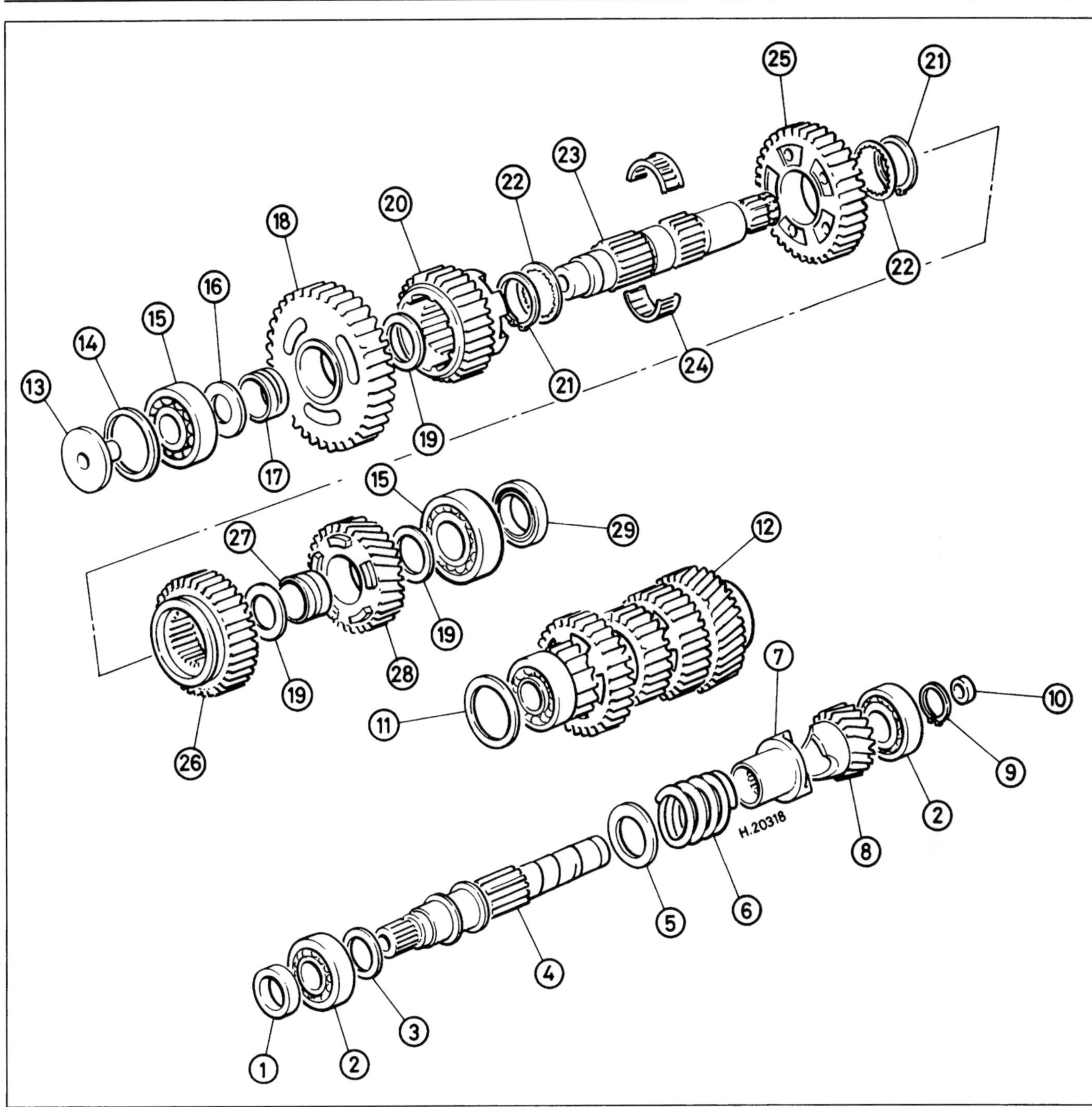

6.3 Getriebewellen

1 *Dichtring*
2 *Kegelrollenlager – 2 Stück*
3 *Distanzscheibe (optional)*
4 *Eingangswelle*
5 *Federsitz*
6 *Feder*
7 *vorderes Ruckdämpfer-element*
8 *Antriebsrad mit hinterem Ruckdämpferelement*
9 *Segerring*
10 *Dichtring*
11 *Distanzscheibe (optional)*
12 *Zwischenwellen-Baugruppe*
13 *Ölleitscheibe*
14 *Distanzscheibe (optional)*
15 *Kugellager – 2 Stück*
16 *Distanzscheibe*
17 *Buchse*
18 *1.-Gang-Rad*
19 *Distanzscheibe – 3 Stück*
20 *4.-Gang-Rad*
21 *Seegerring – 2 Stück*
22 *verzahnte Druckscheibe – 2 Stück*
23 *Ausgangswelle*
24 *geteiltes Nadellager*
25 *2.-Gang-Rad*
26 *3.-Gang-Rad*
27 *Buchse*
28 *5.-Gang-Rad*
29 *Dichtring*

7 Getriebewellen-Spiel und Vorspannung
Kontrolle und Einstellung

1 Wenn eine der Getriebewellen oder eines der Lager erneuert wurden, muß der Sitz der Wellen im Getriebe überprüft und unter Verwendung von Distanzscheiben eingestellt werden.

Zwischenwelle und Ausgangswelle

2 Das entleerte Getriebegehäuse wird gleichmäßig auf etwa 100°C erwärmt. Wenn die Getriebewellen komplettiert und ihre Lager soweit wie möglich aufgepresst sind, werden beide Wellen miteinander verzahnt und in das Gehäuse gesetzt. Klopfen Sie die Wellen sanft mit einem weichen Hammer in ihre Bohrungen, durch die Erwärmung sollten sie leicht in ihren Sitz gelangen.
3 Legen Sie ein Lineal nahe der Wellen über die Gehäusedichtfläche und messen Sie mit einem Meßschieber den Abstand zwischen dem vorderen Rand jedes Lager-Außenrandes und dem Lineal, d.h. das Spiel zwischen den Wellen und der Getriebe-Dichtflächen – bezeichnen Sie diese Messung als Wert A.
4 Notieren Sie für beide Wellen die Werte A, legen Sie dann das Lineal über die Lagersitze in der Frontabdeckung. Messen Sie den Abstand zwischen Lineal und dem Bund im Lagersitz, an dem der äußere Lagerring anliegt – bezeichnen Sie diese Messung als Wert B.
5 Ziehen Sie bei jeder Welle den Wert A vom Wert B ab, um das totale Wellenspiel zu ermitteln. Ziehen Sie den vorgeschriebenen Richtwert hiervon ab, und sie erhalten den Wert der benötigten Distanzscheibe.
6 Distanzscheiben sind bei BMW in den Stärken 0,3, 0,4 und 0,5 mm erhältlich. Stellen Sie sie in der Kombination zusammen, mit der das Wellenspiel am nahesten an den Richtwert gebracht werden kann. Lagern Sie die Distanzscheiben bis zum endgültigen Einbau zusammen mit der Welle.

Eingangswelle

7 Stecken Sie die Welle wie in Sektion 5 beschrieben zusammen, doch montieren Sie nicht das vordere Lager. Das hintere Lager muß korrekt gegen den Seegerring drücken und der äußere Lagerring muß vollständig im Gehäuse sitzen. Erhitzen Sie den Frontdeckel langsam auf etwa 100°C und drücken Sie den vorderen äußeren Lagerring senkrecht in seinen Sitz. Lassen Sie den Deckel abkühlen.
8 Setzen Sie die Eingangswelle in das entleerte Gehäuse und legen Sie ein Lineal nahe der Welle über die Gehäusedichtfläche. Messen Sie mit einem Meßschieber den Abstand zwischen dem Bund der Welle, auf dem die Distanzscheiben und das Lager aufliegt und dem Lineal – bezeichnen Sie diese Messung als Wert A.
9 Legen Sie das Lineal über den Lagersitz in der Frontabdeckung. Messen Sie den Abstand zwischen Lineal und dem hinteren Rand des äußeren Lagerringes im Lagersitz – bezeichnen Sie diese Messung als Wert B.
10 Ziehen Sie den Wert A vom Wert B ab, um das totale Wellenspiel der Eingangswelle zu ermitteln – Nennen Sie diesen Wert C. Da die Eingangswelle durch die Montage des Frontdeckels vorgespannt sein muß, errechnet sich die benötigte Distanzscheibenstärke aus dem Wert C und der vorgeschriebenen Vorspannung.
11 Distanzscheiben sind bei BMW in den Stärken 0,30, 0,40, 0,50, 1,42, 1,46, 1,48 und 1,50 mm erhältlich. Stellen Sie sie in der Kombination zusammen, mit der das Wellenspiel am nahesten an den Richtwert gebracht werden kann. Legen Sie die Distanzscheiben auf die Welle und treiben Sie das Lager darüber (siehe Abbildung).
12 Um die Vorspannung zu überprüfen, muß die Welle in das Gehäuse gesetzt und die Lager vorschriftsmäßig geschmiert werden, dann wird der Frontdeckel aufgesetzt und seine Schrauben mit dem angegebenen Drehmoment festgezogen. Die Wellendichtringe dürfen nicht montiert sein, da ihre Reibung das Meßergebnis verfälscht.
13 Das zum Drehen der Welle benötigte Drehmoment muß im Bereich von 0,2 bis 0,5 Nm liegen, andernfalls ist die Einstellung unkorrekt, messen Sie erneut das Wellenspiel und wiederholen Sie die Prozedur. Fragen Sie im Zweifel einen BMW-Händler.

8 Getriebe
Zusammenbau

1 Alle Bauteile sollten vollständig gereinigt und entsprechend repariert oder ersetzt sein. Alle Lager oder inneren Lagerringe müssen korrekt auf ihren Wellen installiert sein, genauso alle Dichtringe und äußeren Kegelrollenlagerschalen im Gehäuse oder Deckel.
2 Setzen Sie den Arretier-Hebel auf und sichern Sie ihn mit dem Seegerring, die Feder muß wie gezeigt sitzen (siehe Abbildungen).
3 Setzen Sie den Schalthebel entsprechend der angebrachten Markierung auf die Welle (siehe Abbildung). Ziehen Sie die Klemmschraube an.
4 Setzen Sie die Rückholfeder und das Halteblech wie gezeigt an den Schaltarm (siehe Abbildung) und setzen Sie die Baugruppe in das Gehäuse, vergessen Sie nicht den Distanzring zwischen der Feder und der Gehäusewand (siehe Abbildung). Setzen Sie die zwei Sprengringe über die Stifte. Schmieren Sie die Schalthebelwelle, und setzen Sie sie ein, beschädigen Sie dabei nicht die Dichtlippen des Wellendichtringes. Die Bohrung muß mit der Gewindebohrung des Schaltarms fluchten. Geben Sie Loctite 242 auf die Madenschraube, und setzen Sie sie ein, ziehen Sie sie mit dem vorgeschriebenen Drehmoment fest.

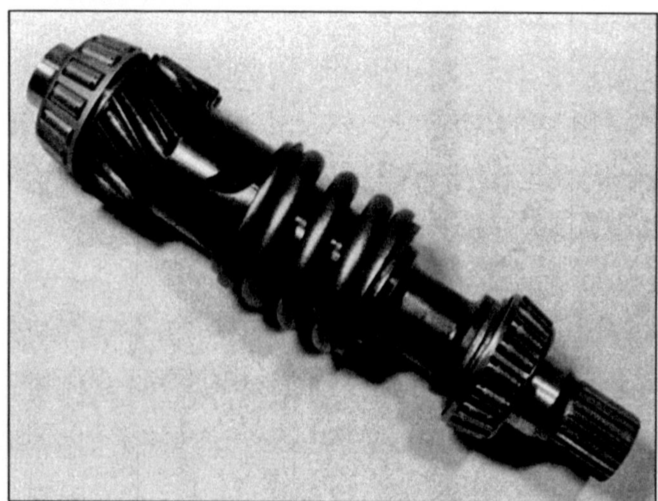

7.11 Die Distanzringe zum Ruckdämpfervorspannen sitzen zwischen Lager und Wellenbund.

8.2a Setzen Sie den Arretierhebel mit der Rückholfeder wie gezeigt auf.

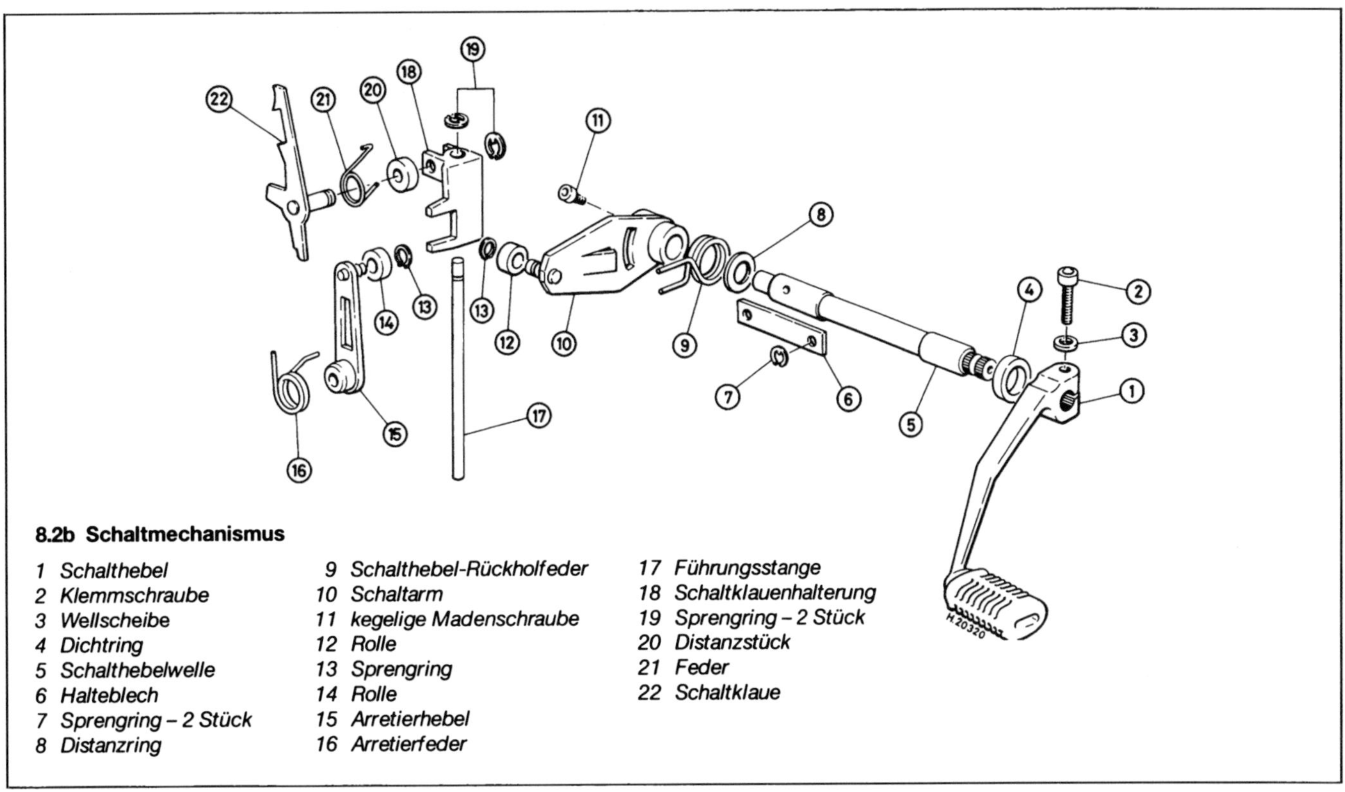

8.2b Schaltmechanismus

1 Schalthebel
2 Klemmschraube
3 Wellscheibe
4 Dichtring
5 Schalthebelwelle
6 Halteblech
7 Sprengring – 2 Stück
8 Distanzring
9 Schalthebel-Rückholfeder
10 Schaltarm
11 kegelige Madenschraube
12 Rolle
13 Sprengring
14 Rolle
15 Arretierhebel
16 Arretierfeder
17 Führungsstange
18 Schaltklauenhalterung
19 Sprengring – 2 Stück
20 Distanzstück
21 Feder
22 Schaltklaue

5 Setzen Sie das Distanzstück und die Schaltklauenfeder an die Schaltklaue, das Distanzstück muß innerhalb der Federwindungen liegen. Schieben Sie die Baugruppe in die Schaltklauenhalterung und sichern Sie sie mit den Sprengringen (siehe Abbildung). Halten Sie die Halterung in Position, und schieben Sie von außen die Führungsstange durch, sichern Sie die Halterung mit dem Sprengring (siehe Abbildungen). Klopfen Sie die Entlüftungshülse in ihre Bohrung, jedoch nicht so weit, daß die schwarze Kappe auf dem Gehäuse aufliegt (siehe Abbildung).

6 Setzen Sie die Eingangswelle in das hintere Lager, schmieren Sie beide Lager mit dem vorgeschriebenen Öl (siehe Abbildung).

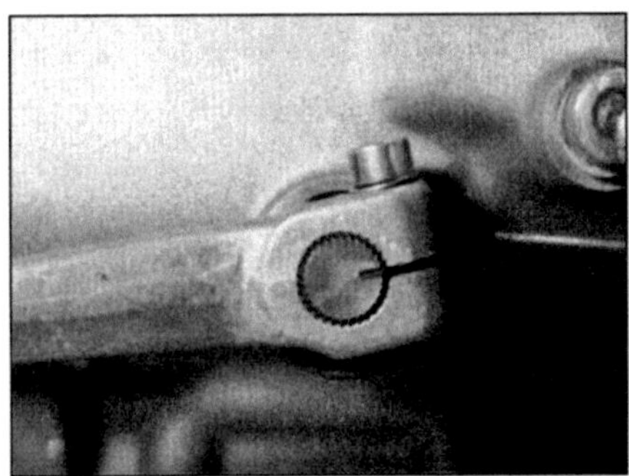

8.3 Markieren Sie die Schalthebelwelle, um den Hebel wieder korrekt aufsetzen zu können.

8.4a Setzen Sie die Rückholfeder und das Halteblech wie gezeigt an den Schaltarm.

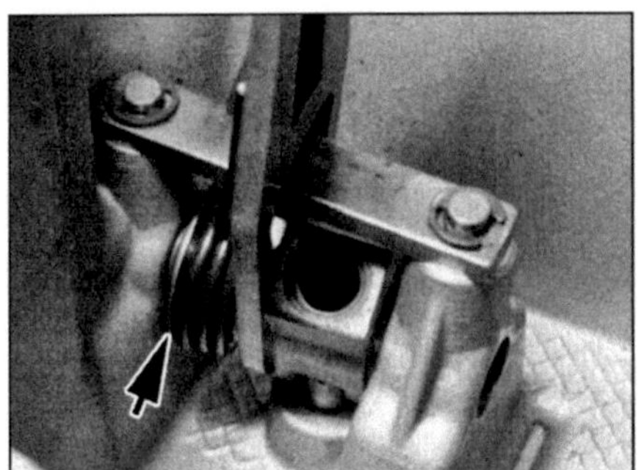

8.4b Beachten Sie den Distanzring zwischen der Schaltarmbaugruppe und dem Gehäuse.

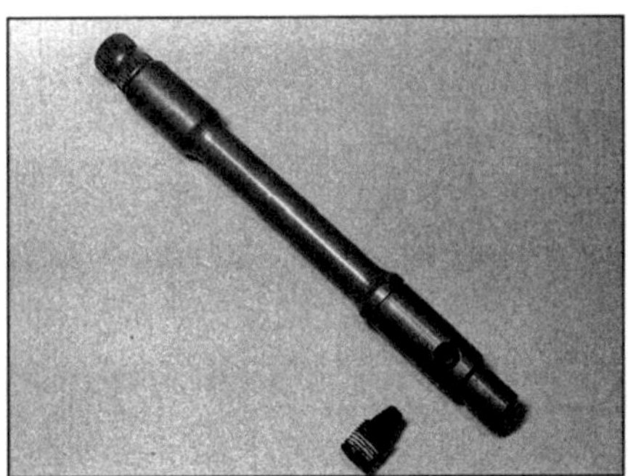

8.4c Die Schalthebelwelle muß mit der Verzahnung nach außen montiert werden, beachten Sie die kegelige Madenschraube.

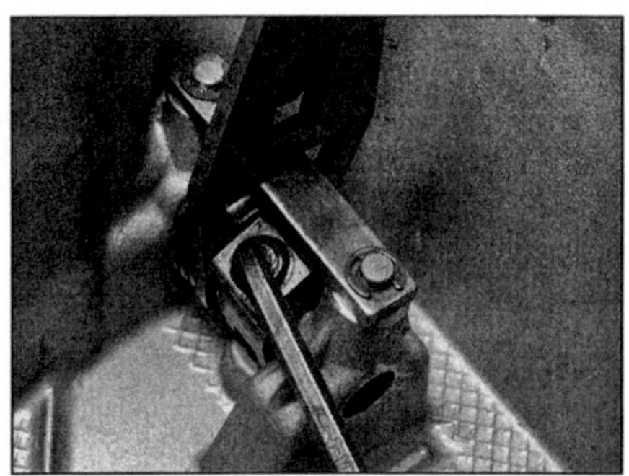

8.4d Drehen Sie die kegelige Madenschraube unter Verwendung von Schraubensicherung in den Schaltarm.

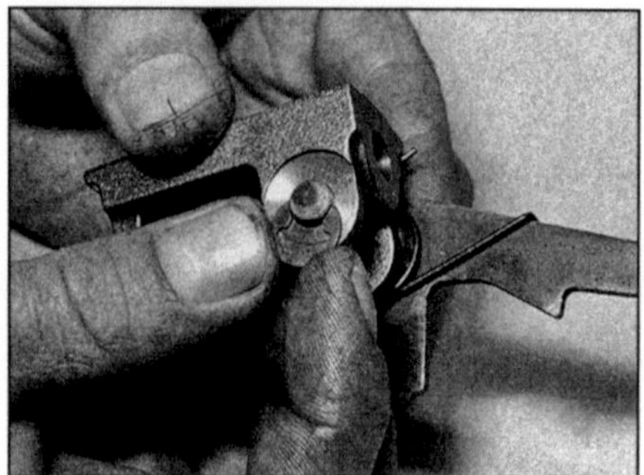

8.5a Schieben Sie die Schaltklauenfeder und das Distanzstück auf die Schaltklaue, sichern Sie die Schaltklaue mit dem Sprengring am Halter.

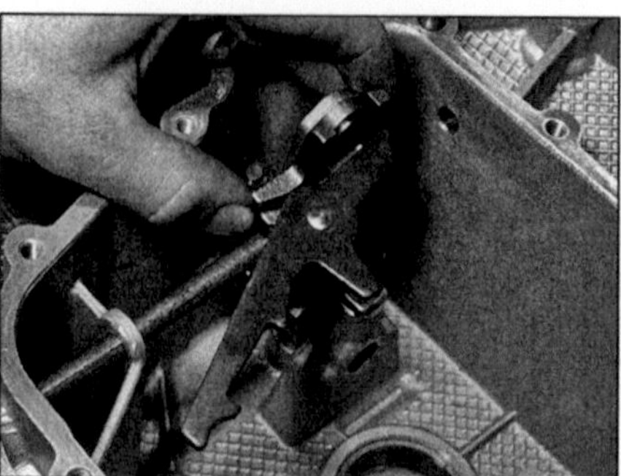

8.5b Halten Sie die Schaltklauenhalterung wie gezeigt, und setzen Sie die Führungsstange ein, . . .

8.5c . . . sichern Sie sie mit einem Sprengring.

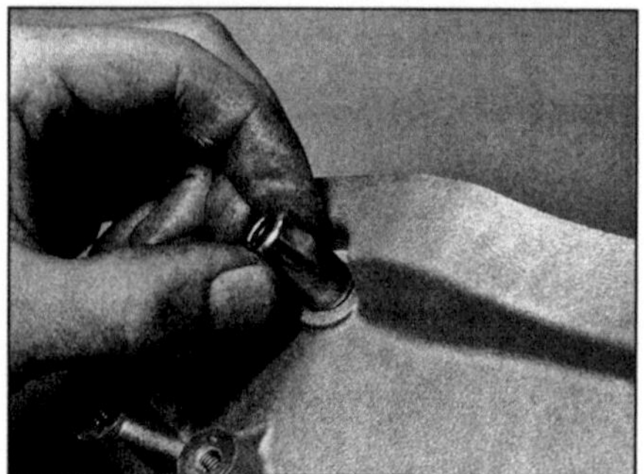

8.5d Setzen Sie die Entlüftungsbuchse vorsichtig ein – siehe Text, . . .

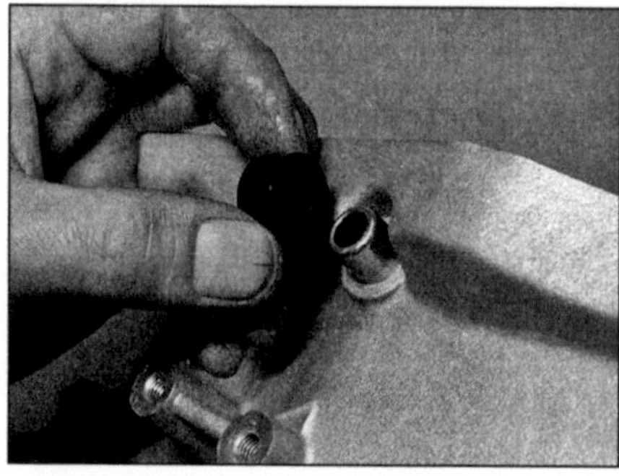

8.5e . . . setzen Sie die Entlüftungsabdekkung auf.

8.6 Schmieren Sie die Lager, bevor Sie die Eingangswelle einsetzen.

7 Schmieren Sie alle Lager und Gleitflächen, verzahnen Sie die Räder der Zwischen- und Ausgangswelle, und schieben Sie beide als Baugruppe in das Gehäuse (siehe Abbildung). Kippen Sie die Eingangswelle von der Zwischenwelle weg, bis Lager und Zahnrad sich nicht mehr berühren. Pressen Sie die Zwischenwelle und die Ausgangswelle in ihre Lagersitze, richten Sie die Eingangswelle wieder aus.

8 Wenn die Wellenlager nicht leicht in das Gehäuse gleiten, muß dieses vorsichtig auf etwa 100°C erhitzt werden, um den Einbau zu erleichtern. Demontieren Sie in diesem Fall zunächst alle Bauteile, die nicht hitzefest sind, und schützen Sie sich vor Verbrennungen.

9 Kontrollieren Sie, ob sich alle drei Wellen frei drehen lassen, installieren Sie dann die Schaltgabeln in den markierten Einbaulagen (siehe Abbildung). Sind keine Markierungen angebracht, muß folgendermaßen vorgegangen werden:

10 Die erste zu montierende Gabel wird in die Nut des 3.-Gang-Rades auf der Ausgangswelle gesetzt, sie bewegt ebenfalls das 5.-Gang-Rad, erkennbar ist sie an der größten Gabelweite aller drei Gabeln (siehe Abbildung). Montiert wird sie mit dem Führungsstift nach vorne zeigend, er greift in die hintere Nut der Schaltwalze.

11 Die nächste Gabel bewegt die 3.-Gang und 4.-Gang-Räder auf der Zwischenwelle. Der nach hinten zeigende Führungsstift läuft in

8.7 Zwischenwelle und Ausgangswelle werden miteinander verzahnt – und gut geschmiert – eingesetzt.

8.9 Setzen Sie die Schaltgabeln wie im Text beschrieben ein.

der mittleren Nut der Schaltwalze, die Gabel ist die kleinste, der Hals der längste.

12 Schließlich wird die 1.-Gang/2.-Gang-Schaltgabel in die 4.-Gang-Rad-Nut auf der Ausgangswelle mit dem Führungsstift nach hinten zeigend montiert, er greift in die vordere Nut der Schaltwalze.

13 Drehen Sie die drei Gabeln soweit wie möglich von der Schaltwalze weg und stecken Sie die Rollen auf die Führungsstifte, sie können mit Fett »angeklebt« werden (siehe Abbildung).

14 Setzen Sie die fünf Schaltstifte und den kleinen Arretierstift in die Schaltwalze, schieben Sie den Schaltstern fluchtend auf, und montieren Sie die Baugruppe, während Sie die Schaltklaue zurückziehen (siehe Abbildung).

15 Drehen Sie die Walze, bis die Leerlauf-Arretierung in der Zwölf-Uhr-Position steht – das Getriebe soll dann im Leerlauf sein. Drehen Sie die Schaltgabeln gegen die Walze, lassen Sie die Führungsrollen in ihre entsprechende Nut greifen. Schmieren und montieren Sie die Schaltgabelwellen durch die Gabeln, lassen Sie sie in ihren Sitzen einrasten (siehe Abbildung).

16 Stellen Sie sicher, daß die Distanzscheiben in korrekter Anzahl und Stärke an ihren entsprechenden Frontdeckel-Lagern liegen, »kleben« Sie sie mit etwas Fett ein (siehe Abbildung).

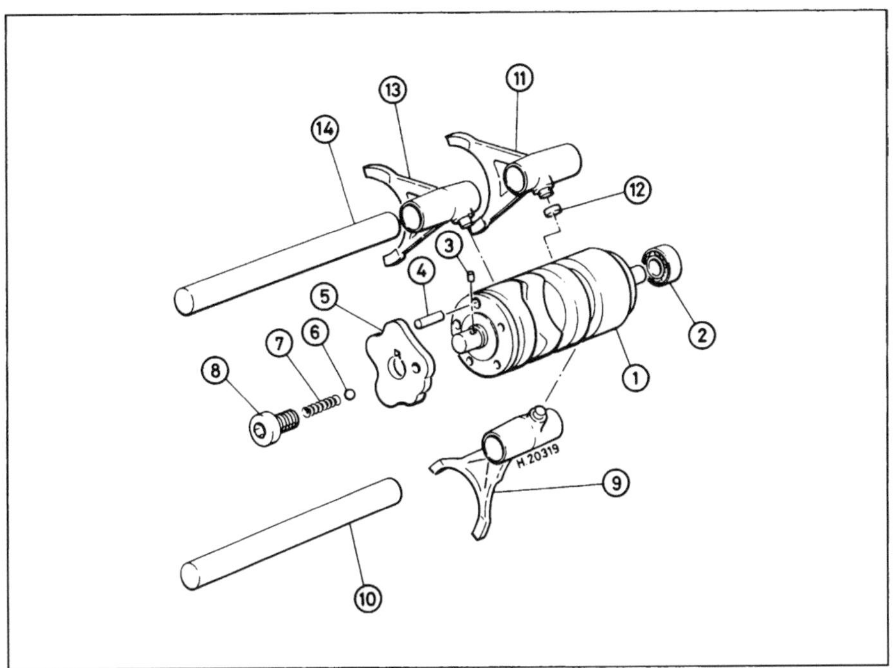

8.10 Schaltwalze und Schaltgabeln

1 Schaltwalze
2 Dichtring
3 Arretier-Stift
4 Schaltstift – 5 Stück
5 Schaltstern
6 Kugel
7 Feder
8 Leerlaufarretier-Stopfen
9 3./4.-Gang-Schaltgabel
10 Schaltgabelwelle
11 5.-Gang-Schaltgabel
12 Rolle – 3 Stück
13 1./2.-Gang-Schaltgabel
14 Schaltgabelwelle

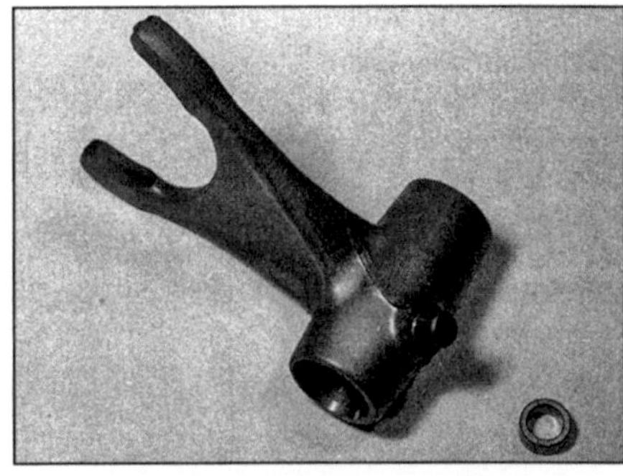

8.13 Setzen Sie die Rollen zur Sicherung mit Fett auf die Führungsstifte.

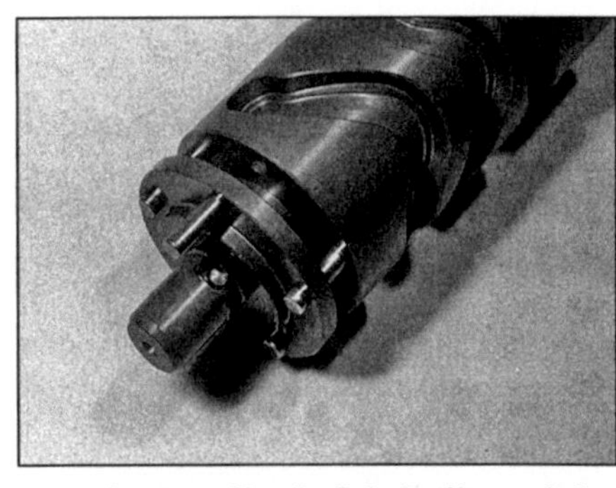

8.14a Stecken Sie die Schaltstifte und den Arretierstift in die Schaltwalze.

8.14b Schieben Sie den Schaltstern auf – beachten Sie die Leerlauf-Arretierung.

8.14c Drücken Sie die Schaltklaue zurück, um die Schaltwalzen-Baugruppe montieren zu können.

8.15 Drehen Sie die Schaltwalze wie gezeigt in die Leerlauf-Position, lassen Sie die Schaltgabeln fluchten, und stecken Sie die Schaltgabelwellen ein.

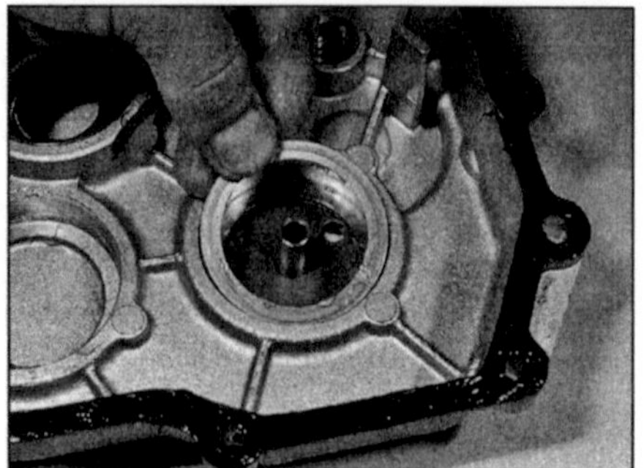

8.16 Wenn der Deckel nicht erhitzt werden muß, können Distanzringe mit Fett »eingeklebt« werden.

8.17 Mit diesem Stopper kann der Arretierhebel vom Schaltstern abgehoben werden.

8.18 Kontrollieren Sie, ob alles montiert ist, bevor der Deckel aufgesetzt wird.

17 Fertigen Sie sich einen Stopper an (wir nahmen eine Schraube, deren Gewinde an einer Seite abgefeilt war), der dafür sorgt, daß der Arretierhebel vom Schaltstern abgehoben werden kann, wenn der Deckel montiert wird (siehe Abbildung). Geben Sie Loctite 573 oder ähnliches Dichtmittel auf die entfetteten Verbindungsflächen. Kontrollieren Sie ein letztes Mal, ob alle Bauteile montiert sind und die Wellen sich frei drehen lassen.

18 BMW empfiehlt, den Frontdeckel auf etwa 100°C zu erwärmen, um den Einbau zu ermöglichen. In der Praxis ließ sich der Deckel jedoch auch kalt leicht per Hand aufsetzen (siehe Abbildung). Achten Sie beim Erhitzen darauf, sich nicht zu verbrennen. Achten Sie ebenfalls darauf, empfindliche Teile wie Dichtringe zu entfernen, bevor Sie den Deckel erhitzen. Legen Sie in diesem Fall die Distanzringe auf die Lager, nicht in den Deckel.

19 Drücken Sie den Deckel in Position, setzen Sie die Schrauben ein und ziehen Sie sie schrittweise mit dem vorgeschriebenen Drehmoment fest. Ziehen Sie den Arretierhebel-Stopper heraus – ein deutliches Klicken sollte zu hören sein, wenn der Hebel den Stern berührt.

20 Drehen Sie die Eingangswelle und, falls nötig, die Ausgangswelle. Kontrollieren Sie, ob die Wellen sich weich drehen und sich alle Gänge mit erträglicher Kraft durchschalten lassen. Wenn alles in Ordnung ist, wird der Verschlußstopfen in die kleine Öffnung nahe der Arretierhebel-Lagerung getrieben (siehe Abbildungen).

21 Legen Sie die Kugel und die Feder der Leerlauf-Arretierung in ihre Bohrung. Geben Sie einige Tropfen Loctite 242 oder ähnliche Schraubensicherung auf die Gewinde des Stopfens und ziehen Sie ihn mit dem vorgeschriebenen Drehmoment an (siehe Abbildungen).

22 Montieren Sie alle restlichen Dichtringe und gegebenenfalls den Leerlaufschalter an die Rückseite des Getriebes – nicht zu fest, um ihn vor Beschädigungen zu schützen. Drehen Sie den Schalter so, daß der Ausschnitt der Schaltwalze mit dem des Schalter-Rotors fluchtet (siehe Abbildung).

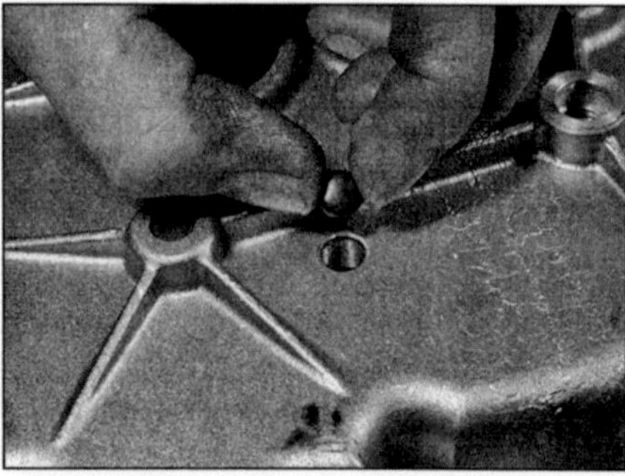

8.20a Setzen Sie den Verschlußstopfen in die Bohrung . . .

8.20b . . . und sichern Sie ihn mit einem Dorn.

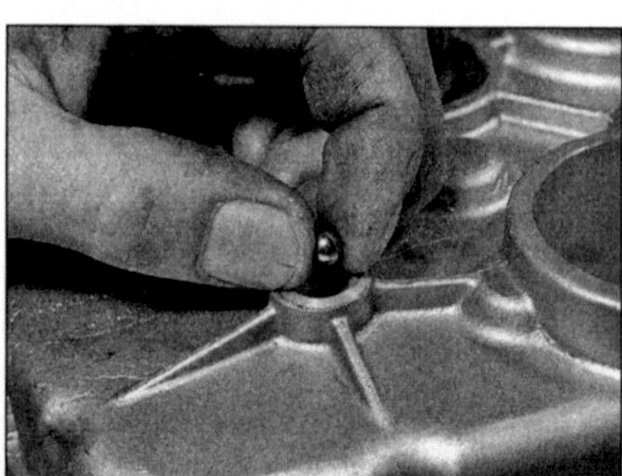

8.21a Lassen Sie die Leerlauf-Arretierkugel in die Vertiefung des Schaltsterns fallen, . . .

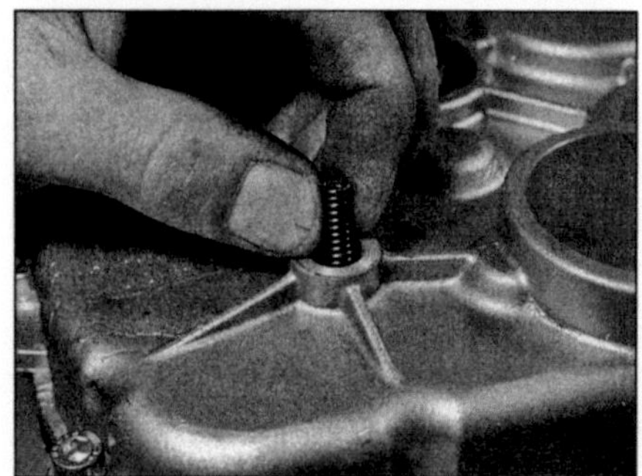

8.21b . . . legen Sie die Feder nach, . . .

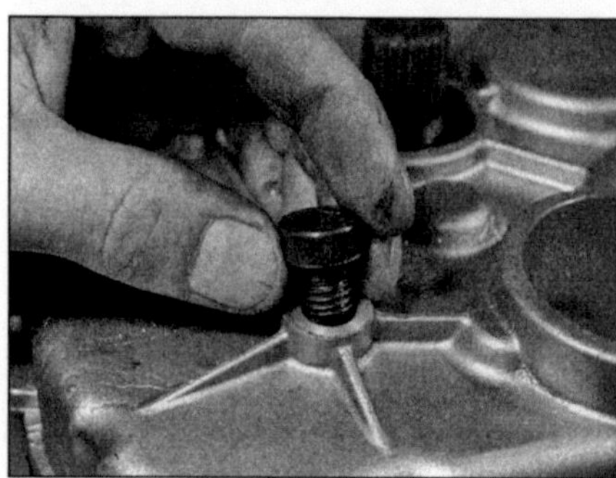

8.21c . . . und setzen Sie den mit Schraubensicherung versehenen Stopfen ein.

8.22 Der Rotor des Schalters muß mit der Schaltwalze korrespondieren, wenn der Schalter aufgesetzt wird.

9 Einbau des Getriebes in den Rahmen

1 Wenn das Getriebe gerade zerlegt war, sollte eine Endkontrolle durchgeführt werden, ob alle Bauteile montiert und gesichert sind, ob sich alle Wellen frei drehen, und ob sich alle Gänge durchschalten lassen. Bei K 75-Modellen muß – bei K 100-Modellen kann – die Kupplungs-Ausrückstange geschmiert und eingesetzt werden (siehe Kapitel 3).

2 Geben Sie etwas vorgeschriebenes Schmiermittel auf die Verzahnungen der Kupplungsbelagscheibe und der Getriebe-Eingangswelle, ebenso auf die verschiedenen Teile des Ausrückmechanismus (siehe Abbildung) (siehe Kapitel 3).

3 Wenn beim Trennen des Getriebes Probleme durch Korrosion auftraten, müssen die Dichtflächen und die Paßhülsen mit einer weichen Drahtbürste gereinigt und mit einer dünnen Fettschicht vor weiterem Rost geschützt werden. Beide Paßhülsen und die Gummieinlage müssen eingesetzt sein.

4 Heben Sie das Getriebe hinten an den Motor, lassen Sie die Eingangswelle und die Paßhülsen fluchten. Bis die Verzahnung greift, können einige Manöver nötig sein, schalten Sie gegebenenfalls in einen hohen Gang und drehen Sie die Ausgangswelle zur Hilfe hin und her.

5 Wenn das Getriebe korrekt angesetzt ist, werden die sechs Inbusschrauben eingesetzt und schrittweise mit dem vorgeschriebenen Drehmoment angezogen. Dann werden die zwei Rahmenhalte-Inbusschrauben eingesetzt und vorschriftsmäßig festgezogen.

6 Montieren Sie die Ständerbaugruppe, ziehen Sie die vier Inbusschrauben fest. Klappen Sie den Hauptständer herunter und lassen Sie die Maschine ab, bis sie auf dem Ständer und dem Vorderrad steht. Montieren Sie den Startermotor (siehe Kapitel 11) und die Bauteile des Kupplungsausrückzylinders (siehe Kapitel 3). Verbinden Sie den Kupplungsbowdenzug und stellen Sie ihn wie in Kapitel 1 beschrieben ein.

7 Montieren Sie wie in Kapitel 9 beschrieben die Schwinge, die Kardanwelle, den Endantrieb, die Hinterradbremse, den Stoßdämpfer, die Fußrastenplatte, das Schutzblech, das Hinterrad und den Kennzeichenhalter.

8 Schließen Sie (falls vorhanden) die Betätigung der Trommelbremse, die Kabel des Tachometer-Gebers und des Bremslichtschalters, sowie das Kabel der Ganganzeige an.

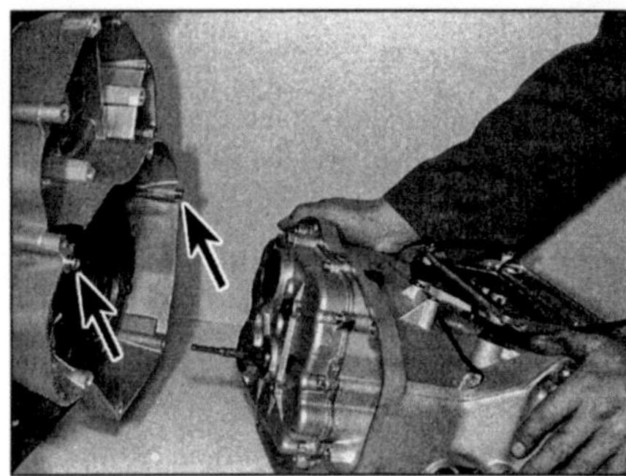

9.2 Schmieren Sie die Wellenverzahnungen und die Ausrückstange – achten Sie auf die Paßhülsen hinten an der Kupplungsglocke.

9 Montieren Sie den Auspuff (siehe Kapitel 6).

10 Montieren Sie die Zündspule und die Lichtmaschinenabdeckung, die Batterie und den Kühlwasserausgleichsbehälter. Bauen Sie die Einspritz-Kontrolleinheit und den Gepäckträger an (siehe Kapitel 6), gefolgt von der Sitzbank und den Seitendeckeln.

11 Füllen Sie das Getriebe mit dem vorgeschriebenen Öl, und kontrollieren Sie den Ölstand (siehe Kapitel 1).

Kapitel 5
Kühlsystem

Inhalt (in alphabetischer Reihenfolge, die Zahlen geben die Numerierung in den grauen Feldern wieder)

Schwierigkeitsgrade

Leicht. Für Anfänger mit wenig Erfahrung geeignet.	**Relativ leicht.** Für Anfänger mit etwas Erfahrung geeignet. 	**Relativ schwierig.** Geeignet für geübte Selbstschrauber. 	**Schwer.** Geeignet für Mechaniker mit Erfahrung. 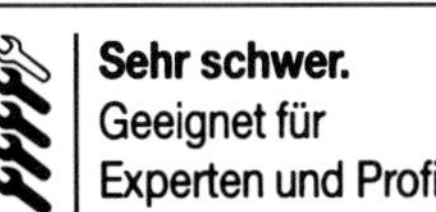	**Sehr schwer.** Geeignet für Experten und Profis. 

Technische Daten

Kühlmittel

Art	Destilliertes Wasser mit Frostschutzmittel
Empfohlene Frostschutzmittel	BMW-zugelassenes, langlebiges, auf Glykolbasis hergestelltes und mit Korrosionsschutz versehenes Kühlmittel, wie: Fricotin ICI 007 oder 012 Frostschutz Glycoshell P 300 Hoechst Genantin VP 1719 BASF Glysantin G 41/23
Mischungsverhältnis	
Standard (bis – 28°C)	60 Prozent Wasser; 40 Prozent Frostschutz
alternativ	50 Prozent Wasser; 50 Prozent Frostschutz
Gesamtkühlmittelmenge	
75er-Modelle	ca. 3,0 Liter
100er-Modelle	ca. 3.25 Liter
Füllmengen einzelner Baugruppen	
Kühler 75er-Modelle	ca. 2.5 Liter
Kühler 100er-Modelle	ca. 2,8 Liter
Ausgleichsbehälter	ca. 0,4 Liter

Kühler

Überdruckventil öffnet bei	1,00 bis 1,15 bar (entspricht einer Temperatur von 120°C)

Ausgleichsbehälter

Unterdruckventil öffnet bei	– 0,1 bar

5

Thermostat

öffnet bei	85°C
vollständig geöffnet bei	92°C

Elektrische Bauteile

Kühlerventilator arbeitet ab	103°C
Kühlmittelwarnlampe leuchtet auf ab	111°C

Drehmomente

Kühlmittelablaßschraube	9 ± 1 Nm
Wasserpumpenwelle	
Frühe Modelle – 8 mm Mutter	21 ± 2 Nm
Spätere Modelle – 8 mm Schraube	33 ± 4 Nm
Öl/Wasserpumpengehäusehalteschrauben	7 ± 1 Nm
Öl/Wasserpumpenabdeckung	7 ± 1 Nm
Kühlwasserstutzenhalteschrauben	7 ± 1 Nm
Kühlerhalteschrauben/-muttern	8 ± 1 Nm

1 Allgemeine Beschreibung

Das Kühlsystem arbeitet mit einem Wasser-/Frostschutz-Gemisch, es hat die Aufgabe, die beim Verbrennungsvorgang entstehende Wärme abzuleiten. Dazu werden die Zylinder von Kühlmittel umspült, das heiße Kühlmittel wird mit Hilfe der Wasserpumpe umgewälzt. Dabei gelangt es über einen Stutzen bzw. einen Kühlwasserschlauch in den Kühler, dieser ist aus thermischen Gründen vorne an den Rahmenunterzügen befestigt. Im Kühler wird das heiße Kühlmittel durch den Fahrtwind abgekühlt, danach gelangt es durch den Thermostaten über einen Schlauch zur Wasserpumpe. Bei kaltem Motor wird der Kühlkreislauf durch den Thermostaten verkürzt. Nachdem die Betriebstemperatur im inneren Kühlkreislauf erreicht ist, öffnet der Thermostat sein Kugelventil, und das Kühlmittel durchströmt den Kühler. Durch diese Maßnahme gelangt der Motor schneller auf Betriebstemperatur, die Gefahr von Motorschäden bzw. der Verschleiß am Motor sind geringer. Das System ist komplett abgedichtet und arbeitet bei Betrieb unter Druck, bei etwa 1 bar ist der Siedepunkt erreicht. Durch ein federunterstütztes Überdruckventil in der Verschlußklappe des Kühlers wird ein zu hoher Druck abgeleitet. Der Überlaufschlauch des Kühlers mündet in einem Ausgleichsbehälter, beim Abkühlen des Motors fließt das Kühlmittel wieder in den Kühler zurück. Damit kein Unterdruck beim Abfließen des Kühlmittels entsteht, befindet sich ein Ventil im Ausgleichsbehälter, durch das bei Bedarf Außenluft nachströmt.

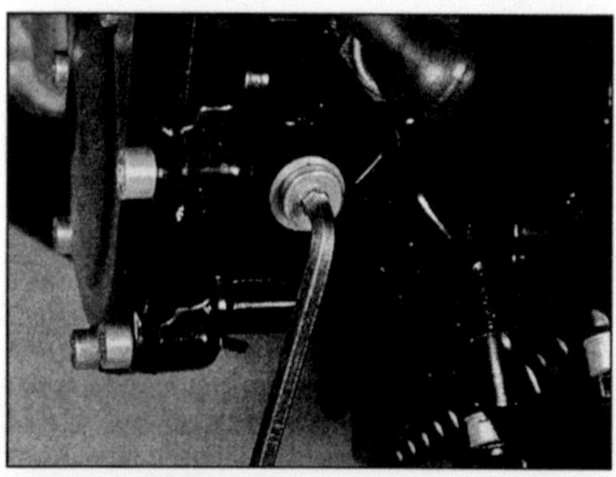

2.4 Die Kühlflüssigkeitsablaßschraube befindet sich an der Unterseite des Gehäuses der Wasser-/Ölpumpe.

2 Kühlsystem
Entleerung

Warnung: Um Verbrennungen oder Verbrühungen zu vermeiden, sollten Sie das Kühlmittel nur dann ablassen, wenn der Motor und das Kühlmittel abgekühlt sind. Kühlmittel greift lackierte Teile an, waschen Sie Spritzer sofort mit klarem Wasser ab.

1 Stellen Sie die Maschine senkrecht auf den Hauptständer.
2 Entfernen Sie den Kraftstofftank, die unteren Verkleidungsteile und die Kühlerabdekkung (siehe Kapitel 6).
3 Wenn der Motor abgekühlt ist, öffnen Sie den Einfüllstutzen am Kühler durch Drehen entgegen dem Uhrzeigersinn. Sollten Sie den Verschluß bei noch warmem Motor öffnen, nehmen Sie einen dicken Lappen zum Schutz Ihrer Hände. Lassen Sie vorsichtig und langsam den Überdruck entweichen. Durch den verminderten Druck kann das Wasser plötzlich anfangen zu kochen, dadurch wird Kühlflüssigkeit aus dem Stutzen austreten. Wenn es die Zeit erlaubt, sollte der Motor immer abkühlen, bevor Sie an der Kühlanlage arbeiten.
4 Stellen Sie ein geeignetes Gefäß unter den Motor, um darin die Kühlflüssigkeit aufzufangen. Entfernen Sie die Ablaßschrauben am Wasserpumpengehäuse (siehe Abbildung), und lassen Sie die Kühlflüssigkeit vollständig ablaufen. Achten Sie beim Einschrauben der Ablaßschraube auf das vorgeschriebene Drehmoment. Schrauben Sie den Ausgleichsbehälter von der Maschine ab, und gießen Sie die darin enthaltene Kühlflüssigkeit in den Auffangbehälter. Sollten Sie die Kühlflüssigkeit noch einmal verwenden wollen, achten Sie darauf, daß das Auffanggefäß sauber und nicht aus Metall ist.
5 Die Kühlflüssigkeit muß in regelmäßigen Intervallen erneuert werden (siehe Kapitel 1).

3 Kühlsystem
Spülung

1 Das Kühlsystem muß von Zeit zu Zeit gereinigt werden. Insbesondere durch die Verwendung von Leitungswasser beim Auffüllen, können sich Ablagerungen bilden. Durch Verwendung einer speziellen Spülflüssigkeit können diese Ablagerungen entfernt werden.
2 Nach dem Ablassen der alten Kühlflüssigkeit befüllen Sie das System mit klarem Wasser und einer bestimmten Menge an Reinigungsflüssigkeit. Sie können dabei jede für Aluminiummotoren geeignete Flüssigkeit verwenden. Achten Sie beim Mischungsverhältnis auf die Herstellerangaben. Verwenden Sie niemals Reinigungsflüssigkeit für Motoren aus Eisen, schwerwiegende Schäden wären die Folge.
3 Fahren Sie die Maschine mindestens zehn Minuten auf Betriebstemperatur, danach lassen Sie die Reinigungsflüssigkeit ab. Füllen Sie danach das Kühlsystem noch einmal mit neuer Reinigungsflüssigkeit, und wiederholen Sie den Vorgang. Zuletzt spülen Sie das System mit klarem Wasser, bevor Sie neue Kühlflüssigkeit einfüllen.

4.5 Befüllen Sie das Kühlsystem durch den Einfüllstutzen am Kühler, . . .

4.8 . . . befüllen Sie danach den Ausgleichsbehälter.

5.2a Entfernen Sie die obere Schlauchverbindung, . . .

4 Kühlsystem
Befüllung

1 Bevor Sie das Kühlsystem erneut befüllen, achten Sie auf den festen Sitz aller Schlauchverbindungen und darauf, daß die Verschlußschraube fest eingeschraubt ist.

2 Befüllen Sie das System mit der vorgeschriebenen Kühlflüssigkeit und mit destilliertem Wasser im Verhältnis 40 Prozent zu 60 Prozent. Damit haben Sie Frostschutz bis – 28°C, andere Mischungsverhältnisse für niedrigere Temperaturen sind zulässig. Um ausreichend Sicherheit zu haben, sollten Sie mit Ihrem Frostschutz immer mindestens – 5°C unter der zu erwartenden Temperatur liegen.

3 Verwenden Sie nur zugelassene Frostschutzmittel, die nicht auf Alkohol basieren. Befüllen Sie das System möglichst immer mit destilliertem Wasser, die geringen Mehrkosten dafür werden durch die geringere Verschmutzung ausgeglichen. Normales Leitungswasser sollten Sie nur im Notfall verwenden, hartes Wasser verursacht eine höhere Verschmutzung als weiches Wasser.

4 Mischen Sie die benötigten 3,5 Liter in einem sauberen Gefäß vor dem Einfüllen an. Dazu nehmen Sie 2,1 Liter destilliertes Wasser und 1,4 Liter Frostschutzmittel. Für niedrigere Temperaturen verwenden Sie entsprechend andere Mischungsverhältnisse.

5 Befüllen Sie nach der Überprüfung des Systems mit Kühlflüssigkeit durch den Einfüllstutzen am Kühler (siehe Abbildung). Befüllen Sie das System langsam, damit die darin enthaltene Luft entweichen kann. Die Flüssigkeit sollte im Einfüllstutzen stehen, danach befüllen Sie den Ausgleichsbehälter bis zur Minimummarke und schließen den Verschlußstopfen.

6 Starten Sie den Motor und lassen ihn im Leerlauf bis zum Erreichen der Betriebstemperatur laufen. Dabei ist der sinkende Flüssigkeitsspiegel im Kühler durch das Nachgießen von Kühlflüssigkeit auszugleichen. Nach dem Öffnen des Thermostaten wird der Flüssigkeitsstand erneut absinken, Luftblasen steigen auf.

7 Das System darf keine Luft mehr enthalten, bevor das System verschlossen wird. Sollten bei Betriebstemperatur keine Luftblasen mehr entweichen, füllen Sie Kühlflüssigkeit bis in den Einfüllstutzen auf, und verschließen Sie das System. Schalten Sie den Motor ab, und kontrollieren Sie den Flüssigkeitsstand im Ausgleichsbehälter (mindestens an der Minimummarke). Befestigen Sie alle abgebauten Teile.

8 Kontrollieren Sie nach der ersten Fahrt den Flüssigkeitsstand, gegebenenfalls ist Kühlflüssigkeit aufzufüllen (siehe Abbildung). Die Flüssigkeit muß im Einfüllstutzen stehen, bei späteren Kontrollen ist der Flüssigkeitsstand am Ausgleichsbehälter zu kontrollieren (siehe Kapitel *»Vor jeder Fahrt«*).

5 Kühler
Ausbau, Reinigung und Untersuchung

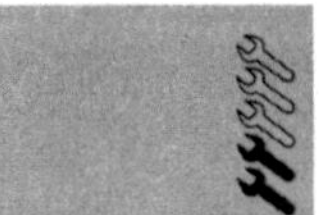

1 Entleeren Sie das Kühlsystem (siehe Sektion 2), und entfernen Sie den Lufteinlaßschlauch.

2 Entfernen Sie alle Schläuche vom Kühler (siehe Abbildungen). Lösen Sie die oberen Halterungen, eventuell müssen Sie davor das Isolationsmaterial des Tanks entfernen (siehe Abbildung).

3 Kippen Sie den Kühler nach vorne, und lösen Sie den Stecker des Kabels für den Lüftermotor. Nehmen Sie danach den Kühler aus seiner unteren Halterung heraus (siehe Abbildung).

4 Überprüfen Sie die Gummihalterungen auf Beschädigungen. Da der Kühler empfindlich auf Vibrationen reagiert, sollten verhärtete und schadhafte Gummis ausgetauscht werden.

5 Reinigen Sie den Kühler äußerlich, insbesondere die Lamellen, mit Druckluft. Insekten und Straßenschmutz können hier die Kühlfunktion erheblich einschränken.

6 Das Innere des Kühlers läßt sich am besten im eingebauten Zustand, wie in Abschnitt 3 beschrieben, reinigen. Eine zusätzliche Reinigung kann durch das Durchspülen des Kühlers mit klarem Wasser erreicht werden. Dazu lassen Sie für etwa 10 Minuten klares Wasser durch den Kühler laufen.

5.2b . . . gefolgt von der unteren Schlauchverbindung sowie dem Umgehungsschlauch.

5.2c Entfernen Sie danach die obere Halterung.

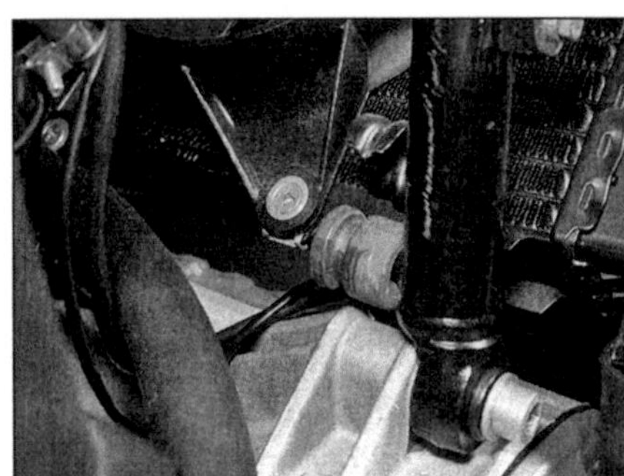

5.3a Kippen Sie den Kühler auf der unteren Halterung nach vorne, . . .

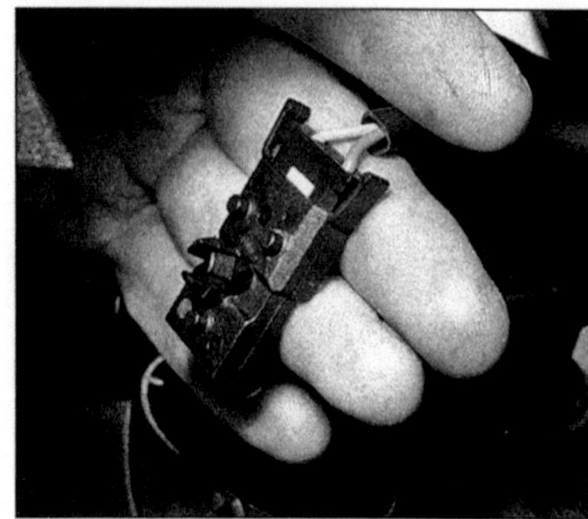

5.3b . . . danach kann der Stecker des Lüfterkabels getrennt werden.

Achtung: Der Wasserschlauch darf nicht fest an den Kühler montiert sein, da bei einer plötzlichen Verstopfung des Auslaßkanals der maximal erlaubte Kühler-Druck von 1,2 bar schnell überschritten wird. Auch bei einer Dichtigkeitsüberprüfung darf niemals mehr Druck aufgebaut werden.

7 Verbogene Kühlrippen können vorsichtig mit zwei Schraubendrehern gerichtet werden. Einzelne Rippen können nicht erneuert werden. Sollten mehr als 20 Prozent der Oberfläche zerstört sein, ist der komplette Kühler zu erneuern.

8 Sollte der Kühler undicht sein, ist eine Reparatur wenig sinnvoll. Sehr kleine Löcher können durch die Beigabe von Dichtflüssigkeit verschlossen werden, dabei sind die Herstellerangaben genau zu beachten. Weichlöten sollten nur von Fachleuten durchgeführt werden.

9 Der Einbau erfolgt in umgekehrter Reihenfolge des Ausbaus. Achten Sie auf den richtigen Sitz des Kühlers in der unteren Halterung. Alle Schlauchleitungen sollten fest angebracht sein (siehe Abbildung). Vergessen Sie nicht den Anschluß des Lüfters.

6 Kühlerverschluß
Überprüfung

1 Sollte das Ventil oder die Ventilfeder im Verschluß defekt sein, kann das System keinen Druck aufbauen, dadurch kann das Kühlsystem überkochen.

2 Sollte die Verschlußkappe defekt sein, lassen Sie sie durch Ihren BMW-Händler überprüfen (siehe Abbildung). Für diese Arbeiten sind spezielle Werkzeuge nötig. Sie benötigen dazu neben Adaptern eine zweite Verschlußkappe mit eingeschnittenem Gewinde, in diese wird dann das Prüfgerät eingeschraubt.

3 Unter der BMW-Teilenummer 17.0.500 ist das Meßgerät erhältlich. Der damit gegebene Druck muß mindestens sechs Sekunden gehalten werden. Öffnet die Verschlußkappe zu früh oder klemmt sie, wird sie beschädigt sein, und ein Austausch ist notwendig.

4 Mit einer Kühlerprüfpumpe kann das System auf undichte Stellen hin überprüft werden. Dazu wird auf den Deckel des Ausgleichbehälters die Prüfpumpe aufgesetzt, anschließend wird Druck (ca. 1,15 bar) auf das System gegeben. Der Druck muß für mindestens zwei Minuten konstant bleiben, ansonsten ist die Anlage undicht. Undichte Stellen zeigen sich durch austretende Flüssigkeit.

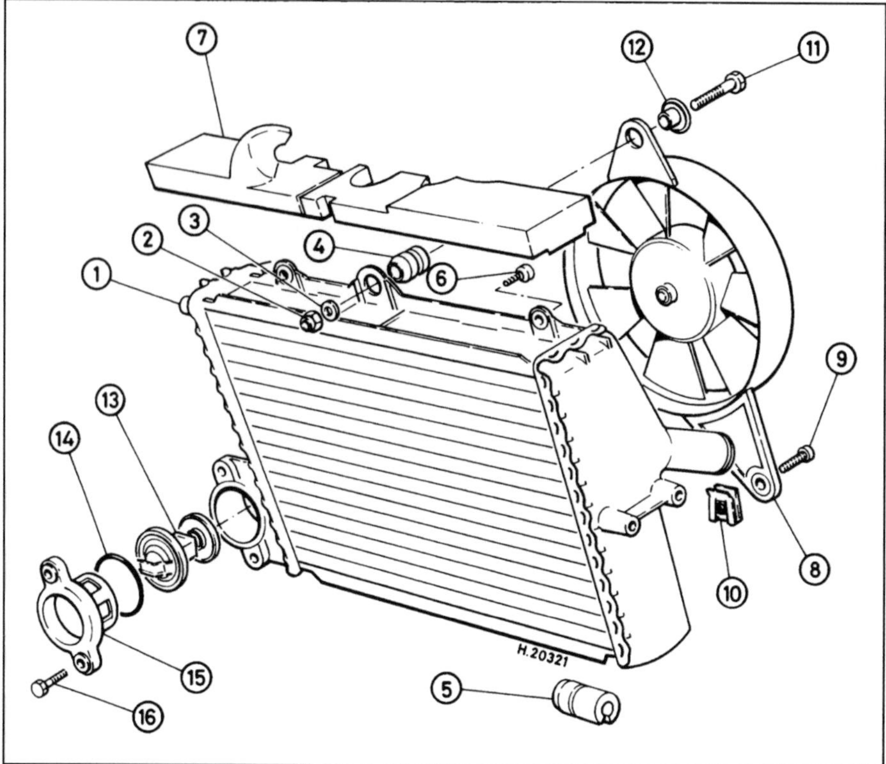

5.4 Kühler und Lüfter

1 *Wasserkühler*
2 *Sechskantmutter*
3 *Unterlegscheibe*
4 *Gummitülle*
5 *Gummiauflage – 2 Stück*
6 *Puffer – 2 Stück*
7 *Luftleitblech – K 75 RT, K 100 RS, RT, LT*
8 *Lüfter*
9 *Schraube – 2 Stück*
10 *Einsteckmutter – 2 Stück*
11 *Zylinderschraube*
12 *Distanzbuchse*
13 *Thermostat*
14 *O-Ring*
15 *Deckel*
16 *Sechskantschraube – 2 Stück*

Undichte Stellen in der Kühlanlage sind an den Kühlflüssigkeitsrückständen rund um das Leck zu erkennen.

5.9 Überprüfen Sie den festen Sitz aller Schlauchklemmen.

6.2 Der Verschlußdeckel kann nur mit einem speziellen Prüfgerät getestet werden.

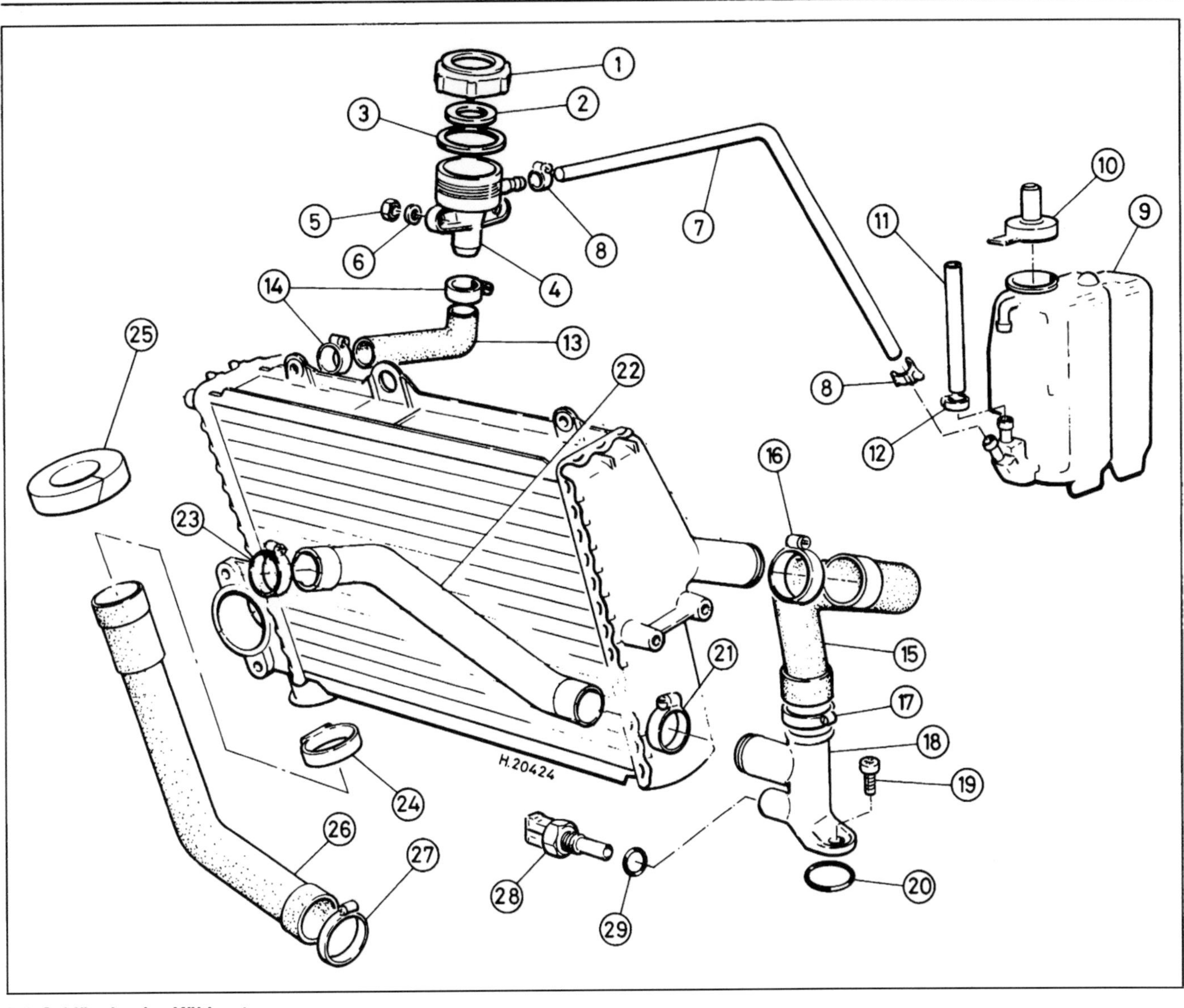

7.1 Schläuche des Kühlsystems

1 Verschlußkappe
2 Dichtring
3 Dichtring
4 Füllstutzen
5 Sechskantmutter
6 Unterlegscheibe
7 Ausgleichsbehälter-verbindungsschlauch
8 Schlauchschelle – 2 Stück
9 Ausgleichsbehälter
10 Deckel
11 Füllstand-Anzeigerohr
12 Schlauchschelle
13 Einfüllschlauch
14 Schlauchschelle – 2 Stück
15 oberer Schlauch
16 Schlauchschelle
17 Schlauchschelle
18 Verteilerstutzen
19 Schraube – 2 Stück
20 O-Ring
21 Schlauchschelle
22 Umgehungsschlauch
23 Schlauchschelle
24 Schlauchschelle
25 Gummidämpfer
26 unterer Schlauch
27 Schlauchschelle
28 Temperaturmeßfühler
29 Dichtung

5

7 Schläuche und Anschlüsse
Ausbau, Einbau und Lecksuche

1 Der Kühler ist über drei flexible Schläuche mit dem Motor verbunden. Zwischen dem Kühlwasserstutzen und dem Gehäuse des Thermostaten befindet sich zusätzlich der Umgehungsschlauch (siehe Abbildung). Diese Schläuche müssen Sie regelmäßig auf Schäden untersuchen, insbesondere die Stellen an den Haltestutzen neigen zu Rißbildungen. Bei Beschädigungen sind sie zu ersetzen. Sollte häufiger Kühlwasser aufgefüllt werden müssen, kann man von einer undichten Stelle im System ausgehen. Diese ist umgehend zu lokalisieren und zu beseitigen.

2 Zum Lösen der Schläuche benötigen Sie einen Schraubendreher. Öffnen Sie damit die Halteschellen, und schieben Sie anschließend den Schlauch vom Haltestutzen (siehe Abbildung). Es kann notwendig sein, den Schlauch vorsichtig zu erweitern, bevor Sie ihn vom Stutzen lösen können. Die Schläuche lassen sich leichter abziehen, wenn sie neu oder aber wenn sie warm sind. Beachten Sie dabei das Risiko von Verbrennungen oder Verbrühungen.

Achtung: Das Kühlergehäuse ist sehr empfindlich, vermeiden Sie Gewaltanwendung beim Ausbau.

3 Sollte ein Schlauch festsitzen, versuchen Sie ihn zu drehen. Als letzte Möglichkeit verbleibt der Einsatz eines Messers, damit können Sie den Schlauch vorsichtig auftrennen, um ihn zu lösen.

4 Große Undichtigkeiten lassen sich häufig besser lokalisieren als kleinere. Es ist möglich, daß die Undichtigkeit nur bei laufendem Motor

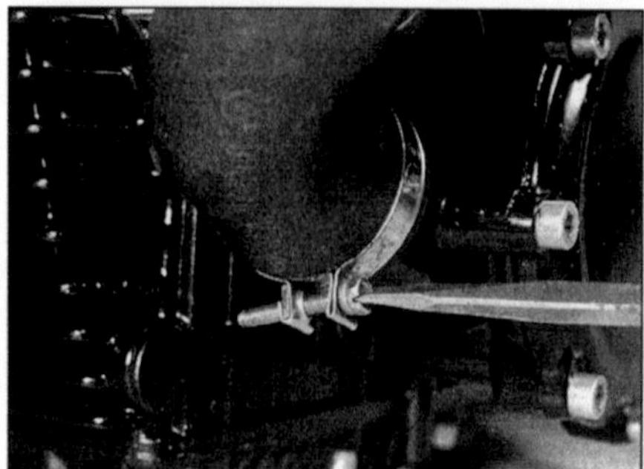

7.2 Die Schläuche werden an jedem Ende durch verschraubte Schellen gesichert.

auftritt, wenn das System unter Druck steht. Sollte der Kühlmittelverlust so gering sein, daß sich keine Kühlmittelrückstände um das Leck bilden, ist ein Test im kalten Zustand, wie zuvor beschrieben, unumgänglich. In diesem Fall sollten Sie Ihren BMW-Händler aufsuchen, er verfügt über die notwendigen Geräte zur Überprüfung.

5 In seltenen Fälle kann der Kühlmittelverlust durch eine beschädigte Zylinderkopfdichtung verursacht werden. Dabei werden Teile des Kühlmittels verbrannt, zu erkennen am weißen Rauch aus dem Auspuff. Zur Prüfung ist der Zylinderkopf zu entfernen.

6 Andere Möglichkeiten für Kühlmittelverlust können undichte O-Ringe und Dichtungen sein. Insbesondere die O-Ringe zwischen Wasserpumpe und Kurbelgehäuse, die Verbindungen zwischen den Kurbelgehäusehälften und die Dichtungen des Verteilerstutzens sind zu überprüfen. Auch der feste Sitz aller Halteschrauben mit den vorgeschriebenen Drehmomenten ist zu überprüfen (siehe Abbildung).

7 Bevor Sie die Schläuche auf die Stutzen schieben, sollten Sie die Schlauchschellen positioniert haben. Nutzen Sie niemals Flüssigkeiten, um das Aufschieben der Schläuche zu erleichtern. Vor dem Festziehen der Schellen müssen Sie den korrekten Sitz der Schläuche überprüfen. Ziehen Sie die Schellen vorsichtig und nicht zu fest an.

Praxis TiP ***Um die Schläuche für die Montage weicher zu machen, tauchen Sie diese kurz in kochendes Wasser. Arbeiten Sie hierbei vorsichtig, um Verletzungen zu vermeiden.***

8 Thermostat
Ausbau und Überprüfung

1 Der Thermostat ist im kalten Zustand geschlossen. Bei einem Schaden bleibt er auch bei betriebswarmem Motor geschlossen, so daß das Kühlmittel nicht in den Kühler gelangen kann. Als Folge steigt die Temperatur des Kühlmittels sprunghaft an.

7.6 Vergessen Sie nicht den O-Ring, wenn Sie den Verteilerstutzen auf undichte Stellen untersuchen.

2 Um den Thermostaten zu überprüfen, ist dieser zu demontieren (siehe Abbildung). Entfernen Sie den Kraftstofftank, und entleeren Sie das Kühlsystem (siehe Sektion 2). Lösen Sie die zwei Halteschrauben, entfernen den Deckel und ziehen den Thermostaten heraus. Achten Sie beim Einbau auf den korrekten Sitz des Dichtringes, ein Gleitmittel erleichtert den Einbau.

3 Untersuchen Sie den Thermostaten äußerlich, bevor Sie mit dem Test beginnen. Sollte er bei Zimmertemperatur geöffnet sein, ist er defekt und zu erneuern (siehe Abbildung). Zur Überprüfung hängen Sie den Thermostaten an einem Draht in ein Gefäß mit kaltem Wasser, verfahren Sie ebenso mit einem geeigneten Thermometer. Nun erhitzen Sie langsam das Wasser, beobachten Sie, ab wann der Thermostat sich zu öffnen beginnt, und ab wann er vollständig geöffnet ist. Sollten sich diese Werte von den vorgeschriebenen Werten unterscheiden, ist der Thermostat zu erneuern.

4 Sollte der Thermostat defekt sein, kann die Maschine im Notfall mit ausgebautem Thermostat gefahren werden. Dabei dauert es länger, bis der Motor Betriebstemperatur erreicht. Erneuern Sie das defekte Teil so schnell wie möglich.

9 Wasserpumpe
Ausbau, Überholung und Einbau

1 Um Undichtigkeiten zwischen dem Kühlkreislauf und dem Ölkreislauf zu verhindern, ist die Pumpenwelle mit zwei Dichtungen versehen. Die eine Dichtung befindet sich an der Rückseite des Pumpenrotors, der zweite Wellendichtring sitzt dahinter.

2 Um an den Dichtringen zu arbeiten, ist die Pumpe auszubauen. Beachten Sie die Abbildung 23.1 in Kapitel 6.

3 Entleeren Sie die Kühlanlage (siehe Sektion 2), und lassen Sie das Motoröl (siehe Kapitel 1) ab. Lösen Sie das Kabel am Öldruckschalter, und entfernen Sie den unteren Kühlerschlauch (siehe Abbildung).

4 Lösen Sie die Halteschrauben und entfernen Sie den Pumpendeckel, lösen Sie danach die Pumpenhalteschrauben. Einige leichte Schläge mit einem Gummihammer erleichtern die Demontage des Pumpengehäuses (siehe Abbildungen). Beachten Sie den O-Ring zwischen der Pumpe und der unteren Kurbelgehäusehälfte, ebenso den Dichtring am Ende der Pumpenwelle. Beide sind auf jeden Fall zu erneuern.

5 Entfernen Sie den Pumpenantrieb, und stecken Sie einen 6er-Inbusschlüssel in das hintere Ende der Pumpenwelle. Klemmen Sie diesen in einen Schraubstock, und lösen Sie die Halterung (Haltemutter bei frühen Modellen, Halteschraube bei späteren Modellen) des Pumpenrotors (siehe Abbildung). Lockern Sie vorsichtig mit einem Gummihammer die Welle aus dem Pumpenrotor. Entfernen Sie den Pumpenrotor (mit Federring ab Mitte 1990) mit Welle (siehe Abbildung).

6 Beschädigen Sie den Pumpenkörper nicht, wenn Sie den Gleitdichtring aus dem Gehäuse entfernen. Zum Entfernen des hinteren Wellendichtrings verwenden Sie einen schmalen Schraubendreher (5 mm) (siehe Abbildung).

7 Reinigen Sie alle Teile vorsichtig. Überprüfen Sie die Teile der Ölpumpe auf Beschädigungen (siehe Kapitel 6). Dichtungen und O-Ringe sind auf jeden Fall zu erneuern.

8 Montieren Sie beim Zusammenbau zuerst den hinteren Wellendichtring mit der Beschriftung nach vorne. Treiben Sie ihn vorsichtig mit dem Hammer und einer Nuß in seine Einbauposition, etwas Fett auf dem äußeren Rand erleichtert diese Arbeit. Achten Sie darauf, daß die Nuß nur auf dem äußeren festen Rand aufliegt.

9 Der Gleitdichtring wird auf die gleiche Weise montiert. Verwenden Sie hierbei eine 22er-Nuß. Der Gleitdichtring muß absolut fettfrei

8.2 Der Thermostat befindet sich in einem Gehäuse seitlich des Kühlers.

8.3 Ein fehlerhafter Thermostat ist zu erneuern.

9.3 Entfernen Sie vor dem Pumpenausbau den unteren Kühlerschlauch.

9.4a Entfernen Sie die Halteschrauben des Pumpendeckels, . . .

9.4b . . . um die Halteschrauben des Pumpengehäuses freizulegen.

sein, reinigen Sie ihn zuvor in einer Alkohol/Wasser-Lösung.

10 Stecken Sie die Pumpenwelle in den hinteren Teil des Pumpengehäuses, dazu ist die Welle eventuell in einen Schraubstock einzuspannen. Drücken Sie mit beiden Händen den Gleitdichtring nach innen, und schieben Sie das Pumpengehäuse über die Welle.

11 Montieren Sie die Unterlegscheibe (ab Mitte 90er-Modelle) und den Pumpenrotor auf der Welle. Ziehen Sie die Haltemutter oder -schraube mit dem vorgeschriebenen Drehmoment an, danach befestigen Sie die Antriebswelle (neuen O-Ring nicht vergessen). Setzen Sie einen neuen O-Ring am Kühlmittelkanal ein, und bestreichen Sie die Dichtflächen zwischen dem Pumpengehäuse und dem Kurbelgehäuse mit etwas Three Bond 1207 B-Dichtmasse. Achten Sie beim Befestigen des Pumpengehäuses am Kurbelgehäuse auf die richtige Einbaulage der Antriebswelle.

12 Drehen Sie beim Anziehen der Halteschrauben die Kurbelwelle langsam durch, dadurch soll der Antrieb ausgerichtet werden. Schließen Sie das Kabel am Öldruckschalter an, und befestigen Sie vorsichtig die Abdekkung. Geben Sie etwas Three Bond 1207 B-Dichtmasse auf die Pumpenabdeckung, und ziehen Sie die Schrauben mit dem vorgeschriebenen Drehmoment an.

13 Befüllen Sie das Kühlsystem (siehe Sektion 4). Füllen Sie Motoröl, wie in Kapitel 1 beschrieben, auf. Montieren Sie alle anderen abgebauten Teile.

14 Die durch eine undichte Dichtung hervorgerufene Vermischung von Öl und Kühlmittel führt zu Schlammbildung. Die Stärke der Verschlammung hängt von der Dauer und der Größe der Undichtigkeit ab. Bevor neues Öl nach einem solchen Schaden eingefüllt wird, muß die Maschine mit einem speziellen Reinigungsöl befüllt werden. Nach dem Wechseln der Dichtungen ist bei einem solchen Schaden der Ölwechsel bereits nach 800 km erneut durchzuführen. Das Vorhandensein von Wasser im Motoröl vermindert die Schmierleistung beträchtlich, schwere Motorschäden können auftreten.

10 Lüfter
Ausbau, Überprüfung und Einbau

1 Der Lüfter wird automatisch mit dem Kühler ein- und ausgebaut (siehe Sektion 5).

2 Zum Überprüfen des Lüfters ist er am ein- oder ausgebauten Kühler direkt an eine 12 Volt Batterie anzuschließen. Sollte er dabei ohne Probleme laufen, ist der Schaden am Thermostaten oder an der Verkabelung zu suchen (siehe Kapitel 11).

3 Sollte der Lüfter nicht laufen, ist er zu erneuern. Entfernen Sie dazu die Schrauben der Abdeckung, und lösen Sie den Lüfter vom Kühler.

4 Sollte sich der Lüfter bereits bei kaltem Motor zuschalten, liegt die Ursache wahrscheinlich in einer schlechten Masseverbindung vom Motor zum Rahmen. Die entsprechenden Verbindungspunkte sind so zu reinigen, daß wieder sauber Metall auf Metall liegt. Zum Schutz gegen Feuchtigkeit können die Verbindungspunkte, nach Reinigung und Montage, mit einer dünnen Schicht Silikon versehen werden.

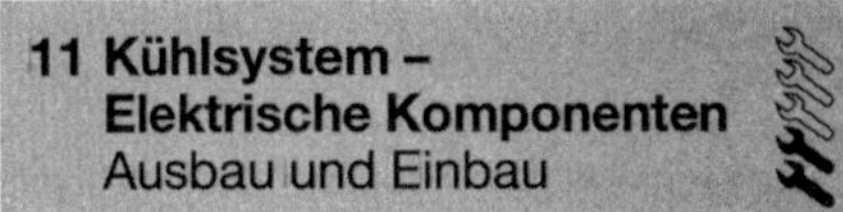

11 Kühlsystem – Elektrische Komponenten
Ausbau und Einbau

1 Da es keine speziellen Einstelldaten für die elektrischen Teile gibt, sind sie nur im Allgemeinen zu überprüfen (siehe Kapitel 11).

9.5a Verwenden Sie zum Festhalten der Pumpenwelle einen Inbusschlüssel, danach lösen Sie die Halterung des Pumpenrotors.

5

9.5b Entfernen Sie das Flügelrad, um die Pumpenwelle freizulegen.

9.6 Der Gleitdichtring befindet sich hinter dem Pumpenrotor.

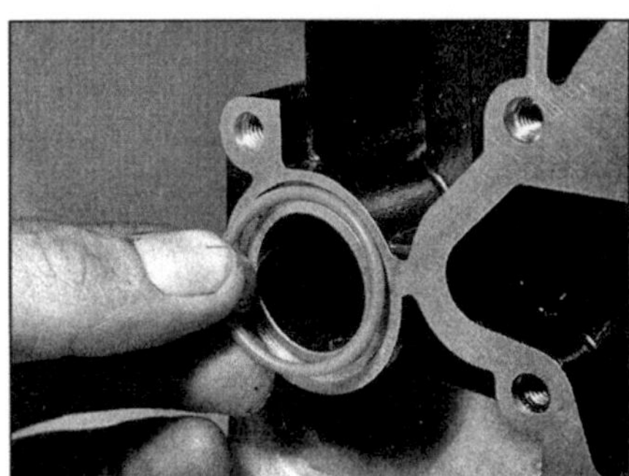

9.11 Erneuern Sie immer den O-Ring am Kühlmittelkanal.

11.2 **Der Temperatursensor ist am Verteilerstutzen befestigt.**

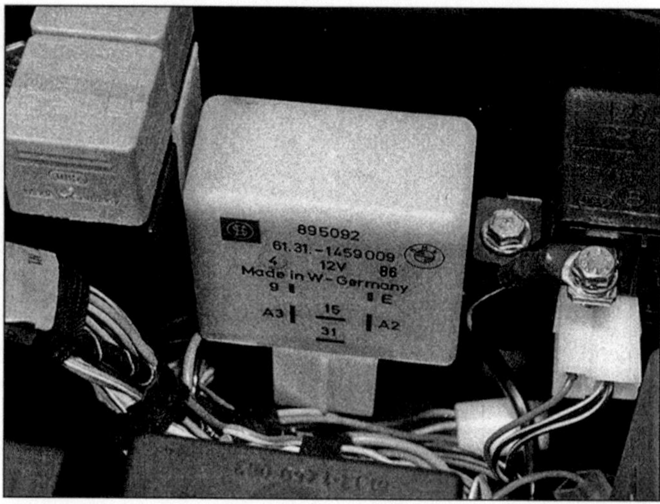

11.4 **Der Temperaturschalter ist innerhalb der Elektrik-Box verschraubt.**

Kühlmitteltemperatursensor

2 Dieser Sensor befindet sich rechts im Kühlerstutzen (siehe Abbildung). Um ihn zu wechseln, muß das Kühlmittel abgelassen (Sektion 2) und der Kühler entfernt werden (Sektion 5). Ziehen Sie den Stecker ab, und schrauben Sie das Bauteil heraus. Vor dem Zusammenbau ist der Dichtring zu erneuern, das Gewinde sollte mit Dichtmasse bestrichen werden.

3 Der Sensor ist direkt mit der Kontrolleinheit der Zündung, dem Temperaturmeßschalter und der Temperaturwarnlampe verbunden. Die Überprüfung erfolgt durch Austausch.

Temperaturschalter

4 Dieser Schalter steuert den Lüfter und die Temperaturwarnlampe. Er ist durch ein oder zwei Schrauben in der Elektrikbox unterhalb des hinteren Teils des Kraftstofftanks befestigt (siehe Abbildung). Die Überprüfung erfolgt durch Austausch.

Temperaturwarnlampe

5 Sollte die Glühbirne defekt sein, ist diese auszutauschen (siehe Kapitel 11). Leuchtet die Lampe bei kaltem Motor, liegt der Fehler wahrscheinlich in einer schlechten Masseverbindung (siehe Sektion 10). Um dieses Problem zu umgehen, wurde bei späteren Modellen ein dickeres Massekabel verwendet. Bei früheren Modellen kann man sich durch die zusätzliche Montage eines Massekabels, von der Klemme 31 zum Masseanschluß hinter dem Steuerkopf, behelfen.

Kapitel 6
Kraftstoffsystem und Schmierstoffe

Inhalt (in alphabetischer Reihenfolge, die Zahlen geben die Numerierung in den grauen Feldern wieder)

Schwierigkeitsgrade

Leicht. Für Anfänger mit wenig Erfahrung geeignet.	**Relativ leicht.** Für Anfänger mit etwas Erfahrung geeignet. 	**Relativ schwierig.** Geeignet für geübte Selbstschrauber. 	**Schwer.** Geeignet für Mechaniker mit Erfahrung. 	**Sehr schwer.** Geeignet für Experten und Profis.

Technische Daten

Kraftstofftankinhalt

K 100-Modelle

K 100 (1983 bis 1987), K 100 RS, K 100 RT, K 100 LT	22 Liter
K 100 (ab 1988)	21 Liter

K 75-Modelle

K 75, K 75 C, K 75 S, K 75 T	21 Liter
K 75 RT	22 Liter

Keine Reservetankumstellung, Anzeige durch Warnlampen

Kraftstoffarten – siehe Sektion 21 für weiterführende Informationen

Frühe K 100 bis Fahrgestell-Nr. 0 007 290	Super (min. 95 Oktan)*
Frühe K 100 RS bis Fahrgestell-Nr. 0 081 106	Super (min. 95 Oktan)*
Frühe K 100 RT bis Fahrgestell-Nr. 0 024 998	Super (min. 95 Oktan)*
Alle späteren K 100-Modelle	Normal (min. 91 Oktan)
Alle K 75-Modelle	Super (min. 95 Oktan)

* *bei jedem dritten Tankstop plus Bleiersatz, fragen Sie hierzu Ihren BMW-Händler*

Kraftstoffsystem

Kraftstoffpumpe	Bosch LE-Jetronic
Druck Kraftstoffanlage	2,5 bar
Sicherheitsventil öffnet bei	4,7 bar
Leerlaufdrehzahl	950 ± 50 U/min.
CO-Ausstoß	2,0 bis 2,5 Prozent bei Leerlaufdrehzahl
Unterbrechung der Kraftstoffzufuhr bei	
K 75-Modelle	8905 U/min
K 100-Modelle	8770 U/min

Motoröl

Menge:	
Nur Ölwechsel	3,50 Liter
Mit Ölfilterwechsel	3,75 Liter
Qualität:	HD-Öl für Viertaktmotoren, API-Klasse SF, SG, SH
Viskosität:	siehe Kapitel *»Vor jeder Fahrt«*

Motorschmierung

Überdruckventil öffnet bei	5,4 bar
Öldruckkontrollleuchte leuchtet auf unter	0,2 bis 0,5 bar
Filter-Umgehungsventil öffnet ab Druckunterschied von	1,5 bar

Drehmomente

Einlaßstutzenhalteschrauben	7 ± 1 Nm
Befestigungen der Kraftstoffleitungen	7 ± 1 Nm
Druckreglerbefestigungsmutter	25 ± 3 Nm
Untere Luftfilterbefestigung	21 ± 1 Nm
Krümmerbefestigung (Zylinderkopf)	21 ± 2 Nm
Krümmerbefestigung (Schalldämpfer)	20,5 ± 2 Nm
Schalldämpfer (Fußrastenausleger)	9 ± 1 Nm
Schalldämpferblende	6 ± 1 Nm
Öl/Wasserpumpen-Halteschrauben	7 ± 1 Nm
Öl/Wasserpumpendeckelschrauben	7 ± 1 Nm
Ölpumpenansaugsieb-Halteschraube	7 ± 1 Nm
Öldruckschalter	40 ± 5 Nm
Stopfen für Überdruckventil	35 ± 4 Nm
Ölwannen- und Filterdeckelschrauben	7 ± 1 Nm
Motorölablaßschraube	32 ± 4 Nm
Ölfilter – alle Modelle:	
1. Schritt	Dichtflächen mit Öl bestreichen, danach handfest anziehen.
2. Schritt	Mit dem Ölfilterschlüssel **maximal** eine ½ Umdrehung festziehen (10 bis 12 Nm).

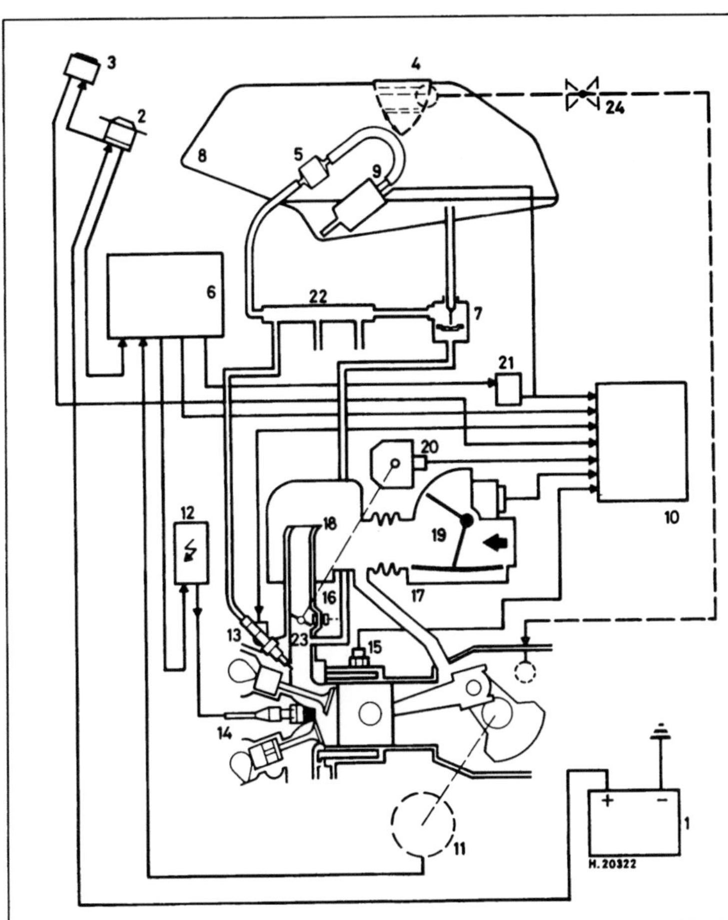

1.1a Bauteile der Kraftstoffanlage:

1. *Batterie*
2. *Zündschloß*
3. *Starter*
4. *Tankdeckel*
5. *Kraftstoff-Filter*
6. *Zündsteuergerät*
7. *Druckregler*
8. *Kraftstofftank*
9. *Kraftstoffpumpe*
10. *Einspritzsteuergerät*
11. *Hall-Geber*
12. *Zündspule*
13. *Einspritzdüse*
14. *Zündkerze*
15. *Kühlflüssigkeitssensor*
16. *Leerlaufeinstellschraube*
17. *Leerlauf-Luftgemischschraube*
18. *Kühlmitteltemperaturfühler*
19. *Luftmengenmesser*
20. *Drosselklappensensor*
21. *Kraftstoffpumpenrelais*
22. *Kraftstoffverteiler*
23. *Drosselklappe*
24. *Überdruckventil (nur US-Modelle)*

1 Allgemeine Beschreibung

Die Funktion der Bosch LE-Einspritzanlage ist einfacher zu verstehen, wenn man die verschiedenen Komponenten einzeln betrachtet. Dazu teilen wir die Anlage in drei Gruppen ein; die Kraftstoffanlage, das Luftfiltersystem und die elektrischen Komponenten (siehe Abbildung 1.1a).

Kraftstoffsystem

Das Kraftstoffsystem beginnt mit dem Kraftstofftank. In seinem Inneren befinden sich die elektrische Kraftstoffpumpe. Sie ist auf ihrer Oberseite durch ein Drahtgitter und auf der Unterseite durch ein Siebfilter geschützt. Nach dem Einschalten der Zündung fördert die Pumpe erst dann Benzin, wenn der Motor mit dem Starterknopf angelassen wird.
Der Druck in der Kraftstoffanlage wird durch den Vakuum-unterstützten Druckregler auf dem vorgeschriebenen Niveau gehalten, dazu ist der Druckregler über ein Kontrollventil, bei späteren Modellen durch ein langes Steigrohr, mit dem Tank verbunden. Der Druckregler stellt damit sicher, daß in allen Lastbereichen der notwendige Druck durch die Benzinpumpe

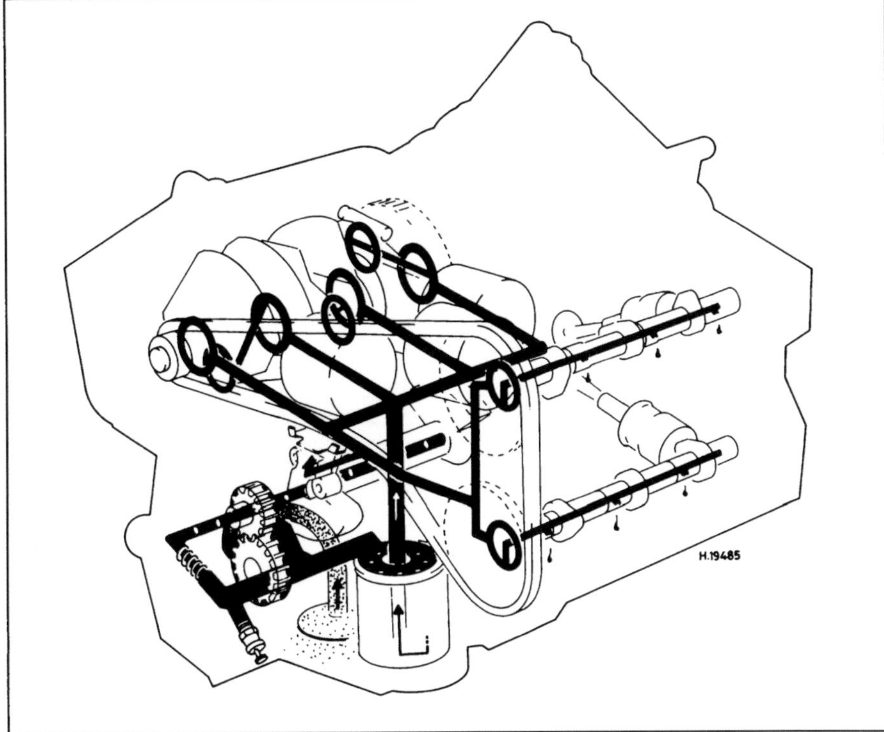

1.1b Ölkreislauf

aufgebaut wird. Zum Schutz vor Überdruck ist er mit einem federbelasteten Sicherheitsventil ausgestattet.

Die drei oder vier Einspritzventile sind von Magnetspulen gesteuert, die eingespritzte Kraftstoffmenge wird durch die Öffnungszeiten der Einspritzventile bestimmt. Die Öffnungszeiten werden elektrisch durch das Zündsteuergerät festgelegt. Ein Mikroprozessor im Zündsteuergerät verarbeitet den Zündimpuls des Hall-Generators, der ein konstantes Impulssignal über den gesamten Drehzahlbereich des Motors abgibt. Die Magnetspulen öffnen ein Nadelventil, durch das der Kraftstoff in die Einspritzdüse gepreßt und dort in den Einlaßkanal zerstäubt wird.

Luftfiltersystem

Die Verbrennungsluft gelangt durch einen Papierfilter in den Luftmengenmesser. Mittels zweier Sensoren werden die Temperatur als auch die Luftmenge gemessen. Die Werte werden an das Zündsteuergerät übermittelt. Die Kraft der hereinströmenden Luft bewegt eine federgespannte Klappe, die ihre Lageveränderung mit Hilfe eines Potentiometers elektrisch an das Zündsteuergerät meldet. Durch Verstellen dieser Klappe kann der Einströmdruck der Luft verändert bzw. kontrolliert werden. Zum Einstellen des Kraftstoff-Luftverhältnisses bei Leerlaufdrehzahl befindet sich eine Einstellschraube am Luftmengenmesser (siehe Bild 18.17). Vom Luftmengenmesser gelangt die Luft über einen Luftsammler in den Ansaugtrakt. Mit Hilfe der Drosselklappen kann der Fahrer die Luftmenge und damit die Drehzahl des Motors steuern. Für den Kaltstart werden die Drosselklappen mit Hilfe der Kaltstarteinrichtung am Lenker etwas geöffnet, dadurch erhöht sich die Leerlaufdrehzahl. Der Drosselklappenschalter gibt die Stellung der Drosselklappen an das Zündsteuergerät weiter. Durch die Einstellung der vier Kontrollschrauben auf dem Drosselklappengehäuse (siehe Bild 18.16) werden die Drosselklappen synchronisiert.

Elektrische Komponenten

Das Herz der elektrischen Komponenten bildet das Zündkontrollgerät. Hier gehen die verschiedenen Informationen der Sensoren, Temperatur und Volumen der einströmenden Luft, Motordrehzahl, Drosselklappenstellung und Motortemperatur ein. Daraus ermitteln die Mikroprozessoren den Einspritzzeitpunkt und die Einspritzdauer für jedes Einspritzventil. Im Verteiler befindet sich immer mehr Benzin, als benötigt wird, der Rest wird zurück in den Tank gepumpt. Um Benzin zu sparen, wird die Einspritzung abgeschaltet, wenn der Motor über 2000 U/min. im Schiebebetrieb läuft. Ein Überdrehen des Motors wird durch eine Sicherheitsschaltung verhindert, sie stellt bei Erreichen der entsprechenden Höchstdrehzahl die Einspritzung ab. Eine weitere Sicherheitsschaltung verhindert die Einspritzung bei eingeschalteter Zündung und stehendem Motor.

Verdunstungskontrollsystem

Alle ab 1985 in Kalifornien bzw. ab 1986 in den gesamten USA ausgelieferten Maschinen sind mit einem zusätzlichen Filtersystem ausgestattet. Bei einer Erwärmung im Stand durch die Sonne werden die dabei entstehenden Benzindämpfe durch ein Ventil im Tankdeckel über ein Leitungssystem in den Ansaugtrakt geleitet. Beim Starten des Motors werden diese Dämpfe bzw. das Kondensat in den Brennraum geleitet und dort mit verbrannt.

Motorschmiersystem

Das Motorölschmiersystem ist ein Halbtrokken-System, d.h. das Öl befindet sich in einem unter dem Motor integrierten Behälter – das mindert die Erhitzung und die Reibung im Öl laufender Bauteile. Die Zahnrad-Ölpumpe saugt dort Motoröl an, pumpt es durch den Ölfilter und danach wird es zu den höhergelegenen Motorteilen geführt. Die Ölpumpe ist mit Teilen der Wasserpumpe kombiniert, angetrieben wird sie von der Abtriebswelle des Motors. Nachdem das Öl gefiltert ist, wird es in die Kurbelwellen-Hauptlager und Pleuelfußlager sowie die Nockenwellen geführt. Die Nockenwelle ist hohl und am rückwärtigen Ende verschlossen. Durch Bohrungen in der Nockenwelle gelangt das Öl zu allen Schmierstellen im Zylinderkopf. Von dort aus wird ebenfalls der hydraulische Steuerkettenspanner mit Öl versorgt. Die Zahnräder von Kurbelwelle und Primärantrieb werden durch das Öl, das durch die Abtriebswelle geleitet wird, geschmiert. Alle übrigen Teile des Motors werden durch Schleuderschmierung versorgt.

Der Öldruck wird durch ein Überdruckventil im Pumpengehäuse geregelt. Der Öldruckschalter ist am Gehäuse der Pumpe angebracht, er zeigt über eine Warnlampe im Instrumentenbrett einen zu niedrigen Öldruck. Sollte der Ölfilter durch zu starke Verschmutzung nicht mehr durchgängig sein, wird das Öl durch ein Umgehungsventil umgeleitet. Dabei wird der Motor allerdings dann mit ungefiltertem Öl geschmiert.

2 Sicherheitshinweise für Arbeiten an der Kraftstoffanlage

Warnung: Benzin ist leicht entflammbar, vor allem in Form von Dampf. Daher müssen untenstehende Vorsichtsmaßnahmen getroffen werden. Beachten Sie, daß Benzindampf schwerer ist als Luft und sich daher in schlecht belüfteten Ecken sammeln kann. Vermeiden Sie Hautkontakt, und suchen Sie einen Arzt auf, wenn Benzin in die Augen gelangt ist oder verschluckt wurde. Tragen Sie immer eine Sicherheitsbrille und haben Sie einen geeigneten Feuerlöscher zur Hand.

1 Führen Sie Arbeiten am Benzinsystem nur in gut belüfteten Räumen durch.

2 Stellen Sie sicher, daß sich keine offenen Flammen oder Funken (z.B. Zündanlage) in der Nähe befinden, wenn Sie mit Benzin hantieren.

3 Beachten Sie absolutes Rauchverbot für jedermann bei Arbeiten am Benzinsystem. Denken Sie an die Gefahr, die von brennenden Zigaretten ausgeht und entfernen Sie sich zum Rauchen weit genug vom Arbeitsplatz.

4 Denken Sie daran, daß elektrische Geräte wie Schalter, Bohrmaschinen, Schleifböcke u.a. Funken produzieren. Vermeiden Sie daher den Betrieb solcher Geräte bei Arbeiten am Benzinsystem und lüften Sie den Raum gründlich aus, bevor Sie damit beginnen.

5 Wischen Sie grundsätzlich verschüttetes Benzin auf und entsorgen Sie benzingetränkte Lappen und Tücher in einem feuersicheren Behälter (z.B. Stahlfaß).

6 Vorratshaltung an Benzin darf nur in dafür geprüften und luftdicht verschlossenen und beschrifteten Behältern erfolgen. Die Menge der Vorratshaltung in Wohnhäusern ist gesetzlich begrenzt. Bewahren Sie auch demontierte Benzintanks mit geschlossenem Tankdeckel sicher auf.

7 Bedenken Sie, daß viele Teile, wie Tank, Kraftstoffleitungen, Pumpen, Filter, Druckregler, Drosselklappengehäuse und Einspritzdüsen, zur Kraftstoffanlage zählen und beim Demontieren oder Zerlegen Benzin auslaufen kann.

8 Bedenken Sie, daß viele der Teile unter Druck stehen. Sorgen Sie für einen Augenschutz, und halten Sie ausreichend Lappen bereit, um herausspritzendes Benzin aufzufangen.

9 Bevor Sie an irgendeinem Teil des Kraftstoffsystems arbeiten, unbedingt die Zündung ausschalten und die Batterie trennen (Minus zuerst). Wenn zu Testzwecken elektrische Bauteile benötigt werden, vorher alle Anschlüsse überprüfen (Funkengefahr!).

10 Lesen Sie sorgfältig die »Sicherheit Zuerst!«-Sektion, bevor Sie mit der Arbeit beginnen.

11 Beachten Sie, daß bauliche Veränderungen an Ansaug- und Auspuffsystem die Betriebserlaubnis des Motorrads zum Erlöschen bringen, wenn sie nicht von einem amtlich anerkannten Sachverständigen begutachtet und in die Fahrzeugpapiere eingetragen sind.

12 Praktisch bedeutet dieses, daß kein Teil der Kraftstoff-, Zünd- und Auspuffanlage von unautorisierten Personen gewartet und eingestellt werden darf. Wenn ein Bauteil dieser Systeme ersetzt werden muß, dürfen nur original BMW-Ersatzteile oder gesetzlich genehmigte Komponenten verwendet werden. Die Maschine darf nie mit modifizierten, beschädigten oder fehlenden Bauteilen betrieben werden.

Warnung: Die Kontrolleinheit erzeugt eine sehr hohe Spannung, die lebensgefährlich sein kann. Berühren Sie keinesfalls Bauteile oder Stecker, wenn der Motor läuft oder die Zündung angeschaltet ist. Bevor an elektrischen Komponenten gearbeitet wird, muß die Zündung abgestellt und der Masseanschluß (–) an der Batterie getrennt werden.

3 Druckminderung der Kraftstoffanlage

1 Merken Sie sich, daß alle Teile der Kraftstoffanlage Benzin enthalten und im Betrieb unter Druck stehen.
2 Nach dem Abschalten des Motors bleibt der Betriebsdruck eine Zeit erhalten. Daher muß vor allen Arbeiten an der Kraftstoffanlage diese drucklos gemacht werden.
3 Starten Sie den Motor. Ziehen Sie nach dem Entfernen des rechten Seitendeckels am Tank die Kabel zur Versorgung der Kraftstoffpumpe ab. Der Motor geht aus, und die Anlage ist drucklos. Schalten Sie danach die Zündung aus. Verbinden Sie den Stecker wieder mit dem Tank.
4 Die zweite Methode können Sie anwenden, wenn der Motor bereits steht. Ziehen Sie den Unterdruckschlauch (zu erkennen an der schützenden Spirale) vom hinteren Teil der Drosselklappenanlage ab. Der Druck entweicht in den Tank. Danach befestigen Sie den Unterdruckschlauch wieder an der vorgesehenen Stelle an der Drosselklappenanlage.

Warnung: Bei beiden Methoden verbleibt Kraftstoff in einzelnen Bauteilen, das Kraftstoffsystem ist nun allerdings drucklos. Beachten Sie alle Sicherheitshinweise aus Kapitel 2, um das Risiko von Schäden und Verletzungen zu verringern.

4 Kraftstoffanlage Fehlersuche

1 Wie aus der vorhergehenden Beschreibung ersichtlich, bedarf es einiger Kenntnisse, um Arbeiten an der Kraftstoffanlage durchführen zu können. Ferner bedarf es einiger Spezialgeräte, so daß nicht alle Arbeiten durch den Besitzer durchgeführt werden können.
2 Dies bedeutet, daß es mehr um die Verhinderung von Störungen als um die Behebung derselben geht. Daher sollten Sie folgende Regeln Beachten:

a) *Arbeitet das Kraftstoffsystem fehlerfrei, unterlassen Sie alle Arbeiten an der Anlage.*
b) *Wartungsarbeiten verhindern unnötige Reparaturen.*
c) *Bringen Sie die Maschine lieber in eine Fachwerkstatt, als die Fehler selbst zu beheben.*

3 Die erste Regel sollte offensichtlich sein. Versuchen Sie nie das System selbst zu verbessern oder umzubauen. Die einzigen notwendigen Arbeiten sind in Kapitel 1 beschrieben, ansonsten lassen Sie die Kraftstoffanlage in Ruhe.
4 Die zweite Regel steht im unmittelbaren Zusammenhang mit der ersten. Die elektronischen Komponenten der Anlage arbeiten sehr zuverlässig, alle Fehlfunktionen lassen sich auf Fehler der verschiedenen Nebenaggregate oder auf äußerliche Faktoren wie große Hitze, Vibrationen oder aggressive Chemikalien zurückführen. Vermeiden Sie Schmutz, Nässe und Vibrationen an den elektronischen Bauteilen. Setzen Sie die Teile nie großer Hitze oder aggressiven Chemikalien wie Öl, Bremsflüssigkeit und Batteriesäure aus. Wenn Sie dies beachten, senken Sie die Wahrscheinlichkeit für Fehlfunktionen der Kraftstoffanlage.
5 Folgende Wartungsarbeiten helfen Reparaturen zu vermeiden:

a) *Kontrollieren Sie regelmäßig den Flüssigkeitsstand der Batterie. Sorgen Sie dafür, daß die Anschlüsse an der Batterie sauber und fest sind. Sollte die Maschine längere Zeit nicht benutzt werden, sorgen Sie für regelmäßiges Aufladen der Batterie.*
b) *Alle Kabelverbindungen müssen fest sitzen. Kontaktflächen müssen sauber, trocken und frei von Korrosion sein. Sprühen Sie sie mit wasserverdrängendem Kriechöl ein.*
c) *Alle Masseverbindungen, insbesondere am Rahmen, müssen sauber, trocken und frei von Korrosion sein. Farbreste an Kontaktflächen sind zu entfernen.*
d) *Vergewissern Sie sich, daß alle Bauteile richtig angebracht und gesichert sind. Halten Sie alle Bauteile so trocken und sauber wie möglich.*
e) *Die Kabel müssen korrekt verlegt sein, vermeiden Sie abgeknickte Kabelverbindungen. Bewegliche Teile oder Teile, die größerer Hitze ausgesetzt sind, sind regelmäßig zu kontrollieren. Achten Sie auf Scheuerstellen an Kabeln. Falsch verlegte Kabel können durch Vibrationen beschädigt werden.*
f) *Behandeln Sie alle elektronischen Bauteile sehr vorsichtig, sie sind extrem empfindlich und damit schnell zerstört. Sorgen Sie für einen festen Sitz, da Vibrationen sehr schädlich sind. Achten Sie darauf, daß das Bordwerkzeug korrekt verstaut ist. Das Fach unter der Sitzbank ist nur für leichte Teile, wie etwa der Erste-Hilfe-Kasten, vorgesehen.*
g) *Wechseln Sie defekte Bauteile sofort aus, da sonst andere Teile ebenfalls Schaden nehmen können.*
h) *Anders als bei Arbeiten an den elektronischen Komponenten, müssen Sie bei Arbeiten an den übrigen Teilen der Kraftstoffanlage darauf achten, daß nach dem Zusammenbau keine Nebenluft in das System gelangt. Achten Sie darauf, daß Sie keine Gummiteile beim Zusammenbau beschädigen. Schlauchschellen dürfen nicht zu fest angezogen werden und müssen am richtigen Platz sitzen.*
i) *Bei Arbeiten an Bauteilen, die mit Benzin in Berührung kommen, müssen Sie ebenfalls äußerst vorsichtig vorgehen, damit spätere Leckagen vermieden werden. Denken Sie daran, daß das Kraftstoffsystem unter Druck arbeitet.*
j) *Reinigen Sie regelmäßig die Kraftstoffilter in den vorgeschriebenen Intervallen. Sollte es notwendig sein, können die Reinigungsintervalle auch verkürzt werden. Bedenken Sie, daß die Kraftstoffanlage sehr empfindlich auf Wasser oder Schmutz reagiert. Achten Sie auch beim Tanken darauf, daß keine Verunreinigungen oder Wasser in den Kraftstofftank gelangen.*

6 Versuchen Sie die Ursache einer Störung an den Symptomen zu erkennen. Sollte dies nicht möglich sein, versuchen Sie, in logischen Schritten vorzugehen. Zuerst überprüfen Sie die Kraftstoffmenge im Tank. Danach testen Sie den Zustand der Batterie durch Einschalten anderer elektrischer Verbraucher. Sollte sich hierbei kein Fehler finden, testen Sie durch Geräuschprobe die Funktionsfähigkeit der Benzinpumpe, prüfen Sie ihre Sicherung. Arbeitet die Pumpe ordentlich, überprüfen Sie den Druck in der Kraftstoffanlage. Der entstehende Überdruck muß über den Druckregler in den Kraftstofftank entweichen. Kraftstoffleitungen müssen frei von Knicken verlegt sein.
7 Tritt der Fehler nur bei laufendem Motor auf, bleibt den meisten Besitzern nicht viel mehr übrig, als die Zündkerzen zu kontrollieren. Das Kerzenbild sagt etwas über das Gemisch aus, allerdings gibt es viele unterschiedliche Gründe für zu fettes oder zu mageres Gemisch. Auch ohne Prüfgeräte können Sie einige Ursachen selbst finden und beheben. Überprüfen Sie das Kraftstoffsystem wie oben beschrieben auf Undichtigkeiten und den Auspuff auf Löcher. Die Kompression und das Ventilspiel des Motors sollten ebenfalls überprüft werden. Zuletzt überprüfen Sie den Zustand der Zündanlage.
8 Wenn alle Möglichkeiten überprüft wurden (soweit dies dem Besitzer möglich ist) und der Fehler nicht erkannt wurde, kann man davon ausgehen, das die Ursache in den elektrischen Komponenten der Kraftstoffanlage liegt. In diesem Fall sollten Sie einen BMW-Vertragshändler aufsuchen. Nur er verfügt über die notwendigen Meß- und Diagnosegeräte, damit lassen sich die meisten Fehler schnell und problemlos finden.
9 Leider ist es nicht möglich, derartige Reparaturen selbst durchzuführen. Aus diesem Grunde werden in diesem Buch auch keine Daten dazu veröffentlicht. Alle relevanten Daten sind in dem Bosch-Diagnosegerät enthalten. Versuchen Sie nie, mit eigenen Meßgeräten an den Bauteilen der elektrischen Anlage zu arbeiten. Durch die Prüfströme können die empfindlichen Bauteile zerstört werden.
10 Der einzige erlaubte Test mit Meßgeräten ist die Fehlersuche nach Kabelbrüchen im Kabelbaum. Vorher müssen alle Kabelverbindungen von den elektrischen Bauteilen gelöst werden. Vergessen Sie dabei keine einzige Kabelverbindung, denken Sie auch an vorhandene Masseverbindungen.
11 Wenn man dem o.a. Rechnung trägt, ist es für die meisten Besitzer günstiger, einen autorisierten BMW-Händler aufzusuchen, falls einmal ein Fehler im Kraftstoffsystem auftreten sollte.

Bedenkt man den Zeitaufwand, sowie das Risiko eines schweren Schadens bei einer unsachgemäß durchgeführten Reparatur, sind die Preise einer Werkstattreparatur nicht zu hoch, zumal das Bosch-Diagnosegerät sehr schnell und zuverlässig arbeitet.

5 Kraftstofftank
Ausbau und Einbau

1 Beachten Sie die Sicherheitshinweise aus Kapitel 2, wenn Sie an der Kraftstoffanlage arbeiten.

2 Öffnen und entfernen Sie die Sitzbank. Danach entfernen Sie beide Seitendeckel (siehe Kapitel 8).

3 Entfernen Sie bei K 100-, K 75 C-, K 75 T- und K 75-Modellen die Kühlerabdeckung. Bei K 100 RS-Modellen entfernen Sie den linken Knieschutz. Bei K 75 RT-, K 100 RT- und K 100 LT-Modellen müssen Sie den linken Knieschutz, Speicherfach und Halter (siehe Kapitel 8).

4 Machen Sie die Kraftstoffanlage drucklos (siehe Sektion 3).

5 Entfernen Sie den Kabelstecker von der Rahmenhalterung und lösen Sie die Kabelverbindung (siehe Abbildung).

6 Bei frühen 100er-Modellen lösen Sie die Halteschraube am Ende des Tanks. Bei allen anderen Modellen ist der Tank mit zwei Schrauben über ein Halteblech mit dem Rahmen verbunden (siehe Abbildung). Heben Sie den Tank am hinteren Ende an, und trennen Sie (nur bei frühen Modellen) die Entlüftungs- und Überlaufleitungen ab. Merken Sie sich den genauen Sitz jeder einzelnen Leitung. Lösen Sie die Masseverbindung zum Rahmen.

7 Fangen Sie auslaufendes Benzin in ein Gefäß, wie in Abschnitt 2 beschrieben, auf. Trennen Sie die Benzinleitungen von der Einspritzschiene, oder ziehen Sie die Benzinleitungen von der Unterseite des Tanks heraus (siehe Abbildung). Heben Sie den Tank am Ende an und ziehen Sie ihn vorsichtig aus der vorderen Halterung heraus (siehe Abbildung). Seien Sie dabei sehr vorsichtig, um den Lack nicht zu beschädigen.

8 Ziehen Sie den Tank aus seinen vorderen Halterungen und legen Sie ihn an einem geeigneten Ort ab. Achten Sie darauf daß kein Kraftstoff ausläuft (nur bei späteren Modellen).

9 Beim Zusammenbau müssen Sie sehr sorgfältig auf die korrekte Montage der Benzinleitungen achten. Bei frühen Modellen sitzt der Überlaufschlauch am Stutzen nahe der Filterentlüftung, während der Entlüftungsschlauch an einem Stutzen, der im oberen Teil des Tanks endet, sitzt. Die Kraftstoffrückfuhrleitung sitzt am linken vorderen Stutzen, die Kraftstoffleitung am linken hinteren Stutzen. Achten Sie darauf, daß alle Leitungen korrekt befestigt sind, und daß alle Leitungen ohne scharfe Knicke verlegt sind.

10 Geben Sie etwas Schmiermittel auf die Gummilager und legen Sie den Tank auf bzw. in die Halterungen. Danach befestigen Sie alle Schlauchleitungen an den richtigen Positionen. Überprüfen Sie den Sitz des Tanks in den vorderen Halterungen, senken Sie ihn dann auf die hintere Halterung ab. Bevor Sie den Tank befestigen, überprüfen Sie noch einmal den Verlauf aller Leitungen (siehe Abbildung). Bei den späteren Modellen münden Überlauf- und Entlüftungsschlauch in einem Trichter, der am Rahmen unter dem Tank befestigt ist (siehe Abbildung).

11 Verbinden Sie alle elektrischen Leitungen, insbesondere die Masseverbindung.

12 Bevor Sie den Motor wieder starten, überprüfen Sie noch einmal den festen Sitz aller Schlauchleitungen.

Wenn der Überdruckschlauch verstopft oder abgeknickt ist, bildet sich Überdruck im Tank. Dies kann zu Ausbeulungen im Tank führen. Es besteht ebenfalls die Gefahr, daß beim Öffnen des Tankdeckels Benzin herausspritzt. Auch der normale Lauf des Motors wird gestört. Daher müssen Sie unbedingt die Durchlässigkeit aller Entlüftungseinrichtungen beim Verdacht einer Störung überprüfen.

6 Kraftstofftankbauteile
Allgemeine Teile

Achtung: Beachten Sie bei allen Arbeiten an der Kraftstoffanlage die Sicherheitshinweise aus Sektion 2.

Tankverschluß

1 Zum Ausbau des Tankverschlusses ist dieser zuerst zu entriegeln und zu öffnen, danach werden die vier Halteschrauben entfernt. Achten Sie auf den Dichtring zwischen Tankverschluß und Tank, bei Beschädigungen ist dieser zu erneuern.

2 Beim Zusammenbau ist darauf zu achten, daß der Dichtring nicht die Entlüftungsbohrung blockiert. Ziehen Sie die Halteschrauben nicht zu fest an, da sonst der Dichtring zerstört werden kann. Überprüfen Sie anschließend die Funktion des Tankverschlusses. Fetten Sie den Dichtring am Tankverschluß mit Öl ein, da er sonst durch Schmutz und Wasser seine Dichtfähigkeit verliert.

3 Tritt Kraftstoff am Tankverschluß aus, kann die Ursache ein beschädigter Dichtring sein. Überprüfen Sie vorher alle Entlüftungsboh-

5.5a Entfernen Sie den Kabelstecker aus seiner Klemmhalterung, . . .

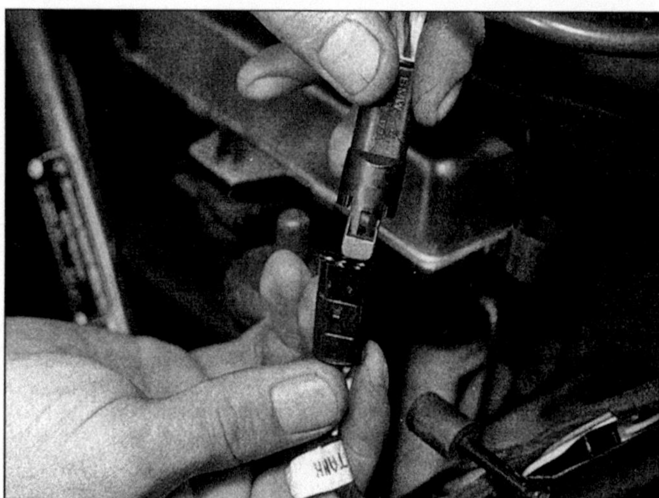

5.5b . . . und lösen Sie die Steckverbindung. Achten Sie beim Zusammenbau auf den richtigen Sitz.

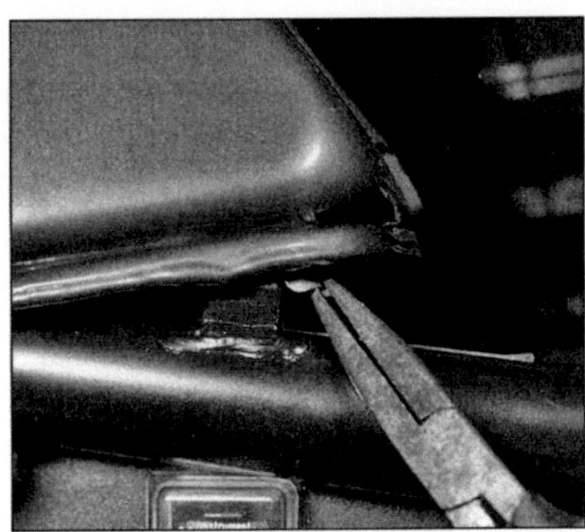

5.6 Entfernen Sie die Klammern, die die hintere Tankhalterung sichern – frühe Modelle haben eine einzelne Schraube.

5.7c Überprüfen Sie bei jedem Abnehmen des Tanks die vorderen Tankbefestigungen auf Materialschäden.

rungen, Überdruckventil und Schläuche auf Durchlässigkeit.

4 Der Tankverschluß wurde Ende 1984 verändert. Er öffnet sich automatisch nach dem Aufschließen. Ebenso wurde der Dichtring verändert. Wasser, das in den Tankverschluß

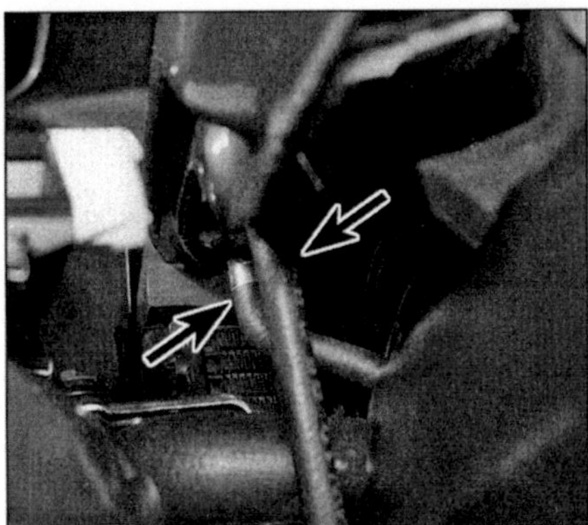

5.7a Ziehen Sie die Benzinleitung ab, und entfernen Sie die Schläuche vom linken hinteren Ende der Einheit unter dem Tank.

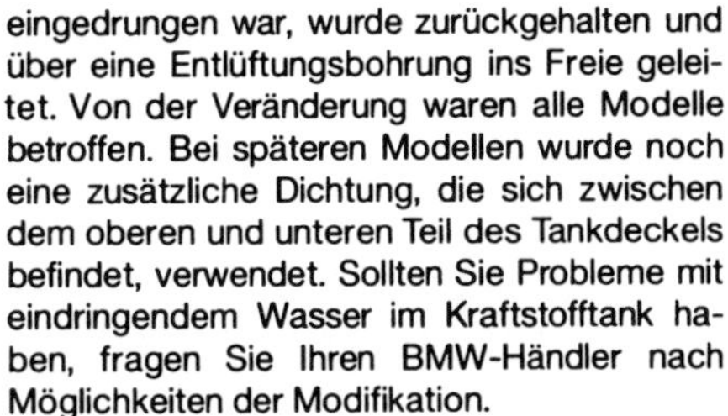

eingedrungen war, wurde zurückgehalten und über eine Entlüftungsbohrung ins Freie geleitet. Von der Veränderung waren alle Modelle betroffen. Bei späteren Modellen wurde noch eine zusätzliche Dichtung, die sich zwischen dem oberen und unteren Teil des Tankdeckels befindet, verwendet. Sollten Sie Probleme mit eindringendem Wasser im Kraftstofftank haben, fragen Sie Ihren BMW-Händler nach Möglichkeiten der Modifikation.

5 Verwenden Sie nur Originalschlösser und -schlüssel beim Austausch. Dadurch können Sie sicherstellen, daß Sie nach einem Austausch nur ein Schlüssel für alle Schlösser benötigt wird.

6 Besitzer von reimportierten US-Modellen sollten sich wegen der Besonderheiten der Tankanlage an einen BMW-Händler wenden. Verändern Sie keine Teile am Tankdeckel.

Innenliegende Schläuche und Rohrleitungen

7 Überprüfen Sie die Durchlässigkeit aller inneren Verbindungen bei jeder Demontage des Kraftstofftanks.

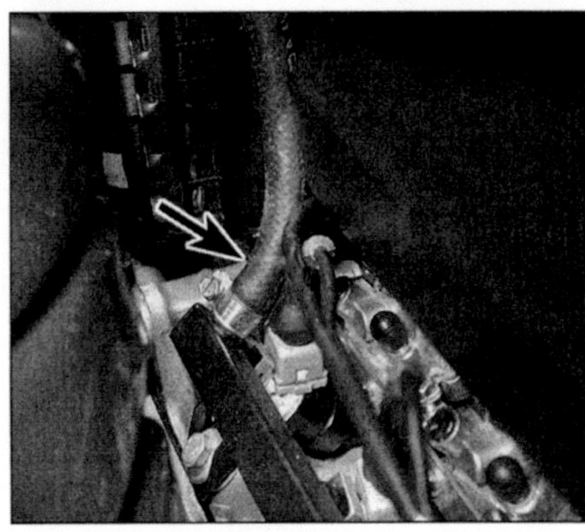

5.7b Wahlweise können Sie die Benzinleitung auch von der Einspritzanlage lösen.

8 Bei den ersten Modellen der 100er Reihe kam es durch lockere Schlauchverbindungen im Kraftstofftank gelegentlich zum Druckabfall in der Kraftstoffanlage. Ziehen Sie zur Überprüfung des festen Sitzes aller Schlauchleitungen den Kraftstoffschlauch von der Drosselklappenanlage ab, und verschließen das Ende. Danach starten Sie den Motor für 15 Sekunden, um den maximalen Druck in der Anlage aufzubauen. Überprüfen Sie nun den festen Sitz aller Leitungen, undichte Leitungen sind zu erneuern. Verwenden Sie beim Zusammenbau (kleinere) 12-mm-Klemmen, und achten Sie auf den korrekten Sitz aller Schläuche auf den Metallstutzen. Bei den späteren Modellen wurden nur noch kleinere Klemmen verwendet. Bei jedem Druckverlust in der Kraftstoffanlage sollten Sie zuerst diesen Punkt beachten.

Außenliegende Schläuche

9 Alle Leitungen sind innen und außen speziell beschichtet. Tritt Kraftstoff an den Verbindungsstellen aus, kann die äußere Beschichtung zerstört werden. Dadurch quellen die Leitungen auf und sind somit unbrauchbar.

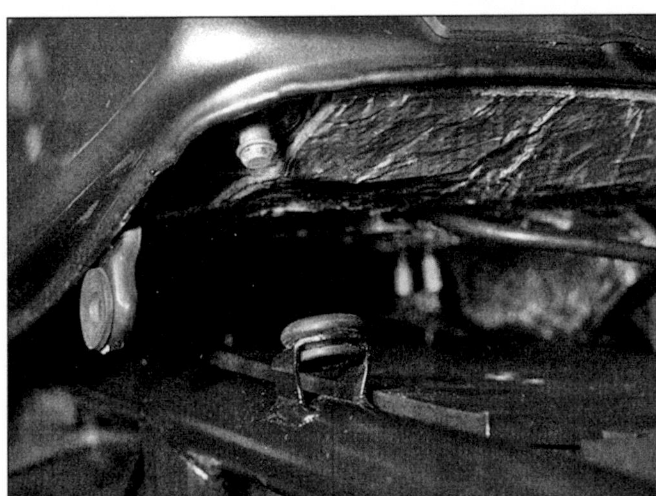

5.10a Schmieren Sie die vorderen Tankhalterungen vor dem Einbau.

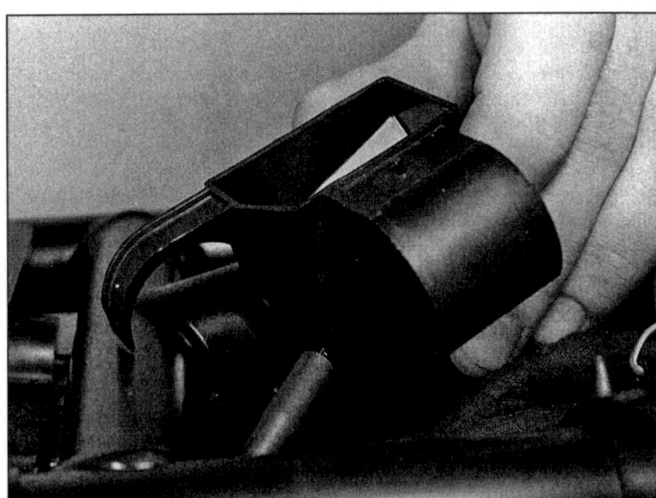

5.10b Überprüfen Sie regelmäßig die Benzinleitungen – Überlauf- und Überdruckschlauch münden (bei späteren Modellen) in einen Trichter.

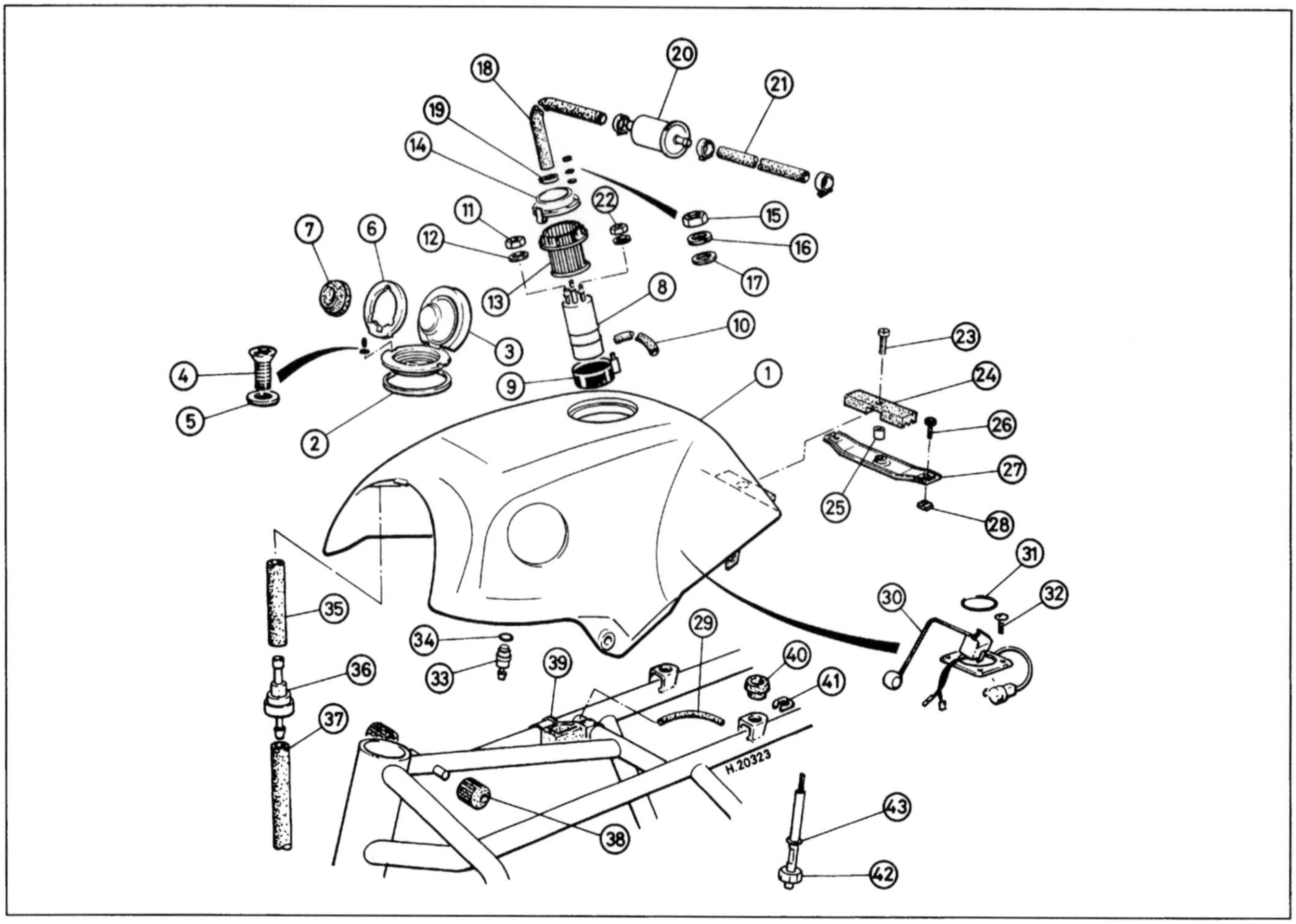

6.1a Kraftstoffanlage

1 *Kraftstofftank*
2 *Dichtring*
3 *Tankdeckel mit Einfüllstutzen*
4 *Schrauben – 4 Stück*
5 *Unterlegscheibe – 4 Stück*
6 *Dichtring*[1]
7 *Dichtung*
8 *Kraftstoffpumpe*
9 *Filtersieb*
10 *Entlüftungsschlauch*[1]
11 *Masseanschluß*
12 *Unterlegscheibe*
13 *Gummimanschette*
14 *Haltering*
15 *Mutter – 6 Stück*
16 *Federring – 6 Stück*
17 *Unterlegscheibe – 6 Stück*
18 *Schlauch*
19 *Klemme*
20 *Kraftstoffilter*
21 *Schlauch*
22 *Plusanschluß*
23 *Schraube*[2]
24 *hintere Gummiauflage*[2]
25 *Distanzhülse*[2]
26 *Schraube – 2 Stück*[2]
27 *Halter*[2]
28 *Mutter – 2 Stück*[2]
29 *Entlüftungsschlauch*[1]
30 *Geber Tankanzeige*[1]
31 *O-Ring*[1]
32 *Schraube – 4 Stück*[1]
33 *Kraftstoffventil*[2]
34 *Dichtring*[2]
35 *Überdruckschlauch**
36 *Überdruckventil**
37 *Überdruckschlauch**
38 *vordere Gummihalterung – 2 Stück*
39 *Sammeltrichter*[1]
40 *Gummistopfen – 2 Stück*[1]
41 *Sprengring*[1]
42 *Kraftstoffmesser*[2]
43 *Dichtring*[2]

[1] *nur späte Modelle*
[2] *nur frühe Modelle*
* *nur US-Modelle*

Achten Sie daher auf den festen Sitz aller Verbindungen, auf die Durchlässigkeit des Kraftstoffrücklaufventils, und auf die Dichtigkeit aller Dichtungen.

Kraftstoffrücklaufventil

10 Bei den ersten Modellen der 100er Reihe war ein federunterstütztes Sperrventil an der Kraftstoffleitung so angebracht, das beim Abnehmen des Kraftstofftanks die Kraftstoffleitung automatisch verschlossen war. Da dadurch, insbesondere im Leerlauf, Geräusche auftraten, wurden ab 1985 die Federn weggelassen. Die Umrüstung früherer Modelle wird im nächsten Absatz beschrieben.

11 Bauen Sie den Kraftstofftank ab, entleeren Sie den Kraftstoff in ein geeignetes Gefäß und schrauben Sie das Ventil ab. Hebeln Sie vorsichtig den Randkranz auf und entfernen Sie die Abdeckscheibe. Nehmen Sie die Feder heraus und setzen Sie die Abdeckscheibe wieder ein. Bördeln Sie den Randkranz vorsichtig zur Sicherung der Abdeckscheibe wieder um. Bauen Sie das Ventil wieder ein, vergessen Sie dabei nicht den Dichtring. Denken Sie daran, daß nun Benzin auslaufen kann, wenn Sie den Tank entfernen, daher sollten Sie beim Ausbau das untere Ende verschließen.

12 Mit der Einführung der KS 75 S-Modelle Mitte des Jahres 1986 fiel das Kraftstoffsperrventil komplett weg, es wurde durch ein lan-

6.1b Lösen Sie vorsichtig die Halteschrauben, um den Tankverschluß zu entfernen – überprüfen Sie den Dichtring.

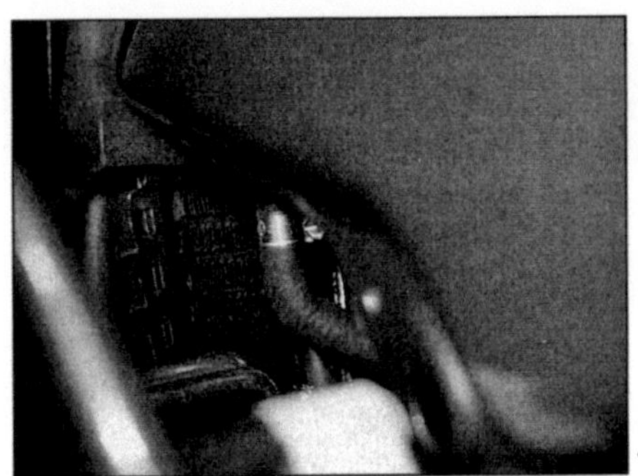

6.9 Überprüfen Sie regelmäßig die Lage und den festen Sitz aller Schlauchverbindungen.

ges Rohr, das am oberen Teil des Kraftstofftanks endet, ersetzt. Seien Sie daher bei Ausbau des Kraftstofftanks sehr vorsichtig, da bei dessen Umkippen Benzin auslaufen kann.

Tankisolation

13 Denken Sie daran, daß bei bestimmten Witterungseinflüßen und Verkehrssituationen es möglich ist, daß die Temperaturen in der Nähe des Motors extrem hoch seien können. Dies gilt insbesondere bei vollverkleideten Modellen wie K 75 RT, K 100 RS, K 100 RT und K 100 LT.

14 Werden diese Maschinen bei heißem Wetter gefahren, kann es durch Verdunstung zu einer Unterversorgung mit Benzin kommen. Paradoxerweise wird dieser Effekt bei US-Modellen verstärkt, da die Benzindämpfe der Verbrennung zugeführt werden.

15 Um diesem Effekt entgegenzuwirken, hat BMW die Tankunterseiten aller Modelle isoliert. Bei den vollverkleideten Modellen der 100er-Reihe wurden einige Modifikationen zur besseren Kühlung notwendig. Die Luft-Einlässe wurden versetzt und erhielten zusätzliche Leitbleche, die kalte Luft in den Einlaß leiten. Zusätzlich wurden Abweiser so angebracht, daß die heiße Luft von den Beinen des Fahrers abgeleitet wird. An den Tankseiten wurden zum Schutz des Fahrers Knieschützer angebracht.

Verdunstungsrückhaltesystem (nur US-Modelle)

16 Die Anlage, mit der nur US-Modelle ausgestattet sind, wurde bereits im ersten Abschnitt dieses Kapitels beschrieben. Diese Anlage benötigt keine besondere Wartung und Pflege, lediglich einen kurzen Test. Dabei wird die Durchlässigkeit aller Schläuche sowie die Funktion des Überdruckventils überprüft.

17 Zum Ausbau des Überdruckventils und der dazugehörigen Schläuche kippen Sie den Tank so, daß das untere Schlauchende vom Kurbelgehäuse abgezogen werden kann. Beim Zusammenbau achten Sie bitte auf den Pfeil am Überdruckventil, er muß beim Einbau nach oben zeigen.

18 Verwenden Sie bei Reparaturen an der Anlage nur Originalteile.

19 Sollten, insbesondere bei sehr warmem Wetter oder im Stadtverkehr, Probleme mit dem Motor auftreten, liegt die Ursache häufig beim Verdunstungsrückhaltesystem. Zum genaueren Test bringen Sie die Maschine zu Ihrem BMW-Händler.

Kraftstofftank – Allgemeines

20 Wenn der Tank ausgebaut ist sollten Sie ihn immer auf eingedrungenes Wasser und Staubreste untersuchen. Gerade das Kraftstoffsystem reagiert extrem empfindlich auf Verunreinigungen durch Dreck und Wasser. Schäden, insbesondere an den Pumpen, können die Folge sein.

21 Da der Kraftstofftank aus Aluminium gefertigt ist, sollten Sie bei Beschädigungen einen Fachbetrieb aufsuchen. Vor solchen Arbeiten am Tank muß der Kraftstoff vollständig entfernt sein, ebenso sollten alle am oder im Tank befindlichen Teile entfernt werden. Vor dem Zusammenbau sollten Sie sich vergewissern, daß alle Öffnungen und Durchlässe frei sind.

7 Tankanzeige und Geber
Ausbau und Einbau

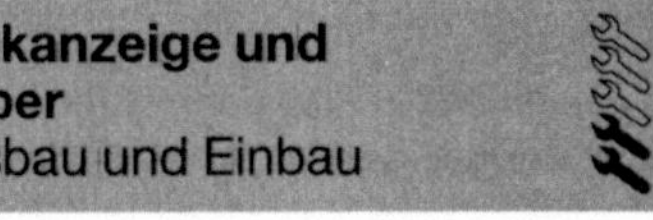

Achtung: Bei allen Arbeiten an der Kraftstoffanlage sollten Sie die Sicherheitshinweise aus Sektion 2 dieses Kapitels beachten.

1 Die Reservetankanzeige wird von einer schwimmergesteuerten Gebereinheit am Tankboden gesteuert. Die Überprüfung wird im Kapitel 11 beschrieben.

2 Sollte die Gebereinheit ausgebaut werden, entfernen Sie zuerst den Kraftstofftank und geben Sie den Kraftstoff in ein geeignetes Gefäß (siehe Sektion 5 in diesem Kapitel).

3 Entfernen Sie den Einfüllstutzen, wie in Sektion 6 beschrieben. Überprüfen Sie, ob die Zündung ausgeschaltet ist.

4 Entfernen Sie die Anschlüsse der Kraftstoffpumpe. Markieren Sie zum korrekten Zusammenbau die Position der Anschlüsse. Damit der Lack des Tanks nicht beschädigt wird, legen Sie ihn auf Putzlappen ab. Entfernen Sie die Abdeckung an der Unterseite des Gebers (nur bei späteren Modellen)

5 Bei frühen Modellen entfernen Sie die Halteschrauben und ziehen den Geber von der Rückseite der Kraftstoffpumpe ab. Bei späteren Modellen entfernen Sie die vier Halteschrauben und ziehen den Geber ab. Achten Sie darauf, nicht den Schwimmerarm zu verbiegen (siehe Abbildung).

6 Wie in Kapitel 11 beschrieben, ist es nicht möglich, den Geber zu reparieren. Sollte der Geber fehlerhaft arbeiten, müssen Sie ihn gegen ein Ersatzteil austauschen.

7 Erneuern Sie alle Dichtungen und O-Ringe beim Zusammenbau. Bei späteren Modellen ist der linke Anschluß mit einem dünneren gelben Kabel versehen. Achten Sie auf den korrekten Anschluß der Kabel.

7.5a Der Geber ist an der Unterseite des Tanks befestigt – späteres Modell gezeigt.

7.5b Knicken Sie bei späteren Modellen nicht den Schwimmerarm ab.

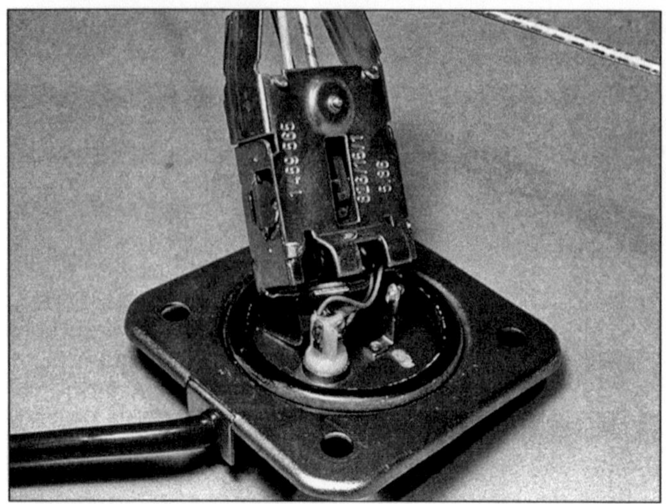

7.7 Erneuern Sie alle Dichtungen und O-Ringe, dadurch verringern Sie das Risiko von undichten Stellen.

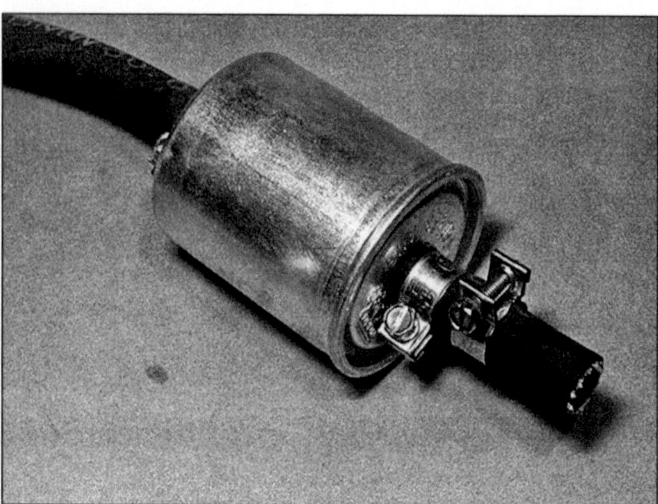

8.3 Die Markierung auf dem Filtergehäuse zeigt die Fließrichtung an – verwenden Sie beim Einbau nur modifizierte Filter.

8 Kraftstoffilter
Aus- und Einbau

Anmerkung 1: *Beachten Sie die Sicherheitshinweise aus Kapitel 2, bevor Sie an der Kraftstoffanlage arbeiten.*

Anmerkung 2: *Der Filter wurde modifiziert. Bei den alten Filtern wurden die Zeichen der Hersteller eingeprägt, daher kam es häufiger zu Materialermüdungen an den Prägestellen. Bei neueren Filtern werden die Herstellerzeichen gedruckt. Verwenden Sie nur neuere Filter.*

1 Öffnen Sie den Einfüllstutzen und bauen Sie ihn, wie in Sektion 6 beschrieben, aus. Stellen Sie sicher, daß die Anlage drucklos ist (siehe Sektion 3).

2 Benutzen Sie einen langen Schraubendreher, um die Klammer am kurzen Schlauch des Kraftstoffilters zu entfernen. Danach ziehen Sie den Filter am freiliegenden Metallstutzen aus dem Tank. Sichern Sie das lange Schlauchende gegen unbeabsichtigtes Hereinrutschen. Entfernen Sie nun die Klammer und lösen Sie den Filter vom Schlauch. Sollten die Klammern größer als 12 mm sein, sind sie gegen die entsprechend kleineren Klammern auszutauschen.

3 Tauschen Sie nun den Filter gegen einen neueren Typs aus. Achten Sie beim Zusammenbau auf die Markierung der Flußrichtung (siehe Abbildung).

4 Schieben Sie beim Zusammenbau die Schlauchenden vollständig über die Metallstutzen des Filters. Ziehen Sie die Klammern vorsichtig am Schlauchende fest.

5 Befestigen Sie den Einfüllstutzen, wie in Sektion 6 beschrieben. Stellen Sie sicher, daß eine Dichtung neueren Typs (wo möglich) eingebaut wird. Führen Sie den Einbau korrekt durch, damit kein Wasser eindringen kann.

9 Kraftstoffpumpe
Ausbau und Einbau

Anmerkung: *Beachten Sie bei allen Arbeiten an der Kraftstoffanlage die Sicherheitshinweise aus Sektion 2.*

1 Entfernen Sie den Einfüllstutzen (siehe Sektion 6). Stellen Sie sicher, daß die Zündung ausgeschaltet ist.

2 Entfernen Sie die elektrischen Anschlüsse an der Kraftstoffpumpe. Ein Vertauschen der Anschlüsse ist nicht möglich, da sie unterschiedlich groß sind. Stellen Sie sicher, daß die Anlage drucklos ist (siehe Sektion 3).

3 Entfernen Sie die Schellen von den Schlauchleitungen und ziehen Sie diese ab.

4 Entfernen Sie (bei späteren Modellen) den Siebfilter von der Pumpe (siehe Abbildung).

5 Drücken Sie die Kunststofflaschen am Dichtungsring zusammen und entfernen die Pumpe (siehe Abbildung).

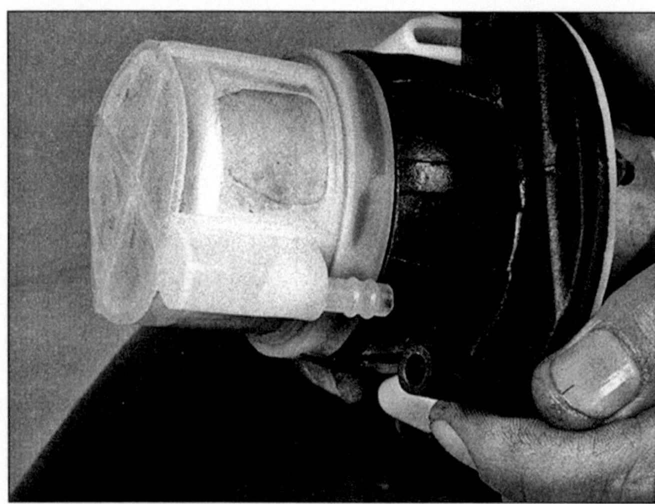

9.4 Vergessen Sie nicht, bei späteren Modellen den Entlüftungsschlauch vom Siebfilter zu entfernen.

9.5 Drücken Sie die Kunststoff-Laschen (Pfeile) zusammen, um die Pumpe zu entfernen.

6 Achten Sie beim Zusammenbau darauf, daß kein Schmutz in den Tank gelangt. Alle Teile der Pumpe müssen absolut sauber sein. Das Maschensieb muß fest sitzen. Sollten die Schellen größer als 12 mm sein, sind sie gegen modifizierte Teile auszutauschen.
7 Bauen Sie die Pumpe so in die obere Halterung ein, daß der kleinere Pluspol nach links zeigt (10 bis 11 Uhr Position). Drücken Sie die Pumpe in die Halterung und stellen Sie sicher, daß die Kunststoff-Laschen einrasten.
8 Befestigen Sie (nur bei späteren Modellen) den Entlüftungsschlauch des Siebfilters so, daß der Stutzen am Siebfilter in die entsprechende Vertiefung an der Pumpe paßt. Danach befestigen Sie vorsichtig die Klemme.
9 Befestigen Sie die Kabel an der Pumpe (Gelb an den kleineren Pluspol, Schwarz an den größeren Minuspol). Stellen Sie sicher, daß die Kabel fest angezogen sind.
10 Befestigen Sie den Tankdeckel.

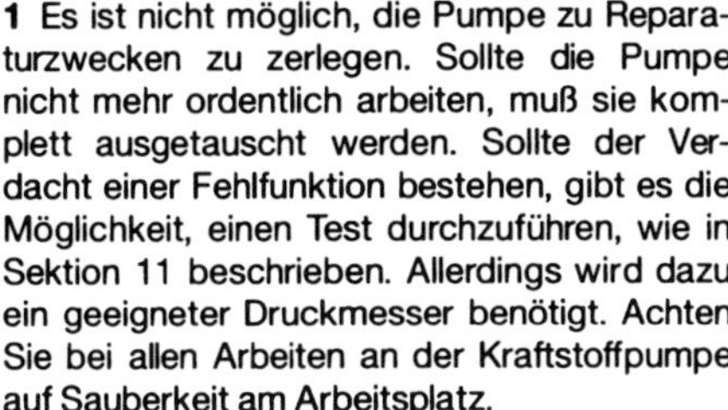

10 Kraftstoffpumpe
Überprüfung und Erneuerung

1 Es ist nicht möglich, die Pumpe zu Reparaturzwecken zu zerlegen. Sollte die Pumpe nicht mehr ordentlich arbeiten, muß sie komplett ausgetauscht werden. Sollte der Verdacht einer Fehlfunktion bestehen, gibt es die Möglichkeit, einen Test durchzuführen, wie in Sektion 11 beschrieben. Allerdings wird dazu ein geeigneter Druckmesser benötigt. Achten Sie bei allen Arbeiten an der Kraftstoffpumpe auf Sauberkeit am Arbeitsplatz.
2 Entfernen Sie nach dem Ausbau der Pumpe die Schrauben am Kunststoffgehäuse, um den Haltering zu entfernen. Achten Sie auf Markierungen am Kunststoffring (ein kleines + Symbol). Sollten keine Markierungen vorhanden sein, bringen Sie selbst eine Markierung an (siehe Abbildung), bevor Sie die Pumpe aus der Gummimanschette entfernen. Ziehen Sie vorsichtig den Siebfilter aus der Pumpe, beschädigen Sie ihn dabei nicht.
3 Lösen Sie den Filter von der Gummidichtung, achten Sie dabei auf die angebrachten Markierungen zum späteren Zusammenbau. Überprüfen Sie das Sieb auf Beschädigungen oder Löcher. Sollte das Sieb unbeschädigt sein, reinigen Sie es mit Lösungsmittel, ansonsten muß das Sieb ausgetauscht werden.
4 Reinigen Sie alle Teile vorsichtig, und überprüfen Sie sie anschließend auf Verschleiß oder Beschädigungen. Erneuern Sie alle beschädigten oder verschlissenen Teile.
5 Bedenken Sie, daß die Pumpe mit der Einführung der K 75-Modelle ab 1986 modifiziert wurde. Dadurch wurde die Funktionsfähigkeit bei höheren Temperaturen verbessert. Um die Bildung von Dampfblasen zu verhindern, wurde die Pumpe mit einem neuen Siebfilter und einem separaten Entlüftungsschlauch versehen.
6 Die modifizierte Pumpe reagiert allerdings empfindlicher auf Verunreinigungen. Daher sollten Sie nur nichtfusselnde Lappen zur Reinigung verwenden. Reinigen Sie den Kraftstofftank sofort bei Auftreten von Schmutz oder Wasser.
7 Achten Sie auf peinliche Sauberkeit beim Zusammenbau aller Teile. Setzen Sie den Siebfilter auf die Gummimanschette, achten Sie dabei auf die Markierungen (siehe Abbildung). Befestigen Sie den Haltering auf der Gummidichtung, ziehen Sie dabei die Muttern nicht zu fest an. Der Haltering läßt sich nur in der korrekten Position richtig befestigen.
8 Benetzen Sie das Pumpengehäuse mit Benzin oder einer dünnen Schicht Motoröl. Achten Sie beim Einführen des Pumpengehäuses in die Gummimanschette darauf, daß das Siebfilter nicht beschädigt wird. Entfernen Sie den Haltering, bevor Sie die Pumpe in ihre endgültige Lage in der Gummimanschette drücken. Bringen Sie den Haltering in die korrekte Position, achten Sie dabei auf die + Markierung. Danach ziehen Sie die Halteschrauben vorsichtig an. Überprüfen Sie noch einmal den Zustand des Siebfilters auf Beschädigungen sowie den korrekten Sitz aller Markierungen.
9 K 75-Modelle ab der Rahmennummer 0253816 sind mit einer leistungsfähigeren Kraftstoffpumpe ausgestattet. Sollte der Kraftstoffpegel sehr niedrig sein, kann es beim Ansaugen von Luft zu sehr lauten Geräuschen kommen. Dieses Problem kann durch Verlegung des Kraftstoffrückflußschlauchs auf die linke Seite des Tanks behoben werden – dadurch ist immer genug Benzin in der Kraftstoffpumpe. Fragen Sie Ihren BMW-Händler, sollte dieses Problem auftreten.

11 Kraftstoffdruck
Überprüfung

Anmerkung: *Achten Sie auf die Sicherheitshinweise aus Sektion 2, bevor Sie an der Kraftstoffanlage arbeiten.*

1 Der einzige Test der Kraftstoffpumpe und des Druckreglers umfaßt die Prüfung des Arbeitsdrucks wie unten beschrieben. Denken Sie daran, daß es einige Umstände wie heißes Wetter gibt, die die Testergebnisse verfälschen. Zuerst sorgen Sie dafür, daß die Kraftstoffanlage drucklos ist (siehe Sektion 3).
2 Entfernen Sie die Kraftstoffleitung von der Einspritzschiene, wie in Sektion 5 beschrieben. Danach befestigen Sie einen Druckmesser zwischen Kraftstoffleitung und Kraftstoffverteiler. Sie erhalten den Druckmesser bei Ihrem BMW-Händler unter der Teilenummer 16 1 500.
3 Starten Sie den Motor und messen Sie den Druck bei Leerlaufdrehzahl. Da der Druck nicht drehzahlabhängig ist, darf sich der Druck bei Erhöhung der Motordrehzahl nicht verändern. Sollte sich der Druck bei höherer Drehzahl ändern, ist der Druckregler zu überprüfen. Dazu erhöhen Sie öfter schnell hintereinander

10.2 Überprüfen Sie vor dem Entfernen des Halterings die Lage der Markierungen für den kleineren Pluspol (siehe Pfeil).

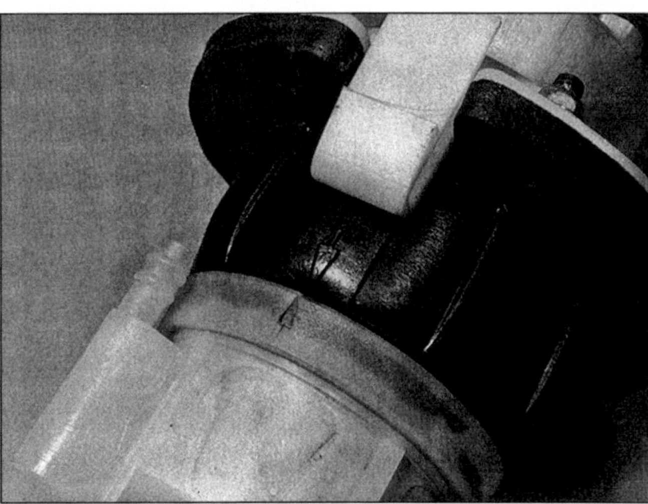

10.7 Stellen Sie sicher, daß der Siebfilter in der richtigen Position (siehe Markierungen) fest an der Gummimanschette sitzt.

6

12.3 Der Druckregler ist an der rechten Seite der Drosselklappenanlage befestigt.

13.3 Lösen Sie die Unterdruckleitung vom hinteren Ende des Kraftstoffverteilers.

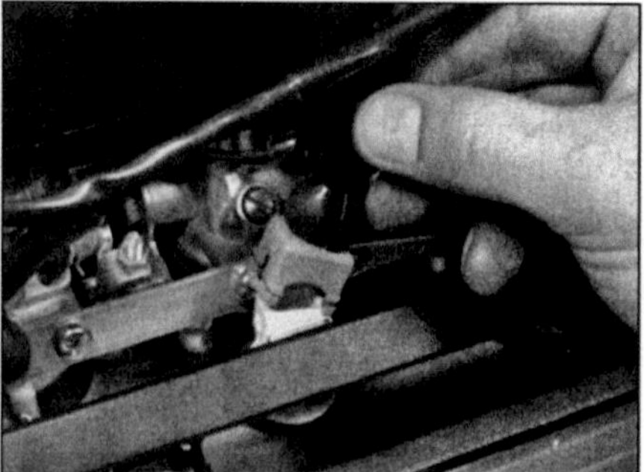

13.4 Lockern Sie vorsichtig den Kabelhalter, bevor Sie ihn von den Einspritzventilen abziehen.

die Drehzahl, dadurch können Sie feststellen, ob die Druckveränderung auf unterschiedliche Einlaßunterdrücke zurückzuführen ist. Sollte der Unterdruckregler defekt sein, müssen Sie ihn austauschen.

4 Der Druck sollte annähernd bei 2.5 bar liegen, in einigen Handbüchern werden 2.2 bar bei Leerlaufdrehzahl genannt. Sollte der Druck deutlich darunter liegen, überprüfen Sie zuerst die Kraftstoffleitungen auf Durchlässigkeit (siehe Sektion 6), der Kraftstoffilter ist ebenfalls vorher zu überprüfen (siehe Sektion 8), bevor Sie die Kraftstoffpumpe austauschen (siehe Sektion 9).

5 Sollte der Druck auffällig höher liegen, muß der Druckregler mit seiner Unterdruckleitung überprüft werden (siehe Sektion 12). Wenn der Druck über 4.7 bar steigt, ist das Sicherheitsventil im Druckregler defekt. Dieser ist dann sofort auszutauschen.

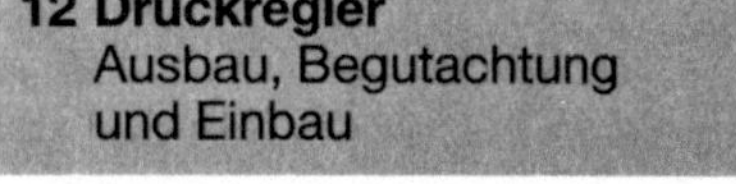

12 Druckregler
Ausbau, Begutachtung und Einbau

Anmerkung: *Vor allen Arbeiten an der Kraftstoffanlage sind die Sicherheitshinweise aus Sektion 2 zu beachten.*

1 Bei K 75 RT-, K 100 RS-, K 100 RT- und K 100 LT-Modellen werden zuerst die Knieschützer, die unteren Teile der Verkleidung und die Kühlerabdeckung entfernt. Bei den K 75 S-Modellen sollten die Seitenteile der Verkleidung abgebaut werden, zumindest sollte die unteren Abdeckung entfernt werden, um bessere Arbeitsbedingungen zu erhalten. Bei allen anderen Modellen ist es ausreichend, die Kühlerabdeckung zu entfernen (siehe Kapitel 8).

2 Entfernen Sie die komplette Luftfilteranlage (siehe Sektion 14). Machen Sie die Anlage drucklos (siehe Sektion 3).

3 Öffnen Sie die Klemmen der Schlauchverbindungen von der Einspritzschiene, der Kraftstoffrückführung und der Unterdruckleitung (siehe Abbildung).

4 Lösen Sie die Haltemutter am oberen Ende des Druckreglers, und entfernen Sie ihn.

5 Ziehen Sie beim Anschrauben des Druckreglers die Haltemutter vorsichtig mit dem vorgeschriebenen Drehmoment an. Befestigen Sie alle Schlauchverbindungen.

6 Schieben Sie die Schläuche korrekt auf die Stutzen und achten Sie auf den richtigen Sitz der Schlauchklemmen. Überprüfen Sie alle Schlauchverbindungen auf undichte Stellen, nachdem Sie den Motor gestartet haben.

7 Sollte der Druckregler Beschädigungen aufweisen, ist er zu erneuern. Zum Überprüfen der Membran im Druckregler saugen Sie am unteren Ende des Unterdruckschlauchs. Sollte bei intaktem Unterdruckschlauch ein Leck auftreten, ist die Membran beschädigt. Der Druckregler ist dann auszutauschen.

13 Kraftstoffverteiler und Einspritzdüsen
Ausbau, Begutachtung und Einbau

Anmerkung: *Vor allen Arbeiten an der Kraftstoffanlage sind die Sicherheitshinweise aus Sektion 2 zu beachten.*

1 Bei K 75 RT-, K 100 RS-, K 100 RT- und K 100 LT-Modellen sind zuerst die linken Knieschützer und der untere Teil der Verkleidung zu entfernen (siehe Kapitel 8). Entfernen Sie losen Schmutz vom Zylinderkopf.

2 Machen Sie die Anlage drucklos (siehe Sektion 3).

3 Entfernen Sie die Kraftstoffzuleitung und die Unterdruckleitung vom Kraftstoffverteiler (siehe Abbildung). Ziehen Sie, falls vorhanden, die Einspritzdüsenabdeckung ab.

4 Trennen Sie die Kabel von jeder Einspritzdüse, lösen Sie dabei die Stecker vorsichtig ab (siehe Abbildung). Achten Sie auf Kabelsicherungen am Kraftstoffverteiler.

5 Entfernen Sie die zwei Halteschrauben des Kraftstoffverteilers. Achten Sie dabei auf die Gummitüllen und Unterlegscheiben. Entfernen Sie nun vorsichtig die Einspritzleiste mit den Einspritzventilen (siehe Abbildung). Verschließen Sie die Öffnungen mit sauberen Lappen, damit kein Schmutz in die Anlage gelangen kann.

6 Nehmen Sie eine Zange, um die Klemmen der Einspritzventile zu entfernen (siehe Abbil-

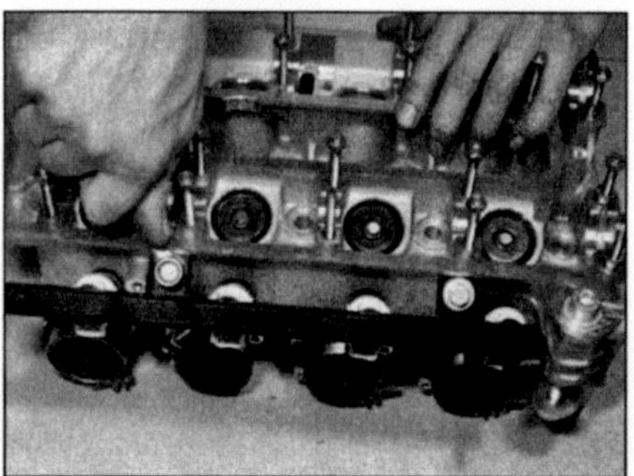

13.5a Die Einspritzleiste wird von zwei Schrauben gehalten - denken Sie an die Gummitüllen.

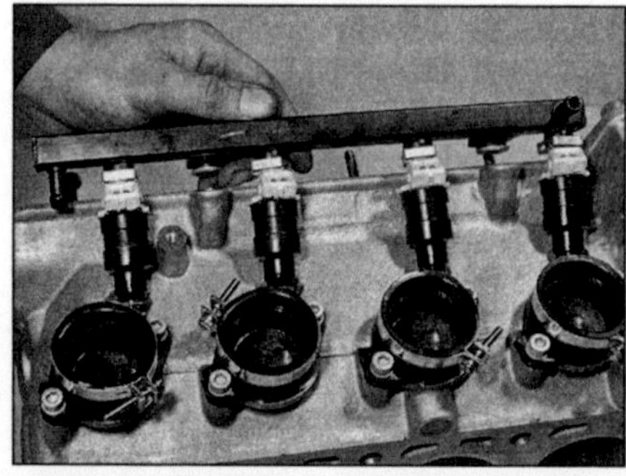

13.5b Entfernen Sie den Kraftstoffverteiler zusammen mit den Einspritzventilen.

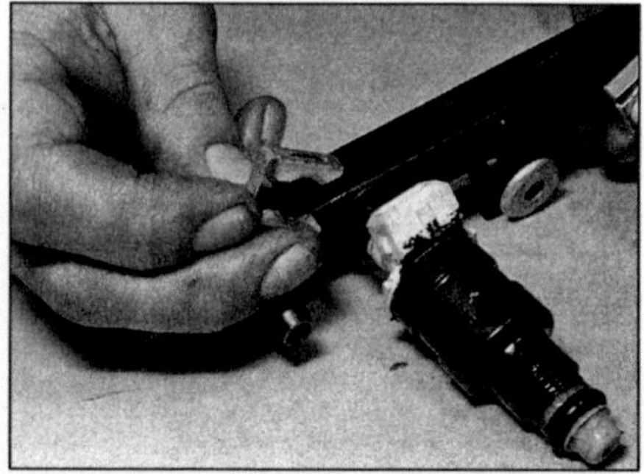

13.6a Entfernen Sie die Sicherungsklemme, um die Einspritzdüse vom Kraftstoffverteiler zu lösen.

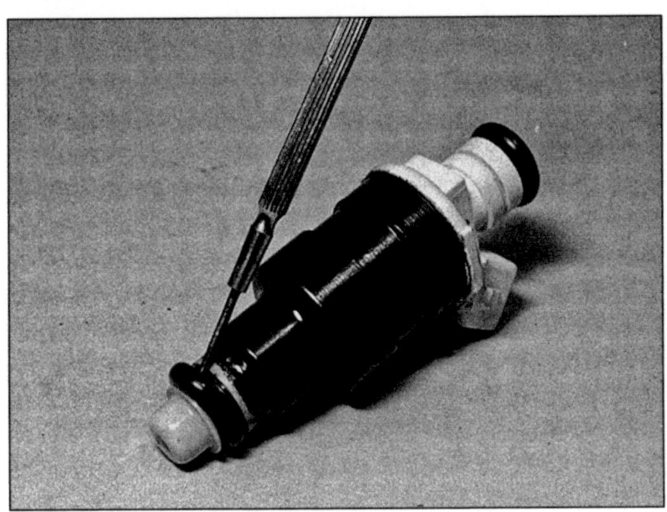

13.6b Beschädigen Sie beim Wechseln des O-Rings nicht die Einspritzdüse.

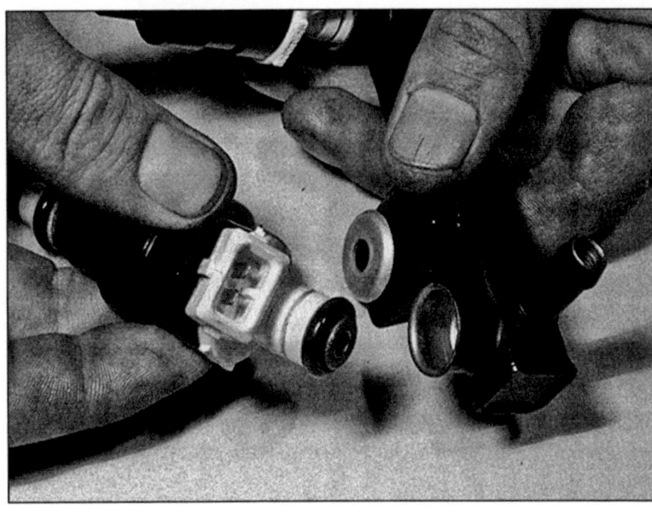

13.8 Erneuern Sie immer die O-Ringe, um undichte Stellen zu vermeiden – die Abdeckscheiben der Gummitüllen nicht vergessen.

dung). Erneuern Sie immer die O-Ringe am Ende der Einspritzdüsen, wenn diese demontiert werden (siehe Abbildung).

7 Überprüfen Sie, ob der Kraftstoffverteiler sauber und frei von Verstopfungen ist. Die Einspritzdüsen können nicht überprüft oder repariert werden – sollten Sie fehlerhaft arbeiten, ist ein Austausch notwendig.

8 Erneuern Sie vor dem Zusammenbau die O-Ringe am Ende der Einspritzdüsen. Zum leichteren Einbau sollten Sie die Einspritzdüsen leicht einfetten (siehe Abbildung). Setzen Sie sie in den Kraftstoffverteiler ein, und sichern Sie sie mit den vorgesehenen Klemmen. Überprüfen Sie vor dem Einbau des Kraftstoffverteilers den richtigen Sitz der Unterlegscheiben auf den Gummitüllen.

9 Entfernen Sie die Lappen aus den Öffnungen und überprüfen Sie genauestens die Sauberkeit, bevor Sie die Einspritzdüsen wieder einsetzen. Setzen Sie auf jede Seite der Gummitüllen eine Abdeckscheibe, danach befestigen Sie den Kraftstoffverteiler mit den Halteschrauben. Ziehen Sie die Schrauben mit dem dafür vorgesehenen Drehmoment an.

10 Ordnen Sie die Kabel und schließen jedes Endstück an den richtigen Einspritzventilen an. Achten Sie darauf, daß jedes Endstück richtig einrastet. Sichern Sie die Kabel mit Kabelhaltern am Kraftstoffverteiler.

11 Schieben Sie die Schläuche über die entsprechenden Stutzen, und befestigen Sie die Klemmen so, daß die Schläuche nicht abrutschen können.

14 Luftfiltergehäuse
Ausbau und Einbau

Anmerkung: *Die Reinigung und Erneuerung der Luftfilterelemente sind in Kapitel 1 beschrieben.*

1 Entfernen Sie die Verkleidungsteile, wie in Sektion 12 Absatz 1 beschrieben. Lösen Sie die oberen Halteschrauben, und ziehen Sie den Einlaßschlauch heraus.

2 Es ist zwar nicht notwendig, den Kraftstofftank zu entfernen, aber die folgenden Arbeiten lassen sich bei ausgebautem Tank leichter bewerkstelligen.

3 Öffnen Sie die drei Halteklemmen, die die Ober- und Unterseiten des Luftfiltergehäuses zusammenhalten und entnehmen das Filterelement. Achten Sie darauf, daß der vordere Halteclip sich nach oben öffnet. Ziehen Sie den Filtereinsatz schräg nach hinten heraus.

4 Lösen Sie die Schlauchklemmen, die den Luftsammler mit dem Luftfiltergehäuse verbinden. Diese Arbeit ist bei montiertem Tank sehr umständlich und verlangt einen sehr vorsichtigen Umgang mit einem geeigneten Schraubendreher (siehe Abbildung).

5 Nach dem Lösen der Klammer nehmen Sie das Luftfilteroberteil vom Luftsammler ab. Dies

14.4 Die Klammer zwischen dem Luftsammler und dem Luftfilter ist sehr schwer zu erreichen.

6

14.6a Entfernen Sie oben auf dem oberen Luftfiltergehäuse die zwei Schrauben, . . .

14.6b . . . dann lösen Sie die Schlauchklemme, um den Luftmengenmesser herauszulösen.

14.6c Lösen Sie die Drahtklemme, bevor Sie den Kabelstecker des Luftmengenmessers herausziehen.

14.7a Die Luftfiltergehäuseunterseite wird durch zwei Inbusschrauben gehalten, . . .

14.7b . . . vergessen Sie nicht die Unterlegscheiben am Kurbelgehäuse.

kann durch Isolationsmaterial erschwert werden. Um das Oberteil komplett zu entfernen, muß der Luftmengenmesser herausgenommen werden, danach kann der Stecker getrennt werden.

6 Um den Luftmengenmesser herauszunehmen, müssen die beiden Halteschrauben in der oberen Hälfte des Luftfiltergehäuses entfernt werden. Danach lösen Sie die Klammer des Verbindungsschlauchs (siehe Abbildung). Merken Sie sich beim Herausnehmen des Luftmengenmessers die Lage des Kabels, bevor Sie den Stecker lösen (siehe Abbildung). Drükken Sie die Dichtung durch die Öffnung der oberen Hälfte heraus und entfernen Sie danach die obere Hälfte. Legen Sie den Luftmengenmesser an einem sauberen Ort, wo er nicht beschädigt werden kann, ab.

7 Schrauben Sie die zwei Inbusschrauben, die das Luftfiltergehäuseunterteil mit dem Kurbelgehäuse verbinden, ab. Achten Sie auf die Metall-Unterlegscheiben, die sich auf jeder Seite der Gummitüllen befinden (siehe Abbildung).

8 Ziehen Sie beim Zusammenbau die beiden Inbusschrauben vorsichtig mit dem vorgeschriebenen Drehmoment an.

9 Legen Sie das Kabel in das Gehäuseoberteil, und stecken Sie den Stecker in den Luftmengenmesser. Schieben Sie danach den Luftmengenmesser an seinen Platz, und ziehen Sie die Halteschrauben vorsichtig an. Achten Sie dabei auf die korrekte Lage des Verbindungskabels. Überdrehen Sie die Schrauben nicht, sonst kann der Träger abbrechen.

10 Stellen Sie sicher, daß der Verbindungsschlauch sicher auf beiden Stutzen sitzt. Ziehen Sie danach vorsichtig beide Schlauchschellen fest.

11 Setzen Sie das Filterelement ein, achten Sie dabei auf den korrekten Sitz der Dichtlippen am Ober- und Unterteil des Gehäuses. Achten Sie dabei insbesondere auf den schlecht einzusehenden linken Teil. Die Oben-Markierung muß dabei nach hinten, die Pfeile nach oben zeigen. Achten Sie auf den korrekten Sitz des Filters, es darf keine Nebenluft angesaugt werden. Schließen Sie zuletzt die Halteklemmen.

12 Befestigen Sie den Einlaßschlauch, die Kühlerabdeckung und die abgenommenen Verkleidungsteile. Montieren Sie den Kraftstofftank (falls abgenommen).

13 Der Luftsammler kann auch durch Herausbrechen der Sicherungsclips von der Drosselklappenanlage getrennt werden. Allerdings müssen die Clips danach erneuert werden, für den Einbau ist ein Spezialwerkzeug nötig. Alternativ wird der Luftsammler zusammen mit der Drosselklappenanlage ausgebaut – hierzu mehr in Sektion 16.

15 Luftmengenmesser
Ausbau und Einbau

Da sich der Luftmengenmesser im oberen Teil des Luftfiltergehäuses befindet, ist der Ein- und Ausbau in Sektion 14 beschrieben.

16 Drosselklappenanlage und Luftsammler
Ausbau und Einbau

1 Bauen Sie die Verkleidungsteile, wie in Sektion 12 beschrieben, aus. Entfernen Sie die Kühlerabdeckung (siehe Kapitel 8).

2 Entfernen Sie den Kraftstofftank, wie in Sektion 5 beschrieben.

3 Denken Sie daran, daß die Sicherungsclips zwischen der Drosselklappenanlage und dem Luftsammler beim Öffnen zerstört werden. Um dies zu vermeiden, sollten beide Bauteile zusammen demontiert werden.

4 Entfernen Sie das Luftfiltergehäuseoberteil und den Filter, wie in Sektion 14 beschrieben. Der Luftmengenmesser muß nicht demontiert werden, lediglich der Verbindungsschlauch zum Luftsammler ist zu entfernen.

5 Lösen Sie den Motorentlüftungsschlauch vom Luftsammler. Sollten Sie die Sicherungsclips zwischen der Drosselklappenanlage und dem Luftsammler geöffnet haben, können Sie nun den Luftsammler entfernen. Fetten Sie beim Zusammenbau alle Gummiteile leicht ein. Achten Sie beim Zusammenbau darauf, daß das Isolationsmaterial korrekt angebracht ist. Das Werkzeug zur Befestigung der Sicherungsclips hat die BMW-Teilenummer 13 1 500.

6 Entfernen Sie den Kraftstoffverteiler mit den Einspritzdüsen, wie in Sektion 13 beschrieben.

7 Lösen Sie die Halteschrauben, um mehr Platz für die weiteren Arbeiten zu haben. Hängen Sie den Gasbowdenzug und den Seilzug zur Anhebung der Startdrehzahl aus. Danach trennen Sie die elektrischen Verbindungen an ihren Steckern (siehe Abbildung). Ziehen Sie den Stecker des Drosselklappensensors ab, schrauben Sie danach den Schalter für die Choke-Kontrolllampe heraus (siehe Abbildung).

8 Lösen Sie die Klammern der Einlaßstutzen, entfernen Sie danach die komplette Drosselklappenanlage mit dem Luftsammler (siehe Abbildung). Merken Sie sich die Einbaupositionen der Klammern, ansonsten kann die Freigängigkeit der Drosselklappenwelle eingeschränkt werden. Jeder Einlaßstutzen wird durch zwei Muttern oder Schrauben gehalten (siehe Abbildung).

16.5 Lösen Sie den Schlauch der Motorentlüftung am Stutzen des Luftsammlers.

16.7a Hängen Sie Gas- und Chokeseilzug aus.

16.7b Entfernen Sie die Drahtklemme des Steckers, bevor Sie den Stecker der Chokeanzeige herausziehen.

16.8a Entfernen Sie die Drosselklappenanlage zusammen mit dem Luftsammler.

16.8b Überprüfen Sie die Einlaßstutzen auf Beschädigungen – sie sind bei Bedarf zu erneuern.

16.10a Bauen Sie keine Teile von der Drosselklappenanlage ab . . .

9 Der Druckregler und der Unterdruckschalter (nur frühe 100er-Modelle) sowie der Chokeanzeigeschalter müssen nicht unbedingt entfernt werden.

10 Schrauben Sie niemals die Drosselklappenanlage auseinander (siehe Abbildung), und lösen Sie niemals die Befestigungsschrauben des Drosselklappengestänges. Da die Leerlaufluftgemischschrauben nur einen geringen Einstellungsspielraum ermöglichen, ist eine Synchronisation der Drosselklappenanlage nach ihrer Demontage unmöglich. Die einzige Möglichkeit ist die Beschaffung einer neuen Drosselklappen-Baugruppe.

11 Um den Einbau zu erleichtern, geben Sie etwas Fett auf die Einlaßstutzen. Ziehen Sie die Halteschrauben oder Muttern vorsichtig mit dem vorgeschriebenen Drehmoment an.

12 Setzen Sie die Drosselklappenanlage auf die Einlaßstutzen. Vergessen Sie nicht, vorher die Klammern auf die Stutzen zu setzen. Nachdem Sie die Klammern festgezogen haben, vergewissern Sie sich, daß die Drosselklappenwelle freigängig ist.

13 Schrauben Sie den Drosselklappensensor und den Schalter der Chokewarnlampe an.

14 Verbinden Sie die Schalter mit ihren entsprechenden Kabeln.

15 Montieren Sie den Kraftstoffverteiler mit den Einspritzdüsen. Befestigen Sie den Schlauch der Motorentlüftung am Stutzen des Luftsammlers.

16 Befestigen Sie die obere Luftfiltergehäusehälfte und den Filter. Montieren Sie den Kraftstofftank.

17 Überprüfen Sie die Leerlaufdrehzahl und die übrigen Kontrollanzeigen. Wenn nötig, überprüfen Sie die Synchronisation der Leerlaufluftschrauben.

18 Montieren Sie alle entfernten Teile der Verkleidung und die Kühlerabdeckung.

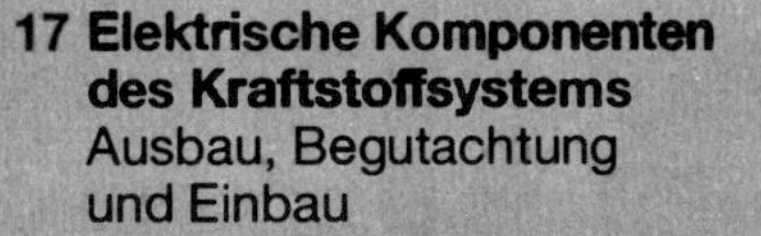

17 Elektrische Komponenten des Kraftstoffsystems
Ausbau, Begutachtung und Einbau

Einspritzrelais

1 Das Einspritzrelais kann nur durch den Vergleich beim Austausch getestet werden. Es befindet sich in einer Box hinten unter dem Tank. Aus- und Einbau sind in Kapitel 11 beschrieben.

Luftmengenmesser

2 Dieses Teil ist im oberen Teil des Luftfiltergehäuses untergebracht. Aus- und Einbau sind in Sektion 15 beschrieben.

3 Der Luftmengenmesser kann nur vom BMW-Händler überprüft werden. Versuchen Sie niemals selber, diesen zu überprüfen, er kann durch falsche Spannung des Prüfgerätes zerstört werden.

4 Sollte der Luftmengenmesser fehlerhaft arbeiten, muß er ausgetauscht werden. Die Halterung ist einzeln erhältlich.

16.10.b . . . und lösen Sie niemals die Halteschrauben der Drosselklappen.

5 Der Lufttemperatursensor, der sich im Einlaß des Luftmengenmessers befindet, ist sehr empfindlich und sollte nicht demontiert werden. Sollte er beschädigt sein, muß der gesamte Luftmengenmesser ausgetauscht werden.

Drosselklappensensor

6 Dieses Bauteil ist am hinteren Ende der Drosselklappenanlage abnehmbar montiert (siehe Abbildung). Bei K 75 RT-, K 100 RT- und K 100 LT-Modellen müssen Sie den linken unteren Teil der Verkleidung entfernen, dadurch erhalten Sie mehr Platz zum Arbeiten.

7 Lösen Sie den Kabelhalter und entfernen dann den Stecker. Danach lösen Sie die zwei Halteschrauben und entnehmen den Schalter.

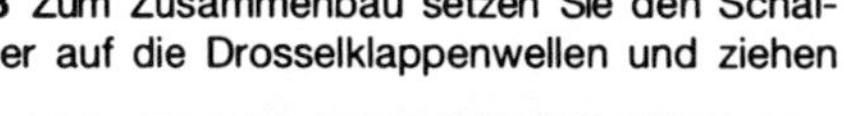

8 Zum Zusammenbau setzen Sie den Schalter auf die Drosselklappenwellen und ziehen

17.1 Lage des Einspritzrelais

17.5 Beschädigen Sie nicht den Temperatursensor im Einlaß des Luftmengenmessers.

17.6 Der Drosselklappensensor befindet sich am hinteren Ende der Drosselklappenanlage – beachten Sie die Halteschrauben (Pfeile).

17.12 Zum Entfernen der Kontrolleinheit entfernen Sie den Deckel wie gezeigt, . . .

17.13 . . . dann lösen Sie den Kabelstecker.

Sie die Halteschrauben leicht an. Verdrehen Sie den Schalter auf der Welle so, daß beim Betätigen des Gasgriffs ein deutliches Klicken hörbar ist, sobald die Drosselklappen sich zu bewegen beginnen. Halten Sie den Schalter in der Position, und ziehen Sie die Halteschrauben fest. Stecken Sie danach den Stecker auf den Schalter und rasten die Drahtklemme in der richtigen Position ein.

9 Der Schalter selbst ist nicht zu überprüfen. Sollte der Verdacht eines Fehlers bestehen, suchen Sie Ihren BMW-Händler auf. Bei der Benutzung eigener Meßgeräte kann der Schalter durch falsche Spannung beschädigt werden.

10 Sollte der Schalter beschädigt sein, ist er komplett auszutauschen.

Einspritzsteuergerät

11 Entfernen Sie den Sitz und die beiden Seitendeckel, wie in Kapitel 8 beschrieben. Lösen Sie die Abdeckung des vorderen Staufaches, und entleeren Sie es vollständig.

12 Entfernen Sie die schwarze Plastikabdekkung vom Staufach der Kontrolleinheit, indem Sie es seitlich abziehen (siehe Abbildung).

13 Drücken Sie mit einem schmalen Schraubendreher die Haltekrallen nach hinten, lösen Sie dann den Verbindungsstecker vom hinteren Teil der Kontrolleinheit (siehe Abbildung).

14 Das Einspritzsteuergerät wird auf der linken Seite von einer Gummihalterung gesichert, rechts sitzt ein Sicherungssplint. Ziehen Sie den Sicherungssplint mit einer Flachzange nach oben heraus (siehe Abbildung). Nun ziehen Sie das Steuergerät aus dem Fach. Sie können auch beides komplett entnehmen und erst später voneinander trennen. Achten Sie beim Zusammenbau darauf, daß die Gummihalterungen sich am vorgeschriebenen Platz befinden, und daß die Halteklemmen deutlich hörbar einrasten, nachdem der Stecker aufgesetzt wurde.

15 Die Abdeckung wird von Clips an den Ecken und zwei links sitzenden Gummihalterungen gesichert. Sollte die Kontrolleinheit mit Wasser in Berührung gekommen sein, ist die Abdeckung zum Trocknen zu entfernen, ansonsten sollte sie nicht abgenommen werden. Sollte das Steuergerät defekt sein, ist eine Eigenreparatur nicht möglich. Suchen Sie Ihren BMW-Händler auf, er wird das Steuergerät durchmessen und gegebenenfalls austauschen.

16 Das Einspritzsteuergerät ist sehr empfindlich. Vermeiden Sie daher Beschädigungen durch unsachgemäße Handhabung. Um Beschädigungen durch den Inhalt des Staufachs (durch Vibrationen) zu vermeiden, wikkeln Sie Werkzeug und andere schwere Dinge in Putzlappen ein.

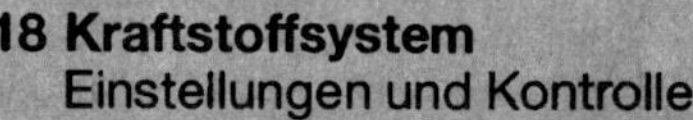

18 Kraftstoffsystem
Einstellungen und Kontrolle

Choke-Bowdenzug-einstellung

1 Die Kaltstarteinrichtung wird mit einem Hebel am Lenker betätigt. Zum Einstellen müssen bei K 75 RT-, K 100 RS-, K 100 RT- und K 100 LT-Modellen die linken Verkleidungsteile entfernt werden.

2 Stellen Sie die Kaltstartbetätigung am Lenker auf die erste Stufe. Danach wird mit der Einstellschraube am Lenker der Abstand der Leerlauf-Einstellschraube an der Drosselklappenanlage eingestellt (siehe unten). Dann wird die Kaltstartbetätigung in die zweite Stufe gestellt, und das Einstellmaß für die zweite Stufe überprüft.

	K 75-Modelle	**K 100-Modelle**
1. Stufe	1,5 mm	1,0 mm
2. Stufe	3,5 mm	2,5 mm

3 Nach erfolgreicher Einstellung ist die Gegenmutter der Einstellschraube wieder festzuziehen (siehe Abbildung). Danach überprüfen Sie noch einmal die Einstellung. Achten Sie darauf, daß in ausgeschalteter Stellung der Choke-Bowdenzug etwa 0,5 bis 1 Millimeter Spiel hat.

Leerlaufdrehzahleinstellung und Gaszug

4 Die Leerlaufdrehzahl sollte nur bei betriebswarmem Motor (Kühlwasser mindestens bei 85°C) eingestellt werden.

5 Bei K 75 RT-, K 100 RS-, K 100 RT- und K 100 LT-Modellen müssen der linke Knieschützer sowie der untere Teil der Verkleidung abgebaut werden.

6 Überprüfen Sie das Spiel des Gaszuges in allen Lenkerstellungen. Ist das Spiel zu gering, oder verändert es sich, muß der Bowdenzug eingestellt und/oder neu verlegt werden.

17.14a Die Kontrolleinheit ist rechts durch einen Haltestift befestigt . . .

17.14b . . . und links durch ein Haltegummi, das auch zur Befestigung der Abdeckung dient. Dieses Gummi ist falsch befestigt.

18.3 Die erhöhte Leerlaufdrehzahl kann am Choke-Bowdenzug eingestellt werden.

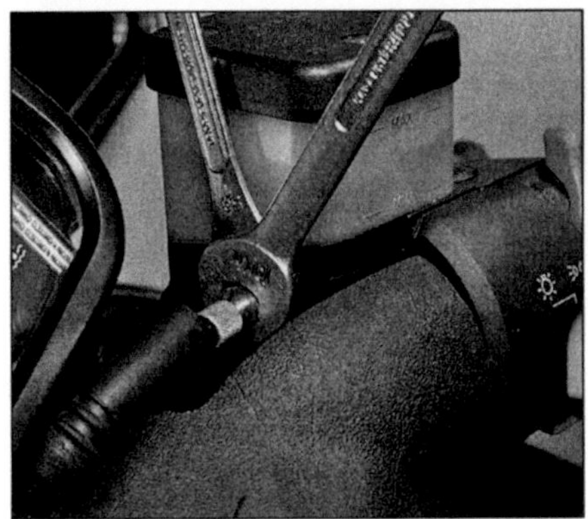

18.8 Einstellung des Spiels am Gaszug

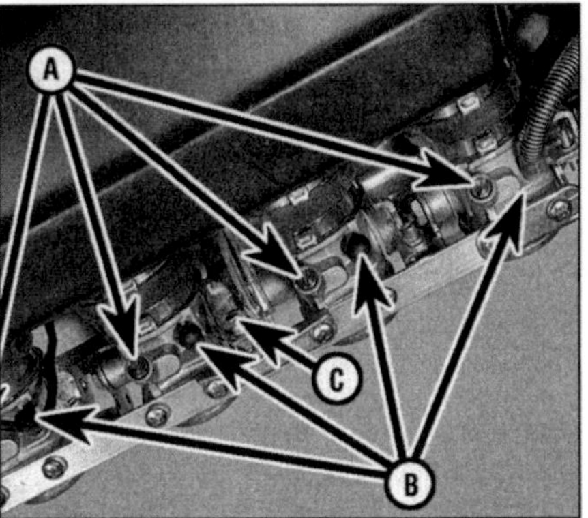

18.16 Drosselklappenanschlagschrauben (A); Unterdruckanschlüsse (B); Leerlaufeinstellschraube (C)

18.17 Das Leerlauf-Kraftstoff/Luftgemisch wird durch die Luftmengenmesser-Einstellschraube eingestellt.

7 Überprüfen Sie die Motordrehzahl bei betriebswarmem Motor am Drehzahlmesser. Sollte die Drehzahl von der vorgeschriebenen abweichen, ist die Leerlaufdrehzahl an der Einstellschraube einzustellen. Die Einstellschraube befindet sich am Anschlag der Gaszug-Betätigung hinter der ersten (75er) oder der zweiten (100er) Drosselklappe.

8 Sichern Sie die Einstellung, und überprüfen Sie anschließend das Gaszugspiel bei zurückgenommenem Gasdrehgriff. Es sollte etwa 0,5 bis 1 Millimeter betragen. Danach schieben Sie das Gummi zurück über die Einstelleinrichtung am Gasdrehgriff (siehe Abbildung).

9 Kontrollieren Sie abschließend, ob beim Drehen des Gasdrehgriffs ein deutliches Klikken hörbar ist, sobald die Drosselklappen sich zu bewegen beginnen. Sollte kein deutliches Klicken hörbar sein, ist entweder der Drosselklappensensor nicht richtig befestigt (siehe Sektion 17), oder aber die Leerlaufeinstellschraube ist zu weit hineingedreht. Überprüfen Sie in jedem Fall die Ursache vor Fahrtantritt.

Drosselklappen-synchronisation

10 Für diese Arbeiten sind Unterdruck-Uhren oder ein quecksilbergefüllter BMW-Synchrontester mit der Teilenummer 13 0 700 sowie Adapterstücke mit den Teilenummern 13 0 702 und 13 0 703 notwendig.

11 Da für diese Arbeiten Spezialwerkzeug notwendig ist, und da diese Arbeiten gute Kenntnisse voraussetzen, sollten Sie diese Einstellungen durch Ihren BMW-Händler durchführen lassen. Falls Sie jedoch über die nötigen Kenntnisse und das nötige Material verfügen, sind die weiteren Schritte unten beschrieben.

12 Zuerst vergewissern Sie sich, daß die Luftfilterelemente sauber und der Ansaugbereich dicht sind. Der Chokebowdenzug muß korrekt eingestellt sein, ebenso muß die Leerlaufdrehzahl korrekt sein. Das Ventilspiel muß ebenso stimmen wie die Einstellungen der Zündanlage. Die Zündkerzen müssen sich in einem ordentlichen Zustand befinden, und die Auspuffanlage darf keine undichten Stellen enthalten. Bei Motoren mit einer hohen Laufleistung sollte eine Kompressionskontrolle durchgeführt worden sein (siehe Kapitel 2). Der Motor muß betriebswarm (mindestens 85°C Kühlwassertemperatur) sein. Die Verkleidungsteile sind, wie in Absatz 5 beschrieben, zu entfernen.

13 Bedenken Sie, daß bei diesem Test lediglich geringe Differenzen ausgeglichen werden, diese entstehen durch Unterschiede in der Produktion und durch Verschleiß. Ändern Sie niemals die Stellung der Drosselklappenhalteschrauben, diese sind werksseitig eingestellt. Eine Veränderung würde den kompletten Austausch der Drosselklappenanlage erforderlich machen.

14 Sollten Sie nicht den originalen BMW-Tester verwenden, benötigen Sie ein T-Stück, um den Unterdruckschlauch des Druckreglers anzuschließen. Der Unterdruckschalter früherer 100er-Modelle kann abgeklemmt werden, da er nur im höheren Drehzahlbereich arbeitet. Ziehen Sie die Gummi-Verschlußstopfen an den Unterdruckanschlüssen ab, und setzen Sie anschließend die Schläuche des Synchrontesters fest an. Den Schlauch vom Druckregler schließen Sie mit dem T-Stück am Schlauch von Zylinder 4 an.

15 Achten Sie darauf daß beim Test keine undichten Stellen entstehen. Die Uhren sollten entweder Glyzerin-gedämpft oder einstellbar sein, um ein brauchbares Meßergebnis erzielen zu können. Im Zweifel müssen nach dem Notieren der Ergebnisse die Uhren ausgetauscht und die Messungen wiederholt werden. Sollten die Werte bei einem Zylinder stark abweichen, ist von einer undichten Stelle im System auszugehen.

16 Alle Quecksilbersäulen müssen im Leerlauf auf exakt der gleichen Höhe stehen, zur Einstellung sind die Drosselklappenschrauben zu verdrehen (siehe Abbildung). Lösen Sie niemals die Halteschrauben der Drosselklappen. Nach dem Synchronisieren aller Zylinder schalten Sie den Motor ab, und entfernen Sie die Meßgeräte.

Leerlaufgemisch-Einstellung

17 Das Kraftstoff-/Luftgemisch wird durch eine Schraube am Luftmengenmesser eingestellt (siehe Abbildung). Für diese Arbeiten ist ein CO-Meßgerät notwendig. Verfügen Sie nicht über ein entsprechendes Gerät, sollten Sie diese Arbeiten von Ihrem BMW-Händler durchführen lassen. Für Besitzer eines solchen Meßgeräts sind die entsprechenden Schritte in der nächsten Sektion dargestellt.

19 Gemisch-Einstellung mit einem CO-Meßgerät

Allgemeines

1 In diesem Abschnitt wird die Verwendung eines CO-Meßgerätes beschrieben. Sie erhalten diese Geräte bei guten Fachhändlern. Der Kauf ist allerdings nicht zu empfehlen. Bringen Sie Ihr Motorrad lieber zu einem Fachhändler, um die Arbeiten durchführen zu lassen. CO-Meßgeräte werden bei Autos heute selbstverständlich eingesetzt, sie gewinnen immer mehr an Bedeutung, um den Abgasausstoß zu verringern. Für Besitzer eines Meßgerätes und erfahrene Schrauber, die in der Lage sind, ein solches Gerät sorgfältig zu bedienen, folgt die Beschreibung der notwendigen Arbeiten, um den CO-Wert einzustellen.

2 Es gibt eine große Anzahl verschiedener Typen von CO-Meßgeräten. Vor dem Gebrauch ist die Gebrauchsanweisung genau zu studieren. Alle Geräte sind mit einem Wasserabscheider und verschiedenen Filtern ausgestattet, damit sollen die empfindlichen Teile des Gerätes vor Kondenswasser geschützt werden. Diese müssen vor jedem Gebrauch gereinigt bzw. gewechselt werden.

3 Vor dem Test sollten alle Geräte einige Minuten in der Testumgebung laufen, damit soll der Grundwert auf Null rekalibriert werden. Ansonsten sind die Meßergebnisse um diesen Grundbetrag zu reduzieren.

4 Damit die Ergebnisse brauchbar sind, müssen einige Parameter vorher überprüft sein. Der Motor muß sich in einem einwandfreien mechanischen Zustand befinden (überprüfen Sie die Kompression und das Ventilspiel), das Auslaßsystem darf keine undichten Stellen aufweisen, das gleiche gilt für das Einlaßsy-

stem, die Zündung muß richtig eingestellt sein und die Zündkerzen müssen einwandfrei sein. Die Drosselklappenanlage muß synchronisiert sein, Gas- und Chokezug müssen richtig eingestellt sein und der Leerlauf muß stimmen.
5 Das Motorrad muß mindestens zehn Minuten warmgefahren worden sein. Achten Sie darauf, daß die Kaltstartvorrichtung ausgeschaltet ist.
6 Stecken Sie den Sensor des Meßgerätes mindestens 30 cm in den Schalldämpfer, dadurch soll verhindert werden, daß Frischluft das Meßergebnis verfälscht. Danach lassen Sie die Maschine mit Standgas laufen. Sichern Sie die Sonde gegen Herausfallen.
7 Warten Sie einige Minuten, bevor Sie das Meßergebnis ablesen. Bei US-Modellen kann es durch das eingebaute Verdunstungsrückhaltesystem zu einem kurzfristigen Ansteigen der Werte am Beginn des Tests kommen. Verwenden Sie nur Ergebnisse, die über einen Zeitraum von ein oder zwei Minuten konstant sind.
8 Zeigt das Gerät einen dauerhaften Wert an, notieren Sie das Ergebnis. Vergessen Sie nicht, eventuelle Grundwerte abzuziehen. Bedenken Sie, daß es einige Sekunden dauern kann, bevor Veränderungen beim Einstellen eine Veränderung des CO-Wertes bewirken können.

Leerlauf-Gemischeinstellung

9 Beachten Sie die allgemeinen Hinweise am Anfang dieses Abschnitts. Sollte der CO-Wert mehr als von 2 ± 0,5 Prozent abweichen, entfernen Sie die Kühler-Verkleidungsteile und ggf. das rechte untere Verkleidungsteil, hebeln Sie den Stopfen oben in der vorderen rechten Ecke des Luftfiltergehäuses heraus.
10 Setzen Sie einen 5er Inbusschlüssel an der Luftmengenmesser-Einstellschraube an, und verdrehen Sie diese solange, bis der korrekte Wert eingestellt ist (beachten Sie die obigen Hinweise). Verdrehen Sie die Schraube vorsichtig, die Einstellung ist sehr feinfühlig.
11 Setzen Sie nach dem Einstellen den Stopfen mit der Markierung nach hinten wieder ein. Überprüfen Sie vor dem Anbau der Verkleidung noch einmal die Leerlaufdrehzahl und die Drosselklappensynchronisation.

Luftfilter-Überprüfung

12 Mit Hilfe des CO-Meßgerätes kann der Luftfilter überprüft werden. Verfahren Sie wie oben beschrieben, lassen Sie dabei den Motor mit etwa 5500 bis 5700 U/min laufen. Danach stoppen Sie den Motor, bauen den Filter aus und wiederholen den Test.
13 Sollte der zweite Wert deutlich unter dem ersten Wert liegen, ist dies ein Zeichen für eine Verstopfung des Filters. Erneuern Sie den Filter, bevor Sie die Maschine wieder in Betrieb nehmen.
14 Vergewissern Sie sich, daß der Filter nach dem Test wieder korrekt eingebaut wurde.

Überprüfung des Einlaßsystems auf undichte Stellen

15 Sollte die Leerlaufdrehzahl unregelmäßig sein, oder sollte der Motor im Standgas stark schütteln, ist zuerst der Zündzeitpunkt, die Gemischeinstellung und das Ventilspiel zu überprüfen. Sollte sich hierbei kein Fehler finden lasen, ist von einer undichten Stelle im Einlaßsystem auszugehen.
16 BMW hat hierfür einen Test freigegeben. An jede Verbindungsstelle im Einlaßsystem wird eine geringe Menge Benzin verbracht. Sollten Sich dabei die Werte am CO-Meßgerät verändern, oder sollte das Standgas variieren, ist die undichte Stelle gefunden. Entweder sind die Schellen stärker anzuziehen, oder aber die entsprechenden Teile sind auszutauschen.
17 Dieser Test sollte, bedingt durch die großen Gefahren, nur von einem BMW-Händler durchgeführt werden. Sollten Sie diesen Test jedoch selbst ausführen, beachten Sie bitte das Risiko von Brandgefahren, insbesondere durch Benzintropfen auf elektrischen Bauteilen.

20 Höhenausgleich
nur US-Modelle

1 Für die USA gebaute Maschinen, die über einen längeren Zeitraum in Höhen über 1200 Meter gefahren werden, müssen darauf durch eine Änderung in der Kontrolleinheit vorbereitet werden.
2 Ein Kabel des Hauptkabelbaums ist am Rahmen hinten dem linken Seitendeckel befestigt. Um die Maschine in größeren Höhen einzusetzen, ist es nötig, den Stecker umzustekken.
3 Lassen Sie diese Arbeiten von Ihrem BMW-Händler ausführen. Vergessen Sie nicht, beim Einsatz in geringeren Höhen den Vorgang rückgängig zu machen.

21 Kraftstoff
Allgemeine Empfehlungen

Anmerkung: *Die Informationen in diesem Abschnitt sind, wie alle Informationen in diesem Kapitel, nur bis zum Zeitpunkt des Drucks aktuell. Spätere Veränderungen erfragen Sie bei Ihrem BMW-Händler.*

1 Früher war die Wahl des Benzins alleine eine Frage des Preises. Heute bestimmen Fragen des Umweltschutzes und der Gesundheit die Wahl des Kraftstoffs. Moderne Motoren sind genau auf den entsprechenden Kraftstoff abgestimmt. Daher werden in diesem Abschnitt noch einmal alle wichtigen Informationen zu diesem Thema dargestellt. Sie dienen als Ergänzung zu den bereits gegebenen Informationen der vorangegangenen Abschnitte.
2 Alle Angaben sind Mindestangaben. Bedingt durch den persönlichen Fahrstil und den Rahmen des Einsatzes, können höheren Qualitäten erforderlich sein.
3 BMW hat den Zusatz von Additiven jeder Form nicht genehmigt. Alkoholzusätze zum Kraftstoff sind nicht erlaubt, da dadurch Schäden an Aluminium, Gummi- und Kunststoffteilen auftreten können. Ebenso können dadurch Start- und Betriebsprobleme (wie Fehlzündungen) auftreten.
4 Unverbleiter Kraftstoff generell ohne Zusatzstoffe sollte bei K 100-Modellen nur ab den in den technischen Daten angegebenen Fahrgestellnummern verwendet werden. Schäden an den Ventilsitzen, insbesondere am Auslaß, sind hier durch die Verwendung gehärteter Ventilsitze ausgeschlossen. Frühe K 100-Modelle (siehe unten) können bei Bedarf umgerüstet werden, einer Verwendung von generell unverbleitem Kraftstoff steht dann nichts mehr entgegen. Eine Umrüstung empfiehlt sich aus Kostengründen jedoch nur, wenn sowieso eine Motorrevision ansteht.
5 Sollten Probleme mit Klopfgeräuschen auftreten, ist es ratsam, vor der Fehlersuche am Motorrad zuerst die Qualität des Kraftstoffs zu erhöhen. Überprüfen Sie zuerst, ob die Oktanzahl den Mindestanforderungen laut BMW genügt. Erhöhen Sie die Oktanzahl, oder wechseln Sie die Tankstelle. Sollte keine Besserung eintreten, wenden Sie sich an Ihren BMW-Händler. Üblicherweise wird häufiger der Zündzeitpunkt etwas in Richtung Spätzündung gestellt, das Problem der Klopfgeräusche kompensieren zu können, doch gestaltet sich dieses beim elektronischen BMW-System sehr schwer, da die Anlage umprogrammiert werden muß
6 Kraftstoff mit Zusatz muß bei frühen 100er-Modellen getankt werden, alle anderen Modelle können wahlweise mit verbleitem Kraftstoff gefahren werden. Ab folgenden Rahmennummern wurden gehärtete Ventilsitze eingebaut, die die Verwendung von unverbleitem Kraftstoff zuließen:

K 100	ab Fg.-Nr. 0 007 291
K 100 RS	ab Fg.-Nr. 0 081 107
K 100 RT	ab Fg.-Nr. 0 024 999

Diese Ventilsitze sind an einer 1 mm breiten und 0,2 mm tiefen Rille im Ventilsitz auf der Auslaßseite zu erkennen. Bei Reparaturen werden nur noch diese Ventilsitze verbaut, daher können sie auch bereits bei früheren Modellen anzutreffen sein. BMW erlaubt die Verwendung von unverbleitem Kraftstoff bei nicht gehärteten Ventilsitzen, wenn mindestens jede dritte Füllung mit an Tankstellen erhältlichem »Bleiersatz« erfolgt. Besitzer von US-Modellen wenden sich an Ihren BMW-Händler.

Achtung: Motorräder, die mehr als 50.000 Kilometer mit verbleitem Kraftstoff gefahren wurden, können problemlos auf bleifreien Kraftstoff umgestellt werden, da sich genügend Bleiablagerungen an den Auslaßventilsitzen gebildet haben. In diesem Fall

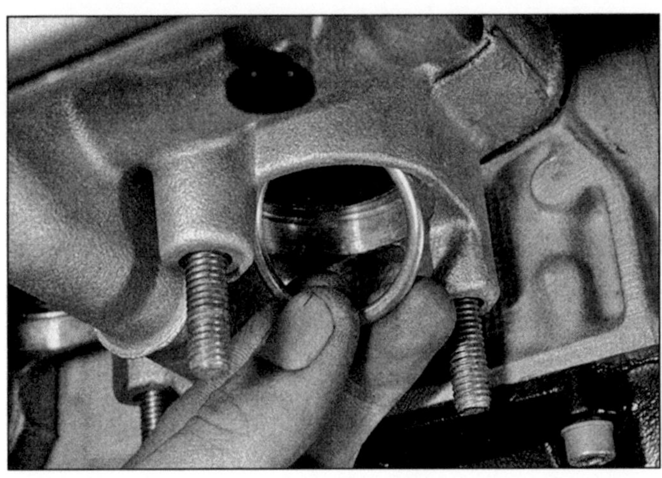

22.2 Erneuern Sie bei jeder Demontage die Krümmer-Dichtungen.

22.3a Befestigung des Auslaßsystems – ziehen Sie die Krümmerhalterung zuerst fest, . . .

sind ggf. besondere Motoröle zu verwenden, fragen Sie Ihren BMW-Händler nach entsprechenden Daten.

7 Unverbleiter Kraftstoff kann bei allen 100er-Modellen ab den o.a. Rahmennummern verwendet werden, ebenso bei allen 75er-Modellen. Besitzer von US-Modellen wenden sich an Ihren BMW-Händler. Modelle mit umgerüsteten Ventilsitzen können ebenfalls mit bleifreiem Kraftstoff gefahren werden.

8 Superkraftstoff muß bei allen K 75- und K 100-Modellen mit einer Rahmennummer vor den o.a. getankt werden, dabei sollte jede dritte Füllung mit »Bleiersatz« versetzt sein.

9 Normalbenzin kann bei allen Modellen, bei denen nicht ausdrücklich Superkraftstoff verlangt wird, verwendet werden.

22 Auspuffanlage
Ausbau und Einbau

1 Führen Sie die folgenden Arbeiten für jedes Abgasrohr separat durch. Zuerst lösen Sie die Krümmerhaltemuttern bzw. -Schrauben. Danach entfernen Sie die hinteren Halterungen an der Fußrastenhalteplatte. Nun können Sie den Schalldämpfer komplett entfernen. Erneuern Sie die Dichtungen am Auslaßkanal immer, wenn das System zerlegt wurde.

2 Setzen Sie beim Zusammenbau zuerst die Krümmerdichtung in den Auslaßkanal ein, kleben Sie sie eventuell mit Fett ein (siehe Abbildung). Reinigen Sie vorsichtig die Gewinde aller Schrauben und Muttern. Um Korrosion zu vermeiden, bestreichen Sie sie mit etwas Kupferpaste. Überprüfen Sie die Sauberkeit aller Bauteile, bevor Sie sie an dem vorgesehenen Platz anbringen.

3 Befestigen Sie den Schalldämpfer lose an der hinteren Halterung (siehe Abbildung). Stecken Sie danach die Krümmer in den Auslaßkanal und setzen die Krümmerhaltebleche auf ihren Platz. Ziehen Sie die Halteschrauben oder Muttern gleichmäßig mit dem vorgeschriebenen Drehmoment an. Abschließend ziehen Sie die Halteschrauben der hinteren Halterung fest (siehe Abbildung).

4 Die Anlage kann in ihre einzelnen Baugruppen zerlegt werden. Dazu sind die Schellen zwischen Krümmer und Schalldämpfer zu lösen. Achten Sie beim Zusammenbau darauf, die Gewinde mit Kupferpaste zu bestreichen. Die Schellen sind mit Vertiefungen versehen, diese müssen in die entsprechenden Nuten eingreifen. Sollten die Schellen nicht richtig montiert sein, kann es zu Vibrations-Schäden kommen (siehe Abbildung).

5 Überprüfen Sie alle Dichtungen und Gummipuffer auf Schäden. Bei den 100er-Modellen wurden ab 1986 die Schalldämpferhalterungen modifiziert – es wurden die einfacheren Halterungen der 75er-Modelle verwendet.

6 Obwohl die Auspuffanlage aus Edelstahl besteht, sollte sie regelmäßig gereinigt und auf Schäden untersucht werden. Entsprechende Pflegemittel erhalten Sie bei Ihrem BMW-Händler.

7 Die Schalldämpferabdeckung wird von fünf Schrauben mit Unterlegscheiben an einem am Schalldämpfer befestigtem Halter gehalten. Bei den K 100-Modellen wird vorne die Abdeckung von einer gummigelagerten Schraube gehalten. Der am Schalldämpfer befestigte Muttern-Halter kann aufgrund Temperaturschwankungen brechen. Sollte dies der Fall

22.3b . . . gefolgt von den hinteren Halterungen.

22.4 Überprüfen Sie den korrekten und festen Sitz der Schellen.

sein, geben Sie die Teile in eine Fachwerkstatt, die auf das Schweißen von Edelstahlteilen spezialisiert ist.

8 Um einen solchen Schaden zu vermeiden, sollten Sie die Gummilager beim Einbau erneuern. Halten Sie den Sechskant der Halterung mit einem Maulschlüssel, um ihn vor dem Abscheren zu schützen. Die Abdeckung darf den Schalldämpfer nur an den Auflagepunkten berühren.

9 Ab Ende 1988 wurde die Abdeckung am Schalldämpfer mit sechs Schrauben befestigt, damit sollten Vibrationsschäden minimiert werden. Sollten frühere Modelle für diese Halterung modifiziert werden, müssen Sie eine entsprechende Halterung durch einen Fachbetrieb anschweißen lassen.

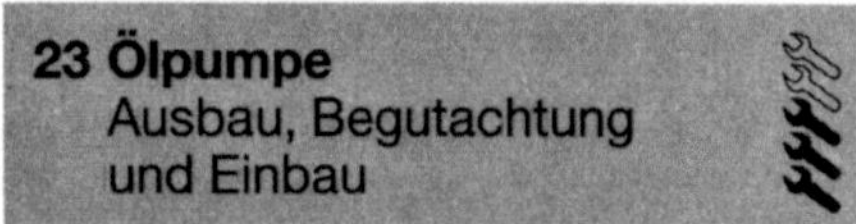

23 Ölpumpe
Ausbau, Begutachtung und Einbau

1 Die Ölpumpe befindet sich am rückwärtigen Teil der kombinierten Öl-/Wasserpumpen-Baugruppe (siehe Abbildung):

2 Lassen Sie zuerst das Motoröl (siehe Kapitel 1) ab, danach die Kühlflüssigkeit (siehe Kapitel 5). Ziehen Sie das Kabel vom Öldruckmesser ab, anschließend entfernen Sie den unteren Kühlerschlauch.

3 Lösen Sie die Halteschrauben des Pumpendeckels, heben Sie danach den Deckel ab. Einige leichte Schläge mit dem Holzhammer erleichtern das Ablösen. Achten Sie auf den O-Ring zwischen Pumpen- und Kurbelgehäuse sowie den O-Ring am hinteren Ende des Pumpenantriebs. Beide müssen beim Einbau erneuert werden.

4 Ziehen Sie den Pumpenantrieb zurück, sollte der Pumpenantrieb entfernt, oder aber dessen Dichtungen erneuert werden, lesen Sie in Kapitel 5 nach.

5 Überprüfen Sie die Zähne des Zahnrads und das Gehäuse auf Beschädigungen (siehe Abbildung). Bei Schäden sind die Teile zu erneuern. Es gibt keine Toleranzwerte, die zu kontrollieren sind. Der einzige mögliche Test ist die Überprüfung des Öldrucks, dazu benötigen Sie spezielles Meßgerät sowie die entsprechenden Adapter.

6 Vor dem Zusammenbau sind alle Teile zu reinigen, insbesondere das Überdruckventil und der Öldruckschalter. Trocknen Sie die Teile mit Druckluft, und setzen Sie sie anschließend wieder zusammen.

7 Legen Sie neue O-Ringe an den Wasserkanal und an das hintere Pumpenwellen-Ende (siehe Abbildung). Geben Sie etwas Three Bond 1207 B-Dichtmittel auf die Dichtflächen und fügen Sie sie zusammen. Achten Sie darauf, daß die Zahnräder richtig greifen.

8 Drehen Sie die Kurbelwelle so, daß Zahnräder ausgerichtet werden. Dabei setzen Sie die Halteschrauben ein und ziehen diese mit dem vorgeschriebenen Drehmoment an. Stecken Sie das Kabel auf den Öldruckschalter, und schieben Sie danach die Abdeckung vorsichtig auf den Öldruckschalter. Geben Sie etwas Three Bond 1207 B-Dichtmasse auf die Dichtflächen des Pumpendeckels, und ziehen Sie die Halteschrauben mit dem vorgeschriebenen Drehmoment an.

9 Befüllen Sie das Kühlsystem (siehe Kapitel 5), füllen Sie Öl auf (Kapitel 1), und befestigen Sie alle zuvor abgebauten Teile.

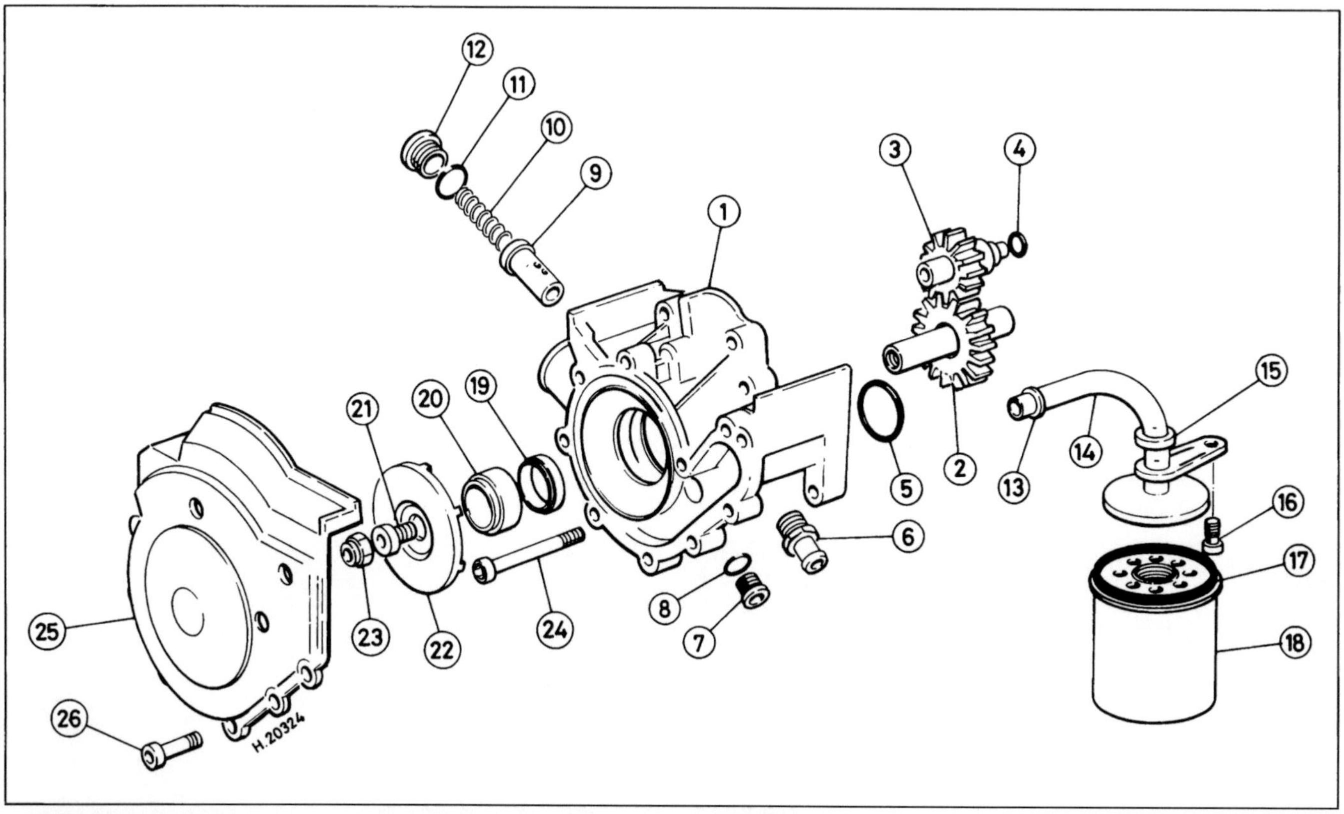

23.1 Öl-/Wasserpumpe

1 Wasserpumpengehäuse
2 Pumpenwelle
3 Antriebswelle
4 O-Ring
5 O-Ring
6 Öldruckschalter
7 Kühlwasser-Ablaßschraube
8 Dichtring
9 Überdruckventil-Kolben
10 Feder
11 Dichtring
12 Verschlußschraube
13 O-Ring
14 Ansaugrohr
15 Gummitülle (frühe Modelle)
16 Schraube
17 Dichtring
18 Ölfilter
19 Wellendichtring
20 Gleitringdichtung
21 Schraube (spätere Modelle)
22 Wasserpumpenrotor
23 Mutter (frühe Modelle)
24 Schraube
25 Pumpendeckel
26 Schraube

23.4a Ziehen Sie die Pumpen-Antriebswelle heraus.

23.4b Die Wasserpumpe muß zerlegt werden, um die Pumpenwelle zu entfernen.

24 Öldruckventil
Allgemeines

1 Das Überdruckventil besteht aus einem federunterstützten Kolben, der sich in einer Bohrung des Ölpumpengehäuses befindet.

2 Der Ausbau des Überdruckventils ist mit dem richtigen Werkzeug auch bei eingebauter Ölpumpe möglich. Dazu muß lediglich das Motoröl (Kapitel 1) und die Kühlflüssigkeit abgelassen werden. Entfernen Sie den unteren Kühlwasserschlauch (siehe Kapitel 5), bevor Sie das Überdruckventil entfernen. Andernfalls muß die Pumpenbaugruppe, wie in Sektion 23 beschrieben, demontiert werden.

3 Lösen Sie die Verschlußschraube und entfernen Sie dann die Feder und den Kolben (siehe Abbildung). Überprüfen Sie beide auf Beschädigung und Verschmutzung. Die Feder sollte bei dem Verdacht auf Spannungsverlust ausgetauscht werden. Reinigen Sie den Kolben, und überprüfen Sie die Freigängigkeit, Spiel darf nicht vorhanden sein.

4 Der Dichtring sollte vor dem Zusammenbau erneuert werden. Ziehen Sie die Verschlußschraube mit dem vorgeschriebenen Drehmoment an.

25 Ölpumpen-Ansaugsiebfilter
Reinigung

1 Das Siebfilter sollte bei jeder Demontage der Ölwanne gereinigt werden. Dieses gilt auch bei jeder Überholung des Motors und/oder der Ölpumpe.

2 Lassen Sie das Motoröl ab, und entfernen Sie den Ölfilter (siehe Kapitel 1).

3 Lösen Sie die Halteschrauben am Rand der Ölwanne, lockern Sie die Ölwanne durch leichte Schläge mit einem Gummihammer, und entfernen den Deckel (siehe Abbildung). Entfernen Sie vorsichtig alle Dichtungsmaterial-Reste, und reinigen Sie den Deckel innen und außen. Reinigen Sie die Innenseite des Kurbelgehäuses mit einem fusselfreien sauberen Lappen.

4 Lösen Sie die Inbus-Halteschraube und nehmen Sie das Ansaugrohr heraus (siehe Abbildung). Beachten Sie die O-Ringe am Rand des Kurbelgehäuses und am Ölpumpenwellen-Ende, sie müssen immer ersetzt werden. Reinigen Sie das Siebfilter in Lösungsmittel, eventuelle Schmutzteilchen sind mit einer weichen Bürste zu entfernen.

5 Wenn das Siebfilter sauber und trocken ist, montieren Sie einen neuen O-Ring. Geben Sie

23.5 Reinigen Sie sorgfältig alle Pumpenteile, bevor Sie sie auf Schäden untersuchen.

23.7 Vergessen Sie nicht, die O-Ringe vor dem Zusammenbau zu erneuern.

24.3a Schrauben Sie die Verschlußschraube heraus – beachten Sie den Dichtring.

24.3b Ziehen Sie die Feder heraus . . .

24.3c . . . und danach den Kolben – achten Sie auf Schmutz und Beschädigungen.

etwas Fett auf das Rohrende (siehe Abbildung). Montieren Sie vorsichtig das Siebfilter, achten Sie darauf, den O-Ring an der Wand des Kurbelgehäuses nicht zu verschieben. Die Gummihalterung früherer Modelle muß sicher an ihrer Befestigung sitzen (siehe Abbildung). Ziehen Sie die Halteschraube mit dem vorgeschriebenen Drehmoment an.

6 Benetzen Sie die Dichtflächen mit Loctite 574 (frühe Modelle) oder Three Bond 1207 B-Dichtmasse. Montieren Sie die Ölwanne. Ziehen Sie die Halteschrauben schrittweise von innen nach außen über Kreuz mit dem vorgeschriebenen Drehmoment an.

7 Schrauben Sie die Ölablaßschraube wieder ein, montieren Sie einen neuen Ölfilter, und füllen Sie Öl (siehe Kapitel 1) auf.

26 Öldruckwarnlampe
Allgemeines

1 Beim Einschalten der Zündung muß die Öldruckwarnleuchte aufleuchten, im Standgas muß sie verlöschen. Sie wird durch einen Schalter auf dem Gehäuse der Ölpumpe gesteuert.

2 Wenn die Lampe flackert oder aufleuchtet, sollten Sie zuerst den Ölstand überprüfen. Der Filter darf nicht verstopft sein. Sollten Sie den Fehler noch nicht gefunden haben, überprüfen Sie das elektrische System auf Fehler (siehe Kapitel 11). Leuchtet die Lampe nach Absenken aus hoher Drehzahl auf, sind entweder die Pleuelfuß- oder Kurbelwellenlager verschlissen,

25.3 Entfernen Sie die Ölwanne, um an das Siebfilter zu gelangen.

25.4 Das Ansaugrohr wird samt Sieb durch eine einzelne Inbusschraube gehalten.

25.5a Beachten Sie den O-Ring an der Kurbelgehäusewand . . .

25.5b . . . und die Gummihalterung (frühe Modelle) – achten Sie auf die korrekte Befestigung am Halter.

26.4 Der Öldruckschalter wird in das Pumpengehäuse geschraubt – achten Sie auf Spritzwasserschutz.

oder das Überdruckventil und/oder die Ölpumpe sind defekt. Überprüfen Sie den Öldruck mit einem Meßgerät. Ist der Druck zu niedrig, sollte der Motor überholt werden.

3 Um den Öldruckschalter zu entfernen, lösen Sie die Kabelverbindung und schrauben diesen nach dem Ablassen des Motoröls heraus.

4 Reinigen Sie den Öldruckschalter, insbesondere die Kontaktflächen zum Kabel. Geben Sie etwas Dichtmasse auf die Dichtflächen und bauen den Schalter wieder ein (siehe Abbildung). Ziehen Sie ihn mit dem vorgeschriebenen Drehmoment an, ansonsten kann der Schalter zerbrechen oder das Pumpengehäuse reißen. Befestigen Sie das Kabel, und geben Sie etwas Kontaktspray auf die Kontaktstelle. Befestigen Sie abschließend sorgfältig die Abdeckung.

Kapitel 7
Zündung

Inhalt (in alphabetischer Reihenfolge, die Zahlen geben die Numerierung in den grauen Feldern wieder)

Schwierigkeitsgrade

Leicht. Für Anfänger mit wenig Erfahrung geeignet.	**Relativ leicht.** Für Anfänger mit etwas Erfahrung geeignet. 	**Relativ schwierig.** Geeignet für geübte Selbstschrauber. 	**Schwer.** Geeignet für Mechaniker mit Erfahrung. 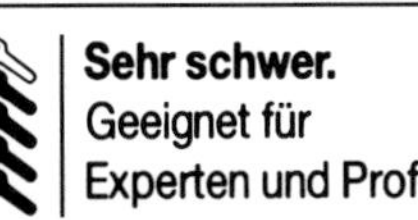	**Sehr schwer.** Geeignet für Experten und Profis. 

Technische Daten

Zündung

Modell	Bosch VZ-51L oder VZ-52L
Zündeinstellung statisch	6° vor OT = 24mm vor OT
Verstellbeginn	1300 U/min
Max. Zündverstellung	24° bei 8650 U/min.
Zündverzögerung ab	
75er-Modelle	8777 U/min.
100er-Modelle	8650 U/min.
Einspritzabschaltung bei	
75er-Modelle	8905 U/min.
100er-Modelle	8770 U/min.
Starterfreilauf ab	711 U/min.
Zylinder-Identifikation	fortlaufend von vorne nach hinten, Zylinder 1 vorne (Steuerkette)
Zündreihenfolge	
75er-Modelle	3 – 1 – 2
100er-Modelle	1 – 3 – 4 – 2
Drehrichtung	entgegen dem Uhrzeigersinn, von vorne gesehen

Zündspulen

75er-Modelle	
Primärwicklung	0,8 Ohm
Sekundärwicklung	10 K Ohm
Spannungsregler	1 K Ohm oder 0 Ohm
100er-Modelle	keine Angaben

7

Zündkerzen

Marke	Bosch, Champion
Typ	X 5 DC, A 6 YC
Elektrodenabstand:	
Standard	0,6 bis 0,7mm
Verschleißgrenze	0,8 mm
Widerstand	5 K Ohm

Drehmomente

Zündkerzen	20 ± 2 Nm
Lichtmaschinenhalteschrauben	3,5 ± 0,5 Nm
Lichtmaschinenabdeckung	6 ± 1 Nm
Zündspulenhalteschrauben	5 ± 0,5 Nm

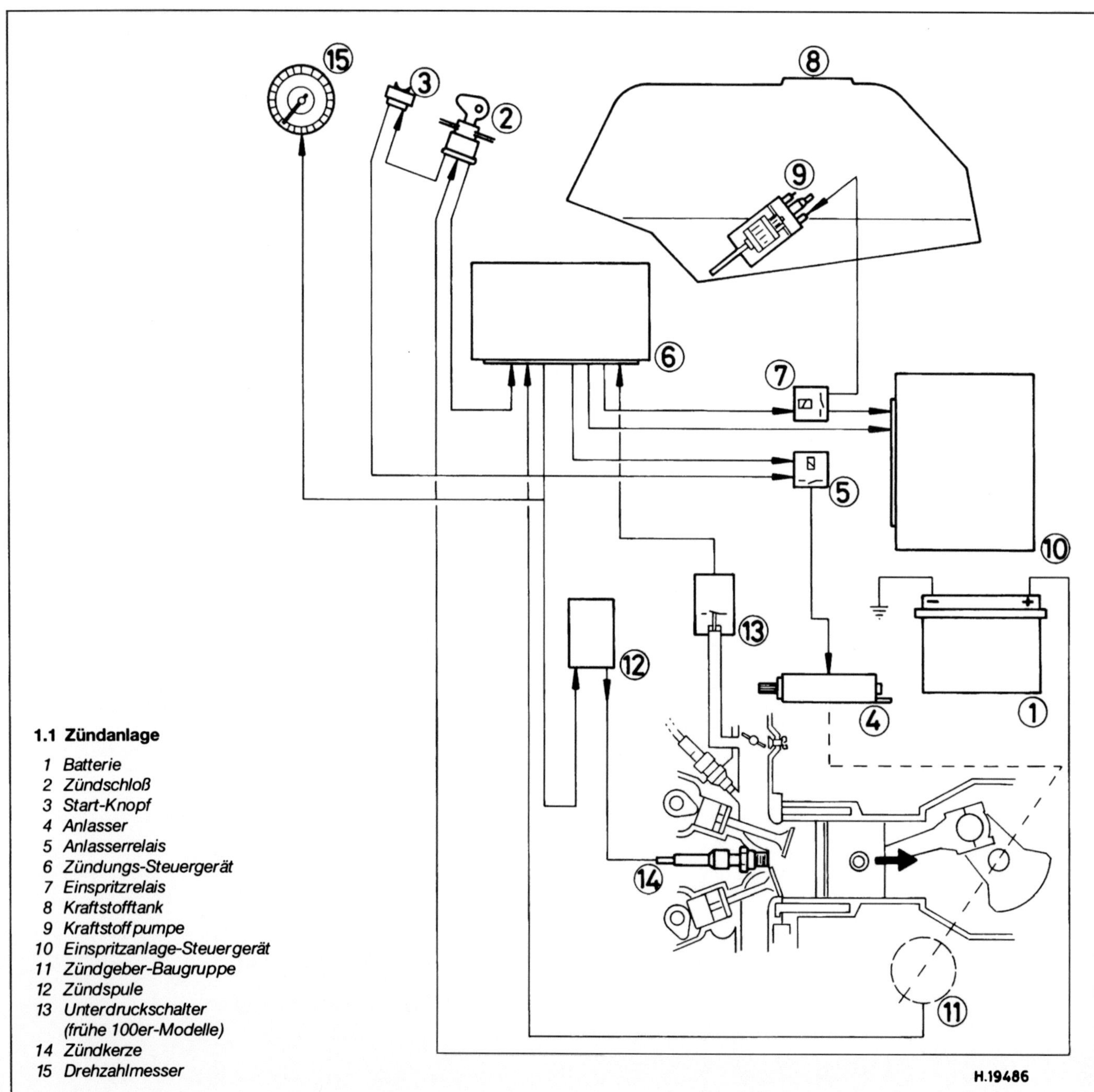

1.1 Zündanlage

1 *Batterie*
2 *Zündschloß*
3 *Start-Knopf*
4 *Anlasser*
5 *Anlasserrelais*
6 *Zündungs-Steuergerät*
7 *Einspritzrelais*
8 *Kraftstofftank*
9 *Kraftstoffpumpe*
10 *Einspritzanlage-Steuergerät*
11 *Zündgeber-Baugruppe*
12 *Zündspule*
13 *Unterdruckschalter (frühe 100er-Modelle)*
14 *Zündkerze*
15 *Drehzahlmesser*

1 Allgemeine Beschreibung

Die Zündanlage ist ein microprozessorgesteuertes digitales Batterie-Transistorzündsystem. Das Herzstück der Anlage bildet das Zündanlagensteuergerät, es verarbeitet die Signale der auf der Kurbelwelle sitzende Magnetschranken (Hallgeber) zu Steuersignalen für die Zündspulen. Der hier entstehende Zündstrom wird über die Zündkabel zu den Zündkerzen weitergeleitet (siehe Abbildung).

Der Zündgeber enthält zwei Hallgeber; bei den 100er-Modellen sitzen sie sich gegenüber und steuern die Impulse jeweils für die Zylinder 1 und 4 bzw. 2 und 3. Bei den 75er-Modellen sind die Hallgeber jeweils bei 120° bzw. 240° befestigt, damit werden die Impulse für die Zylinder 1 und 3 gegeben, bzw. für Zylinder 2 errechnet. Die Zündung erfolgt bei jeder Kurbelwellenumdrehung, d.h. einmal wird in den offenen Auslaßkanal gezündet.

Die Impulse der Hallgeber werden, durch das Steuergerät kontrolliert, an die Zündspulen weitergeleitet. Dabei wird der Zündzeitpunkt der jeweiligen Drehzahl angepaßt. Ebenso wird der Einspritzzeitpunkt gesteuert. Motorschäden werden durch Rücknahme des Zündzeitpunkts ab einer bestimmten Drehzahl verhindert, ab der Höchstdrehzahl wird die Einspritzung abgeschaltet. Eine Sicherheitsschaltung verhindert die Inbetriebnahme des Starters bei laufendem Motor. Bei frühen 100er-Modellen wurde der Unterdruck im Einlaß ebenfalls vom Steuergerät verarbeitet. Da dieses jedoch praktisch überhaupt keine Auswirkung hatte, wurde ab Ende 1985 auf diesen Parameter verzichtet.

2 Sicherheitshinweise zum Arbeiten an der Zündanlage

Warnung: Die Zündanlage arbeitet mit hohen Spannungen, daher kann der Kontakt mit Teilen der Zündanlage im Betriebszustand sehr gefährlich sein. Seien Sie sehr vorsichtig, insbesondere bei laufendem Motor oder bei eingeschalteter Zündung.

Anmerkung: *Besitzer von US-Modellen sollten die Hinweise aus Kapitel 6, Abschnitt 2, beachten.*

1 Wenn Sie an der Zündanlage arbeiten, sollten Sie sich vergewissern daß die Zündung ausgeschaltet ist. Entweder entfernen Sie den Zündschlüssel, oder Sie klemmen die Batterie (Masse zuerst) ab. Sollte das Einschalten der Zündung für einen Test erforderlich sein, vermeiden Sie den Kontakt mit Bauteilen der Zündanlage.

2 Versuchen Sie niemals, den Motor mit gelösten oder vertauschten Batteriekabeln zu starten. Schwerwiegende Schäden an Teilen der elektrischen Anlage können die Folge sein.

3 Ziehen Sie niemals die Zündkabel von den Zündspulen oder den Zündkerzen ab, wenn der Motor läuft. Neben schweren körperlichen Schäden wird das Steuergerät mit Sicherheit zerstört.

4 Verwenden Sie niemals Meßgeräte, die mit Eigenspannung arbeiten, die verwendeten Spannungen zerstören mit Sicherheit ein oder mehrere Bauteile der empfindlichen Zündanlage.

5 Wenn Sie einzelne Bauteile überprüfen, müssen Sie vorher die Zündung ausschalten sowie die Kabel vom Steuergerät lösen. Nur so lassen sich Schäden an der Zündanlage, dem Meßgerät und der Gesundheit vermeiden.

3 Steuergerät
Ausbau und Einbau

1 Entfernen Sie den Kraftstofftank (siehe Kapitel 6).

2 Beachten Sie die Sicherheitshinweise aus Abschnitt 2. Entfernen Sie die Schutzkappe, und lösen Sie den Stecker hinten an der Steuereinheit (siehe Abbildung).

3 Lösen Sie die Muttern, entfernen die Unterlegscheiben und ziehen das Steuergerät vorsichtig aus seiner Position am Rahmen heraus. Achten Sie auf die Haltelasche, die das Steuergerät am vorderen Gummidämpfer hält.

4 Der Einbau erfolgt in umgekehrter Reihenfolge. Achten Sie insbesondere auf den sicheren Sitz des Steckers sowie auf den korrekten Sitz der Schutzkappe.

5 Ab dem Frühjahr 1985 wurden alle 100er-Modelle mit einem modifizierten Steuergerät ausgestattet. Die Abdeckung war verstärkt und zur besseren Kühlung gerippt, und die Dichtung wurde zum Schutz vor Feuchtigkeit verbessert.

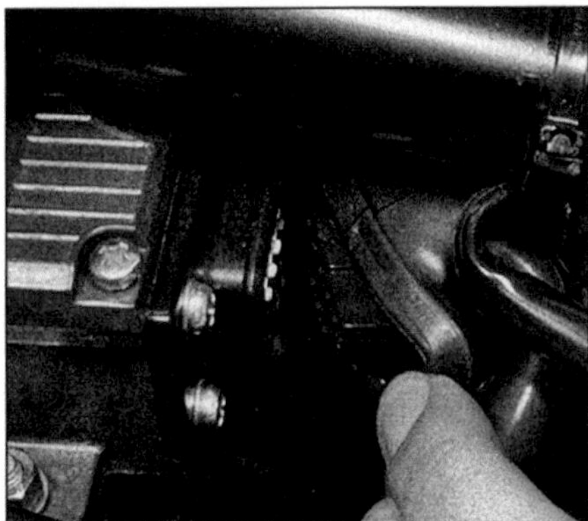

3.2 Das Steuergerät sitzt kurz hinter dem Steuerkopf.

4 Zündgeber
Ausbau und Einbau

1 Entfernen Sie den Kraftstofftank (siehe Kapitel 6). Verkleidungsteile, besonders Motorspoiler sind, wenn nötig, zu entfernen. Trennen Sie den Kabelbinder am oberen rechten Rahmenrohr, und ziehen Sie die Kabel unterhalb des Kühlwasser-Einfüll-Stutzens heraus.

2 Lösen Sie die Halteschrauben des Zündgebers an der vorderen Motorseite. Lösen Sie die Abdeckung mit der Dichtung (siehe Abbildung).

3 Bringen Sie eine Positionsmarkierung an der Platte des Gebers und am Motorgehäuse an. Damit können Sie den korrekten Zusammenbau sicherstellen (siehe Abbildung). Lösen Sie die zwei Inbusschrauben, und ziehen Sie die Geberplatte vorsichtig hervor. Lösen Sie alle Kabel aus ihren Halterungen.

4 Lösen Sie die drei Schrauben, die den Rotor und die Einstellplatte auf dem Flansch halten, achten Sie dabei auf den Arretierstift (siehe Abbildung).

5 Beim Zusammenbau müssen Sie darauf achten, daß es nur eine richtige Position für den Rotor und die Einstellplatte gibt (Arretierstift). Achten Sie auf die richtige Position der Schraubenlöcher (siehe Abbildung), stecken

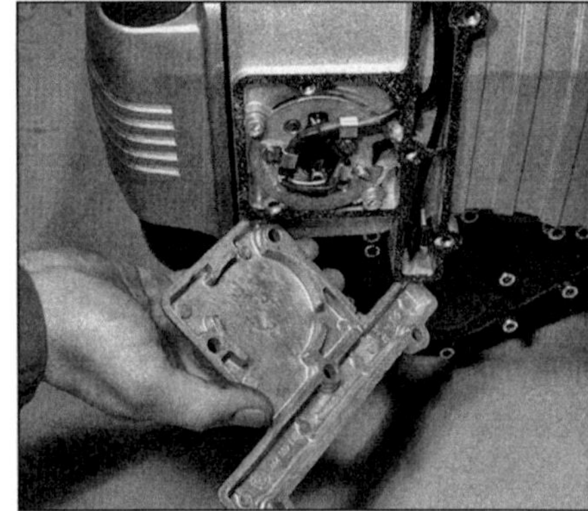

4.2 Der Zündgeber sitzt auf der Vorderseite des Motors.

4.3 Bringen Sie für den korrekten Einbau eine Positionsmarkierung an.

4.4 Der Rotor ist mit drei Schrauben am Kurbelwellenflansch befestigt.

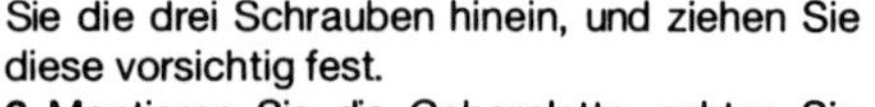

Sie die drei Schrauben hinein, und ziehen Sie diese vorsichtig fest.

6 Montieren Sie die Geberplatte, achten Sie dabei auf die vorher angebrachten Markierungen. Ziehen Sie die Inbusschrauben fest. Sollten Sie keine Markierungen angebracht haben, ist eine Grundeinstellung, mit der der Motor halbwegs läuft, möglich. Dabei müssen die Markierungsnasen an der Geberplatte mit den Markierungsnasen am Gehäuse übereinstimmen (siehe Abbildung). Es ist unumgänglich, daß nach dem Einbau des Zündgebers der Zündzeitpunkt überprüft und gegebenenfalls eingestellt wird.

7 Verlegen Sie die Kabel, achten Sie dabei auf die Lage am Dichtungsdurchlaß.

8 Setzen Sie den Deckel mit der Dichtung auf, und ziehen Sie die Schrauben vorsichtig mit dem vorgeschriebenen Drehmoment an.

9 Sollten Schwierigkeiten mit dem Zündzeitpunkt auftreten, suchen Sie umgehend einen BMW-Händler auf.

5 Zündspule
Ausbau, Überprüfung und Einbau

1 Entfernen Sie die Abdeckung, und notieren Sie sich die Anordnung der Zündkabel.

5.4 Die Zündspulen sind gummigelagert an der Kupplungsglocke befestigt.

4.5 Die Markierungsnasen müssen bei OT mit der Markierung am Gehäuse übereinstimmen.

2 Entfernen Sie bei den 75er-Modellen den oberen Haltebolzen, kippen die gesamte Einheit hervor und lösen den unteren Haltebolzen. Ziehen Sie die Zündspule heraus, die Zündkabel können nun abgetrennt werden.

3 Achten Sie beim Zusammenbau auf saubere Metallkontakte, insbesondere an den Halterungen. Die Halteschrauben müssen fest angezogen sein. Sollten Sie bei der Montage der Zündkabel Schwierigkeiten mit der richtigen Zuordnung haben, helfen Ihnen die farblichen Markierungen der Kabel. Zylinder 1 (vorne in Fahrtrichtung) hat ein schwarz/blaues Kabel, Zylinder 2 hat ein schwarz/rotes Kabel, und Zylinder 3 hat ein schwarz/grünes Kabel.

4 Bei den 100er-Modellen entfernen Sie zuerst die Halteschrauben mit ihren Muttern, danach ziehen Sie die Zündspulen hervor (siehe Abbildung). Achten Sie vor dem Zusammenbau auf saubere Verbindungsstellen sowie auf den festen Sitz der Halterungen.

5 Die vordere Zündspule versorgt die Zylinder 1 und 4, das schwarz/blaue Kabel sitzt an Klemme 1, das grün/gelbe Kabel an Klemme 15, und das braune Kabel sitzt an der zentralen Klemme 31. Die hintere Zündspule versorgt die Zylinder 2 und 3, das schwarz/rote Kabel sitzt an Klemme 1, alle anderen Kabel sind wie bei der vorderen Zündspule angeordnet.

6 Die Zündspulen können nur mit speziellen Meßgeräten überprüft werden. Dies ist eine Arbeit für Ihren BMW-Händler oder einen Fahrzeugelektriker. Zuerst sollte immer die Batteriespannung überprüft werden. Dabei schalten Sie das Meßgerät zwischen Klemme 15 und Masse. Wird keine Spannung angezeigt, arbeiten Sie sich rückwärts zur Batterie vor, um den Fehler zu lokalisieren.

7 Ein schneller Test ist die Widerstandsmessung der Wicklungen. Für die Primärwicklung messen Sie den Widerstand zwischen den Klemmen 1 und 15, für die Sekundärwicklung den Widerstand zwischen der Klemme 15 und dem Zündkabel. Bei Fehlern wenden Sie sich zur genaueren Lokalisierung der Schäden an Ihren BMW-Händler. Für 100er-Modelle lagen keine Daten vor.

4.6 Die Grundeinstellung wird durch Übereinstimmung der Markierungsnasen wie abgebildet angezeigt.

6 Zündkabel
Allgemeines

1 Die Zündkabel werden durch Abdrehen von den Zündspulen bzw. den Zündkerzen gelöst. Merken Sie sich die Einbaulage der Kabel, bevor Sie sie entfernen.

2 Um den Zusammenbau zu erleichtern, sind die Zündkabel mit den Nummern der Zylinder versehen. Bei den 75er-Modellen wird die Einbaufolge durch die Länge der Kabel bestimmt. Beachten Sie auch die Farbgebung, wie in Abschnitt 5 beschrieben.

3 Bei den 100er-Modellen sind die Zylinder 1 und 4 der vorderen Zündspule zugeordnet, Zylinder 2 und 3 der hinteren Zündspule.

4 In einigen Fällen werden Entstörstecker verwendet, auf denen sich Angaben über ihren elektrischen Widerstand befinden. Bei damit nicht übereinstimmenden tatsächlichen Werten Zündkabel austauschen.

5 Vergewissern Sie sich vor dem Einbau über die korrekte Einbaulage der Zündkabel. Bei einem Austausch sollten Sie nur originale BMW-Teile verwenden, um den korrekten Widerstand sicherzustellen.

7 Zündkerzen
Allgemeines

1 Informationen zur Überprüfung, Einstellung und Erneuerung befinden sich im Kapitel 1. Farbige Kerzenbilder befinden sich auf der Innenseite des hinteren Umschlags.

2 Fehlfunktionen der Zündkerzen lassen sich nur durch Austausch überprüfen.

8 Unterdruckschalter
Allgemeines (nur frühe 100er-Modelle)

1 Diese Komponente befindet sich nur an Modellen, die bis zur Mitte des Jahres 1985

gebaut wurden. Der Schalter kann, ohne Probleme zu verursachen, abgebaut bleiben.
2 Der Schalter wird mit zwei Schrauben an der Drosselklappenanlage befestigt, ein Schlauch verbindet ihn mit dem Unterdruckanschluß von Zylinder 1.
3 Aufgabe des Schalters war es, zusätzliche Daten an das Zündsteuergerät zu liefern. Da die Daten kaum Auswirkungen hatten, fehlt der Schalter bei späteren Modellen.
4 Sollten Fehler auftreten, entfernen Sie den Schalter, isolieren die Kabel und verschließen den Stopfen am Unterdruckanschluß von Zylinder 1.

9 Not-Aus-Schalter
Allgemeines

Der Schalter kann nach dem Ausbau mit einem Meßgerät, wie in Kapitel 11 beschrieben, überprüft werden.

10 Zündzeitpunkt
Einstellung

Warnung: Bevor Sie an der Zündanlage arbeiten, beachten Sie die Sicherheitshinweise aus Abschnitt 2. Damit vermeiden Sie lebensgefährliche Verletzungen und Schäden an der Zündanlage.

1 Um den Zündzeitpunkt einzustellen, benötigen Sie neben einer Meßuhr mit passendem Adapter das BMW-Zündeinstellgerät (Teile-Nr. 12 3 650) sowie die Testleitung (Teile-Nr. 12 3 651). Da die Anschaffung nicht gerade billig ist, sollten Sie diese Arbeiten von Ihrem BMW-Händler durchführen lassen.
2 Sollten Sie im Besitz der o.a. Prüfgeräte sein, können Sie die Arbeiten, wie unten beschrieben, selbst durchführen.
3 Bei den 75er-Modellen wird die Messung am dritten (hinteren) Zylinder, bei den 100er-Modellen am ersten (vorderen) Zylinder durchgeführt. Entfernen Sie die Zündkerze (siehe Kapitel 1). Befestigen Sie die Meßuhr am entsprechenden Zylinder, danach stellen Sie ihn auf den oberen Totpunkt (OT).
4 Entfernen Sie den Kraftstofftank (siehe Kapitel 6). Lösen Sie die Kabelverbindung des Gebers vom Kontrollgerät, und verbinden Sie die Kabel mit der Meßuhr. Entfernen Sie die Abdeckung des Gebers.
5 Drehen Sie die Kurbelwelle zurück, d.h. im Uhrzeigersinn bis zu einer Position vor dem Zündzeitpunkt. Nun drehen Sie die Welle langsam, bis der Kolben genau auf dem Zündzeitpunkt steht, dabei muß die Leuchtdiode am Meßgerät zu leuchten beginnen. Sollte der Zündzeitpunkt nicht korrekt sein, lockern Sie die zwei Halteschrauben und verdrehen die Halteplatte des Gebers solange in die entsprechende Richtung, bis die Lampe am richtigen Punkt zu leuchten beginnt. Danach ziehen Sie die Schrauben wieder fest.
6 Überprüfen Sie noch einmal das Einstellergebnis, entfernen Sie die Meßuhr, und montieren Sie alle abgebauten Teile.

11 Zündsystem
Fehlersuche

1 Fast alle modernen Motorräder sind mit Elekronikzündungen ausgestattet. Durch das häufige Fehlen von genauen Einstelldaten sowie durch das komplizierte Zusammenwirken mit dem Einspritzsystem bedingt, ist es fast unmöglich, daß der Besitzer Tests oder Reparaturen selbst durchführen kann.
2 Genau wie beim Einspritzsystem sollte der Schwerpunkt in der Fehlervermeidung und nicht in der Reparatur liegen. Dazu beachten Sie bitte folgende Regeln:

a) *Arbeitet das System fehlerfrei, sollten Sie es in Ruhe lassen.*
b) *Prävention ist besser als spätere Reparaturen.*
c) *Sollten Fehler auftreten, lassen Sie die Reparaturen von einem Fachmann ausführen.*

3 Die erste Regel sollte eigentlich selbstverständlich sein. Versuchen Sie nie, das System zu verbessern oder umzubauen. Wartungsarbeiten sind in Kapitel 1 beschrieben, andere Arbeiten sind bei einwandfreier Funktion nicht nötig.
4 Die einzelnen Komponenten der Elektronik sind allgemein sehr zuverlässig. Fehlfunktionen einzelner Bauteile sind zumeist auf schlechte Verbindungen zwischen den einzelnen Bauteilen zurückzuführen, aber auch äußere Einflüsse können das System stören. Hier sind insbesondere die Auswirkungen großer Hitze und der Einfluß aggressiver Chemikalien gemeint. Daher ist es wichtig, einige Vorsichtsmaßnahmen zu ergreifen, um die Funktionsfähigkeit zu erhalten. Halten Sie alle Bauteile der elektrischen Anlage sauber und trocken, bewahren Sie sie vor starken Vibrationen und großer Hitze. Achten Sie darauf, korrosive Flüssigkeiten nicht an die Anlage gelangen zu lassen. Damit können Sie das Risiko von Fehlfunktionen in der Zündanlage minimieren.
5 Hier eine Zusammenstellung der Maßnahmen im einzelnen:

a) *Halten Sie den Säurestand der Batterie auf dem vorgeschriebenen Level. Die Anschlüsse müssen fest und sauber sein. Sollte das Motorrad längere Zeit gestanden haben, laden Sie die Batterie auf.*
b) *Mit Hilfe der Schaltpläne müssen Sie bei Arbeiten an den Kabeln darauf achten, daß Kabelenden und Kontakte sauber und trokken sind. Entfernen Sie Korrosionsreste ebenso wie Fette, alle Kontaktflächen müssen blank sein. Überziehen Sie nach dem Zusammenbau Stecker mit einer Silikonschicht. Spritzwasserschutze müssen korrekt angebracht sein. Schalter sollten ebenfalls mit einer Schutzschicht überzogen werden.*
c) *Masseverbindungen müssen sauber (blank) und fest verschraubt sein. Bei Verbindungen an den Rahmen muß die Farbe an der Kontaktstelle entfernt sein, anschließend sollte eine Schutzschicht angebracht werden.*
d) *Alle Teile müssen zu jeder Zeit fest und an der richtigen Position angebracht sein. Schmutz und Feuchtigkeit sind möglichst zu vermeiden oder aber gering zu halten.*
e) *Alle Kabel müssen richtig verlegt sein, scharfe Knicke sind zu vermeiden. Scharfkantige Stellen sind so zu sichern, daß sie nicht scheuern. Achten Sie auf Bauteile, die bei Betrieb warm werden können. Straff gespannte oder stark geknickte Kabel fallen Vibrationen häufiger zum Opfer. Sichern Sie Kabel mit Kabelbindern oder Isolierband. Die Zündkabel müssen besonders sorgfältig verlegt werden, und die Abdeckung der Zündkerzen müssen immer aufgesteckt sein.*
f) *Lassen Sie elektronische Bauteile niemals fallen, und schlagen Sie niemals dagegen. Diese Teile reagieren sehr empfindlich auf Erschütterungen.*
g) *Sollten irgendwelche Bauteile oder Baugruppen Schäden aufweisen, sind sie sofort zu reparieren oder zu erneuern, sonst können schwerwiegende Folgeschäden entstehen. Sollten Sie Teile auswechseln, verwenden Sie nur zugelassene oder originale Teile. Achten Sie auf gleiche Widerstände beim Austausch von Teilen. Verwenden Sie nur die zugelassenen Zündkerzen. Sollten Sie andere Teile verwenden wollen, fragen Sie vorher bei Ihrem BMW-Händler nach. Kontrollieren Sie regelmäßig das Kerzenbild, schadhafte Kerzen können die Kontrolleinheit zerstören.*

6 Bevor Sie versuchen, einen Fehler zu beheben, lesen Sie zuerst die Sicherheitshinweise in Abschnitt 2. Um den Fehler zu finden, gehen Sie bei der Suche logisch vor. Die folgende Reihenfolge kann Ihnen bei der Fehlersuche helfen. Insbesondere für ungeübte Besitzer stellt sie einen guten Leitfaden bei der Fehlersuche dar.
7 Überprüfen Sie die Leistungsfähigkeit der Batterie. Verwenden Sie dabei ein Meßgerät, da es sein kann, daß die Batterie zwar den Motor durchdrehen kann, aber nicht genug Leistung zur Versorgung der Zündanlage bzw. der Einspritzanlage hat.
8 Überprüfen Sie, ob der Not-Aus-Schalter und der Zündschlüssel auf »Ein« stehen und daß das Überlastrelais die anderen Stromkreise abschaltet.
9 Sollte der Starter nicht durchdrehen, überprüfen Sie zuerst, ob der Fehler nicht in den Sicherheitsschaltungen des Zündsystems zu finden ist (mehr dazu in den entsprechenden Schaltplänen).
10 Sollte der Starter durchdrehen, der Motor aber nicht anspringen, schrauben Sie die Zündkerzen heraus. Stecken Sie jede auf ihren

Kerzenstecker, und legen Sie sie dann auf den Zylinderkopf bzw. die Zylinderkopfabdeckung. Dabei sollten Sie einen möglichst großen Abstand zu den Kerzenlöchern einhalten, die Löcher sollten mit einem Lappen verschlossen werden. Achten Sie darauf, daß kein zündfähiges Gemisch entweicht (Explosionsgefahr). Das Kerzengewinde muß an Masse liegen, ansonsten kann ein Schaden an der Zündanlage entstehen. Beachten Sie die Sicherheitshinweise aus Abschnitt 2, bevor Sie den Motor starten. Bei jeder Kerze sollte deutlich der blaue Zündfunke in regelmäßigen Intervallen zu sehen sein.

11 Sollte kein Zündfunke zu sehen sein, oder ist dieser dünn und gelb, wird wie folgt weiter verfahren: Tauschen Sie die entsprechende Kerze aus und wiederholen den Test. Sollte der Fehler nur bei einem Zylinder auftreten, tauschen Sie die kompletten Zündkabel untereinander aus. Sollte der Fehler paarweise (Zylinder 1 und 4 oder 2 und 3) auftreten (nur bei 100er-Modellen), liegt der Fehler vermutlich bei den Zündspulen und/oder ihren Verbindungen. Überprüfen Sie die Kabelverbindungen, und wiederholen Sie den Test.

12 Die Hochspannungsleitungen können, wie in Sektion 6 beschrieben, getestet werden. Alternativ vertauschen Sie die entsprechenden Bauteile untereinander, es ist extrem unwahrscheinlich, daß der Fehler an allen Bauteilen gleichzeitig auftritt.

13 Sollte der Fehler nicht in den Hochspannungsleitungen liegen, sind die Zündspulen zu überprüfen. Sollten keine äußeren Beschädigungen sichtbar sein, und sitzen alle Kabel fest, ist die Stromversorgung zu überprüfen. Ohne Meßgerät können Sie sich mit einer 12 V Glühbirne behelfen, für den kompletten Test benötigen Sie allerdings das Meßgerät (siehe Abschnitt 5).

14 Sollte die Stromversorgung nicht in Ordnung sein, überprüfen Sie zuerst den Zündschalter sowie den Not-Aus-Schalter auf Funktion. Vergessen Sie nicht die Kontrolle aller Kabel sowie der Masseverbindungen (siehe Schaltpläne).

15 Wenn die Stromversorgung in Ordnung ist, die Zündspulen normal arbeiten, und alle Kabel überprüft wurden, muß der Fehler entweder im Geber, in der Kontrolleinheit oder in den Verbindungskabeln zu finden sein. Der Geber muß fest und korrekt befestigt sein, ebenso müssen alle Kabelverbindungen in Ordnung sein. Es ist möglich, alle Kabel mit einem normalen Meßgerät durchzumessen, dazu müssen unbedingt alle Kabelverbindungen zu Bauteilen der Zündanlage gelöst sein (siehe Sektion 2).

16 Sollten Sie den Fehler noch nicht gefunden haben, bringen Sie die Maschine nun zu Ihrem BMW-Händler. Nur er verfügt über die geeigneten Geräte, um den Fehler schnell und zuverlässig zu finden.

17 Es gibt keine vernünftige Alternative zum Fachhändler, es sei denn, Sie tauschen die beiden Hauptsysteme der Zündanlage (Zündgeber und Kontrolleinheit) einfach gegen andere aus. Dies setzt allerdings den Besitz der beiden Hauptsysteme voraus, entweder Sie fragen Ihren Händler oder einen Bekannten mit der gleichen Maschine.

18 Der einfachste und wohl auch beste Weg ist daher der Gang zum Fachhändler. Das Risiko eines Personen- oder Materialschadens sowie der hohe Zeitaufwand lassen den Preis für die Arbeit des Fachmannes nicht zu hoch erscheinen.

Kapitel 8
Rahmen und Vorderradfederung

Inhalt (in alphabetischer Reihenfolge, die Zahlen geben die Numerierung in den grauen Feldern wieder)

Schwierigkeitsgrade

Leicht. Für Anfänger mit wenig Erfahrung geeignet. 	**Relativ leicht.** Für Anfänger mit etwas Erfahrung geeignet. 	**Relativ schwierig.** Geeignet für geübte Selbstschrauber. 	**Schwer.** Geeignet für Mechaniker mit Erfahrung. 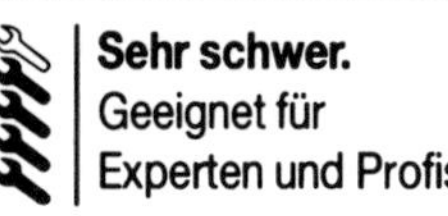	**Sehr schwer.** Geeignet für Experten und Profis. 

Technische Daten

Vorderradgabel K 75 (1985 bis 1992), alle K 100-Modelle

Typ	Fichtel & Sachs
Federweg	
K 75 S, andere Modelle mit »S«-Federung	135 mm
alle anderen Modelle	185 mm
Standrohr Außendurchmesser	41,325 bis 41,350 mm
Tauchrohr Innendurchmesser	41,400 bis 41,439 mm
Standrohr/Tauchrohr-Spiel	0,050 bis 0,114 mm
maximaler Standrohr-Verzug	0,100 mm
Standrohr-Einbauhöhe (Testlänge) – vom oberen Rand bis zum oberen geschliffenen Rand der unteren Gabelbrücke	180 mm
freie Federlänge	
obere Feder K 75 S, andere Modelle mit »S«-Federung	keine Angaben
Hauptfeder K 75 S, andere Modelle mit »S«-Federung	keine Angaben
Hauptfeder – alle anderen Modelle	395 bis 401 mm
Hauptfeder – Drahtdurchmesser	4,67 bis 4,73 mm
Gabelrohr-Füllmengen – pro Gabelrohr	
K 75 S, andere Modelle mit »S«-Federung	280 ± 10 cm^3
K 100, alle anderen K 75-Modelle	330 ± 10 cm^3
K 100 RS, RT, LT	360 ± 10 cm^3

Vorderradgabel K 75 (1985 bis 1992), alle K 100-Modelle (Fortsetzung)

empfohlene Gabelöle:

Aral	1010 Stoßdämpferöl
Aral	P 3441 Stoßdämpferöl
Bel-Ray	SAE 5 Stoßdämpferöl (mit »Seal Swell«)
BP	Aero Hydraulic
BP-Olex	HLP 2849
Castrol	Stoßdämpferöl Extra Light
Castrol	DB Hydraulik-Flüssigkeit
Castrol	1/-318 Stoßdämpferöl
Castrol	LHM – (nur für Temperaturen unter 0°C)
Esso	Univis 13 Gabelöl
Mobil	Aero HFA Stoßdämpferöl
Mobil	DTE 11 Stoßdämpferöl
Premium Fork Lubricant	Spectro SAE 10 – nur für Wettbewerb
Shell	Aero Fluid 4
Shell	4001 Stoßdämpferöl
Wack Chemie	SAE 5 (rot) Hochleistungs-Telegabelöl

Vorderradgabel K 75, K 75 S, K 75 RT ab 1993

Typ	Showa
Federweg	135 mm
Standrohrdurchmesser	41,4 mm
maximaler Standrohrverzug	0,1 mm
Standrohr-Einbauhöhe (Testlänge) – vom oberen Rand bis zum oberen geschliffenen Rand der unteren Gabelbrücke	180 mm
Gabelöl-Füllmenge (pro Gabelrohr) bei Ölwechsel	410 cm^3
Gabelöl-Füllmenge (pro Gabelrohr) trocken	420 cm^3
Vom Hersteller benutztes Gabelöl	Esso Comfort

Drehmoment-Angaben – K 75-Modelle

obere Lenkkopfschraube – frühe Modelle	74 ± 5 Nm
Lenkkopf-Einstellring – spätere Modelle	45 ± 3 Nm
Lenkkopf-Einstellring-Kontermutter – spätere Modelle	45 ± 3 Nm
Lenkkopf-Lagerspiel-Rändelring anziehen	bis kein Spiel im Lager feststellbar ist
Lenker-Klemmschrauben	22 ± 2 Nm
Lenker-Spiegel-Haltemuttern	16 ± 3 Nm
Teleskopgabel Modelle bis 1992	
Dämpferstangen-Inbusschraube	20 ± 2 Nm
Öl-Einfüllschraube	15 ± 2 Nm
Öl-Ablaßschraube	9 ± 1 Nm
Teleskopgabel ab 1993	keine Angaben
Gabel-Klemmschrauben – Fichtel & Sachs-Gabeln	
obere Gabelbrücke	21 ± 2 Nm
untere Gabelbrücke	43 ± 3 Nm
Gabel-Klemmschrauben – Showa-Gabeln	
obere Gabelbrücke	26 Nm
untere Gabelbrücke (neue Schrauben – siehe Text)	50 Nm
Fluidbloc-Sicherungsschrauben	9 ± 1 Nm
Gabelstrebe/Tauchrohr-Halteschrauben	21 ± 2 Nm
Ständeraufnahme/Getriebeschrauben	41 ± 5 Nm
Haupt- und Seitenständerbolzen	41 ± 5 Nm
Fußrastenplatte/Getriebeschrauben	15 ± 2 Nm
Beifahrerfußrasten/Platten-Haltemuttern	29 ± 3 Nm
Bremspedal-Zapfen	25 ± 3 Nm
Verkleidungshalter	9 ± 1 Nm

Drehmoment-Angaben – K 100-Modelle

obere Lenkkopfschraube	74 ± 5 Nm
Lenkkopf-Lagerspiel-Rändelring anziehen	bis kein Spiel im Lager feststellbar ist
Lenker-Klemmschrauben	22 ± 2 Nm
Öl-Einfüllschraube	15 ± 2 Nm
obere Gabelbrücken-Klemmschrauben	22 ± 1 Nm
untere Gabelbrücken-Klemmschrauben	43 ± 3 Nm
Gabelstrebe/Tauchrohr-Halteschrauben	21 ± 2 Nm
Dämpferstangen-Inbusschraube	20 ± 2 Nm
Öl-Ablaßschraube	9 ± 1 Nm

1 Allgemeine Beschreibung

Die hydraulische Teleskopgabel der K-Modelle ist von Fichtel & Sachs bzw. bei der K 75-Baureihe ab 1993 von Showa. Die Gabel wurde 1984 erstmals minimal verändert, eine größere Modifizierung der Dämpferbauteile erfolgte 1986, als die K 75-Baureihe eingeführt wurde. Alle K 75 und eine Sonderausführung der K 100 RS wurden mit einer integrierten Gabelstrebe ausgerüstet. Die K 75 S wurde mit einer Gabel mit verringertem Federweg ausgeliefert, diese Gabel beinhaltet zwei Federn und ein stark verändertes Dämpfer-System. Diese auch für andere Modelle angebotene »S-Gabel« besaß nur im linken Gabelrohr ein Dämpfersystem, das rechte Gabelrohr diente nur zur Federung und Führung. Die zusätzliche Feder erzeugte mit der darunterliegenden Vorspannhülse ein sportlich straffes Fahrverhalten, zu diesem Fahrwerk-Umbau gehört der entsprechende »S«-Stoßdämpfer an der Hinterradschwinge.
Im Lenkkopf sind Kegelrollenlager verbaut, das obere Lager der K 75-Modelle wurde 1986 modifiziert, so daß es besser einstellbar war. Zur gleichen Zeit wurde hier ein »Fluidbloc«-Lenkungsdämpfer verbaut, der aus einer steifen Gummibuchse, die mit Silikonfett geschmiert wurde, besteht. Fixiert war er mit durch den Lenkkopf geschraubten Madenschrauben. Dieses System kann auch bei älteren Modellen nachgerüstet werden.
Der aus verschweißtem Stahlrohr gefertigte Rahmen nutzt die Antriebseinheit als tragendes Teil.

2 Vorderradgabel
Ausbau

1 Um beim Ausbau kein Risiko durch abrutschendes Werkzeug einzugehen, wird empfohlen, zuvor den Tank zu demontieren (siehe Kapitel 6).
2 Bei mit Verkleidungen ausgerüsteten Maschinen müssen zunächst die Innen-Verkleidungen demontiert werden. Bei allen RS-, RT- und LT-Modellen müssen die Gabelmanschetten-Schrauben entfernt werden. Lösen Sie bei der K 75 C die Klemmen, die die Lenkerverkleidung an den Standrohren sichern.
3 Entfernen Sie das Vorderrad (siehe Abbildung) (siehe Kapitel 10). Demontieren Sie den zweiten Bremssattel und klemmen Sie ein Holzstück zwischen die Beläge. Hängen Sie beide Sättel außerhalb des Arbeitsbereiches so auf, daß die Schläuche nicht zu stark belastet sind.
4 Entfernen Sie nach dem Lösen der Halteschrauben das Schutzblech und ggf. die Gabelstrebe.
5 Hebeln Sie die Plastikkappen oben von den Gabelrohren und lockern Sie alle Gabelbrücken-Klemmen, um die Rohre herausziehen zu können (siehe Abbildungen).

2.3 Entfernen Sie das Vorderrad, beide Bremssättel und das Schutzblech.

6 Wenn die Gabelbrücken nicht verzogen oder gequetscht sind, sollten die Gabelrohre leicht herausgezogen werden können.

Wenn die Standrohre fest in den Gabelbrücken klemmen, sprühen Sie die entsprechenden Stellen mit Kriechöl ein und lassen Sie es einige Zeit wirken, bevor Sie die Demontage noch einmal probieren.

3 Vorderradgabel
Zerlegung

Fichtel & Sachs Telegabel

1 Zerlegen Sie die Gabelrohre immer einzeln, um Verwechslungen zu vermeiden, die nach der Montage zu einem erhöhten Verschleiß führen würden. Lagern Sie alle Komponenten in getrennten und markierten Behältern.
2 Halten Sie die obere Verschlußschraube mit einem Maulschlüssel, entfernen Sie den Einfüllstopfen und lösen Sie die Ablaßschraube, während Sie das Gabelrohr über einem geeigneten Behälter auslaufen lassen. Pumpen Sie einige Male, um soviel Öl wie möglich ablaufen zu lassen.

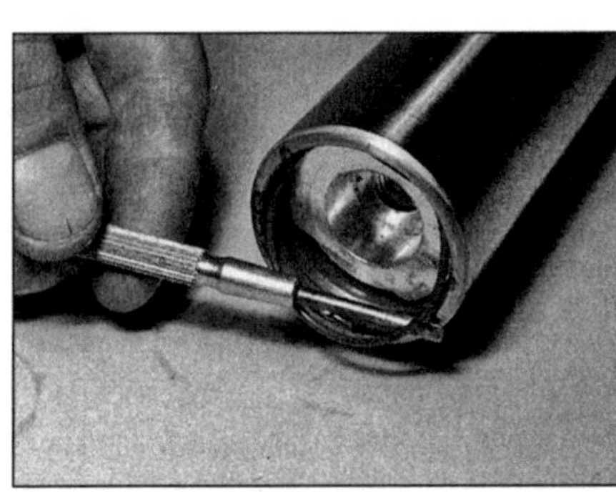

3.4a Drücken Sie den oberen Stopfen soweit in das Standrohr, bis der Sicherungsring entfernt werden kann.

2.5a Hebeln Sie die Plastikkappe vom Standrohr...

2.5b ... und lockern Sie die Gabelbrücken-Klemmschrauben.

3 Stecken Sie die Achse als Verdrehsicherung in eine ihrer Bohrungen und lösen Sie die Dämpferstangen-Inbusschraube unten aus dem Tauchrohr.

4 Klemmen Sie das Tauchrohr an den Bremssattelaufnahmen oder der Achsaufnahme in einen mit weichen Backen ausgerüsteten Schraubstock. Drücken Sie mit einer geeigneten Stange den oberen Stopfen herunter, bis der Sicherungsring zugänglich ist (siehe Abbildung). Drücken Sie den Sicherungsring mit einer Seite in das Rohr, so daß er mit einer Zange herausgezogen werden kann (siehe Abbildung). Der Federdruck wird den oberen Stopfen herausdrücken, doch kann der O-Ring so fest sitzen, daß der Stopfen mit einer eingedrehten Schraube herausgezogen werden muß (siehe Abbildung).

3.4b Der obere Stopfen sollte durch den Federdruck herauskommen. Wenn der O-Ring festsitzt, muß der Stopfen herausgezogen werden.

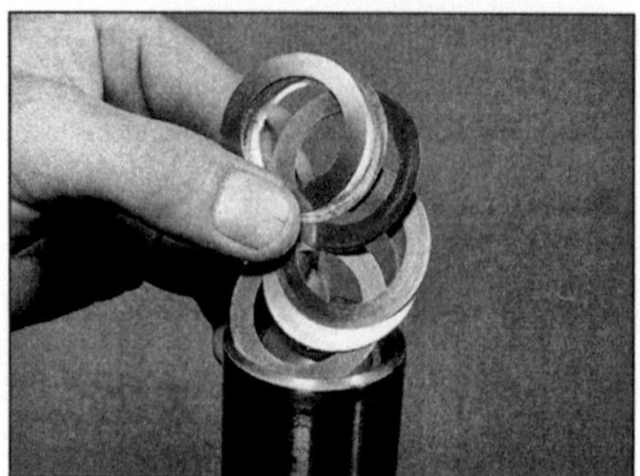

3.9 Wenn die Dämpferstange aus dem Standrohr genommen wird, muß die Anzahl und Stärke der Distanzscheiben notiert werden.

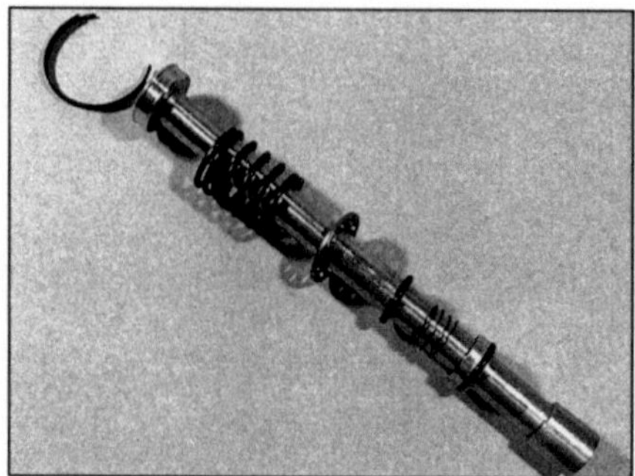

3.10a Zerlegen Sie die Dämpferstange nur, wenn es unbedingt nötig ist. Der Kolben muß für die Demontage stark erhitzt werden.

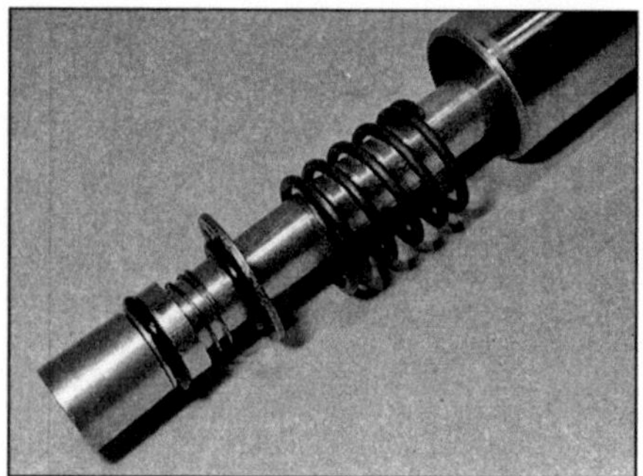

3.10b Merken Sie sich genau die Einbaurichtung aller Teile.

5 Machen Sie sich genaue Notizen über die Reihenfolge und die Einbaulage der ausgebauten Teile. Beachten Sie, daß alle Anmerkungen zu K 75 S-Gabeln auch für andere mit »S«-Gabeln bestückte Maschinen gelten.
6 Bei allen Modellen, außer der K 75 S, wird zuerst das weiße Nylon-Distanzstück, dann die Gabelfeder – beachten Sie deren Einbaulage – und der Federsitz entfernt. Spätere Modelle wurden mit zwei Federn ausgerüstet, um ein Verdrehen zu vermindern, deswegen sind beide an jedem Ende mit einem Federsitz ausgerüstet.
7 Entfernen Sie bei den K 75 S-Modellen die Abstandshalter, gefolgt von der oberen Feder, dann die Hauptfeder – beachten Sie sorgfältig deren Einbaulage.
8 Entfernen Sie bei allen Modellen die Dämpferstangen-Inbusschraube und ziehen Sie die Standrohr-Baugruppe aus dem Tauchrohr. Wichtig zu wissen ist, daß der Zusammenbau ungleich komplizierter wird, wenn die Dämpferbauteile aus dem Standrohr demontiert werden – es wird empfohlen, diese Teile unberührt zu lassen, wenn ihr Ausbau nicht unbedingt nötig ist.
9 Entfernen Sie den Sicherungsring vom unteren Standrohr-Ende und merken Sie sich die Anzahl und Stärke der darüberliegenden Distanzscheiben (siehe Abbildung). Ziehen Sie die Dämpferbaugruppe vorsichtig aus dem Standrohr, wenn der Dämpferkolben zum Vorschein kommt, müssen Sie die Einbaurichtung des Kolbenrings beachten. Das Ventilgehäuse kann vom unteren Ende der Dämpferstange entfernt und der Kolbenring aus seiner Nut genommen werden.
10 Wenn die Dämpferbauteile zerlegt werden sollen, muß alles sorgfältig gereinigt und entfettet werden. Messen Sie bei K 75 S-Modellen die exakte Gesamtlänge jeder Dämpferstange vom Kolbenboden bis zum unteren Stangenende und notieren Sie die Werte. Der Dämpferkolben ist auf das obere Ende der Stange geschraubt und an der bestimmten Stelle mit Loctite 638 oder 273 Schraubensicherung in Position gehalten. Um ihn zu lösen, muß er mit einem Brenner langsam auf etwa 250°C erhitzt werden, dabei verbrennt das Loctite und der Kolben kann mit einer Zange abgeschraubt werden (siehe Abbildung). Die Dämpferbauteile können nach dem Notieren der Einbaulagen entfernt werden (siehe Abbildung).
11 Um Zugang zum Gabeldichtring zu erhalten, muß die Staubkappe oben am Tauchrohr abgezogen werden. Ab späteren 1987er (und allen älteren modifizierten) Modellen muß der Sicherungsring entfernt werden. Hebeln Sie vorsichtig den Dichtring mit einem Werkzeug heraus, dessen Kanten etwas abgerundet sind, um den Sitz nicht zu beschädigen. Hebeln Sie über ein aufgelegtes Stück Holz, um den Rand nicht zu quetschen. Läßt sich der Dichtring sehr schwer demontieren, kann zur Erleichterung das Tauchrohr zuvor in heißes Wasser gehalten werden.
12 Wenn bei den K 75 S-Modellen der Dichtring demontiert ist, können die Distanzstücke aus dem Tauchrohr geschüttelt werden, beachten Sie die Einbaulagen.

Showa-Telegabel

13 Entfernen Sie die Plastikabdeckung oben am Standrohr. Halten Sie das Gabelrohr aufrecht, halten Sie den oberen Stopfen fest, während Sie den Öleinfüllstopfen darin lösen. Lösen Sie die Ölablaßschraube hinten unten am Tauchrohr und lassen Sie das Gabelöl in ein geeignetes Gefäß ablaufen. Pumpen Sie dabei das Gabelrohr einige Male.
14 Hebeln Sie die Staubkappe oben vom Tauchrohr und ziehen Sie sie nach oben ab. Hebeln Sie mit einem kleinen Schraubendreher den Sicherungsring des Gabeldichtrings aus seiner Nut im Tauchrohr.
15 Klemmen Sie das Tauchrohr in einen mit weichen Backen ausgerüsteten Schraubstock und lösen Sie die Dämpferstangenschraube am Boden. Eindrücken des Standrohrs bewirkt Federdruck auf den Dämpferstangenkopf und hält ihn fest, während die Schraube entfernt wird. Nehmen Sie das Gabelrohr aus dem Schraubstock.
16 Es ist jetzt nötig, die beiden Gabelrohre auseinanderzuziehen, dabei werden auch der Dichtring, die dahinter liegende Scheibe und die äußere Buchse aus dem Tauchrohr gezogen. Drehen Sie dann das Tauchrohr um, so daß der Dämpferstangensitz herausfallen kann.
17 Zum Zerlegen der Dämpferbauteile muß der obere Verschluß in das Standrohr gedrückt werden, während der Sicherungsring aus seiner Nut gehebelt und entfernt wird. Lösen Sie langsam den Druck vom oberen Stopfen und lassen Sie ihn von der Feder herauspressen. Kippen Sie das Standrohr, und ziehen Sie das lange Distanzstück, den Federsitz, die Gabelfeder, die Dämpferstange und die Anschlagfeder heraus.

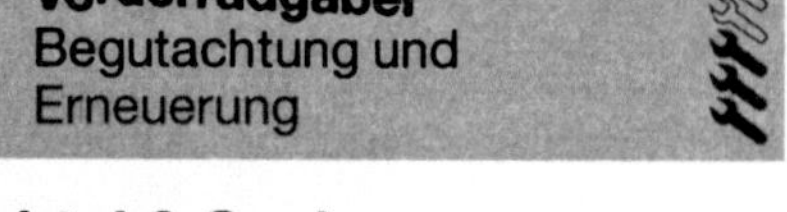

4 Vorderradgabel
Begutachtung und Erneuerung

Fichtel & Sachs Telegabel

1 Wurde die Telegabel bei einem Unfall beschädigt, müssen beide Gabelbrücken, Tauchrohre und Standrohre auf Verzug und Haarrisse untersucht werden. Verbogene Teile müssen ersetzt werden, versuchen Sie nicht, sie zu richten.
2 Standrohre können durch Rollen auf einer ebenen Oberfläche (z.B. einem Spiegel) auf Biegung kontrolliert werden.
3 Kontrollieren Sie die untere Gabelbrücke, indem Sie das Lenkrohr senkrecht in einen mit weichen Backen bestückten Schraubstock klemmen. Schieben Sie die Standrohre soweit in die Brücke, bis das obere Ende mit der vorgeschriebenen Test-Länge über dem geschliffenen Rand der Brücke steht.
4 Führen Sie eine Sichtkontrolle durch, ob die Standrohre parallel verlaufen. Messen Sie den Abstand der Rohre am oberen und unteren Ende im rechten Winkel, die Ergebnisse sollten gleich sein.
5 Die Tauchrohre sind nicht mit Buchsen versehen, d.h. die Standrohre laufen direkt im Aluminium des Tauchrohrs. Ist die Führung verschlissen oder eingekerbt, muß das Tauchrohr ersetzt werden. In den technischen Daten sind Toleranzwerte angegeben.
6 Die Gabeldichtringe sollten nach jeder Demontage ersetzt werden, genauso alle O-Ringe und Dichtscheiben. Kontrollieren Sie sorgfältig den Zustand jedes Dämpferstangen-Kolbenrings, und erneuern Sie Teile von zweifelhaftem Zustand. Falls vorhanden, kontrollieren Sie die Gabelmanschetten und Staubkappen auf Anzeichen von Verschleiß und Beschädigungen (siehe Abbildung).

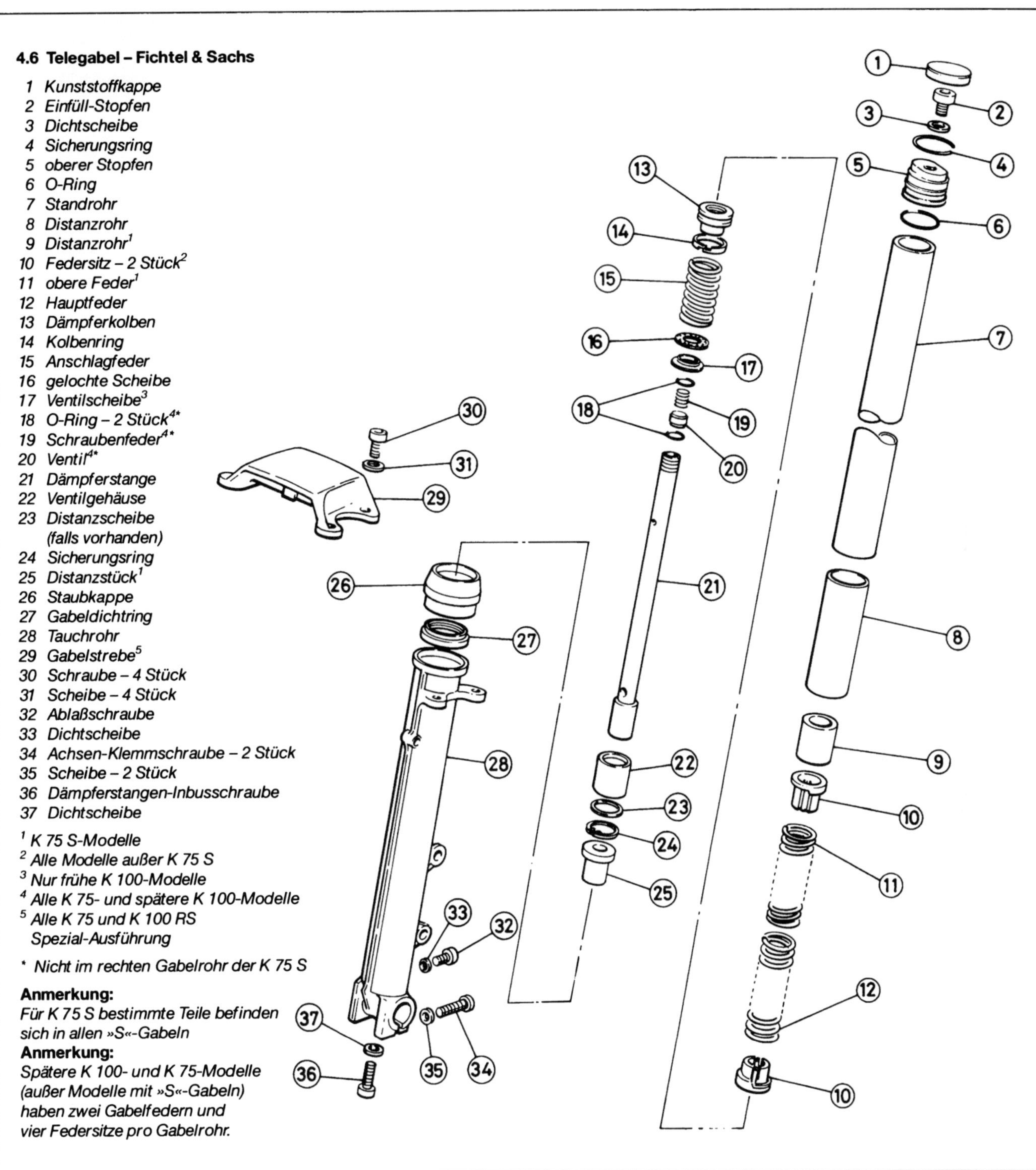

4.6 Telegabel – Fichtel & Sachs

1 Kunststoffkappe
2 Einfüll-Stopfen
3 Dichtscheibe
4 Sicherungsring
5 oberer Stopfen
6 O-Ring
7 Standrohr
8 Distanzrohr
9 Distanzrohr[1]
10 Federsitz – 2 Stück[2]
11 obere Feder[1]
12 Hauptfeder
13 Dämpferkolben
14 Kolbenring
15 Anschlagfeder
16 gelochte Scheibe
17 Ventilscheibe[3]
18 O-Ring – 2 Stück[4]*
19 Schraubenfeder[4]*
20 Ventil[4]*
21 Dämpferstange
22 Ventilgehäuse
23 Distanzscheibe (falls vorhanden)
24 Sicherungsring
25 Distanzstück[1]
26 Staubkappe
27 Gabeldichtring
28 Tauchrohr
29 Gabelstrebe[5]
30 Schraube – 4 Stück
31 Scheibe – 4 Stück
32 Ablaßschraube
33 Dichtscheibe
34 Achsen-Klemmschraube – 2 Stück
35 Scheibe – 2 Stück
36 Dämpferstangen-Inbusschraube
37 Dichtscheibe

[1] *K 75 S-Modelle*
[2] *Alle Modelle außer K 75 S*
[3] *Nur frühe K 100-Modelle*
[4] *Alle K 75- und spätere K 100-Modelle*
[5] *Alle K 75 und K 100 RS Spezial-Ausführung*
* *Nicht im rechten Gabelrohr der K 75 S*

Anmerkung:
Für K 75 S bestimmte Teile befinden sich in allen »S«-Gabeln
Anmerkung:
Spätere K 100- und K 75-Modelle (außer Modelle mit »S«-Gabeln) haben zwei Gabelfedern und vier Federsitze pro Gabelrohr.

7 Messen Sie die freie Federlänge. Wenn auch nur eine kürzer als in den technischen Daten als Toleranzwert angegeben ist, müssen alle ersetzt werden.

8 Reinigen Sie alle Bauteile sorgfältig, und trocknen Sie sie vor dem Zusammenbau.

Showa-Telegabel

9 Reinigen Sie alle Bauteile und begutachten Sie sie auf Verschleiß und Beschädigungen, wie bei der Fichtel & Sachs-Gabel beschrieben. Beachten Sie die technischen Daten am Anfang des Kapitels.

10 Verschleiß sollte nur an den Buchsen auftreten, die zum einen unten am Standrohr, zum anderen oben im Tauchrohr sitzen. Begutachten Sie die Gleitflächen beider Buchsen auf sichtbare Beschädigungen. Die Standrohr-Buchse hat zur Montagehilfe eine Kerbe, die vorsichtig aufgehebelt werden muß, wenn die

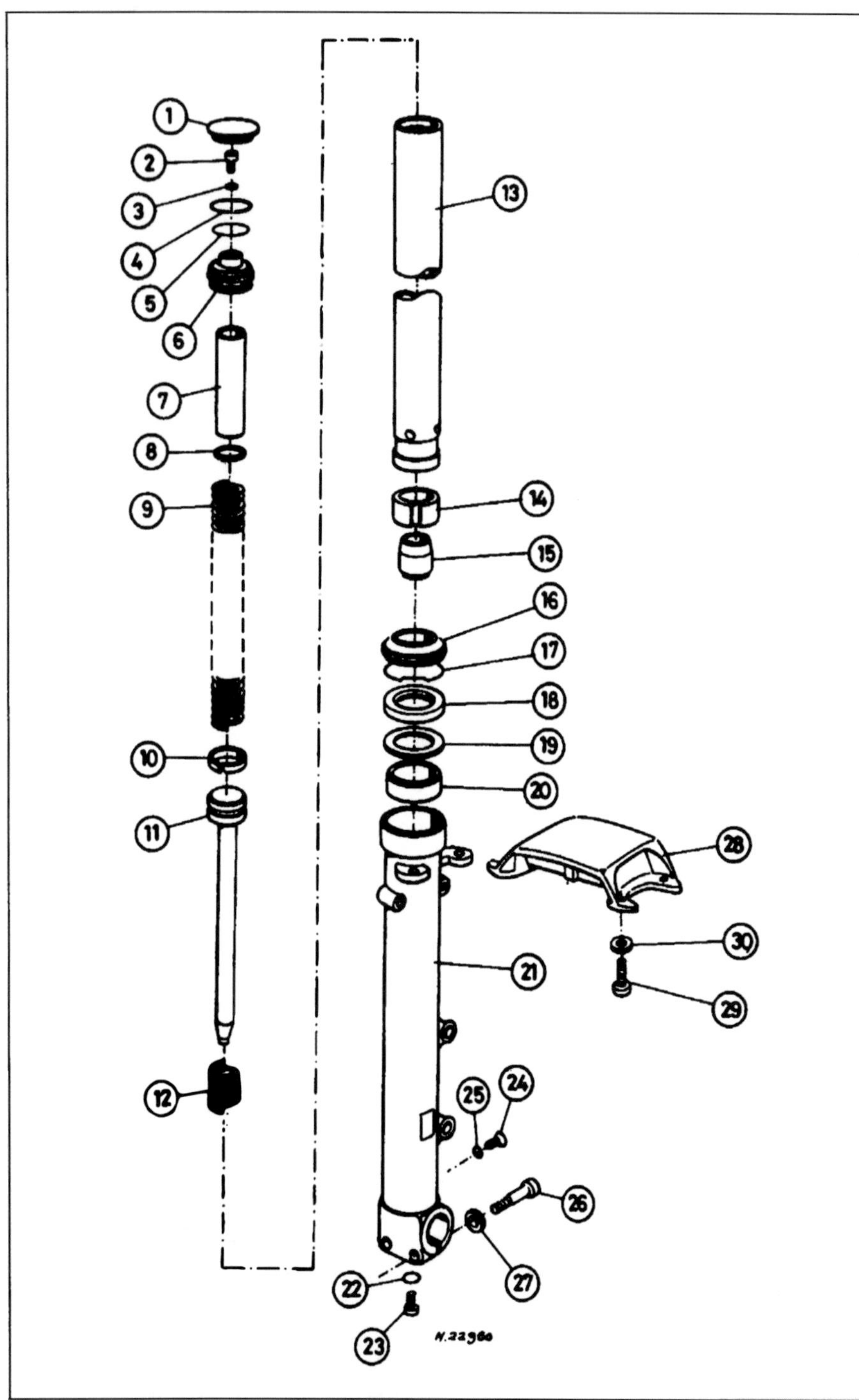

4.10 Showa-Telegabel

1 *Kunststoffkappe*
2 *Öleinfüllstopfen*
3 *O-Ring*
4 *Sicherungsring*
5 *O-Ring*
6 *oberer Stopfen*
7 *Abstandsrohr*
8 *Federsitz*
9 *Gabelfeder*
10 *Dämpferstangenring*
11 *Dämpferstange*
12 *Anschlagfeder*
13 *Standrohr*
14 *Standrohr-Buchse*
15 *Dämpferstangen-Sitz*
16 *Staubkappe*
17 *Sicherungsring*
18 *Gabeldichtring*
19 *Scheibe*
20 *Tauchrohr-Buchse*
21 *Tauchrohr*
22 *Dichtscheibe*
23 *Dämpferstangen-Inbusschraube*
24 *Ölablaßschraube*
25 *Dichtscheibe*
26 *Achsen-Klemmschraube – 2 Stück*
27 *Scheibe*
28 *Gabelstrebe*
29 *Schraube – 4 Stück*
30 *Scheibe – 4 Stück*

Buchse abgezogen werden soll. Eine einmal demontierte Buchse sollte immer durch ein Neuteil ersetzt werden, das zur Montage ebenfalls vorsichtig aufgehebelt werden muß (siehe Abbildung).

5 Vorderradgabel
Zusammenbau

Fichtel & Sachs Telegabel

1 Setzen Sie bei den K 75-Modellen die Abstandsstücke richtig herum in das Tauchrohr.
2 Montieren Sie bei allen Modellen die Gabeldichtringe. Kontrollieren Sie zuvor, daß die Sitze nicht beschädigt sind, schmieren Sie die Außenseiten der Dichtungen mit Fett ein und klopfen Sie sie senkrecht soweit in ihren Sitz, bis sie bündig mit dem Rand sind. Auf keinen Fall dürfen Sie weiter eingetrieben werden, da sie dadurch beschädigt werden. Benutzen Sie zum Eintreiben ein Werkzeug oder ein Rohr, daß nur den Außenring des Dichtringes berührt.

Anmerkung: *Ab 1987 wurden modifizierte Gabelsimmerringe mit Staubdichtlippe verwendet, ein Drahtsicherungsring hält diesen Dichtring in Position. Wenn die Staubkappe montiert wird, empfiehlt BMW, die Dichtlippen mit Gleitmo 805 oder Shell Retinax A einzuschmieren. Der modifizierte Dichtring kann auch bei älteren Modellen verwendet werden, doch muß dann zwischen den Dichtring und der Staubkappe ein Distanzring gelegt werden, damit die beiden Dichtlippen nicht in Kontakt geraten.*

3 Wenn die Dämpferstangenbaugruppe zerlegt war, muß sie mit Hilfe der Fotos und Zeichnungen wieder korrekt montiert werden. Achten Sie besonders darauf, daß das unten an der Stange montierte Ventil bei späteren Modellen einen O-Ring trägt, der sich an der Unterseite des Ventils befindet.
4 Wenn die Dämpferstange komplett ist, muß der Kolben montiert werden. Kontrollieren Sie erneut, ob alle Bauteile montiert sind. Entfetten Sie den Kolben und die Gewindestange. Geben Sie einen einzelnen Tropfen Loctite 638 oder 273 auf das Gewinde und schrauben Sie den Kolben auf, bis die Gesamtlänge (vom Kolbenboden bis zum unteren Dämpferstangenrand) genau 258 ± 0,5 mm beträgt. Für die »S«-Gabeln gibt es keine Angaben, hier müssen die vor der Demontage gemessenen Längen wieder exakt eingestellt werden. Wenn der Kolben korrekt sitzt, kann man den Kleber entweder mit Hilfe eines Heißluftgebläses innerhalb 30 Minuten oder bei Zimmertemperatur innerhalb 24 Stunden trocknen.
5 Setzen Sie den Dämpferkolben-Ring in seine Nut, so daß das eingekerbte Ende nach unten zeigt. Wickeln Sie ein Stück Blech oder stabile Plastikfolie um den Kolbenring, damit er sicher in seiner Nut verbleibt und sauber in das Standrohr gleitet. Ziehen Sie die Führung

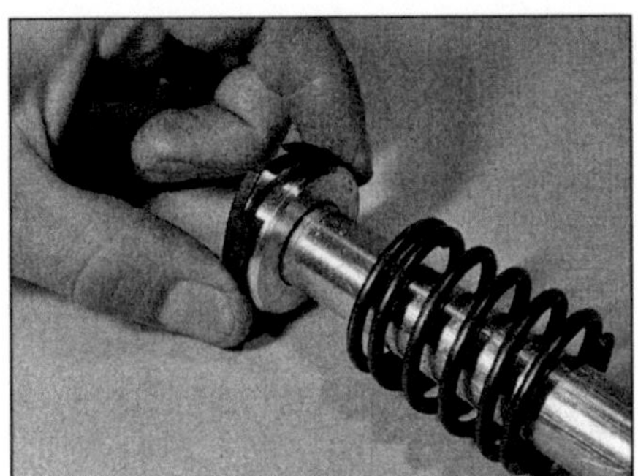

5.5a Setzen Sie den Kolbenring in seine Nut . . .

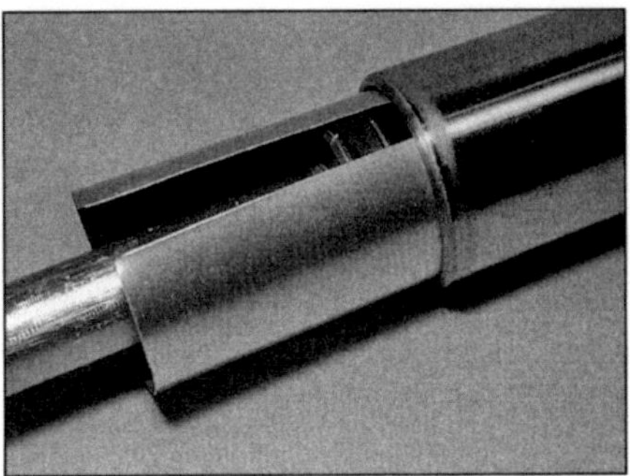

5.5b . . . und legen Sie eine Führung aus Blech darum, um dem Kolbenring in das Standrohr einzuführen.

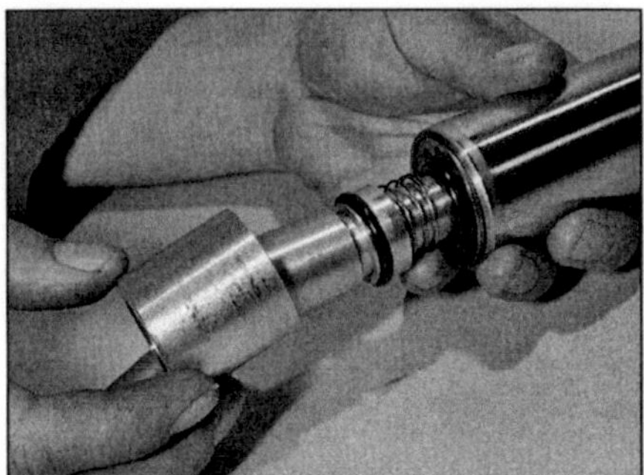

5.6a Setzen Sie das Ventilgehäuse über das untere Ende der Dämpferstange, . . .

5.6b . . . eventuell muß es in seine Position geklopft werden.

5.6c Das Spiel zwischen dem Ventilgehäuse und dem Sicherungsring muß mit Distanzringen ausgeglichen werden.

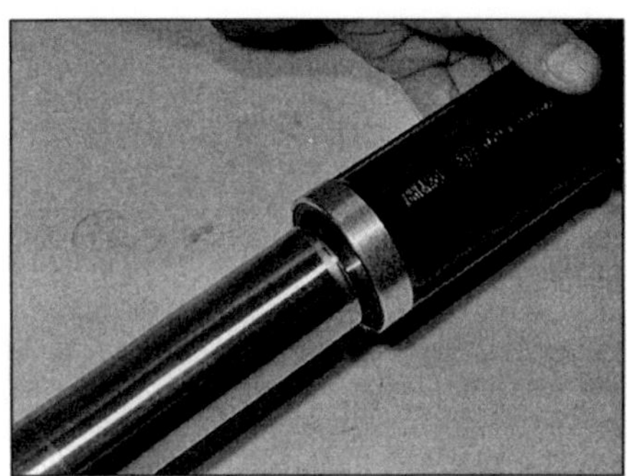

5.7a Schmieren Sie alle Bauteile, bevor Sie sie in das Tauchrohr einbauen.

heraus und drücken Sie die Dämpferstange in das Standrohr (siehe Abbildungen).

6 Setzen Sie das Ventilgehäuse über das untere Ende der Dämpferstange und schieben Sie es unten in das Standrohr (siehe Abbildungen). Das Gehäuse wird mit einem Sicherungsring fixiert, doch muß zuvor das Spiel zwischen Gehäuse und Ring durch Distanzscheiben sorgfältig ausgeglichen werden, ansonsten würde die Gabel geräuschvoll arbeiten (siehe Abbildung). Distanzscheiben sind in Stärken von 0,1 und 0,3 mm für frühe K 100-Modelle erhältlich, diese können nur in Verbindung mit einem modifizierten Sicherungsring benutzt werden, der bei allen späteren Modellen Verwendung fand. Für spätere Modelle sind Distanzringe in den Stärken 1,6, 1,7, 1,8, 1,9 und 2,0 mm erhältlich.

7 Schmieren Sie die Standrohr-Baugruppe mit Öl und schieben Sie sie in das Tauchrohr. Drücken Sie mit der/den Feder(n) die Dämpferstange nach unten und setzen Sie die Inbusschraube samt Dichtscheibe von unten ein. Drücken Sie die Dämpferstange nach unten, indem Sie Druck darauf ausüben, um die Dämpferstange beim vorschriftsmäßigen Anziehen der Schraube am Mitdrehen zu hindern (siehe Abbildung). Setzen Sie die Ablaßschraube ein und ziehen Sie sie vorschriftsmäßig fest. Kontrollieren Sie den Zustand der Staubkappe, besonders ihrer Dichtlippen. Beim geringsten Anzeichen von Verschleiß sollte sie erneuert werden. Schmieren Sie die Dichtlippen und innenliegenden Nuten mit Fett (BMW Gleitmo 805 oder Shell Retinax A) und montieren Sie die Staubkappe.

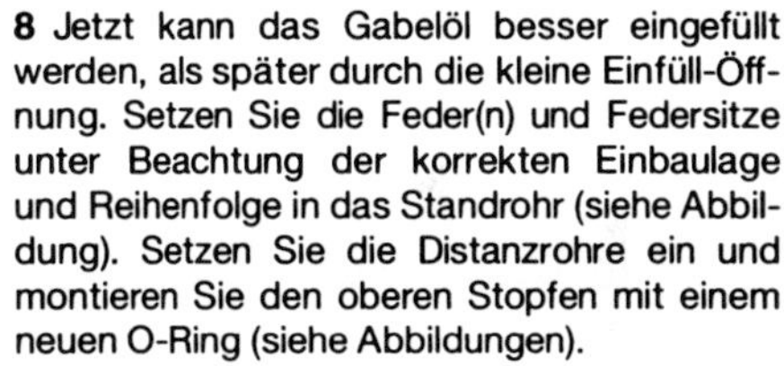

8 Jetzt kann das Gabelöl besser eingefüllt werden, als später durch die kleine Einfüll-Öffnung. Setzen Sie die Feder(n) und Federsitze unter Beachtung der korrekten Einbaulage und Reihenfolge in das Standrohr (siehe Abbildung). Setzen Sie die Distanzrohre ein und montieren Sie den oberen Stopfen mit einem neuen O-Ring (siehe Abbildungen).

9 Drücken Sie den Stopfen in das Standrohr, setzen Sie den Sicherungsring in seine Nut, und lassen Sie den Stopfen vom Federdruck dagegen drücken.

10 Füllen Sie das Gabelrohr spätestens jetzt mit der korrekten Menge des vorgeschriebenen Gabelöls auf, wie in Kapitel 1 beschrieben (siehe Abbildung). Prüfen Sie, ob das Gabelrohr vollständig auseinandergezogen ist, bevor Sie die Einfüllkappe einschrauben – die

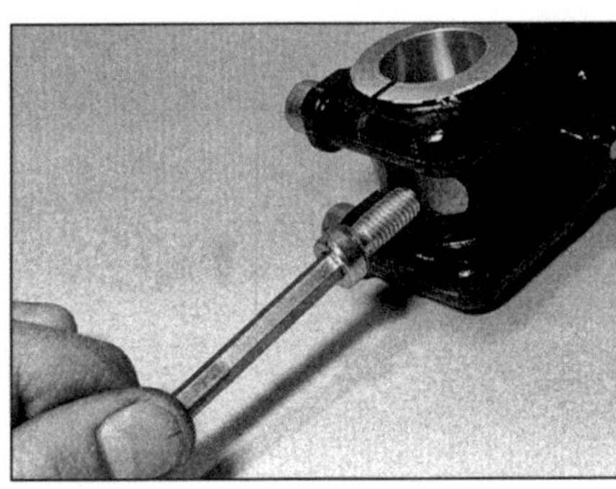

5.7b Hindern Sie das Tauchrohr am Mitdrehen, während Sie die Inbusschraube anziehen.

5.7c Setzen Sie die Staubkappe auf das Tauchrohr, vergessen Sie die Gabelmanschette nicht (falls vorhanden).

5.8a Die Federn müssen in ihrer originalen Einbaulage montiert werden, vergessen Sie nicht den Federsitz.

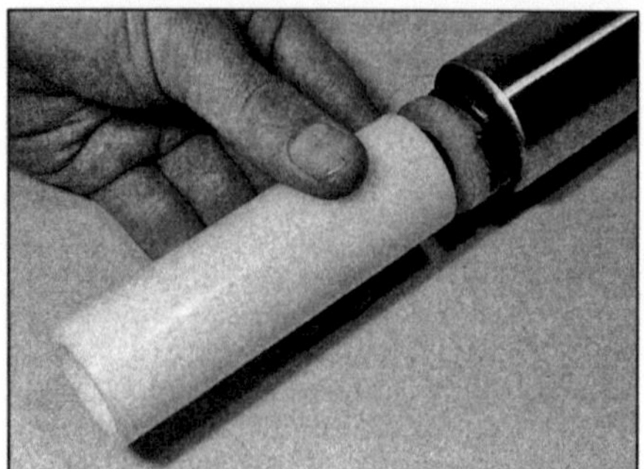

5.8b Bauen Sie die Distanzrohre . . .

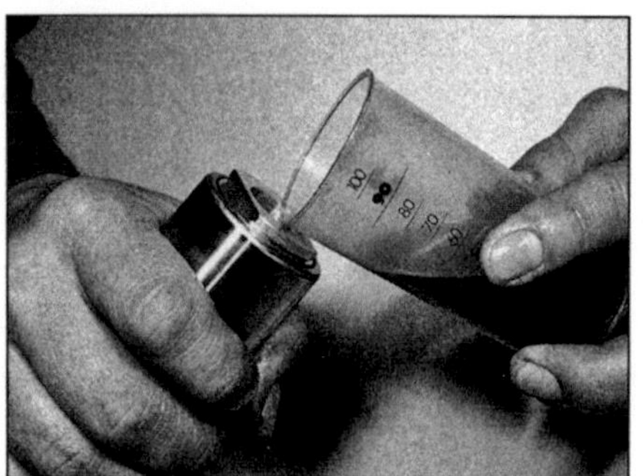

5.10a Füllen Sie exakt die vorgeschriebene Menge eines empfohlenen Gabelöls in das Gabelrohr.

Gabel arbeitet mit dem dämpfenden Effekt des Luftdrucks darin. Halten Sie den oberen Stopfen mit einem Maulschlüssel, während Sie den Einfüllstopfen mit dem vorgeschriebenen Drehmoment festziehen (siehe Abbildung).

Showa Telegabel

11 Setzen Sie die Anschlagfeder auf die Dämpferstange und schieben Sie diese in das Standrohr, lassen Sie das Ende entspannt. Setzen Sie die Gabelfeder (engere Windungen nach oben), den Federsitz, das Distanzstück und den oberen Stopfen ein. Drücken Sie den Stopfen in das Standrohr, setzen Sie den Sicherungsring in seine Nut, und lassen Sie den Stopfen vom Federdruck dagegen drükken.

12 Setzen Sie den Dämpferstangensitz auf das herausragende Ende der Stange und schieben Sie die Baugruppe in das Tauchrohr, nachdem Sie die Buchsen mit Öl geschmiert haben. Benutzen Sie eine neuen Dichtscheibe und setzen Sie die Dämpferstangen-Inbusschraube von unten, ziehen Sie sie fest.

13 Schmieren Sie die Tauchrohr-Gleitbuchse, schieben Sie sie über das Standrohr. Bis in ihren Sitz im Tauchrohr muß sie mit einem geeigneten dünnen Rohr getrieben werden, das weder das Standrohr noch das Tauchrohr berührt. Setzen Sie anschließend die Scheibe und den Gabeldichtring auf, treiben Sie ihn ebenfalls mit dem Rohr senkrecht in seinen Sitz. Positionieren Sie den Sicherungsring in seiner Nut und schieben Sie die innen mit Shell Retinax A eingefettete Staubkappe darüber.

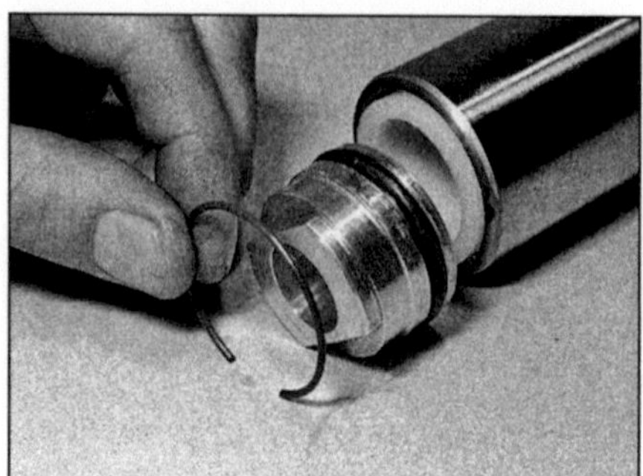

5.8c . . . gefolgt vom oberen Stopfen ein – dieser muß einen neuen O-Ring haben.

5.10b Halten Sie den oberen Stopfen, und drehen Sie bei vollständig entspanntem Gabelrohr den Einfüllstopfen fest.

14 Schrauben Sie die mit einer neuen Dichtscheibe ausgerüsteten Ölablaßschraube ein, und füllen Sie das Gabelrohr mit der korrekten Menge des vorgeschriebenen Gabelöls auf, wie in Kapitel 1 beschrieben. Installieren Sie den Einfüllstopfen und setzen Sie die Plastikkappe auf.

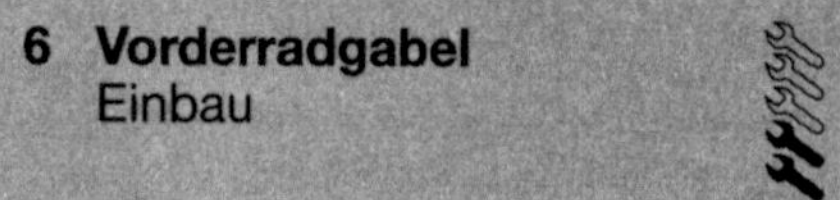

6 Vorderradgabel
Einbau

Einbau

1 Entfernen Sie sehr vorsichtig Rost und Grate am Standrohr und aus den Bohrungen

6.1 Schmieren Sie das Standrohr mit Fett ein, um den Einbau zu erleichtern – vergessen Sie nicht die Manschetten, falls vorhanden.

5.9 Den oberen Stopfen soweit eindrücken, bis der Sicherungsring montiert werden kann.

der Gabelbrücken. Schmieren Sie das obere Ende des Standrohrs mit Fett ein und schieben Sie es in seine Position (siehe Abbildung). Bei mit Showa-Gabeln ausgerüsteten K 75-Modellen müssen die Gewinde der Gabelbrükken-Klemmschrauben mit Motoröl eingeschmiert werden – siehe Schritt 6.

2 Klemmen Sie die Gabelrohre zunächst nur leicht ein, daß sie halten. Kontrollieren Sie, ob die oberen Ränder der Standrohre bündig mit dem Rand der Gabelbrücke sind und schieben Sie die Achse durch ihre Bohrungen, um sicherzugehen, daß die Gabelrohre fluchten. Ziehen Sie dann zuerst die oberen, dann die unteren Gabelbrücken-Klemmschrauben mit den vorgeschriebenen Drehmomenten an (siehe Abbildung). Setzen Sie die schwarzen Plastikabdeckungen auf.

3 Montieren Sie die Gabelstrebe (falls vorhanden) und das Schutzblech. Es folgen das Vorderrad, dessen Achsen-Klemmschrauben noch nicht angezogen werden, und die Bremssättel.

4 Sind alle Teile montiert, wird die Maschine vom Ständer genommen, die Vorderradbremse betätigt und die Gabel einige Male gepumpt, bis sich alles gesetzt hat. Ziehen Sie von oben nach unten alle Befestigungen an, beachten Sie die Drehmomentangaben am Anfang des Kapitels.

5 Kontrollieren Sie, ob alle Hebel und Instrumente korrekt eingestellt und befestigt sind. Prüfen Sie die Funktion der Bremse und Federung, bevor Sie mit dem Motorrad fahren.

6.2 Ziehen Sie die Klemmschrauben vorschriftsmäßig fest.

Modifikationen

6 Bei K 75-Modellen mit Showa-Gabel kann es passieren, daß die Standrohre sich im Betrieb durch die Gabelbrücken drücken, besonders bei RT-Modellen mit ABS. BMW empfiehlt, die Gewinde der Gabelbrücken-Klemmschrauben vor der Montage mit Motoröl zu schmieren, damit das korrekte Anzugsmoment auf die Klemmung wirkt und nicht korrodierte Gewinde einen festen Anzug vortäuschen.

7 Die schwarzen unteren Klemmschrauben sollten durch härtere und blanke 10.9-Schrauben ersetzt werden, ebenfalls müssen die Unterlegscheiben ausgetauscht werden.

7 Vorderradgabel
Ausrichten der Dämpferbauteile

1 Aufgrund des langen Federweges und des relativ komplizierten Aufbaus können diese Gabeln im Betrieb Geräusche erzeugen, oder – besonders nach einer Zerlegung – schwergängig arbeiten. Da die in den Sektionen 5 und 6 beschriebenen Standard-Arbeitsschritte in den meisten Fällen ausreichen, diese Probleme zu beseitigen, wird die arbeitsintensivere Methode, Geräusche und Schwergängigkeit zu beseitigen, in dieser Sektion beschrieben. Die Arbeitsschritte beginnen mit den Voraussetzungen, daß die Standrohre ohne Federn und Distanzrohre am Motorrad montiert sind und die Tauchrohre locker mit den Dämpferstangen-Inbusschrauben in Position sitzen; Schutzblech, Vorderrad und Gabelstrebe sind demontiert.

2 Drücken Sie jedes Tauchrohr stark nach oben, bis es anschlägt, drehen Sie es zwei- bis dreimal um das Standrohr, um die Dämpferstange zu zentrieren, bevor die Inbusschraube (ggf. vorschriftsmäßig) festgezogen wird. Hindern Sie die Dämpferstange mit Federdruck am Mitdrehen. Kontrollieren Sie, daß das Tauchrohr leichtgängig gleitet. Wenn nötig, lockern Sie die Inbusschraube, und wiederholen Sie den Vorgang, bis das Ergebnis befriedigend ist.

3 Ist die Gabel mit einer Gabelstrebe ausgerüstet, muß sie jetzt installiert, aber nicht festgezogen werden. Montieren Sie das Rad und die Achse, klemmen Sie sie jedoch nur an einer Seite. Drücken Sie die Gabel so weit wie möglich durch, und ziehen Sie die Gabelstrebenschrauben schrittweise über Kreuz bis zum vorgeschriebenen Drehmoment an. Ziehen Sie dann das zweite Paar Achsen-Klemmschrauben vorschriftsmäßig fest.

4 Pumpen Sie die Gabel einige Male durch und achten Sie dabei auf Anzeichen von Schwergängigkeit. Prüfen Sie, ob die Radachse sich leicht aus- und einbauen läßt. Kontrollieren Sie im Zweifel die Gabel auf Verdrehung.

5 Montieren Sie die Ölablaßschrauben, das Schutzblech, das Vorderrad und die Bremsen. Füllen Sie jedes Gabelrohr mit der vorgeschriebenen Menge Gabelöl (siehe Kapitel 1), setzen Sie die Federn und Distanzrohre ein.

6 Stützen Sie das Motorrad so, daß das Vorderrad frei vom Boden ist. Montieren Sie die oberen Stopfen und die Öleinfüllstopfen. Entfernen Sie die Abstützung und prüfen Sie die Funktion der Gabel.

7 Neue oder mit Neuteilen bestückte alte Telegabeln können zu Anfang etwas schwergängig sein, nach einer Einlaufzeit von etwa 1000 km sollten sie jedoch absolut frei arbeiten.

8 Lenkkopflager
Ausbau

1 Obwohl nicht unbedingt notwendig, ist es sinnvoll, vor der Demontage des Lenkrohrs die Verkleidung zu entfernen, um die Teile vor Beschädigungen zu schützen.

2 Entfernen Sie den Kraftstofftank (siehe Kapitel 6).

3 Bauen Sie die Gabelrohre aus (siehe Sektion 2).

4 Hebeln Sie vorsichtig die Scheibe um das Zündschloß ab und ziehen Sie dieses mit Hilfe eines kleinen Schraubendrehers aus der Lenkerverkleidung. Lösen Sie die Schrauben, und heben Sie die Lenkerverkleidung ab (siehe Abbildungen).

5 Entfernen Sie bei K 75-, K 75 C-, K 75 T- und K 100-Modellen die Lenkerverkleidung, lösen Sie die zwei Halteschrauben und entfernen Sie den Scheinwerfer, nachdem Sie die elektrischen Leitungen gelöst haben. Trennen Sie die Hupenkabel, lockern Sie die Hupenbefestigung und entfernen Sie die Schraube, die den Steckverbindungsdeckel an der Unterseite der Instrumentenverkleidung sichert. Lösen Sie den Stecker und entfernen Sie die Schrauben, die den hinteren Gehäusedeckel an den Gabelbrücken sichern. Ziehen Sie die hintere Abdeckung zusammen mit der Instrumentenverkleidung ab.

6 Wenn die Bremsleitung durch den Steuerkopf geführt ist, muß der obere Anschluß gelöst und verstopft oder umwickelt werden, so daß auslaufende Bremsflüssigkeit keinen Schaden anrichten kann (siehe Abbildung). Lösen Sie die Plastikmutter (frühe K 75- und alle K 100-Modelle) oder den Halter (spätere K 75-Modelle) oben am Lenkkopf und ziehen Sie die Bremsleitung nach unten heraus. Bei Modellen, deren Bremsleitung außen am Lenkkopf verlegt ist, brauchen diese nicht getrennt werden, allerdings ist die Demontage aller Führungen und Befestigungen nötig.

7 Entfernen Sie die Lenker-Klemmschrauben und heben Sie den Lenker nach hinten aus dem Arbeitsbereich, Bowdenzüge und Kabel bleiben angeschlossen, dürfen jedoch nicht im Wege sein. Jetzt liegen die Gabelbrücken komplett frei und können ausgebaut werden.

8 Bei allen K 100- und frühen K 75-Modellen muß zunächst die obere Lenkrohrschraube gelöst werden, dann kann die obere Gabelbrücke mit einem weichen Hammer vorsichtig nach oben geklopft werden. Lösen Sie den Rändel-Einstellring, und ziehen Sie die untere Gabelbrücke aus dem Lenkkopf; es kann nötig sein, das Lenkrohr mit einem weichen Hammer durch die Lager zu treiben. Nehmen Sie das obere Lager heraus (siehe Abbildung).

9 Bei allen K 75-, insbesondere früheren K 75 C-Modellen, die mit einem Fluidbloc-Lenkungsdämpfer ausgerüstet sind (zu erkennen an den zwei aus dem Lenkkopf ragenden Schraubenköpfen), muß jegliches Fett vom Lenkrohr gewischt und dünnes Isolierband um das Gewinde geklebt werden, um das Dämpfergummi beim Durchführen nicht zu beschädigen.

10 Bei späteren K 75-Modellen wird die Kontermutter der Lenkrohr-Gewindebuchse gelöst und die obere Gabelbrücke nach oben vom

8.4a Hebeln Sie die Scheibe um das Zündschloß ab, um dieses aus der Lenkerabdekkung zu entfernen.

8.4b Entfernen Sie die Verkleidungsschrauben und legen Sie die Lenker-Klemmung frei.

8.6 Die Bremsleitung muß gelöst werden, bevor die Gabelbrücke demontiert werden kann.

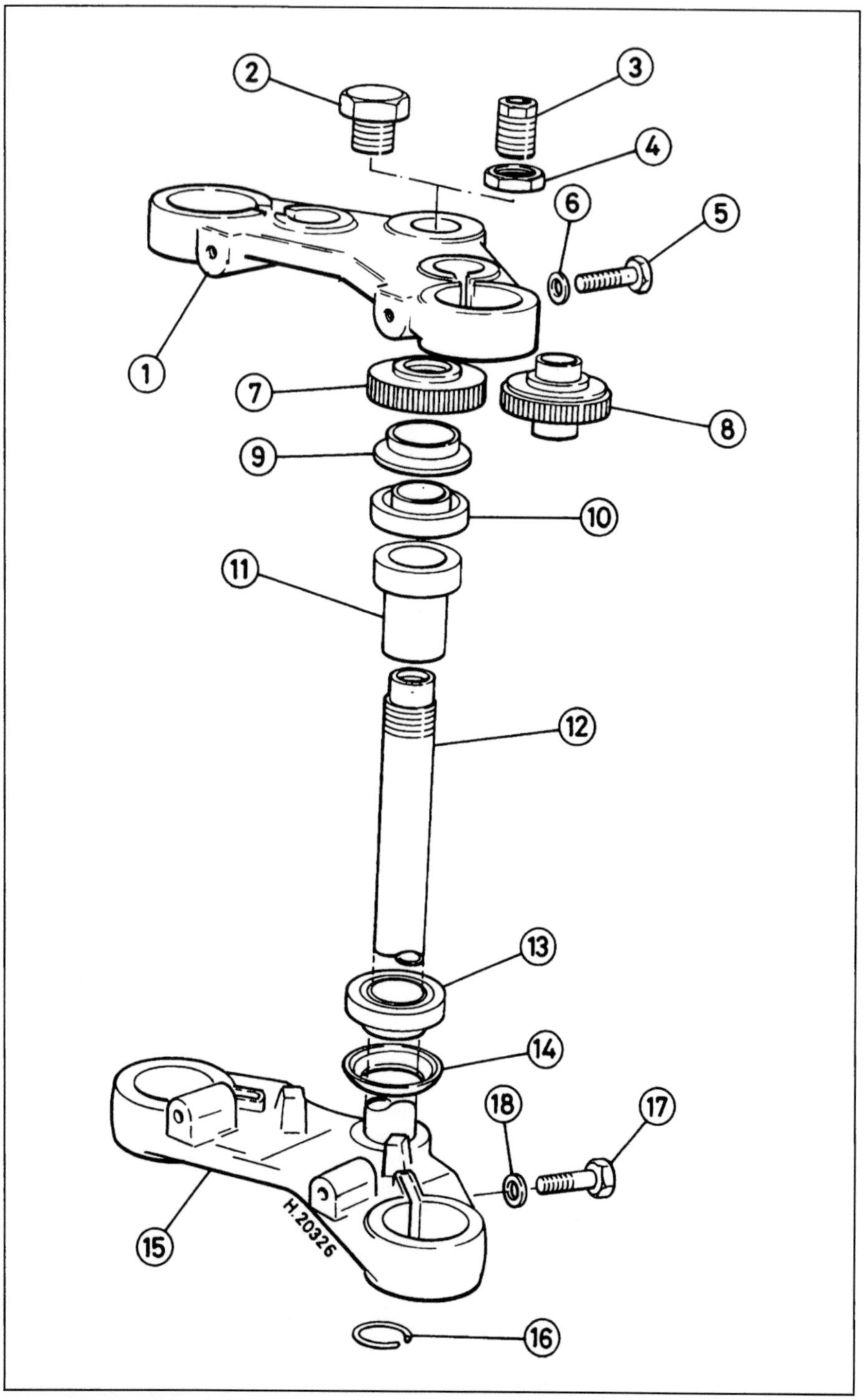

8.8 Lenkrohr-Baugruppe

1 obere Gabelbrücke
2 Lenkrohr-Schraube[1]
3 Gewindebuchse[2]
4 Kontermutter[2]
5 Schraube – 2 Stück
6 Scheibe – 2 Stück
7 Lager-Einstellmutter[1]
8 Lager-Einstellmutter[2]
9 Staubkappe – falls vorhanden[2]
10 Kegelrollenlager
11 Fluidbloc-Lenkungsdämpfer[2]
12 Lenkrohr
13 Kegelrollenlager
14 Staubkappe – falls vorhanden
15 untere Gabelbrücke
16 Sicherungsring
17 Schraube – 2 Stück
18 Scheibe – 2 Stück

[1] *alle Modelle, außer spätere K 75-Baureihen*
[2] *spätere K 75-Baureihen*

Lenkrohr geklopft, lockern Sie die Gewindebuchse und lösen Sie die Lager-Einstellmutter, während Sie die untere Gabelbrücke nach unten aus dem Lenkkopf ziehen. Das obere Lager muß mit einem Dorn, der durch die Bohrungen in der Mutterabdeckung paßt, aus dem Einsteller getrieben werden.

11 Der äußere Lagerring kann nur mit einem Ausziehwerkzeug in der richtigen Größe aus dem Lenkkopf gezogen werden.

12 Um das untere Lager der mit Fichtel & Sachs-Gabel ausgerüsteten Modelle ausbauen zu können, muß das ganze Lenkrohr gereinigt und die Einbau-Position in der Nähe der Lenkschloß-Nut markiert werden. Erhitzen Sie die Baugruppe auf 120 bis 130°C, und treiben oder pressen Sie das Lenkrohr durch die untere Gabelbrücke, bis das Lager gelöst ist.

13 Bevor die Gabelbrücke abgekühlt ist, muß das Lenkrohr mit einem 30 mm starken Eintreiber wieder in seine zuvor markierte Position gepreßt werden. Der Sicherungsring muß unten gegen die Gabelbrücken-Unterseite drükken.

14 Um das untere Lager der mit Showa-Gabeln ausgerüsteten Modelle abziehen zu können, muß das Lenkrohr etwa 5 mm durch die untere Gabelbrücke getrieben und anschließend wieder in die alte Position gedrückt werden. Hierdurch wird genügend Platz geschaffen, Abzieher-Arme hinter das Lager zu klemmen, und es nach oben vom Lenkrohr zu ziehen.

Anmerkung: *Entfernen Sie nicht die Lagerschalen aus dem Lenkkopf und vom Lenkrohr, wenn sie nicht ausgetauscht werden müssen.*

9 Lenkkopflager
Begutachtung und Erneuerung

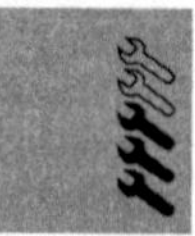

1 Reinigen und begutachten Sie die Laufbahnen in der äußeren Lagerschale, während sie sich im Lenkkopf befindet. Lager verschleißen hauptsächlich durch falsche Einstellung oder Eindringen von Wasser und Schmutz. Können beim langsamen Lenken des vom Boden abgehobenen Vorderrades Einrastpositionen festgestellt werden, müssen die Lager gewechselt werden.

2 Kontrollieren Sie die Rollen und ihre Käfige auf Verschleiß und Beschädigungen, ersetzen Sie im Zweifel das ganze Lager.

3 Erneuern Sie immer alle Dichtungen, um das Eindringen von Wasser und Schmutz zu verhindern.

10 Lenkkopflager
Einbau

1 Zum Einziehen der neuen äußeren Lagerschalen wird ein Werkzeug benötigt, das aus zwei dicken Stahlscheiben, die größer als der Lagerring sind, einer Gewindestange, die länger als der Lenkkopf ist, und zwei Muttern besteht.

2 Bringen Sie den unteren Lagerring senkrecht in Position, stecken Sie die mit einer Scheibe und Mutter bestückte Gewindestange durch, legen Sie oben die andere Scheibe auf und drehen Sie die Mutter auf. Ziehen Sie den unteren Ring ein, wiederholen Sie den Schritt mit der oberen Schale, vergessen Sie jedoch bei den K 75-Modellen nicht, zuvor den Fluidbloc-Lenkungsdämpfer zu montieren (siehe Sektion 11).

Praxis **TiP** ***Der Einbau neuer Lager kann vereinfacht werden, wenn man sie über Nacht in die Kühltruhe legt. Sie schrumpfen dadurch und lassen sich leichter einbauen.***

3 Beide inneren Lagerringe müssen vor der Montage auf etwa 80°C erhitzt werden. Setzen Sie ein neues unteres Lenkkopflager über das Lenkrohr (zuvor muß die eventuell vorhandene Staubkappe aufgeschoben sein), und klopfen Sie es mit einem geeigneten Rohr in seine Position. Dieses Rohr darf nur auf den inneren Ring und nicht auf die Rollen drücken.

4 Das obere Lenkkopflager wird auf ähnliche Weise gegen die Einstellmutter montiert. Zwischen Lager und oberer Mutter-Abdeckung darf keine Luft sein.

5 Schmieren Sie nach dem Abkühlen alle Lager mit Fett, achten Sie darauf, kein Fett an den eventuell vorhandenen Fluidbloc-Lenkungsdämpfer gelangen zu lassen. Bei allen K 75-, besonders den nachgerüsteten K 75 C-Modellen, sollte vor dem Einbau des Lenkrohres dessen Gewinde mit Isolierband umklebt werden.

6 Bei frühen K 75- und allen K 100-Modellen wird die untere Gabelbrücke in Position gebracht. Entfernen Sie nach dem Durchschieben des Lenkrohrs ggf. das Isolierband. Erhitzen Sie das obere Lager auf 80°C und stecken Sie es auf das Lenkrohr. Klopfen Sie es in Position und setzen Sie die Einstellmutter auf. Lassen Sie das Lager abkühlen, fetten Sie es, und ziehen Sie die Mutter fest an, um das Lager sich setzen zu lessen. Lockern Sie sie anschließend vollständig, und ziehen Sie sie dann nur soweit an, bis kein Lagerspiel mehr spürbar ist.

7 Bei späteren K 75-Modellen wird die untere Gabelbrücke in Position gebracht. Setzen Sie die Einstellmutter zusammen mit dem oberen Lager und der Gewindebuchse auf. Ziehen Sie die Mutter fest an, um das Lager sich setzen zu lassen. Lockern Sie sie anschließend vollständig, und ziehen Sie sie dann nur soweit an, bis kein Lagerspiel mehr spürbar ist.

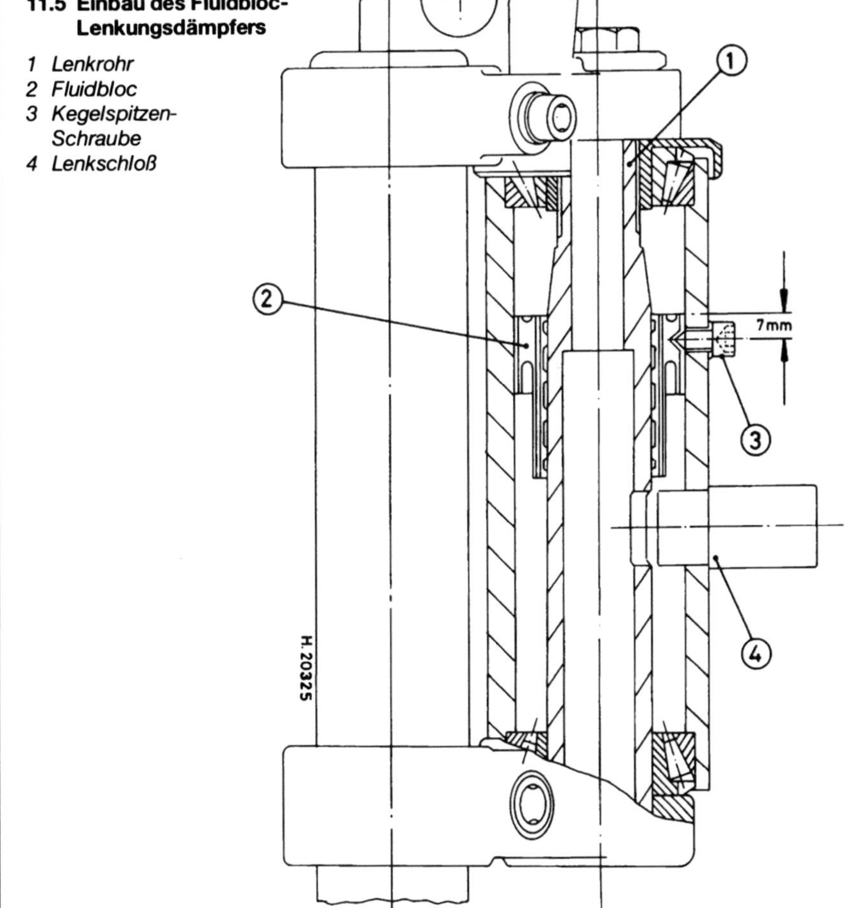

11.5 Einbau des Fluidbloc-Lenkungsdämpfers

1 Lenkrohr
2 Fluidbloc
3 Kegelspitzen-Schraube
4 Lenkschloß

8 Setzen Sie bei allen Modellen die obere Gabelbrücke, gefolgt von der oberen Schraube (frühe K 75-, alle K 100-Modelle) bzw. Kontermutter (späte K 75-Modelle) auf. Ziehen Sie die Klemmschrauben erst an, wenn die Einstellung beendet ist.

9 Montieren Sie den Lenker, die Körnermarkierung muß innerhalb der linken Klemmung zwischen den Verbindungsflächen der Klemmstücke liegen.

10 Bei Modellen, deren Bremsleitung durch den Lenkkopf geführt ist, wird die Leitung montiert und mit der Plastikmutter oder den Halterungen gesichert. Schließen Sie die Bremsleitung mit Hilfe neuer Dichtscheiben an und füllen Sie die Bremsanlage auf. Entlüften Sie die Bremse, wie in Kapitel 10 beschrieben. Wenn der Lenker nach links angeschlagen wird, ist der Hauptbremszylinder der höchste Punkt der Bremsanlage – das erleichtert das Entlüften. Bei Modellen, deren Bremsleitung seitlich am Lenkkopf entlang geführt wird, muß sie dort wieder gesichert werden.

11 Montieren Sie die Gabelrohre, das Schutzblech und die Gabelstrebe (falls vorhanden) (siehe Sektionen 6 und 7). Montieren Sie das Vorderrad, wie in Kapitel 10 beschrieben.

12 Stellen Sie die Lenkkopflager wie in Kapitel 1 beschrieben ein. Montieren Sie alle demontierten Verkleidungs- und Scheinwerferbauteile, das Zündschloß und den Tank.

13 Kontrollieren Sie die Bremse, die Lenkung und die Federung sowie die Funktion aller Hebel und Schalter und die Festigkeit aller Schrauben, bevor Sie mit dem Motorrad fahren.

11 Fluidbloc-Lenkungsdämpfer
Allgemeines
(K 75-Modelle)

1 Da bei den K 75-Modellen aufgrund des kürzeren Motors weniger Gewicht auf dem Vorderrad lastet als bei den K 100-Maschinen, und dieses unter Umständen zu Lenkerflattern führen kann, wurde ab Ende 1985 an allen Dreizylinder-Modellen ein Fluidbloc Lenkungsdämpfer verbaut, er kann auch bei älteren K 75 C-Modellen nachgerüstet werden.

2 Der Dämpfer besteht aus einer harten im Steuerkopf sitzenden Gummibuchse, die von zwei Kegelkopf-Schrauben gesichert wird. Diese Schrauben berühren gerade die Oberfläche einer Nut im Dämpfer, ohne ihn zu klemmen.

3 Die sorgfältige Bearbeitung der Nut und ihre Füllung mit dickem Silikonfett dämpft jede Bewegung der Lenkung über 1°.

4 Das Bauteil bedarf keiner Wartung, da es langzeitgeschmiert ist. Zur korrekten Einstellung der Lenkkopflager müssen die Schrauben entfernt werden, um den Dämpfer außer Funktion zu setzen. Achten Sie darauf, kein anderes als das vorgeschriebene Silikonfett an den Dämpfer gelangen zu lassen. Beschädigen Sie den Dämpfer nicht, wenn Sie die Lenkkopflager überholen.

5 Zum Ein- und Ausbau des Fluidbloc-Dämpfers ist es nötig, die Lenkkopflager zu entfernen. Wird ein neuer Dämpfer montiert, muß 7 mm unterhalb seines oberen Randes an der Stelle des größten Durchmessers eine Markierung angebracht werden (siehe Abbildung). Füllen Sie alle Leerräume mit Silikonfett 300 Heavy und drücken Sie den Dämpfer soweit in den Lenkkopf, bis die Markierung in den Gewindebohrungen erscheint. Setzen Sie die Schrauben ein und ziehen Sie sie mit dem vorgeschriebenen Drehmoment fest.

12 Rahmen
Begutachtung und Erneuerung

1 Dem Rahmen braucht normalerweise keine Aufmerksamkeit beigemessen zu werden, es sei denn, er wurde bei einem Unfall beschädigt – in den meisten Fällen hilft dann nur ein Austausch des Rahmens. Nur wenige Spezialisten haben eine Rahmenrichtbank, doch es ist auch für sie nicht immer leicht, zu bestimmen, wann ein Rahmen noch gerichtet werden kann oder das Material schon zu stark verformt und überlastet ist.

2 Nachdem eine Maschine sehr viele Kilometer zurückgelegt hat, sollte der gesamte Rahmen auf Anzeichen von Brüchen oder Rissen an den Schweißnähten begutachtet werden. Besondere Aufmerksamkeit gilt hier den Knotenblechen im Bereich um die obere Stoßdämpferaufnahme. Lockere Motorhaltebolzen können ihre Aufnahmen ausgeschlagen oder verbogen haben. Kleine Beschädigungen können je nach Ausmaß und Art eventuell von Spezialisten geschweißt werden.

3 Beachten Sie, daß ein verbogener Rahmen Fahrwerksprobleme hervorruft. Wenn ein Verzug infolge eines Unfalls festgestellt wird, ist es nötig, den Rahmen von sämtlichen Anbauteilen zu befreien, um ihn komplett kontrollieren und vermessen zu können.

4 Grundsätzlich dürfen K-Modelle nicht mit einem Beiwagen oder einem Anhänger ausgerüstet werden. Gespannbauer bieten jedoch vielfältige Hilfskonstruktionen an, die diesen Umbau doch ermöglichen. An unverkleidete K 100-Modelle mit fester vorderer Motorhalterung dürfen keine RS- oder RT-Verkleidungen montiert werden, da zu starke Vibrationen auftreten. Fragen Sie hierzu einen BMW-Händler.

13.1 Die Fußrastenplatten sind an das Getriebe geschraubt.

13 Fußrasten
Allgemeines

1 Die Fußrasten sind an einer großen Alu-Platte befestigt, die an das Getriebegehäuse geschraubt ist (siehe Abbildung). Bei frühen K 100-Modellen waren die Platten gummigelagert, doch nachdem sich herausstellte, daß hierdurch Vibrationen nur verstärkt wurden, verbaute man ab 1986 auch hier die festen Platten der K 75-Modelle.

2 Außer regelmäßiger Festigkeitskontrollen und gelegentlicher Schmierung der Gelenke benötigen die Fußrasten keine Wartung. Beschädigte oder gerissene Teile müssen entweder bei einem Alu-Spezialisten geschweißt oder ausgewechselt werden.

3 Die Fußrasten werden als Baugruppe ab- und angebaut, dazu ist es lediglich nötig, die drei Schrauben zu lösen, die jede Platte am Getriebe sichert. An der rechten Platte muß zusätzlich die Hinterradbremse demontiert werden. Ziehen Sie beim Anbau die Halteschrauben mit dem vorgeschriebenen Drehmoment fest.

14 Ständer und Hebel
Allgemeines

1 Während der vorgeschriebenen Wartungsintervalle (siehe Kapitel 1) sollten die Ständer, das Bremspedal und der Schalthebel (samt Gestänge) kontrolliert und geschmiert werden. Prüfen Sie die vorgeschriebene Festigkeit aller Halterungen.

2 Wenn nötig, müssen die Baugruppen soweit zerlegt werden, daß alle Zapfen und Lager gereinigt und geschmiert werden können. Ermüdete Federn dürfen nicht weiterverwendet werden.

3 Bei Unfallschäden lohnt sich ein Reparieren der Teile zumeist nicht. Fragen Sie im Zweifel einen Richt- oder Schweiß-Spezialisten. Nachlackieren ist zumeist kein Problem, Verchromen ist jedoch oft unwirtschaftlich.

4 Kontrollieren Sie regelmäßig die Verstärkungsplatte zwischen dem Hauptständer und dem Fußhebel, bei frühen K 100-Modellen traten hier gelegentlich Brüche auf, so daß bei späteren Maschinen und allen K 75 ein modifizierter Ständer verbaut wurde.

5 Ab März 1991 wurde an allen Modellen eine verstärkte Hauptständeraufnahme verbaut, das Gehäuse der Lagerbuchse war jetzt mit einem Schmiernippel versehen, auch der Seitenständer konnte jetzt abgeschmiert werden.

15 Verkleidung
Ausbau und Einbau

K 75 Scheinwerferverkleidung

1 Die Scheinwerferverkleidung wird unten hinten auf jeder Seite von einer Schraube gesichert, außerdem von zwei Schrauben am Instrumententräger und je einer in der Nähe der Scheinwerferaufnahmen.

2 Entfernen Sie die Schrauben, ziehen Sie die Verkleidung ab und trennen Sie die Kabel der Blinker. Der Einbau entspricht der umgekehrten Ausbau-Reihenfolge. Wenn die hintere Abdeckung demontiert werden soll, muß nach Sektion 8 gewechselt werden.

K 75 C, K 75 T, K 100 Scheinwerferverkleidung

3 Die Scheinwerferverkleidung wird von vier Schrauben an der Rückabdeckung gehalten, je eine oben und unten auf jeder Seite in der Nähe der Gabelbrücken.

4 Entfernen Sie die Schrauben, ziehen Sie die Verkleidung ab und trennen Sie die Kabel der Blinker. Der Einbau entspricht der umgekehrten Ausbau-Reihenfolge.

5 Ist die Verkleidung demontiert, können die obere Abdeckung gelöst und die Blinkerlampen entfernt werden, jede wird mit einer Schraube innen an der Verkleidung gesichert. Wenn die hintere Abdeckung demontiert werden soll, muß nach Sektion 8 gewechselt werden.

K 75 C Lenkerverkleidung

6 Dieses Bauteil kann als Extra auch an K 100- und K 75 T-Modellen verbaut sein.

7 Lösen Sie von hinten die in die Blinker gedrehten Schrauben und entfernen Sie die vier Schrauben (2 auf jeder Seite), die die Verkleidung an den Standrohr-Halterungen sichern. Heben Sie die Verkleidung ab und trennen Sie die Kabel der Blinker.

8 Wenn nötig, können die zwei Klemmschrauben an den Standrohren gelöst und die Halter abgenommen werden. Wenn die hintere Abdeckung demontiert werden soll, muß nach Sektion 8 gewechselt werden.

9 Der Einbau entspricht der umgekehrten Ausbau-Reihenfolge.

10 Beachten Sie, daß zu der Demontage und Montage der mit sechs Nieten befestigten Windschutzscheibe Spezialwerkzeug nötig ist.

K 75 Windschutzscheibe

11 Dieses Bauteil kann als Extra auch an K 100- und K 75 T-Modellen verbaut sein.

12 Die Scheibe selber ist an vier Punkten befestigt. Entfernen Sie die vier Hutmuttern samt Scheiben und nehmen Sie die Scheibe vorsichtig ab, beachten Sie dabei die Gummiösen und die zwei Buchsen an den unteren Befestigungen.
13 Achten Sie beim Einbau auf die korrekte Lage der Gummiösen auf beiden Seiten der Scheibe. Setzen Sie die Scheiben und Hutmuttern auf, ziehen Sie die Hutmuttern nicht zu fest, damit die Scheibe nicht reißt.
14 Die Scheibenhalter sind unterhalb der oberen Gabelbrücke an die Standrohre geklemmt – sie sind geringfügig in der Höhe verstellbar.

K 75 S
Verkleidung

15 Entfernen Sie ihre vier Schrauben, und nehmen Sie die Windschutzscheibe ab. Entfernen Sie vorne an der Kühlerabdeckung die vier Schrauben (2 je Seite), und nehmen Sie die Abdeckung vorsichtig ab. Das Verbindungsteil ist mit sieben kleinen Schrauben gesichert und kann nötigenfalls demontiert werden. Lösen Sie die eine Halteschraube vorne am Bremsleitungsanschluß.
16 Entfernen Sie die einzelnen Halteschrauben der Blinker, ziehen Sie sie heraus und trennen Sie die Kabel.
17 Lösen Sie von unten hinten die Schraube, die jede Bodenverkleidung an der entsprechenden Seitenverkleidung hält und nehmen Sie sie ab, um an die Seitenverkleidungsschrauben zu gelangen. Lösen Sie oben an jeder Seitenverkleidung die Schraube innen am Blinkergehäuse sowie die zwei innenliegenden Schrauben zur Vorderverkleidung (drücken Sie dazu gegebenenfalls die Windschutzscheibendichtung zurück). Lösen Sie die Schrauben der Innenverkleidungsteile. Heben Sie die Seitenverkleidungen nach dem Lösen aller Schrauben seitlich ab.
18 Das obere Frontverkleidungsteil ist jetzt noch mit einer großen und einer kleinen Schraube an jeder Seite gesichert. Entfernen Sie diese unter Beachtung der Gummihalterungen und ziehen Sie die Verkleidung ab, nachdem Sie die Kabel des Scheinwerfers, der Standlichtlampe und der Hupe getrennt haben. Wenn nötig, können die zwei Halteschrauben der Scheinwerferhalterung gelöst und der Scheinwerfer demontiert werden.
19 Entfernen Sie die Halteschraube, ziehen Sie die Blockstecker-Abdeckung unterhalb des Instrumententrägers ab und trennen Sie die zwei Stecker. Entfernen Sie die zwei Halteschrauben und ziehen Sie die Instrumentenverkleidung ab. Lösen Sie die Kabelstecker von den innerhalb des Deckels liegenden Klemmen.
20 Beachten Sie die Lage aller Kabel und Bowdenzüge an den Halterungen, entfernen Sie die zwei Halterschrauben, und nehmen Sie die kleine Abdeckung oben an der oberen Gabelbrücke ab. Ziehen Sie die Innenverkleidung um die Gabel herum ab, lockern Sie dazu eventuell die Halter-Befestigungen. Nötigenfalls kann der Halterahmen entfernt werden, doch beachten Sie dabei, daß von den vier Halteschrauben die oberen beiden gleichzeitig die Kegelkopfschrauben der Fluidbloc-Dämpfung sind und entsprechend wieder eingesetzt werden müssen.
21 Beim Einbau dürfen die vier Halterahmen-Schrauben erst angezogen werden, wenn die Innenverkleidung an ihrem Platz ist. Die Kabel und Bowdenzüge müssen korrekt verlegt sein, bevor die kleine Abdeckung an die obere Gabelbrücke montiert wird. Klemmen Sie die Stecker an die Innenverkleidung, wenn die Instrumente eingesetzt sind.
22 Montieren Sie den Scheinwerfer in die Frontverkleidung und setzen Sie die zwei Halteschrauben ein. Setzen Sie die Baugruppe an, und verbinden Sie die Kabel der Lampen und der Hupe. Kontrollieren Sie, ob die Verkleidungs-Halterung korrekt montiert ist, bevor die Buchse von innen nach außen hindurchgepreßt wird und die Scheibe und Schraube montiert werden.
23 Wenn Sie alleine arbeiten, wird ein Seitenverkleidungsteil angesetzt und die vier kleinen und eine große Schraube nur leicht angezogen, dann wird das zweite Teil angehalten und kontrolliert, ob alle Verbindungen fluchten, anschließend werden alle Befestigungen beider Verkleidungsteile angezogen. Vergessen Sie nicht die einzelne Schraube der Bremsleitungsanschlüsse, und montieren Sie die Bodenabdeckungen, die Kühlerabdeckung, die Blinker und die Windschutzscheibe.

K 75 S
Motorspoiler

24 Eine ähnlich befestigte Version dieses Bauteils ist als Extra auch für andere K 75-Modelle erhältlich.
25 Entfernen Sie am unteren Rand der Kühlerabdeckung die Befestigungsschraube, beachten Sie dabei die Metall- und Gummischeiben. Entfernen Sie die zwei Schrauben unterhalb des Spoilers, beachten Sie dabei die in die Gummiösen gedrückten Kunststoffbuchsen. Heben Sie den Motorspoiler vorsichtig nach vorne und unten ab, um ihn dabei hinten aus der Zungen-Halterung zu ziehen. Der Einbau entspricht der umgekehrten Ausbau-Reihenfolge.
26 Die vordere Spoilerbefestigung besteht aus einem langen an den Motor geschraubten Halter, die hintere Halterung ist mit der Hauptständeraufnahme verschraubt. Die Höhe der hinteren Aufnahme ist mit verschiedenen Distanzstücken einstellbar. Werden diese bei der Montage nicht wieder korrekt eingesetzt, kann der Spoiler das Motorberühren, dabei besteht die Gefahr von Lackschäden und Klappergeräuschen.
27 Soll der Motorspoiler zerlegt werden, müssen die vier Halteschrauben und das Verbindungsteil entfernt werden. Lösen Sie den hinteren Haltesockel, und entfernen Sie die Verbindungsschrauben der beiden Verkleidungshälften. Beim Zusammenbau kann mit Hilfe von eingeklebten Schaumstoffband das Verbindungsstück am Klappern innerhalb des Spoilers gehindert werden.

K 100 RS
Verkleidung

28 Entfernen Sie die einzelne Schraube hinten unten an der Seitenverkleidung (siehe Abbildung) und die zwei Schrauben am oberen Rand der Knie-Schützer, und ziehen Sie diese ab, beachten Sie die Klemme am Bogen in der Mitte jedes Knieschützers (siehe Abbildung).
29 Entfernen Sie die sechs Schrauben, die jede Gabelmanschette an der Unterseite der Verkleidung sichern, und drücken Sie die Manschetten nach innen (siehe Abbildung).
30 Lösen Sie vorne an der Kühlerabdeckung jeweils drei Schrauben, die diese an den unte-

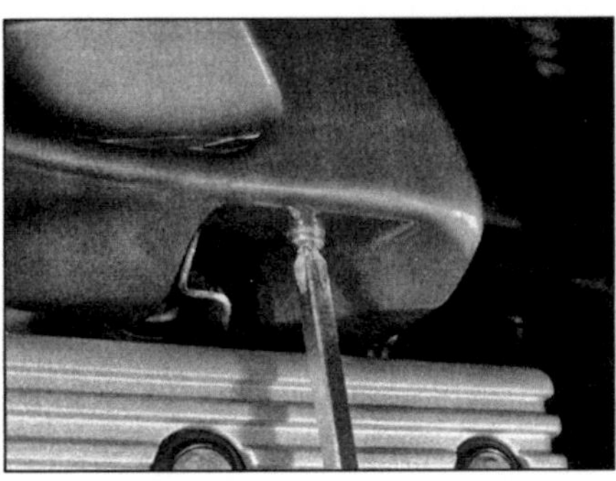

15.28a Ausbau der K 100 RS-Verkleidung. Die Knieschützer sind unten mit einer Schraube gesichert, . . .

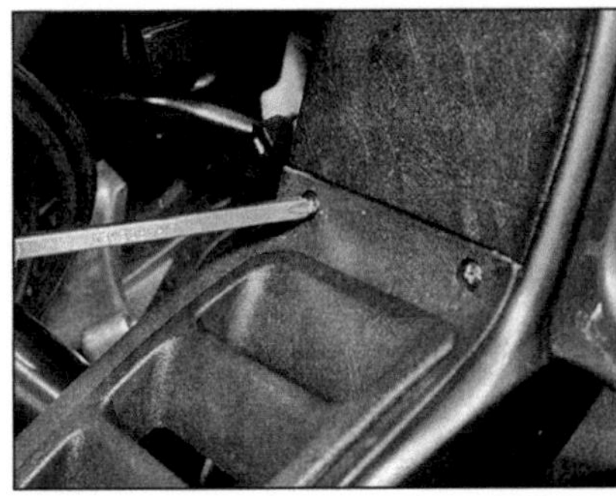

15.28b . . . oben mit zwei Schrauben, beachten Sie die Klemme am mittleren Bogen.

15.29 Entfernen Sie die Schrauben der Gabelmanschetten.

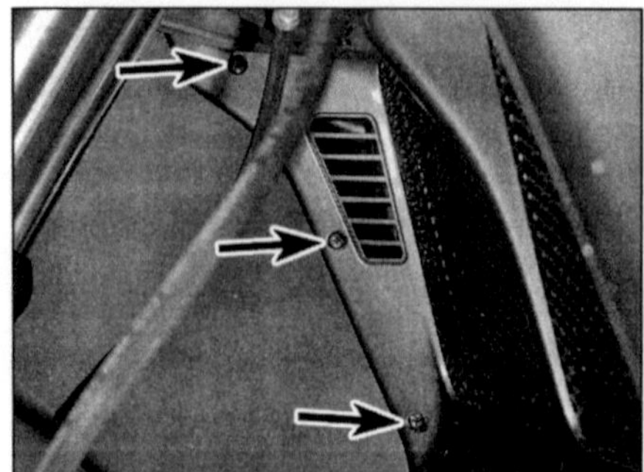

15.30a Die Kühlerabdeckung wird mit drei Schrauben an jedem unteren Verkleidungsteil gesichert.

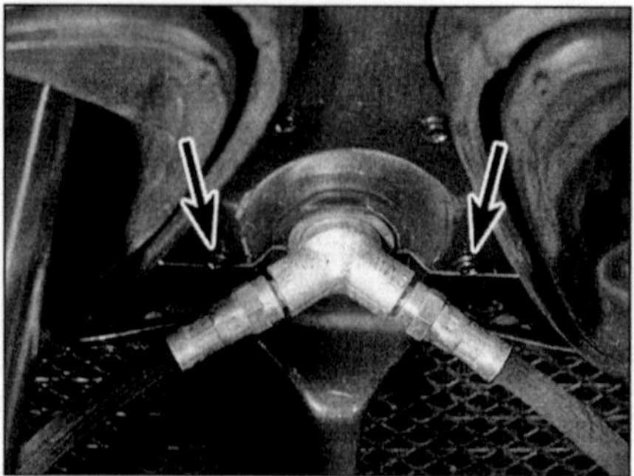

15.30b Vergessen Sie vor der Demontage der Kühlerabdeckung nicht die zwei Schrauben neben den Bremsleitungsanschlüssen.

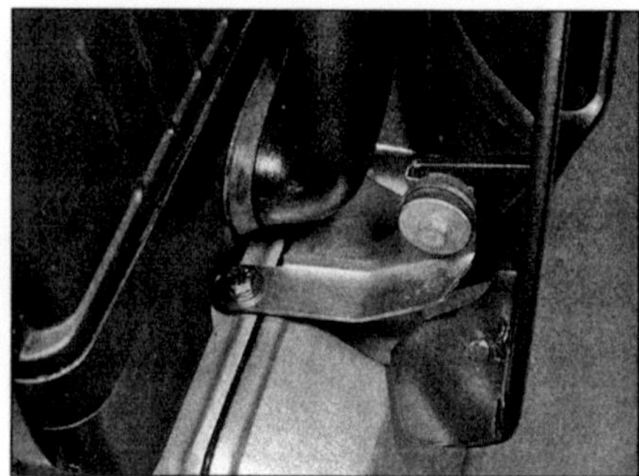

15.31a Die unteren Seitenverkleidungen sind unten mit einer Schraube . . .

ren Seitenverkleidungen sichert (siehe Abbildung). Halten Sie die Abdeckung, bis die Schrauben entfernt sind, die sie an der Hauptverkleidung und der Frontverkleidung sichert. Beachten Sie besonders die zwei Schrauben an jeder Seite der Bremsleitungsanschlüsse, die leicht vergessen werden (siehe Abbildung). Wenn alle Schrauben gelöst sind, wird die Kühlerabdeckung vorsichtig von der Maschine genommen, drehen Sie dabei die Gabel, um die Bremsleitungen zu befreien. Das Verbindungsteil mit dem Dichtstreifen und dem Rahmen ist mit sechs Schrauben gesichert und kann nötigenfalls demontiert werden.

31 Um die unteren Seitenverkleidungen zu entfernen, werden die einzelne untere Halteschraube und die vier kleinen Schrauben am oberen Rand gelöst. Halten Sie die Verkleidung sorgfältig fest, während Sie die Befestigungen lösen.

32 Entfernen Sie die Spiegel. Um genügend Platz innerhalb der Verkleidung zu haben, müssen alle Deckel und Innenteile entfernt werden. Die kleinen Abdeckungen zwischen den Knieschützern und dem Mittelteil können vorsichtig angehoben und von den Klemmen am Mittelteil gelöst werden (siehe Abbildungen). Die Abdeckungen über der Windschutzscheibenhalterung sind jeweils mit einer versenkten Schraube in der Mitte und einer Schraube oben gesichert (siehe Abbildungen); entfernen Sie die Schrauben und lösen Sie jede Abdeckung vorne an der Frontverkleidung. Die Frontverkleidung selbst ist in jeder Ecke mit einer Schraube gesichert. Das Entfernen der Abdeckung bei eingebauter Verkleidung ist eine schwierige Aufgabe, nötigenfalls kann sie lose an ihrem Platz bleiben, bei Bedarf kann man sie dann bewegen.

33 Entfernen Sie die inneren Metallverkleidungen, jede ist mit einer Schraube hinten unten, einer Schraube nahe der Spiegelaufnahme und einer Schraube an der vorderen Befestigung gesichert (siehe Abbildungen).

34 Lockern Sie die Hupen-Haltemuttern und nehmen Sie die Hupen beiseite. Lösen Sie von außen die Schraube jedes Hupen-Kanals und nehmen Sie die Hupen-Kanäle ab (siehe Abbildungen). Trennen Sie die Stecker der Lampen.

35 Die Hauptverkleidung sollte jetzt noch mit zwei Schrauben an der Verbindung zu den

15.31b . . . und oben mit jeweils vier Schrauben gesichert.

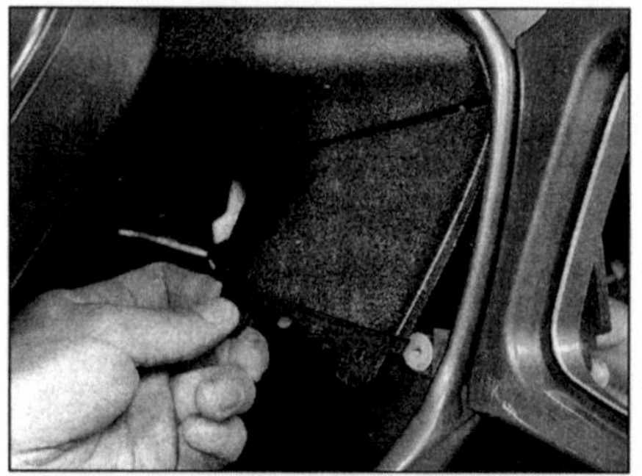

15.32a Lösen Sie die kleine Abdeckung von den Klemmen am Mittelteil.

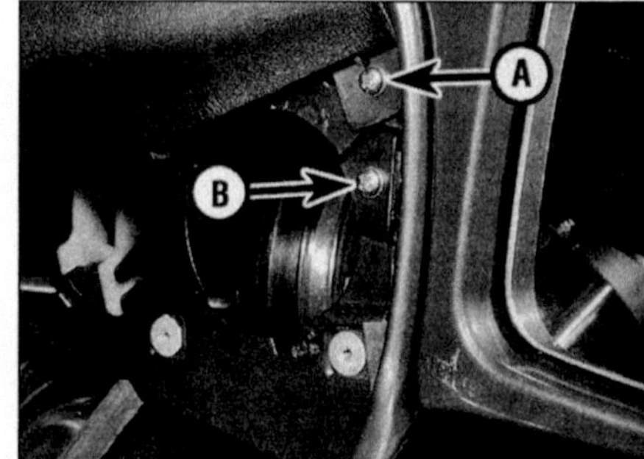

15.32b Die Schraube A hält das Mittelteil, Schraube B sichert die innere Metallverkleidung.

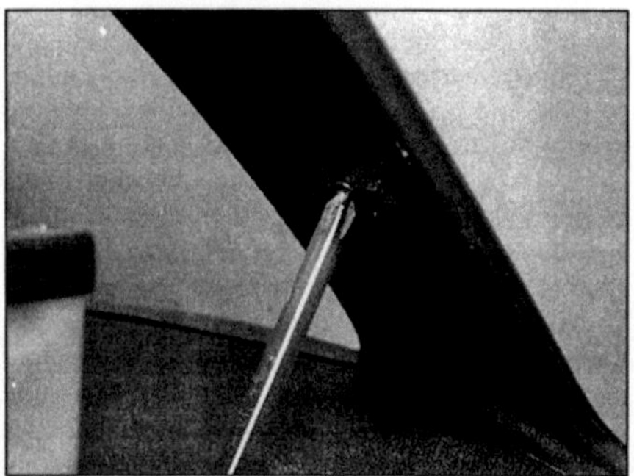

15.32c Die Abdeckungen der Windschutzscheibenhalterungen sind jeweils mit einer versenkten Schraube in der Mitte . . .

15.32d . . . und einer Schraube am oberen Ende gesichert.

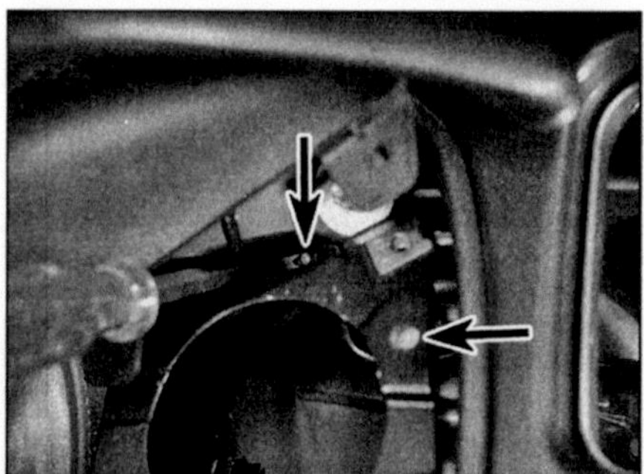

15.33a Wenn die Schraube nahe der Spiegelaufnahme und die vordere Befestigung gelöst sind, . . .

15.33b ... kann nach dem Lösen der hinteren Schraube jede innere Metallverkleidung gelöst werden.

15.34a Lockern Sie die Hupenhalterungen und drehen Sie die Hupen zurück, ...

15.34b ... lösen Sie die Hupenkanal-Halteschraube ...

unteren Seitenteilen am Halterahmen und vier Muttern oder Schrauben am vorderen Verkleidungsträger befestigt sein. Zur Demontage der Hauptverkleidung ist es ratsam, einen Assistenten zur Hilfe zu haben.

36 Lösen Sie die zwei hinteren Befestigungsmuttern und entfernen Sie die Schrauben, beachten Sie die Gummiösen und Metallscheiben. Lassen Sie den Assistenten die Verkleidung halten, während Sie die vorderen Halterungen lösen (siehe Abbildungen). Nehmen Sie die Verkleidung ab.

37 Wenn nötig, kann nach dem Entfernen der Hupen und dem Lösen der vier Schrauben zum Rahmen der Verkleidungsträger entfernt werden.

38 Zum Entfernen des Scheinwerfers oder der Windschutzscheibe muß zunächst der einstellbare Windabweiser abgebaut werden, dann werden die Windschutzscheiben-Schrauben und die Scheibe selbst entfernt (siehe Abbildungen). Entfernen Sie die drei Scheinwerfer-Halteschrauben und nehmen Sie die Baugruppe ab, beachten Sie die Gummidichtungen an den Kanten (siehe Abbildung). Die vordere Hauptverkleidung kann vom Unterteil nach dem Lösen der entsprechenden Schrauben demontiert werden (siehe Abbildung).

39 Legen Sie die Dichtung beim Zusammenbau um den Rand des Scheinwerfers, montieren Sie diesen mit den Schrauben in die Verkleidung. Setzen Sie die Windschutzscheibe

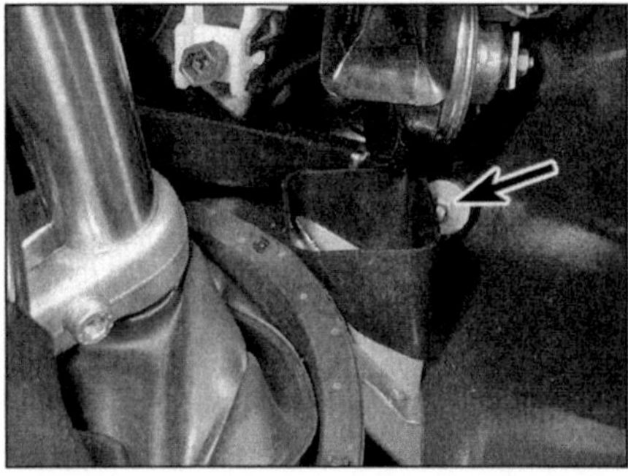

15.34c ... und ziehen Sie die Hupenkanäle ab, um die unteren Halter der Hauptverkleidung freizulegen.

15.36a Zum Abbau der Hauptverkleidung müssen die hinteren Haltemuttern und Schrauben entfernt werden, ...

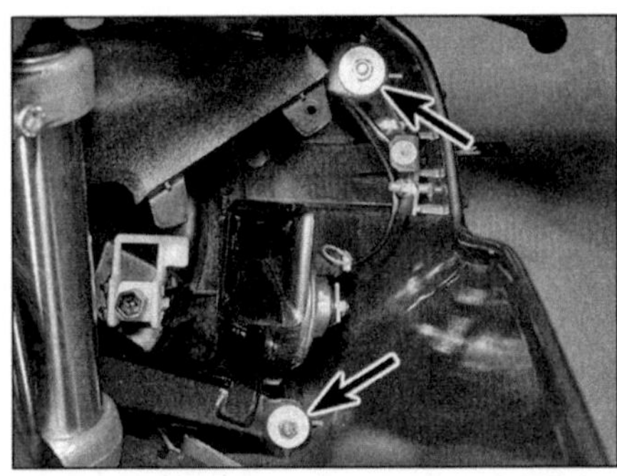

15.36b ... dann die oberen und unteren vorderen Muttern.

15.38a Beim Zerlegen des Windabweisers müssen die winkeligen Abstandshalter beachtet werden, ...

15.38b ... dann werden alle Windschutzscheiben-Schrauben entfernt.

15.38c Der Scheinwerfer wird von drei Schrauben gehalten.

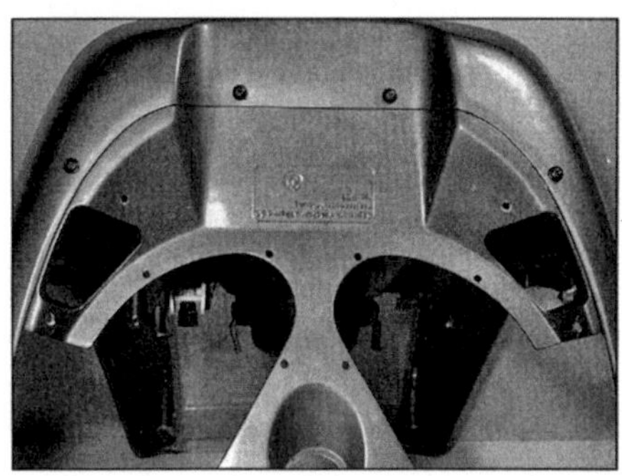

15.38d Das innere Mittelteil der Verkleidung kann nötigenfalls ausgebaut werden.

mit der Unterseite auf die Dichtung und ziehen Sie zunächst nur die unteren vier Schrauben an – diese und auch die Windabweiserschrauben dürfen nicht zu fest angezogen werden. Die Winkelstücke des Windabweisers müssen so montiert werden, daß dieser sich über den gesamten Bereich verstellen läßt. Montieren Sie gegebenenfalls die zentrale Frontverkleidung an die Maschine.

40 Drücken Sie die Gabelmanschetten mit der Krümmung nach außen auf die Standrohre, halten Sie das Verkleidungsmittelteil unter den Instrumenten in Position und montieren Sie die Verkleidung so, daß die Aussparung der Frontverkleidung um den an den Bremsleitungsanschlüssen sitzenden Gummistopfen greift. Setzen Sie alle Verkleidungsbefestigungen korrekt mit den Gummiösen an, so daß die Verkleidung vibrationsfrei aufgehängt wird. Kontrollieren Sie den Sitz der Verkleidung um die Bremsleitungsanschlüsse, verbinden Sie die Lampenstecker und befestigen Sie das Verkleidungsmittelteil unterhalb des Instrumententrägers. Ziehen Sie die Befestigungsmuttern oder Schrauben an. Die Ränder der Gabelmanschetten müssen in die Verkleidung gedrückt werden.

41 Die weitere Montage entspricht der umgekehrten Ausbau-Reihenfolge, beachten Sie dabei folgende Punkte: Positionieren Sie die Hupen direkt über den Hupen-Kanälen, und ziehen Sie alle Befestigungen an; montieren Sie anschließend die inneren Metallverkleidungen, gefolgt von der Abdeckung der Windschutzscheibenbefestigung – beide teilen sich die oberen Halteschrauben (genau wie die versenkten Schrauben), klemmen Sie unten das Mittelteil an. Setzen Sie die Schrauben des Mittelteils ein und dann die kleinen Deckel nahe der Spiegelbefestigung. Montieren Sie die Spiegel, verbinden Sie die Blinkerkabel.

42 Seien Sie vorsichtig, nichts zu zerkratzen oder zu beschädigen, wenn die seitlichen Verkleidungsunterteile und die Kühlerabdeckung montiert wird. Am besten werden diese Teile in einem Arbeitsschritt montiert, wobei die Halteschrauben bis zum korrekten Sitz der Verkleidung nur soweit angezogen werden, daß die Teile gehalten werden. Verbinden Sie den Luftfilter-Ansaugstutzen korrekt mit dem Flansch an der Kühlerabdeckung, um durch optimale Luftzufuhr die volle Motorleistung zu gewährleisten. Die Kühlerabdeckung muß mit dem Bremsleitungsanschluß fluchten. Montieren Sie die Gabelmanschettenschrauben und die Knieschützer, führen Sie abschließend eine Kontrolle durch, ob alle Bauteile korrekt montiert und gesichert sind.

43 Bei einigen K 100 RS der Spezial Edition ist serienmäßig ein Motorspoiler montiert, für andere Modelle war er als Extra erhältlich.

44 Der Spoiler sitzt an einem am Motor montierten Halter. Entfernen Sie auf jeder Seite zwei Inbusschrauben, um das Verkleidungsteil ohne Halterung abnehmen zu können. Achten Sie beim Zusammenbau darauf, die Schrauben nicht zu fest anzuziehen. Ist die Demontage des Halters nötig, müssen links die beiden Inbusschrauben entfernt werden, dann wird der Halter etwas abgesenkt und von den beiden Stutzen an der rechten Seite getrennt. Achten Sie beim Anbau auf den korrekten Sitz aller Scheiben und Haltegummis.

K 75 RT, K 100 RT, K 100 LT Verkleidung

45 Entfernen Sie die einzelne Schraube hinten unten am Knieschützer und die zwei Schrauben am oberen Rand des Handschuhfaches (dazu muß der Deckel geöffnet werden) und ziehen Sie die Knie-Schützer ab, beachten Sie die Klemme am Bogen in der Mitte jedes Knieschützers.

46 Entfernen Sie die vier Schrauben jedes Handschuhfaches und nehmen Sie es aus der Verkleidung. Entfernen Sie den Tank, wie in Kapitel 6 beschrieben.

47 Entfernen Sie die sechs Schrauben, die jede Gabelmanschette an der Unterseite der Verkleidung sichern und drücken Sie die Manschetten nach innen. Einige Modelle wurden mit Luftleitblechen anstatt Gabelmanschetten ausgerüstet – deren Demontage ist nicht nötig.

48 Wenn alle Schrauben entfernt sind, kann die Kühlerverkleidung und das vordere Verkleidungsunterteil abgenommen werden. Heben Sie die Verkleidungsteile vorsichtig ab, ohne sie zu zerkratzen. Drehen Sie die Gabel, um die Bremsleitungen zu befreien. Das Verbindungsteil mit dem Dichtstreifen und dem Rahmen kann nötigenfalls von der Kühlerabdekkung demontiert werden, nachdem alle Schrauben gelöst sind.

49 Nachdem die Knieschützer, die Fächer und die Kühlerabdeckung entfernt sind, können die Seitenverkleidungen nach dem Lösen der drei Schrauben am oberen Rand (die auch die inneren Metallverkleidungen sichern) und der zwei Befestigungsschrauben abgenommen werden. Beachten Sie die Lage der Gummiösen und Scheiben.

50 Lösen Sie schrittweise von außen nach innen die Windschutzscheiben-Befestigungen, die Hutmuttern halten die oberen Halterungen und die in die eingelassenen Muttern gepreßten Buchsen an den vier vorderen Aufnahmen. Ziehen Sie die Windschutzscheibe und die Innenverkleidung ab.

15.42 Sichern Sie beim Zusammenbau den Windabweiser, aber ziehen Sie die Schrauben nicht zu fest.

51 Trennen Sie die Kabel der Lampen und Blinker. Die Hauptverkleidung sollte jetzt noch mit zwei Schrauben an den Halterahmen und vier Muttern oder Schrauben am vorderen Verkleidungsträger befestigt sein. Zur Demontage der Hauptverkleidung ist es ratsam, einen Assistenten zur Hilfe zu haben.

52 Lösen Sie die zwei hinteren Befestigungsmuttern und entfernen Sie die Schrauben, beachten Sie die Gummiösen und Metallscheiben. Lassen Sie den Assistenten die Verkleidung halten, während Sie die vorderen Halterungen lösen. Nehmen Sie die Verkleidung ab.

53 Wenn nötig, kann nach dem Entfernen der Hupen und dem Lösen der Schrauben zum Rahmen der Verkleidungsträger entfernt werden. Entfernen Sie die drei Scheinwerfer-Halteschrauben und nehmen Sie die Baugruppe ab, beachten Sie die Gummidichtungen an den Kanten.

54 Die Montage entspricht der umgekehrten Ausbau-Reihenfolge, beachten Sie dabei folgende Punkte: drücken Sie gegebenenfalls die Gabelmanschetten mit der Krümmung nach außen auf die Standrohre, montieren Sie die Verkleidung so, daß die Aussparung der Frontverkleidung um den an den Bremsleitungsanschlüssen sitzenden Gummistopfen greift. Setzen Sie alle Verkleidungsbefestigungen korrekt mit den Gummiösen an, so daß die Verkleidung vibrationsfrei aufgehängt wird. Waren die Verkleidungshalter demontiert, muß auf genaue Flucht aller Verkleidungsteile geachtet werden. Die Hupen müssen mit den Hupenkanälen fluchten, schließlich sind die Kabel der Lampen und Blinker anzuschließen.

55 Seien Sie vorsichtig, nichts zu zerkratzen oder zu beschädigen, wenn die seitlichen Verkleidungsunterteile und die Kühlerabdeckung montiert wird. Am besten werden diese Teile in einem Arbeitsschritt montiert, wobei die Halteschrauben bis zum korrekten Sitz der Verkleidung nur soweit angezogen werden, daß die Teile gehalten werden. Die Kühlerabdeckung muß mit dem Bremsleitungsanschluß fluchten. Verbinden Sie den Luftfilter-Ansaugstutzen korrekt mit dem Flansch an der Kühlerabdekkung, um durch optimale Luftzufuhr die volle Motorleistung zu gewährleisten.

56 Montieren Sie die Gabelmanschettenschrauben, die Staufächer und die Knieschützer. Achten Sie beim Einbau der Windschutzscheibe darauf, daß die vier vorderen Schrauben mit Buchsen bestückt sind, bevor sie von innen nach außen angezogen werden. Bei frühen Modellen sind die Windabweiser mit Plexiglas-Befestigungen angebaut, später wurden sie modifiziert – fragen Sie dazu Ihren BMW-Händler.

57 Führen Sie abschließend eine Kontrolle durch, ob alle Bauteile korrekt montiert und gesichert sind.

58 Für individuelle Einstellungen und Geschmäcker gibt es für RT- und LT-Modelle verschieden hohe Windschutzscheiben, zum Teil elektrisch verstellbar, für einige ältere Modelle gibt es modifizierte Windabweiser. Fragen Sie hierzu Ihren BMW-Händler.

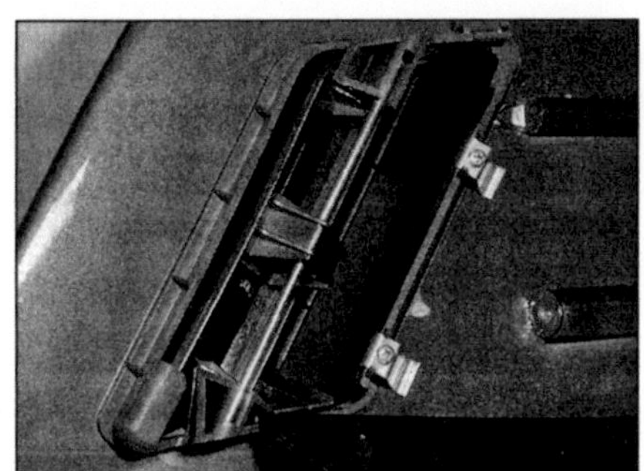

15.59 Belüftungsmechanismus – spätere LT-Modelle

59 Bei K 100 L-Modellen ab 1989 und K 75 RT-Modellen gibt es auf jeder Seite der Verkleidung eine Lüftungsklappe (siehe Abbildung). Um sie zu öffnen, muß leicht von hinten auf die Einlaßklappen gedrückt werden.

K 100 Einbau einer Verkleidung

60 BMW spricht sich dagegen aus, an Standard-K 100-Modelle eine RT oder RS Verkleidung zu montieren, da es zu Vibrationsschäden kommen kann. Man sollte bei Wünschen dieser Art einen BMW-Händler kontaktieren.

16 Sitzbank
Ausbau und Einbau

Standard-Sitzbank alle Modelle außer K 100 und K 75

1 Entfernen Sie die Seitendeckel, schließen Sie die Sitzbank auf und heben Sie sie an.
2 Entfernen Sie die Splinte von den Scharnieren sowie der Stütze. Ziehen Sie die Lagerbolzen heraus und nehmen Sie die Sitzbank ab (siehe Abbildungen). Bei späteren Modellen muß sie zunächst nach vorne geschoben werden, um aus der vorderen Halterung zu gelangen.
3 Die Halterungen und Scharniere können gegebenenfalls nach dem Lösen der Schrauben oder Muttern entfernt werden (siehe Abbildung).
4 Wenn die Halterungen demontiert wurden, bedarf die Länge des Laschen-Stiftes einer Einstellung, diese erfolgt durch Lockern der Kontermutter und Ein- oder Ausdrehen des Stiftes, bis die Sitzbank korrekt schließt, wenn sie vollständig auf dem Rahmen liegt.
5 Sitzbankbezüge sind als Ersatzteil einzeln erhältlich, das Neubeziehen einer Sitzbank ist jedoch Aufgabe eines Sattlers.

Niedrige Sitzbank und Polsterstück K 75- und K 100-Modelle

6 Die bei diesen Modellen verwendete niedrige Sitzbank kann nicht in Verbindung mit den an allen anderen Modellen verwendeten Seitendeckeln verwendet werden. Statt dessen wird zwischen Sitzbank und Tank ein Polsterstück eingefügt.
7 Zum Ausbau muß die Sitzbank zunächst aufgeschlossen werden, dann wird der Haken betätigt und die Bank vorne angehoben und nach vorne abgezogen. Beim Einbau werden die zwei hinteren Laschen eingehängt und die vordere Lasche in den Öffner-Haken eingeführt. Kontrollieren Sie die Verbindung zwischen dem Sitzhaken und dem Betätigungsgestänge, da sie sich manchmal lösen, bei späteren Modellen ist die Stange eingekerbt und mit zwei Feder-Muttern gesichert. Frühe Modelle können nachgerüstet werden.
8 Das eingesetzte Tank-Polster kann nach dem Lösen der Inbusschraube hinten am Tank abgezogen werden, achten Sie dabei auf die zwei Laschen, die das Polster an den Rahmenrohren klemmen. Achten Sie beim Einbau darauf, daß die Kanäle an der Innenseite korrekt mit den Laschen an beiden Seiten des Tanks fluchten. Hängen Sie den hinteren Rand an die Rahmenrohre, und setzen Sie die Schraube samt Scheibe ein, wenn der Gummidämpfer in Position ist.
9 Um Zugang zur Batterie oder der Einspritz-Einheit zu erhalten, müssen Sitzbank und Tankpolster zusammen mit dem Sitzbankhaken entfernt werden. Der Halter ist mit vier Schrauben gesichert und steckt auf zwei Stiften an den oberen Rahmenrohren.

17 Anbauteile
Ausbau und Einbau

Vorderradschutzblech

1 Bei K 100-Modellen ohne Gabelstrebe wird das Schutzblech mit vier Schrauben gehalten. Heben Sie das Schutzblech nach dem Lösen der Schrauben vorsichtig aus der Gabel, beachten Sie die Metallhalter, die die Muttern sichern.
2 Bei allen K 75 und mit Gabelstrebe ausgerüsteten K 100-Modellen besteht das Schutzblech aus zwei Teilen, die mit der Strebe verbunden sind. Umgreifen Sie die Abdeckung hinten an der Strebe und entfernen Sie die lange Inbusschraube, lösen Sie dann die seitlichen Inbusschrauben, die die Schutzblechteile an den Tauchrohren sichern, merken Sie sich die Positionen der Distanzstücke zwischen Tauchrohren und Schutzblech, ebenso die der Gummiöse, die die Bremsleitung schützt.
3 Achten Sie darauf, nicht die Bremsleitungen zu beschädigen, während Sie zunächst den hinteren, und dann den vorderen Teil des Schutzbleches herausnehmen. Nötigenfalls kann jetzt die Gabelstrebe demontiert werden.
4 Achten Sie beim Einbau auf die korrekten Positionen aller Befestigungen und Distanzstücke, so daß die Gabel nicht verspannt werden kann, wenn die Schutzblechschrauben angezogen werden. Die Bremsleitung muß korrekt verlegt und mit den entsprechenden Klemmen, Führungen und Gummiösen gesichert sein. BMW empfiehlt, das einteilige Schutzblech mit Schraubensicherung (z.B. Loctite 242) zu montieren.

Hinterradschutzblech

5 Heben Sie die Sitzbank an, entfernen Sie den Deckel des hinteren Staufaches, und lokkern Sie die Muttern (Flügelmuttern oder mit Plastikkappen versehene) am Staufachboden. Unterhalb des Rücklichtes werden außerhalb der Maschine die zwei Schrauben entfernt, die den Halter der Kennzeichenplatte sichern.
6 Zum Entfernen des Schutzblech-Vorderteils müssen die zwei Muttern im Staufach und die zwei Muttern der vorderen Halter gelöst wer-

16.2a Entfernen Sie den Splint vom Sitzscharnier . . .

16.2b . . . und von der Stütze, um die Sitzbank zu entfernen.

16.3 Die Sitzbankhalterung kann abgeschraubt werden.

8

den. Ziehen Sie beide Halter ab, beachten Sie die Lage der Haltegummis, ziehen Sie das Schutzblech hinten nach unten, und trennen Sie die Stifte aus den Gummiösen am Getriebe.

7 Der Einbau entspricht der umgekehrten Ausbau-Reihenfolge. Das Schutzblech muß vollständig in seinen Halterungen sitzen, bevor die Muttern angezogen werden.

Kühlerabdeckung K 75, K 75 C, K 75 T, K 100

K 75-Modelle

8 Hebeln Sie sehr vorsichtig die oberen hinteren Ecken der Abdeckung aus den Gummiösen des Tanks, ziehen Sie sie nach vorne, bis sie frei von den vorderen Haltespitzen ist. Heben Sie die Abdeckung seitlich nach unten ab.

9 Wenn nötig, kann das Verbindungsteil innen demontiert und nach dem Lösen der zwei Verbindungen die Kühlerabdeckung getrennt werden.

K 100-Modelle

10 Bei K 100-Modellen bis 1987 werden von vorne die drei Schrauben gelöst, die die linke Seitenabdeckung sichern, dann wird die Abdeckung sehr vorsichtig aus den Gummiösen des Tanks gehebelt und abgezogen. Ziehen Sie die rechte Seitenabdeckung aus den Gummiösen und ziehen Sie sie zusammen mit dem Abdeckungsvorderteil ab. Beachten Sie die an beiden Seiten des Kühlers geschraubten Puffer. Wenn nötig, kann das Verbindungsteil innen demontiert und nach dem Lösen der Schrauben der Rahmen und das Dichtband abgenommen werden.

11 Ab 1988 wurden an den K 100-Modellen andere Kühlerabdeckungen montiert. Zum Entfernen eines Seitenteils muß dieses aus den Gummiösen des Tanks gezogen und am vorderen Haken gelöst werden. Das Mittelstück wird unten von einer Schraube und oben von Haken gehalten.

Die Montage in Gummiösen wird erleichtert, indem das Gummi mit Gummipflegemittel eingerieben oder zumindest mit Wasser benetzt wird.

Seitendeckel

12 Die Seitendeckel sind sehr empfindlich und die Halterungen brechen bei falscher Demontage schnell ab. Beachten Sie beim Anbau den Tip.

13 Ziehen Sie bei den K 75-Modellen den Deckel unten ab, um die Klemme zu lösen. Drehen Sie ihn abwärts aus der Tankhalterung, und schieben Sie ihn nach vorne, um ihn vom hinteren Haltestift zu ziehen.

14 Wenn die Federklemme locker ist, kann sich der Seitendeckel lösen und abfallen. Kontrollieren Sie zunächst, ob der Tank richtig in seiner hinteren Aufnahme sitzt und die unteren Haltestifte am Rahmen nicht verbogen sind. Kontrollieren Sie, ob die Federklemme so installiert ist, daß die Öffnung der Haltelasche in die richtige Richtung zeigt. Biegen Sie die Federklemme (beschädigen Sie nicht den Deckel) oder den Haltestift am Rahmen nötigenfalls nach, so daß die Klemme sicher greift. Kontrollieren Sie, ob der Schutzstreifen unten an der Tanknaht sitzt, bevor die Deckel montiert werden.

15 Bei früheren K 100-Modellen bis 1985, deren Seitendeckel am Boden einen abgewinkelten hinteren Rand aufweisen, werden diese vorne oben und an der hinteren Kante nach außen gezogen, um sie aus ihren Haltegummis zu lösen, schieben Sie sie vorsichtig nach hinten, um sie aus den unteren Haltespitzen zu befreien.

16 Bei späteren K 100-Modellen ab 1986, deren Seitendeckel am Boden einen geraden hinteren Rand aufweisen, werden diese vorne oben nach außen gezogen, um sie aus ihren Haltegummis zu lösen, dann werden sie gerade soweit abwärts gedreht, bis die untere Halterung ausgehakt werden kann, anschließend werden sie nach vorne aus der hinteren Halterung gezogen (siehe Abbildungen).

Heck-Baugruppe

17 Heben Sie die Sitzbank an und entfernen Sie den Deckel des Staufachs. Entfernen Sie das Rücklicht, die Sitzbank und das Schutzblech. Entfernen Sie den hinteren Sitzbankhalter und trennen Sie die hinteren Blinkerkabel.

18 Lösen Sie die Halteschrauben und Muttern, und heben Sie die Heck-Baugruppe ab. Die Beifahrer-Griffe können von innerhalb des Staufaches abgeschraubt werden.

Motor-Schutzbügel

19 Einige Modelle sind serienmäßig mit Motorschutzbügeln ausgerüstet. Modelle mit Motorspoiler können nicht nachgerüstet werden. Sollen RS-, RT- oder LT-Modelle mit Schutzbügeln ausgestattet werden, müssen die unteren Verkleidungsteile die entsprechenden Ausschnitte aufweisen. Autorisierte BMW-Händler sollten in der Lage sein, passende Schablonen zu beschaffen, um die Positionen der Aussparungen exakt zu bestimmen.

20 Originale BMW-Bügel sind in Gummi aufgehängt, um Stöße nicht direkt in den Rahmen oder den Motor weiterzuleiten. Diese sind Nachbauten vorzuziehen, die direkt angeschraubt sind und schon bei leichten Stößen das Motorgehäuse oder den Rahmen beschädigen können.

21 An die normalerweise blanken Aufnahmepunkte an beiden Seiten unten am Motorgehäuse (Ölwanne) wird eine große Halteplatte geschraubt. Hieran befinden sich die Befestigungspunkte für die unteren Enden der Bügel. Oben sind die Standard-Motorhaltebolzen durch Hülsenbolzen ersetzt, in die Gummidämpfer geschraubt sind. Das äußere Ende

17.16a Die Haken der Seitendeckel brechen leicht ab.

17.16b Bewegen Sie die Deckel genau wie vorgeschrieben, um sie nicht zu beschädigen.

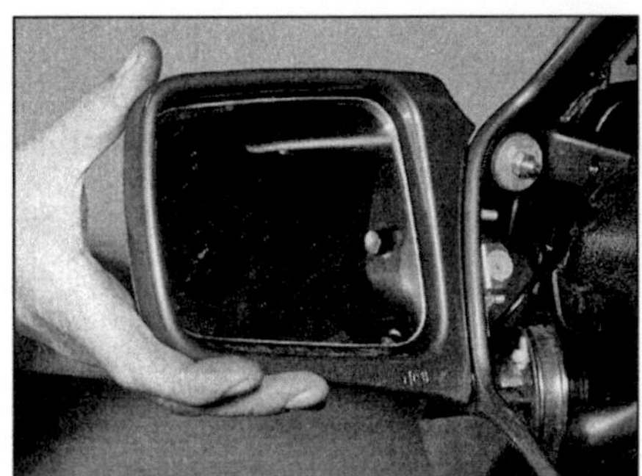

18.3a Klopfen Sie die K 100 RS-Spiegel scharf nach oben, . . .

18.3a . . . um sie aus den Klemmen zu lösen.

18.3c Vergessen Sie nicht, die Blinkerlampen-Kabel anzuschließen.

dieser Halterungen sitzt im oberen Bügelende und ist mit einer Mutter gesichert, hierüber sitzt aus optischen Gründen ein blanker Stopfen.

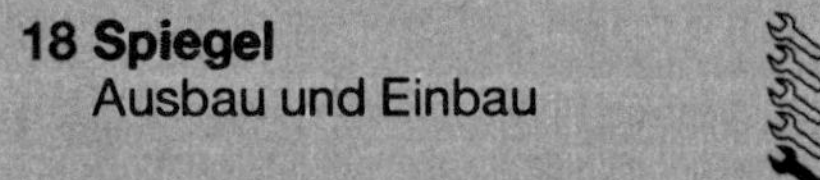

18 Spiegel
Ausbau und Einbau

1 Die an den Standard-Modellen montierten Spiegel sind mit Scheiben und Muttern an den Lenkerarmaturen befestigt, die Muttern sind mit Kappen abgedeckt. Bei Beschädigungen müssen die ganzen Spiegel ausgetauscht werden.

2 Bei RS-, RT- und LT-Modellen sind die Spiegel mit Halterungen an der Verkleidung gesichert, die als erstes abreißen, bevor größerer Schaden an der Verkleidung entsteht.

3 Um diese Spiegel zu demontieren, müssen Sie nahe der Verkleidung festgehalten werden, während mit dem Handballen von unten dagegen geschlagen wird (siehe Abbildungen). Die Klemmen lösen sich erst nach hohem Kraftaufwand – achten Sie jedoch darauf, nichts zu beschädigen. Wenn sich eine Halterung gelöst hat, kann der Spiegel von den anderen beiden abgehebelt werden. Bei K 100 RS-Modellen müssen vor dem endgültigen Abnehmen die Blinkerkabel gelöst werden (siehe Abbildung).

4 Die Spiegelgläser dieser Modelle können einzeln ausgewechselt werden, sie sind mit einem Kugelgelenk am Gehäuse gesichert. Ausgebaut wird es mit einem hinter das Glas geklemmten Hebel, zum Schutz des Gehäuses wird ein Lappen dahinter gelegt. Bei der benötigten Kraft kann es passieren, daß das Glas bricht. Drücken Sie das neue Spiegelglas ein, nachdem Sie das Kugelgelenk mit einem geeigneten Mittel geschmiert haben.

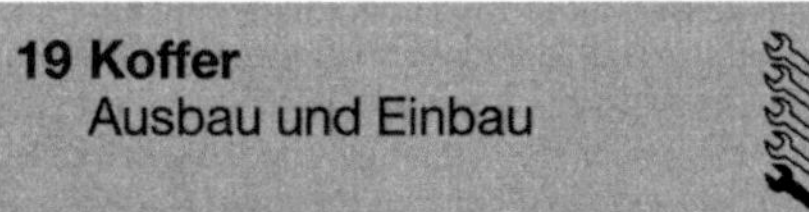

19 Koffer
Ausbau und Einbau

Seitenkoffer

1 Die Koffer sind mit einem einzelnen Haken am Kofferträger gesichert, dieser ist an der Fußrastenplatte und dem Rahmenheck befestigt. Alle Bauteile sind einzeln als Ersatz erhältlich, auch können Modelle damit ausgerüstet werden, die serienmäßig keine Koffer tragen.

Topcase

2 Das Topcase ist mit Hilfe einer Adapterplatte und einem Schließ-Mechanismus auf dem Gepäckträger gesichert.

3 Alle Bauteile sind einzeln als Ersatz erhältlich, auch können Modelle damit ausgerüstet werden, die serienmäßig kein Topcase tragen, dazu muß gegebenenfalls der passende Gepäckträger montiert werden – er ist mit vier Schrauben gesichert.

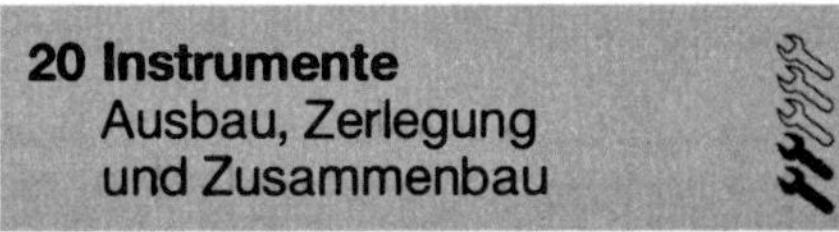

20 Instrumente
Ausbau, Zerlegung und Zusammenbau

1 Entsprechend der Modelle müssen das Scheinwerfergehäuse oder die Lenkerverkleidung, der gesamte Scheinwerfer oder ggf. die Verkleidung entfernt oder zerlegt werden, um Zugang zum Instrumententräger zu erhalten. Wechseln Sie hierzu nach Sektion 15.

2 Bei zugänglichen Abdeckungsbefestigungen wird die einzelne Halteschraube entfernt und die Steckerabdeckung abgezogen. Trennen Sie beide Blockstecker.

3 Entfernen Sie die vier Schrauben und ziehen Sie die Bodenabdeckung ab (siehe Abbildung).

Anmerkung: *Kontrollieren Sie sorgfältig die Gummibefestigungen und erneuern Sie sie beim leichtesten Zweifel über ihren Zustand – die Instrumente sind sehr vibrationsempfindlich.*

Wenn die Halterungen aus irgendeinem Grund verändert wurden (z.B. für die Montage einer Zubehör-Verkleidung), muß sorgfältig darauf geachtet werden, daß die Instrumente vibrationsfrei montiert werden.

4 Zum Zerlegen der Instrumente wird eine absolut saubere Arbeitsfläche benötigt. Entfernen Sie alle Schrauben am Rand (sieben bei älteren K 100-Modellen und neun bei K 75 und K 100 ab 1986) (siehe Abbildung). Heben Sie die Bodenabdeckung ab, und begutachten Sie den Dichtring, er muß bei kleinsten Beschädigungen ersetzt werden, um Eindringen von Schmutz und Wasser zu verhindern.

5 Zu diesem Zeitpunkt können nötigenfalls alle Warn- und Instrumentenbeleuchtungs-Lampen ausgebaut werden (siehe Abbildung). Achten Sie darauf, besonders die Kontaktstifte nicht zu beschädigen, ziehen Sie die Lampenhalter mit einer Zange heraus. Die Lampen haben keinen Sockel und können einfach herausgezogen werden. Achten Sie beim Einbau auf die korrekte Bestückung der Lampen. Einige Lampen sind mit einer Kappe abgedichtet, diese muß bei neuen Lampen immer ersetzt werden.

6 Die elektrische Leiterplatte wird mit zwei kleinen schwarzen Schrauben, die sich in der Nähe der Instrumentenbeleuchtung in den unteren Ecken befindet, und zwei größeren Schrauben am unteren Rand der Stecker-Ver-

20.3 Die Instrumentenbaugruppe ist teuer und empfindlich, behandeln Sie sie immer sehr vorsichtig.

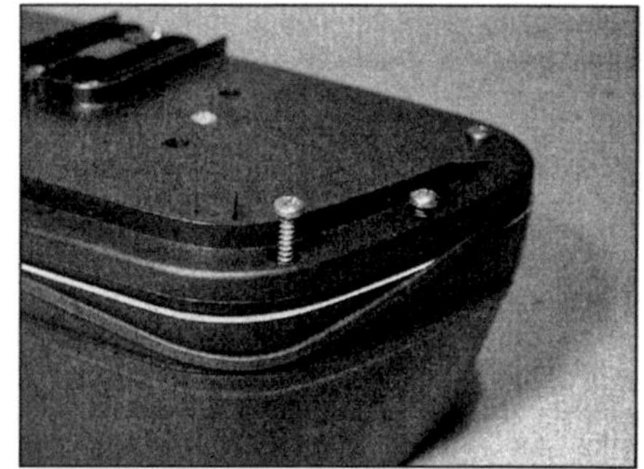

20.4 Entfernen Sie die Schrauben, um die Bodenabdeckung zu entfernen – beachten Sie den Dichtring.

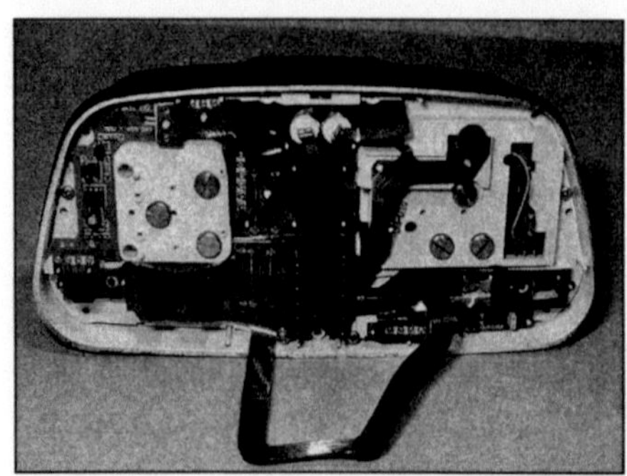

20.5 Nach Entfernung der unteren Abdekkung sind die Lampenhalterungen zugänglich.

bindungen gehalten. Entfernen Sie diese Schrauben und hebeln Sie sehr vorsichtig mit einem kleinen Schraubendreher die Leiterplatte aus allen Steckverbindungen, setzen Sie ihn links über und unter dem Drehzahlmesser sowie über und unter dem Tachometer, hier rechts vom Steckeranschluß, an. Wenden Sie keine Kraft an, wenn die Kontaktstifte sich nicht leicht lösen lassen, sollte die Baugruppe zu einer BMW-Werkstatt gebracht werden. Sind alle Stifte gelöst, kann die Leiterplatte abgenommen werden.

7 Lösen Sie mit einem kleinen Schraubendreher alle Haltelaschen, das vordere Paar zuerst, dann das hintere. Heben Sie die Uhr (falls vorhanden) oben heraus. Öffnen Sie die Haltelaschen, und heben Sie die Warnlampenkonsole heraus.

8 Die Leiterplatte der Krafstoffanzeige befindet sich oben links im Gehäuse und ist mit zwei kleinen Schrauben gesichert. Lösen Sie die Schrauben und hebeln Sie vorsichtig die Platte von den Kontaktstiften.

9 Entfernen Sie die zwei großen flachen Kreuzschlitzschrauben und nehmen Sie den Drehzahlmesser heraus. Hebeln sie vorsichtig die Nadel ab, lösen Sie die Zifferblatt-Schrauben und nehmen Sie das Blatt ab. Entfernen Sie die zwei Schrauben und nehmen Sie die Ganganzeigen-Leiterplatte zur Seite, beachten Sie das Distanzstück.

10 Die Tachometer-Leiterplatte wird unterhalb des Tachometers von zwei Schrauben gesichert. Entfernen Sie diese und hebeln Sie die Platte vorsichtig von den Kontaktstiften.

11 Ziehen Sie den Rückstellknopf des Tageskilometerzählers so weit wie möglich heraus, und entfernen Sie die zwei Schrauben, um die Einheit zu lösen.

12 Zum Zusammenbau müssen alle Teile absolut sauber und trocken sein. Ziehen Sie keine Schrauben zu fest an und wenden Sie beim Zusammenstecken nicht zuviel Kraft auf, doch müssen alle Kontaktstifte vollständig sitzen. Zum Zusammenbau der Baugruppe muß exakt die entgegengesetzte Ausbau-Reihenfolge eingehalten werden.

13 Wenn der Austausch der Instrumenten-Baugruppe nötig ist, muß darauf geachtet werden, daß die modifizierte Einheit beschafft wird; zum besseren Schutz vor eindringendem Schmutz und Vibrationen wurden 1987 die Instrumente optimiert – fragen Sie hierzu einen BMW-Händler.

14 Ab 1989 wurden nochmals modifizierte Instrumentenbaugruppen eingeführt, dessen wichtigste Neuerung ein Beschlag-Schutz für das Instrumentenglas war. Zwischen dem Gehäuse und dem Bodendeckel wurde eine Gore-Tex-Membrane installiert, die zwar Kondenswasser nach außen läßt, aber vor eindringendem Schmutz schützt. Erkennbar sind diese Instrumentenbaugruppen an den zwei dreiteiligen Entlüftungsbohrungen am Bodendeckel.

Kapitel 9
Endantrieb und Hinterradfederung

Inhalt (in alphabetischer Reihenfolge, die Zahlen geben die Numerierung in den grauen Feldern wieder)

Schwierigkeitsgrade

Leicht. Für Anfänger mit wenig Erfahrung geeignet.

Relativ leicht. Für Anfänger mit etwas Erfahrung geeignet.

Relativ schwierig. Geeignet für geübte Selbstschrauber.

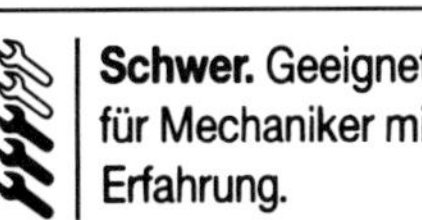

Schwer. Geeignet für Mechaniker mit Erfahrung.

Sehr schwer. Geeignet für Experten und Profis.

Technische Daten

Endantrieb

Untersetzungsverhältnis (Zähne)	**Standard**	**Optional**
K 75 S	3,20 : 1 (32/10)	3,09 : 1 (34/11)
alle anderen K 75-Modelle	3,20 : 1 (32/10)	3,36 : 1 (37/11)
K 100 RS	2,89 : 1 (31/11)	2,91 : 1 (32/11)
alle anderen K 100-Modelle	2,91 : 1 (32/11)	3,00 : 1 (33/11)
Stoßspiel Zähne	0,070 bis 0,160 mm	
Tellerrad-Kegelrollenlager		
Spiel	0,050 bis 0,100 mm	
annähernde Reibwerte	600 bis 1600 N	

Endantrieb-Schmierung

empfohlenes Öl	hochwertiges Hypoid-Getriebeöl der API-Klasse GL 5 oder MIL-L-2105 B oder C
Endantriebs-Öl Viskosität	
über 5°C	SAE 90
unter 5°C	SAE 80
Ganzjahresöl	SAE 80 W 90
Füllmenge	260 cm^3

Hinterradfederung

Federweg	110 mm
freie Federlänge	
K 75 S	keine Angaben
alle anderen K 75-Modelle	271 bis 277 mm
K 100-Modelle außer K 100 LT	265 bis 269 mm
Federdraht-Durchmesser	
K 75-Modelle	9,00 mm
K 100-Modelle außer K 100 LT	9,86 mm

9

Anzugsdrehmomente

Schwingenlagerbolzen-Sicherungsschrauben	9 ± 1 Nm
Schwingenlager-Einstellbolzen	7,5 ± 0,5 Nm
Kontermutter des Schwingenlager-Einstellbolzens	41 ± 3 Nm
Verbindungsschrauben Schwinge – Endantriebsgehäuse	40 ± 3 Nm
Stoßdämpfer-Befestigungsschrauben	51 ± 6 Nm
Antriebswellen-Sicherungsmutter	200 ± 20 Nm
Gewindering zur Sicherung der Antriebswelle im Gehäuse	118 ± 12 Nm
Endantriebsgehäusedeckel-Schrauben oder Muttern	21 ± 2 Nm
Tachometer-Impulsgeber-Sicherungsschraube	2,5 ± 0,5 Nm
Endantriebsgehäuse-Öleinfüllschraube	20 ± 2 Nm
Endantriebsgehäuse-Ölablaßschraube	25 ± 3 Nm

1 Allgemeine Informationen

Ab der Getriebe-Ausgangswelle erfolgt der Antrieb über eine Kardanwelle zum Endantrieb am Hinterrad. Diese Welle besteht aus zwei Teilen, die mit Gummi vergossen ineinander stecken. In Höhe der Schwingenlagerung befindet sich ein Kreuzgelenk, damit die Welle die Bewegung der Hinterradfederung mitmachen kann, die Längenausdehnung erfolgt über zwei Gleitverzahnungen. Der Endantrieb besteht aus einer Ritzelwelle, die in einem kombinierten Kugel/Rollenlager geführt wird, und einem Tellerrad, daß rechts von einem Kegelrollenlager und links von einem Kugellager gehalten wird; da das Hinterrad direkt an die linke Seite des Tellerrades geschraubt wird, fungieren die Lager auch als Radlager. Ein eingekerbter Ring rechts auf dem Tellerrad fungiert als Geber des elektronischen Tachoantriebes, der an das Gehäuse geschraubt ist. Die Hinterradfederung wird von einem hydraulischen Stoßdämpfer übernommen, der rechts an der Einarmschwinge angebracht ist. Die Schwinge aus Aluminium ist direkt am Getriebegehäuse gelagert. Die Kardanwelle läuft innerhalb der Schwinge und das Endantriebgehäuse ist mit vier Schrauben angeflanscht. Der Stoßdämpfer aller Modelle muß auf den jeweiligen Beladungszustand eingestellt werden, nur die K 100 LT ist serienmäßig mit einem selbsteinstellenden Boge-Nivomat ausgerüstet, dessen Funktion in Sektion 10 beschrieben ist.

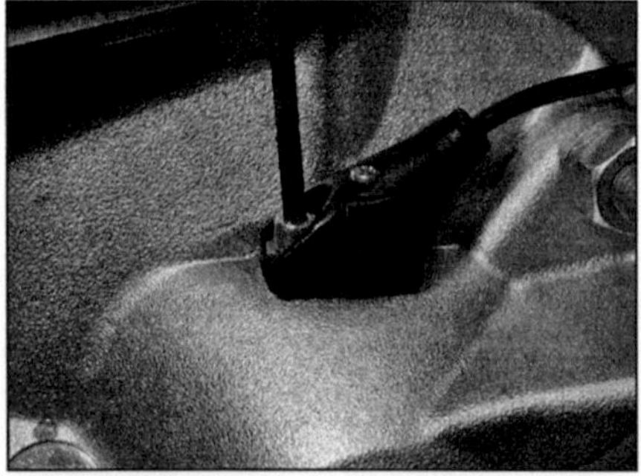

2.2 Der Sensor des Tachometers ist mit einer einzelnen Schraube gesichert.

2 Endantrieb
Ausbau

1 Entfernen Sie das Hinterrad (siehe Kapitel 10).
2 Entfernen Sie die einzelne Halteschraube und hebeln Sie vorsichtig den Tachometer-Sensor aus dem Gehäuse (siehe Abbildung). Wenn der Endantrieb zerlegt werden soll, muß das Öl abgelassen werden, wie es in den Wartungshinweisen beschrieben ist. Falls nicht, muß darauf geachtet werden, daß es aufrecht gelagert und die Sensor-Öffnung mit einem Lappen verschlossen wird, um Auslaufen und Eindringen von Schmutz zu verhindern. Entfernen Sie das Kabel des Sensors aus seinen Halterungen.
3 Wenn der Endantrieb zerlegt werden soll, muß bei Modellen mit Bremsscheibe diese am Drehen gehindert, und ihre Schrauben gelöst werden. Bei Trommelbrems-Modellen müssen die Bremsbeläge, der Bremshebel und der Bremsnocken entfernt werden. Egal, ob der Endantrieb zerlegt werden soll, muß bei Scheiben-Modellen der Bremssattel entfernt und die Gummiösen des Bremsschlauchs seitlich aus den Haltern gedrückt werden. Bei Trommel-Modellen wird die Bremsbetätigung demontiert (siehe Abbildungen).
4 Entfernen Sie an der unteren Aufnahme des Stoßdämpfers die Mutter und die Schraube, lockern Sie die oberen Aufnahmen.

Anmerkung: *Damit die Schwinge nicht herunterfällt und das Getriebegehäuse oder die Gummimanschette beschädigt, sollte sie zuvor abgestützt werden.*

Stützen Sie die Schwinge mit einem Holzblock oder ähnlichem oder binden Sie sie in der entsprechenden Höhe an das Rahmenheck. Lassen Sie die Schwinge NIEMALS herunterfallen. Lösen Sie jetzt den Stoßdämpfer aus der unteren Halterung.
5 Lösen Sie die vier Halteschrauben und ziehen Sie den Endantrieb nach hinten von der Schwinge ab, lockern Sie es gegebenenfalls mit einem Kunststoffhammer von den Paßhülsen. Wenn irgendwo Rost oder Wasser entdeckt wird, müssen alle Dichtungen und die Gummimanschette sorgfältig auf Undichtigkeiten überprüft werden.

2.3a Entfernen Sie die Bremsenbauteile, wenn der Endantrieb zerlegt werden soll.

2.3b Der hintere Bremssattel wird mit zwei Inbusschrauben gehalten.

2.3c Ziehen Sie die Bremsleitung aus den Klemmen an der Schwinge.

3 Endantrieb
Begutachtung und Erneuerung

1 Das Zerlegen des Endantriebs übersteigt die Möglichkeiten der meisten Hobbyschrauber (siehe Abbildung). Verschleiß oder Beschädigungen kündigen sich durch hochfrequentes Heulen an. Spiel zwischen Ritzel und Tellerrad kann überprüft werden, indem die Radaufnahme festgehalten und an der Ritzelwelle hin und her gedreht wird. Jegliches weitere Spiel des Tellerrades kann nur im einbauten Zustand durch Bewegen des Hinterrades überprüft werden.

2 Wenn irgendwo Beschädigungen oder Verschleiß festgestellt oder vermutet wird, muß die Baugruppe von einer BMW-Werkstatt überprüft und überholt werden.

3 Die einzigen Aufgaben, die ein Hobbyschrauber erledigen kann, ist die Demontage des Gehäusedeckels und das Auswechseln des Tellerad-Dichtrings sowie die Kontrolle des Tacho-Antriebs (siehe Abbildung).

4 Sollen diese Arbeiten ausgeführt werden, muß zunächst das Öl abgelassen werden, dann werden bei Scheibenbrems-Modellen Deckel und Gehäuse so markiert, daß bei der Montage die richtige Einbaulage sichergestellt ist (siehe Abbildung). Bei Trommelbrems-Mo-

3.1 Der Endantrieb sollte nur von einer Fachwerkstatt zerlegt werden.

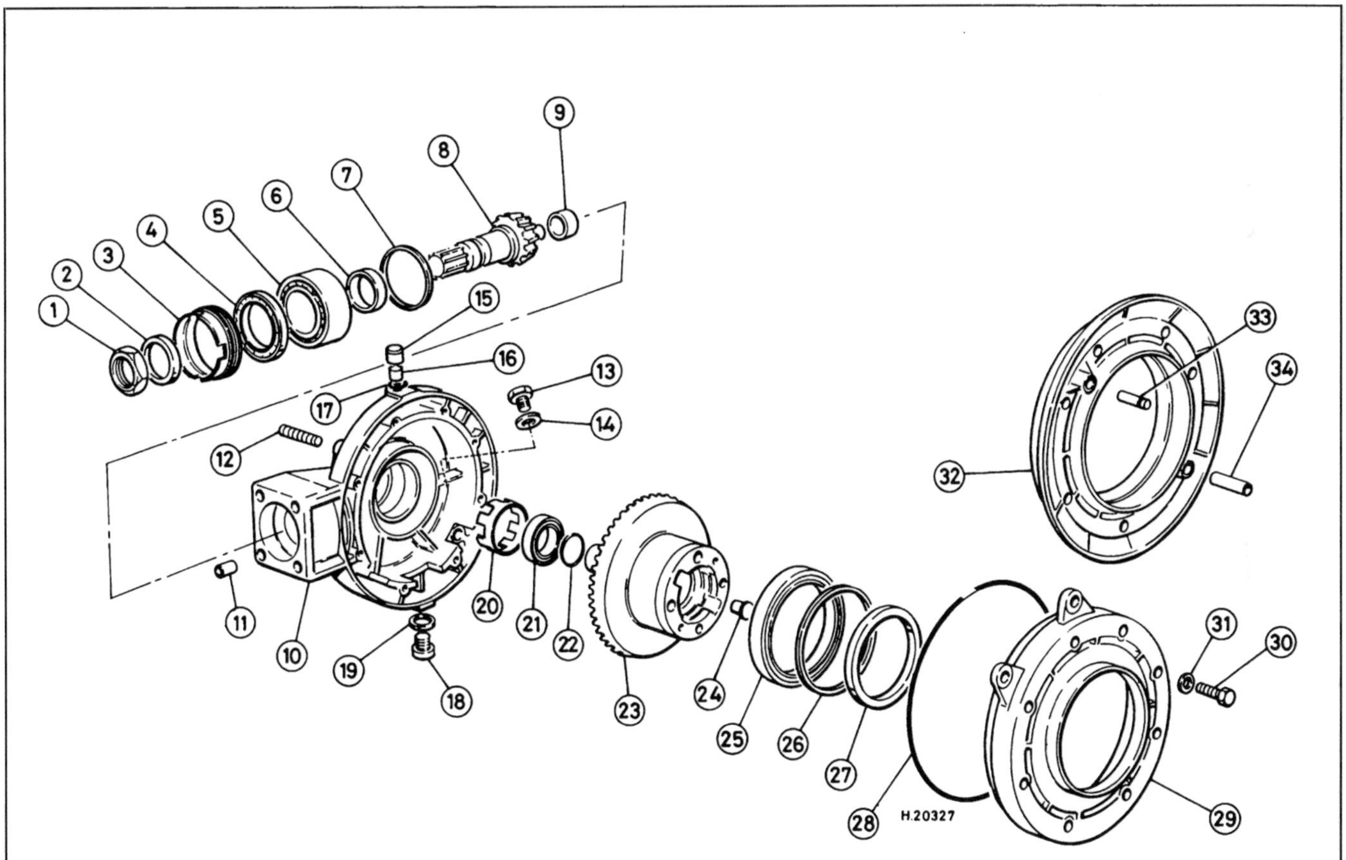

3.3 Bauteile des Endantriebs

1 Mutter
2 Druckscheibe
3 Gewindering
4 Dichtring
5 Lager
6 Ausgleichsring
7 Ausgleichsscheibe
8 Ritzel
9 Nadellager
10 Gehäuse
11 Paßhülsen (2 Stück)
12 Stehbolzen
13 Einfüllstopfen
14 Dichtring
15 Entlüftungskappe
16 Hülse
17 O-Ring
18 Ablaßschraube
19 Dichtscheibe
20 Tachometer-Rotor
21 Kegelrollenlager
22 Distanzring
23 Tellerrad
24 Stopfen
25 Kugellager
26 Distanzring
27 Dichtring
28 O-Ring
29 Gehäusedeckel[1]
30 Schraube (8 Stück)
31 Scheibe (8 Stück)
32 Gehäusedeckel[2]
33 Bremsbelag-Stift[2]
34 Bremsnocken-Hülse[2]
[1] Scheibenbrems-Ausführung
[2] Trommelbrems-Ausführung

3.4a Fertigen Sie bei den Bremsscheiben-Modellen Flucht-Markierungen am Gehäuse und Deckel an, . . .

3.4b . . . bevor Sie den Gehäusedeckel entfernen.

3.5a Tellerrad, Lager und Tacho-Rotor verbleiben im Deckel . . .

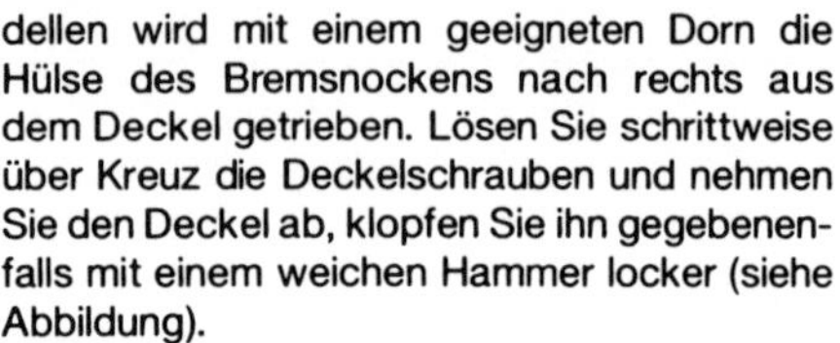

dellen wird mit einem geeigneten Dorn die Hülse des Bremsnockens nach rechts aus dem Deckel getrieben. Lösen Sie schrittweise über Kreuz die Deckelschrauben und nehmen Sie den Deckel ab, klopfen Sie ihn gegebenenfalls mit einem weichen Hammer locker (siehe Abbildung).

5 Das Tellerrad wird mit dem Deckel zusammen ausgebaut, die Distanzscheiben, die entweder zwischen der inneren Kegelrollenlagerschale und dem Tellerrad oder zwischen dem Kugellager und dem Deckel sitzen, werden noch nicht entfernt (siehe Abbildungen).

6 Kontrollieren Sie zuerst, ob der Tachometer-Rotor fest auf dem Tellerrad sitzt und nicht – wie es bei älteren K 100-Modellen öfter vorgekam – beschädigt ist. Wenn der Rotor ersetzt werden soll, muß zunächst die innere Kegelrollenlagerschale mit einem Abzieher vom Tellerrad gezogen werden. Achten Sie darauf, daß alle gefundenen Distanzscheiben später in ihrer originalen Position wieder eingebaut werden. Wenn der Rotor locker, aber nicht beschädigt ist, kann er nach dem Entfernen jeglicher Korrosion und aller Ölreste mit Loctite 638 wieder auf das Tellerrad geklebt und mit einem Kunststoffhammer in Position geklopft werden. Der Klebstoff muß jetzt bei Zimmertemperatur vier Stunden abbinden, durch Erhitzen auf 120°C kann die Zeit auf 30 bis 40 Minuten verkürzt werden.

7 Wenn der Simmerring erneuert werden soll, muß das Tellerrad und das Lager aus dem Deckel geschlagen werden, BMW empfiehlt dazu, den Deckel auf 80°C zu erhitzen. Das Kugellager bleibt dabei normalerweise auf dem Tellerrad, der zum Vorschein kommende Distanzring muß unbedingt in der exakten Einbaulage wieder montiert werden. Jetzt kann der Simmerring herausgetrieben, und der neue Dichtring mit etwas Fett per Hand so weit wie möglich senkrecht in Position gedrückt werden. Klopfen Sie ihn anschließend mit einem nur den Außenrand berührenden Rohr oder einem weichen Hammer rundherum Schritt für Schritt soweit in den Deckel, bis er mit dem Rad abschließt. Im Zweifel sollten Sie den Simmerring von einer BMW-Werkstatt einbauen lassen.

8 Bei sehr frühen 1984er K 100-Modellen kann die Gehäuseentlüftung verstopfen. Zur Kontrolle wird die Kappe abgenommen und ein Stück Draht in die Entlüftungsbohrung eingeführt. Läßt sich der Draht mehr als 22 mm einführen, ist die Entlüftung in Ordnung. Kann der Draht nicht soweit eingeführt werden, ist die Bohrung blockiert und bei demontiertem Gehäusedeckel und abgenommener Kappe muß ein 7,5 mm dicker Spiralbohrer bis in die äußere ringförmige Passage gestochen werden, dabei dürfen die dünnen Wände der Entlüftungsbohrung nicht beschädigt werden. Entfernen Sie alle Reste alter Ablagerungen.

Anmerkung: *Dieser Schritt ist nur bei sehr alten Maschinen nötig und möglich, deren Entlüfter in der Zwischenzeit nicht modifiziert worden ist.*

9 Spätere K 100-Modelle wurden mit einem modifizierten Entlüftungssystem ausgerüstet, das am Boden mit einem O-Ring versehen war, und dessen Kappe eine 3 mm starke Bohrung aufwies, die nach hinten zeigen muß. Dieses System sollte das Eindringen von Wasser verhindern, es ist bei allen K 75-Modellen serienmäßig montiert. Sollten Sie eine unmodifizierte ältere K 100 besitzen, kann Ihnen eine BMW-Werkstatt weiterhelfen.

10 Fetten Sie beim Zusammenbau die Dichtlippen des Simmerringes, und vergessen Sie nicht die Distanzscheibe zwischen Tellerrad und Deckel. Legen Sie einen neuen O-Ring in die Nut des Deckels, und fetten Sie ihn ein. Setzen Sie die Deckel-Baugruppe auf das Gehäuse und lassen Sie bei Bremsscheiben-Modellen die Markierungen fluchten, bei Trommel-Modellen die Bremsnocken-Bohrung. Klopfen Sie den Deckel in seine Position, achten Sie dabei auf die korrekte Lage des O-Rings (siehe Abbildungen). Ziehen Sie die Schrauben kreuzweise Schritt für Schritt bis zum vorgeschriebenen Drehmoment an. Treiben Sie bei Trommel-Modellen die Bremsnockenhülse in ihre Position im Deckel.

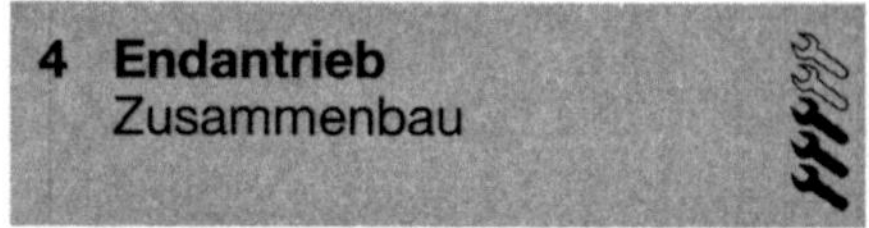

4 Endantrieb Zusammenbau

1 Vor der Montage der Endantrieb-Baugruppe muß kontrolliert werden, ob die Gummimanschette zwischen Getriebe und Schwinge fest sitzt und unbeschädigt ist (besonders, wenn

3.5b . . . und müssen herausgeklopft werden, wenn der Dichtring gewechselt werden soll.

3.10a Reinigen Sie die das Gehäuse und die Dichtflächen sorgfältig, . . .

3.10b . . . und erneuern Sie immer den O-Ring.

4.3a Drehen Sie am Rad-Flansch, um die Ritzelwelle in die Kardanwelle gleiten zu lassen.

4.3b Ziehen Sie die Schrauben mit dem vorgeschriebenen Drehmoment an.

Wasser oder Rost in der Schwinge gefunden wurden). Schmieren Sie die Wellenverzahnungen mit dem vorgeschriebenen Schmiermittel ein (siehe Kapitel 1) und kontrollieren Sie, daß die Schwinge sich in der normalen Arbeitsposition befindet.

2 Bei älteren K 100-Modellen, aber auch bei allen Modellen, deren Endantrieb oder Schwinge nicht mehr original sind, muß die Tiefe der Gewindebohrungen für die Befestigungsschrauben im Endantriebsgehäuse gemessen werden, sie müssen mindestens 17,5 mm tief sein. Die Herstellungs-Toleranzen der Flansch-Stärke am Schwingen-Ende wurden später vergrößert, und um sicherzustellen, daß die Schrauben immer tief genug im Endantriebsgehäuse sitzen, wurden die Gewindebohrungen vertieft, gleichzeitig wurden die Schrauben von 40 auf 45 mm verlängert. Frühere Schwingen und Gehäuse können daran erkannt werden, daß die außenliegende horizontale Gußrippe nur 3,5 mm stark ist, spätere Gehäuse bekamen eine 10 mm starke Rippe. Um sicherzustellen, daß die Schrauben lang genug sind, das Gehäuse sicher zu befestigen, aber nicht in den Bohrungen anzustoßen, müssen sie folgendermaßen ausgewählt werden: Wenn ein modifiziertes Antriebsgehäuse an eine alte oder neue Schwinge geschraubt werden soll, müssen 45 mm Schrauben verwendet werden, das gleiche gilt für ein altes Gehäuse an einer neuen Schwinge, beachten Sie jedoch, daß in diesem Fall 40 mm Schrauben benutzt werden müssen, wenn die langen Ausführungen unten in der Bohrung anstoßen. Auf jeden Fall müssen die kurzen Schrauben benutzt werden, wenn zwei alte Bauteile verbunden werden sollen.

3 Wenn in der Schwinge Wasser gefunden wurde, muß die Verbindungsfläche mit Dichtmittel eingestrichen werden. Die zwei Paßhülsen müssen in den Bohrungen des Antriebsgehäuses stecken. Setzen Sie das Gehäuse an, lassen Sie die Verzahnungen der Wellen ineinander fluchten, und drücken Sie den Endantrieb an die Schwinge (siehe Abbildung). Setzen Sie die Schrauben ein und ziehen Sie sie nach und nach mit dem vorgeschriebenen Drehmoment fest (siehe Abbildung).

4 Setzen Sie den Stoßdämpfer an seine untere Halterung, und ziehen Sie seine Befestigung vorschriftsmäßig an. Entfernen Sie die Schwingen-Abstützung.

5 Montieren Sie die Bauteile der Hinterradbremse und das Rad, wie in Kapitel 10 beschrieben.

6 Drücken Sie den Tachometer-Impuls-Sensor in das Antriebsgehäuse, er darf den Rotor nicht berühren. Der Dichtungs-O-Ring muß zuvor geschmiert sein, damit er nicht beschädigt wird. Ziehen Sie die Sensor-Schraube an und sichern Sie das Kabel in seiner Führung.

7 Wenn nötig, muß das Gehäuse mit vorgeschriebenem Öl befüllt werden (siehe unter Wartungsarbeiten), kontrollieren Sie den Ölstand. Führen Sie eine Endkontrolle durch, in der alle zerlegten Teile auf korrekten Zusammenbau und Festigkeit überprüft werden. Prüfen Sie die Funktion der Bremse und der Fede-

5.2a Entfernen Sie beide Fußrasten-Platten, um an die Schwingenlagerung zu gelangen.

5.2b Der Bremsflüssigkeitsbehälter der Scheibenbrems-Modelle ist mit einer Schraube am Batterie-Träger gesichert.

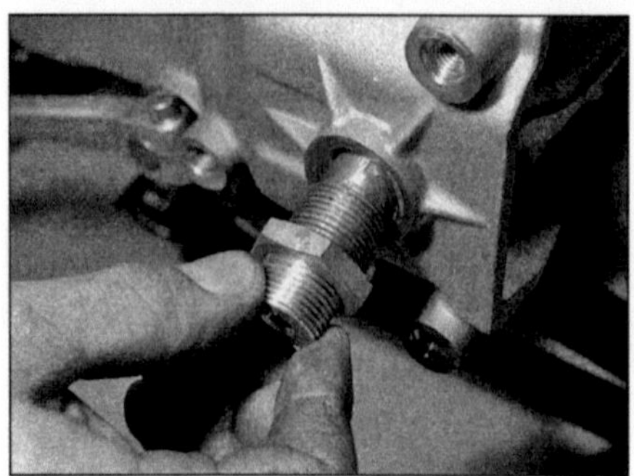

5.4 Lösen Sie links den einstellbaren Schwingenlagerbolzen . . .

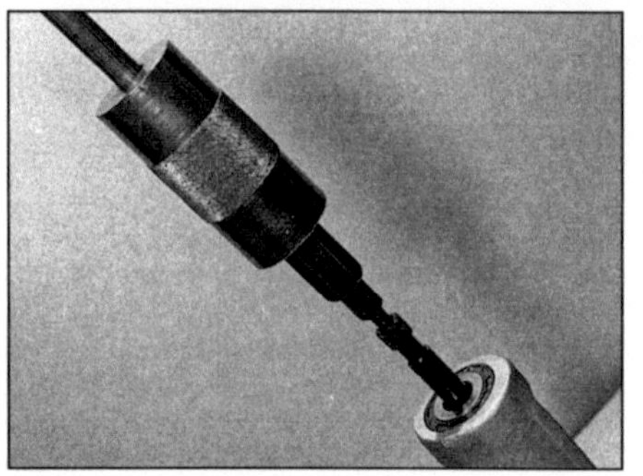

6.1 Mit einem solchen Zughammer und einem Innenspanner können Lager herausgezogen werden.

5.5 . . . und entfernen Sie nach dem Lösen der drei Schrauben den festen Bolzen rechts.

rung. Kontrollieren Sie, ob sich das Hinterrad frei und weich drehen läßt, bevor Sie mit dem Motorrad fahren.

5 Hinterradschwinge und Kardanwelle
Ausbau

1 Entfernen Sie das Endantriebs-Gehäuse (siehe Sektion 2).

2 Entfernen Sie die Muttern der Schalldämpferhalterung und lösen Sie die Schrauben der linken Fußrastenplatte. Entfernen Sie auf ähnliche Weise die rechte Fußrastenplatte zusam-

5.7 Lösen Sie den Sicherungsring, um die Kardanwelle von der Getriebeausgangswelle zu ziehen.

men mit der Hinterradbremse (siehe Abbildung). Bei sorgfältiger Arbeitsweise braucht die Bremse nicht zerlegt zu werden. Beachten Sie bei Scheibenbrems-Modellen die Position des Bremsflüssigkeitsbehälters am Batterieträger (siehe Abbildung).

3 Trennen Sie den Kupplungsbowdenzug vom Ausrückhebel und ziehen Sie ihn aus der Aufnahme am Getriebe.

4 Lockern Sie links am Getriebe die große Kontermutter und lösen Sie den Schwingenlager-Einstellbolzen (siehe Abbildung).

5 Entfernen Sie auf der rechten Getriebeseite die drei Inbusschrauben und hebeln Sie vorsichtig den festen Schwingenlagerbolzen heraus (siehe Abbildung). Wenn er festsitzt, muß

6.2 Schwinge und Kardanwelle

1 *Schwinge*
2 *Schrauben (3 Stück)*
3 *Scheiben (3 Stück)*
4 *fester Lagerbolzen*
5 *Lager (2 Stück)*
6 *Fett-Haltebleche (2 Stück)*
7 *einstellbarer Lagerbolzen*
8 *Kontermutter*
9 *Kardanwelle*
10 *Sicherungsring*
11 *Gummimanschette*
12 *Sicherungsring*
13 *Federbein*
14 *Schraube*
15 *Scheibe*
16 *Mutter*
17 *Scheibe*
18 *Mutter*
19 *Nivomat-Federbein*
20 *Lagerbuchse*
21 *Schraube (4 Stück)*
22 *Scheibe (4 Stück)*
23 *Führung*

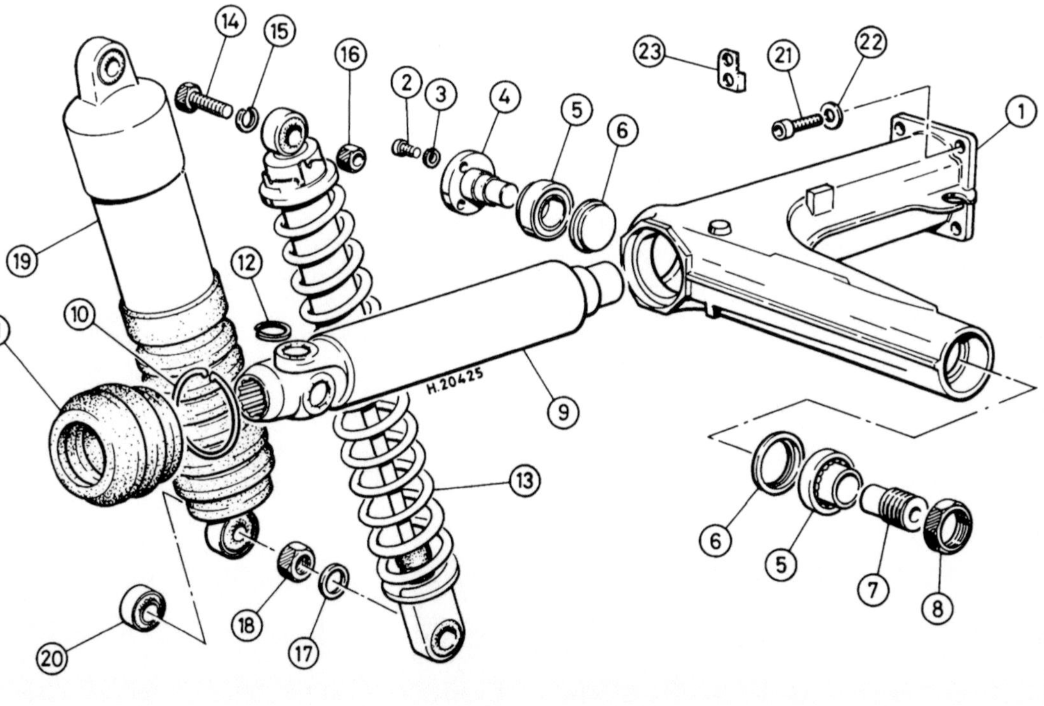

H.20425

6.4 Um den Kegelrollen-Außenring entfernen zu können, wird ein Innenauszieher benötigt. Dahinter befindet sich das Fett-Halteblech.

6.5 Setzen Sie die Kegelrollen unter reichlicher Beigabe von speziellem Fett ein.

eine geeignete Schraube in das zentrale Gewinde gedreht und mit einer großen Zange daran gezogen werden.
6 Sind beide Schwingenlagerbolzen entfernt, kann die Schwinge abgezogen werden.
7 Öffnen Sie mit einem kleinen Schraubendreher den Sicherungsring vorne über der Getriebe-Ausgangswellenverzahnung (siehe Abbildung) und ziehen Sie die Kardanwelle kräftig nach hinten ab.

6 Hinterradschwinge
Begutachtung und Erneuerung

1 Die Kegelrollen-Schwingenlager sind abgedichtet, die Außenringe können nur mit einem passenden Innenauszieh-Werkzeug demontiert werden (siehe Abbildung).
2 Reinigen Sie gründlich alle Komponenten, entfernen Sie Schmutz- und Fettreste sowie Rost (siehe Abbildung).
3 Begutachten Sie sorgfältig alle Komponenten, besonders die Außen- und Innenringe der Kegelrollenlager sowie die Rollen und Käfige selbst. Alle beschädigten oder verschlissenen Teile müssen ersetzt werden.
4 Der Lager-Außenring muß mit einem passenden Innenauszieher aus der Schwinge gezogen werden. Das rechte Fett-Halteblech kann von innen durch die Kardanwellenführung herausgehebelt werden (siehe Abbildung). Das linke Blech kann von der rechten Seite her durchgetrieben werden.
5 Beim Einbau werden die äußeren Lagerringe mit einem passenden Stück Rohr oder einer geeigneten großen Steckschlüssel-Nuß in ihren Sitz getrieben. Die Lagerlauffläche darf dabei nicht beschädigt werden. Legen Sie die Lagerrollen gut gefettet in den Sitz in der Schwinge (siehe Abbildung).
6 Begutachten Sie sorgfältig den Zustand der Gummimanschette vorne an der Schwinge. Wenn sie rissig, porös oder beschädigt ist, muß sie ersetzt werden. Ziehen Sie sie dazu über die Welle und lösen Sie innen den Sicherungsring. Die bei älteren K 100-Modellen verwendete alte Gummimanschette kann durch die neue vorne doppelt abgedichtete Manschette ersetzt werden.
7 Beim Einbau der Manschette muß darauf geachtet werden, daß sie richtig herum mit der inneren Dichtlippe nach vorne montiert wird, die innere Nut für den Sicherungsring muß nach hinten zeigen. Der Einbau wird erleichtert, wenn die Dichtflächen mit dem gleichen Fett bestrichen werden, das auch für die Wellenverzahnung benutzt wird (siehe unter Wartungsarbeiten). Setzen Sie den großen Sicherungsring über die Manschetten-Nut, drehen Sie das offene Ende zur angegossenen Rippe am Schwingenrohr.

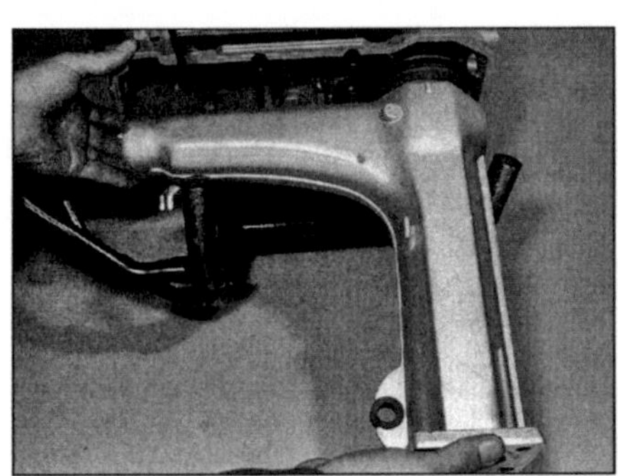

8.3 Bei der Montage muß zuerst die Schwinge, dann die Kardanwelle montiert werden, die Gummimanschette muß korrekt und fest sitzen.

8.4 Setzen Sie den festen Lager-Bolzen ein, und fixieren Sie ihn mit den drei Schrauben.

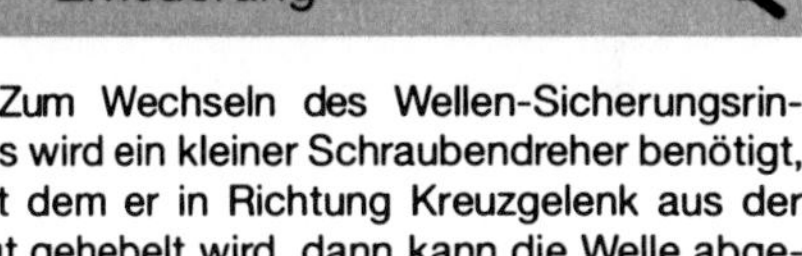

7 Kardanwelle
Begutachtung und Erneuerung

1 Zum Wechseln des Wellen-Sicherungsringes wird ein kleiner Schraubendreher benötigt, mit dem er in Richtung Kreuzgelenk aus der Nut gehebelt wird, dann kann die Welle abgezogen werden. Die Montage geschieht in umgekehrter Reihenfolge.
2 Klemmen Sie das vordere Ende der Welle in einen mit weichen Backen bestückten Schraubstock und erfühlen Sie Spiel im Kreuzgelenk, indem Sie die Welle hin und her drehen sowie vor und zurück drücken.
3 Wenn das Kreuzgelenk Spiel aufweist, oder irgendein Verschleiß oder Beschädigungen festzustellen sind, muß die ganze Welle komplett ausgewechselt werden. Kontrollieren Sie auch besonders die Wellenverzahnung und das einvulkanisierte Dämpfer-Gummi.

9

8 Hinterradschwinge und Kardanwelle
Zusammenbau

1 Schmieren Sie die Verzahnung der Getriebe-Ausgangswelle und beide Enden der Kardanwelle sowie das innere der Gummimanschette mit Spezial-Fett. Kontrollieren Sie, ob die

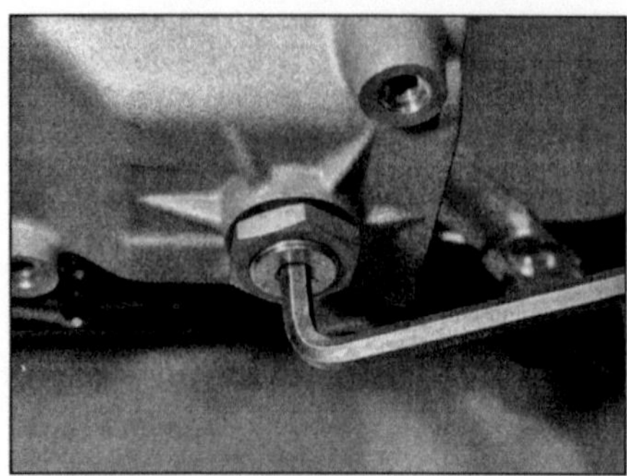
8.5a Schrauben Sie den einstellbaren Schwingenbolzen handfest ein.

8.5b Lockern Sie ihn wieder, und ziehen Sie ihn mit dem vorgeschriebenen Drehmoment an.

8.5c Ziehen Sie die Lagerbolzen-Kontermutter mit dem vorgeschriebenen Drehmoment fest.

Schwingenlager montiert und gut gefettet sind und daß die Sicherungsringe innerhalb der Manschette und am vorderen Wellenende in Position sind. Setzen Sie die Schwingenlagerbolzen mit Fett ein.

2 Beachten Sie, daß die Schwinge ohne Kardanwelle montiert werden muß, da ansonsten die Gummimanschette nicht korrekt an das Getriebe gesetzt werden kann.

3 Schieben Sie die Schwinge hinten an das Getriebe und bewegen Sie sie, bis die Manschette über dem Flansch der Ausgangswelle sitzt (siehe Abbildung). Ziehen Sie die Schwinge vorsichtig nach hinten, um zu prüfen, ob die Manschette richtig sitzt.

4 Stecken Sie den festen Schwingenlagerbolzen rechts in das Getriebegehäuse und fixieren Sie ihn mit den drei Inbusschrauben, ziehen Sie sie vorschriftsmäßig an (siehe Abbildung).

5 Schrauben Sie den einstellbaren Lagerbolzen links in das Getriebegehäuse. Ziehen Sie den Bolzen soweit wie möglich mit der Hand fest, benutzen Sie zum Andrücken der Lager nur einen einfachen Inbusschlüssel (siehe Abbildung), lockern Sie ihn vollständig, und ziehen Sie ihn mit dem vorgeschriebenen Drehmoment an (siehe Abbildung). Halten Sie den Bolzen in dieser Position, während die Kontermutter ebenfalls mit dem vorgeschriebenen Drehmoment festgezogen wird (siehe Abbildung). Kontrollieren Sie, ob die Schwinge sich über den gesamten Bereich leicht und weich bewegt, ohne Spiel aufzuweisen.

6 Wenn die Verzahnungen gut geschmiert sind, wird die Kardanwelle in die Schwinge geschoben, bis sie auf die Getriebe-Ausgangswelle gleitet, dann wird sie soweit nach vorne gedrückt, bis das Einrasten des Sicherungsringes zu hören ist. Ziehen Sie die Welle vorsichtig zurück, um zu überprüfen, daß sie sicher sitzt.

7 Verbinden Sie den Kupplungsbowdenzug mit dem Ausrückhebel und stellen Sie den Kupplungsmechanismus ein, wie in Kapitel 1 beschrieben.

8 Montieren Sie die Fußrastenplatten, ziehen Sie ihre Schrauben und den Auspuffhalter mit den ggf. vorgeschriebenen Drehmomenten fest. Bauen Sie die Bauteile der Bremsanlage an.

9 Montieren Sie das Endantriebsgehäuse, wie in Sektion 4 beschrieben

9 Hinterrad-Stoßdämpfer
Einstellung, Ausbau und Prüfung

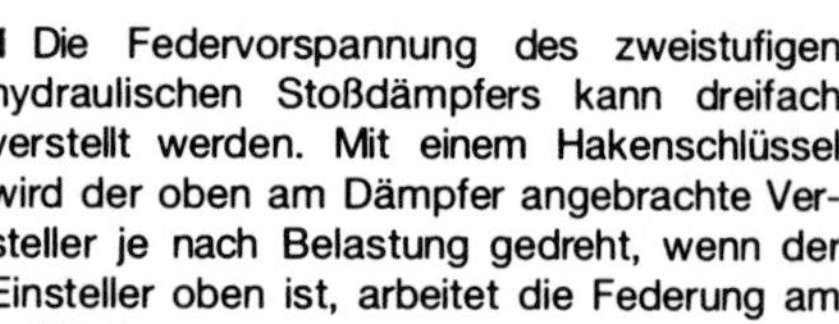

1 Die Federvorspannung des zweistufigen hydraulischen Stoßdämpfers kann dreifach verstellt werden. Mit einem Hakenschlüssel wird der oben am Dämpfer angebrachte Versteller je nach Belastung gedreht, wenn der Einsteller oben ist, arbeitet die Federung am weichsten.

2 Da der Stoßdämpfer geschlossen ist, kann außer der Begutachtung von Undichtigkeiten und Verbiegung nur die Funktion des Dämpfers überprüft werden.

3 Wenn die Maschine auf den Rädern steht, wird das Heck heruntergedrückt und schnell wieder losgelassen. Die Federung sollte dabei weich ein- und wieder ausfedern. Wenn irgendwelche ruckartigen Bewegungen festgestellt werden oder unübliche Geräusche zu hören sind, muß der Stoßdämpfer ausgewechselt werden. Der sinnvollste Test ist eine Probefahrt durch eine Person, die sich mit dem Motorrad-Typ auskennt, sie kann einen Fahrwerks-Defekt schneller erkennen, als der Besitzer, der sich

9.5a Der Stoßdämpfer wird mit dem Federvorspannungseinsteller nach oben montiert, . . .

9.5b . . . dann werden beide Befestigungen vorschriftsmäßig festgezogen.

bereits an den Mangel gewöhnt hat. Wenn sich aufgrund des schlechten Stoßdämpfers bereits Fahrwerksunruhen und schlechtes Fahrverhalten zeigen, muß er so bald wie möglich gewechselt werden.

4 Anmerkung: *Damit die Schwinge nicht herunterfällt und das Getriebegehäuse oder die Gummimanschette beschädigt, sollte sie abgestützt werden, bevor der Stoßdämpfer demontiert wird. Stützen Sie die Schwinge mit einem Holzblock oder ähnlichem oder binden Sie sie in der entsprechenden Höhe an das Rahmenheck. Lassen Sie die Schwinge NIEMALS herunterfallen. Lösen Sie jetzt den Stoßdämpfer aus der unteren Halterung.*

5 Ist die Schwinge abgestützt, wird zunächst die untere und dann die obere Stoßdämpferbefestigung gelöst, dann wird der Dämpfer abgenommen. Beim Einbau müssen die Schrauben und Muttern mit dem vorgeschriebenen Drehmoment angezogen werden. Der Federvorspanner muß nach oben zeigen (siehe Abbildungen).

6 Wie oben erwähnt, kann der Stoßdämpfer nur erneuert werden, Reparaturen sind nicht möglich, da keine Ersatzteile erhältlich sind und der Dämpfer geschlossen ist. Das einzige, was ersetzt werden kann, sind die Gummibuchsen an den Stoßdämpferaufnahmen, die mit einer Ausziehvorrichtung demontiert werden können. 1988 wurde eine verstärkte untere Stoßdämpferaufnahme eingeführt, die bei den Modellen ab 1985 nachträglich eingebaut wurde, da hier Brüche aufgetreten sind. Die neuen Augen hatten eine Wandstärke von 4 mm (früher 2,5 mm). Ein BMW-Händler kann Ihnen weitere Informationen zu dieser Modifikation geben.

7 Wenn der Stoßdämpfer über längere Zeit gelagert werden soll, muß er aufrecht hingestellt werden, nur bei Modellen, in deren Bezeichnung ein »S« vorkommt, muß der Dämpfer mit der Dämpferstange nach oben gelagert werden, um die Dichtungen nicht austrocknen zu lassen.

10 Nivomat-Stoßdämpfer
Allgemeines

1 Der vom Hersteller Sachs-Boge »Nivomat« genannte Stoßdämpfer muß nicht entsprechend des Belastungszustandes eingestellt werden, da er sich dem entsprechenden Fahrzeuggewicht selbst anpaßt.

2 Das System funktioniert folgendermaßen (siehe Abbildung): Die Pumpenstange ist oben in der Baugruppe elastisch aufgehängt, die Kolbenstange ist am Boden befestigt. Arbeitet der Stoßdämpfer, wird durch die Bewegung dieser beiden Bauteile Öl aus der Unterdruck-Kammer durch Kanäle und das Pumpen-Einlaßventil in die Pumpe gesaugt, dann fließt es durch das Kontroll-Ventil in die Hochdruck-Kammer. Das durch eine Membrane getrennte Gas wird hierdurch komprimiert, so daß sich der Druck im ganzen System erhöht und die Federvorspannung verstärkt wird, bis die Maschine eine vorbestimmte Höhe erreicht hat. Ist der Stoßdämpfer weit genug ausgedehnt, öffnet sich ein Ventil, so daß das Öl wieder zurück in die Unterdruckkammer fließen kann. Die Dämpfung erfolgt durch die Pumpentätigkeit selber, dazu kommt das Federvorspannungs-Dämpferventil. Ist die Maschine voll beladen, öffnet sich ein Sicherheitsventil, bevor das Federbein extremen Druck aufbaut und vollständig ausfedert.

3 Es ist wichtig zu wissen, daß der Stoßdämpfer sich etwas träge auf unterschiedliche Belastungszustände einstellt, nach dem Losfahren muß er zunächst das entsprechende Niveau einstellen, auf einer topfebenen Straße dauert dieses etwas länger. Entlastet der Fahrer beim Anhalten die Maschine oder steigt jemand zu, muß sich die Hinterradfederung allmählich auf den neuen Zustand einstellen. Die Trägheit ist kein Defekt, sondern konstruktionsbedingt, hat sich der Fahrer darauf eingestellt, sollten keine Probleme auftreten.

4 Zum Testen kann mit einem geeigneten Gewicht das Heck so stark belastet werden, daß die Maschine etwas einsinkt. Dann wird 20 bis 25 mal das Heck um 15 bis 20 mm heruntergedrückt. Dabei sollte der Stoßdämpfer die Maschine wieder auf den Leerzustand hochgepumpt haben.

Warnung: Versuchen Sie niemals, den Stoßdämpfer zu zerlegen oder ihn zu verstellen. Öffnen Sie die zwei Schrauben im Dämpfergehäuse nicht. Tritt irgendwo ein Fehler auf, muß der Stoßdämpfer von einer BMW-Werkstatt untersucht werden.

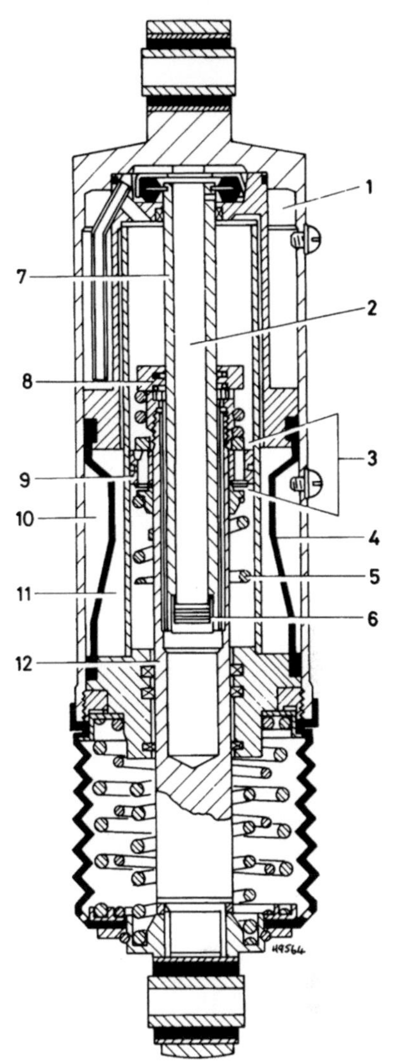

10.2 Nivomat-Stoßdämpfer

1 *Unterdruck-Kammer*
2 *Fahrzeughöhen-Kontrollpassage*
3 *Dämpferfeder-belastetes Ventil*
4 *Gummimembrane*
5 *Rückschlagfeder*
6 *Pumpen-Einlaßventil*
7 *hohle Pumpenstange*
8 *Pumpen-Kontrollventil*
9 *Dämpferkolben*
10 *Gas (Hochdruck)*
11 *Hochdruck-Kammer*
12 *Kolbenstange*

Kapitel 10
Bremsen, Räder und Reifen

Inhalt (in alphabetischer Reihenfolge, die Zahlen geben die Numerierung in den grauen Feldern wieder)

Schwierigkeitsgrade

Leicht. Für Anfänger mit wenig Erfahrung geeignet. 	**Relativ leicht.** Für Anfänger mit etwas Erfahrung geeignet. 	**Relativ schwierig.** Geeignet für geübte Selbstschrauber. 	**Schwer.** Geeignet für Mechaniker mit Erfahrung. 	**Sehr schwer.** Geeignet für Experten und Profis. 

Technische Daten

Räder

Größen:	vorne	hinten
K 75 C, K 75 T, K 75 (1987 bis 1989)	MTH 2,50 x 18E	MTH 2,75 x 18E oder 2,75 x 17
K 75 RT, K 75 (ab 1990)	MTH 2,50 x 18E	MTH 2,75 x 17
K 75 S (1986 bis 1990), alle K 100	MTH 2,50 x 18E	MTH 2,75 x 17E oder 3,00 x 17
K 75 S (ab 1991; mit Dreispeichenrädern)	MTH 2,50 x 18	MTH 3,00 x 17
Maximaler Verzug (axial und radial)	0,5 mm	
Radlager-Größe (vorne)	6005 (25 x 47 x 12 mm)	

Bremsen

Typ:	vorne	hinten
K 75, K 75 C, K 75 T	zwei Scheiben	Simplex-Trommel
K 75 S, K 75 RT, alle K 100	zwei Scheiben	eine Scheibe

Scheibenbremsen – vorne und hinten

Bremsscheibendurchmesser	285 mm
Bremsscheibenstärke	
Standard	4,3 bis 4,4 mm
Verschleißgrenze	3,556 mm
Bremsscheiben – maximaler Verzug	0,2 mm
Bremsbelagstärke	
Standard (ca.)	5,0 mm
Verschleißgrenze	1,5 mm
Vorderer Hauptbremszylinder-Kolben Durchmesser	13 mm
Hinterer Hauptbremszylinder-Kolben Durchmesser	
bis 1988	13 mm
ab 1989	12 mm
Bremssattel-Kolben Durchmesser	38 mm
Bremsflüssigkeit	DOT 4 oder ATE »SL«

Trommelbremse

Trommeldurchmesser	
Standard	200 mm
maximal	201,16 mm
Bremsbelagstärke-Verschleißgrenze	1,5 mm

ABS-Kompomenten

Kontrolle bei minimaler Geschwindigkeit	4 km/h
Stromverbrauch im Betrieb	0,6 A
Sensor – Abstand zum Ring	0,35 bis 0,65 mm

Reifen

Reifengrößen*	**vorne**	**hinten**
K 75 C, K 75 ST, K 75 (1987 bis 1989)	100/90-18, 56 H	120/90-18, 65 H
K 75 ab 1990	100/90-18, 56 H	130/90-17, 68 V
K 75 RT	100/90-18, 56 H	130/90-17, 68 V
K 75 S, alle K 100-Modelle	100/90-18, 56 V	130/90-17, 68 V
K 100-Modelle, Radialreifen**	100/90 VR 18	140/80 VR 17
Luftdruck und Profiltiefe	siehe Tägliche Kontrolle	

* *Beachten Sie die Eintragungen in Ihren Fahrzeugpapieren, den Aufkleber unter der Sitzbank und das Handbuch. Wenden Sie sich im Zweifel an einen BMW-Händler, einen Reifen-Händler oder den TÜV.*

** *Radialreifen sind nur für einige K 100-Modelle zulässig, fragen Sie Ihren BMW-Händler, sie müssen gleichzeitig vorne und hinten montiert sein.*

Anzugs-Drehmomente

Vorderrad-Achsenbuchsen-Inbusschraube	33 ± 4 Nm
Vorderrad-Achsenbuchsen-Klemmschrauben	14 ± 2 Nm
Hinterrad-Halteschrauben	105 ± 4 Nm
Vorderrad Bremsscheiben-Befestigungsschrauben	29 ± 3 Nm
Hinterrad Bremsscheiben-Befestigungsschrauben	21 ± 2 Nm
Bremssattel-Befestigungsschrauben	32 ± 2 Nm
Bremsleitungs-Plastik-Haltemutter am Steuerkopf, frühe K 75-Modelle, alle K 100-Modelle	10 ± 1 Nm
Bremsschlauch- oder Leitungsverbindungen	7 ± 1 Nm
Bremssattel-Entlüftungsnippel	7 ± 1 Nm

1 Allgemeine Informationen

Die in diesem Handbuch beschriebenen Modelle sind mit Leichtmetallrädern ausgerüstet, die für die Montage schlauchloser Reifen ausgelegt sind. Es dürfen nur Reifen montiert werden, deren Größen und Typen in den Fahrzeugpapieren eingetragen sind. Sind dort nur Reifengrößen angegeben, müssen vorne und hinten passende Reifen eines Herstellers montiert werden. Fragen Sie im Zweifelsfall einen BMW- oder Reifenhändler oder den TÜV.

An den Vorderrädern sind jeweils hydraulische Doppelscheibenbremsen montiert. Der Hauptbremszylinder am Lenker stammt von der Firma Magura, die Gegenkolben-Bremssättel von Brembo.

Die an den K 75 S und allen K 100-Modellen verwendeten Bremsscheiben im Hinterrad stammen ebenfalls von Brembo, der Hauptbremszylinder ist an der rechten Fußrastenplatte montiert, die Bremsscheibe direkt an das Tellerrad des Endantriebs geschraubt. Nur frühe K 100-Modelle von 1984 waren mit gelochten Hinterradbremsscheiben ausgerüstet, alle späteren Modelle besaßen glatte Scheiben.

Andere K 75-Modelle sind mit einer gestängebetätigten Simplex-Trommelbremse in der Hinterradnabe ausgerüstet.

Das Anti-Blockier-System ist von der Firma FAG-Kugelfischer, ab 1988 war es wahlweise für die K 100 Baureihe erhältlich, ab 1990 auch für die K 75-Modelle. Wechseln Sie nach Sektion 11, um mehr über das ABS zu erfahren.

2.1 Markieren Sie die Laufrichtung des Rades, um einen Reifen richtig herum montieren und das Rad richtig einbauen zu können.

2.3 Mindestens ein Bremssattel muß zum Radausbau demontiert werden.

2.4 Lösen Sie die Inbusschraube und nehmen Sie sie zusammen mit der Achsenbuchse ab.

2 Vorderrad
Ausbau und Einbau

1 Stellen Sie das Motorrad auf den Hauptständer und stützen Sie den Motor so, daß das Vorderrad vom Boden ist. Stellen Sie sicher, daß die Maschine fest steht. Markieren Sie am Rad die Laufrichtung (siehe Abbildung).

2 Fertigen Sie sich während der Rad-Demontage genaue Notizen über die Positionen aller Scheiben und Distanzstücke an, und klemmen Sie ein Stück Holz zwischen die Bremsbeläge – betätigen Sie nicht den Bremshebel. Es ist auf jeden Fall nötig, einen Bremssattel zu demontieren, um das Rad ausbauen zu können, abhängig vom Typ und Reifen kann es auch sein, daß beide Sättel entfernt werden müssen.

3 Lösen Sie die Bremsleitungsklemme oben am Tauchrohr (bei Modellen mit einem zweiteiligen Schutzblech kann schneller dessen hinterer Teil entfernt werden), entfernen Sie dann die zwei Sattel-Befestigungsschrauben und nehmen Sie den Sattel ab (siehe Abbildung). Es ist nicht nötig, die Bremsleitung vom Sattel zu trennen. Sichern Sie die Bremssättel so mit Draht oder Seilen, daß die Hydraulikleitung nicht unter Spannung steht.

4 Lösen Sie die Inbusschraube, die die Achsen-Buchse an der rechten Seite sichert und nehmen Sie sie zusammen mit der Buchse ab (siehe Abbildung). Lockern Sie die Achsen-Klemmschrauben, stecken Sie einen Hebel in die Achse, und ziehen Sie sie drehend nach links heraus. Beachten Sie die zwei Distanzstücke.

5 Schmieren Sie beim Einbau die Achse dünn mit Fett ein, um Korrosion vorzubeugen, und montieren Sie das Rad in umgekehrter Ausbaureihenfolge. Das breitere der beiden Distanzstücke wird links gegen die Nabe geschoben (siehe Abbildungen). Halten Sie die Achse mit dem Hebel fest, und ziehen Sie die Inbusschraube mit dem vorgeschriebenen Drehmoment an. Bauen Sie den/die Bremssattel an, und ziehen Sie die Schrauben vorschriftsmäßig fest.

6 Nehmen Sie das Motorrad vom Hauptständer und drücken Sie die Telegabel einige Male nach unten, bis sich alle Komponenten gesetzt und positioniert haben. Kontrollieren Sie, ob die Achsenschraube immer noch mit dem korrekten Drehmoment angezogen ist, und ziehen Sie die Achsenklemmschraube mit dem vorgeschriebenen Drehmoment an (siehe Abbildung). Betätigen Sie die Bremse einige Male, bis die Beläge korrekt an den Scheiben anliegen.

7 Kontrollieren Sie die ordnungsgemäße Funktion der Vorderradbremse und der Gabel sowie den freien Rundlauf des Rades, bevor Sie mit dem Motorrad fahren. Ist die Maschine mit ABS ausgerüstet, muß der Abstand des ABS-Sensors wie in Kapitel 1 beschrieben kontrolliert werden.

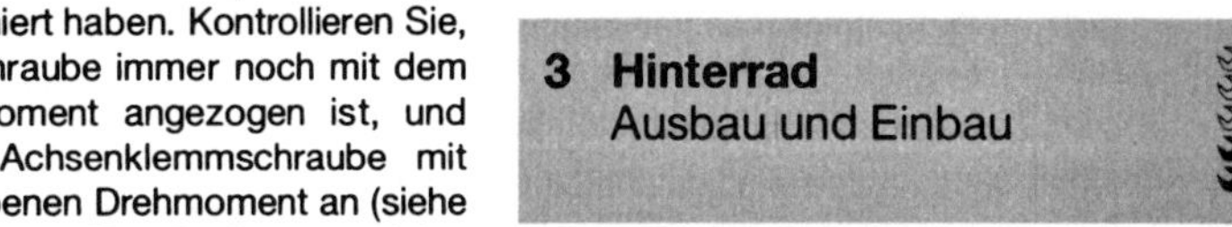

3 Hinterrad
Ausbau und Einbau

1 Stellen Sie das Motorrad auf den Hauptständer und stützen Sie es so ab, daß das Hinterrad nicht den Boden berührt. Nehmen Sie die Sitzbank ab und entfernen Sie die Abdeckung des Heck-Staufaches.

2 Lösen Sie die zwei Flügel- oder Rändel-Muttern unterhalb des Rücklichts und nehmen Sie den Kennzeichenhalter ab. Hebeln Sie bei

2.5a Der breite Abstandsring sitzt an der linken Seite, . . .

2.5b . . . der schmale Abstandsring an der rechten Seite.

2.6a Ziehen Sie die Achsen-Inbusschraube mit dem vorgeschriebenen Drehmoment fest, federn Sie dann mehrmals die Gabel durch, . . .

2.6b . . . bevor die Klemmschrauben vorschriftsmäßig angezogen werden.

3.2 Hebeln Sie bei Scheibenbremsmodellen die Radkappe ab.

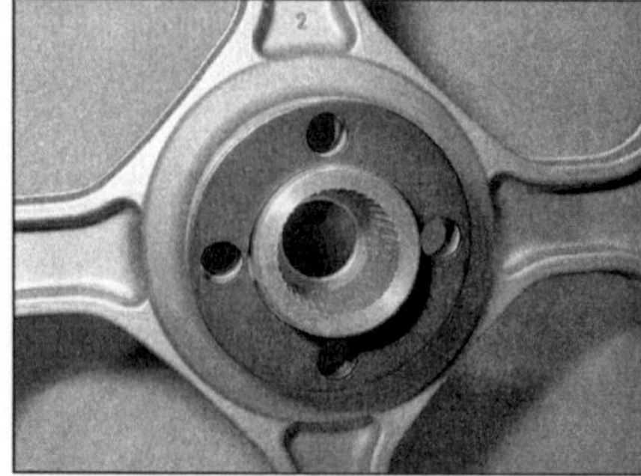

3.4 Die Kontaktflächen müssen vor der Montage absolut sauber sein, vergessen Sie nicht die Metallscheibe (falls vorhanden).

3.5a Die konischen Distanzstücke müssen korrekt eingesetzt werden, ...

3.5b ... bevor die Radbolzen nach und nach mit dem vorgeschriebenen Drehmoment angezogen werden.

Scheibenbrems-Modellen die Radnabenkappe ab (siehe Abbildung).

3 Legen Sie entweder einen hohen Gang ein oder betätigen Sie die Hinterradbremse, um das Hinterrad am Mitdrehen zu hindern. Lösen Sie dann die Radbolzen, beachten Sie die konischen Distanzstücke. Nehmen Sie das Rad ab, beachten Sie bei Scheibenbremsmodellen die große Metallscheibe. Bei Trommel-Modellen kann es nötig sein, die Bremsen-Einstellmutter zu lockern, bevor das Rad demontiert werden kann.

4 Beim Zusammenbau muß darauf geachtet werden, daß die Kontaktflächen der Nabe und des Antriebsflansches absolut sauber und fettfrei sind (siehe Abbildung), genauso wie die Radbolzen und ihre Gewinde. Bei Scheibenbrems-Modellen darf die große Metallscheibe nicht vergessen werden. Beachen Sie, daß die Radbolzen der Modelle mit unterschiedlichen Bremsen verschieden lang sind, Trommelbrems-Bolzen haben eine Länge von 55 mm, bei Scheibenbremsen sind die Bolzen 60 mm lang.

5 Setzen Sie das Hinterrad und die Bolzen an, vergewissern Sie sich, daß die konischen Distanzstücke unter den Schraubenköpfen korrekt in die kegeligen Bohrungen des Rades greifen (siehe Abbildung). Ziehen Sie die Schrauben schrittweise mit dem vorgeschriebenen Drehmoment an. Wird der Schlüssel des Bordwerkzeuges benutzt, kann bei seiner Länge per Hand etwa die vorgeschriebene Festigkeit erreicht werden, kontrollieren Sie später baldmöglichst mit einem Drehmomentschlüssel.

6 Drücken Sie die Radkappe auf (Scheibenbremsmodelle) (siehe Abbildung), bei K 75 S-Modellen ab 1991 muß die Lasche der Kappe in die Nut des Rades greifen (siehe Abbildung). Montieren Sie den Kennzeichenträger. Stellen Sie gegebenenfalls die Hinterradbremse ein (siehe Kapitel 1).

7 Wenn sich die hintere Trommelbremse schwammig oder unpräzise anfühlt, nachdem das Rad montiert wurde, muß es auf der Trommel zentriert werden. Lockern Sie hierzu die Radbolzen, bewegen Sie das Rad etwas, und treten Sie heftig die Bremse. Halten Sie sie, bis die Radbolzen wieder wie vorgeschrieben angezogen werden. Kontrollieren Sie erneut die Funktion der Bremse.

8 Ist das Motorrad mit ABS ausgerüstet, muß der Abstand des Sensors, wie in Kapitel 1 beschrieben, kontrolliert werden.

4 Radlager
Ausbau, Kontrolle und Einbau

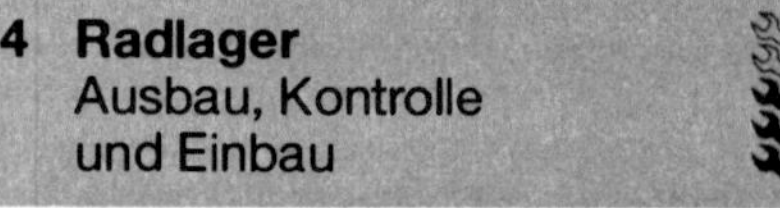

1 Kontrollieren Sie die Lager auf Verschleiß, wie in Kapitel 1 beschrieben.

Vorderrad

2 Bauen Sie das Rad aus dem Motorrad (Sektion 2).

3.6a Setzen Sie die Radkappe wieder auf.

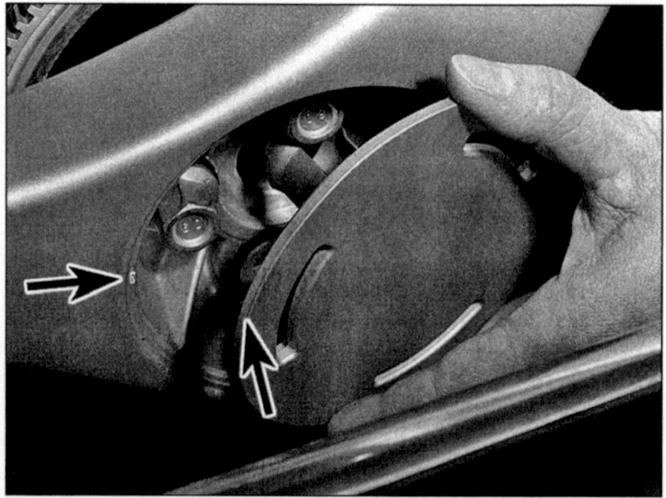

3.6b Bei K 75 S-Modellen ab 1991 muß die Lasche der Kappe in die Nut der Nabe greifen.

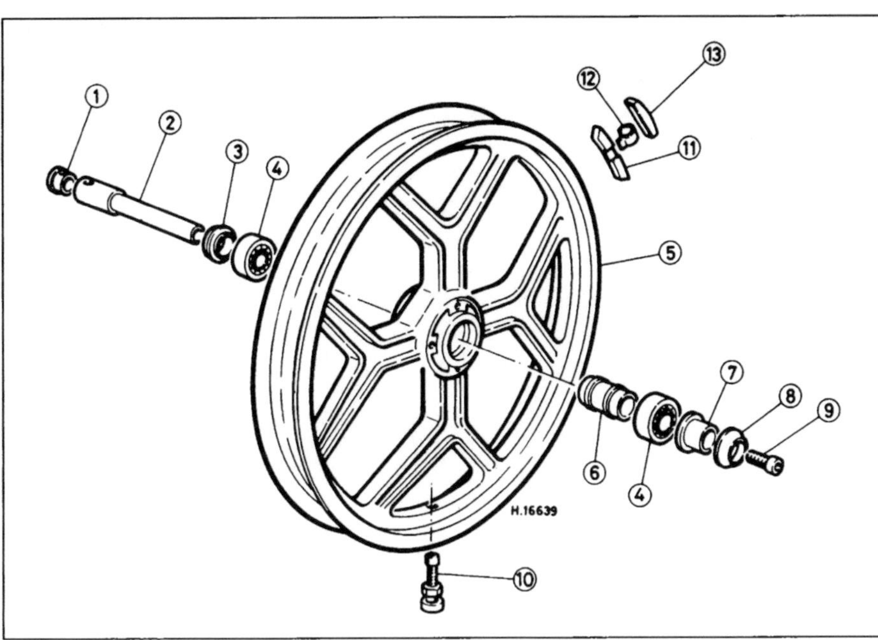

4.5 Vorderrad – alle Modelle außer K 75 S ab 1991

1 Achsenkappe
2 Achse
3 Distanzhülse
4 Kugellager
5 Rad
6 Lager-Distanzstück
7 Distanzhülse
8 Achsen-Buchse
9 Inbusschraube
10 Reifenventil
*11 Auswuchtgewichte**
*12 Klemme**
13 Auswuchtgewicht – spätere Modelle
** nur bei frühen K 100-Modellen*

3 BMW empfiehlt, die Nabe zum Wechsel der Lager auf 100°C zu erhitzen, dazu sollte die Bremsscheibe, die Auswuchtgewichte, der Reifen und das Ventil zunächst demontiert sein, wie es in den entsprechenden Sektionen dieses Kapitels beschrieben ist, um Beschädigungen zu vermeiden.

4 Bei den K 75 S-Modellen ab 1991 muß der Sicherungsring entfernt werden, der das linke Lager in der Nabe sichert.

5 Aufgrund des festen Sitzes des Distanzstükkes zwischen den Lagern können diese nur mit einem passenden Innenauszieher demontiert werden. Einmal ausgebaute Lager sollten nicht wiederverwendet werden, da sie beschädigt sein können – Lager sind nicht teuer.

6 BMW empfiehlt, die Nabe vor der Lagermontage auf 100°C zu erhitzen. Eine einfache Methode ist langsames Übergießen mit kochendem Wasser.

7 Benutzen Sie am besten gekapselte Lager, sind Ihre neuen Lager nur einseitig abgedichtet, muß die Dichtung nach außen zeigen und das Lager mit Heißlagerfett gefüllt sein, klopfen Sie das Lager senkrecht in seinen Sitz, benutzen Sie dazu ein Werkzeug (z.B. eine passende Steckschlüssel-Nuß), das nur den Außenring des Lagers berührt (siehe Abbildungen). Drehen Sie das Rad um, und setzen Sie das Distanzstück in die Nabe (siehe Abbildung), dann wird das zweite Lager eingetrieben. Sollte ein Radlager keinen festen Sitz in der Nabe haben, muß es mit Loctite 638 oder ähnlichem eingeklebt werden. Die äußere Oberfläche der Nabe und der Lager müssen entfettet werden. Bei K 75 S-Modellen ab 1991 muß der Sicherungsring in seine Nut vor dem linken Radlager gesetzt werden.

8 Montieren Sie alle zuvor entfernten Bauteile des Rades, und prüfen Sie, ob sich das Rad auf der Achse frei drehen läßt.

Hinterrad

9 Das Hinterrad ist an den Flansch des Tellerrades geschraubt und besitzt damit kein eigenes Radlager. Hat das Hinterrad Spiel – und die Radbolzen sind fest –, kann nur im Endantrieb ein Lagerschaden vorliegen. Da die Überholung des Endantriebs die Möglichkeiten eines Hobbyschraubers übersteigt, muß das Motorrad in eine BMW-Werkstatt gebracht werden.

5 Bremshydraulik-Überholung
Allgemeines

1 Bevor an der hydraulischen Bremsanlage gearbeitet wird, sollte folgendes durchgelesen werden:

2 Zum Überholen der Bremssättel müssen die Bremsbeläge ausgebaut werden, wie es in Kapitel 1 beschrieben ist.

3 Überprüfen Sie zusammen mit einem BMW-Händler, welche Ersatzteile einzeln erhältlich sind, es wäre unnötig, eine Baugruppe zu zerlegen, wenn keine Einzelteile wie Kolben oder Dichtungen erhältlich sind. Bei der Vorderradbremse sollten immer beide Bremssättel zusammen überholt werden, um eine optimale Funktion der Bremse sicherzustellen.

Warnung: Bremsflüssigkeit ist ein vorzüglicher Lackentferner und greift dazu Kunststoff-Bauteile an. Wenn irgendwo Spritzer auftreten, müssen sie sofort mit frischem Wasser entfernt werden. Benutzen Sie nur frische Bremsflüssigkeit aus einem verschlossenen Gefäß, da sie mit der Zeit Wasser zieht (hygroskopisch ist), dadurch wird der Siedepunkt auf ein gefährliches Niveau herabgesetzt. Bremsflüssigkeit sollte niemals wiederverwendet werden.

4 Die Bremsscheiben können mit einer Meßuhr, die an der Gabel oder dem Endantriebsgehäuse befestigt wird, auf Schlag überprüft

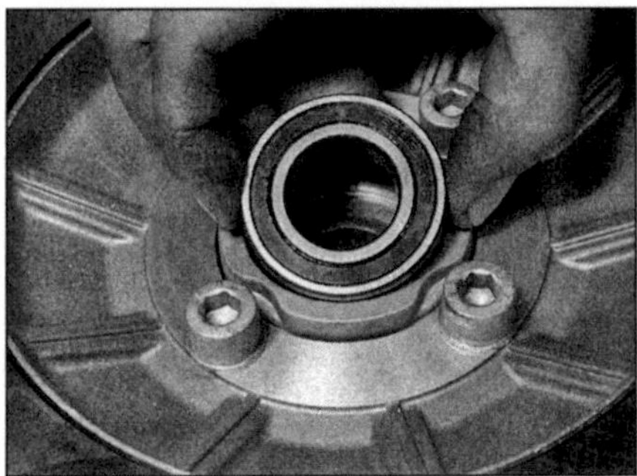

4.7a Die Lager werden mit der abgedichteten Seite nach außen eingesetzt . . .

4.7b . . . und mit einem passenden Rohr oder Treibdorn senkrecht eingeklopft.

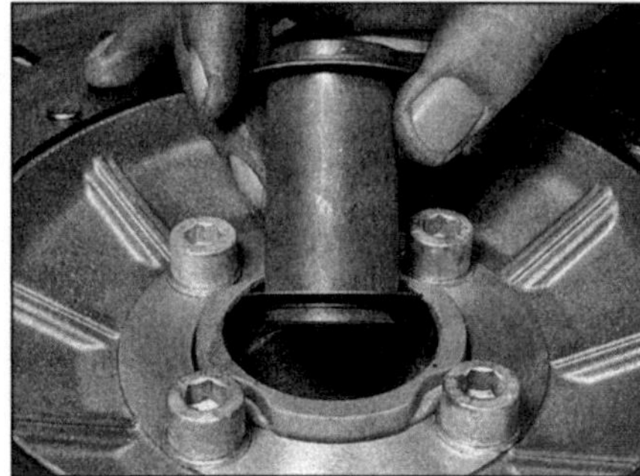

4.7c Vor der Montage des zweiten Lagers muß das Distanzstück eingelegt werden.

5.4a Die vorderen Bremsscheiben sind mit vier durchgehenden Schrauben und Muttern gesichert.

5.4b Die hintere Bremsscheibe wird mit zwei versenkten Inbusschrauben gesichert, beachten Sie das vorgeschriebene Drehmoment.

werden, befindet sich der Schlag außerhalb der Toleranzgrenze, muß/müssen die Scheibe(n) ersetzt werden. Ist die Scheibe an irgendeiner Stelle dünner als die angegebene Mimimalstärke oder stark riefig, wird die Funktion ebenfalls vermindert, so daß sie ersetzt werden muß. Die Vorderradbremsscheiben werden mit durchgehenden Schrauben und Muttern gesichert, die hintere Scheibe ist mit zwei versenkten und mit Loctite gesicherten Schrauben am Tellerrad befestigt (siehe Abbildungen). Die Schrauben sitzen so fest, daß sie beim Ausbauen beschädigt werden, beschaffen Sie sich rechtzeitig neue Schrauben. Reinigen Sie vor der Montage alle Gewinde, und ziehen Sie die Schrauben mit dem vorgeschriebenen Drehmoment fest.

5 Begutachten Sie die Bremsschläuche auf Risse und Abrieb und die Rohre auf Brüche und Korrosion. Bei den ersten Anzeichen einer Beschädigung müssen die Teile ersetzt werden. Lassen Sie zunächst die Bremsflüssigkeit ab. Lösen Sie die Verbindungen an allen Enden der Leitung, und entfernen Sie die Leitung, nachdem Sie sie aus allen Klemmen und Führungen gelöst haben. Ziehen Sie die Anschlüsse der neuen Leitung fest an, füllen Sie die Bremsanlage auf, und entlüften Sie sie, wie in Sektion 9 beschrieben.

6 Bei mit ABS ausgerüsteten Modellen verläuft der vordere Bremsschlauch direkt vom ABS-Druckmodulator zum rechten Bremssattel, an der Schutzblechaufnahme ist er mit einem kurzen Stück Rohr verbunden, das zum Sattel führt, von dort aus führt ein weiteres Metallrohr zum anderen Bremssattel (siehe Abbildung). Auf alle Fälle muß nach einer Demontage darauf geachtet werden, daß beim Einbau die Bremsleitungen nicht mit beweglichen Teilen in Berührung kommen (siehe Abbildung).

7 Kontrollieren Sie alle Verbindungen auf Festigkeit. Schläuche und Leitungen dürfen nicht an benachbarten Teilen scheuern.

8 Wenn um die Bremsbeläge Flüssigkeit austritt, sind die Bremssattel-Dichtungen beschädigt. Der Bremshebel wird sich schwammig anfühlen. Fällt die Bremse komplett aus, obwohl Druck aufgebaut wird, wird ein Kolben festsitzen. In jedem Fall muß die Baugruppe überholt werden.

6 Bremssattel
Ausbau, Begutachtung und Einbau

1 Die Bremssattel-Baugruppen des Vorderrades und des Hinterrades sind im Aufbau identisch. In beiden Fällen ist es nötig, die Bremssättel zunächst von der Gabel oder dem Antriebsgehäuse zu lösen. Jeder Sattel wird von zwei Schrauben gehalten.

2 Die Bremssättel müssen überholt werden, wenn irgendwelche Undichtigkeiten festgestellt werden. Dichtungen können auch insofern defekt sein, daß nur Luft in das System

5.6a Die Verbindungsleitung zwischen den Bremssätteln bei K 100- und frühen K 75-Modellen ist auf der Schutzblech-Oberfläche gesichert.

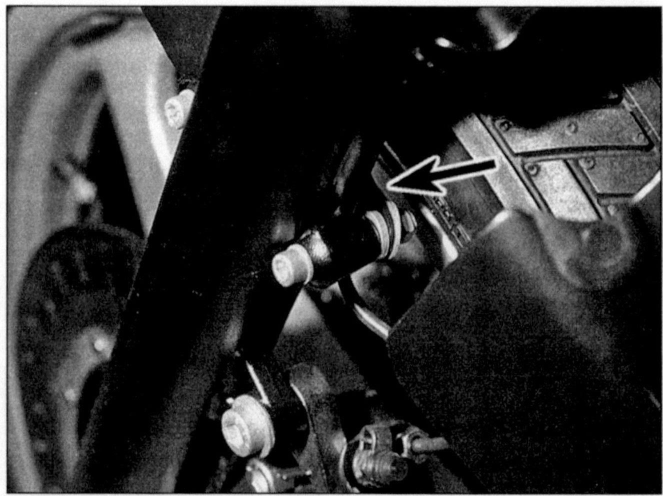

5.6b Bei K 75-Modellen ab 1993 verläuft die Leitung unterhalb des Schutzblechs.

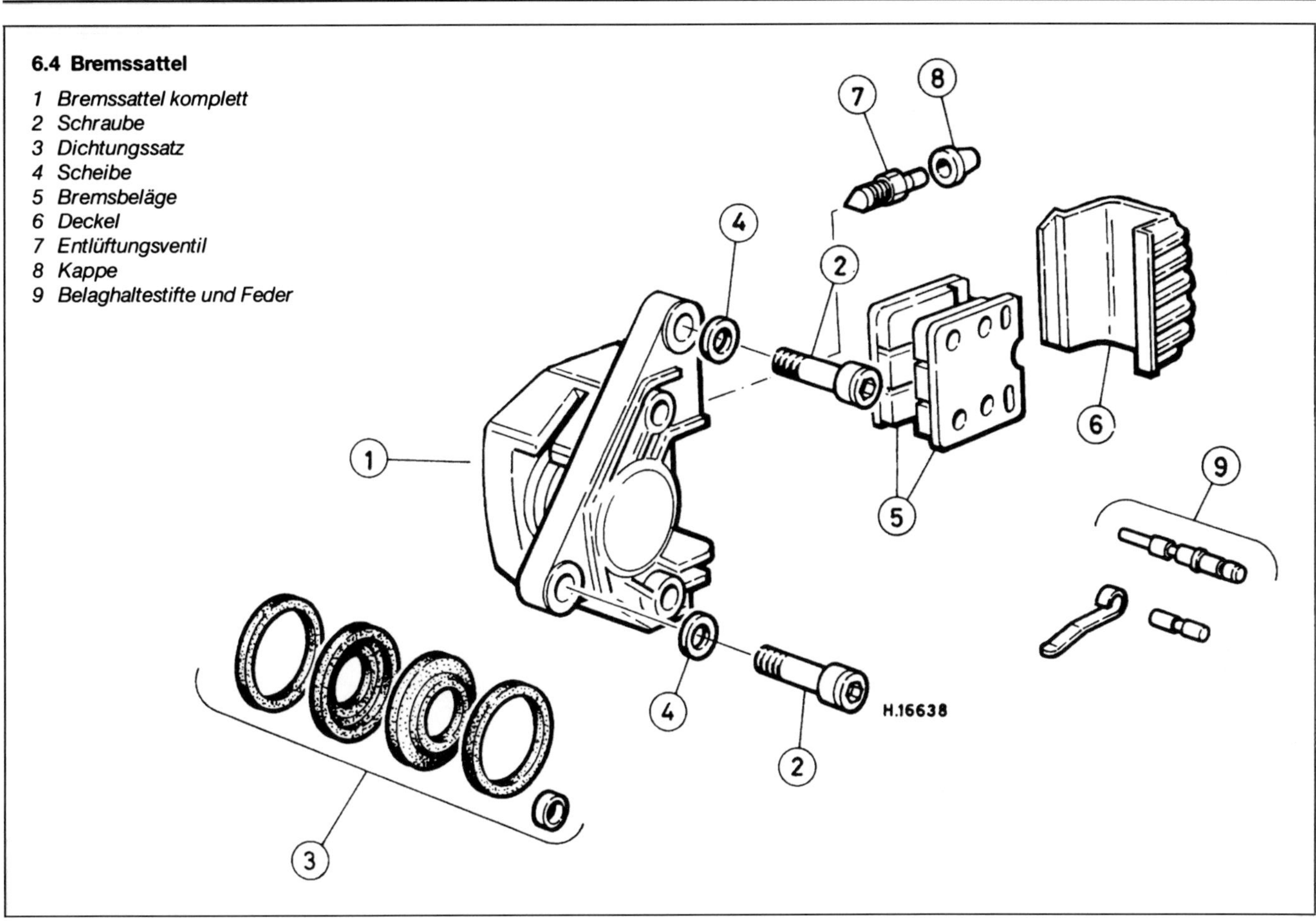

6.4 Bremssattel

1 Bremssattel komplett
2 Schraube
3 Dichtungssatz
4 Scheibe
5 Bremsbeläge
6 Deckel
7 Entlüftungsventil
8 Kappe
9 Belaghaltestifte und Feder

gesogen wird. In jedem Fall ist eine Reparatur dringend nötig. Trennen Sie zunächst die Anschlußschrauben der Bremsleitung und verstopfen Sie die offene Bremsleitung, um Eindringen von Schmutz zu verhindern.

3 Achten Sie beim Zerlegen und Zusammenbauen darauf, daß Bremsflüssigkeit nicht auf Lack- oder Plastikoberflächen gelangt, wischen Sie Spritzer sofort mit klarem Wasser ab. Entfernen Sie den Bremssatteldeckel und die Bremsbeläge wie in Kapitel 1 beschrieben.

4 Entfernen Sie die zwei Schrauben, die das Bremssattelgehäuse zusammenhalten, um an die Kolbenbaugruppen zu gelangen (siehe Abbildung). Entfernen Sie die Staubdichtungen und ziehen Sie die Kolben und Dichtungen aus beiden Gehäusehälften heraus. Ist dieses nicht möglich, muß das Gehäuse wieder montiert und an Druckluft angeschlossen werden, so daß die Kolben weiter herausgedrückt werden. Begutachten Sie alle Bauteile sorgfältig. Die Dichtringe sollten regelmäßig erneuert werden, die Gleitflächen der Kolben müssen glänzen und dürfen nicht zerkratzt sein, da neue Dichtungen sofort wieder zerstört würden. Erneuern Sie die Kolben gegebenenfalls.

Anmerkung: *Die ab 1989 verwendeten Bremskolben sind mit Phenolharz-Einlagen bestückt, um ein Überhitzen der Bremsflüssigkeit zu vermindern, außerdem wurden die Dichtringe aus hitzefestem Silikon-Gummi hergestellt – alle Modifizierungen kamen im Zusammenhang mit der Einführung von Sintermetall-Bremsbelägen.*

Zeigen die Kolbenbohrungen im Gehäuse Anzeichen von Verschleiß oder Korrosion, muß das ganze Gehäuse ersetzt werden. Man sollte Preisvergleiche zwischen BMW- und Brembo-Händlern anstellen, ein kompletter Brembo-Bremssattel mit Belägen kostet kaum mehr als ein Satz Original-Bremsbeläge für manches japanische Motorrad.

5 Vor dem Zusammenbau müssen alle Bauteile mit sauberer Bremsflüssigkeit gereinigt werden, keinesfalls mit Benzin oder Verdünner. Der Zusammenbau erfolgt in umgekehrter Ausbau-Reihenfolge. Schmieren Sie die Kolben und Dichtungen zuvor mit Bremsflüssigkeit ein. Montieren Sie die Bremsleitungen korrekt, und entlüften Sie das ganze System, bevor Sie mit der Maschine fahren (siehe Sektion 9).

7 Vorderrad-Hauptbremszylinder
Ausbau, Begutachtung und Einbau

1 Zum Zerlegen des Systems muß zunächst die Bremsflüssigkeit abgelassen werden. Stekken Sie dazu durchsichtige Ablaß-Schläuche auf die Entlüftungsnippel der Bremssättel und öffnen Sie diese um eine Umdrehung. Betätigen Sie den Bremshebel so lange, bis das System leer ist. Ziehen Sie die Nippel wieder fest. Lösen Sie die Schraube des Gasgriffdeckels, entfernen Sie den Deckel, und trennen Sie den Gasbowdenzug vom Gasgriff. Lösen Sie die Klemmschraube, und ziehen Sie vorsichtig den rechten Lenkerschalter vom Gasgriffgehäuse.

2 Der Hauptbremszylinder kann entweder samt Ausgleichsbehälter vom Gasgriffgehäuse abgenommen werden, nachdem die zwei kleinen Inbusschrauben gelöst sind, oder die gesamte Einheit wird komplett vom Lenker gezogen, nachdem der Stecker vom Bremslichtschalter gezogen, die Bremsleitung getrennt, die Lenkerendengewichte entfernt und die Klemmschraube gelockert wurde.

3 Trennen Sie die Bremsleitung entweder am Hauptbremszylinder oder (nach dem Entfernen der Lenkerverkleidung) vor dem Lenkkopf. Legen Sie in jedem Fall Lappen um die Leitung, damit keine Bremsflüssigkeits-Spritzer Lackoberflächen oder Kunststoffteile beschädigen können.

4 Ist der Hauptbremszylinder abgenommen, werden die Deckelschrauben entfernt und der Deckel samt Dichtung (nur bei frühen K 100-Modellen) und Membrane abgenommen (siehe Abbildung). Wenn nötig, kann das Behälter-

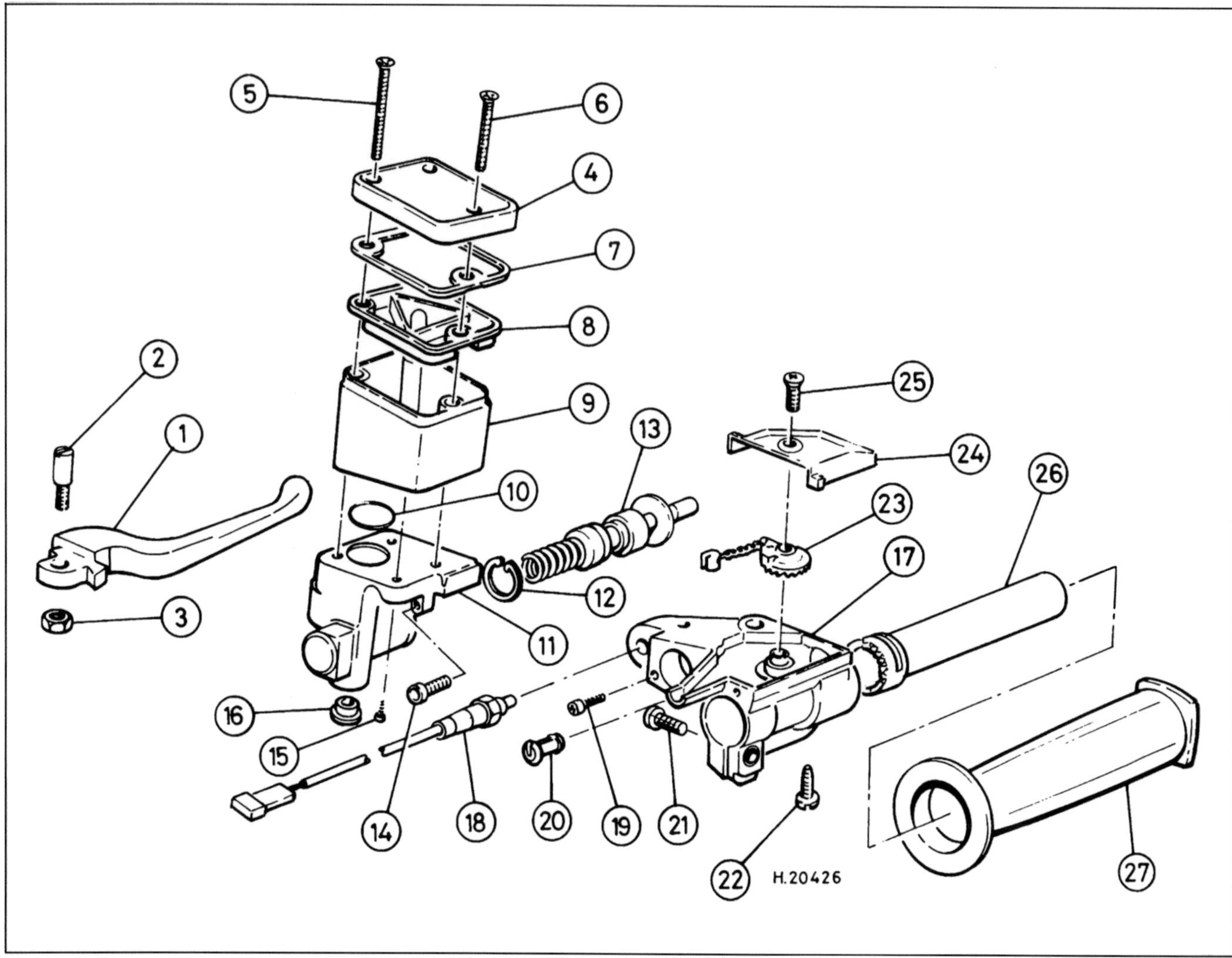

7.4 Vorderrad-Hauptbremszylinder

1 *Bremshebel*
2 *Lagerbolzen*
3 *Mutter*
4 *Behälterdeckel*
5 *lange Schrauben (2 Stück)*
6 *kurze Schraube*
7 *Dichtung (frühe Modelle)*
8 *Gummi-Membrane*
9 *Ausgleichsbehälter*
10 *O-Ring*
11 *Hauptbremszylinder*
12 *Sicherungsring*
13 *Kolbenbaugruppe*
14 *Inbusschraube*
15 *Schraube*
16 *Stopfen*
17 *Gasgriffgehäuse*
18 *Bremslichtschalter*
19 *Schraube*
20 *Bowdenzug-Anschlag*
21 *Schraube*
22 *Konterschraube (nur K 100)*
23 *Gaszugbetätigung*
24 *Gasgriff-Deckel*
25 *Schraube*
26 *Gasgriff-Buchse*
27 *Griffgummi*

gehäuse nach dem Lösen der kleinen Sicherungsschraube drehend abgezogen werden. In diesem Fall muß immer der darunterliegende O-Ring erneuert werden.

5 Hebeln Sie mit einem kleinen Schraubendreher den Sicherungsring aus dem rechten Ende des Hauptbremszylinders. Ziehen Sie die Kolbenbaugruppe samt Feder heraus, und begutachten Sie alle Dicht- und Gleitflächen. Ersetzen Sie alle beschädigten und verschlissenen Teile. Denken Sie daran, daß eine gute Bremse nur mit einem neuwertigen Hauptbremszylinder funktionieren kann.

6 Bei der Beschaffung neuer Ersatzteile muß beachtet werden, daß der Behälterdeckel früher K 100-Modelle zweimal modifiziert wurde, beim zweiten Modell konnte die Dichtung wegfallen (verbaut an allen K 75-Modellen). Das Material der Membrane wurde zwischendurch geändert, ebenso diente eine Deckelschraube zur Entlüftung des Raums über der Membrane. Auch die Kolbenbaugruppe wurde bei früheren K 100-Modellen modifiziert, benutzen Sie nur die neuen Kolbentypen, die an der dunkelgrünen Beschichtung zu erkennen sind, die alten Ausführungen waren goldgelb.

7 Vor dem Zusammenbau müssen alle Bauteile mit sauberer Bremsflüssigkeit gereinigt werden, keinesfalls mit Benzin oder Verdünner. Der Zusammenbau erfolgt in umgekehrter Ausbau-Reihenfolge. Schmieren Sie die Kolben und Dichtungen zuvor mit Bremsflüssigkeit ein. Verwenden Sie an allen Verbindungen neue Dichtungen, montieren Sie die Bremsleitungen korrekt, und entlüften Sie das ganze System. Waschen Sie den gesamten Bereich um die Bremse mit reichlich Wasser und kontrollieren Sie das System auf Funktion und Undichtigkeiten, bevor Sie mit der Maschine fahren (siehe Sektion 9).

8 Der Gasbowdenzug muß korrekt eingestellt und funktionstüchtig sein, ebenso jegliches elektrische Bauteil, welches zuvor demontiert oder getrennt war. Kontrollieren Sie die Festigkeit aller Schrauben und Verbindungen.

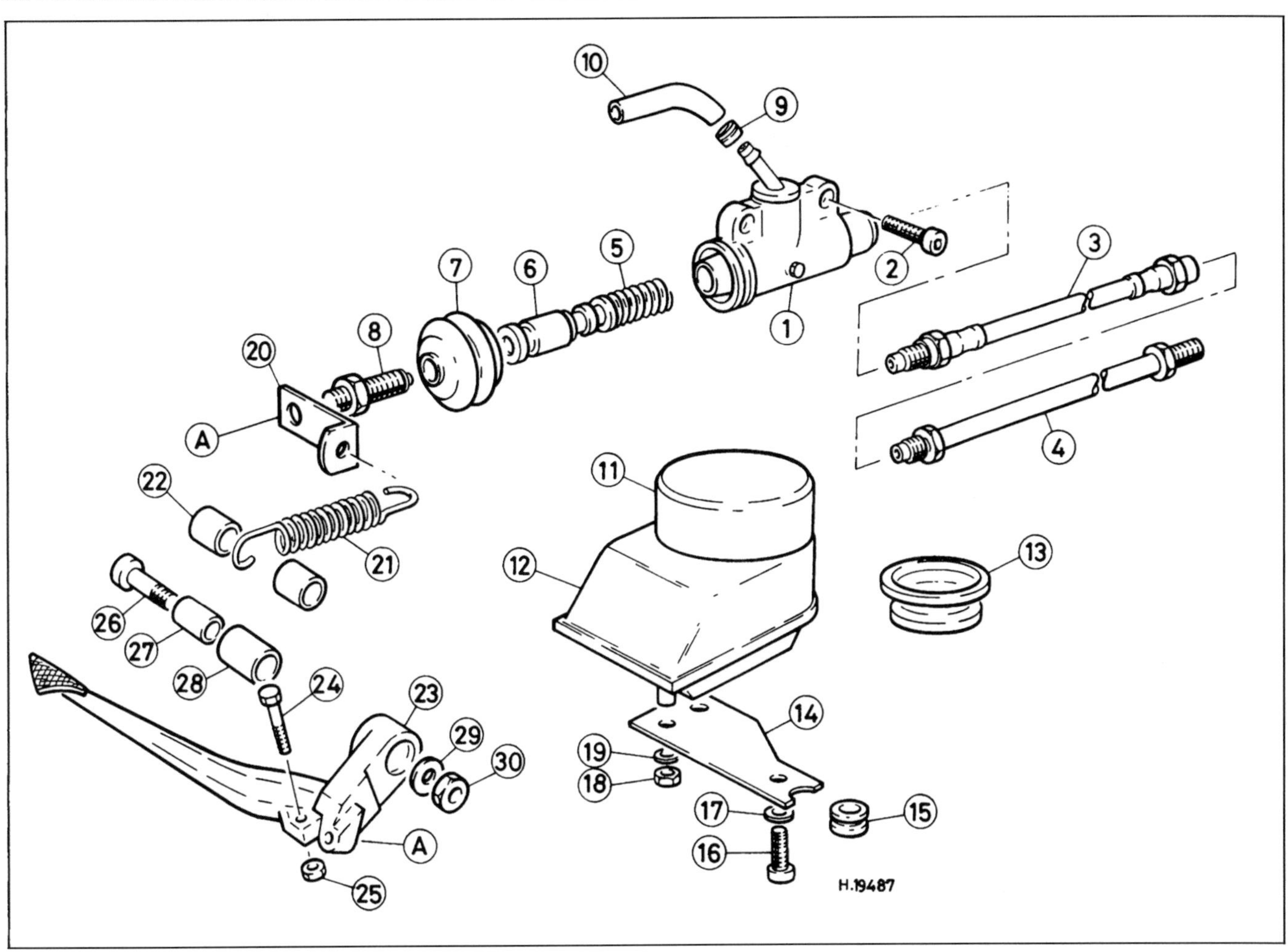

8.2 Hinterrad-Hauptbremszylinder

1 Hauptbremszylinder
2 Schrauben (2 Stück)
3 Bremsschlauch
4 Bremsleitung
5 Feder
6 Kolbenbaugruppe
7 Staubkappe
8 Einstellschraube
9 Schelle (2 Stück)
10 Verbindungsschlauch
11 Behälterdeckel
12 Ausgleichsbehälter
13 Gummi-Membrane
14 Halteblech
15 Hülse
16 Schraube
17 Scheibe
18 Muttern (2 Stück)
19 Scheiben (2 Stück)
20 Halteblech
21 Rückholfeder
22 Buchsen (2 Stück)
23 Bremspedal
24 Schraube
25 Mutter
26 Lagerbolzen
27 innere Hülse
28 Buchse
29 Scheibe
30 Mutter

8 Hinterrad-Hauptbremszylinder
Ausbau, Begutachtung und Einbau

Ausbau

1 Zum Zerlegen des Systems muß zunächst die Bremsflüssigkeit abgelassen werden. Stekken Sie dazu durchsichtige Ablaß-Schläuche auf die Entlüftungsnippel der Bremssättel, und öffnen Sie diese um eine Umdrehung. Betätigen Sie den Bremshebel so lange, bis das System leer ist. Ziehen Sie die Nippel wieder fest.

2 Während die rechte Fußrastenplatte am Getriebe verschraubt ist, wird die Kontermutter gelockert, die die Einstellschraube des Bremszylinders zum Bremspedal sichert. Außerdem werden der Bremspedal-Lagerbolzen und die zwei Bremszylinder-Haltschrauben am Fußrastenhalter gelöst (siehe Abbildung).

3 Entfernen Sie die rechte Seitenverkleidung und lösen Sie die Befestigung des Ausgleichsbehälters am Batterieträger. Öffnen Sie die Schelle des Verbindungsschlauchs und trennen Sie ihn am Hauptbremszylinder, nehmen Sie den Ausgleichsbehälter ab.

4 Lösen Sie die Befestigungen der Fußrastenplatte, lösen Sie die Haltemutter der Bremshebellagerung, und zerlegen Sie sie. Schrauben Sie das Bremspedal vom Einsteller, oder ziehen Sie die Staubkappe vorne vom Hauptbremszylinder, und ziehen Sie das Pedal samt Einsteller ab.

5 Trennen Sie die Bremsleitung an beiden Enden, entfernen Sie die Bremszylinder-Schrauben, und nehmen Sie die Baugruppe ab.

Begutachtung

6 Ist die Staubkappe demontiert, wird der Hauptbremszylinder gereinigt. Die Kolbenbaugruppe wird in den meisten Fällen mit einem Seegerring in Position gehalten, zu dessen Demontage eine Seegerringzange empfohlen wird. Wenn der Kolben nicht herauszuziehen ist, muß der Zylinder zu einer BMW-Werkstatt gebracht werden. Besonders an älteren K 100- und K 100 RS-Modellen sind die hinteren Hauptbremszylinder mit der Zeit heftig korrodiert, so daß nur ein Austausch der ganzen Baugruppe in Frage kommt.

7 Nur wenn die Kolbenbohrung in perfektem Zustand ist, lohnt es sich, neue Dichtungen einzubauen. Beim leichtesten Zweifel über den Zustand der Bauteile sollte Ersatz beschafft werden.

8 Ende 1988 wurde der Kolbendurchmesser der Hinterradbremse von 13 auf 12 mm verringert, das Zylindergehäuse ist seitdem mit einem grünen Punkt oder den Buchstaben ABS markiert. Beim Zusammenbau des Hauptbremszylinders und der Einstellung des Bremslichtschalters ist es wichtig, daß zwischen dem Ende des Einstellers und dem Kolben ein Spiel von 0 bis 0,2 mm herrscht. Wird der Kolben zu weit in die Bohrung geschoben, kann der Rücklauf der Bremsflüssigkeit in den Ausgleichsbehälter behindert werden. Nach dem Einstellen des korrekten Spiels wird die Kontermutter angezogen und die Einstellung des Bremslichtschalters kontrolliert. Das Bremslicht sollte aufleuchten, wenn die Bremse zu arbeiten beginnt. Wenn möglich, sollte dazu der Einsteller des Schalters benutzt werden, danach muß erneut das Spiel im Hauptbremszylinder überprüft werden.

9 Der ursprünglich über der rechten Fußrastenplatte sitzende Hauptbremszylinder-Ausgleichsbehälter wanderte ab 1988 hinter die Seitenverkleidung (siehe Abbildung).

Einbau

10 Vor dem Zusammenbau müssen alle Bauteile mit sauberer Bremsflüssigkeit gereinigt werden, keinesfalls mit Benzin oder Verdünner. Der Zusammenbau erfolgt in umgekehrter Ausbau-Reihenfolge. Schmieren Sie die Kolben und Dichtungen zuvor mit Bremsflüssigkeit ein. Um zu verhindern, daß hinter die Staubkappe eindringendes Wasser Kolbenbauteile korrodieren läßt, sollte dieser Bereich mit Silikon-Fett oder anderen wasserverdrängenden Mitteln eingeschmiert werden, die nicht die Dichtungen angreifen. Schmieren Sie die Bremshebellagerung mit dem vorgeschriebenen Fett ein (siehe Kapitel 1).

11 Verwenden Sie an allen Verbindungen neue Dichtungen, montieren Sie die Bremsleitungen korrekt, füllen Sie die Anlage auf, und entlüften Sie das ganze System (siehe Sektion 9). Waschen Sie den gesamten Bereich um die Bremse mit reichlich Wasser, und kontrollieren Sie das System auf Funktion und Undichtigkeiten, bevor Sie mit der Maschine fahren.

12 Beim Einbau des Bremspedals kann seine Höhe eingestellt werden, es muß jedoch immer Spiel zwischen Einsteller und Kolben festzustellen sein (durch Drücken des Pedals festzustellen). BMW gibt zur Höheneinstellung des Bremspedals keine Angaben.

8.9 Position des Hinterradbrems-Ausgleichsbehälters – Modelle ab 1988

9 Bremsanlage Entlüftung

Anmerkung für ABS-Modelle: *Die folgenden Arbeitsschritte beziehen sich auf herkömmliche Methoden der Bremsenentlüftung. Das Entlüften einer großvolumigen Bremsanlage mit dünnen Metallrohren kann sich unter Umständen als schwierig erweisen. Für diese Fälle wird die Benutzung einer Druck-Entlüftungs-Anlage empfohlen, die an die Ausgleichsbehälter angeschlossen und mit dem Hebel oder dem Pedal betätigt wird. Fragen Sie hierzu Ihre BMW-Werkstatt – es kann nötig sein, auch den Druckmodulator entlüften zu müssen.*

1 Entlüften der Bremse bedeutet, daß alle Luftblasen aus den Bremsflüssigkeitsbehältern, den Leitungen, den Bremssätteln und eventuell den ABS-Druckmodulatoren und Verbindungsrohren entfernt werden. Entlüften ist immer notwendig, wenn eine Hydraulik-Verbindung gelöst wurde, wenn eine Komponente oder Leitung gewechselt wurde oder wenn ein Hauptbremszylinder oder Sattel überholt wurde. Lecks im System können ebenfalls das Eindringen von Luft ermöglichen, aber sie zeigen auch durch auslaufende Flüssigkeit das Problem an und weisen auf eine dringend notwendige Reparatur hin.

Vorbereitung

2 Zum Bremsenentlüften wird neue Bremsflüssigkeit (DOT 4), ein durchsichtiger Vinyl- oder Plastikschlauch und ein zum Teil mit sauberer Bremsflüssigkeit gefüllter Behälter benötigt, dazu Lappen und ein Ringschlüssel für das Entlüftungsventil.

3 BMW empfiehlt, aufgrund der höheren Effektivität die Vorderrad-Bremse zu entlüften, wenn die Sättel von den Bremsscheiben abgezogen und die Bremsbeläge demontiert und die Kolben vollständig eingedrückt sind, da hierdurch das Flüssigkeitsvolumen reduziert wird. Die Kolben eines Sattels können mit einem sauberen Schraubendreher zurückgeschoben und mit einem Holzstück gesichert werden, während man den anderen Sattel bearbeitet. Bei eingesetztem Distanzstück bzw. Werkzeug werden die beiden Sättel gleichzeitig entlüftet. Wenn jedoch neue Bremsbeläge installiert waren, sind die Kolben bereits in die Bohrungen zurückgeschoben. In diesem Fall kann die Vorderradbremse mit montierten Sätteln entlüftet werden.

4 Wird die Vorderradbremse entlüftet, decken Sie den Benzintank und andere gefährdete Lackteile ab, die Bremsflüssigkeitsspritzer abbekommen könnten.

9.4 Drehen Sie das Ventil nicht über, beachten Sie die Drehmoment-Angaben.

Entlüften

5 Entfernen Sie den entsprechenden Ausgleichsbehälterdeckel, die Platte und die Gummimembran und pumpen Sie langsam einige Male, bis keine aus den Bohrungen am Grund des Behälters aufsteigenden Blasen mehr zu sehen sind. Hierdurch ist das letzte Glied der Kette bereits entlüftet. Setzen Sie den Deckel locker auf den Behälter.

6 Ziehen Sie die Staubkappe vom Entlüfterventil (siehe Abbildung). Stülpen Sie das eine Ende des durchsichtigen Schlauchs auf das Ventil und stecken Sie das andere Ende in die Bremsflüssigkeit des Sammelbehälters. Nehmen Sie den Bremszylinderdeckel ab, und kontrollieren Sie den Flüssigkeitsstand. Lassen Sie den Pegel während des Prozesses nicht unter die untere Markierung sinken.

8 Pumpen Sie vorsichtig drei- oder viermal mit dem Hebel oder Pedal und halten Sie ihn/es gezogen bzw. gedrückt, während das Bremssattelventil geöffnet wird und Bremsflüssigkeit aus dem Sattel durch den Schlauch in den Behälter fließt, der Bremshebel kann jetzt gezogen, bzw. das Pedal kann weiter durchgetreten werden.

Wenn es nicht möglich ist, einen Druckpunkt im Hebel oder Pedal zu finden, ist die Flüssigkeit aufgeschäumt. Lassen Sie die Bremsflüssigkeit für einige Stunden in der Anlage, damit sie sich beruhigen kann und wiederholen Sie die Prozedur, wenn die kleinen Bläschen nach oben gestiegen sind.

9 Drehen Sie das Entlüftungsventil wieder leicht an, und lassen Sie den Bremshebel los. Wiederholen Sie diesen Prozeß, bis in der ausfließenden Bremsflüssigkeit keine Blasen mehr zu sehen sind und am Hebel oder Pedal ein Druckpunkt zu spüren ist. Zum Schluß wird der Entlüftungsschlauch abgenommen und das Ventil mit dem in den technischen Daten angegebenen Drehmoment festgezogen sowie die Staubkappe aufgesetzt.

10 Installieren Sie die Gummimembran, die Membrane-Platte und den Deckel. Wischen Sie verschüttete Bremsflüssigkeit unverzüglich mit einem nassen Lappen ab und kontrollieren sie das ganze System auf Undichtigkeiten.

11 Verwechseln Sie extremes Spiel nicht mit schwammigem Gefühl. Wenn die Hebel zuviel Spiel haben, Komponenten nicht richtig befestigt sind oder Bremsscheiben zuviel Schlag aufweisen, müssen zunächst diese Ursachen beseitigt werden.

10 Hinterrad-Trommelbremse
Inspektion und Reparatur (K 75, K 75 C, K 75 T)

1 Stellen Sie die Hinterradbremse gegebenenfalls ein und kontrollieren Sie die Stärke der Bremsbeläge wie in Kapitel 1 beschrieben.
2 Wenn die Bremse überholt werden muß, wird zuerst das Hinterrad ausgebaut (siehe Sektion 3).

3 Bevor mit der Arbeit begonnen wird, muß vorsichtig der Bremsbelag-Staub entfernt werden, wischen Sie ihn am besten mit einem lösungsmittelgetränkten Lappen ab.

Warnung: Bremsbelag-Staub kann krebserregendes Asbest enthalten, blasen Sie den Staub nicht mit Druckluft aus und tragen Sie bei der Arbeit an Bremsanlagen einen Atemschutz. Beachten Sie die Sicherheitshinweise am Anfang dieses Handbuchs!

4 Schrauben Sie die Einstellmutter ab, um das Bremsgestänge zu lösen. Wenn nötig, kann die Lagerung des Bremspedals demontiert werden, nachdem die Lagerbolzenmutter hinter der Fußrastenplatte gelöst wurde. Die Lagerbuchse und Hülse können auf Verschleiß kontrolliert und bei Bedarf ersetzt werden.

5 Ziehen Sie den Sicherungsring vom Bremsbackenzapfen und ziehen Sie die Backen als Satz ab, klappen Sie sie V-förmig zusammen, um die Federn zu entlasten (siehe Abbildung).

6 Um den korrekten Einbau des Bremsnockens sicherzustellen, sollte die Welle an der Klemm-Öffnung des Hebels mit einem Körner markiert werden. Entfernen Sie die Klemmschraube, merken Sie sich die Position des Verschleißanzeigers am Hebel, und ziehen Sie diesen vorsichtig von der Verzahnung. Klopfen Sie den Bremsnocken nach links heraus, beachten Sie den Dichtring und die O-Ringe sowie die flache Scheibe am linken Ende.

7 Wenn das Bremsbelagmaterial beschädigt, verölt oder unter 1,5 mm verschlissen ist, müssen die Bremsbacken erneuert werden. Ist das Belagmaterial noch in Ordnung, kann es mit einer fettfreien Drahtbürste gereinigt und mit Schmirgelleinen angerauht werden. Kon-

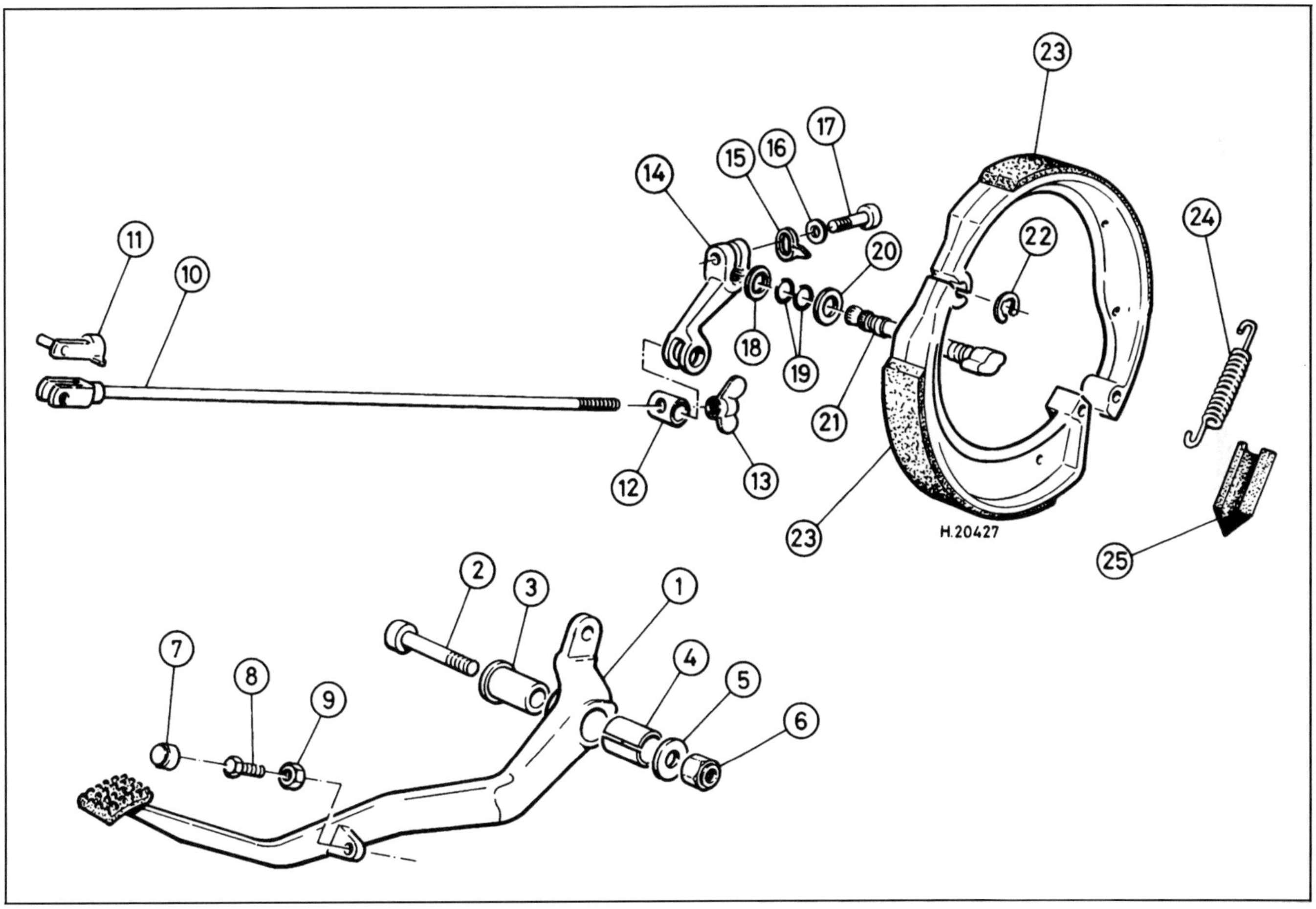

10.5 Hinterrad-Trommelbremse

1 Bremspedal
2 Lagerbolzen
3 Buchse
4 Hülse
5 Scheibe
6 Mutter
7 Kappe
8 Schraube
9 Mutter
10 Bremsgestänge
11 Sicherungsstift
12 Zapfen
13 Einstellmutter
14 Hebel
15 Verschleiß-Anzeige
16 Scheibe
17 Klemmschraube
18 Dichtring
19 O-Ring (2 Stück)
20 Metallscheibe
21 Bremsnocken
22 Sicherungsring
23 Bremsbacken
24 Rückholfeder (2 Stück)
25 Gummidämpfer

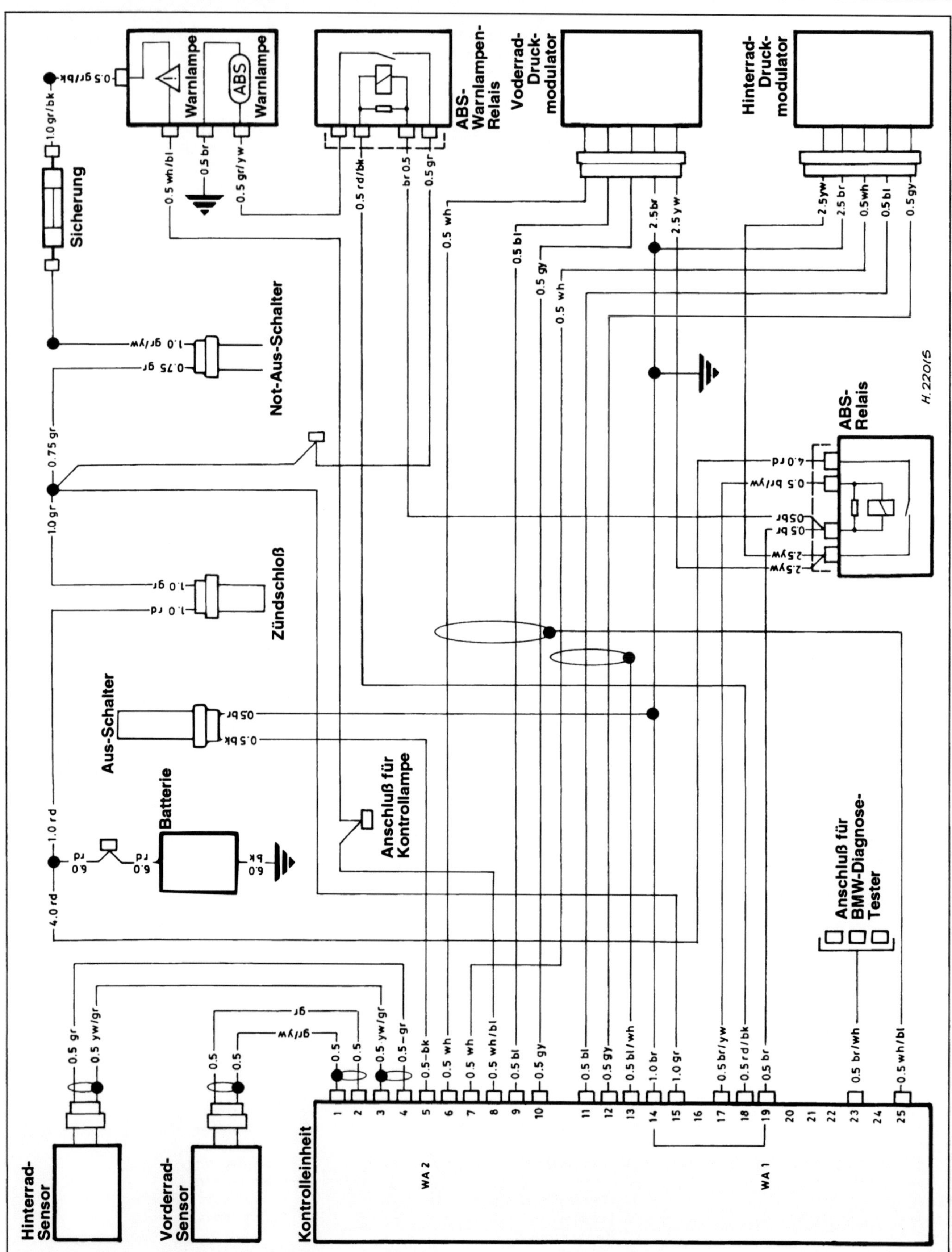

11.1 Schaltplan des Anti-Blockier-Systems

trollieren Sie sorgfältig die Kontaktflächen zum Bremsnocken auf Verschleiß.

8 Begutachten Sie die Rückholfedern und erneuern Sie sie bei jedem Zweifel über ihren Zustand, besonders wenn sie Anzeichen von Längung, Ermüdung oder Verschleiß zeigen. Spätere Modelle sind mit einem Gummidämpfer um die hintere Feder ausgerüstet, um vibrationsbedingte Federbrüche zu verhindern, die zuvor öfter aufgetreten sind. Findet sich in Ihrer Bremse kein Gummidämpfer, sollte er nachgerüstet werden, da es jedoch zwei verschiedene Ausführungen gibt, muß ein BMW-Händler anhand der Bremsbacken den richtigen Typ herausfinden. BMW empfiehlt außerdem, beide Federn zu ersetzen, wenn kein Dämpfer montiert war.

9 Reinigen Sie sorgfältig die Bremstrommel und das Endantriebsgehäuse (beachten Sie die Warnhinweise oben), und kontrollieren Sie alles auf Verschleiß und Beschädigungen, außerdem den Bremsbacken-Zapfen und die gesamte Bremsenbetätigung, ersetzen Sie beschädigte Teile. Kontrollieren Sie die Bremsnocken-Lagerung und die Bohrung im Endantriebsgehäuse. Die Bremsnocken-O-Ringe sollten nach jedem Ausbau erneuert werden. Wird irgendeine Undichtigkeit gefunden, muß die defekte Dichtung geortet und ersetzt werden (siehe Kapitel 9).

10 Kontrollieren Sie die Bremstrommel, entfernen Sie alle Schmutz-, Bremsbelag- und Rost-Ablagerungen, wischen Sie die Trommel mit einem lösungsmittelgetränkten Lappen aus. Ist die nötige Ausrüstung vorhanden, kann der Innendurchmesser an mehreren Stellen gemessen werden, es sollte keine Ovalität festgestellt werden. Ist die Trommel stark eingekerbt, kann sie von einem Spezialisten auf der Drehbank ausgedreht werden. Ist die Trommel über die Verschleißmarke hinaus verschlissen oder müßte darüber hinaus ausgedreht werden, muß das komplette Hinterrad ersetzt werden.

11 Beim Zusammenbau müssen neue Bremsnocken-O-Ringe in ihre Nuten gesetzt und das vorgeschriebene Fett in die Lagerbuchsen und auf den Bremsbacken-Zapfen gegeben werden. Setzen Sie den gefetteten Bremsnocken mit der flachen Scheibe an der linken Seite, den korrekt sitzenden O-Ringen und der an ihren Platz am rechten Ende gedrückten Dichtscheibe in seine Lagerung. Drehen Sie den Nocken so, daß die zuvor angebrachten Markierungen fluchten, und klopfen Sie den Hebel entsprechend auf die Verzahnung. Werden die Bremsbeläge erneuert, sollte die Klemmschraube noch nicht montiert werden.

12 Hängen Sie die Rückholfedern von links nach rechts in die Bremsbacken, so daß die Federn links der Backen (zum Rad hin) liegen. Geben Sie eine dünne Schicht Fett auf die Enden der Backen, und drücken Sie sie über den Zapfen und den Bremsnocken. Wenn die Beläge korrekt sitzen, wird überschüssiges Fett abgewischt und der Sicherungsring über den Zapfen geschoben. Setzen Sie den Gummidämpfer so auf die hintere (am Nocken befindliche) Feder, daß die flache Rückseite die Bremsbacken und den Nocken berührt und die eingekerbte Seite zum Rad zeigt. Montieren Sie das Hinterrad.

13 Wurden die alten Bremsbeläge montiert, wird die Verschleißanzeige und der Hebel genauso montiert, wie sie zuvor angebaut waren. Stellen Sie die Hinterradbremse ein und kontrollieren Sie, ob sich das Rad bei Nichtbetätigung frei drehen läßt.

14 Wurden neue Bremsbeläge montiert, muß zunächst die Höhe des Bremspedals kontrolliert werden (siehe Kapitel 1). Dann wird das Bremsgestänge mit dem Hebel verbunden, so daß zwischen ihnen ein rechter Winkel (90°) besteht, wenn die Bremse korrekt eingestellt ist und voll betätigt wird. Beachten Sie zur korrekten Montage des Hebels auf der Verzahnung Kapitel 1.

15 Wenn der Betätigungsmechanismus korrekt montiert und eingestellt ist, wird der Verschleiß-Anzeiger so montiert, daß er auf die obere (Maximal-)Markierung am Endantriebsgehäuse zeigt, wenn die Bremse betätigt wird. Halten Sie den Anzeiger in Position, während Sie die Klemmschraube anziehen. Kontrollieren Sie die Funktion der Bremse, bevor Sie mit dem Motorrad fahren.

11 Anti-Blockier-System
Allgemeine Beschreibung

1 Das Anti-Blockier-System (ABS) verhindert das Blockieren der Räder bei Vollbremsungen auf rutschigen Untergründen. An beiden Rädern angebrachte Sensoren tasten die 100zähnigen Impuls-Räder ab und übertragen die Radumdrehungsgeschwindigkeiten an die ABS-Steuereinheit, die sich im Heck der Maschine befindet.

2 Wenn die Steuerung erkennt, daß ein Rad bald stehen bleibt, löst der sich über den Fahrerfußrasten befindliche Druckmodulator an der entsprechenden Bremse etwas den hydraulischen Druck auf die Bremsbeläge. Dieser Arbeitschritt wird bis zu siebenmal pro Sekunde wiederholt, wenn die Bremse betätigt wird. Aufgrund der Montage eines Ventils, das den Rücklauf der Bremsflüssigkeit steuert, wird das aus einigen ABS-Autos bekannte Pulsieren vermindert.

3 Wenn das Hinterrad durch Gaswegnehmen oder Herunterschalten verzögert, vergleicht das System die Geschwindigkeiten beider Räder, so daß dieses Verzögern nicht falsch interpretiert werden kann.

4 Das ABS kontrolliert sich ständig selbst, es ist immer angeschaltet, funktioniert jedoch nicht, wenn die Geschwindigkeit unter 5 km/h abfällt oder die Strom-Spannung zusammenbricht.

5 Wenn die Zündung angeschaltet wird, beginnen die ABS-Kontroll-Lampen gleichzeitig zu blinken. Wenn sie erlöschen, arbeitet das System normal. Leuchten oder blinken die Lampen abwechselnd, kann dieses bedeuten, daß irgendwo ein Fehler oder Ausfall festgestellt wurde. Stoppen Sie dann das Motorrad und stellen Sie die Zündung ab. Schalten Sie die Zündung wieder an – blinken die Kontrolllampen gleichzeitig, ist das System in Ordnung, leuchten die Lampen ständig oder blinken abwechselnd, muß das Motorrad in einer BMW-Werkstatt überprüft werden.

6 Merken Sie sich, daß das ABS nicht funktioniert, wenn die Zündung abgeschaltet ist oder die Geschwindigkeit unter 5 km/h liegt.

12 Anti-Blockier-System
Warnungen

1 Wird am ABS gearbeitet, muß IMMER zuvor die Masseverbindung an der Batterie unterbrochen werden. Es ist wichtig, vor dem Trennen der Masseverbindung die Zündung abzuschalten, da sowohl der Speicher der ABS-Einheit als auch die Steuerung der Zünd/Einspritz-Elektronik beschädigt werden können.

2 Es wird davor gewarnt, Bauteile des ABS mit Dampfstrahlern oder harten Wasserstrahlen direkt zu reinigen, da dadurch Wasser in empfindliche Komponenten eindringen kann. Aggressive Lösungsmittel dürfen ebenfalls nicht benutzt werden.

3 Ist der Anbau starker elektromagnetischer Ausrüstungen (z.B. Funk, Funktelefon) geplant, sollte zuvor der Rat eines BMW-Händlers gesucht werden. Zu viel elektrisches Zubehör kann auch die Spannung des Bordnetzes beeinträchtigen. BMW rät davon ab, die Batterie zu laden, während sie mit dem Bordnetz verbunden ist, da durch Spannungsschwankungen ABS- und Zündelektronik beschädigt werden könnte.

4 Aufgrund des großen Sicherheitsfaktors und der benötigten Testausrüstung wird empfohlen, einen Test des ABS bei einem autorisierten BMW-Händler durchführen zu lassen.

13 ABS
Rad-Umdrehungs-geschwindigkeits-Sensoren Ausbau und Einbau

Anmerkung: *Trennen Sie die Batterieanschlüsse (Minus zuerst), bevor Sie an ABS-Bauteilen arbeiten.*

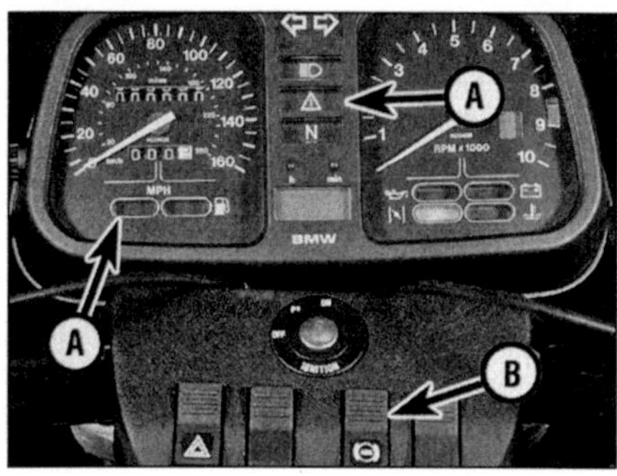

11.5 ABS-Warnlampen (A) und Aus-Schalter (B)

10

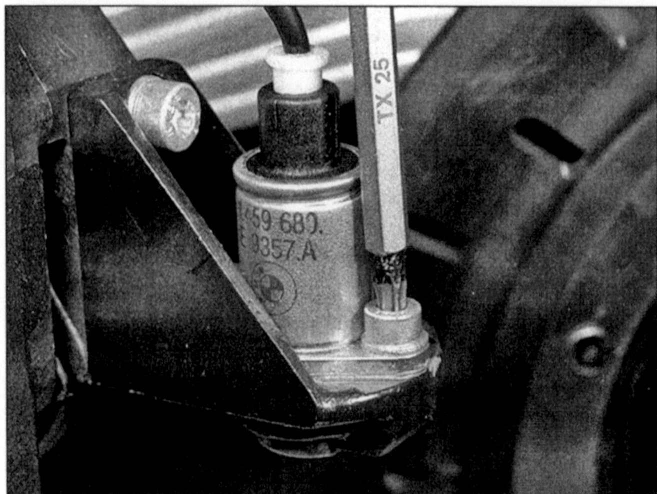

13.1a Entfernen Sie die zwei Torx-Schrauben . . .

13.1b . . . und heben Sie den Sensor samt Distanzscheiben aus dem Halter.

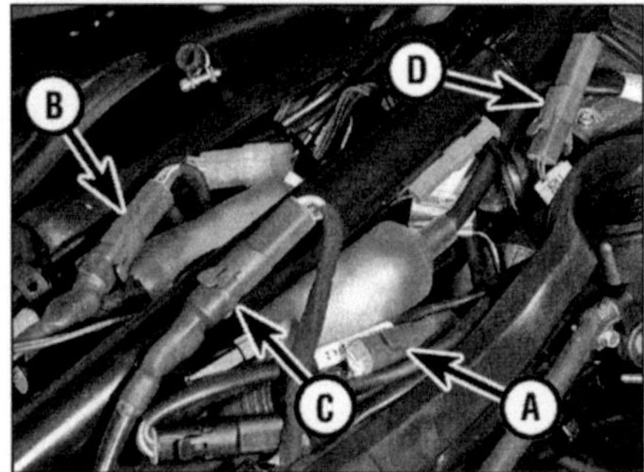

13.2a Stecker des Vorderrad-Sensors (A), des Vorderrad-Druckmodulators (B), des Hinterrad-Druckmodulators (C) und des Aus-Schalters (D)

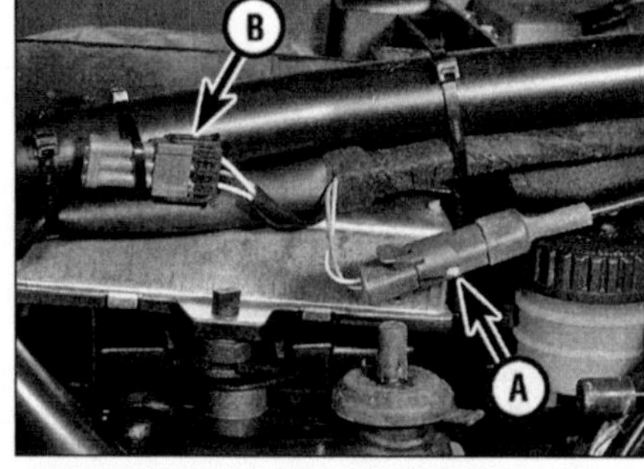

13.2b Stecker des Hinterrad-Sensors (A) und Diagnose-Stecker-Anschluß (B)

1 Der Sensor sitzt in einem Halter, der an den Bremssattel geschraubt ist. Zwei Torx-Schrauben sichern den Sensor am Halter, nach deren Lösen kann er herausgezogen werden (siehe Abbildungen). Um besseren Zugang zu erhalten, kann es nötig sein, den Bremssattel von der Gabel zu lösen. Setzen Sie dabei nicht die Bremsleitung unter Spannung.

2 Das Kabel des vorderen Sensors kann am Stecker unterhalb des Tanks von der ABS-Einheit getrennt werden (siehe Abbildung). Der Stecker des hinteren Sensors findet sich in der Nähe des Hauptbremszylinder-Ausgleichsbehälters am rechten oberen Rahmenrohr (siehe Abbildung). Beide Stecker sind zur Identifizierung blau eingefärbt. Die Kabel müssen von allen Verbindungen gelöst werden.

3 Vor dem Zusammenbau müssen alle Staubpartikel von der Sensor-Spitze entfernt und der Impuls-Kranz gereinigt werden. Ziehen Sie die entsprechenden Schrauben sicher an, und verbinden und sichern Sie die Kabel.

4 Montieren Sie den Bremssattel, beachten Sie dabei, daß eine der beiden Inbusschrauben mit einem Flansch versehen ist, diese kommt jeweils nach oben (Vorderrad) oder vorne (Hinterrad) (siehe Abbildung). Die Bremsleitungen müssen korrekt verlegt und gesichert sein (siehe Abbildung). Entscheidend für die Funktion des ABS ist der Abstand

13.4a Achten Sie auf die korrekten Positionen der Befestigungsschrauben.

13.4b Sichern Sie die Halter der Bremsleitung.

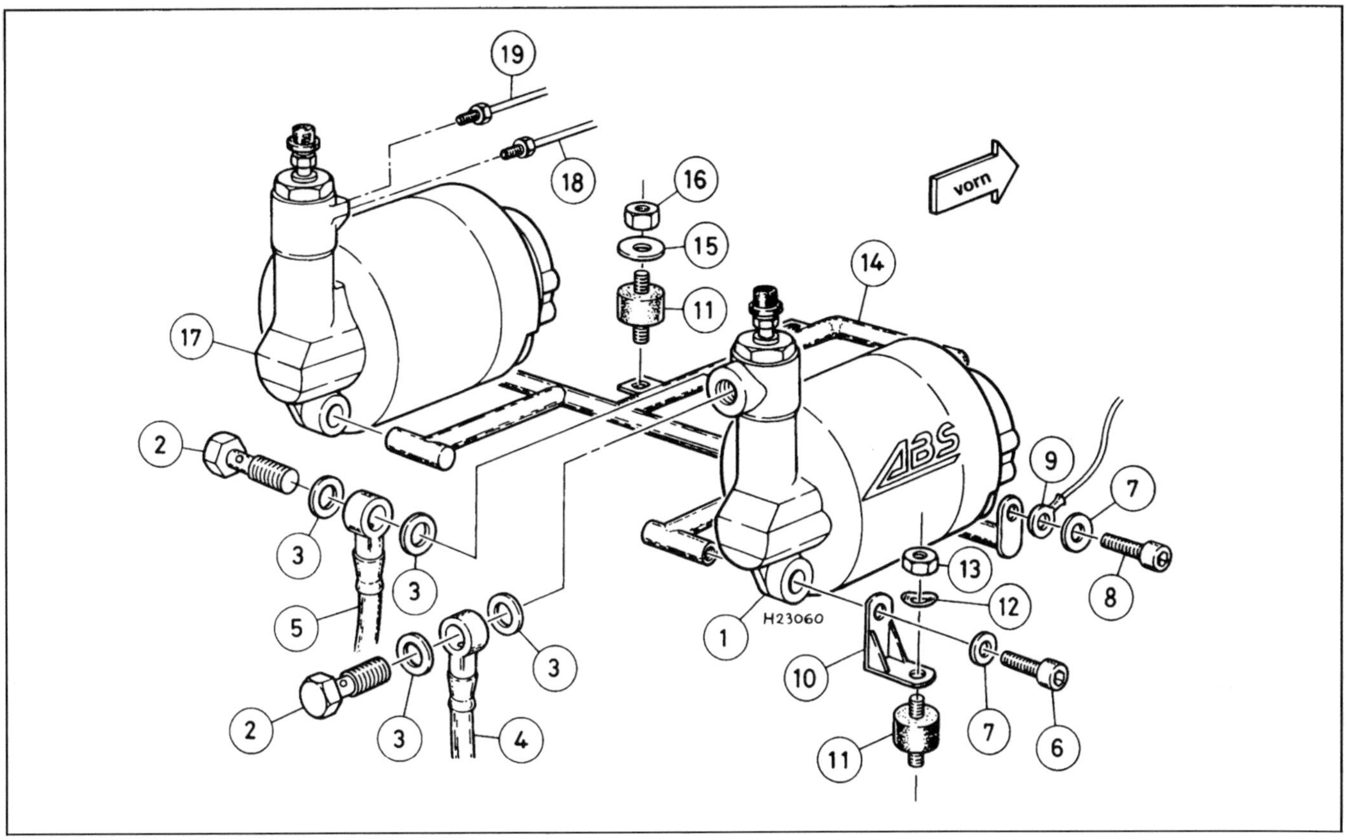

14.1 ABS-Druckmodulatoren

1 *Hinterrad-Druckmodulator*
2 *Anschlußschraube (2 Stück)*
3 *Dichtring (4 Stück)*
4 *Leitung zum hinteren Hauptbremszylinder*
5 *Leitung zum hinteren Bremssattel*
6 *Inbusschraube (2 Stück)*
7 *Dichtring (4 Stück)*
8 *Inbusschraube (2 Stück)*
9 *Masse-Anschlüsse (2 Stück)*
10 *hinterer Halter (2 Stück)*
11 *Gummihalter (6 Stück)*
12 *Wellscheibe (2 Stück)*
13 *Mutter (2 Stück)*
14 *Halter*
15 *Dichtring (4 Stück)*
16 *Mutter (4 Stück)*
17 *Vorderrad-Druckmodulator*
18 *Leitung zum vorderen Hauptbremszylinder*
19 *Leitung zum vorderen Bremssattel*

des Sensors zum Zahnkranz. Unabhängig von regelmäßigen Inspektionen muß er jedesmal kontrolliert werden, wenn das Rad oder der Bremssattel demontiert war. Wechseln Sie hierzu nach Kapitel 1.

14 ABS-Druckmodulatoren
Ausbau und Einbau

Anmerkung: *Trennen Sie die Batterieanschlüsse (Minus zuerst), bevor Sie an ABS-Bauteilen arbeiten.*

1 Jeder Druckmodulator kann als geschlossenes System betrachtet werden, für das es keine Ersatzteile gibt (siehe Abbildung). Die rechte Einheit kontrolliert die Hinterradbremse, die linke ist für die Vorderradbremse zuständig.

2 Wenn ein Ausbau ansteht, müssen zunächst die Leitungsanschlüsse am hinteren Ende gelöst und die Bremsflüssigkeit in einen geeigne-

14.3a Das Massekabel vom Druckmodulator wird am Fußrastenhalter befestigt.

14.3b Leitungsanschlüsse des Vorderrad-Druckmodulators

14.3c Leitungsanschlüsse des Hinterrad-Druckmodulators

15.2a Entfernen Sie die Schrauben, um den Kontrolleinheit-Träger zu lösen.

ten Behälter abgelassen werden. Halten Sie zum Aufwischen von Spritzern und Tropfen einen sauberen Lappen und Wasser bereit, bevor diese Lack und Kunststoff angreifen. Schützen Sie die Leitungen vor weiterem Auslaufen und dem Eindringen von Schmutz. Trennen Sie die elektrischen Verbindungen an den Steckern unterhalb des Tanks (siehe Abbildung 13.2a). Entfernen Sie die zwei Inbusschrauben und heben Sie die Baugruppe heraus, beachten Sie, daß jeder Druckmodulator 3,8 kg wiegt. Kontrollieren Sie den Zustand der Haltegummis. Sind sie porös oder gequetscht, müssen sie ersetzt werden. Kontrollieren Sie die Hydraulikleitungen auf Brüche und Beschädigungen, und erneuern Sie sie gegebenenfalls.

3 Beim Zusammenbau müssen die Befestigungsschrauben sorgfältig angezogen werden, vergessen Sie dabei nicht die Masseanschlüsse an den vorderen Befestigungen (siehe Abbildung). Verbinden Sie die elektrischen Anschlüsse und die Hydraulikleitungen an ihre originalen Anschlüsse, benutzen Sie bei letzteren an beiden Seiten neue Dichtringe. Bei einigen Modellen sind die Anschlüsse farbig markiert, auf jeden Fall werden die von den Hauptbremszylindern kommenden Leitungen immer oben angeschlossen. Die Hydraulikleitungen dürfen keine beweglichen Teile berühren und müssen teilweise mit Kabelbindern gesichert werden.

4 Das System muß anschließend wie in Sektion 18 beschrieben entlüftet und überprüft werden.

15 ABS-Kontrolleinheit
Lokalisierung

Anmerkung: *Trennen Sie die Batterieanschlüsse (Minus zuerst), bevor Sie an ABS-Bauteilen arbeiten.*

1 Die ABS-Kontrolleinheit sitzt im Heck des Motorrades, zum Schutz vor Vibrationen wird sie von einer Kunststoffaufnahme geschützt. Die Kontrolleinheit bedarf keinerlei Wartung, doch sollte man vorsichtig sein und kein loses Werkzeug oder ähnliches in dem darunterliegenden Fach lagern.

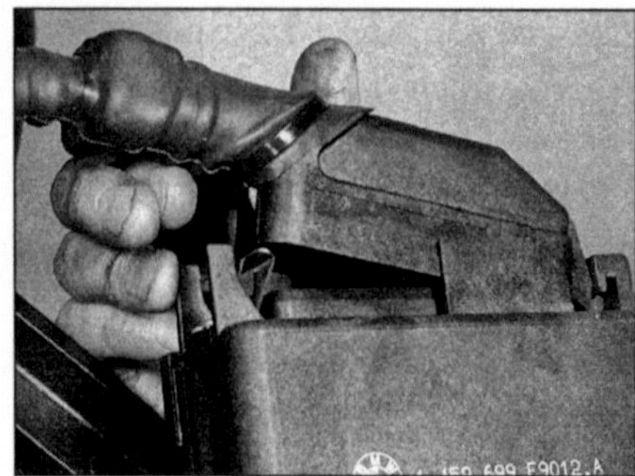

15.2b Entsichern und lösen Sie den Blockstecker zur Demontage der Kontrolleinheit.

2 Die Steckverbindungen der Kontrolleinheit sind von 1 bis 25 durchnumeriert, beachten Sie hierzu den Schaltplan in Sektion 11. Um Zugang zur Einheit zu erhalten, müssen die Sitzbank und die Abdeckung des Heck-Staufaches entfernt werden. Entfernen Sie die zwei Schrauben, die den Träger halten und senken Sie die Einheit zur Demontage ab (siehe Abbildung). Der Blockstecker kann entsichert und gelöst werden (siehe Abbildung), er ist nur in einer Richtung aufsteckbar.

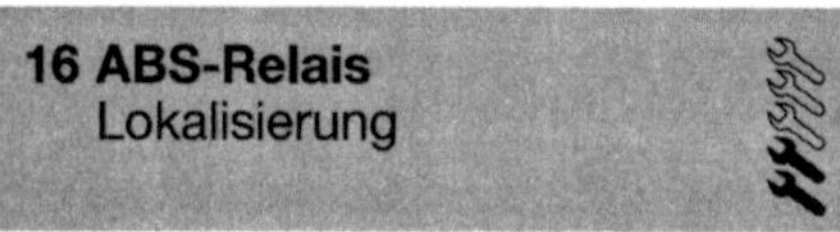

16 ABS-Relais
Lokalisierung

Anmerkung: *Trennen Sie die Batterieanschlüsse (Minus zuerst), bevor Sie an ABS-Bauteilen arbeiten.*

Die zwei ABS-Relais sitzen in der zentralen Elektrik-Box, die in Kapitel 11, Sektion 18 beschrieben ist. Das ABS-Relais und das Warnlampen-Relais werden in ihre Positionen gesteckt (siehe Abbildung).

17 Anti-Blockier-System
Test

Ein Test des ABS ist mit herkömmlichen Werkstatt-Ausrüstungen nicht möglich, das Motorrad muß dazu in eine BMW-Werkstatt gebracht werden. Die ABS-Steuereinheit ist in der Lage, Fehlermeldungen zu speichern, diese sind codiert und können mit einem Bosch Diagnose-Tester herausgelesen werden. Der Tester wird dazu in einer BMW-Werkstatt an den blauen Diagnose-Stecker des Motorrades angeschlossen. Dieser befindet sich unter der Sitzbank am oberen rechten Rahmenrohr (siehe Abbildung 13.2b).

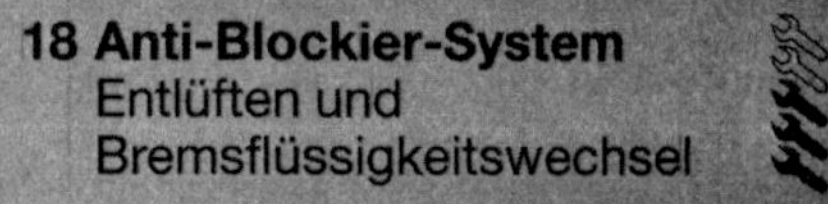

18 Anti-Blockier-System
Entlüften und Bremsflüssigkeitswechsel

Neben den Entlüftungsventilen an jedem Bremssattel sind beide Druckmodulatoren an ihren höchsten Punkten in der Nähe der Anschlüsse ebenfalls damit ausgerüstet. Entlüftet wird genauso, wie in Sektion 9 beschrieben, zuerst der Druckmodulator, dann der Bremssattel. Wenn mit der herkömmlichen Methode eingeschlossene Luft nicht entfernt werden kann, kann es nötig sein, eine spezielle BMW-Entlüftungsausrüstung benutzen zu müssen.

19 Anti-Blockier-System
Modifikationen

1 Die ersten mit ABS ausgerüsteten Maschinen hatten Probleme damit, daß ein Teil des Einspritzpumpen-Relais für das ABS zuständig war, und bei Kraftstoffmangel das ABS abschaltete. Bei späteren Modellen wurde eine modifizierte Einspritz-Kontrolleinheit eingebaut, und der Fehler trat nicht mehr auf. Die modifizierte Einheit wurde ab den folgenden Rahmennummern verbaut:

K 100	*6 308 763*
K 100 RS	*0 147 188*
K 100 RT	*0 096 800*
K 100 LT	*0 173 750*

Bei allen Modellen kann die neuere Einheit anhand der grünen anstatt der schwarzen Platte identifiziert werden.

2 Wenn die neue Einspritz-Steuereinheit an ältere Modelle gebaut werden soll, muß zur Sicherstellung der korrekten Funktion des Ein-

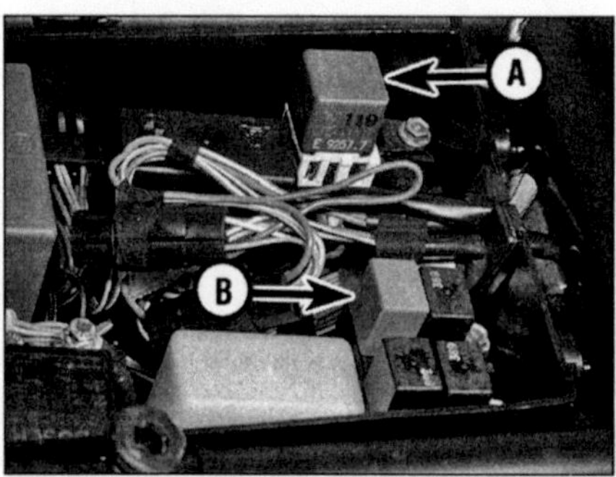

16.1 Position des ABS-System-Relais (A) und des Warnlampen-Relais (B).

19.3 Position der Handbremshebel-Einstellschraube – spätere Modelle

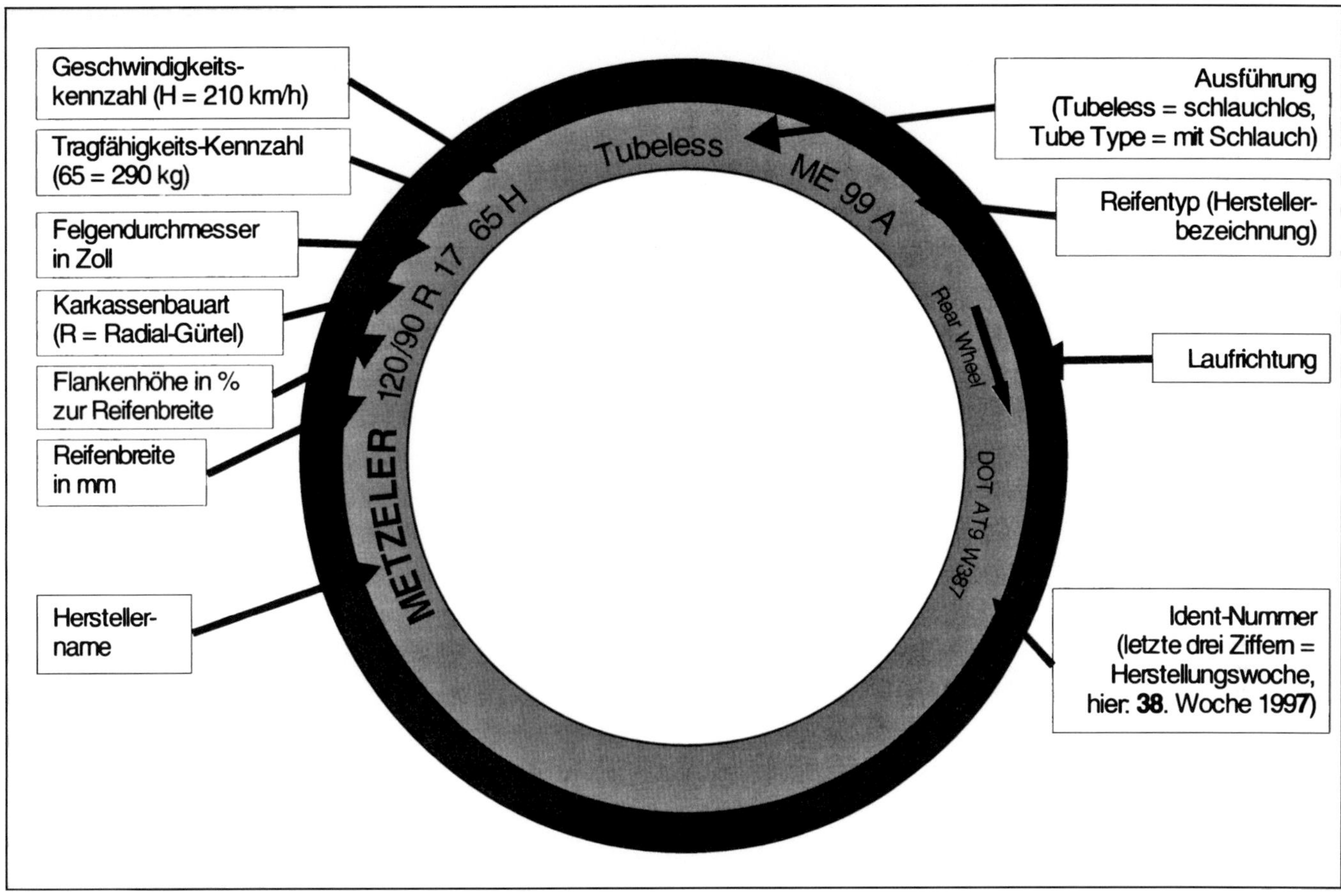

20.3 Übliche Beschriftungen auf Reifen

spritz-Relais das weiß/schwarze Kabel vom Drosselklappensensor an Anschluß 2 der Einspritz-Kontrolleinheit angeschlossen werden. Der Schalter muß wie in Kapitel 3, Sektion 17 beschrieben eingestellt werden.

3 Um sicherzustellen, daß das Flüssigkeitsvolumen des ABS bei älteren Modellen nicht das Limit überschreitet, ist es wichtig, daß, falls der Bremshebel, der Hauptbremszylinder oder die Gasgriffeinheit erneuert werden müssen, alle drei Teile gleichzeitig gewechselt werden, niemals einzeln. Bei späteren Modellen wurde der Primär-Kolben so umkonstruiert, daß der Flüssigkeitsstand nicht den maximalen Pegel erreicht. Gleichzeitig wurde eine Einstellschraube am Druckende des Bremshebels angebracht (siehe Abbildung). Die modifizierte Baugruppe kann anhand der Produktionsnummer 846 identifiziert werden, die sich unterhalb des Hauptbremszylinders neben der ABS-Beschriftung befindet.

4 Um eine korrekte Bremseneinstellung zu erreichen, wird die Inbusschraube soweit hineingedreht, bis zwischen Hebel und Kolben kein Spiel mehr festzustellen ist. Drehen Sie die Schraube dann genau eine weitere Umdrehung hinein, und die Einstellung stimmt. Der Kolben wird dann genau so stehen, daß das Flüssigkeitsvolumen nicht über den Maximal-Pegel steigen kann.

20 Reifen
Allgemeine Informationen und Montage

Allgemeine Informationen

1 Die an allen Modellen verwendeten Gußräder dürfen nur mit schlauchlosen Reifen ausgerüstet werden. Die Montage von Schlauchlosreifen mit Schläuchen wird nicht empfohlen. Die Reifengrößen sind in den technischen Daten am Beginn des Kapitels angegeben.

2 Wechseln Sie zu den täglichen Kontrollen am Anfang dieses Handbuches, um die Reifen zu warten.

Montage neuer Reifen

3 Die Auswahl neuer Reifen wird von den Eintragungen in den Fahrzeugpapieren bestimmt. Achten Sie darauf, daß Vorder- und Hinterreifen zusammenpassen, die Größe und Geschwindigkeitsangabe stimmt. Lassen Sie sich von einem BMW- oder Reifenhändler beraten (siehe Abbildung).

4 Es kann möglich sein, daß bei der Montage einiger Radialreifen das Spiel zwischen Reifen und Schwinge zu klein wird, BMW-Händler bieten für dieses Problem verschieden dicke Distanzringe an, die zwischen Hinterrad und Endantrieb gelegt werden.

5 Es ist empfehlenswert, Reifen bei einem Spezialisten wechseln zu lassen. Gerade bei schlauchlosen Reifen ist der Heimwerker mit seinen Montiereisen überfordert und beschädigt wohlmöglich die Dichtflächen an Reifen und Felgen. Eine Werkstatt ist zusätzlich in der Lage, neue Reifen auszuwuchten.

5 Kleine Löcher in schlauchlosen Reifen können unter Umständen repariert werden. Auch hier wird das Aufsuchen eines BMW- oder Reifenhändlers empfohlen. Ein Not-Reparatur-Kit ist dem Bordwerkzeug beigefügt. Wird dieses benutzt, darf das Motorrad nicht schneller als 60 km/h und nicht weiter als 400 km gefahren werden, bevor eine dauerhafte Reparatur oder ein Reifenwechsel durchgeführt wird.

Kapitel 11
Elektrisches System

Inhalt (in alphabetischer Reihenfolge, die Zahlen geben die Numerierung in den grauen Feldern wieder)

Schwierigkeitsgrade

Leicht. Für Anfänger mit wenig Erfahrung geeignet.	**Relativ leicht.** Für Anfänger mit etwas Erfahrung geeignet. 	**Relativ schwierig.** Geeignet für geübte Selbstschrauber. 	**Schwer.** Geeignet für Mechaniker mit Erfahrung.	**Sehr schwer.** Geeignet für Experten und Profis. 

Technische Daten

Elektrisches System

Spannung	12 Volt
Masse	Minus (–)

Batterie

Hersteller	BMW – Mareg
Kapazität	
Standard – Modelle bis 1986	20 Ah
Standard – Modelle ab 1987	25 Ah
Optional – alle Modelle	30 Ah (Standard bei K 100 LT)
Wichte der Batteriesäure	1,280 bei 20°C

Lichtmaschine

Typ	Bosch 0.120.339.546.G 1 – 14 V 33 A 27
Ausgangsleistung (max.)	460 W, 14 V 33 Ah
Untersetzungsverhältnis	1,5 : 1
maximale Drehzahl	12.300 U/min
Spannungsregler	Bosch 1.197.311.001. EL 14 V 4 C
Ladungsbeginn	950 ± 50 U/min
geregelte Spannung	13,7 bis 14,5 V
Statorwicklungs-Widerstand – über Phasenausgänge	0,28 Ohm ± 10 Prozent bei 60°C
Widerstand zwischen Schleifringen	4,0 Ohm ± 10 Prozent bei 60°C
Luft zwischen Stator und Rotor	0,22 mm
maximaler Stator-Unrundlauf an Klauenpolen	0,05 mm
maximaler Unrundlauf an Schleifringen	0,03 mm
Schleifring-Außendurchmesser	
Standard	27,8 mm
Verschleißgrenze	26,8 mm
Bürstenlänge	
Standard	10 mm
Verschleißgrenze	5 mm

Anlasser

Typ	Nippon Denso 028000-8990
Leistung	0,7 kW (1 PS)
Gesamtuntersetzung	27 : 1
Freilauf über	711 U/min
Bürstenlänge (siehe Text)	
Standard	ca. 12 mm
Verschleißgrenze	ca. 6 mm

Sicherungen

1 – Instrumententräger, Brems- und Rücklicht	7,5 A
2 – Standlicht	7,5 A
3 – Blinker, Uhr	15 A
4 – Steckdosen (falls vorhanden)	15 A
5 – Zubehör (falls vorhanden)	15 A
6 – Kraftstoffpumpe	7,5 A
7 – Hupe, Kühlventilator	15 A

Lampen

Scheinwerfer	60/55 W H4 Halogen
Standlicht	4,0 W
Bremslicht	21 W
Rücklicht	10 W
Blinkerlampe	21 W
Blinker-Kontrolllampen	4,0 W
alle anderen Kontrolllampen und Instrumentenbeleuchtung	3,0 W

Anzugs-Drehmomente

Lichtmaschinen-Dämpfungskörper-Haltemutter	45 ± 6 Nm
Lichtmaschinen-Befestigungsschrauben	22 ± 3 Nm
Anlasser-Befestigungs-Schrauben	7 ± 1 Nm

1 Allgemeine Beschreibung

Alle Modelle sind mit einer 12-Volt Drei-Phasen-Wechselstrom-Lichtmaschine ausgerüstet, die am hinteren Ende der Zwischenwelle auf einem Ruckdämpfer sitzt. Die Baugruppe beinhaltet eine Regler-/Gleichrichter-Einheit, die auf dem Bürstenhalter sitzt. Der Regler begrenzt den Ladestrom, um die Anlage nicht zu überlasten, der Gleichrichter wandelt den in der Lichtmaschine produzierten Wechselstrom in Gleichstrom um, den die Verbraucher und die Batterie benötigen.

Der Anlasser treibt über eine Reihe von Untersetzungszahnrädern und eine Freilaufkupplung die Zwischenwelle an.

Abgesehen von wenigen Komponenten, die an luxuriös ausgerüsteten Modellen verbaut sind, basieren alle Modelle auf dem gleichen elektrischen System. Wechseln Sie für Details zu den entsprechenden Schaltplänen am Ende des Buches.

2 Elektrik
Allgemeine Informationen und Fehlersuche

Achtung: Um das Risiko von Kurzschlüssen zu verhindern, muß die Zündung stets ausgeschaltet sein. Trennen Sie zusätzlich das negative Kabel von der Batterie, damit keine Teile durch Arbeiten an der Anlage beschädigt werden. Vergessen Sie nach Abschluß der Arbeiten oder zum Prüfen des Stromkreises nicht, das Kabel wieder anzubringen.

1 Ein typischer Stromkreis besteht aus einem Verbraucher, Schaltern und Relais usw., die den Verbraucher bedienen, sowie Kabeln und Steckern, die den Verbraucher mit der Batterie und dem Rahmen verbinden. Hilfe zum Identifizieren eines Problems geben die Schaltdiagramme in Kapitel 9.

2 Bevor Sie einen Stromkreis, der Probleme verursacht, in Angriff nehmen, sollten Sie sich im Schaltdiagramm (s. Kapitel 9) informieren, aus welchen Bestandteilen der Kreis besteht. Problempunkte können vielfach eingekreist werden, indem man zum Kreis gehörige Bestandteile auf ihre Funktion testet. Wenn mehrere Verbraucher gleichzeitig ausfallen, ist es sehr wahrscheinlich, daß eine Sicherung oder ein Erdungskabel defekt ist, da verschiedene Stromkreise oft an derselben Sicherung oder Erdungsverbindung angeschlossen sind.

3 Viele Probleme sind auf Kleinigkeiten, wie lose oder korrodierte Kabelverbindungen oder eine defekte Sicherung, zurückzuführen. Bevor Sie sich auf die Fehlersuche begeben, überprüfen Sie stets den optischen Zustand von Sicherungen, Kabeln und Verbindungen im betroffenen Stromkreis. Sporadische Ausfälle können besonders hartnäckig sein, da beim Testen nicht immer die Fehlersituation hergestellt werden kann. Bei solchen Fehlern sollten Sie alle Verbindungen reinigen, unabhängig davon, ob sie optisch in Ordnung erscheinen. Wackeln Sie an allen Verbindungen, um lose Stellen zu finden, die sporadische Fehler verursachen können.

4 Wenn Sie Testinstrumente einsetzen, arbeiten Sie mit dem Schaltdiagramm, um die notwendigen Verbindungen zum Auffinden des Fehlers herstellen zu können.

5 Zur Grundausstattung zur Fehlersuche gehören eine Batterie, ein externer Stromkreis, ein Durchgangsprüfer, eine Prüflampe und ein Überbrückungsdraht. Zu genaueren Prüfungen bietet sich ein Multimeter mit Funktionen zum Messen in Ohm, Volt und Ampere an. Genauere Angaben finden Sie im Abschnitt »Geräte zur Fehlersuche« am Ende des Buches.

3 Batterie
Wartung und Inspektion

1 In Kapitel 1 sind die üblichen Kontrollen beschrieben, die regelmäßig durchgeführt werden sollen, außerdem Anweisungen zum Aus- und Einbau.

Achtung: Seien Sie extrem vorsichtig, wenn Sie an der Batterie arbeiten. Die Batteriesäure ist stark ätzend, und bei der Ladung entstehen explosive Gase. Lesen Sie die »Sicherheit zuerst«-Hinweise am Anfang des Buches.

Tragen Sie alte Kleidung, die Löcher abbekommen kann und halten Sie reichlich frisches Wasser bereit, um Säurespritzer auf der Haut oder Lack- und Metallteilen abzuwaschen

Korrosion der Batteriepole kann auf ein Minimum reduziert werden, wenn man sie nach dem Anschließen der Kabel mit Polfett behandelt.

2 Im Neuzustand ist die Batterie mit Schwefelsäure gefüllt, die bei 20°C ein spezifisches Gewicht von 1,280 haben soll. Die im Normalbetrieb auftretende Verdunstung muß durch Zugabe von destilliertem Wasser wieder ausgeglichen werden – benutzen Sie niemals Leitungswasser. Füllen Sie nur Säure auf, wenn die Batterie ausgelaufen war.

3 Der Ladezustand einer Batterie kann mit einem Hydrometer ermittelt werden.

4 Die normale Ladestärke einer Batterie beträgt 1/10 ihrer Speicherkapazität, eine 25-Ah-Batterie sollte also mit 2,5 Ampere geladen werden. Stärkere Ladung als angegeben kann zu Überhitzungen und Verbiegungen der Bleiplatten führen, was die Batterie wertlos macht. Nur sehr wenige Besitzer haben Zugang zu einem teuren automatischen Ladegerät, normale einfache Ladegeräte sollten nach einem möglicherweise stärkeren Anfangsladestrom auf ein niedriges sicheres Level absinken.

Achtung: Stoppen Sie sofort die Ladung, wenn die Batterie warm wird – weiteres Laden wird zu Beschädigungen führen.

Anmerkung: *In Notfällen kann die Batterie mit einer Stromstärke von rund 6,0 Ampere über eine Stunde geladen werden, jedoch ist dieses nicht empfehlenswert – die sichere Methode ist immer eine niedrige Ladung.*

3 Wenn die aufgeladene Batterie sich über kurze Zeit wieder entlädt, wird ein innerer Kurzschluß durch physikalische Beschädigung oder starke Sulfatierung vorliegen – die Batterie muß ersetzt werden. Eine gesunde Batterie verliert etwa 1 Prozent ihrer Ladung pro Tag.

4 Installieren Sie die Batterie (siehe Sektion 3).

5 Wenn das Motorrad für längere Zeit nicht benutzt wird, sollten die Batterieanschlüsse gelöst werden, Masse (-) zuerst. Laden Sie die Batterie alle vier bis sechs Wochen auf.

Wechseln Sie zu den Fehlersuch-Ausrüstungen am Ende des Buches, um mehr Informationen zur Kontrolle der Batteriespannung und der Säurekonzentration zu erhalten.

4 Lichtmaschine
Allgemeines

Um eine Beschädigung der Lichtmaschine zu vermeiden, sollten folgende Hinweise beachtet werden:

a) *Trennen Sie NICHT die Batterie von der Lichtmaschine, während der Motor läuft.*

b) *Lassen Sie NICHT den Motor die Lichtmaschine drehen, wenn diese nicht angeschlossen ist.*

c) *Testen Sie NICHT die Ausgangsleistung der Lichtmaschine, indem Sie das Ausgangskabel an Masse halten.*

d) *Benutzen Sie KEIN Ladegerät mit mehr als 12 Volt Leistung, auch nicht als Starthilfe.*

e) *Trennen Sie die Batterie und die Lichtmaschine vom Bordnetz, bevor Sie am Motorrad elektrisch schweißen.*

f) *Die Batterieanschlüsse müssen immer korrekt gepolt sein.*

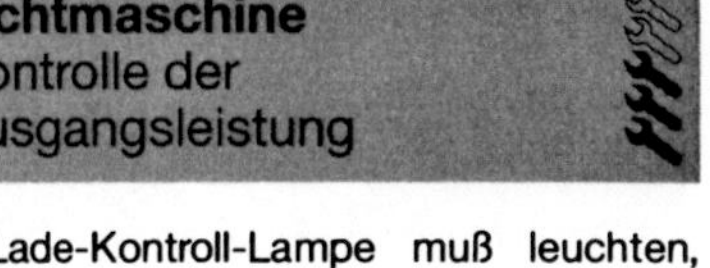

5 Lichtmaschine
Kontrolle der Ausgangsleistung

1 Die Lade-Kontroll-Lampe muß leuchten, wenn die Zündung angeschaltet wird und kann noch glimmen, wenn der Motor gestartet wurde und im Standgas läuft. Sobald der Motor etwas höher gedreht wird, muß sie ausgehen. Leuchtet sie gar nicht, kontrollieren Sie zunächst die Lampe selbst und die Stecker am Instrumententräger. Beachten Sie, daß die Lampe über das dünne blaue Kabel direkt an den D-(+)-Anschluß der Lichtmaschine angeschlossen ist. Beachten Sie außerdem, daß eine leuchtende Ladekontrolllampe üblicherweise (nicht immer) auf fehlerhafte Bürsten hindeutet; man kann viel Zeit sparen, wenn man diese zuerst kontrolliert (siehe Sektion 7).

2 Wenn der Fehler nicht daran lag, müssen beide Seitendeckel entfernt und die Batteriepole kontrolliert werden. Kontrollieren Sie, ob die Anschlüsse an der Lichtmaschine und der Batterie fest sind und die Batterie geladen ist.

3 Aussagekräftige Messungen der Lichtmaschinen-Ausgangsleistung erfordern eine Spezialausrüstung und Erfahrung. Eine etwas ungenauere Messung kann mit einem üblichen Voltmeter (Meßbereich 0–20 V Gleichstrom) vorgenommen werden.

4 Schließen Sie das Multimeter mit dem auf 0–20 Volt Gleichstrom (DC) eingestellten Meßbereich an die beiden Pole der Batterie an, Plus an Plus, Minus an Minus. Schalten Sie das Licht ein, die Spannung sollte zwischen 12 und 13 Volt liegen.

5 Starten Sie den Motor und lassen Sie ihn bei erhöhter Leerlaufdrehzahl (ca. 1500 U/min) laufen. Das Voltmeter sollte jetzt 13 bis 14 Volt anzeigen.

6 Halten Sie die Drehzahl und schalten Sie alle möglichen Verbraucher an (Licht, Bremslicht, Blinker und Zubehör). Die Spannung an der Batterie sollte weiterhin 13 bis 14 Volt betragen. Erhöhen Sie die Drehzahl eventuell etwas, um das Ergebnis zu erzielen.

7 Wenn die Ausgangsleistung der Lichtmaschine zu niedrig oder nicht vorhanden ist, müssen die Bürsten, wie in Sektion 7 beschrieben, kontrolliert werden. Wenn sie in Ordnung sind, bedarf die Lichtmaschine erhöhter Aufmerksamkeit.

8 Unter Umständen kann zuviel Ausgangsspannung produziert werden. Hinweise darauf sind Lampen mit drehzahlabhängiger Leuchtstärke, die ständig durchbrennen und eine überhitzende und dampfende Batterie, deren Säurestand regelmäßig aufgefüllt werden muß. Diese Anzeichen weisen auf einen defekten Regler hin, ziehen Sie hierzu Experten zu Rate.

9 Beachten Sie, daß der Regler erneuert werden kann, ohne die Lichtmaschine vom Motor zu demontieren. Der Arbeitsschritt ist ein Teil der Bürstenplatten-Demontage (siehe Sektion 7).

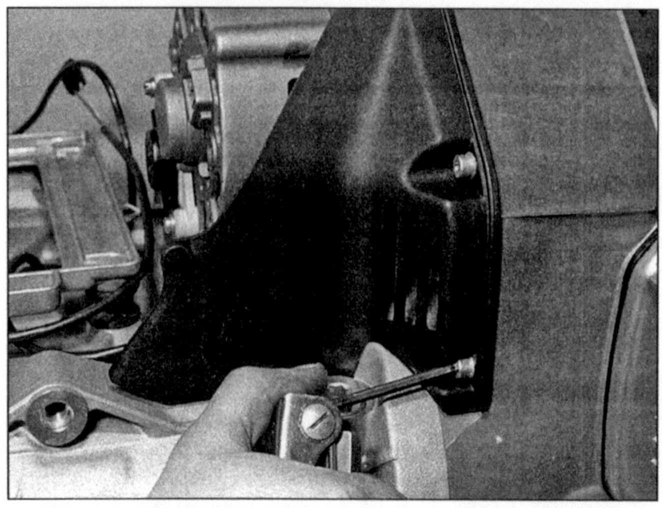

6.1 Der Lichtmaschinendeckel wird mit zwei Inbusschrauben gehalten.

6.3a Trennen Sie den Stecker der Lichtmaschine, . . .

6.3b . . . lösen Sie die drei Halteschrauben . . .

6.3c . . . und ziehen Sie die Lichtmaschine vom Antrieb.

6.4 Lösen Sie die Mutter, um den Ruckdämpfer und das Lüfterrad zu entfernen.

6.5a Beim Zusammenbau müssen alle Teile über den Keil geschoben werden.

6.5b Ziehen Sie die Mutter mit dem vorgeschriebenen Drehmoment fest.

6.6 Setzen Sie die Ruckdämpfergummis ein, und fetten Sie sie zur Einbau-Erleichterung.

6 Lichtmaschine
Ausbau und Einbau

1 Entfernen Sie die Seitenverkleidungen und den Lichtmaschinendeckel (siehe Abbildung).
2 Entfernen Sie die Einspritz-Kontrolleinheit und den Gepäckträger (siehe Kapitel 6). Bauen Sie die Batterie aus, wie in Kapitel 1 beschrieben.
3 Trennen Sie den Stecker am hinteren Lichtmaschinenende, entfernen Sie die drei Halteschrauben und ziehen Sie die Baugruppe nach hinten aus der Glocke (s. Abbildungen).
4 Falls nötig, kann das Ruckdämpfer-Gehäuse und das Gebläserad von der Lichtmaschinenwelle gezogen werden (siehe Abbildung). Klemmen Sie das Gehäuse oder die Lüfterflügel so leicht wie möglich in einen Schraubstock, lösen Sie die Haltemutter, und ziehen Sie das Gehäuse und das Lüfterrad mit dem Keil zusammen ab.

5 Legen Sie bei der Montage den Keil ein (siehe Abbildung), schieben Sie dann den Lüfter und anschließend das Ruckdämpfergehäuse fluchtend darüber. Schrauben Sie die Mutter nach dem Auflegen der Scheibe vorschriftsmäßig fest, während Sie das Gehäuse oder das Gebläserad vorsichtig mit dem Schraubstock kontern (siehe Abbildung).

6 Setzen Sie die Gummiblöcke in das Ruckdämpfergehäuse und schmieren Sie diese etwas ein, um den Anbau der Lichtmaschine an den Flansch zu erleichtern (siehe Abbildung). Ziehen Sie die Lichtmaschinenschrauben mit dem vorgeschriebenen Drehmoment fest.
7 Verbinden Sie den Stecker mit dem hinteren Ende der Lichtmaschine, und montieren Sie alle zuvor entfernten Teile.

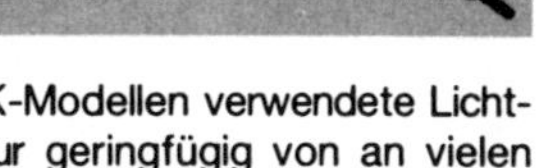

7 Lichtmaschine
Überholung

1 Da die in den K-Modellen verwendete Lichtmaschine sich nur geringfügig von an vielen europäischen Automobilen verbauten Model-

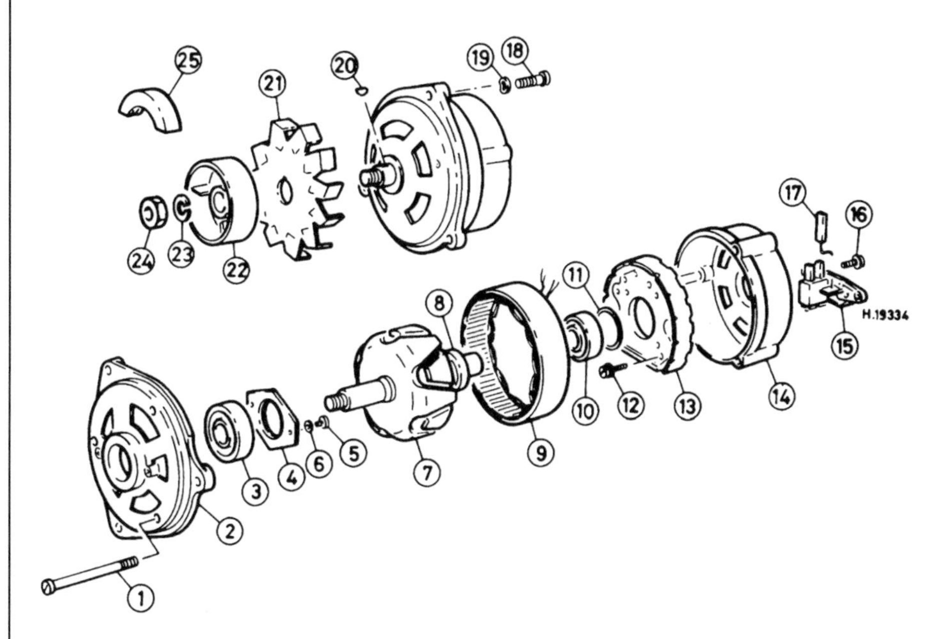

7.1 Lichtmaschine

1 Schraube (3 Stück)
2 vorderer Deckel
3 Lager
4 Lagerschild
5 Schraube (2 Stück)
6 Scheibe (2 Stück)
7 Rotor
8 Schleifring
9 Stator
10 Lager
11 O-Ring
12 Schraube (4 Stück)
13 Gleichrichter
14 hinterer Deckel
15 Spannungsregler/Bürstenträger
16 Schraube (2 Stück)
17 Bürste (2 Stück)
18 Schraube (3 Stück)
19 Scheibe (3 Stück)
20 Keil
21 Lüfterrad
22 Ruckdämpfergehäuse
23 Federscheibe
24 Mutter
25 Ruckdämpfergummi (3 Stück)

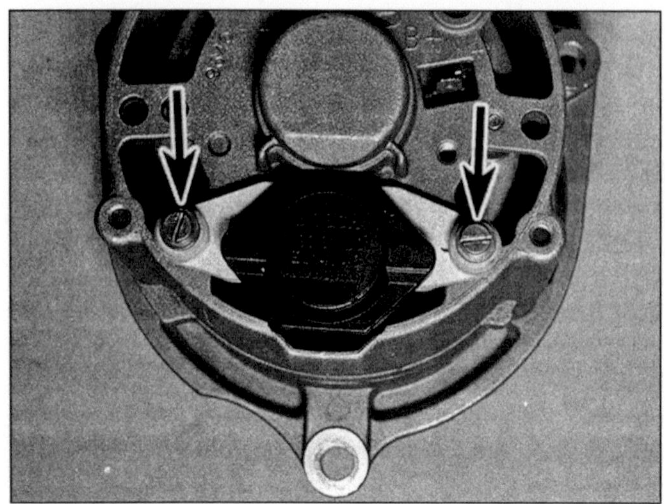

7.4a Entfernen Sie die Halteschrauben . . .

7.4b . . . und ziehen Sie den Regler/Bürstenträger zur Kontrolle heraus.

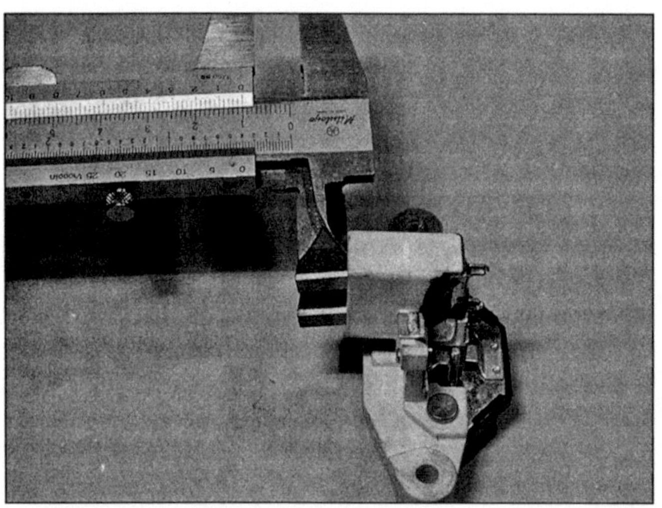

7.5a Messen Sie die Länge der Kohlebürsten, um den Verschleiß festzustellen.

7.5b Werden neue Kohlebürsten eingebaut, muß vorsichtig mit Lötzinn umgegangen werden.

7.7a Vor der Zerlegung der Lichtmaschine sollten zur korrekten Montage Markierungen angebracht werden.

7.7b Drehen Sie aus dem vorderen Deckel die drei langen Schrauben heraus, um die Lichtmaschine zu zerlegen.

7.7c Entfernen Sie innerhalb der Lichtmaschine vier Schrauben ...

7.7d ... um den hinteren Deckel von Stator und Gleichrichter abzunehmen.

len unterscheidet, kennen sich die meisten Autoelektrik-Spezialisten genauestens damit aus (siehe Abbildung).

2 Das bedeutet, daß es ökonomisch sinnvoll sein kann, die Lichtmaschine von einem Spezialisten überholen zu lassen, anstatt sie selber reparieren zu wollen. Ein Fachmann kann eine mangelhafte Lichtmaschine schnell durchmessen und Fehler lokalisieren. Auch die Firma Bosch hat ihr eigenes Service-Netz. Man sollte alle Möglichkeiten abwägen, bevor man sich für eine Reparatur-Möglichkeit entscheidet, auch sollte nachgefragt werden, ob Austausch-Lichtmaschinen günstiger sind als Ersatzteile.

3 Die Kohlebürsten können inspiziert und erneuert werden, ohne die Lichtmaschine abzubauen. Trennen Sie zuvor jedoch den Masseanschluß der Batterie.

4 Lösen Sie auf der Rückseite der Lichtmaschine die zwei Schrauben der Regler/Bürstenplatten-Baugruppe (siehe Abbildung), und ziehen Sie diese ab (siehe Abbildung).

5 Messen Sie die Länge der aus dem Träger herausragenden Kohlebürsten (siehe Abbildung). Wenn sie bis zur Verschleißgrenze verschlissen sind, müssen sie entlötet und neue eingelötet werden. Der Lötkolben muß mit etwas Geschick benutzt werden, da starke Hitze den Regler beschädigen kann (siehe Abbildung). Die Bürsten müssen sich in ihren Führungen frei bewegen können, es darf kein Lötzinn hineinlaufen. Die Bürsten dürfen nicht verkanten und müssen vollständig auf den Schleifringen aufliegen.

6 Ist der Bürstenträger einmal demontiert, sollte man sich die Mühe machen, die Schleifringe mit einem lösungsmittelgetränkten Lappen zu reinigen und auftretende Grate mit feinem Glaspapier entfernen.

7 Soll die Lichtmaschine weiter zerlegt werden, müssen der Ruckdämpfer und das Lüfterrad demontiert (siehe Sektion 6) und die Flächen des vorderen Gehäuses, des Stators und des hinteren Deckels markiert werden, um sie wieder korrekt montieren zu können (siehe Abbildung). Entfernen Sie die drei langen Schrauben des hinteren Deckels und ziehen Sie diesen soweit ab, daß die vier kleinen Schrauben entfernt werden können, die den Gleichrichter darin sichern (siehe Abbildungen).

8 Zum Test der Gleichrichter-Diodenplatte wird eine Batterie und eine Prüflampe oder ein Multimeter benötigt, das auf Widerstandsmessung geschaltet ist (siehe Abbildung). Beim Test des Gleichrichters ist es entscheidend, daß die Dioden jeweils nur in eine Richtung Strom durchlassen, bzw. in eine Richtung nur geringer Widerstand gemessen wird, während in die andere Richtung voller Widerstand herrscht. Testen Sie jeweils zwischen den Umgebungen der Diodenplatte und jedem Ende der Stator-Wicklungen, dann zwischen dem B-(+)-Anschluß und jedem Wicklungs-Ende. Fließt Strom entweder in beide Richtungen oder in gar keine, ist die Diode defekt und die Platte muß ersetzt werden, dazu muß die Verbindung zwischen dem Stator und der Diodenplatte entlötet werden. Achten Sie darauf, die Verbindung mit der neuen Diodenplatte wieder sauber zu verlöten.

9 Testen Sie die Statorwicklungen durch Widerstandsmessungen zwischen jeder Phase der Ausgangsleitung. Weicht das Ergebnis stark von den Angaben in den technischen Daten ab, muß der Stator ersetzt werden. Werden die Verbindungen zuvor entlötet, kann herausgefunden werden, ob irgendein Phasenende einen Kurzschluß zur Masse hat – die Wicklungen müssen vollständig vom Gehäuse isoliert sein.

10 Der Rotor muß nur im Notfall demontiert werden, zum Abziehen aus den Lagern und dem vorderen Gehäuse wird eine Presse benötigt. Kontrollieren Sie die Erreger-Wicklung des Rotors durch eine Widerstandsmessung zwischen den Schleifringen, der abgelesene Wert sollte den Angaben in den technischen Daten entsprechen. Wenn die Schleifringe verschlissen und riefig sind, können Sie auf einer Drehbank abgedreht werden, vorausgesetzt, der Mindestdurchmesser wird dabei eingehalten.

11 Kontrollieren Sie den Rotor, indem Sie jeweils den Widerstand zwischen einem Schleifring und den Klauenpolen messen, bis zu 80 Volt Wechselstrom sollte kein Durchgang (unendlicher Widerstand) festzustellen sein. Wenn der Rotor oder seine Lager erneuert werden müssen, sind letztere mit einem Abzieher zu entfernen und mit einem nur den Innenring berührenden Rohr neue Lager aufzutreiben. Nachdem das Lagerschild demontiert ist, kann das vordere Lager mit einem geeigneten Rohr aus dem Deckel getrieben werden. Beim Einbau des neue Lagers muß darauf geachtet werden, daß es nur am Außenring berührt und senkrecht eingeschlagen wird.

12 Montieren Sie anschließend das Lagerschild mit den zwei Schrauben und pressen Sie die Rotorwelle durch das Lager. Löten Sie sorgfältig die Stator-Verbindungen an und achten Sie darauf, daß die Kabel nicht den Rotor berühren. Bei der Montage des Gehäuses müssen die angebrachten Markierungen fluchten. Ziehen Sie die Verbindungsschrauben nicht zu fest.

7.8 Die Diodenplatte und der Stator können wie beschrieben durchgemessen werden.

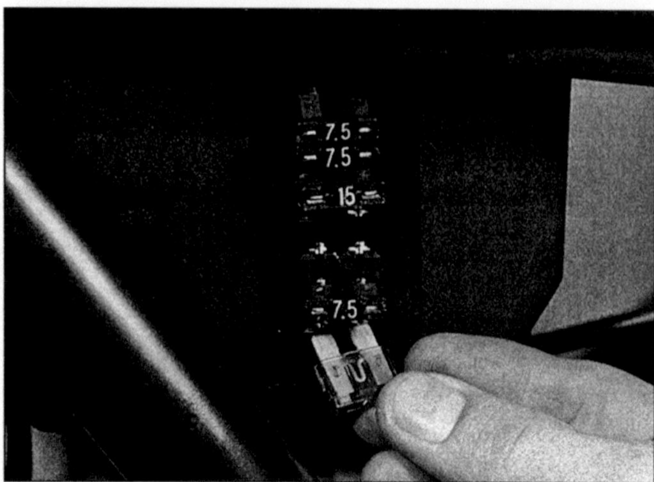

8.2 Achten Sie auf die korrekte Absicherung und Ersatz-Sicherungen.

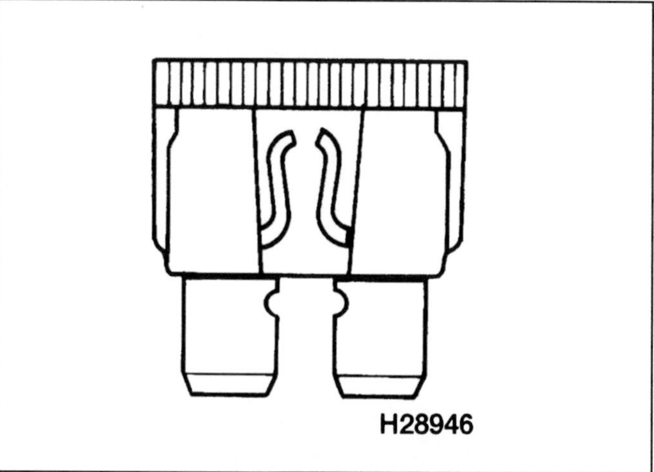

8.3 Eine durchgebrannte Sicherung kann am unterbrochenen Metallstreifen erkannt werden.

8 Sicherungen
Allgemeines

1 Die Bordelektrik ist mit verschiedenen Sicherungen geschützt. Die Stärken der entsprechenden Sicherungen finden Sie in den technischen Daten am Anfang des Kapitels. Die Numerierung der Sicherungen finden sich in den Schaltplänen und auf dem durchsichtigen Plastikdeckel des Sicherungskastens wieder.

2 Der Sicherungskasten befindet sich unterhalb des Tanks hinter dem linken Seitendeckel (siehe Abbildung). Dieser muß zunächst demontiert werden, dann wird der durchsichtige Deckel abgenommen.

3 Die Sicherungen können ausgebaut und einer Sichtkontrolle unterzogen werden. Bauen Sie sie vorsichtig mit einer Spitzzange aus. Eine durchgebrannte Sicherung ist leicht an der Unterbrechung in der Drahtverbindung der beiden Anschlüsse zu erkennen (siehe Abbildung). Die Sicherung ist deutlich mit dem Wert der maximalen Stromstärke markiert und darf nur durch eine gleich starke ersetzt werden. Je eine Ersatzsicherung aller Stärken sitzt in der Sicherungsbox. Wenn die Ersatzsicherung eingesetzt wurde, muß an ihren Platz so bald wie möglich eine neue Ersatzsicherung gesteckt werden.

Achtung: Setzen Sie niemals eine stärkere Sicherung ein, und überbrücken Sie die Anschlüsse niemals mit Draht oder Ähnlichem, für wie kurz auch immer. Die elektrische Anlage kann stark beschädigt werden oder in Brand geraten.

Korrodierte Sicherungen oder Steckkontakte können die Stromversorgung unterbrechen. Entfernen Sie den Rost mit einer Drahtbürste oder Schleifpapier, und sprühen Sie Kontaktspray in den Sicherungskasten.

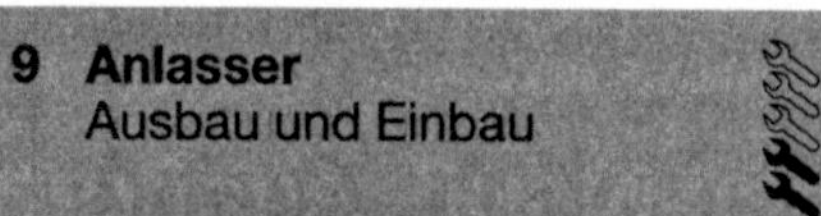

9 Anlasser
Ausbau und Einbau

1 Entfernen Sie beide Seitendeckel.
2 Entfernen Sie die Einspritz-Kontrolleinheit und den Gepäckträger (siehe Kapitel 6). Entfernen Sie die Batterie (siehe Kapitel 1).
3 Lösen Sie die Mutter, die das Starterkabel am Anlasser hält sowie die beiden Schrauben, die den Anlasser am Motorgehäuse halten, und ziehen Sie den Motor nach hinten aus dem Gehäuse (siehe Abbildungen).
4 Der Einbau entspricht der umgekehrten Ausbau-Reihenfolge.

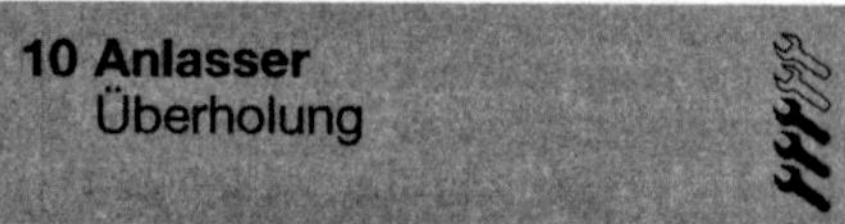

10 Anlasser
Überholung

1 Markieren Sie zunächst die Positionen der Deckel zum Gehäuse, so daß beim Zusammen-

9.3a Trennen Sie den Batterie-Anschluß, bevor Sie das Starterkabel lösen.

9.3b Lösen Sie die zwei Halteschrauben, um den Anlasser entfernen zu können.

9.3c Der O-Ring sollte nach jeder Demontage erneuert werden.

10.1 Markieren Sie die Deckel und das Gehäuse, um eine korrekte Montage zu gewährleisten.

bau alles in der Original-Position montiert wird (siehe Abbildung).

2 Lösen Sie die zwei langen Schrauben des Frontdeckels, und nehmen Sie diesen ab. Beachten Sie dabei den O-Ring und kontrollieren Sie, daß keine Distanzscheiben im Deckel kleben (siehe Abbildung).

3 Lösen Sie vorsichtig die hintere Abdeckung, dabei rutschen die Bürsten vom Kollektor (siehe Abbildung). Ziehen Sie den Deckel zusammen mit dem Bürstenhalter ab, beachten Sie die Position und Anzahl der Distanzscheiben auf der Ankerwelle (siehe Abbildung).

4 Heben Sie die Bürstenfedern aus den Führungen und ziehen Sie die Bürstenplatte ab

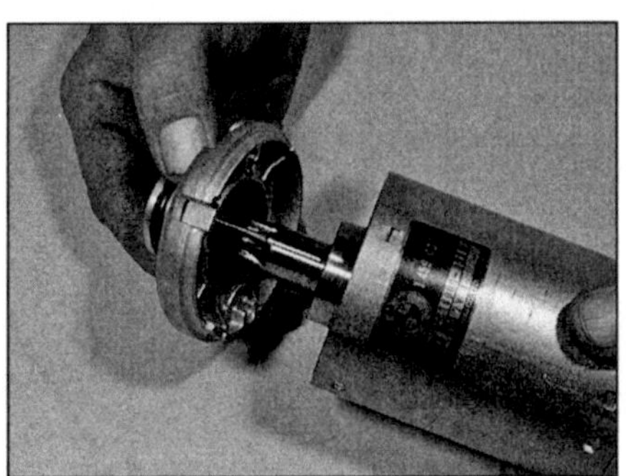

10.2 Entfernen Sie die zwei langen Schrauben, um den vorderen Deckel zu lösen.

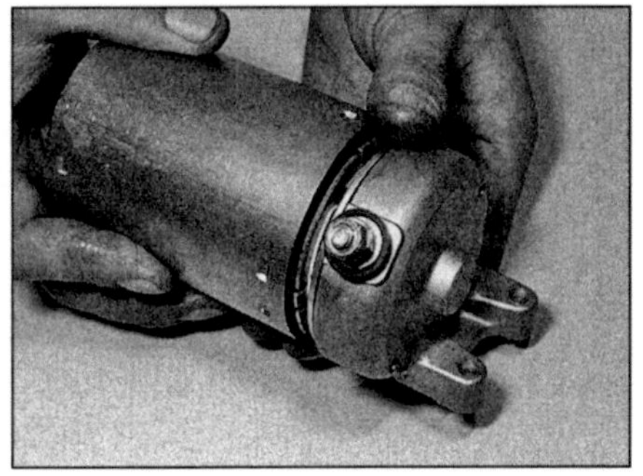

10.3a Die Bürsten dürfen beim Abnehmen und Aufsetzen des Deckels nicht beschädigt werden.

10.3b Achten Sie auf die Lage aller Distanzscheiben auf der Ankerwelle.

10.4 Zerlegen Sie die Anschlußbaugruppe, um den Bürstenträger vom hinteren Deckel zu lösen.

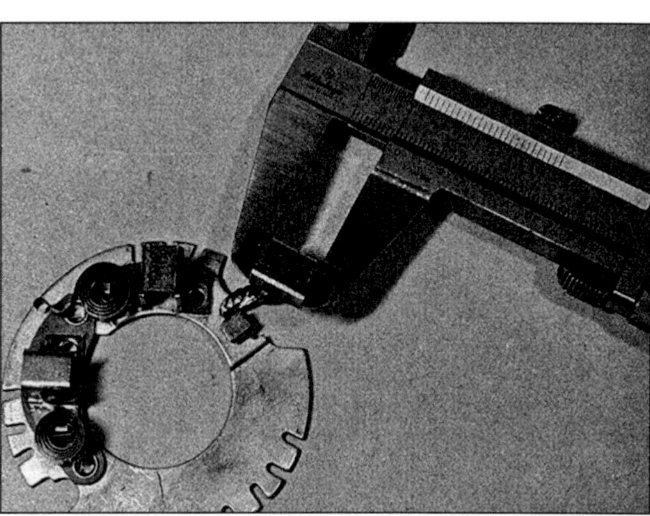

10.5a Messen Sie die freie Länge der Kohlebürsten.

(siehe Abbildung). Drücken Sie die Ankerwelle aus dem Anlassergehäuse. Lösen Sie die Starterkabel-Anschlußmutter, ziehen Sie die Metall- und die Isolationsscheibe sowie den O-Ring ab, dann kann die Bürstenbaugruppe und gegebenenfalls der Plastik-Isolator entfernt werden.

5 Die Teile des Anlassers, denen am meisten Aufmerksamkeit geschenkt werden muß, sind die Kohlebürsten. Messen Sie die Länge der Bürsten. Leider macht BMW keine Angaben über die Standardlänge und die Verschleißgrenze der Bürsten, doch hatten nahezu neue Bürsten eine Länge von 12 mm, woraus eine Verschleißgrenze von 6 mm zu vermuten ist. Wenn eine der Bürsten unter der Verschleißgrenze liegt, müssen beide ersetzt werden. Dabei ist zu beachten, daß eine Bürste an den Stromanschluß gelötet ist, und beides nur als Baugruppe ersetzt werden kann. Die andere Buchse ist mit der Bürstenplatte verpreßt, so daß hier ebenfalls die Baugruppe ersetzt werden muß (siehe Abbildung).

6 Wenn wenig Verschleiß, keine Ausbrüche und keine anderen Beschädigungen vorliegen, können die Bürsten weiterverwendet werden. Kontrollieren Sie, ob die Federn nicht beschädigt oder erlahmt sind, sie sind nur zusammen mit einer Halteplatte erhältlich. Die Bürsten müssen in ihren Führungen frei gleiten können.

7 Inspizieren Sie die Kollektor-Lamellen der Welle auf Kerbung, Kratzer und Verfärbung. Wischen Sie alle Rückstände mit einem Spiritus-getränkten Lappen ab. Reinigen Sie die Schlitze zwischen den Lamellen des Kollektors. Der Hersteller macht für die Kollektor-Lamellen keine Verschleißangaben, so daß bei starken Beschädigungen die ganze Welle ersetzt werden muß. Werden Verfärbungen festgestellt, ist daraus ein Kurzschluß in der Ankerwelle zu deuten. Bei Zweifel über den Zustand der Welle sollte der Rat eines Kfz-Elektrikers eingeholt werden.

8 Der Kollektor kann vorsichtig mit Schmirgelleinen gereinigt werden, darf aber nicht mit Schleifpapier bearbeitet werden. Das Material des Schleifrings ist sehr weich!

9 Mit Hilfe eines Ohm-Meters oder eines Durchgangsprüfers werden zwischen den Kollektor-Lamellen untereinander und zur Welle die Widerstände gemessen. Innerhalb des Kollektors muß Durchgang (oder sehr geringer Widerstand) bestehen, zur Welle darf keinesfalls Strom fließen. Bei anderen Ergebnissen ist die Ankerwelle defekt.

10 Kontrollieren Sie, ob zwischen der Feldspulen-Bürste und dem angelöteten Anschluß voller Durchgang besteht. Zwischen dem Anschluß und dem Gehäuse darf hingegen kein Strom fließen. Prüfen Sie schließlich, ob zwischen den Feldspulen Durchgang besteht und jede Spule vollständig vom Anlassergehäuse isoliert ist.

11 Ist der Anlasser verölt, wird der im vorderen Deckel sitzende Dichtring beschädigt sein und muß ersetzt werden (siehe Abbildung).

10.5b Mit den Federenden können die Bürsten in der zurückgezogenen Position verkeilt werden.

Kontrollieren Sie den Zustand beider Ankerwellenlager, indem Sie den Motor komplettieren, und die Welle auf Spiel, rauhen Lauf oder andere Beschädigungen untersuchen. Bei BMW sind weder der Dichtring noch die Lager einzeln erhältlich, doch müßte hier der Normteilehandel weiterhelfen können.

12 Das vordere Lager kann mit einem Abzieher entfernt und mit einem passenden Rohr wieder auf die Welle getrieben werden. Der Dichtring kann aus dem vorderen gehebelt werden, ein neuer muß senkrecht eingepreßt werden. Das Lager des hinteren Deckels ist schwer zu demontieren, es sollte zusammen mit dem Deckel ersetzt werden.

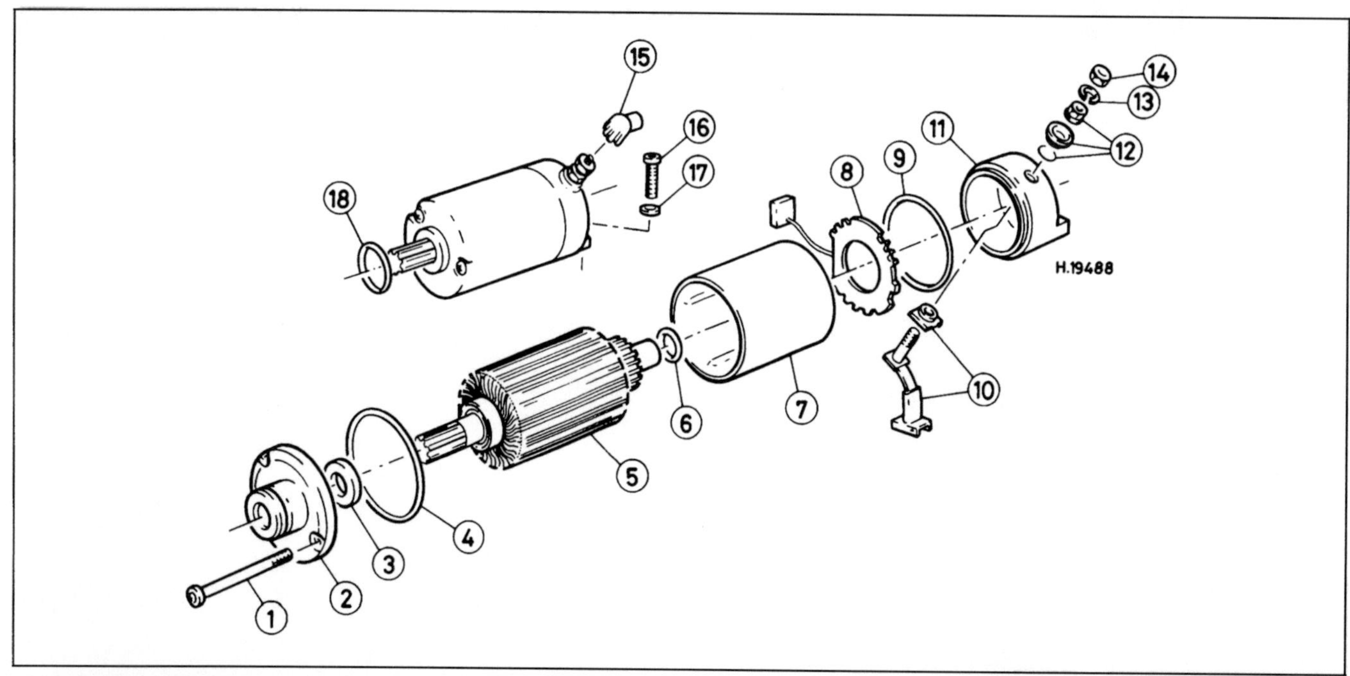

10.11 Anlasser-Bauteile

1 Schraube (2 Stück)
2 Frontdeckel
3 Dichtring
4 O-Ring
5 Ankerwelle
6 Distanzscheibe(n) (falls vorhanden)
7 Motorgehäuse
8 Bürstenhalter
9 O-Ring
10 Bürstenbaugruppe
11 hintere Abdeckung
12 Anschluß-Isolatoren
13 Scheibe (falls vorhanden)
14 Mutter
15 Kappe
16 Schraube (2 Stück)
17 Scheibe (2 Stück)
18 O-Ring

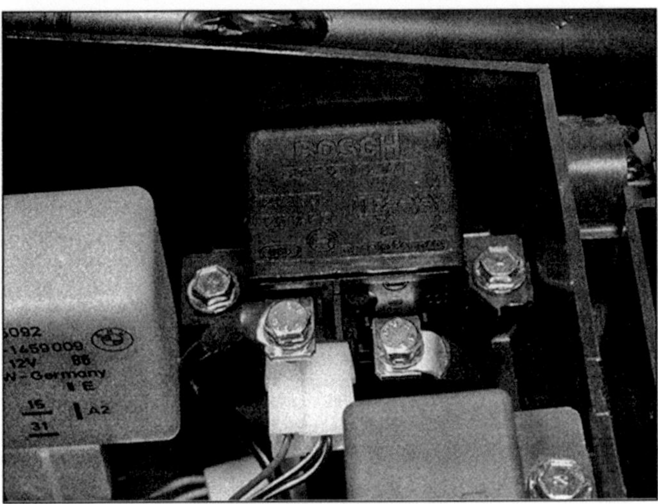

11.2 Das Starter-Relais sitzt in der Elektrik-Box.

11.10 Verwechseln Sie das Hupen- nicht mit dem Entlastungs-Relais, achten Sie auf die Kabelfarben.

11 Anlassersystem
Kontrolle

Starter-Relais

1 Wenn der Starter-Stromkreislauf fehlerhaft zu sein scheint, kontrollieren Sie zuerst, ob die Batterie ausreichend geladen ist, eine nur teilweise geladene Batterie kann zwar noch genügend Strom für Licht liefern, hat aber nicht die Kraft, einen Anlasser zu versorgen.

2 Entfernen Sie den Tank und beachten Sie die Position des Starter-Relais in der Elektrik-Box, es ist daran zu erkennen, daß an zwei von vier Anschlüssen sehr dicke Kabel angeschlossen sind. Schalten Sie die Zündung an und betätigen Sie den Start-Knopf. Zu diesem Zeitpunkt sollte im Relais deutlich ein Klicken zu hören sein. Schaltet das Relais nicht, liegt wahrscheinlich keine Spannung an.

3 Trennen Sie das dicke Starterkabel vom Anlassermotor und verbinden Sie eine 12-Volt-Testlampe zwischen Kabel und Masse. Betätigen Sie bei eingeschalteter Zündung erneut den Startknopf. Leuchtet die Lampe, wird der Anlasser mit Strom versorgt und muß zur Überholung ausgebaut werden (siehe Sektionen 9 und 10).

4 Zum Testen des Relais wird ein auf den Meßbereich Ohm x 1 gestelltes Multimeter mit den Relais-Anschlüssen Nr. 30 und Nr. 87 verbunden. Das Meßgerät muß 0 Ohm (Durchgang) anzeigen. Der Pluspol einer voll geladene 12-Volt-Batterie wird mit einem Überbrückungskabel am Relais-Anschluß Nr. 85 geklemmt, der Minuspol an Nr. 86. Zu diesem Zeitpunkt sollte im Relais ein Klicken zu hören sein und das Multimeter 0 Ohm (vollen Durchgang) anzeigen. Wenn dieses der Fall ist, hat sich das Relais als funktionstüchtig erwiesen. Wenn das Relais bei angelegter Batteriespannung nicht klickt und keinen Durchgang hat, muß es ersetzt werden.

5 Wenn das Relais in Ordnung ist, kontrollieren Sie die Batteriespannung am roten Kabel (Anschluß 30) bei gedrücktem Starterknopf. Kontrollieren Sie die anderen Komponenten des Starter-Kreislaufs, wie unten beschrieben. Wenn alle Komponenten in Ordnung sind, müssen die Verbindungskabel überprüft werden (beachten Sie die Schaltpläne am Ende des Kapitels).

Ganganzeigen-Schalter

6 Dieser Schalter sitzt hinten am Getriebegehäuse über dem Ende der Schaltwalze. Entsprechend der Schaltwalzen-Position wird die Leerlaufkontrolleuchte geschaltet und gegebenenfalls in der in der Verkleidung sitzenden Digitalanzeige der eingelegte Gang angezeigt. Ist der Schalter defekt, muß er ersetzt werden. Kontrollieren Sie jedoch zunächst, ob die Fehlfunktion nicht auf lockere Befestigungen oder mangelnden Masseanschluß zurückzuführen ist.

Kupplungsschalter

7 Ein kleiner im Kupplungshebel integrierter Schalter sorgt dafür, daß der Motor bei eingelegtem Gang nur betätigt werden kann, wenn die Kupplung gezogen ist. Kontrollieren Sie, daß zwischen den Schalteranschlüssen nur Durchgang besteht, wenn die Kupplung betätigt wird. Ist der Schalter defekt, muß er ersetzt werden, schrauben Sie ihn dazu aus dem Hebel.

Unterbrecherstromkreis-Diode

8 Damit der Kupplungsschalter sich über den Leerlaufschalter hinwegsetzen kann, und der Motor bei gezogener Kupplung gestartet werden kann, sitzt innerhalb der Instrumentenverkleidung eine Diode, die diese Schaltung vornimmt.

9 Die Diode wird getestet, indem festgestellt wird, ob Prüfstrom nur in die Richtung fließt, die im Schaltplan vorgegeben ist. Fließt er in beide Richtungen oder gar nicht, ist die Diode defekt.

Entlastungs-Relais

10 Dieses Bauteil findet sich ebenfalls in der Elektrik-Box hinten unter dem Tank (siehe Abbildung). Seine Funktion besteht darin, alle anderen Verbraucher abzuschalten, während der Starter-Knopf betätigt wird, um die Batterie zu schonen. Ist das Relais defekt, muß es ersetzt werden.

Starter-Knopf

11 Dieser Schalter bildet zusammen mit dem Not-Schalter eine Baugruppe im rechten Lenkerschalter. Ist er defekt, verspricht eine Reparatur keinen großen Erfolg, doch bringt oft Reinigen und Einsprühen mit Kontaktöl den gewünschten Effekt. Beachten Sie die allgemeinen Anmerkungen in Sektion 17.

12 Öldruckwarnlampenstromkreis
Test

Kontrolle

1 Dieser Stromkreis besteht aus einem einfachen Druckschalter, der am Ölpumpengehäuse sitzt (siehe Abbildung) und bei fehlendem Öldruck, also normalerweise nur bei angeschalteter Zündung und stehendem Motor, die Öldruckwarnlampe zum Leuchten bringt. Die Öldruckwarnlampe sollte beim Einschalten der Zündung leuchten und spätestens einige Sekunden nach dem Starten des Motors erlöschen.

2 Wenn die Öldrucklampe bei eingeschalteter Zündung nicht leuchtet, muß die Lampe kontrolliert und gegebenenfalls erneuert werden.

12.1 Der Öldruckschalter sitzt am Ölpumpengehäuse, stellen Sie sicher, daß er vor Wasser geschützt ist.

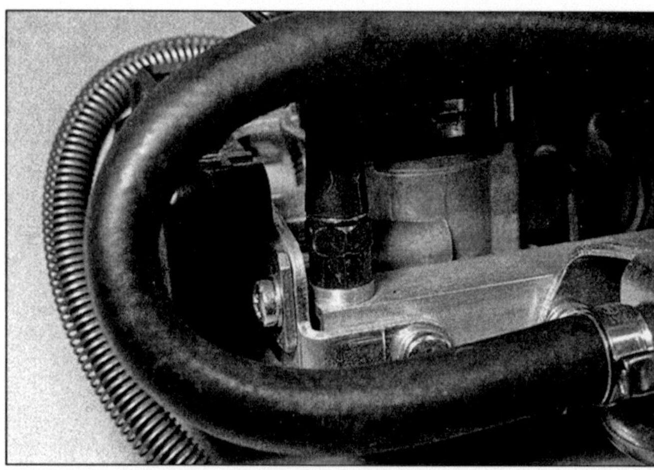

15.1 Die Kaltstart-Warnlampe wird von einem am Drosselklappengehäuse befindlichen Schalter gesteuert.

Ist dieses nicht der Grund, ziehen Sie den Kabelschuh vom Schalter ab. Halten Sie bei eingeschalteter Zündung das Kabel an Masse (Motorgehäuse), und kontrollieren Sie, ob die Öldrucklampe leuchtet. Wenn dieses der Fall ist, muß der Schalter ersetzt werden.

3 Wenn die Lampe bei laufendem Motor angeht, muß dieser sofort ausgeschaltet und ausgekuppelt werden. Kontrollieren Sie zunächst den Ölstand. Ist dieser in Ordnung, muß der Öldruck und der Ölkreislauf überprüft werden.

4 Wenn die Warnlampe bei laufendem Motor leuchtet und der Öldruck in Ordnung ist, entfernen Sie das Kabel vom Öldruckschalter. Bei abgezogenem Kabel und eingeschalteter Zündung darf das Licht nicht brennen. Wenn doch, hat entweder das Kabel zwischen dem Öldruckschalter und der Kontrolllampe irgendwo Masseschluß, oder der Schalter ist defekt und muß ausgetauscht werden.

13 Kühlwassertemperatur-Warnlampe
Test

1 Dieser Stromkreis besteht aus einem Temperaturfühler, der in das Kühlwasserrohr am Zylinderkopf geschraubt ist, einer von ihm gesteuerten Warnlampe im Instrumententräger, dem Lüftergebläsemotor hinter dem Kühler und der Temperatursensor-Schaltereinheit in der Elektrik-Box.

2 Es sind keine detaillierten Informationen erhältlich, werden die Lampe und der Ventilator bei heißem Motor (Stau oder dichter Stadtverkehr im Hochsommer) nicht aktiviert, wird der Schalter defekt sein. Der einzige Test ist durch praktisches Ausprobieren eines Neuteils durchzuführen.

3 Der Ventilatormotor wird getestet, wie es in Kapitel 5 beschrieben ist. Ist der Stromkreis nicht in Ordnung, muß die Temperatursensor-Einheit durch Austauschen der Bauteile getestet werden.

4 Dieser Stromkreis kann durch eine schwache Masseverbindung gestört werden. Arbeiten die Warnlampe und der Ventilator, obwohl der Motor noch kalt ist, muß dafür gesorgt werden, daß die Masseverbindung guten Kontakt bekommt. Wechseln Sie für Details nach Sektion dieses Kapitels oder zu den Kapiteln 2 oder 4. Um dieses Problem zu beseitigen, wurde bei späteren Modellen eine dickere Masseleitung zwischen Relais und Rahmen verbaut. Die früheren Modelle wurden mit einer zusätzlichen Masseverbindung zwischen Klemme 31 des Relais und dem Masseanschluß hinter dem Lenkkopf nachgerüstet.

14 Kraftstoffuhr-Stromkreis
Test

1 Dieser Stromkreis verbindet den Kraftstoffstand-Geber am Tankboden und die Warnlampe(n) im Instrumententräger.

2 Frühe K 100-Modelle waren mit zwei Warnlampen ausgerüstet, einer orangen, die bei 7 Liter Reserve zu leuchten beginnt, und einer roten, die leuchtete, sobald nur noch 4 Liter Benzin im Tank sind. Alle K 75-Modelle und K 100 ab 1986 haben nur noch eine orange Lampe, die ab einer Kraftstoffmenge unter 5 Litern leuchtet. Bei der Verwendung eines anderen Gebers ist auch die Montage der als Extra erhältlichen Kraftstoffstand-Uhr möglich.

3 Fällt eine Lampe aus, muß zunächst die Glühbirne kontrolliert werden, dann der Stekker und die Verkabelung zurück zum Geber. Öffnen Sie den Tankdeckel, und fühlen Sie mit einem langen Draht, ob sich der Schwimmer des Gebers frei bewegen kann. Wird ein Defekt festgestellt, muß die Gebereinheit ausgetauscht werden.

4 Gibt der Geber ungenaue Informationen, kann der Besitzer nur den Tank entleeren und bei eingeschalteter Zündung literweise Benzin auffüllen, bis die Warnlampe erlischt – und sich beim Fahren nach dem Ergebnis richten.

15 Kaltstart-Anzeige
Allgemeines

1 Am Drosselklappengehäuse-Halter ist ein Kontaktschalter montiert, der eine Warnlampe steuert, solange der Choke-Hebel betätigt ist.

2 Wenn die Lampe ausfällt, muß zunächst sie selber kontrolliert werden, anschließend der Schalter. Kontrollieren Sie zunächst, ob der Schalter sicher befestigt ist, bevor Sie ihn erneuern.

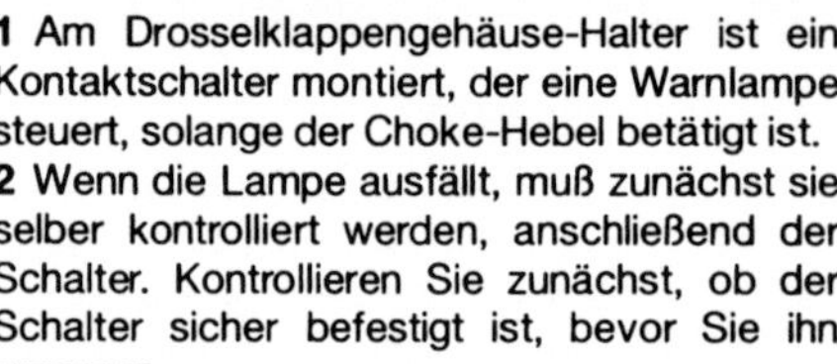

16 Rücklicht-Kontrollvorrichtung
Allgemeines

1 Dieses Bauteil sitzt in der Elektrik-Box unterhalb des Tanks (siehe Abbildung).

2 Seine Funktion ist es, eine Warnlampe im Instrumententräger zu betätigen, sobald eine der Rücklichtlampen ausfällt, unabhängig vom Grund des Defektes.

3 Bei eingeschalteter Zündung und Licht leuchtet die Warnlampe solange, bis die Bremsen das erste Mal betätigt werden. Geht sie dann aus, funktioniert das Rücklicht. Leuchtet die Lampe bei ausgeschaltetem Licht, ist das

16.1 Die Rücklicht-Kontrolleinheit muß bei einem Defekt ersetzt werden.

17.2a Die Position des Vorderrad-Bremslichtschalters

17.2b Hinterrad-Bremslichtschalter – frühe Modelle

Bremslicht defekt. Die Funktion des Stromkreises kann einfach dadurch überprüft werden, indem eine Lampe des Rücklichtes demontiert wird, die Kontrolllampe muß dann weiterleuchten.

4 Liegt irgendein Zweifel über die Funktion des Systems vor, können Ausfälle folgendermaßen beseitigt werden: Kontrollieren Sie die korrekte Funktion der Bremslichtlampe und der Warnlampe. Entfernen Sie jegliche Korrosion aus den Lampenfassungen. Kontrollieren Sie alle relevanten Kabel auf Durchgang und Kontakt. Funktioniert die Einheit immer noch nicht richtig, muß hier ein Fehler vorliegen. Die geschlossene Einheit kann nur komplett ersetzt werden.

17 Schalter

Allgemeines

Allgemeines

1 Normalerweise sind die Schalter zuverlässig und fehlerfrei. Wenn irgendein Zusammenbruch auftritt, muß der entsprechende Schalter mit einem Multimeter oder einer Prüflampe kontrolliert werden. Isolieren Sie den Schalter mit Hilfe des entsprechenden Schaltplans am Ende des Kapitels, und prüfen Sie den Schalter und die entsprechenden Kabel in allen Schalterpositionen auf Durchgang.

Warnung: Der Masseanschluß (Minus) muß immer von der Batterie getrennt werden, um das Risiko eines Kurzschlusses zu vermeiden!

2 Wenn Ärger auftritt, liegt es oft an Schmutz und korrodierten Kontakten, aber auch Verschleiß und Bruch innerer Teile ist eine Möglichkeit, die nicht übersehen werden sollte. Im Falle eines Defektes muß immer der ganze Schalter ersetzt werden.

3 Die Lenkerschalter sind an der Rückseite der Lenkerklemme mit einer einzelnen Schraube zusammengehalten (siehe Abbildung).

4 Beim Ersetzen der Schalter muß sichergestellt sein, daß sie korrekt sitzen, biegen Sie sie eventuell nach.

5 Besitzer älterer K 100-Modelle müssen beachten, daß die Lenkerschalter extra Massekabel besitzen, die immer wieder verbunden werden müssen, nachdem die Schalter zerlegt wurden. Werden die Massekabel nicht angeschlossen, fließt der Rückstrom über den Gasbowdenzug, der sich stark erhitzen kann und die äußere Hülle zum Abschmelzen bringt. Der Zug beginnt dann zu klemmen, was zu gefährlichen Situationen führen kann.

Die regelmäßige Anwendung von wasserverdrängendem Kontaktspray verlängert das Leben aller Schalter.

Modifizierungen

7 Der Vorderrad-Bremslichtschalter, der Hinterradbremslichtschalter (der K 75 C), der Kupplungsschalter und der Kaltstart-Vorrichtungsschalter wurden bei späteren Modellen modifiziert, indem sie durch Bauteile abgelöst

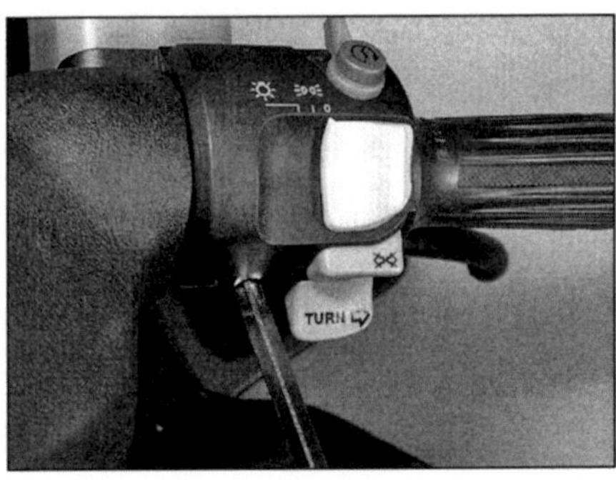

17.3 Die Lenkerschalter-Hälften werden mit einer einzelnen Schraube verbunden.

wurden, die besser gegen das Eindringen von Wasser und Schmutz geschützt waren.

8 Der Ausbau und Einbau der neuen Schalter bleibt unverändert. Es muß jedoch darauf geachtet werden, daß an den Hebeln der Winkel so groß ist, das der Stift des Schalters senkrecht anschlägt, um nicht zu verbiegen oder abzubrechen. Wenn nötig, muß der Winkel vergrößert werden, bis der Stift korrekt anliegt. Wird an der K 75 C ein neuer Hinterradbremslichtschalter montiert, muß eine beim BMW-Händler erhältliche Kappe über den Kopf der Hebel-Anschlagschraube gesetzt werden. Passen Sie in allen Fällen auf, den Schalter nicht zu fest anzuziehen, es kann nötig sein, sie mit Gewindesicherung einzusetzen. Das maximale Anzugsmoment beträgt 5 Nm.

9 Zusammen mit einer neuen Fußrastenplatte wurde 1986 ein neuer Hinterrad-Bremslichtschalter eingeführt, dieser sitzt innerhalb des Fußrastenhalters.

10 Um den Schalter entfernen zu können, muß der Stecker gelöst und das Kabel von allen Verbindungen am Rahmen befreit werden. Entfernen Sie die hintere Befestigungsschraube des ABS-Druckmodulators, die zwei Gepäckträger-Halteschrauben und die drei Fußrasten-Schrauben, nehmen Sie dann den Fußrastenträger nach unten ab. Der Schalter wird auf der Innenseite mit einer Schraube gehalten (siehe Abbildung).

11 Positionieren Sie den Schalter bei der Montage so, daß seine Halteplatte gegen die Gußrippe des Fußratenträgers stößt und etwas Luft zwischen der Kontaktlasche und dem Fußrastenhalter bleibt (siehe Abbildung). Kontrollieren Sie, ob aus dem Schalter ein Klicken zu hören ist, wenn man die Bremse betätigt. Geben Sie etwas Schraubensicherung auf die Halteschraube und ziehen Sie sie mit maximal 5 Nm an. Vergessen Sie nicht das Massekabel des Druckmodulators an die obere Fußrastenträgerschraube anzuschließen. Kontrollieren Sie anschließend, ob das Bremslicht gleichzeitig mit der Funktion der Bremse einsetzt und stellen Sie den Schalter gegebenenfalls an der Kontaktlasche ein, ziehen Sie anschließend die Kontermutter an. Es ist sehr wichtig, eine anschließende Überprüfung des Spiels im hinteren Hauptbremszylinder vorzunehmen, wie es in Kapitel 10, Sektion 8 beschrieben ist.

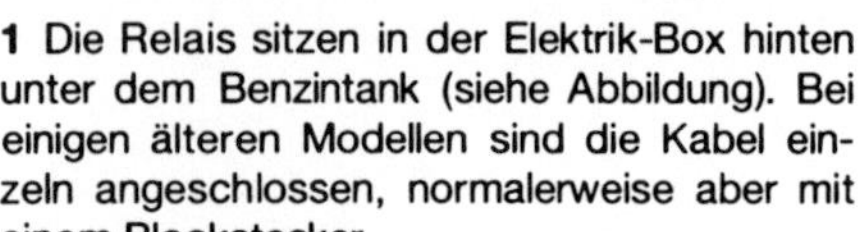

18 Relais
Lokalisierung und Erneuerung

1 Die Relais sitzen in der Elektrik-Box hinten unter dem Benzintank (siehe Abbildung). Bei einigen älteren Modellen sind die Kabel einzeln angeschlossen, normalerweise aber mit einem Blockstecker.
2 Ist ein Relais mit einzelnen Kabeln verbunden, muß vor der Demontage eine Skizze angefertigt werden, welche Farbe an welchen Anschluß (Zahlen am Relais) geklemmt wird. Benutzen Sie zur Hilfe die Schaltpläne am Ende des Kapitels. Wenn in einem Stromkreis ein Fehler auftritt, und alle Tests weisen auf ein defektes Relais hin, muß das Teil durch ein erwiesenermaßen funktionierendes Relais ausgetauscht und überprüft werden, ob der Fehler behoben ist. Es gibt keine Möglichkeiten, defekte Relais zu reparieren. Stellen Sie sicher, daß die Batterie vollständig geladen ist, wenn Sie den fehlerhaften Kreislauf untersuchen, da ansonsten auch ein funktionierendes Relais nicht unbedingt arbeiten muß.

Um zu kontrollieren, ob ein Relais wirklich defekt ist, sehen Sie nach, ob eines der anderen Relais baugleich ist (die gleiche Identifikationsnummer trägt). Falls ja, setzen Sie dieses Relais in den zu testenden Stromkreis. Wenn der Fehler dadurch nicht behoben wird, ist das Relais wahrscheinlich in Ordnung. Funktioniert das System wieder, wird das Relais fehlerhaft sein. Stecken Sie niemals ein anderes Relais in den Kreislauf – hierdurch können ernsthafte Schäden an den elektrischen oder elektronischen Bauteilen auftreten oder ein Brand ausgelöst werden.

19 Blinker-Relais
Lokalisierung und Kontrolle

1 Das Blinkrelais ist das große mit zwei Schrauben in der Elektrik-Box befestigte Bauteil (siehe Abbildung).
2 Die Batterie versorgt die Blinkanlage mit Strom. Wenn gar keines der Lichter funktioniert, muß zunächst die Batterieladung überprüft werden. Eine schwache Batterie kann entweder selber beschädigt sein oder einen Fehler im Ladesystem bedeuten. Kontrollieren Sie ebenfalls den Zustand der Sicherung und

17.10 Hinterrad-Bremslichtschalter-Befestigung. Die Halteplatte muß an die Gußrippe stoßen.

des Schalters. Die meisten Blinkerprobleme sind das Resultat einer durchgebrannten Lampe oder korrodierten Fassung, besonders wenn die Anlage auf einer Seite noch funktioniert und auf der anderen nicht. Kontrollieren Sie die Lampen und Fassungen. Wenn Lampen und Sockel in Ordnung sind, kontrollieren Sie mit Hilfe des entsprechenden Schaltplans, ob die Kabel zwischen Blinkrelais, Blinkerschalter und Blinkleuchten Durchgang haben.
3 Wenn alle Tests positiv ausgefallen sind, bleibt als einzige Methode der Relais-Kontrolle das Ersetzen durch ein erwiesenermaßen funktionierendes Teil, funktioniert damit die Blinkanlage, muß das Relais ersetzt werden.
4 Beachten Sie, daß das Blinkrelais sich selbst abschaltet, wenn der an den Tachometer angeschlossene Fühler feststellt, daß eine Strecke von 210 Metern innerhalb von 10 Sekunden durchfahren wurde. Funktioniert dieses System nicht, müssen Relais und Tachometer in einer Fachwerkstatt untersucht werden.

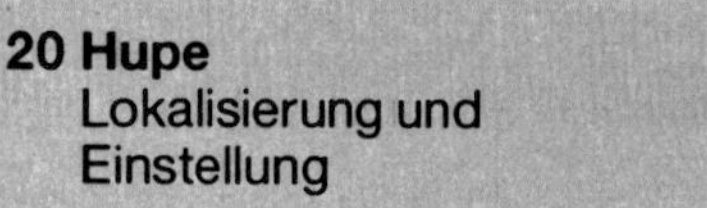

20 Hupe
Lokalisierung und Einstellung

1 Je nach Modell sind eine oder zwei Hupen verbaut, die bei den K 100-Modellen teilweise innerhalb der Lampenverkleidung sitzen, wechseln Sie zum Ausbau und Einbau der Verkleidung nach Kapitel 8. Bei den meisten K 75-Modellen sitzen die Hupen ebenfalls an dieser

18.1 Die Elektrik-Box befindet sich hinten unter dem Tank.

17.11 Zwischen dem Schalter-Kontakt und dem Fußrastenhalter muß etwas Luft sein.

Stelle, nur bei unverkleideten Modellen ist eine einzelne Hupe am Vorderrahmen unterhalb des Lenkkopfes befestigt. Wenn eine Hupe schwach oder gar nicht arbeitet, kann nach dem Lösen der Kontermutter die Einstellschraube solange verstellt werden, bis ein sauberer Ton zu hören ist.
2 Fällt die Hupe komplett aus, ziehen Sie die Kabelstecker von der Hupe. Verbinden Sie mit zwei Überbrückungskabeln die Hupe direkt mit der Batterie. Wenn die Hupe funktioniert, kontrollieren sie den Schalter, das Relais und die Kabel zwischen Schalter, Relais und Hupe (beachten Sie die Schaltpläne am Ende des Kapitels).
3 Wenn die Hupe nicht funktioniert, kann eventuell ein leichter Hammerschlag den Kontakt lösen, die meisten von BMW verbauten Hupen müssen in diesem Fall ersetzt werden, nur Fiamm-Hupen können zum Reinigen zerlegt werden.

21 Radio
Allgemeines

Einige Modelle sind serienmäßig mit einer kompletten Radio-Anlage ausgerüstet oder können mit einem Einbau-Satz, bestehend aus dem Radio, der Antenne, wasserdichten Lautsprechern und allen dazugehörigen Kabeln nachgerüstet werden. Da es viele unterschiedliche Anlagen gibt, können in diesem Handbuch keine Hinweise gegeben werden. Jedem

19.1 Die Befestigungsschrauben des Blinkrelais müssen entfernt werden.

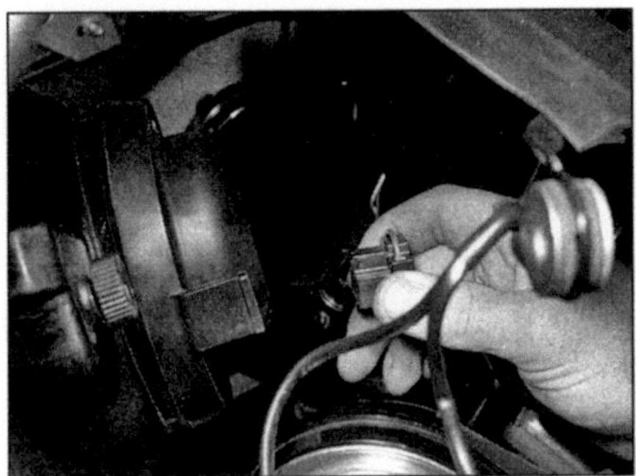

22.1a Ziehen Sie den Blockstecker von der Scheinwerferlampe.

Gerät sollte ein Schaltplan und eine ausführliche Gebrauchsanleitung beigefügt sein. Fragen Sie im Zweifel einen BMW- oder Autoradio-Händler.

22 Lampen
Ersetzen

Scheinwerferlampe und Standlichtlampe

Anmerkung: *Der Scheinwerfer ist mit einer Halogenlampe ausgerüstet, deren Glas nicht angefaßt werden darf, da Flecken das Leben der Lampe verkürzen. Wenn sie doch einmal berührt worden ist, muß sie (im kalten Zustand) sorgfältig mit einem spiritusgetränkten Lappen abgewischt und vor dem Einbau getrocknet werden.*

Warnung: Lassen Sie die Lampe nach dem Betrieb einige Zeit abkühlen, bevor Sie sie ausbauen!

1 Die Scheinwerferlampe kann nur in einer Position in den Reflektor gesetzt werden, ebenso kann der Dreifach-Blockstecker niemals falsch aufgesteckt werden (siehe Abbildung).

22.6b . . . und lösen Sie den Konterring zum Ausbau der Lampe.

22.1b Die Lampe kann nur in einer Position in den Reflektor gesetzt werden. Fassen Sie niemals das Glas an.

2 Entfernen Sie bei den K 75 S-Modellen die Schrauben, die den Lampenring an der Scheinwerferschale halten und ziehen Sie den Ring unter Beachtung der Einbaulage von der Schale. Lösen Sie den Kabelstecker hinten am Scheinwerfer und entfernen Sie die Gummikappe. Lösen Sie den Lampen-Halteclip, merken Sie sich seine Lage und entfernen Sie die Lampe. Um die Standlichtlampe zu entfernen, muß der Lampenhalter hinten aus dem Reflektor gezogen werden. Drücken Sie die Lampe in den Halter, und drehen Sie sie gegen den Uhrzeigersinn, ziehen Sie sie dann heraus. Der Einbau entspricht der umgekehrten Ausbau-Reihenfolge, achten Sie auf einen sicheren Sitz des Lampenrings.

3 Bei K 75 C-, K 75 T- und allen K 100-Modellen müssen die Windschutzscheiben und Lampenverkleidungen entsprechend den Angaben in Kapitel 8 entfernt werden. Entfernen Sie die zwei Halteschrauben und heben Sie die gesamte Lampe nach vorne heraus. dabei muß die Einstellschraube aus ihrer Halterung genommen werden. Drehen Sie den Standlichtlampenhalter gegen den Uhrzeigersinn, und ziehen Sie ihn aus dem Reflektor. Drücken Sie die Lampe in den Halter und drehen Sie sie gegen den Uhrzeigersinn, ziehen Sie sie dann heraus. Lösen Sie zum Entfernen der Scheinwerferlampe den Kabelstecker hinten am Scheinwerfer und entfernen Sie die Gummikappe. Lösen Sie den Konterring gegen den Uhrzeigersinn, bis die Lampe frei ist.

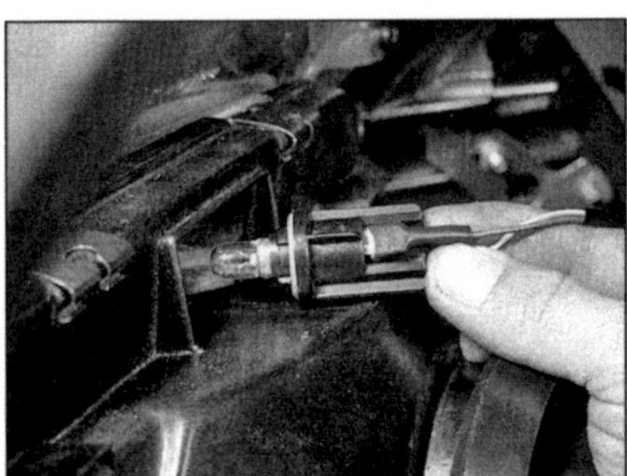

22.6c Die Standlichtlampe hat einen Bajonett-Sitz im Lampenhalter.

22.6a Scheinwerferlampen-Wechsel bei der K 100 RS – nehmen Sie die Gummiabdekkung ab . . .

4 Der Zusammenbau entspricht der umgekehrten Ausbau-Reihenfolge, bauen Sie den Scheinwerfer sorgfältig ein, die Mutter der Einstellschraube muß in ihrem Halter sitzen und die dreieckigen Markierungen der Scheinwerferhalter müssen mit denen der hinteren Abdeckungshalter fluchten, so daß die Lampe vertikal ausgerichtet ist, bevor die Schrauben angezogen werden.

5 Greifen Sie bei den K 75 S-Modellen von innen in die Verkleidung, um die Standlichtlampe rechts aus dem Reflektor demontieren zu können. Die Bajonett-Lampe wird wie in Schritt 3 beschrieben ausgebaut. Lösen Sie den Kabelstecker hinten am Scheinwerfer, und entfernen Sie die Gummikappe. Lösen Sie den Lampen-Halteclip, merken Sie sich seine Lage und entfernen Sie die Lampe. Der Zusammenbau entspricht der umgekehrten Ausbau-Reihenfolge.

6 Wechseln Sie für die K 100 RS-Modelle zu den entsprechenden Sektionen in Kapitel 8, um die unteren Innenverkleidungen und die kleinen Teile darüber demontieren zu können. Es kann nötig sein, die horizontale Mittelverkleidung vom Halter unterhalb der Instrumente zu lösen, um an den Scheinwerfer zu gelangen. Ausbau und Einbau der Lampen entspricht Schritt 3 oben (siehe Abbildungen).

7 Bei den RT- und LT-Modellen ist keine Demontage nötig, die Lampen sind durch die Verkleidung von innen zu erreichen. Der Aus- und Einbau der Lampen entspricht Schritt 3 oben.

22.8 Scheinwerfer-Leuchtweiteneinstellung der K 100 RS – Eine Rändelschraube regelt die Grund-Höhenverstellung, während der Hebel für verschiedene Beladungen zuständig ist.

22.10a Mit einer einzelnen Rändelschraube wird die Höheneinstellung vorgenommen.

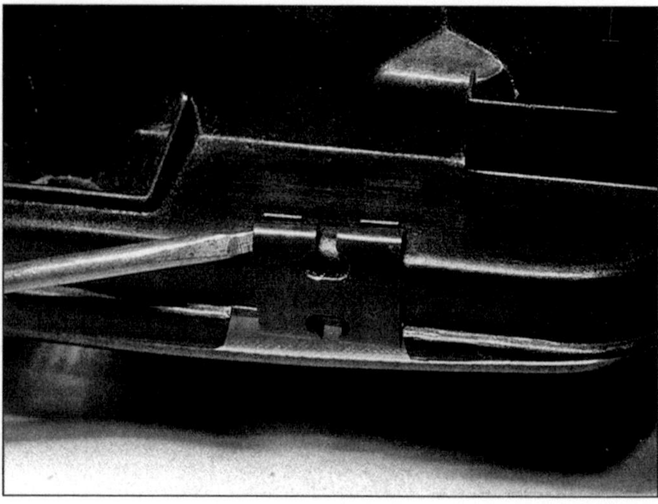

22.10b Die Klemmen der Lampenbaugruppe müssen sicher sitzen.

Scheinwerfer – Einstellung

Anmerkung: *Ein schlecht eingestellter Scheinwerfer kann ein Problem für den entgegenkommenden Verkehr sein und für schwache und schlechte Ausleuchtung der Fahrbahn sorgen.*

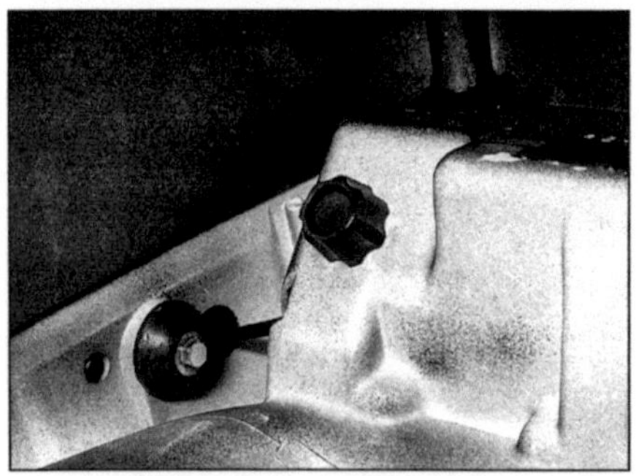

22.11a Entfernen Sie die Kunststoffmuttern oder Schrauben aus dem Staufach, . . .

8 Der Lichtkegel des Scheinwerfers kann sowohl horizontal als auch vertikal eingestellt werden. Als erstes sollten Sie den Luftdruck der Reifen und die richtige Einstellung der Federelemente überprüfen. Die Maschine darf nicht auf einem Ständer stehen, ein auf ihr sitzender Assistent soll sie auf einer ebenen Fläche gerade halten und der Tank sollte halb voll sein. Bei den K 100 RS-, RT- und LT-Modellen wird der Drei-Positionen-Hebel in die obere Position gestellt, so daß der Lichtkegel am höchsten steht (siehe Abbildung). Der Hebel wird dann entsprechend der Belastung verstellt.

9 Vergewissern Sie sich vor der Einstellung über die gesetzlichen Vorschriften hierüber (siehe Anhang).

10 Bei unverkleideten K 75-Modellen erfolgt die Höheneinstellung durch Lockern der Scheinwerferbefestigungsschrauben und Verdrehen der Lampe. Bei K 75 C- und T-Modellen sowie allen K 100 mit einer Plastik-Rändelschraube unten links am Scheinwerfer wird hiermit eingestellt. Bei den K 75 S-Modellen sind zwei Rändelschrauben vorhanden, die unten links regelt die Höheneinstellung, die oben rechts ist für die seitliche Verstellung zuständig. Bei K 100 RS-, RT- und LT-Modellen wird die Höheneinstellung mit der Rändelschraube in der Mitte des Drei-Positionen-Hebels vorgenommen, dieser befindet sich innen rechts am Scheinwerfer. Eine Seiteneinstellung ist mit der links oben befindlichen Schraube möglich. Bei den RS-Versionen müssen eventuell Verkleidungsteile demontiert werden, um an die Einsteller zu gelangen, ansonsten sind alle Rändelschrauben von innen zugänglich (siehe Abbildungen).

Brems- und Rücklichtlampe

11 Entriegeln und entfernen Sie die Sitzbank, entfernen Sie den Deckel des Staufachs im Heck und lösen Sie die zwei Plastik-Rändelmuttern oder Schrauben an der hinteren Wand

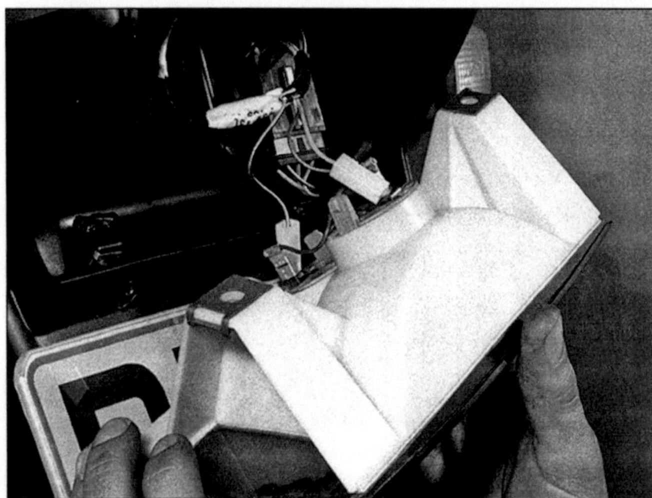

22.11b . . . um das Rücklicht abnehmen zu können.

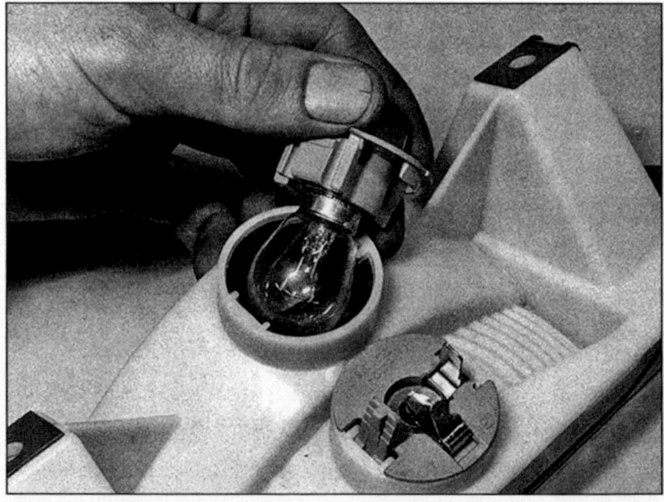

22.12 Lösen Sie die Plastikklemmen des Lampenhalters wie gezeigt, um ihn zu entfernen.

22.13a Lösen Sie die Blinkerglasschraube, ...

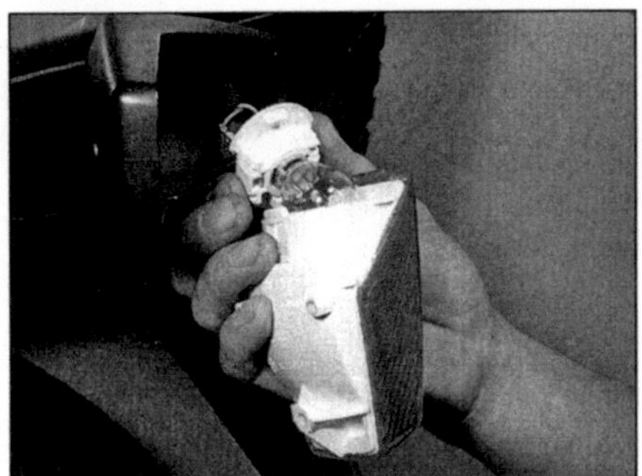

22.13b ... um das Glas und den Lampenhalter demontieren zu können.

22.15a Bei der K 100 RS wird das Blinkerglas nach dem Lösen der Schraube abgenommen.

des Fachs, die das Rücklicht halten (siehe Abbildungen).

12 Ziehen Sie die Rücklichteinheit ab und entfernen Sie die entsprechende Lampe, indem Sie die entsprechende Plastikklemme des Lampenhalters drücken und den Lampenhalter herausziehen (siehe Abbildung). Die Lampen sitzen mit Bajonettverschluß in den Haltern und werden durch Eindrücken und Linksdrehen ausgebaut. Der Einbau entspricht der umgekehrten Ausbau-Reihenfolge.

Blinkerlampen

13 Außer bei den Modellen mit in der Verkleidung integrierten Blinkern (siehe unten) sind die Blinkerlampen nach dem Lösen einer Schraube, die von hinten das Glas sichert, zugänglich. Entfernen Sie den Lampenhalter und die Lampe wie in Schritt 12 beschrieben (siehe Abbildungen). Ziehen Sie beim Zusammenbau die Schraube nicht zu fest an.

14 Bei den K 75 S-Modellen wird die einzelne Schraube entfernt, die das Lampenglas an der Verkleidung sichert, dann wird der Lampenhalter gegen den Uhrzeigersinn gedreht und herausgezogen. Die Bajonettlampe wird, wie in Schritt 12 beschrieben, entfernt. Ziehen Sie

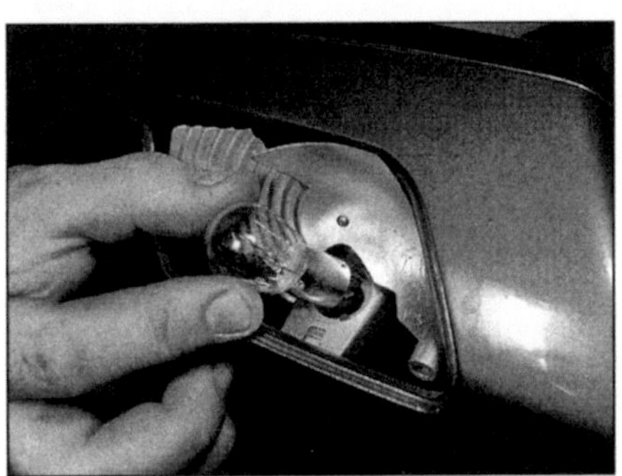

22.15b Die Lampen werden eingedrückt, gegen den Uhrzeigersinn verdreht und herausgezogen.

beim Zusammenbau die Schraube nicht zu fest an, da das Glas schnell bricht.

15 Bei den K 100 RS-Modellen wird die einzelne Schraube entfernt, die das Lampenglas am Rückspiegel sichert (siehe Abbildung). Die Bajonettlampe wird wie in Schritt 12 beschrieben, entfernt (siehe Abbildung). Ziehen Sie beim Zusammenbau die Schraube nicht zu fest an, da das Glas schnell bricht.

16 Drehen Sie bei den RT- und LT-Modellen den Lenker so, daß der entsprechende Blinker in der Verkleidung von innen zugänglich ist,

22.17 Die Instrumentenlampen tragen keine Abdeckung – beschädigen Sie die Anschlüsse nicht.

dann wird der Lampenhalter gegen den Uhrzeigersinn gedreht und herausgezogen. Die Bajonettlampe wird wie in Schritt 12 beschrieben, entfernt.

Instrumenten-Lampen

17 Wechseln Sie zu den entsprechenden Sektionen in Kapitel 8, um die Instrumentenverkleidungen zu entfernen und die Instrumente zu demontieren, damit die Lampen erreicht werden können (siehe Abbildung).

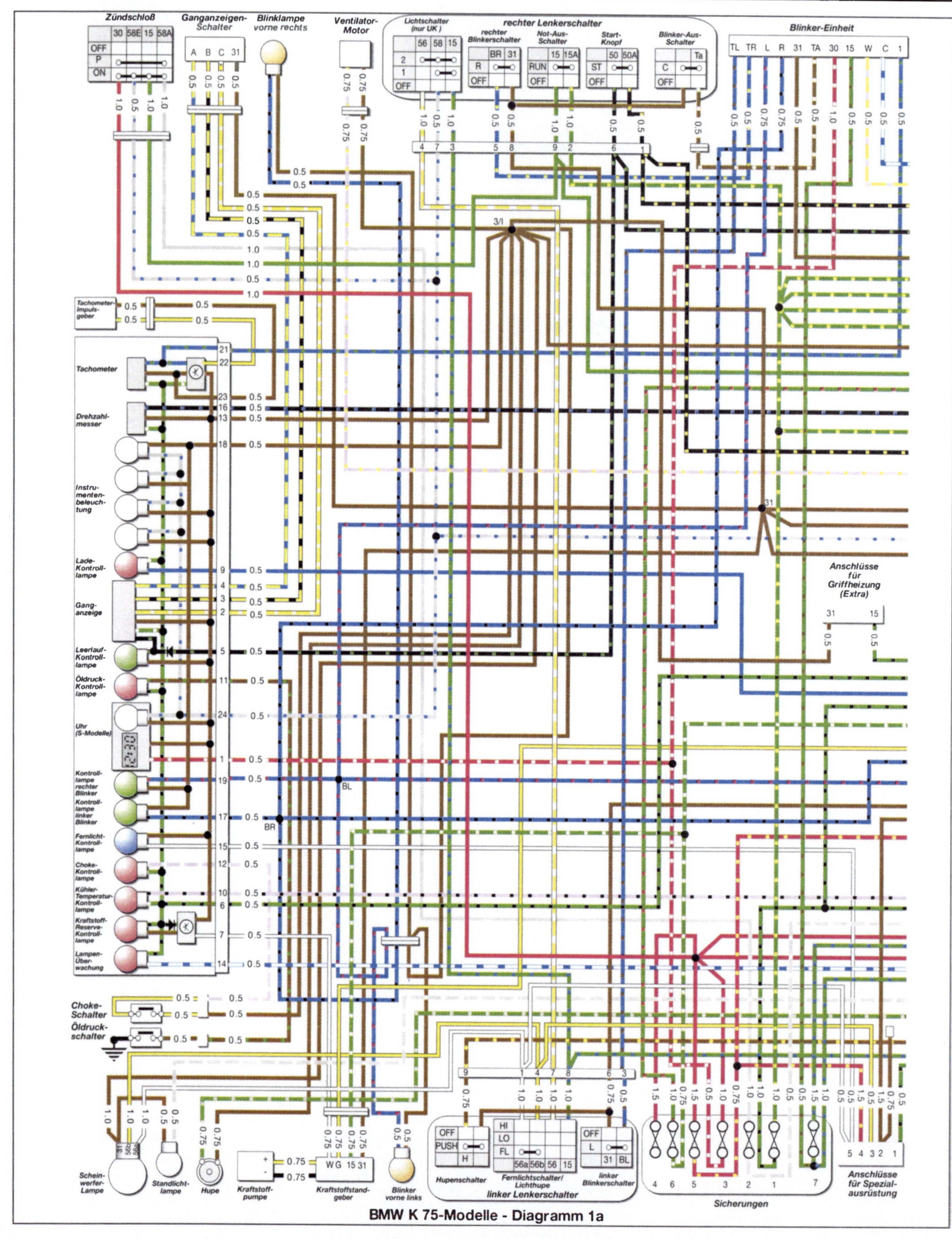

BMW K 75-Modelle - Diagramm 1a

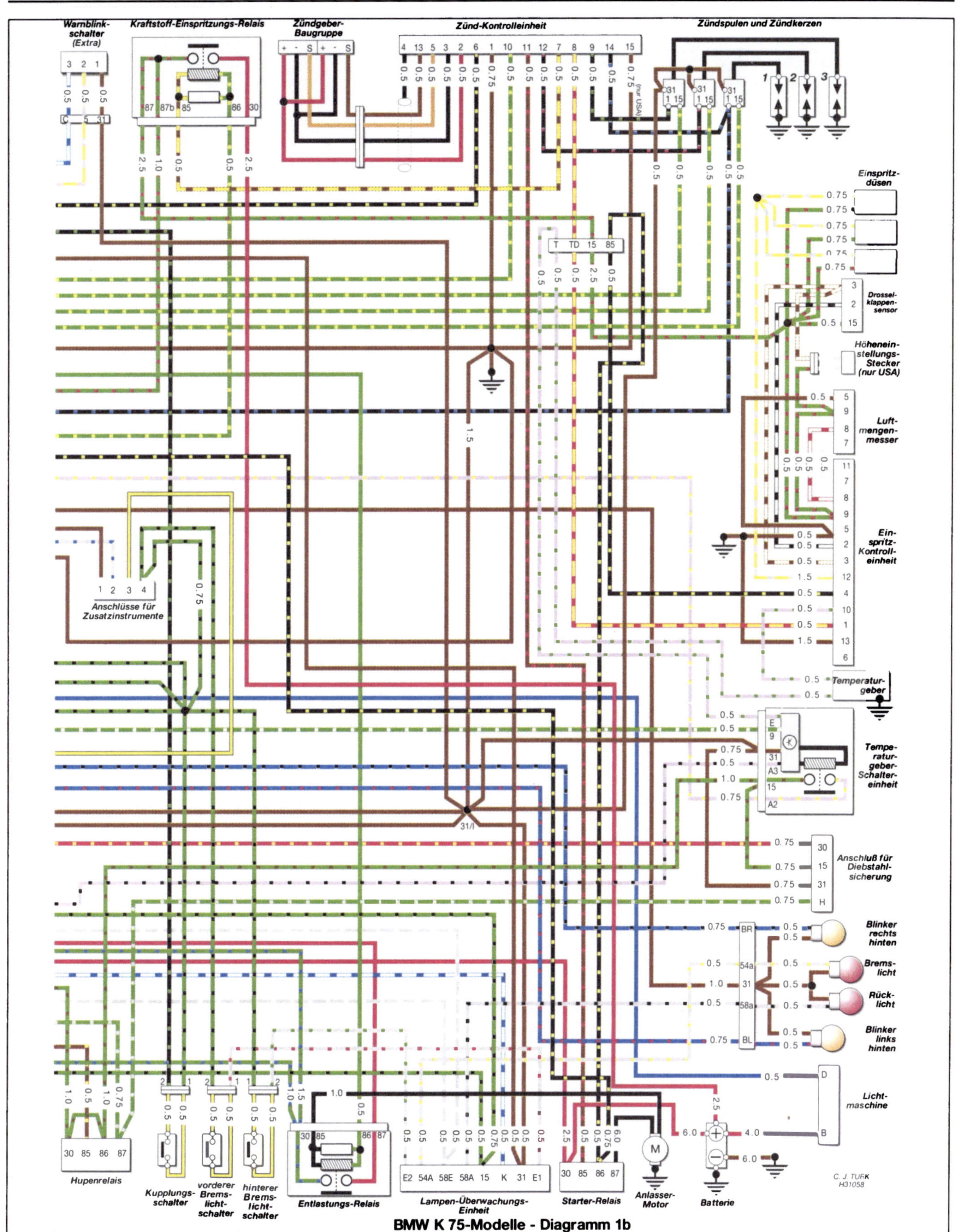

BMW K 75-Modelle - Diagramm 1b

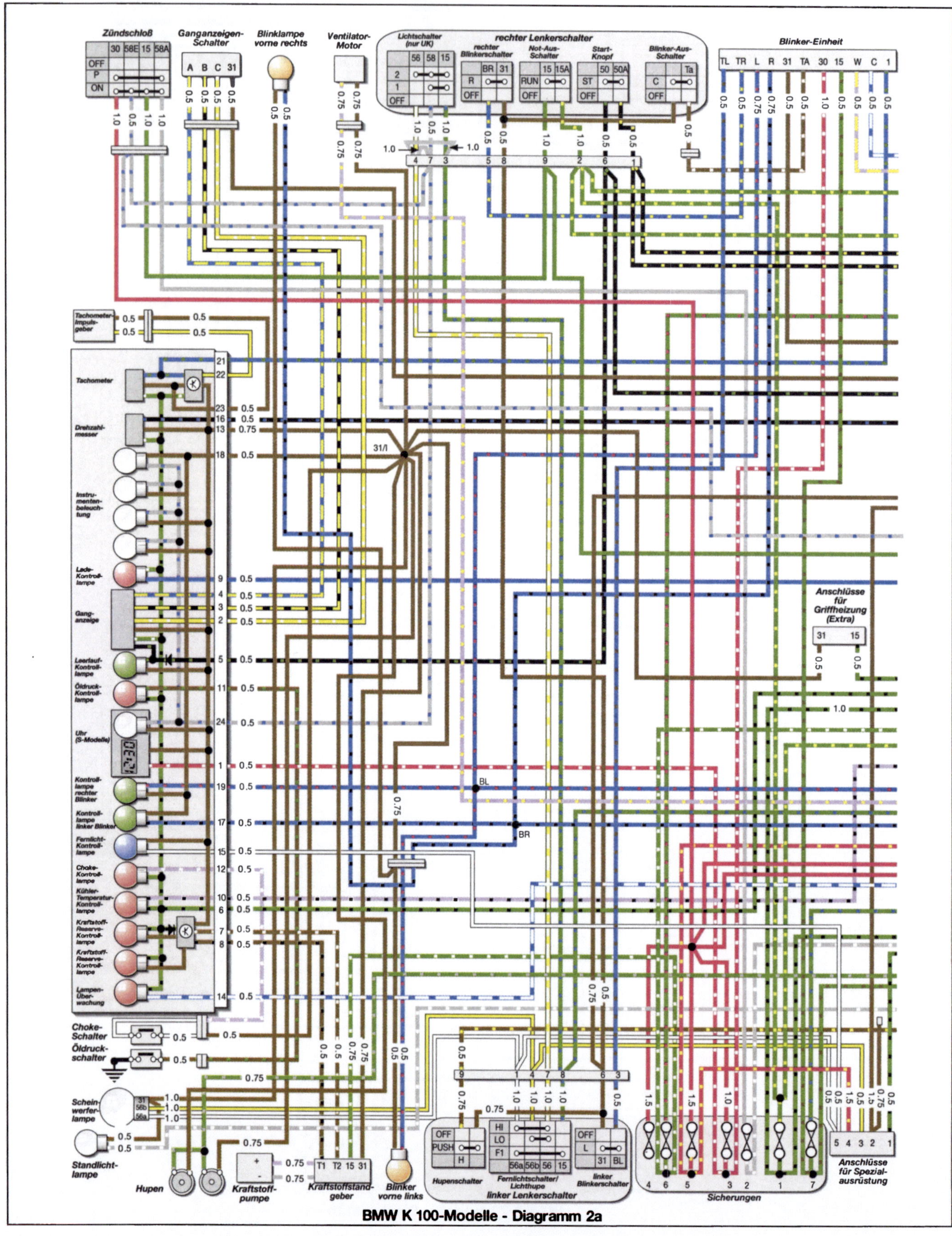

BMW K 100-Modelle - Diagramm 2a

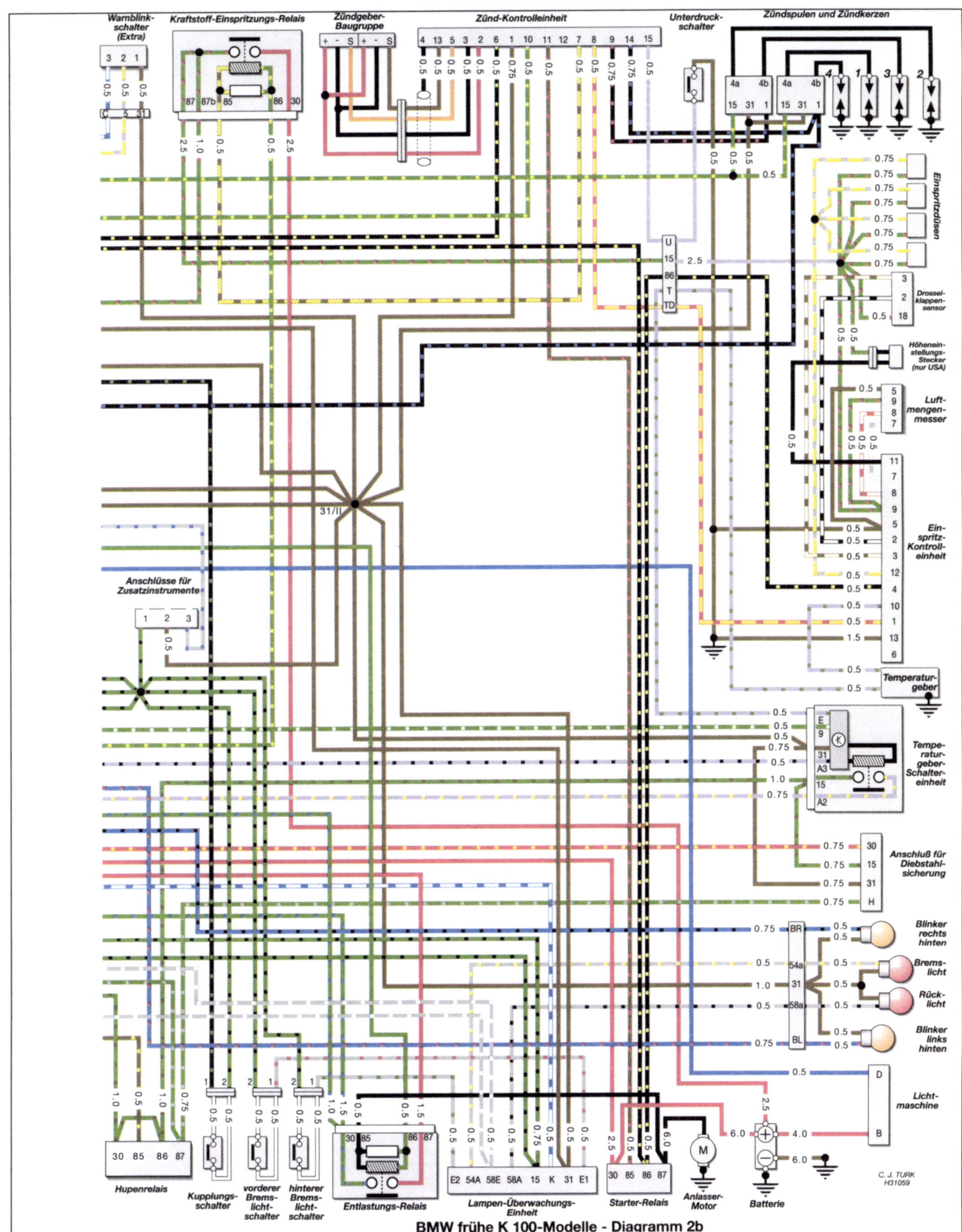

BMW frühe K 100-Modelle - Diagramm 2b

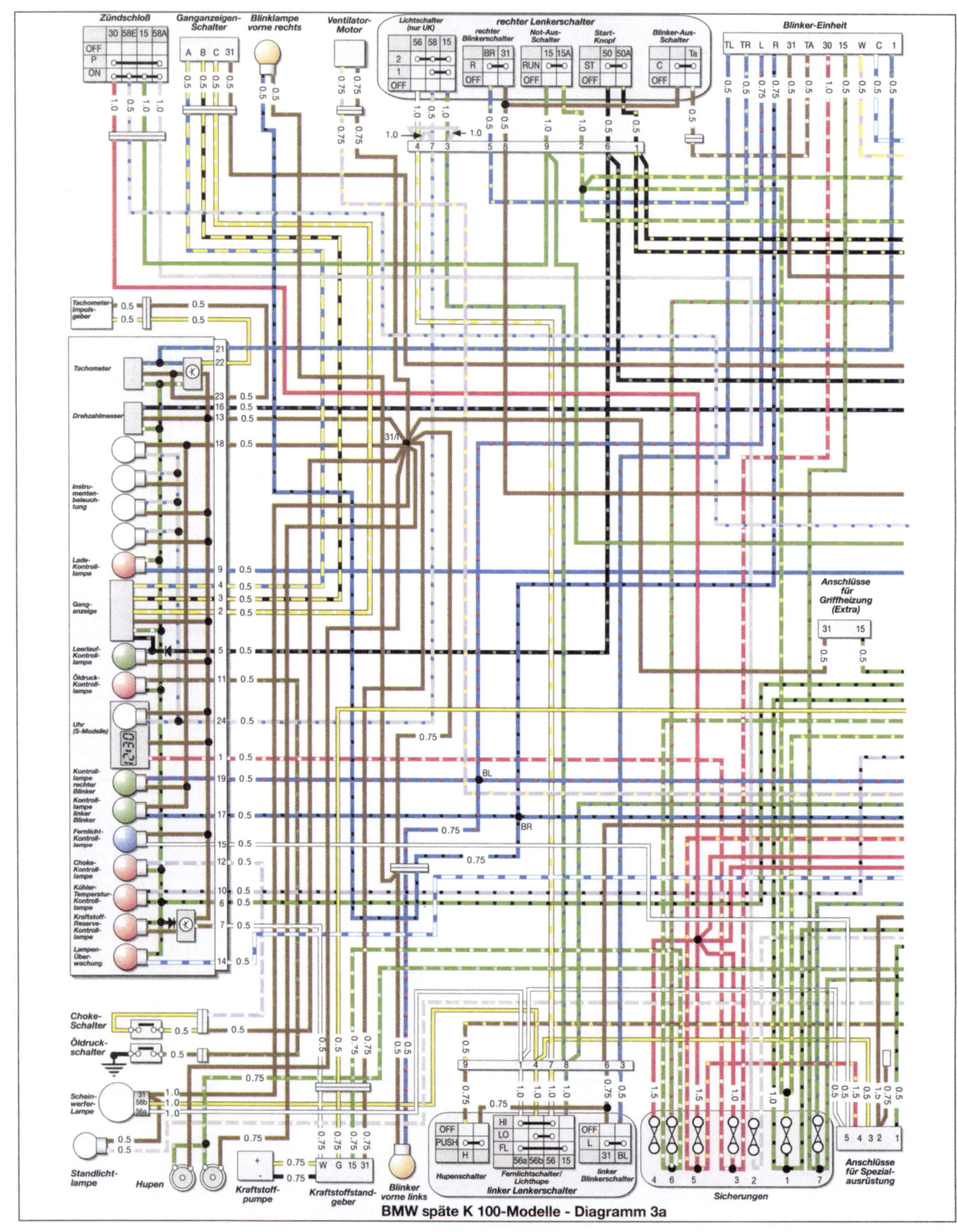

BMW späte K 100-Modelle - Diagramm 3a

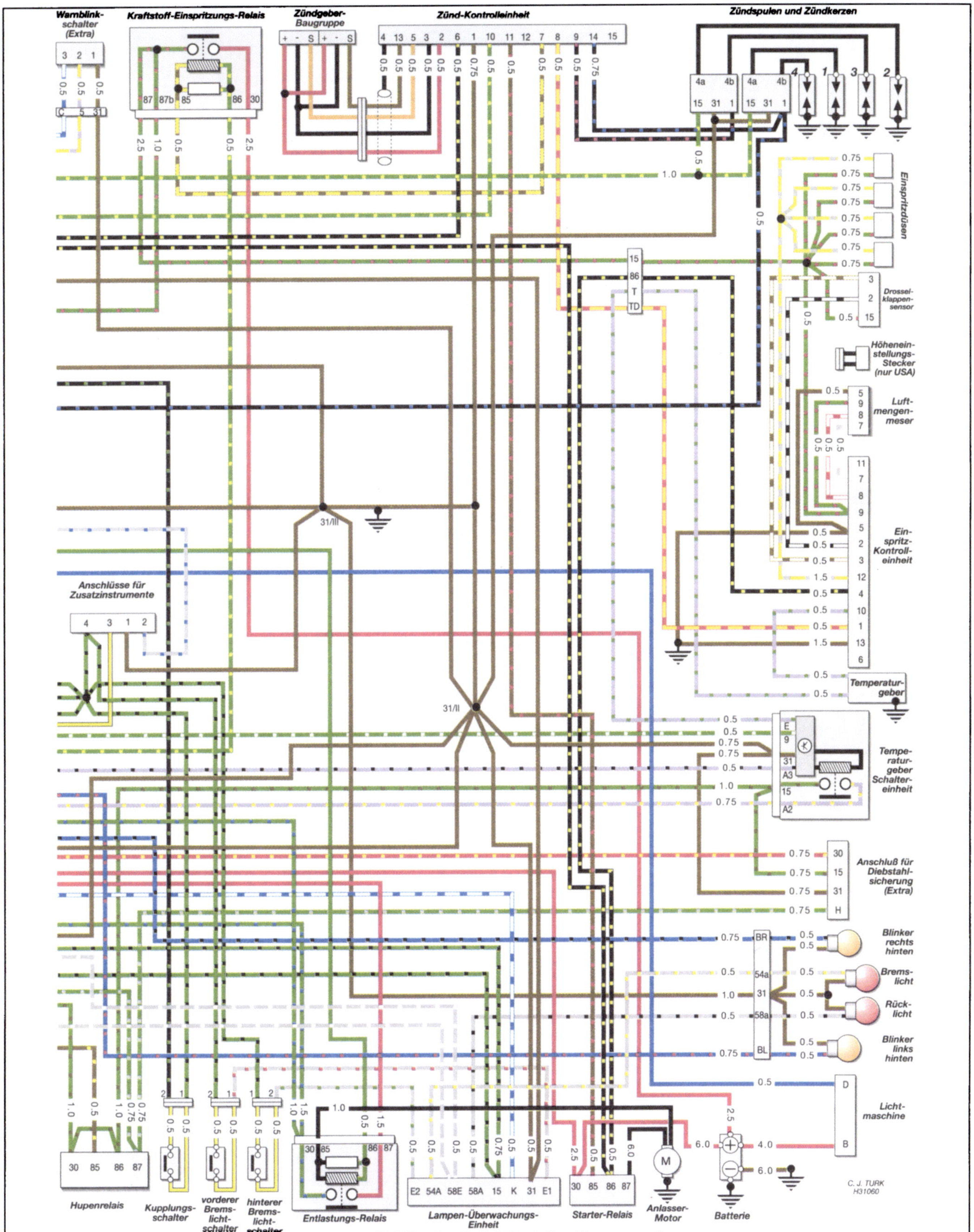

Warnblinkschalter (Extra)
Kraftstoff-Einspritzungs-Relais
Zündgeber-Baugruppe
Zünd-Kontrolleinheit
Zündspulen und Zündkerzen
Einspritzdüsen
Drosselklappensensor
Höheneinstellungs-Stecker (nur USA)
Luftmengenmesser
Einspritz-Kontroll-einheit
Temperaturgeber
Anschlüsse für Zusatzinstrumente
Temperaturgeber Schaltereinheit
Anschluß für Diebstahlsicherung (Extra)
Blinker rechts hinten
Bremslicht
Rücklicht
Blinker links hinten
Lichtmaschine
Hupenrelais
Kupplungsschalter
vorderer Bremslichtschalter
hinterer Bremslichtschalter
Entlastungs-Relais
Lampen-Überwachungs-Einheit
Starter-Relais
Anlasser-Motor
Batterie

C. J. TURK H31060

BMW späte K 100-Modelle - Diagramm 3b

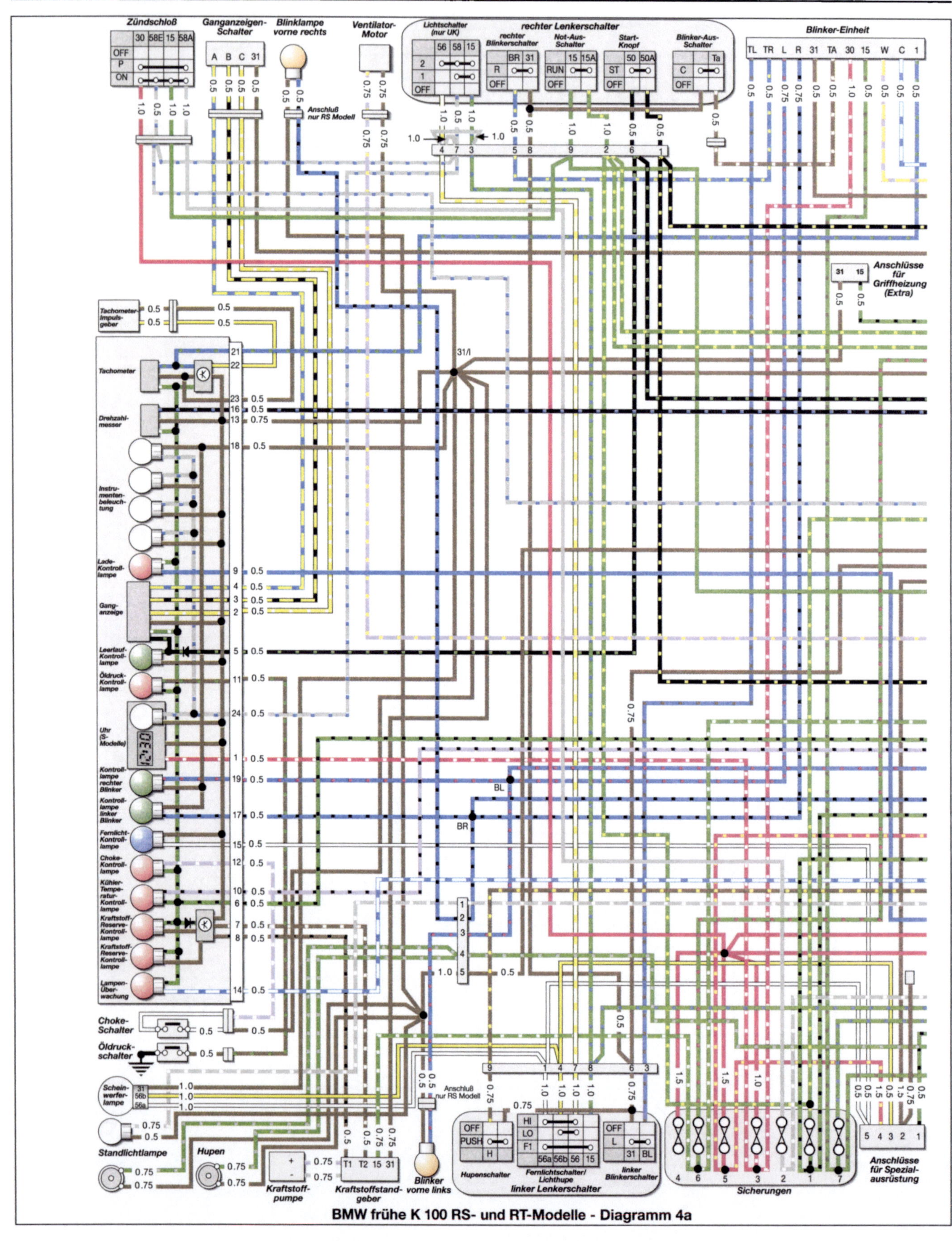

BMW frühe K 100 RS- und RT-Modelle - Diagramm 4a

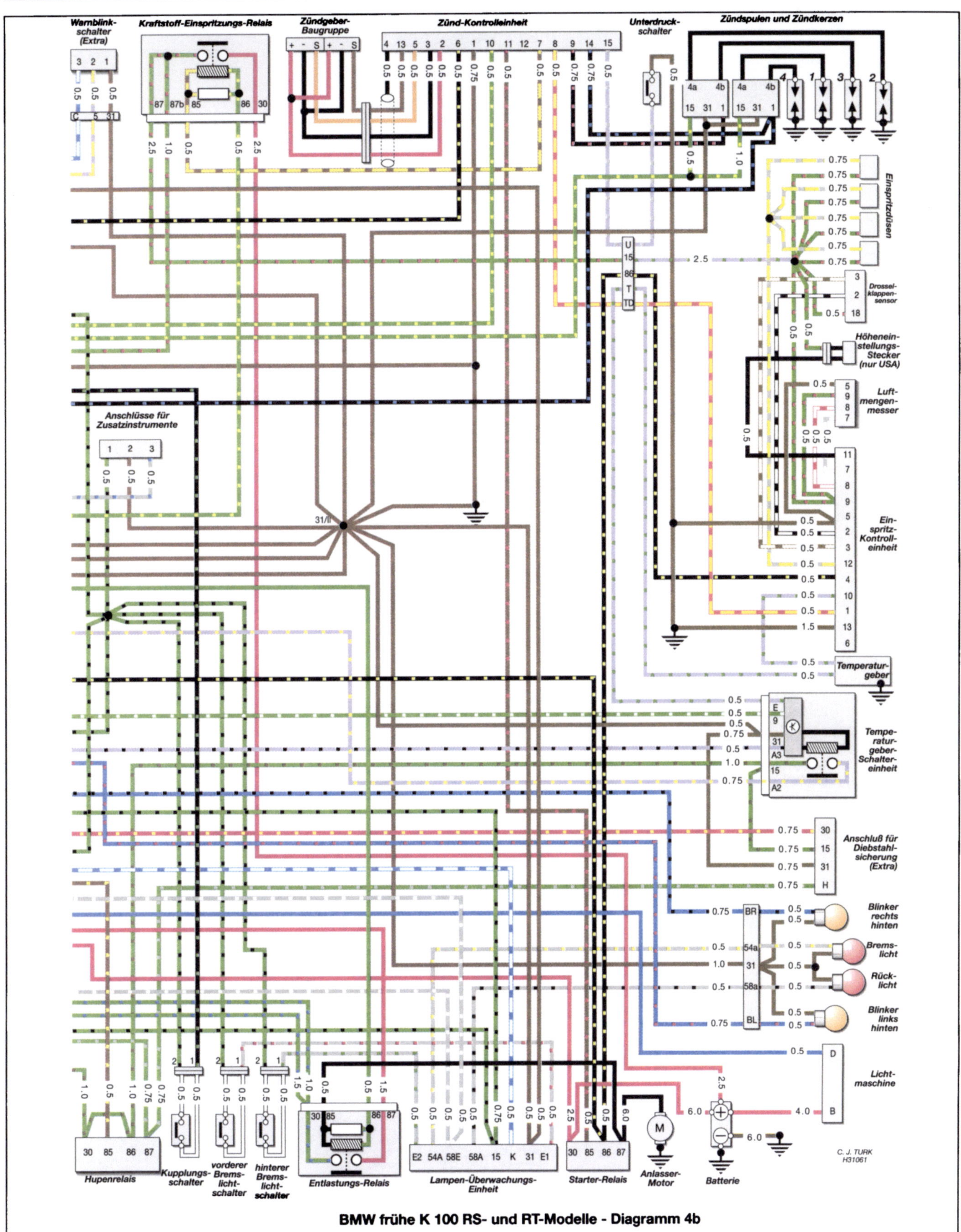

BMW frühe K 100 RS- und RT-Modelle - Diagramm 4b

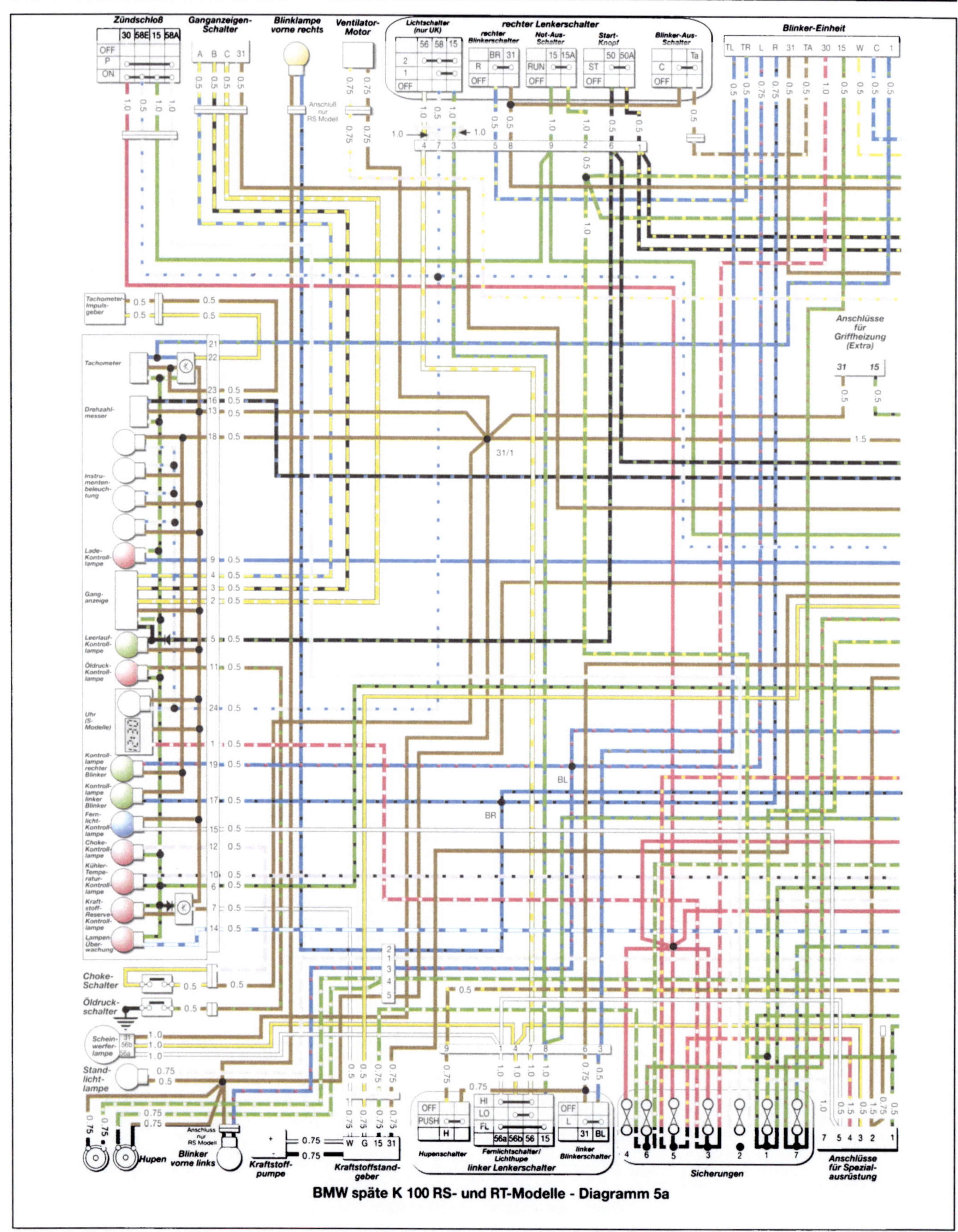

BMW späte K 100 RS- und RT-Modelle - Diagramm 5a

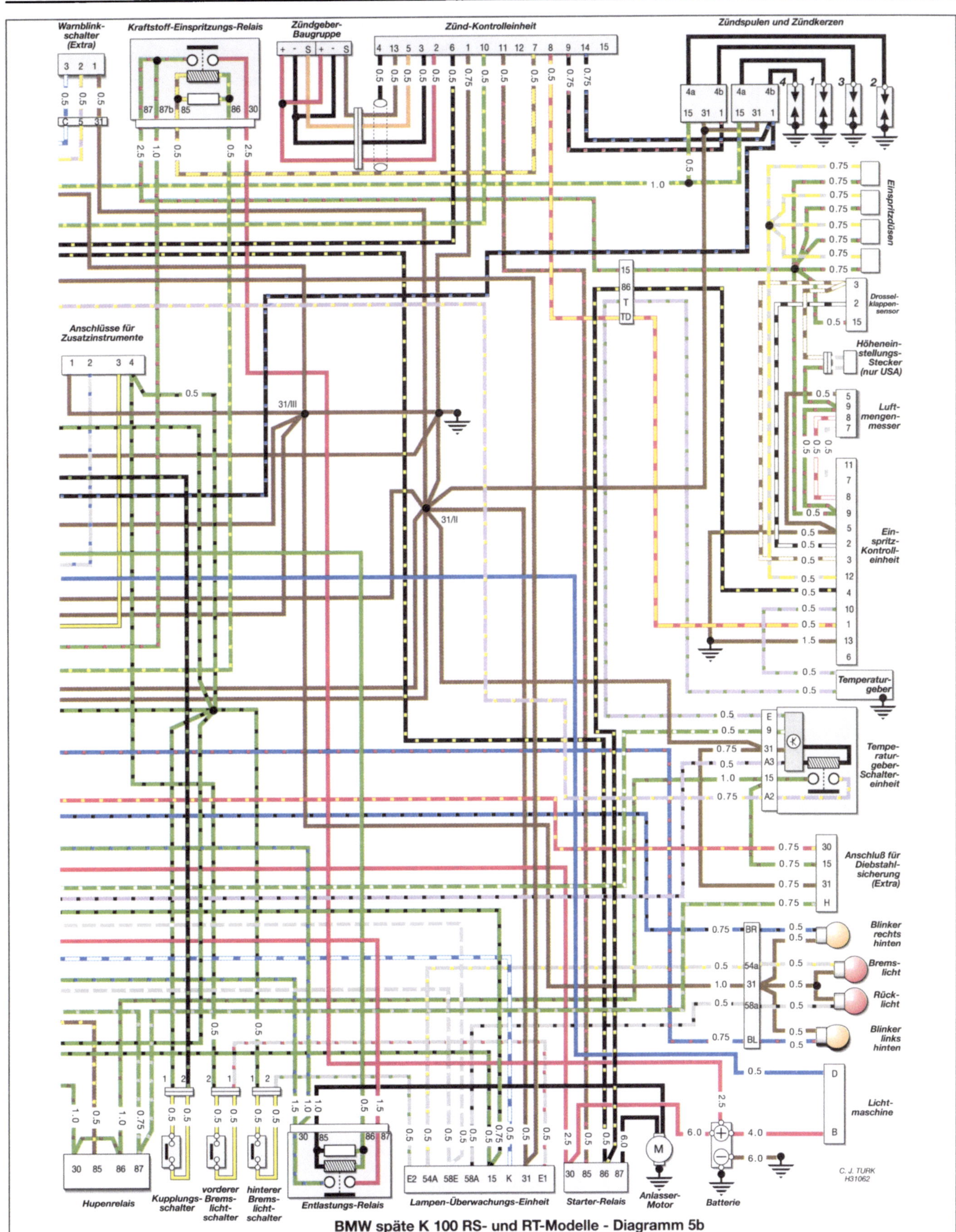

BMW späte K 100 RS- und RT-Modelle - Diagramm 5b

11

Anhang

Inhalt

A

Maße und Gewichte

Gesamtbreite

K 75 S	810 mm
K 75 RT	916 mm
Alle anderen K 75-Modelle	900 mm
K 100	960 mm
K 100 RS	800 mm
K 100 RT, K 100 LT	920 mm

Gesamthöhe

K 75, K 75 T	keine Angaben
K 75 C	1300 mm
K 75 S	1340 mm
K 100	1155 mm
K 100 RS	1271 mm
K 75 RT, K 100 RT, K 100 LT	1460 mm

Sitzhöhe – unbelastet

Modelle mit niedriger Sitzbank	760 mm
alle anderen Modelle	810 mm

Gesamtlänge ... 2220 mm

Radstand – mit 75 kg-Fahrer ... 1511 mm

Bodenfreiheit – mit 75 kg-Fahrer ... 150 mm

Gewicht – vollgetankt und mit Werkzeug

K 75 T	keine Angaben
K 75, K 75 C	228 kg
K 75 S	235 kg
K 75 RT	258 kg
K 100	239 kg
K 100 RS	253 kg
K 100 RT	263 kg
K 100 LT	283 kg

maximales zulässiges Gesamtgewicht – Maschine, Fahrer, Beifahrer und Gepäck

K 75 und frühe K 100-Modell	450 kg
späte K 100-Modelle, alle K 100 LT	480 kg

Anmerkung: *Nur K 100-Modelle – beachten Sie das Handbuch und das Typenschild auf dem Rahmen bzw. das Schild unter der Sitzbank: Das zulässige Gesamtgewicht wurde im Frühjahr 1985 erhöht. Achten Sie darauf, daß die Reifen die nötige Tragkraft aufweisen (siehe Kapitel 10). Fragen Sie im Zweifel Ihren BMW-Händler.*

Grundlegende mechanische Verfahren

Es gibt eine Anzahl von Handgriffen und Methoden, die bei Wartungs- und Reparaturarbeiten angewandt werden und auf die in diesem Handbuch Bezug genommen wird. Die Anwendung dieser Verfahren macht die Arbeit des Amateurs effizienter, und er ist eher in der Lage, die gestellten Aufgaben zu erfüllen, so daß die Reparatur gründlich und vollständig durchgeführt werden kann.

Befestigungssysteme

Muttern und Schrauben halten zwei oder mehr Teile zusammen. Beim Umgang mit ihnen müssen einige Dinge beachtet werden. Fast alle von ihnen werden in irgendeiner Art gesichert, das heißt, am selbständigen Aufdrehen gehindert. Dazu können Federscheiben benutzt werden, Kontermuttern, Haltenasen oder flüssige Schraubensicherung. Alle Gewindebolzen sollten gerade, sauber und unbeschädigt sein und die Schraubenköpfe außerdem unbeschädigte Kanten und Ecken besitzen. Gewöhnen Sie sich an, alle auch nur leicht beschädigten Muttern und Schrauben durch neue zu ersetzen.

Verrostete Schrauben und Muttern sollten vor dem Losdrehen mit Kriechöl behandelt werden, damit sie leichter zu lösen sind. Nach dem Aufsprühen lassen Sie das Öl für einige Minuten einwirken, bevor Sie den Schraubenschlüssel ansetzen. Stark verrostete Schrauben müssen mit der Lötlampe erhitzt oder mit Säge oder Trennschleifer abgetrennt werden, oder die Mutter wird mit einem Mutternsprenger entfernt, den es in Werkzeugläden zu kaufen gibt.

Unterlegscheiben sollten immer in ihrer Original-Einbaulage montiert werden. Beschädigte Scheiben grundsätzlich durch neue ersetzen. Verwenden Sie immer eine flache Scheibe zwischen einer Sicherungsscheibe und Leichtmetall, dünnem Metall oder Kunststoff. Sicherungsmuttern, die auf einer Seite einen eingefaßten Nylonring gegen Losdrehen besitzen, sollten höchstens zweimal verwendet werden.

Anzugsreihenfolge

Schrauben, Bolzen und Muttern werden oft mit einem spezifischen Drehmoment festgezogen. (Ein Drehmoment ist in etwa eine Drehkraft.) Zu festes Anziehen kann die Schraube überdehnen oder läßt sie abreißen. Zu leichtes Anziehen bewirkt dagegen, daß sich die Schraube von selbst lösen kann. Jede Schraube besitzt ein eigenes ideales Anzugs-Drehmoment, das vom Gewindedurchmesser und dem Material von Schraube und Mutter bestimmt wird. Die Momente finden Sie in den technischen Daten.

Manche Schrauben oder Bolzen müssen in einer bestimmten Reihenfolge angezogen werden, um einen Verzug des Materials zu vermeiden. Dazu gehören beispielsweise Zylinderkopfschrauben und Gehäuseschrauben. Zunächst sollten sie nur mit der Hand angezogen werden, danach mit dem Schlüssel jeweils eine Umdrehung und schließlich mit dem Drehmomentschlüssel in der vorgeschriebenen Reihenfolge mit stufenweise ansteigendem Drehmoment. Auch das Lösen sollte in der gleichen Weise erfolgen.

Demontage

Mechanische Teile sollten mit Sorgfalt auseinandergebaut werden. Wichtig ist, daß das richtige Werkzeug zur Hand ist. Der Zusammenbau erfolgt in den allermeisten Fällen in genau umgekehrter Reihenfolge, und es ist ratsam, sich daran zu halten. Achten Sie auf Markierungen, wenn Teile in verschiedenen Lagen wieder zusammengebaut werden können. Halten Sie immer ein Blatt Papier bereit, um Einbaulagen und -reihenfolgen zu notieren. Dabei hat sich ein Bleistift eher bewährt als ein Kugelschreiber, da ersterer auch bei Kälte und Nässe schreibt. Es gibt mehrere Möglichkeiten, die Einbaureihenfolge von Teilen zu markieren. Die einfachste ist wohl, sie hintereinander auf ein sauberes Tuch zu legen. Getriebezahnräder können auch auf ein Stück Draht oder Kabel aufgefädelt werden. Bei Schrauben und Bolzen ist auch möglich, sie hintereinander in ein Stück Styropor zu stecken. Manche Oldtimer-Restaurateure schwören gar auf viele Fotos bei der Demontage. Am besten ist jedoch immer die Kombination zwischen genauen Notizen und Skizzen und der Ablage in Behältern, die nach Baugruppen geordnet sind.

Es hat sich außerdem bewährt, Schrauben und Muttern nach der Demontage lose in ihre Löcher bzw. auf ihre Bolzen aufzudrehen, damit später nicht Teile verwechselt werden, z. B. unterschiedlich lange Gehäuseschrauben. Verfallen Sie nicht dem Irrtum, Sie könnten sich schon alles für später merken!

Plastikbecher von Joghurts u. ä. eignen sich für die vorübergehende Aufbewahrung kleiner Teile; außerdem lassen sie sich gut mit Lackfaserschreibern beschriften. Sammeln Sie solche Behälter, sie sind sehr nützlich, wenn Sie Baugruppen mit vielen kleinen Teilen wie z. B. Vergaser demontieren.

Beim Trennen von elektrischen Verbindungen und Kabeln können Sie sich natürlich an die Kabelfarben halten. Noch sicherer ist es aber, Stecker und Kabelenden mit kleinen Fähnchen von z. B. Tesakrepp zu versehen, die Sie mit Codeziffern bzw. -buchstaben beschriften. Das erleichtert später den Zusammenbau ungeheuer.

Dichtungen

Dichtungen aus Papier, Aluminium, Kupfer oder Verbundstoffen werden verwendet, um die Oberflächen zweier Gehäusehälften abzudichten. In manchen Fällen werden sie zusätzlich mit einer Flüssigdichtung versehen. Allerdings wäre es falsch, grundsätzlich Flüssigdichtung zu verwenden. Zum einen kann ein ungleichmäßiger Auftrag eher zu Lecks führen. Zum anderen verhindert Dichtpaste den vielleicht notwendigen Wärmeübergang zwischen den Bauteilen, beispielsweise beim Zylinderkopf. Zum dritten zerreißen Papierdichtungen bei der Demontage, weil die Paste inzwischen ausgehärtet ist. Verwenden Sie Dichtpaste daher nur dort, wo sie vom Hersteller vorgeschrieben ist.

Es hat sich bewährt, Papierdichtungen vor dem Einbau einzufetten. Das erleichtert zum einen die Montage, weil sie mit dem Fett praktisch an einer Gehäusehälfte kleben und dort ausgerichtet werden können. Zum anderen besteht kaum mehr die Gefahr, daß sie bei der erneuten Demontage zerreißen, und sie können wiederverwendet werden.

Gerade bei trocken eingebauten Dichtungen neigen die Gehäusehälften dazu, sehr stark zusammenzuhaften, wenn sie auseinandergenommen werden sollen. Stellen Sie zuerst sicher, daß wirklich alle Schrauben und Halteklammern entfernt wurden. Vermeiden Sie es unter allen Umständen, einen Schraubendreher oder Meißel zwischen die Hälften zu drücken, da sonst die Dichtflächen irreparabel beschädigt werden. Klopfen Sie eher mit einem Plastikhammer an einer Nase oder einem Anguß, um das Gehäuse zu trennen. Sie können auch einen normalen Hammer und als Zwischenlage ein Stück Hartholz verwenden. Schlagen Sie nicht auf Teile, die leicht beschädigt werden könnten.

Kleben nach der Demontage Dichtungsreste an den Dichtflächen – was bei trocken eingebauten Papierdichtungen meist der Fall ist –, so schaben Sie sie sorgfältig ab, bis die Oberfläche wieder glatt und sauber ist. Verwenden Sie dazu ein stumpfes Messer oder einen Spachtel und seien Sie bemüht, keine Narben und Schnitte im Leichtmetall zu hinterlassen. Auch aus einem Stück kupferner Wasserleitung läßt sich durch Zusammendrücken und Anschleifen ein wirkungsvoller Schaber herstellen. Hartnäckige Dichtungsreste können auch mit Benzin oder Öl aufgeweicht werden.

Schläuche abnehmen

Manche Schläuche sitzen sehr fest auf ihren Stutzen. Lösen Sie zunächst die Schlauchklemmen und nehmen sie wenn möglich ganz ab, schieben Sie sie zumindest weit über den Schlauch zurück. Drehen Sie dann den Schlauch mit einer Zange mit glatten Backen auf dem Stutzen etwas hin und her, damit er sich löst. Sprühen Sie etwas Kriechöl auf den Anschluß, wenn Sie mit dem Sprühkopf den Spalt zwischen Schlauch und Stutzen erreichen können.

Läßt sich der Schlauch noch immer nicht abziehen, erwärmen Sie sein hartnäckiges Ende mit einem Heißluftfön, um es geschmeidig zu machen. Hilft auch das nicht, so bleibt Ihnen nichts anderes übrig, als den Schlauch mit einem scharfen Messer am Anschlußende in Längsrichtung aufzuschlitzen, bis er sich abziehen läßt. Dies erfordert dann allerdings einen neuen Schlauch oder zumindest ein Kürzen des alten. Vollständig durchgehärtete Schläuche sollten ohnehin erneuert werden. Das gleiche gilt für beschädigte oder verschlissene Schlauchklemmen.

Werkzeug- und Werkstatt-Tips

Werkzeug-Kauf

Zur Wartung und Reparatur ist unbedingt ein Werkzeugsatz nötig. Obwohl die Anschaffung einer geeigneten Grundausrüstung zunächst etwas Geld kostet, macht sie sich schnell bezahlt, da man durch Eigenleistung Werkstattkosten spart. Bei steigenden Erfahrungen und Zutrauen kann zusätzliches Werkzeug beschafft werden, um große Reparaturen und Motorüberholungen durchführen zu können. Viele Spezialwerkzeuge sind teuer und werden nur selten benutzt, hierbei kann sich das Mieten lohnen oder der gemeinsame Kauf mit Freunden oder einem Club.

Eine Regel ist, besser gutes teures Qualitätswerkzeug zu kaufen als billiges, was schnell verschleißt (und dabei Motorrad-Teile beschädigt) und öfter erneuert werden muß – und dadurch die anfänglichen Erparnisse schnell aufhebt.

Warnung: Um das Risiko zu vermindern, durch das Brechen schlechten Werkzeugs verletzt zu werden oder Bauteile zu beschädigen, muß immer auf stabile Qualität und die Erfüllung von Sicherheitsnormen geachtet werden.

Die folgende Werkzeugliste entspricht nicht den Wartungs- und Reparaturwerkzeugen des Herstellers und der Werkstätten, sondern stellt eine Empfehlung dar, welche Werkzeuge für einfache Arbeiten benötigt werden. Zusätzlich werden solche Dinge wie eine elektrische Bohrmaschine, eine Eisensäge, Feilen, Hämmer, ein Lötkolben und eine mit einem Schraubstock ausgerüstete Werkbank empfohlen. Obwohl nicht als Werkzeug klassifiziert, ist eine Sammlung von Schrauben, Muttern, Scheiben und Rohrstücken immer sehr nützlich.

Werks-Spezialwerkzeug

In unvermeidlichen Fällen ist die Benutzung von Spezialwerkzeug empfohlen. Wenn die Möglichkeit einer alternativen Verwendung besteht, ist diese beschrieben. Jedoch ist manchmal das Risiko einer Verletzung oder Beschädigung zu groß, so daß BMW-Spezialwerkzeug benutzt werden muß. Spezialwerkzeug ist normalerweise nur über den Motorradhandel zu bekommen und ist mit einer Werks-Nummer versehen. Einige der oft benutzten Werkzeuge, wie z.B. Rotorabzieher sind auch über den Zubehör-Handel erhältlich.

Grundausstattung

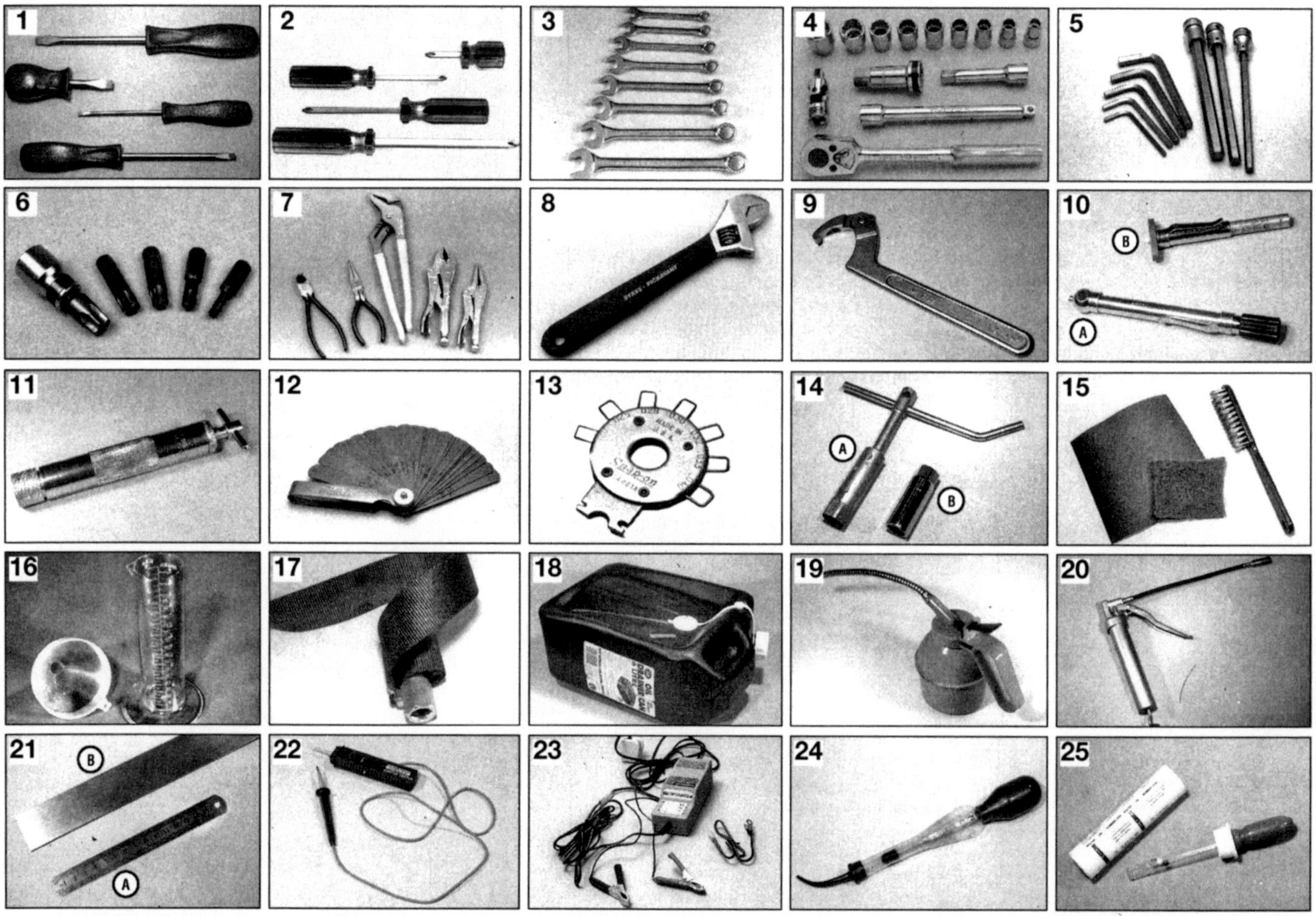

1 Schlitzschraubendreher-Satz
2 Kreuzschraubendreher-Satz
3 Gabel/Ringschlüsselsatz
4 Steckschlüsselsatz mit 3/8 oder 1/2 Zoll-Antrieb (Knarrenkasten)
5 Inbus-Schlüsselsatz oder Steckeinsätze
6 Torxschlüsselsatz oder Bits
7 Verschiedene Zangen, Gripzangen
8 Einstellbarer Rollgabelschlüssel
9 Hakenschlüssel (am besten einstellbar)
10 Luftdruckprüfgerät (A), Profiltiefenmesser (B)
11 Bowdenzug-Öler
12 Fühlerlehre
13 Meß- und Einstellgerät für Zündkerzen-Elektroden
14 Zündkerzenschlüssel (A) oder tiefer Knarreneinsatz
15 Drahtbürste und Schleifpapier
16 Trichter und Meßbecher
17 Bandschlüssel
18 Öl-Auffangbehälter
19 Ölkanne mit Pumpe
20 Fettpresse
21 Stahl-Lineal und Winkel
22 Durchgangsprüfer
23 Batterieladegerät
24 Hydrometer (zur Bestimmung der Batteriesäuredichte)
25 Frostschutztester (für wassergekühlte Motoren)

Werkzeug für Reparatur und Überholung

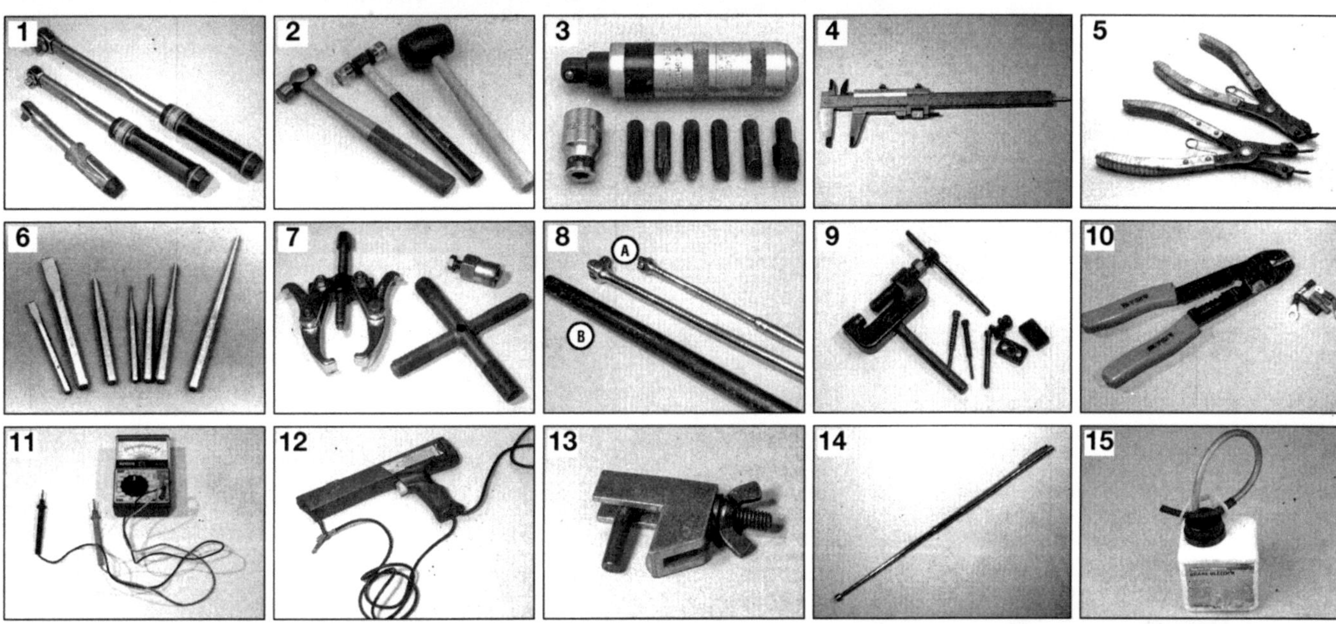
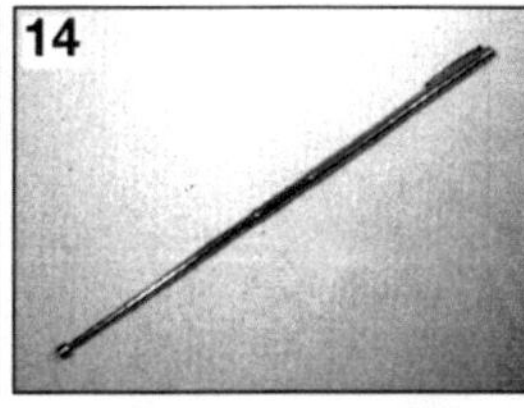

1 Drehmomentschlüssel (kleine und mittlere Ausführung)
2 Stahl-, Plastik- und Gummihammer
3 Schlagschrauber-Satz
4 Schieblehre
5 Seegerringzangen (für innen und außen)
6 Dorne und Meißel
7 verschiedene Abzieher
8 Gelenkgriffe (A) und Rohrverlängerungen (B)
9 Ketten-Trenn- und Montierwerkzeug
10 Abisolierzange
11 Multimeter (für Volt, Ampere, Ohm)
12 Stroboskoplampe (für dynamische Zündungskontrolle)
13 Draht-Zwirbel-Werkzeug
14 Magnetheber (hier als Teleskop-Ausführung)
15 Ein-Personen-Bremsenlüftungssatz

Spezialisten-Werkzeug

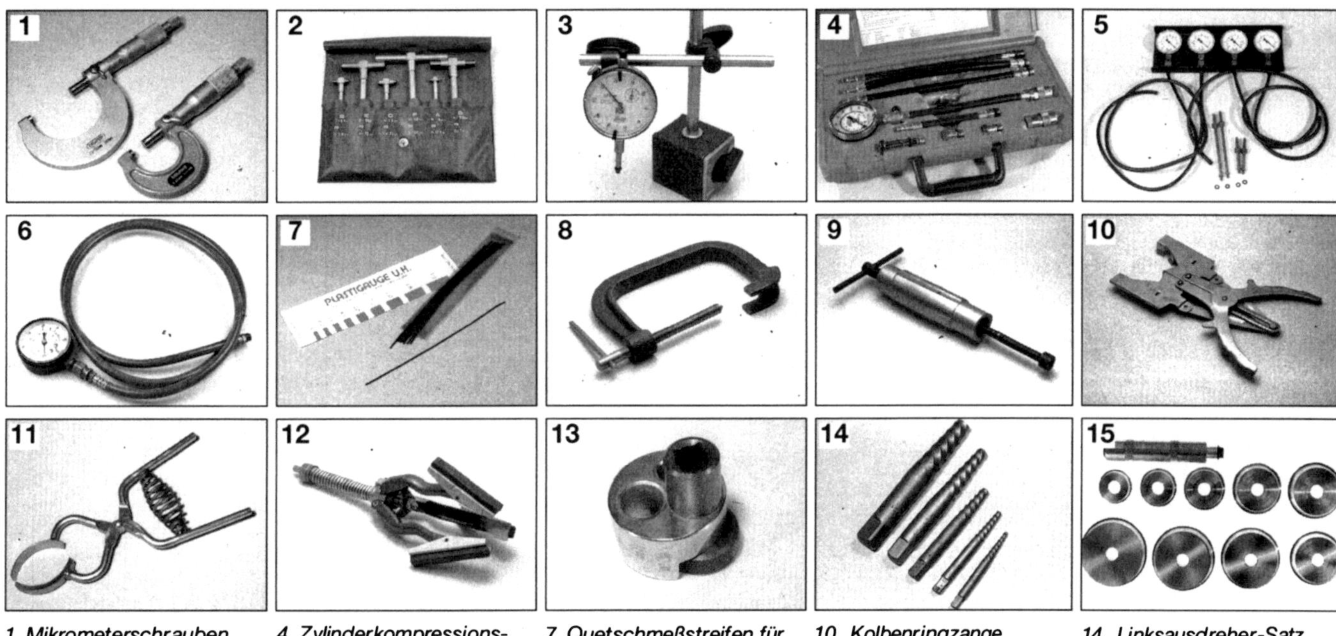
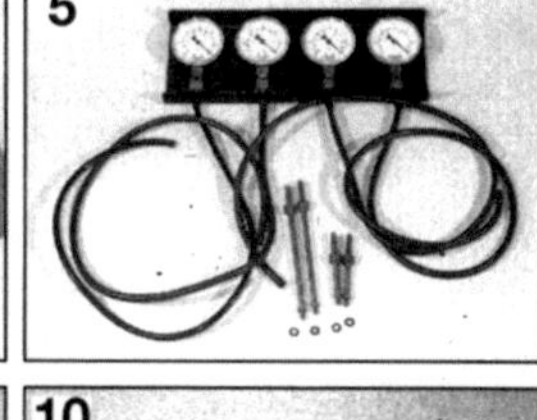
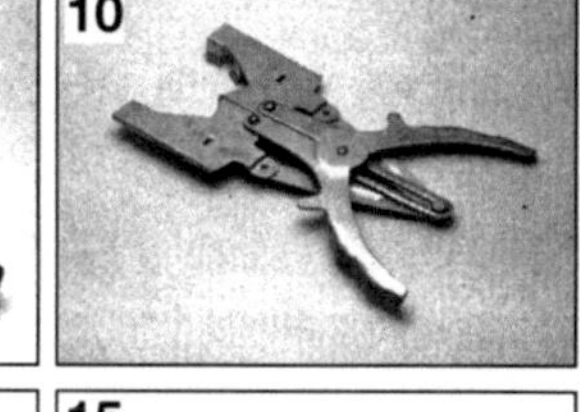
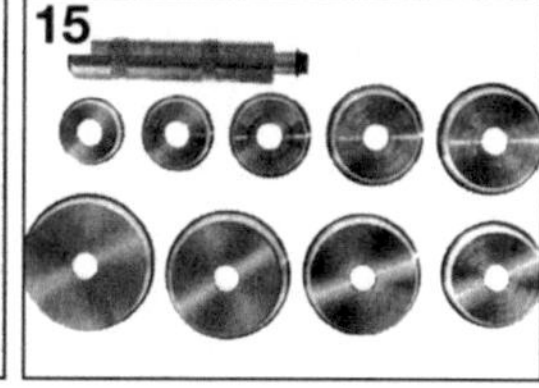

1 Mikrometerschrauben
2 Innenmeßgeräte
3 Meßuhr
4 Zylinderkompressions-Meßgerät
5 Synchronisationsgerät
6 Öldruck-Meßgerät
7 Quetschmeßstreifen für Lagerspielmessung
8 Ventilfederpresse
9 Kolbenbolzenauszieher
10 Kolbenringzange
11 Kolbenringklemme
12 Zylinderhonsteine
13 Bolzenausdreher
14 Linksausdreher-Satz
15 Lagertreiber-Satz

1 Werkstatt
Ausrüstung und Einrichtung

Die Hebebühne

● Man kann sich die Arbeit an vielen Bauteilen des Motorrades erheblich erleichtern, wenn die Maschine mit Hilfe einer Hebebühne in eine günstige Arbeitshöhe gebracht wird. Die teuren hydraulischen oder pneumatischen Hebebühnen, wie man sie aus professionellen Werkstätten kennt, sind eine lohnenswerte Anschaffung, wenn man viele Reparaturen und Überholungen zu erledigen hat (siehe Abbildung 1.1).

1.1 Hydraulische Motorrad-Hebebühne

● Wenn das Motorrad angehoben wird, muß darauf geachtet werden, daß es gegen Herunterfallen gesichert wird. Die meisten Bühnen haben dazu eine einstellbare Vorderrad-Klemmung. Beim Einklemmen des Rades darf der Reifen oder die Felge nicht beschädigt werden, den besten Schutz bieten hier zwischengelegte Holzblöcke.

● Sichern Sie das Motorrad mit Spannriemen an der Bühne (siehe Abbildung 1.2). Wenn die Maschine nur einen Seitenständer besitzt und kippgefährdet ist, sollte sie auf einer passenden Stütze positioniert werden.

1.2 Mit z. B. an den Beifahrerfußrasten befestigten Spannriemen wird die Maschine vor dem Umfallen gesichert.

● Passende Stützen sind in unterschiedlichen Formen und Ausführungen im Fachhandel erhältlich. Zumeist wird die Maschine damit an der Hinterrad- oder Schwingen-Achse angehoben (siehe Abbildung 1.3). Um beide Räder zu entlasten, kann ein Wagenheber unter den Motor positioniert und das Vorderteil angehoben werden (siehe Abbildung 1.4).

1.3 Diese Stütze hebt das Motorrad an der Schwingenachse an.

1.4 Um Beschädigungen zu vermeiden, muß immer ein Stück Holz zwischen Wagenheber und Motor oder Rahmen liegen.

Rauch und Feuer

● Beachten Sie genau die Sicherheit zuerst! - Seiten am Anfang des Buches. Gehen Sie sicher, daß ein Feuerlöscher zur Hand ist, der für brennbare Flüssigkeiten geeignet ist – versuchen Sie auf gar keinen Fall, brennendes Benzin oder Öl mit Wasser zu löschen!

● Sorgen Sie dafür, daß immer ausreichende Belüftung sichergestellt ist. Wenn keine Abgas-Absauganlage vorhanden ist, darf der Motor nur außerhalb der Werkstatt gestartet werden.

● Wenn Sie mit Kraftstoff hantieren, muß durch gutes Lüften dafür gesorgt werden, daß sich keine zündfähigen Gasgemische bilden können. Das gleiche gilt beim Aufladen von Batterien. Rauchen Sie nicht, und verbieten Sie auch anderen Personen, in der Werkstatt zu rauchen.

1.5 Benutzen Sie zum Lagern von Kraftstoff nur vorgeschriebene Kanister.

Flüssigkeiten

● Wenn Sie den Tank entleeren müssen, darf der Kraftstoff nur in geeigneten und verschließbaren Behältern und Kanistern gelagert werden (siehe Abbildung 1.5). Lagern Sie Benzin niemals in Gläsern oder Flaschen.

● Benutzen Sie entsprechende Motoren-Entfetter oder schwer entflammbare Lösungsmittel, wie z.B. Paraffin (Kerosin), um Öl, Fett und Schmutz zu entfernen – benutzen Sie niemals Benzin! Tragen Sie bei diesen Arbeiten Gummihandschuhe und benutzen Sie diese Reinigungsmittel nur draußen oder in sehr gut belüfteten Räumen.

Staub-, Augen- und Handschutz

● Schützen Sie Atemwege und Lunge mit Staubmasken vor dem Eindringen von Staubpartikeln. Manche älteren Brems- oder Kupplungsbeläge enthalten krebserregendes Asbest – hantieren Sie auf jeden Fall sehr vorsichtig mit solchem Material. Schützen Sie Ihre Augen mit einer Schutzbrille vor Spritzern und Spänen (siehe Abbildung 1.6).

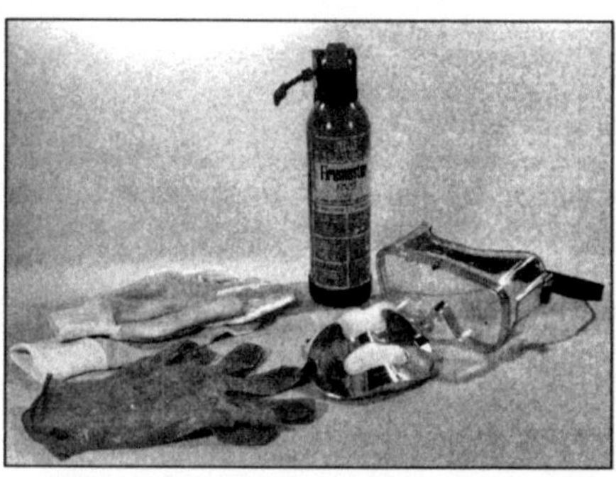

1.6 Ein Feuerlöscher, eine Schutzbrille, Staubmaske und Schutzhandschuhe sollten in der Werkstatt immer zur Hand sein.

● Schützen Sie Ihre Hände mit Gummihandschuhen vor dem Kontakt mit Lösungsmitteln, Benzin und Öl. Alternativ kann vor Arbeitsbeginn eine spezielle Schutzcreme auf die Hände aufgetragen werden. Wenn Sie mit heißen Teilen oder Flüssigkeiten hantieren, müssen hierfür geeignete Handschuhe getragen werden.

Die Entsorgung alter Flüssigkeiten

● Alte Reinigungs- und Bremsflüssigkeit, Kraftstoff und Öl dürfen nicht ins Erdreich oder Wasserabflüsse gelangen. Füllen Sie die entsprechenden Flüssigkeiten in entsprechende Behälter und bringen Sie sie zu dem Händler, von dem Sie sie erworben haben. Unter Vorlage einer Quittung sind Händler verpflichtet, altes Öl und Bremsflüssigkeit wieder zurückzunehmen. Schütten Sie unterschiedliche Flüssigkeiten nicht zusammen in einen Behälter, da sie nur getrennt wieder aufbereitet werden können. Öliger und fettiger Schmutz kann zusammen mit dem Altöl abgegeben werden, alte Ölfilter können ebenfalls beim Händler entsorgt werden.

2 Befestigungen
Schrauben und Muttern

Typen und Anwendungen

Schrauben

- Köpfe von Maschinenschrauben gibt es in den Ausführungen Sechskant, Torx und Vielzahn – alle in Innen- und Außen-Versionen (siehe Abbildungen 2.1 und 2.2). Vielzahn-Schrauben werden im Motorradbau sehr selten verwendet. Schlitz- und Kreuzschlitz-Köpfe werden nur bei kleinen Schrauben verwendet, die keiner großen Belastung ausgesetzt sind. Längenangaben bei Schrauben werden von unterhalb des Kopfes bis zum Ende gemessen (siehe Abbildung 2.11).

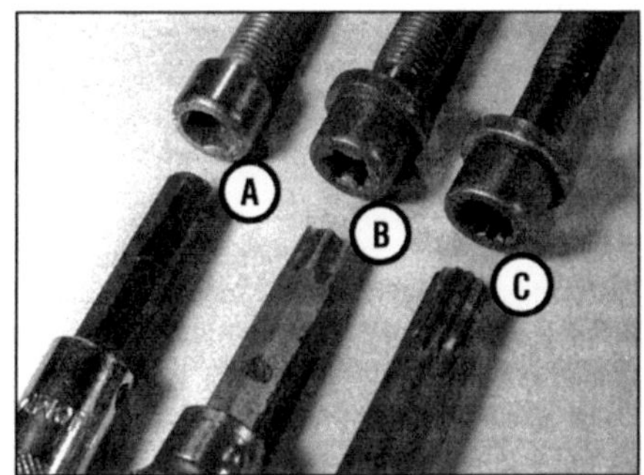

2.1 Innen-Sechskant (»Inbus«) (A), Torx (B) und Vielzahn-Schraubenköpfe (C) mit entsprechenden Werkzeugen

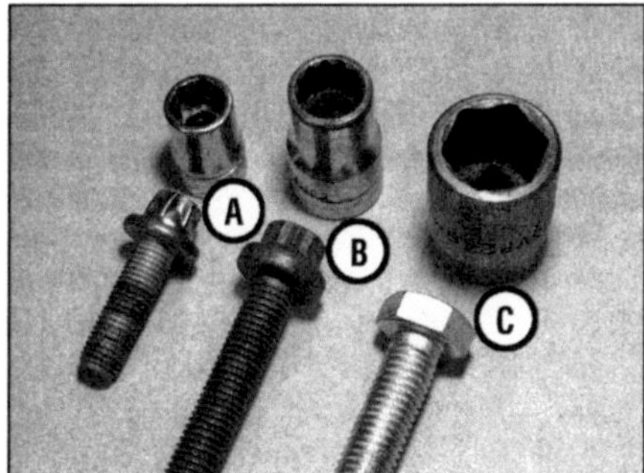

2.2 Außen-Torx (A), Vielzahn (B) und Sechskant-Schrauben (C) mit entsprechenden Steckschlüssel-Einsätzen (»Nüssen«)

- Verschiedene Schrauben haben Zugfestigkeits-Angaben auf ihren Köpfen. Je höher die Zahl, desto stabiler die Schraube. Hochfeste Schrauben tragen eine 10 oder höhere Zahl. Ersetzen Sie eine hochfeste Schraube niemals durch eine minderfeste.

Scheiben (siehe Abbildung 2.3)

- Unterlegscheiben werden zwischen Schraubenkopf und Bauteil gelegt, um Beschädigungen des Teils zu vermeiden und um die Last des Anzugsmoments zu verteilen. Spezielle Unterlegscheiben werden bei verschiedenen Gelegenheiten als Abstandshalter und Einstellscheibe eingesetzt. Kupfer- oder Aluminiumscheiben fungieren als Dichtungsringe, z.B. bei Ablaßschrauben.

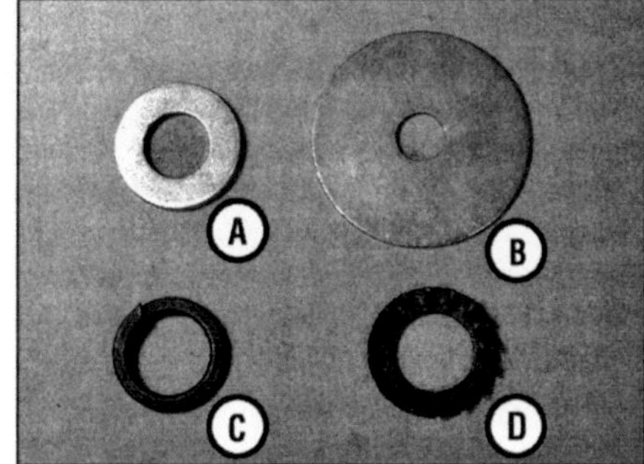

2.3 Unterlegscheibe (A), Kotflügelscheibe (B), Federring (C) und Sicherungsscheibe (D)

- Der offene Federring übt zwischen Schraube und Bauteil axialen Druck aus. Nach einmaligem Gebrauch muß er ersetzt werden. Wenn der Federring zusammen mit einer Unterlegscheibe verwendet wird, muß er zwischen dieser und der Schraube gelegt werden.
- Sternförmige Sicherungsscheiben schneiden sich beim Linksherumdrehen in die Schraube und das Bauteil ein, um das Lösen der Schraube zu verhindern. Sie werden oft bei elektrischen Masseverbindungen am Rahmen verwendet.
- Konus- oder Fächerscheiben üben zwischen Schraube und Bauteil axialen Druck aus. Sie werden mit der flachen Seite auf das Bauteil gelegt, wenn sie abgeflacht sind, sind sie ermüdet und müssen ausgewechselt werden.
- Sicherungsbleche werden unter glatte Wellen-Muttern gelegt, das Blech wird an einer oder mehreren Seiten der Mutter hochgebogen und gegen deren Sechskant gepreßt, um ein Lösen zu verhindern. Ist das Blech nach mehrmaligem Gebrauch verschlissen, muß es ersetzt werden.
- Wellenscheiben werden eingesetzt, um Spiel auf Achsen aufzunehmen. Sie üben leichten Federdruck aus und verhindern das Hin- und Herschieben von Baugruppen, z.B. Kipphebeln auf ihren Wellen.

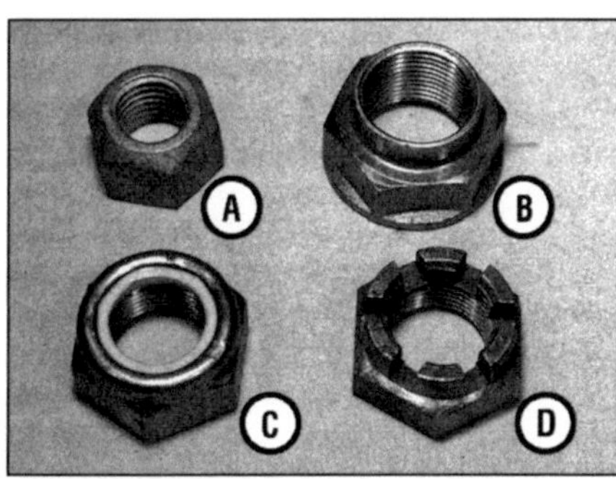

2.4 Sechskantmutter (A), Mutter mit Bund (B), selbstsichernde Mutter mit Nylon-Einsatz (C), Kronenmutter (D)

Muttern und Splinte

- Herkömmliche Muttern sind sechsseitig (siehe Abbildung 2.4). Ihre Größenbezeichnungen richten sich nach dem Gewindedurchmesser und dessen Steigung. Hochfeste Muttern tragen auf einer Seite eine Zahl, die ihre Festigkeit angibt.
- Selbstsichernde Muttern haben entweder Nylon-Einsätze oder zwei Federstreifen, außerdem gibt es Muttern mit Bund, die sich mit einer Verzahnung sichern. Ihr aller Vorzug liegt darin, daß sie nicht durch Vibrationen zu lösen sind. Die Nylon- und Feder-Ausführungen können mehrmals universell eingesetzt werden und müssen erst ersetzt werden, wenn sie leichtgängig oder verschlissen sind. Die Bund-Ausführungen müssen nach jedem Lösen ausgewechselt werden.
- Splinte werden zum Sichern von Kronenmuttern auf Achsen, aber auch gegen das Lösen normaler Sechskantmuttern eingesetzt, besonders an Radachsen und Bremsankern. Normale Splinte müssen wegen der Bruchgefahr nach jedem Gebrauch erneuert werden (siehe Abbildungen 2.5 und 2.6)

2.5 Biegen Sie Einweg-Splinte bei Kronenmuttern wie gezeigt auseinander.

2.6 Biegen Sie Einweg-Splinte bei normalen Muttern wie gezeigt auseinander.

Achtung: *Wenn die Schlitze der Kronenmutter nach dem vorschriftsmäßigen Anziehen nicht mit der Splintbohrung in der Achse fluchten, ziehen Sie sie soweit fester, bis der Splint durchgeführt werden kann. Lockern Sie sie nicht zu diesem Zweck.*

- Federsplinte können mehrmals verwendet werden, solange sie nicht beschädigt sind. Installieren Sie Federsplinte immer mit dem

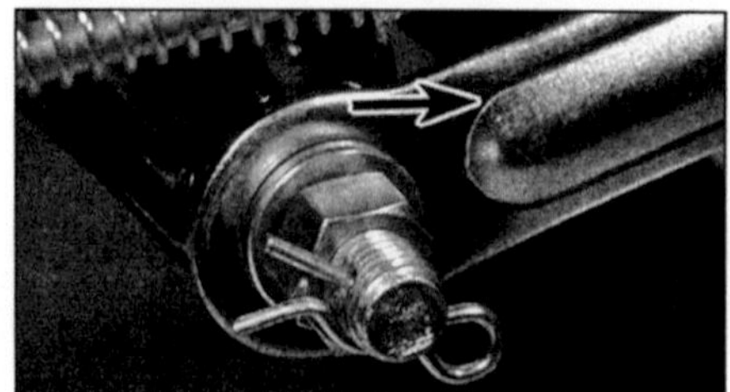

2.7 Federsplinte werden mit dem geschlossenen Ende in Fahrtrichtung (Pfeil) montiert.

geschlossenen Ende nach vorne (siehe Abbildung 2.7).

Sicherungsringe (s. Abbildung 2.8)

- Sicherungsringe, die mit »Augen« zum besseren Aus- und Einbau versehen sind, werden auch Seegerringe genannt. Je nach Einsatzzweck auf Wellen oder in Bohrungen sitzen die Augen innen oder außen. Geschliffene Ringe können beidseitig verwendet werden, bei gestanzten Ringen (mit einer flachen und einer abgerundeten Seite) muß die flachen Seite entstehenden Druck auf die Nut übertragen (siehe Abbildung 2.9).

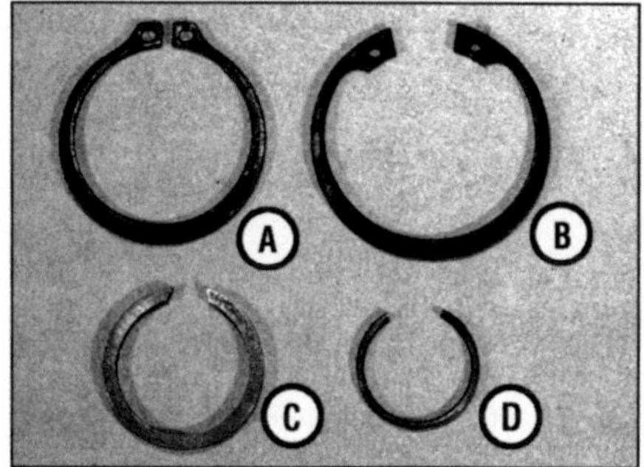

2.8 Wellen-Seegerring (A), Bohrungs-Seegerring (B), geschliffener Sicherungsring (C), Draht-Sicherungsring (D)

- Benutzen Sie immer eine Seegerring-Zange zur Montage und Demontage, spannen Sie damit die Ringe nicht mehr als nötig. Drehen Sie die Ringe nach der Montage in ihrer Nut,

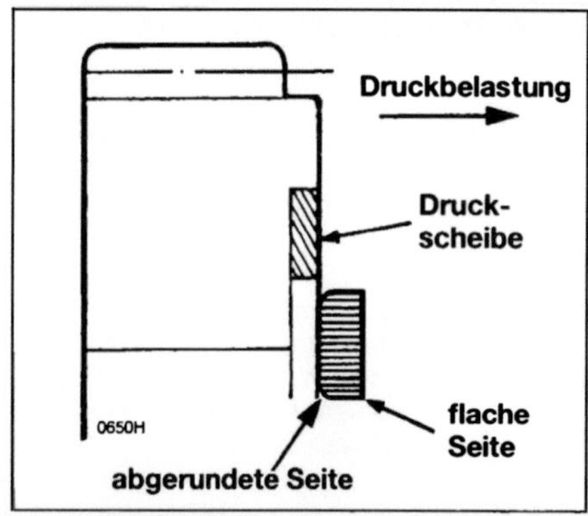

2.9 Korrekte Einbaulage eines gestanzten Sicherungsrings

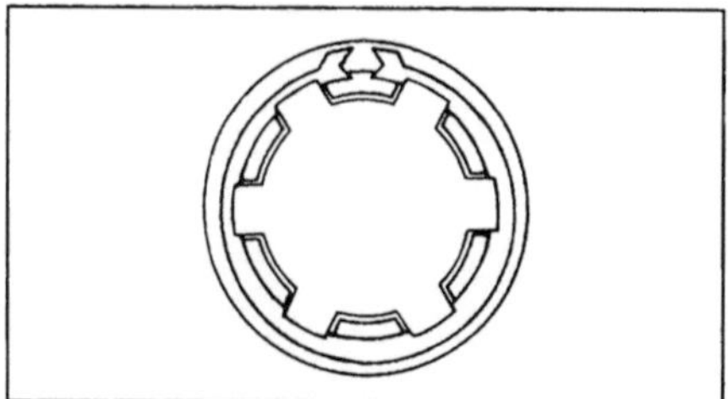

2.10 Die Öffnung des Sicherungsrings muß in einer Nut der Welle liegen.

um sicherzugehen, daß sie richtig sitzen. Wenn ein Sicherungsring auf eine Nutenwelle montiert wurde, muß die Öffnung mit einer Nut fluchten. So wird sichergestellt, daß die Enden gut gehalten werden (siehe Abbildung 2.10).

- Sicherungsringe können durch den Druck von Bauteilen verschleißen und dadurch locker in ihren Nuten sitzen. Da hierdurch die Gefahr des Herausspringens steigt, sollten Sie regelmäßig nach jedem Ausbau ersetzt werden.
- Draht-Sicherungsringe werden normalerweise zur Sicherung des Kolbenbolzens in die Nuten des Kolbens gesetzt. Sie können mit einer Spitzzange oder einem kleinen Schraubendreher ausgebaut werden. Kolbenbolzen-Sicherungsringe dürfen auf keinen Fall mehrmals verwendet werden.

Gewindedurchmesser und Gewindesteigung

- Der Durchmesser eines Gewindes wird außen an der Schraube oder des Bolzens gemessen. Fast alle Motorradhersteller benutzen heute metrische Gewinde nach ISO-Norm, eine M 6-Schraube hat einen Gewindedurchmesser von 6 mm. Diese Bezeichnung gilt auch für die entsprechende Mutter, hier muß der Durchmesser in den »Tälern« des Gewindes gemessen werden.
- Die Gewindesteigung bezeichnet den Abstand zwischen zwei Gewindegängen (siehe Abbildung 2.11). Sie wird in Millimetern angegeben, jedoch nur extra erwähnt, wenn sie von der Norm abweicht, d.h. eine M 8-Schraube nicht 1,25 mm sondern z.B. ein Feingewinde von 1,0 mm hat – sie heißt dann M 8 x 1.0. Mit zunehmendem Gewindedurchmesser wird auch die Steigung größer.

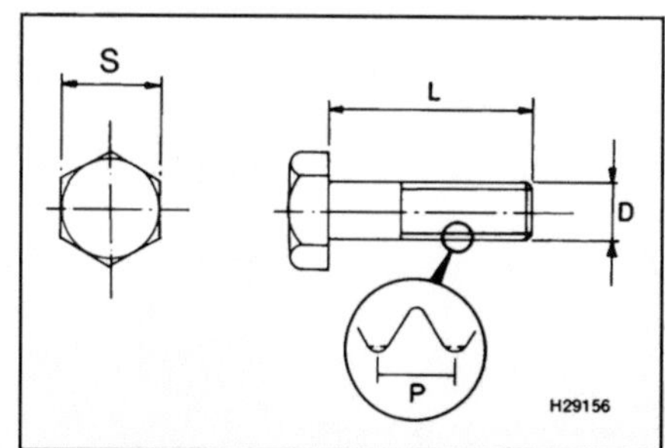

2.11 Schraubenlänge (L), Gewindedurchmesser (D), Gewindesteigung (P), Schlüsselweite (S)

2.12 Mit einer Gewindelehre kann die Steigung bestimmt werden.

- Zu bestimmten Gewinde-Durchmessern, -Steigungen und Festigkeiten gehören entsprechende Schraubenköpfe mit Schlüsselweiten in Millimetern (siehe Abbildung 2.11). Bei Unsicherheit können Gewindesteigungen mit Gewindelehren gemessen werden (siehe Abbildung 2.12).

Schlüsselweite	Ø Gewinde x Steigung
8 mm	M 5 x 0,8 mm
8 mm	M 6 x 1,0 mm
10 mm	M 6 x 1,0 mm
12 mm	M 8 x 1,25 mm
14 mm	M 10 x 1,25 mm
17 mm	M 12 x 1,25 mm

- Die meisten Schrauben und Bolzen haben Rechtsgewinde, d.h. die Schraube oder Mutter wird im Uhrzeigersinn festgezogen. Linksgewinde finden sich ganz selten an Stellen, wo die Drehrichtung des Bauteils die Verbindung lösen könnte, z.B. bei einigen Ritzelmuttern.

Festsitzende Gewinde

- Durch Feuchtigkeit, Salz und elektro-chemische Korrosion zwischen unterschiedlichen Metallen können im Laufe der Zeit außensitzende Schrauben schwer zu lösen sein. Mit normalen Methoden wird man in diesen Fällen wahrscheinlich den Schraubenkopf zerstören. Wenn man merkt, daß sich eine Schraube oder Mutter nicht wie üblich durch ein Knakken löst und dann leicht ausbauen lässt, sollte sofort die übliche Demontage gestoppt werden, bevor etwas zerstört wird.
- Bereits ein leichter Schlag auf den Schraubenkopf kann Korrosion und Spannungen im Gewinde lösen (siehe Abbildung 2.13).

2.13 Bereits ein leichter Schlag auf den Schraubenkopf löst oft ein korrodiertes Gewinde.

2.14 Ein Schlagschrauber setzt die Wucht des Hammers in eine Drehbewegung um.

2.16 Mit einem am Rand angesetzten Meißel wird die Schraube oder Mutter gelockert.

2.19 Achtung beim Vorbohren: nicht das weichere Gehäusematerial beschädigen.

- Kriechöl (wie z.B. Caramba) kann als Rostlöser an die Verbindung gesprüht werden und über Nacht einsickern. Wenn man mit Plastilin eine »Wanne« um die Mutter oder Schraube formt, kann die Verbindung sogar geflutet werden.
- Aufgrund der öligen Umgebung haben innerhalb des Motorgehäuses befindliche Schraubverbindungen kaum Korrosionsprobleme. Doch kann auch hier ein Schlagschrauber die Arbeit erleichtern, festsitzende Schrauben zu lösen (siehe Abbildung 2.14).
- Korrosion zwischen Metallen (z.B. Stahl und Aluminium) kann durch Erwärmung gelockert werden. Da sich Aluminium stärker ausdehnt als Stahl, reißt die Verbindung auf und die Bohrung (im Aluminium) erweitert sich. Hitzeempfindliche Teile wie Dichtringe und Gummistopfen müssen zunächst entfernt werden, dann kann man z.B. mit einem Heißluftgebläse den Bereich um die Schraube erwärmen (siehe Abbildung 2.15). Alternativ kann man das Bauteil auf eine elektrische Herdplatte, in einem Backofen, in kochendem Wasser oder mit einem Bügeleisen erwärmen. Benutzen Sie keine offene Flamme! Tragen Sie Handschuhe, um Hautverbrennungen zu vermeiden.
- Als nächste Möglichkeit kann man mit Hammer und Meißel die Schraube losklopfen (siehe Abbildung 2.16). Hierdurch wird die Schraube oder Mutter zerstört, doch viel wichtiger ist, daß man das Bauteil dabei nicht beschädigt.

Achtung: Beachten Sie immer, daß das Gehäuseteil, in dem die Schraube sitzt, viel empfindlicher und teurer ist als die Schraube selbst. Wenn die Schraube gelockert ist, sollte sie nicht mit Gewalt herausgedreht werden. Um das Gewinde zu schonen, muß die Schraube bei starkem Widerstand vorsichtig ein- und ausgedreht werden, bis sie locker ist.

2.15 Erwärmen Sie den Bereich um die Schraubverbindung gleichmäßig.

Abgebrochene Schrauben und Stehbolzen

- Wenn das Gewinde zugänglich ist, kann man versuchen, es mit einer selbstsichernden Gripzange zu drehen. Mit einem Stehbolzendreher, der normalerweise bei Zylinderstehbolzen verwendet wird, lassen sich meist bessere Ergebnisse erzielen (siehe Abbildung 2.17). Stehbolzen lassen sich auch mit zwei gegeneinander verkonterten Muttern lösen (siehe Abbildung 2.18).
- Eine bündig am Gehäuse abgerissene Schraube kann, wenn sie nicht allzu fest sitzt, nur mit einem Linksausdreher entfernt werden. Zunächst wird mit dem Körner in der Mitte des Gewindes eine Markierung geschlagen, aus der ein Bohrer nicht mehr abrutschen kann (siehe Abbildung 2.19). Wählen Sie den Bohrer etwa halb bis drei viertel so groß wie der Innendurchmesser der Schraube, und bohren Sie ein dem Linksausdreher entsprechend tiefes Loch. Wählen Sie den größtmöglichen Linksausdreher, aber achten Sie darauf, die Wandung der Schraube oben nicht auseinanderzudrücken, da dadurch das Gewinde im Gehäuse beschädigt und das Herausdrehen erschwert wird.
- Drehen Sie den Linksausdreher links (gegen den Uhrzeigersinn) in die abgebrochene Schraube. Wenn er sich festgefressen hat, wird er automatisch den Gewinderest aus dem Gehäuse herausdrehen (siehe Abbildung 2.20).

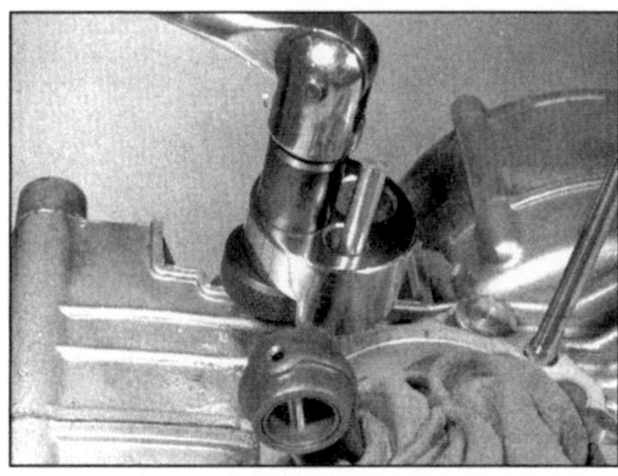

2.17 Mit einem Stehbolzendreher können auch festsitzende Schraubengewinde gelöst werden.

2.18 Nach dem Verdrehen zweier Muttern gegeneinander kann hiermit der Bolzen herausgeschraubt werden.

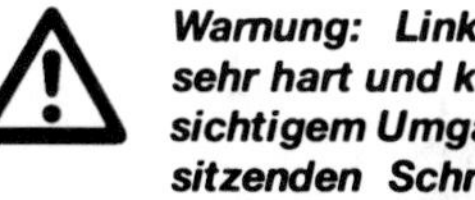

Warnung: Linksausdreher sind sehr hart und können bei unvorsichtigem Umgang und sehr fest sitzenden Schraubenresten abbrechen. In diesem Fall sollte eine professionelle Werkstatt konsultiert werden.

- Alternativ, oder wenn das Gehäusegewinde zu stark beschädigt ist, kann die Schraube ganz herausgebohrt werden. Hierbei muß darauf geachtet werden, daß die Bohrung exakt zentriert und gerade sitzt und genau die vorgegebene Tiefe erreicht wird. Dann kann ein Übermaß-Gewinde eingebohrt oder ein Gewinde-Einsatz (z.B. »Heli Coil«) hineinge-

2.20 Drehen Sie den Linksausdreher links herum in das Bohrloch, bis das Gewindestück herausgeschraubt ist.

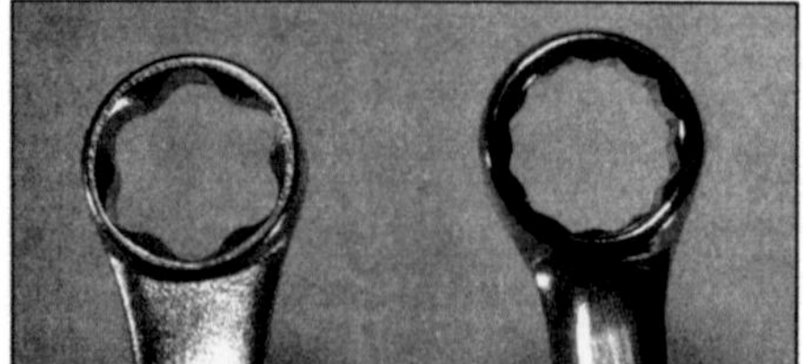

2.21 Besonders bei abgerundeten Köpfen sind Flächendruck-Schlüssel solchen mit Zwölfkant vorzuziehen.

schraubt werden. Bei Zweifel über die eigenen Fähigkeiten und in Anbetracht des Preises für ein neues Gehäuse sollte gegebenenfalls diese Arbeit einer Werkstatt überlassen werden.

- Schrauben und Muttern mit abgerundeten Sechskant-Köpfen sollten sehr vorsichtig mit exakten Ring- oder Steckschlüsseln gelöst werden. Diese sollten besser sechs als zwölf Kanten aufweisen. Als sehr gut haben sich auch Schlüssel erwiesen, die nicht die Kanten sondern die Flächen der Köpfe belasten – sie werden u.a. unter dem Handelsnamen »Metrinch« vertrieben (siehe Abbildung 2.21)

- Schlitz- oder Kreuzschlitzschrauben werden häufig durch falsche Schraubendreher-Größen beschädigt, zudem können die Dreher auch verschlissen (abgerundet) sein. Inbus- und Torx-Schrauben sind dagegen kaum zu zerstören. Wenn Zugang besteht, kann man mit einer Eisensäge einen Schlitz in die Schraube sägen und sie mit einem passenden Schlitzschraubendreher lösen. Alternativ kann die Schraube mit Hammer und Meißel vorsichtig losgeklopft werden. Beschädigte Schrauben dürfen auf keinen Fall wieder eingesetzt und festgezogen werden.

Ein Klecks Ventil-Einschleifpaste auf der Schraube kann für den Schraubendreher das letzte Quentchen Haftung bringen.

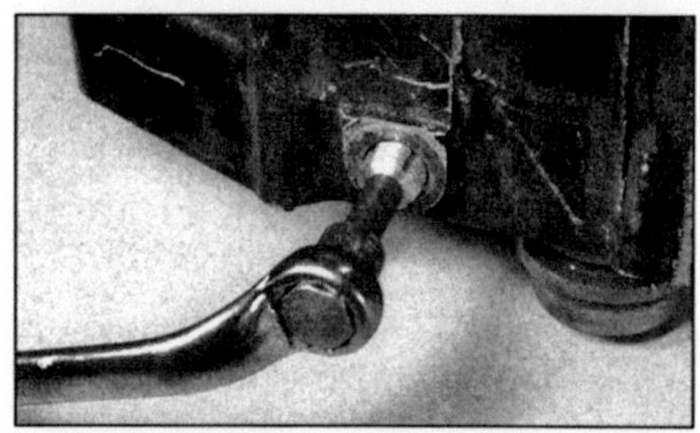

2.22 Zum Reinigen und Reparieren von Innengewinden muß ein passender(!) Gewindebohrer senkrecht(!) eingeschraubt werden.

2.23 Zum Nacharbeiten von Außengewinden wird ein Schneideisen aufgedreht.

Gewindereparatur

- Besonders in Aluminium kann ein Gewinde schnell durch zu festes Anziehen, eingearbeiteten Schmutz oder auch Vibrationen lockerer Schrauben schnell zerstört werden. Das Gewinde kann komplett mit der Schraube herausfallen.

- Wenn ein Gewinde nur leicht beschädigt oder mit alter Schraubensicherungspaste verdreckt ist, kann es mit einem passenden Gewindebohrer repariert/gereinigt werden (siehe Abbildungen 2.22 und 2.23). Für Zündkerzengewinde gibt es spezielle Größen. Achten Sie darauf, den Bohrer mit korrektem Durchmesser und vor allem richtiger Steigung zu benutzen, da das Gewinde sonst zerstört wird. Das gleiche gilt für Außengewinde. Hier kann mit einer passenden Gewindefeile oder einem Schneideisen nachgearbeitet werden (siehe Abbildung 2.24).

- Wenn um das beschädigte Innengewinde genügend Material vorhanden ist und eine größere Schraube eingesetzt werden kann, ist es möglich, das Loch passend zu vergrößern und ein größeres Gewinde einzuschneiden. Manchmal, z.B. bei Zündkerzen oder Ablaß-

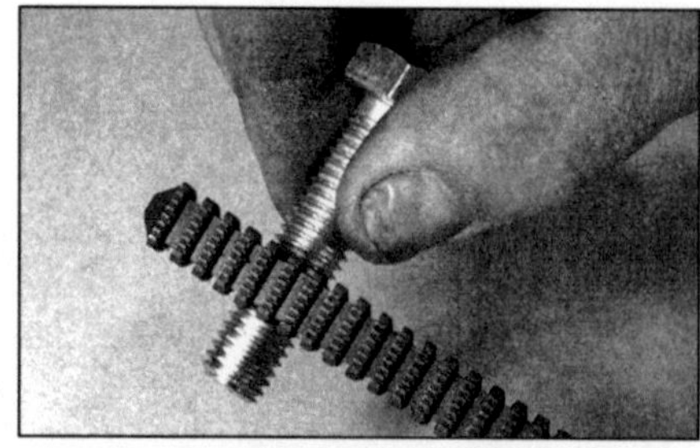

2.24 Mit einer Gewindefeile können Außengewinde nachgebessert werden.

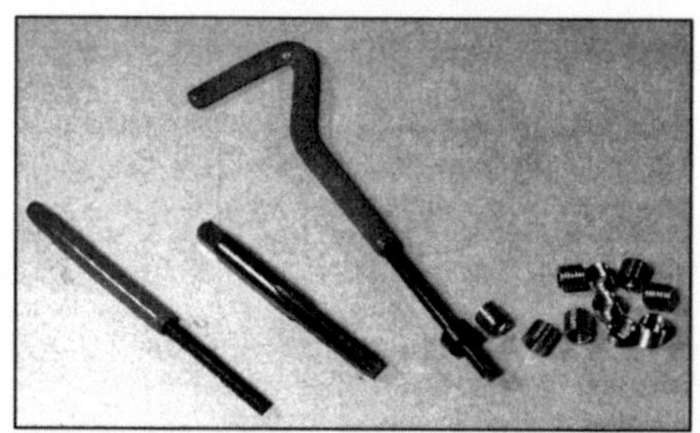

2.25 Dem »Heli Coil« Grund-Kit sind neben Gewindeeinsätzen auch die nötigen Spezialwerkzeuge beigefügt.

2.26 Bohren Sie zunächst das alte Gewinde auf (Lager und Dichtungen sollten besser abgedeckt sein).

2.27 Drehen Sie sorgfältig den Gewindeschneider hinein, . . .

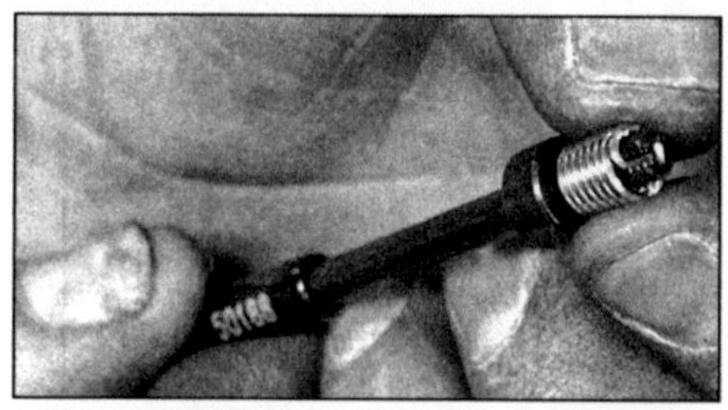

2.28 . . . setzen Sie den Einsatz in das Eindreh-Werkzeug . . .

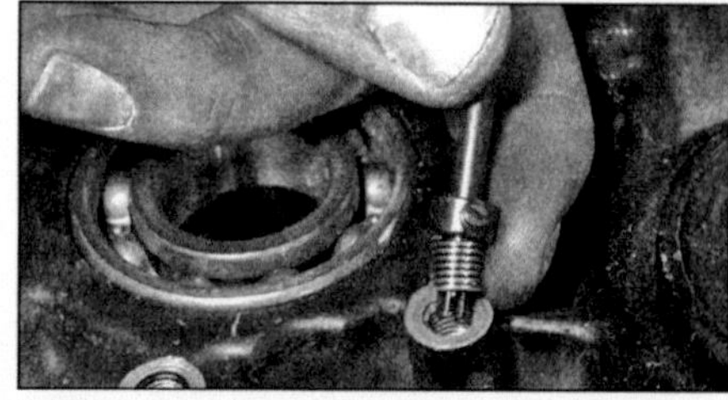

2.29 . . . und schrauben Sie ihn in die Bohrung.

2.30 Brechen Sie zum Schluß die Lasche ab.

schrauben und bei wenig »Fleisch« um das Loch ist dieser Schritt jedoch nicht möglich.

- Man muß dann auf Gewinde-Einsätze zurückgreifen, die in das aufgebohrte defekte Gewinde eingesetzt werden und in die anschließend wieder Originalschrauben oder Zündkerzen eingedreht werden können. Neben vielen anderen Einsätzen heißt das bekannteste Produkt »Heli Coil«. Eine Packung enthält einen Heli-Coil-Gewindebohrer, Einbauwerkzeuge und mehrere Einsätze (siehe Abbildung 2.25). Vergrößern Sie das Loch mit einem passenden Bohrer (siehe Abbildung 2.26), schneiden Sie vorsichtig das Gewinde ein (siehe Abbildung 2.27). Drehen Sie vorsichtig und mit leichtem Druck den Einsatz hinein (siehe Abbildungen 2.28 und 2.29). Wenn er ½ bis ¼ Umdrehung vor dem Grund sitzt, wird das Werkzeug herausgezogen und mit der Stange die Eindreh-Lasche abgebrochen (siehe Abbildung 2.30).

- Es gibt Gewinde-Reparatur-Mittel auf Epoxy-Harz-Basis auf dem Markt, sie sollten jedoch nur bei wenig belasteten Verbindungen eingesetzt werden.

Schraubensicherungspaste

- Schraubensicherungspaste wird an Verbindungen eingesetzt, wo durch Vibrationen Gefahr der Lockerung besteht, oder besonders sicherheitsrelevante Teile verloren gehen können. Außerdem wird sie verwendet, wo andere Schraubensicherungen, wie Bleche oder Splinte, nicht eingesetzt werden können.
- Vor dem Auftragen von Sicherungspaste müssen beide Gewinde sorgfältig von alten Resten gereinigt, entfettet und getrocknet werden. Es gibt zwei Arten von Schraubensicherungspasten: dauerfeste und lösbare. Normalerweise wird lösbare Schraubensicherung verwendet, nur Zylinder-Stehbolzen werden oft mit dauerhafter Paste eingesetzt. Geben Sie einen oder zwei Tropfen auf die ersten Gewindegänge der einzusetzenden Schraube, setzen Sie sie ein und ziehen Sie sie mit dem vorgeschriebenen Drehmoment fest. Geben Sie nicht zuviel Sicherungspaste auf das Gewinde, da sonst beim Ausbau Alu-Gewinde mit herausgezogen werden kann.
- Es gibt Schrauben und Muttern, die mit einem trockenen Sicherungsmaterial überzogen sind. Diese Verbindungsteile müssen nach jeder Demontage ersetzt werden.
- Um Gewinde vor dem Korrodieren zu schützen, können sie mit Kupferpaste eingesetzt werden. Dieses empfiehlt sich besonders bei stark hitzebelasteten Teilen wie Zündkerzen, Krümmerflanschmuttern und Auspuffschrauben.

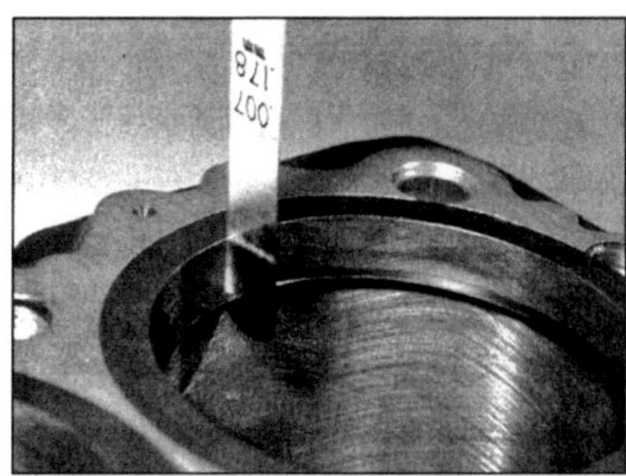

3.1 Fühlerlehren werden zum Ermitteln kleiner Spaltmaße benötigt. Ihr Maß ist auf einer Seite eingeätzt.

3 Meßwerkzeuge und Meßuhren

Fühlerlehren

- Fühlerlehren werden zum Ermitteln kleiner Spaltmaße und Spiele (z.B. Ventilspiel) benutzt (siehe Abbildung 3.1). Wo der Einsatz einer Meßuhr unmöglich ist, kann man mit ihnen auch Seitenspiel von Wellen messen.
- Fühlerlehren-Sätze müssen vorsichtig behandelt und dürfen nicht verbogen oder beschädigt werden. In jedes Blatt ist auf einer Seite das entsprechende Maß eingeätzt (Messen Sie das bei besonders billigen Fühlerlehren einmal nach!). Die Blätter sollten gegen Korrosion immer leicht eingeölt sein, damit sie nicht – im wahrsten Sinne – »Aufblühen«.
- Wenn Sie irgendwo Spiel ermitteln wollen, gilt immer der Wert, bei dem das Blatt sich mit leichtem Druck durch die beiden Komponenten ziehen läßt. Es kann passieren, daß man manchmal zwei Fühlerlehren benötigt.

Meßschrauben (Mikrometer-Schrauben)

- Mit einer Präzisions-Meßschraube lassen sich Meßgenauigkeiten von bis zu einem tausendstel Millimeter erzielen. Das empfindliche Gerät sollte immer in seinem Etui und nie lose im Werkzeugkasten aufbewahrt werden, da defekte Geräte falsche Meßergebnisse zeigen, die eventuell teure Motorschäden nach sich ziehen können.
- Bügelmeßschrauben werden zum Ermitteln von Außendurchmessern eingesetzt, es gibt sie in verschiedenen Meßbereichen, normalerweise von 0 bis 25 mm, 25 bis 50 mm, u.s.w., immer in 25 mm-Schritten steigend. Zu großen Bügelmeßschrauben gibt es austauschbare Zwischenstücke, um verschiedene Messungen durchführen zu können. Allgemein ist das größte benötigte Maß das des Kolbendurchmessers.
- Kleine Innendurchmesser, können mit Innenmeßlehren oder Dreipunkt-Innenmeßschraube ermittelt werden. Große Durchmesser, wie Zylinderbohrungen, lassen sich mit Meßuhren oder Schnabelmeßschrauben ermitteln. Alle diese Geräte sind sehr teuer, und es stellt sich die Frage, ob sich die Anschaffung für den Hobbyschrauber lohnt.

Bügelmeßschrauben

Anmerkung: *Hier wird eine konventionelle mechanische Meßschraube beschrieben. Einfacher abzulesen, aber auch erheblich teurer sind digitale Geräte.*

- Vor Beginn muß immer die Kalibrierung kontrolliert werden, d.h. das Gerät wird geschlossen (bei 0–25 mm) oder mit den entsprechenden (gereinigten!) Zwischenstücken versehen und auf Null-Maß gestellt (siehe Abbildung 3.2).

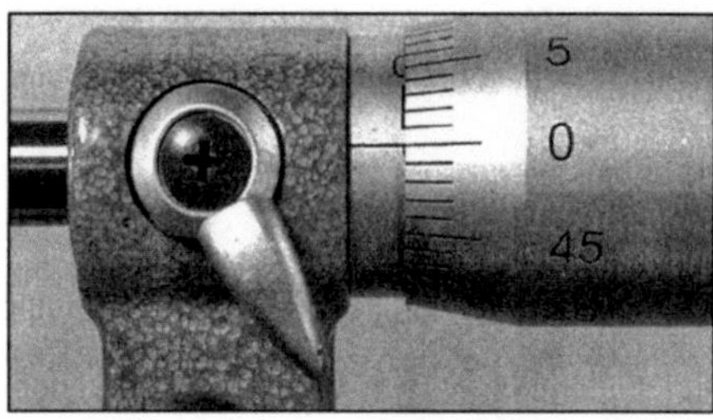

3.2 Kontrollieren Sie vor dem Gebrauch, ob die Meßschraube auf Null kalibriert ist.

Beachten Sie hierzu die Bedienungsanleitung der Meßschraube. Denken Sie immer daran, daß es sich hierbei um ein Präzisions-Meßgerät handelt, das schonend behandelt werden muß.

- Achten Sie darauf, daß das zu messende Teil sauber ist. Drücken Sie den Amboss (1) gegen das Teil und drehen Sie die Trommel (2), bis die Spindel (3) das Teil an der gegenüberliegenden Seite leicht berührt (siehe Abbildung 3.3). Drehen Sie jetzt die Spindel mit der Ratsche (4) ein, bis sie überrutscht, schrauben Sie sie auf gar keinen Fall mit der Trommel fester – hierdurch kann das Instrument zerstört werden.
- Jetzt kann die Spindel mit dem Klemmhebel arretiert und die Bügelmeßschraube vom zu messenden Teil genommen werden, dann wird das Ergebnis abgelesen. Zuerst wird die Grundmessung auf dem Schaft abgelesen, dann wird die Feinmessung auf der Trommel hinzugezählt. Anhand der Teilstriche auf dem Schaft werden in unserem Fall die ganzen und halben Millimeter abgelesen. Auf der Trommel sind die Hundertstel-Millimeter-Markierungen zu sehen (je nach der Beschriftung auf dem Bügel und Genauigkeit der Meßschraube können auch andere Werte abgelesen werden). Jede ganze Umdrehung bedeutet eine Veränderung um einen halben Millimeter. Der Teilstrich, der (direkt von oben betrachtet!) über der Linie liegt, zeigt einen hundertstel Millimeter (0,01 mm) an. Zählen Sie das abgelesene Ergebnis zu der Schaft-Messung hinzu.

In unserem Beispiel wird folgendes Meßergebnis abgelesen (siehe Abbildung 3.4):

obere Schaft-Skala	2,00 mm
untere Schaft-Skala	0,50 mm
Trommel-Skala	0,45 mm
Meßergebnis	**2,95 mm**

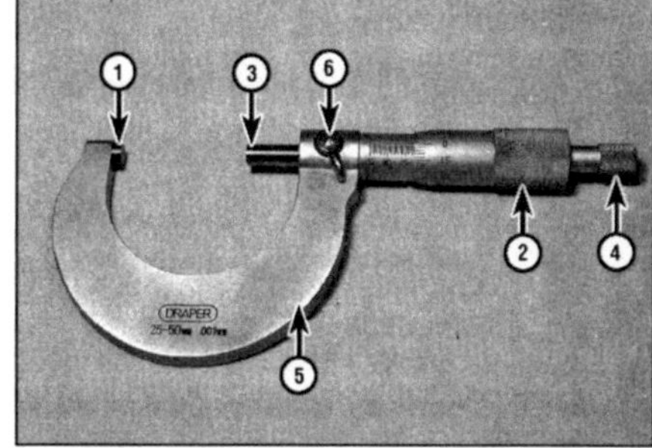

3.3 Bügelmeßschrauben-Bauteile
1 Amboß, 2 Trommel, 3 Spindel, 4 Ratsche, 5 Bügel, 6 Feststellhebel

A

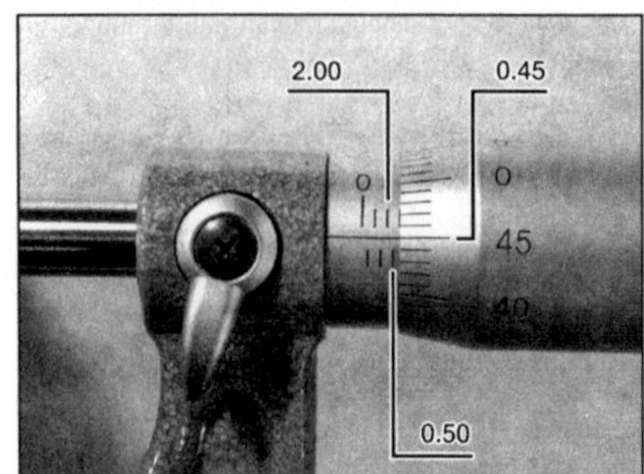

3.4 Das Meßergebnis beträgt 2,95 mm.

● Einige Meßgeräte heben eine Nonius-Skala auf ihrem Schaft, mit der es ermöglicht wird, auf tausendstel Millimeter genau zu messen. Zählen Sie zu dem oben abgelesenen Ergebnis den Wert hinzu, der mit einem Teilstrich auf der Trommel fluchtet. Anmerkung: Beim Ablesen des Nonius der 0,001 mm-Teilstriche muß genauestens von oben abgelesen werden. Drehen Sie die Meßschraube gegebenenfalls zu sich hin.
In unserem Beispiel wird folgendes Meßergebnis abgelesen (siehe Abbildungen 3.5 und 3.6):

untere Schaft-Skala (große Striche)	46,000 mm
untere Schaft-Skala (kleine Striche)	0,500 mm
Trommel-Skala	0,490 mm
fluchtende Linie (Nonius)	0,004 mm
Meßergebnis	**46,994 mm**

Innenmeßgeräte

● Für das Ausmessen von Bohrungen benötigt man Innenmeßgeräte. Da Meßschrauben sehr teuer sind, kann man auf einen Satz verstellbarer Innenfühler zurückgreifen, die mit einer Bügelmeßschraube vermessen werden.
● Mit Teleskop-Meßlehren können z.B. Pleuelaugen und Kolbenbolzenbohrungen vermessen werden. Schieben Sie die saubere Lehre ein, spannen Sie sie auseinander, sichern Sie sie und ziehen Sie sie aus der Bohrung (siehe Abbildung 3.7). Messen Sie das Ergebnis mit einer Bügelmeßschraube (siehe Abbildung 3.8).
● Sehr kleine Bohrungen, wie Ventilführungen, können mit Bohrungs-Fühlern vermessen werden. Schieben Sie die saubere Lehre ein, spannen Sie sie so weit auseinander, bis sie leicht gleitet, sichern Sie sie und ziehen Sie sie aus der Bohrung (siehe Abbildung 3.9). Messen Sie das Ergebnis mit einer Bügelmeßschraube (siehe Abbildung 3.10).

Meßschieber

Anmerkung: *Beschrieben werden hier konventionelle Nonius- und Uhren-Meßschieber, Digital-Meßschieber sind leichter abzulesen, kosten jedoch sehr viel mehr Geld.*
● Ein Meßschieber arbeitet nicht so genau wie eine Bügelmeßschraube, dafür ist er leichter zu bedienen und vielseitig für Außen-, Innen- und Tiefenmessungen einsetzbar. Für viele Messungen, wie z.B. Kupplungsbeläge oder Ventilfedern, reicht er völlig aus.

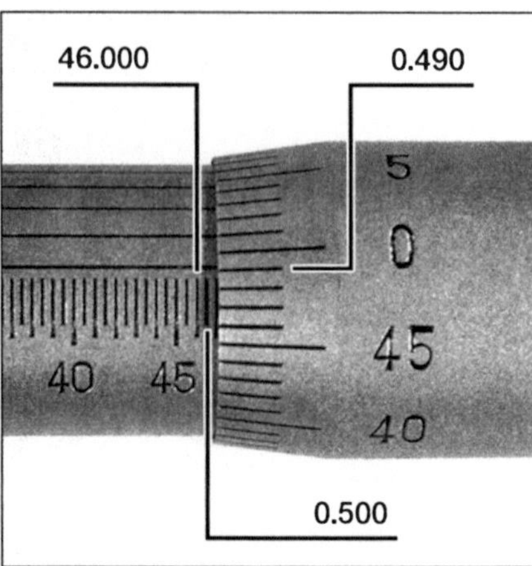

3.5 Auf dem Schaft und der Trommel werden 46,99 mm abgelesen . . .

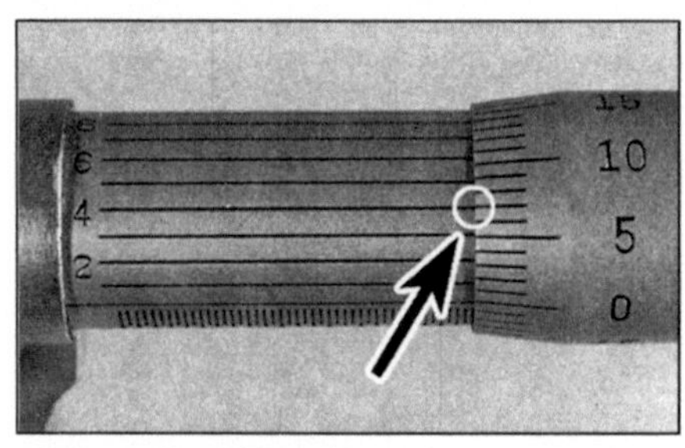
3.6 . . . dazu kommen 0,004 mm aufgrund der fluchtenden Linien.

● Lösen Sie zunächst die Klemmschraube (1) und schieben Sie das Gerät soweit auseinander, daß die Schnäbel (2) über bzw. die Kreuzspitzen (3) in das zu messende Teil passen

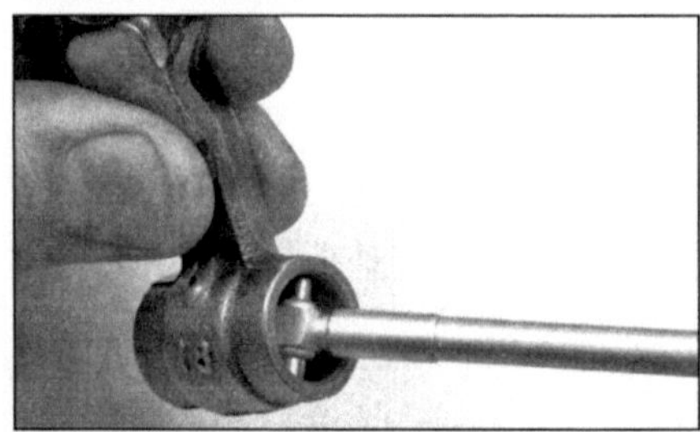
3.7 Spannen Sie die Teleskop-Meßlehre in der Bohrung auseinander, arretieren Sie das Gerät . . .

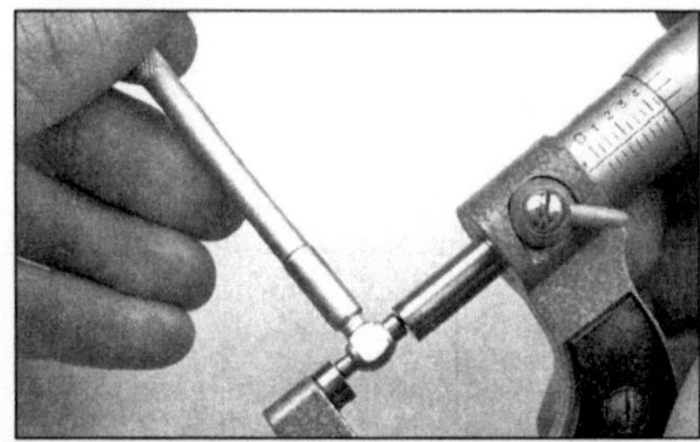
3.8 . . . und messen Sie das Ergebnis mit der Bügelmeßschraube.

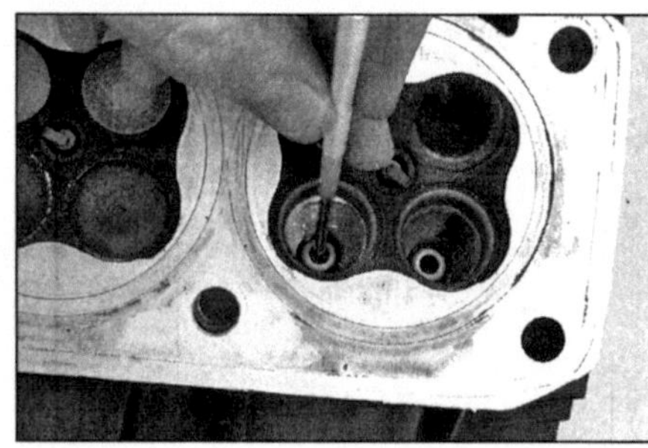
3.9 Spannen Sie den Bohrungs-Fühler in das Loch und sichern Sie ihn in Position, . . .

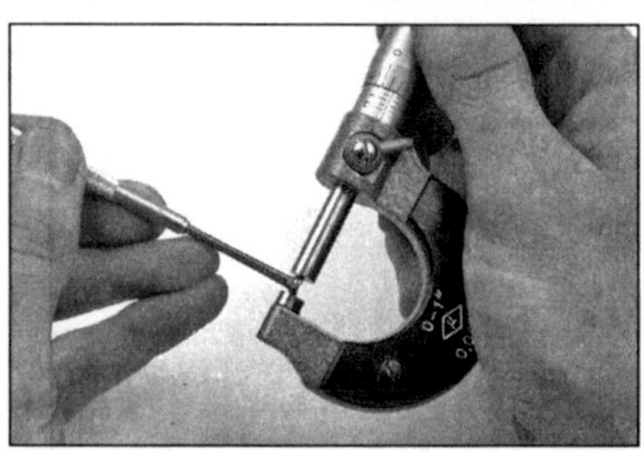
3.10 . . . messen Sie das Gerät mit einer Bügelmeßschraube.

(siehe Abbildung 3.11). Schieben Sie das Gerät, eventuell mit der Feineinstellung (4), bis auf beiden Seiten leichter Kontakt entsteht, und ziehen Sie die Klemmschraube wieder an. Jetzt werden auf der festen Skala (6) als Grundmessung die ganzen Millimeter abgelesen, die links der Null auf der Schieberskala (5) liegen. Als nächstes wird auf der Schieberskala der Strich identifiziert, der genau mit einem Strich auf der festen Skala fluchtet, jeder Strich steht normalerweise für 0,02 oder sogar 0,01 Millimeter. Addieren Sie den abgelesenen Wert zu der Grundmessung hinzu, und Sie haben das Meßergebnis.
In unserem Beispiel wird folgendes Meßergebnis abgelesen (siehe Abbildung 3.12):

Grundmessung	55,00 mm
Feinmessung	0,92 mm
Meßergebnis	**55,92 mm**

● Einige Meßschieber sind zur Feinmessung mit einer Meßuhr ausgerüstet. Achten Sie darauf, daß der Meßschieber sauber sein muß. Schieben Sie ihn zuerst zusammen und kontrollieren Sie, ob die Meßuhr auf Null steht, gegebenenfalls muß am Außenring nachgestellt werden. Lösen Sie zunächst die Klemmschraube (1) und schieben Sie das Gerät soweit auseinander, daß die Schnäbel (2) über, bzw. die Kreuzspitzen (3) in das zu messende Teil passen (siehe Abbildung 3.13). Schieben Sie das Gerät, eventuell mit der Feineinstellung (4), bis auf beiden Seiten leichter Kontakt entsteht, und ziehen Sie die Klemmschraube wieder an. Jetzt werden auf der festen Skala (5) als Grundmessung die ganzen Millimeter abgelesen, die links der Schieberskala (6) erscheinen. Als nächstes wird die Position der Nadel in der Uhr (7) ermittelt,

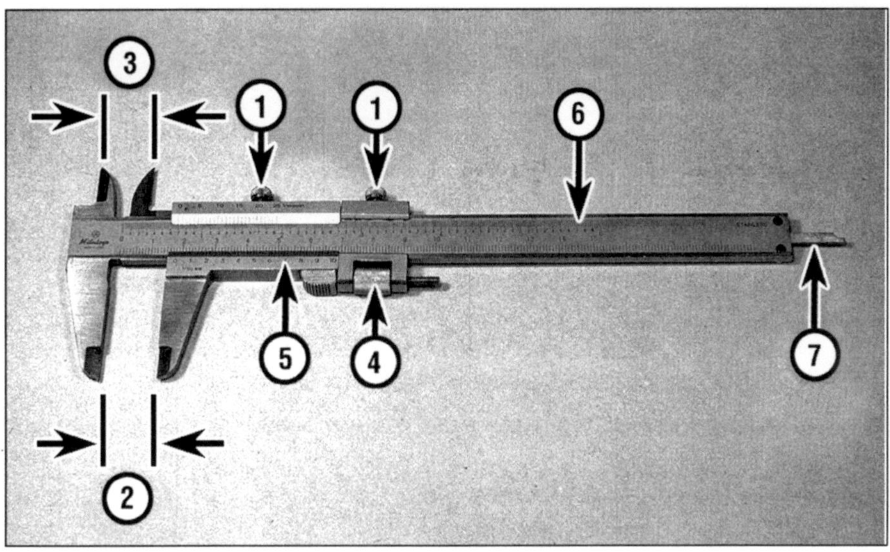

3.11 Bauteile eines Meßschiebers (Nonius-Ablesung)
1 Klemmschraube
2 Außenmeß-Schnäbel
3 Innenmeß-Kreuzspitzen
4 Feineinstellung
5 Schieberskala
6 feste Skala
7 Tiefenmeß-Dorn

jeder Teilstrich entspricht hier 0,05 mm. Addieren Sie diesen Wert zu der Grundmessung, um das Meßergebnis zu erhalten.

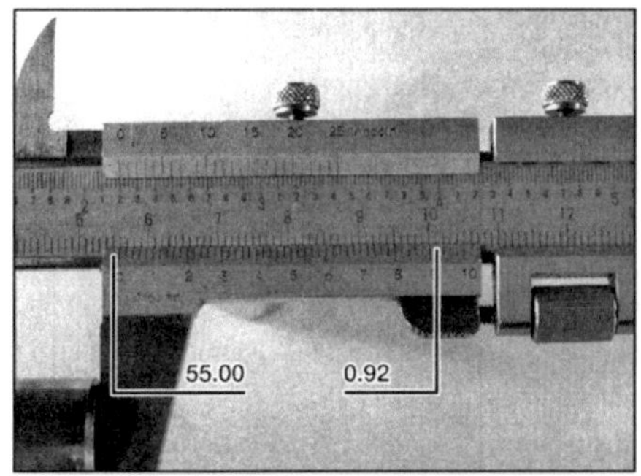

3.12 Das Meßergebnis beträgt 55,92 mm.

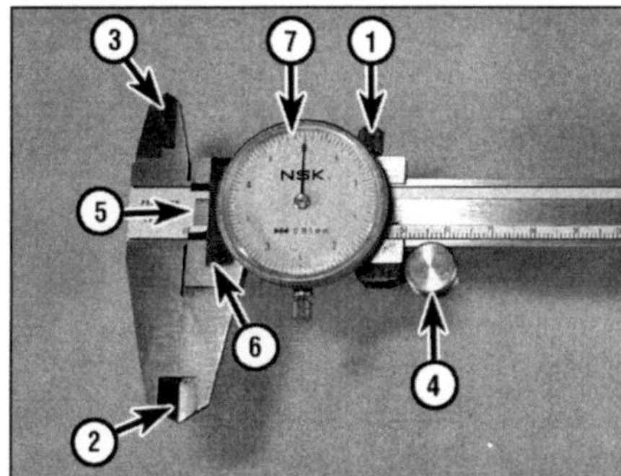

3.13 Bauteile eines Meßschiebers (Uhr-Ablesung)

1 Klemmschraube
2 Außenmeß-Schnäbel
3 Innenmeß-Kreuzspitzen
4 Feineinstellung
5 feste Skala
6 Schieberskala
7 Meßuhr

In unserem Beispiel wird folgendes Meßergebnis abgelesen (siehe Abbildung 3.14):

Grundmessung	55,00 mm
Feinmessung	0,95 mm
Meßergebnis	**55,95 mm**

Plastigauge-Meßstreifen

- Plastigauge ist ein Kunststtoffstreifen, der zwischen zwei Oberflächen gepreßt wird und anhand dessen Quetschungsbreite und einer Skala das Spiel zwischen den Oberflächen ermittelt werden kann.
- Üblicherweise werden mit Plastigauge Spiele in Gleitlagern von Kurbel- und Nockenwellen-Lagern sowie zwischen Hubzapfen und Pleuellagern ermittelt. Im folgenden wird letzteres als Beispiel beschrieben.
- Gehen Sie vorsichtig mit Plastigauge um, damit sich keine verzerrten Meßergebnisse zeigen. Schneiden Sie mit einem scharfen Messer einen Streifen davon ab, der etwas kürzer ist als die Breite der Lagerschale ist und legen Sie ihn parallel zur Welle in das Lager oder auf die Welle (siehe Abbildung 3.15). Montieren Sie vorsichtig beide Lagerschalen und setzen Sie das Pleuel zusammen. Ziehen

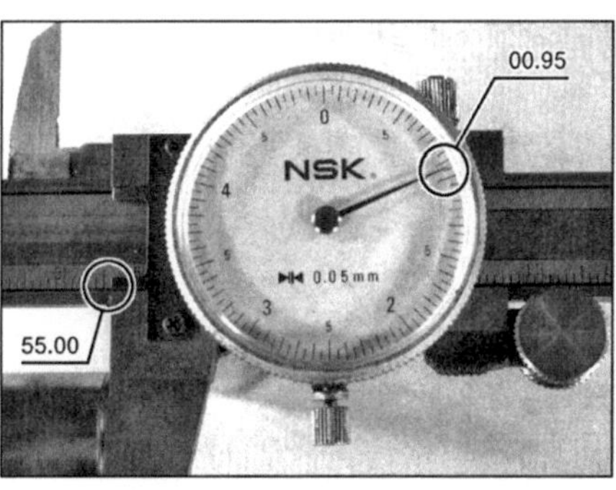

3.14 Das Meßergebnis beträgt 55,95 mm.

Sie, ohne das Pleuel auf der Kurbelwelle zu drehen, die Schrauben oder Muttern mit dem vorgeschriebenen Drehmoment fest. Dann wird alles vorsichtig wieder gelockert und der Plastigauge-Streifen begutachtet.

- Der Streifen wird mit der an der Packung befindlichen Skala verglichen und das entsprechende Lagerspiel abgelesen (siehe Abbildung 3.16). Entfernen Sie anschließend alle Plastigauge-Reste mit dem Fingernagel.

Achtung: Um ein korrektes Meßergebnis zu erhalten, müssen alle vom Motorrad-Hersteller vorgeschriebenen Anzugs-Drehmomente und -Reihenfolgen genauestens eingehalten werden.

Meßuhren und Verzugsmessung

- Mit Hilfe einer Meßuhr können kleinste Bewegungen ermittelt werden. Typische Einsatzzwecke sind Messungen von Unrundlauf, Seitenspiel oder Kolbenpositionen zur Zündeinstellung bei Zweitaktmotoren. Zu einem Meßuhr-Set gehören eine Vielzahl von Tastern, Adaptern und Befestigungsmöglichkeiten.

3.15 Der Plastigauge-Streifen wird längs auf die Lageroberfläche gelegt.

- Im Ruhezustand der Uhr muß die Nadel auf Null stehen, gegebenenfalls muß am Ring nachjustiert werden.

- Prüfen Sie, ob der Meßbereich der Uhr für die zu erwartende Bewegung ausreicht. Die meisten Uhren haben neben der großen Feinmeßanzeige mit 0,01 oder 0,001 mm-Einteilung einen kleinen Zeiger, der ganze Millimeter mißt. Zählen Sie zuerst die ganzen Millimeter

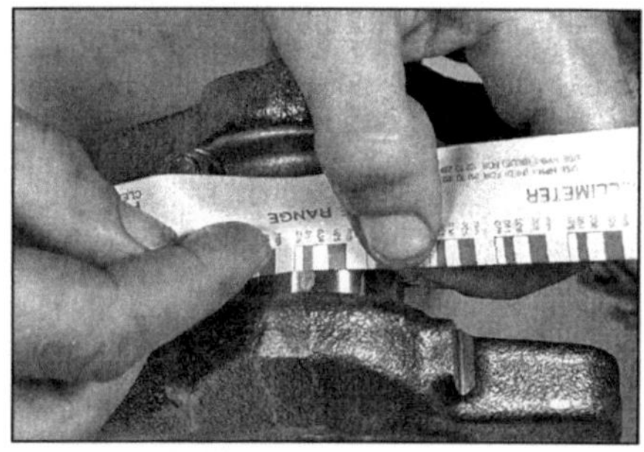

3.16 Messen Sie die Breite der gequetschten Meßstreifen.

A

3.17 Das Meßergebnis beträgt 1,48 mm.

3.19 Hier wird das Axialspiel einer Welle vermessen.

3.21 Öldruck-Meßuhr und Anschluß-Adapter (Pfeil).

und dann die Hundertstel oder Tausendstel dazu.
In unserem Beispiel wird folgendes Meßergebnis abgelesen (siehe Abbildung 3.17):

Grundmessung	1,00 mm
Feinmessung	0,48 mm
Meßergebnis	**1,48 mm**

- Wenn der Unrundlauf von Wellen ermittelt werden soll, muß die Welle in V-förmigen Ausschnitten von stabilen Blöcken laufen und die Meßuhr an einem Stativ rechtwinkelig zur Welle montiert werden. Lassen Sie den Taster in der Wellenmitte aufliegen, und drehen Sie langsam die Welle. Beobachten Sie dabei die Anzeige (siehe Abbildung 3.18). Führen Sie ggf. an verschiedenen Stellen der Welle Messungen durch, und merken Sie sich den maximalen Schlag. **Anmerkung:** *Das abgelesene Ergebnis stellt den totalen Unrundlauf der Welle dar. Einige Hersteller geben in ihren Technischen Daten den maximalen Wert zu einer Seite an, so daß das Ergebnis halbiert werden muß.*
- Das Seitenspiel (Axialspiel) einer Welle kann nach dem sicheren Befestigen der Meßuhr am Gehäuse gemessen werden, der Taster wird dabei auf das Wellenende gesetzt. Dann wird die Welle mit der Hand hin- und hergedrückt und anhand der Bewegung des Zeigers das Spiel abgelesen (siehe Abbildung 3.19).
- Zur exakten Zündzeitpunktbestimmung bei mehrzylindrigen Zweitakt-Motoren wird eine Meßuhr so plaziert, daß der Taster durch das Zündkerzengewinde auf den Kolben zum liegen kommt. Justieren Sie die Uhr im oberen Totpunkt des Kolbens auf Null und beachten Sie die Betriebsanleitung.

Zylinder-Kompressionsmeßgerät

- Kompressionsuhren gibt es mit verschiedenen Anschlüssen: Entweder mit einem konusförmigen Gummi, das in die Kerzenbohrung gedrückt werden muß, oder mit passendem Gewinde zum Einschrauben – letzteres ist zu empfehlen. Der Meßbereich der Uhr sollte bei Benzinmotoren bis 20 bar gehen.
- Nach dem Entfernen der Zündkerzen wird die Kompression bei drehendem, aber nicht laufendem Motor gemessen (siehe Abbildung 3.20). Führen Sie den Kompressionstest so durch, wie es in der *Ausrüstung zur Fehlersuche* beschrieben wird. Das Meßgerät wird den Druck solange halten, bis das Ventil per Hand geöffnet wird.

Öldruck-Meßgerät

- Um den Öldruck des Motors zu ermitteln, wird ein Öldruck-Meßgerät benötigt, die meisten von ihnen sind mit verschiedenen Adaptern ausgerüstet, so daß sie in alle Anschluß-Gewinde geschraubt werden können (siehe Abbildung 3.21). Wenn der vom Hersteller vorgesehene Anschluß an einer externen Öldruckleitung liegt, muß eine spezielle Ersatz-Ölleitung verwendet werden, um Ölmangel an verschiedenen Komponenten auszuschließen.
- Der Öldruck wird bei mit einer bestimmten Drehzahl laufendem Motor gemessen. Oftmals sind die vorgegebenen Drücke sowohl bei kaltem als auch bei warmem Motor angegeben.

Haarlineale und Verzug

- Zur Kontrolle einer ebenen Dichtfläche auf Verzug muß ein Haarlineal oder ein Präzisions-Stahl-Lineal über die Fläche gelegt und vorhandene Spalte mit einer Fühlerlehre vermessen werden (siehe Abbildung 3.22). Messen Sie diagonal zum Bauteil und zwischen Befestigungs-Bohrungen (siehe Abbildung 3.23).
- Kontrollieren Sie verschiedene Bauteile, wie Kupplungs-Reibscheiben auf einer ebenen Fläche (z.B. einem Spiegel) auf Verzug.

3.22 Mit einem Präzisions-Lineal und einer Fühlerlehre wird der Verzug der Dichtfläche gemessen.

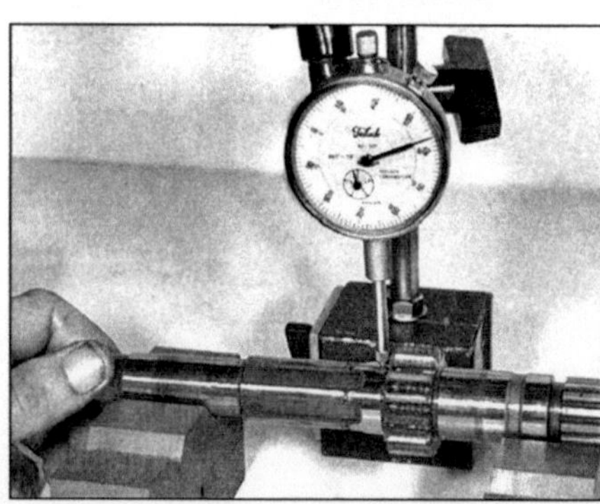

3.18 Messen Sie den Unrundlauf der Welle mit einer Meßuhr.

3.20 Ein Kompressionstester mit Gummi-Konus muß kräftig in die Bohrung gedrückt werden.

3.23 Kontrollieren Sie in diesen Richtungen den Zylinderkopf und auch die Zylinder auf Verzug.

4 Drehmoment und Hebel

Was ist das Drehmoment?

● Mit Drehmoment ist die Dreh-Kraft gemeint, die auf eine Welle wirkt. Das Drehmoment wird bestimmt durch die Länge des Hebels und die auf dessen Ende wirkende Kraft. Die Maßeinheit 1 Nm (Newton pro Meter) bedeutet eine Kraft von einem Newton (ca. 100 g) auf einen ein Meter langen Hebel, ist der Hebel nur 10 cm lang, muß er schon mit 1000 g belastet werden.

● Die vom Hersteller angegebenen Drehmomente beziehen sich auf die Belastung, die Zugfähigkeit und Größe des Gewindes und das Material, in dem es halten soll.

● Bei einem zu geringen Drehmoment besteht die Gefahr, daß die Verbindung sich im Betrieb löst, zu starkes Drehmoment kann die Verbindungsteile überlasten und beschädigen, so daß sie ab- oder ausreißen können.

Der automatische Drehmoment-Schlüssel

● Kontrollieren Sie die Kalibrierung und Funktionsfähigkeit des Drehmomentschlüssels (der für das verlangte Drehmoment ausgelegt sein muß). Oftmals sind auf dem Drehmomentschlüssel mehrere Maßeinheiten angegeben (Nm, kpm oder lbf/in und lbf/ft), verwechseln Sie die Maßeinheiten nicht!

● Stellen Sie den Schlüssel auf das verlangte Drehmoment ein (siehe Abbildung 4.1). Wenn Ihr Drehmomentschlüssel nicht die angegebene Maßeinheit aufweist, muß anhand von Tabellen umgerechnet werden. Wenn Hersteller eine Empfehlung aussprechen (8 – 10 Nm), sollte die Verbindung mit dem mittleren Wert angezogen werden. Genauso hätte man 9 Nm ± 1 Nm angeben können. Viele Drehmomentschlüssel können nach Einstellen des Wertes arretiert werden, so daß beim Anziehen der Wert nicht verändert werden kann.

● Setzen Sie die Schraube oder Mutter an und ziehen Sie sie leicht fest. Das Gewinde muß sauber und frei von alten Sicherungskomponenten sein. Wenn nicht anders erwähnt, müssen die Gewinde trocken sein – unter bestimmten Umständen sind eingeölte oder mit Schraubensicherung versehene Gewinde nötig, dann sind entsprechende Drehmomente berücksichtigt.

● Ziehen Sie die Verbindung so fest, bis der Drehmomentschlüssel mit einem Klicken automatisch auslöst und damit anzeigt, daß das gewünschte Drehmoment erreicht ist. Kontrollieren Sie ein zweites Mal die Festigkeit der Verbindung. Wenn ein Bauteil mit unterschiedlichen Gewindedurchmessern befestigt wird, müssen immer zuerst die größeren Verbindungen mit den höheren Drehmomenten festgezogen werden.

● Nachdem die Arbeit mit dem Drehmomentschlüssel beendet ist, muß die vorhandene Arretierung gelöst und die Einstellung auf Null gestellt werden – legen Sie den Schlüssel nicht vorgespannt beiseite. Benutzen Sie keinen Drehmomentschlüssel zum Lösen von Verbindungen.

Anziehen mit Winkelmeßscheibe

● Manche Hersteller schreiben vor, Schraubverbindungen nach dem Anziehen mit einem vorgegebenen Drehmoment noch um einen bestimmten Winkel nachzuziehen.

● Mit einer Winkelmeßscheibe (siehe Abbildung 4.2) oder einem Winkelmesser kann der gewünschte Winkel bestimmt und entsprechend nachgezogen werden (siehe Abbildung 4.3).

4.2 Die aufsetzbare Winkelscheibe wird auf Null arretiert, bevor die Verbindung entsprechend nachgezogen wird.

Lockerungs-Reihenfolge

● Wenn mehrere Schrauben oder Muttern eine Komponente sichern, sollten sie alle gleichmäßig Schritt für Schritt gelöst werden, so daß nicht zum Schluß die gesamte Last auf einer Verbindung liegt und das Bauteil verbiegen oder verziehen kann.

● Wenn vom Hersteller eine Anzugs-Reihenfolge vorgegeben ist, müssen die Verbindungen entgegengesetzt gelöst werden. Ansonsten werden Verbindungen schrittweise von außen nach innen gelockert (siehe Abbildung 4.4).

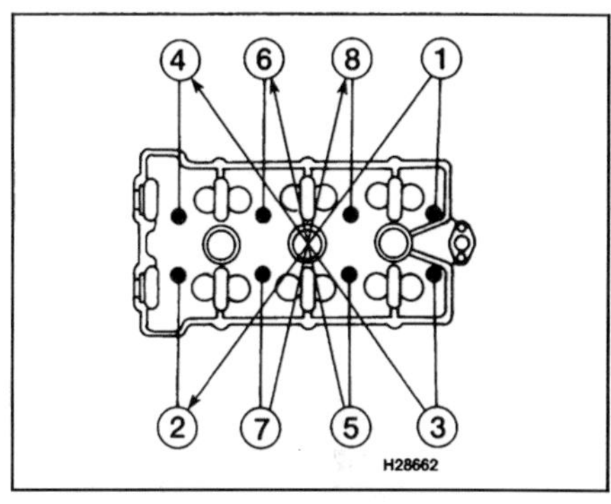

4.4 Beim Lösen von Schraubverbindungen muß von außen nach innen gearbeitet werden.

Anzugs-Reihenfolge

● Wenn mehrere Schrauben oder Muttern eine Komponente sichern, sollten sie alle gleichmäßig Schritt für Schritt angezogen werden, so daß nicht zu Anfang die gesamte Last auf einer Verbindung liegt und Dichtungen zerstört oder das Bauteil verbiegen oder verziehen kann. Besonders wichtig ist ein gleichmäßiges Anziehen bei großflächigen und festen Verbindungen wie Zylinderköpfen oder Motorgehäusen.

● Normalerweise wird vom Hersteller eine Anzugs-Reihenfolge, entweder als Zeichnung oder auch direkt am Bauteil markiert, angege-

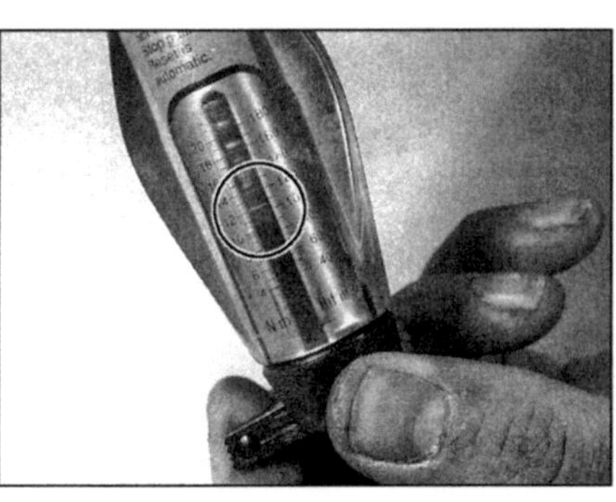

4.1 Stellen Sie den Drehmomentschlüssel auf das gewünschte Anzugsmoment ein, in diesem Fall auf 12 Nm.

4.3 Man kann den Winkel auch per Auge oder Geodreieck bestimmen.

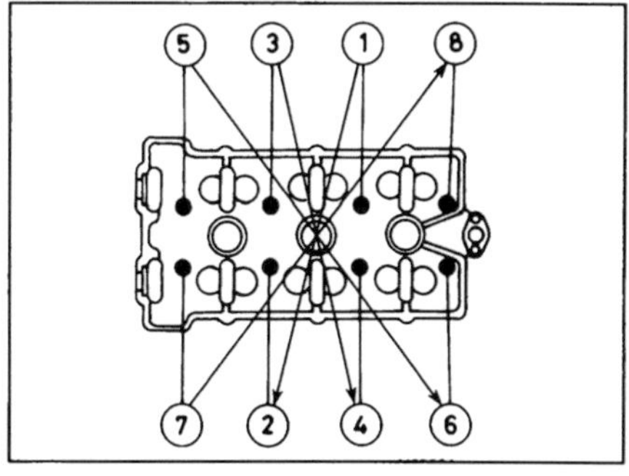

4.5 Typische Anzugsreihenfolge von Schrauben oder Muttern einer großflächigen Verbindung

ben. Wenn nicht, wird in der Mitte begonnen und schritt- und kreuzweise nach außen gearbeitet (siehe Abbildung 4.5). Beginnen Sie mit handfestem Anziehen aller Verbindungen, setzen Sie dann den Drehmomentschlüssel an und ziehen Sie alles kreuzweise Schritt für Schritt fester, bis alle Anzugsmomente stimmen. Nur so ist gewährleistet, daß die Verbindung hält und nichts beschädigt wird. Wichtige Verbindungen wie Zylinderköpfe haben oftmals zwei oder drei Anzugs-Schritte, bis alles endgültig festgezogen wird.

Der richtige Hebel

- Verwenden Sie Werkzeuge im richtigen Winkel. Ziehen Sie Schlüssel wenn möglich immer zu sich hin, wenn Verbindungen gelöst werden sollen. Wenn das nicht möglich ist, darf das Werkzeug nicht von der Hand umschlungen sein (siehe Abbildung 4.6) – der Schlüssel kann abrutschen oder die Verbindung sich plötzlich lösen, und Ihre Finger an scharfen Kanten gequetscht oder aufgerissen werden.

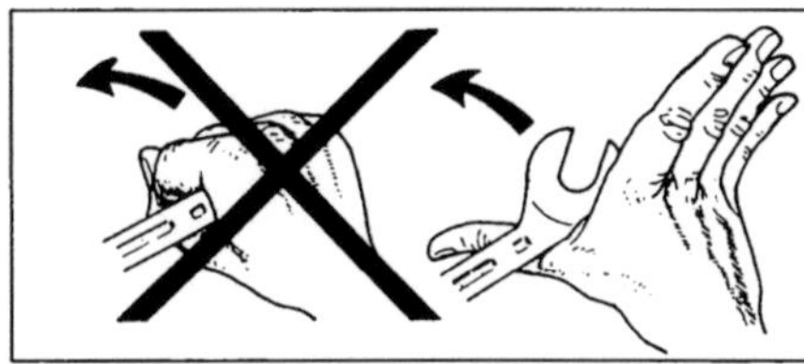

4.6 Wenn Sie den Schlüssel nicht zu sich ziehen können, drücken Sie ihn mit geöffneter Hand.

- Bei sehr festen Verbindungen kann eine Hebelverlängerung durch ein Rohr oder Stange helfen, sie zu lösen. Normalerweise sind Werkzeuge jedoch so ausgelegt, daß mit ihnen alle entsprechenden Verbindungen gelöst werden können. Wie Sie festgegangene Verbindungen lösen können, ist unter Punkt 2 beschrieben. Inbusschrauben und deren Gewinde können sehr leicht zerstört werden, wenn man einen Inbusschlüssel mit einem Rohr verlängert. Beim Anziehen sollten Verlängerungen generell nie benutzt werden, da man sich mit der eingesetzten Kraft leicht verschätzen kann.

5 Lager

Wälzlager – Aus- und Einbau

Treiber und Steckschlüssel-Nüsse

- Bevor man mit dem Ausbau eines Lagers beginnt, muß man sich vergewissern, in welche Richtung es demontiert wird. Einige Gehäuse haben angegossene Nuten oder Halteplatten. Überprüfen Sie Identifikations-Markierungen an den Lagern und messen Sie ggf. ihre Einbau-Tiefe im Gehäuse. Merken Sie sich die Einbaurichtung, wenn das Lager auf einer Seite abgedichtet ist.

5.1 Mit einem Lagertreiber, der nur den äußeren Ring berührt, wird das Lager eingetrieben.

5.2 Auch eine passende Nuß kann hierfür verwendet werden. Verkanten Sie das Lager nicht!

- Wälzlager können mit einem passenden Austreib-Werkzeug oder einer Steckschlüssel-Nuß, deren Durchmesser etwas kleiner als der Außendurchmesser des Lagers ist, aus dem Gehäuse geschlagen werden. Stützen Sie das Gehäuse rund um das Lager mit Holzblöcken ab, um es vor Verzug zu schützen. Nach ein paar Schlägen mit einem schweren Hammer auf den Treiber sollte das Lager aus dem Gehäuse fallen. Wenn der Zugang, z.B. bei Radlagern erschwert ist, muß das Lager mit einem Treibdorn im Kreis herum ausgeschlagen werden, damit es nicht im Sitz verkantet.
- Mit der gleichen Ausrüstung können auch neue Lager eingetrieben werden. Stützen Sie auch hier das Gehäuse mit Holzblöcken ab. Setzen Sie das Lager senkrecht – und bei einseitiger Abdichtung richtig herum, die Beschriftung zeigt normalerweise immer nach außen – in die Bohrung und treiben Sie es ein. Wird hierbei der Käfig, Dichtring oder innerer Lagerring berührt, ist das Lager zerstört (siehe Abbildungen 5.1 und 5.2).
- Kontrollieren Sie, ob der Innenring sich nach der Montage frei drehen läßt.

Abzieher und Zug-Hämmer

- Wenn ein Lager auf eine Welle gepreßt ist, kann man es meist nur mit einem Abzieher wieder herunterbekommen (siehe Abbildung 5.3). Gehen Sie sicher, daß die Abzieher-Arme sicher hinter das Lager greifen und nicht abrutschen können. Wenn kein Platz zum Abziehen ist, kann es manchmal nötig sein, das dahinterliegende Zahnrad zusammen mit dem Lager abzuziehen (siehe Abbildung 5.4)

5.4 Wenn hinter dem Lager kein Platz für die Abzieherarme ist, kann z.B. das dahinter liegende Zahnrad mit abgezogen werden.

Achtung: Gehen Sie sicher, daß die Spindel des Abziehers sich immer in der Mitte der Welle befindet und beim Anziehen nicht abrutscht. Achten Sie darauf, daß die Welle nicht beschädigt wird.

- Setzen Sie den Abzieher so an, daß die Spindel sich in der Mitte der Welle abdrückt und nicht abrutscht, wenn das Lager abgezogen wird.
- Wenn das Lager auf die Welle getrieben wird, darf der äußere Ring und der Käfig oder Dichtring nicht berührt werden. Mit Hilfe eines Steckschlüssels oder passenden Rohrs, das nur den inneren Lagerring berührt, kann das

5.3 Dieser Lagerabzieher ist mit einer Trennvorrichtung versehen, die unter das Lager geklemmt wird.

5.5 Benutzen Sie zum Auftreiben des Lagers ein Rohr, das etwas größer ist als die Welle und nur den inneren Lagerring berührt.

5.6 Nach dem Einführen wird der Auszieher aufgespreizt, so daß er hinter den Innenring greift.

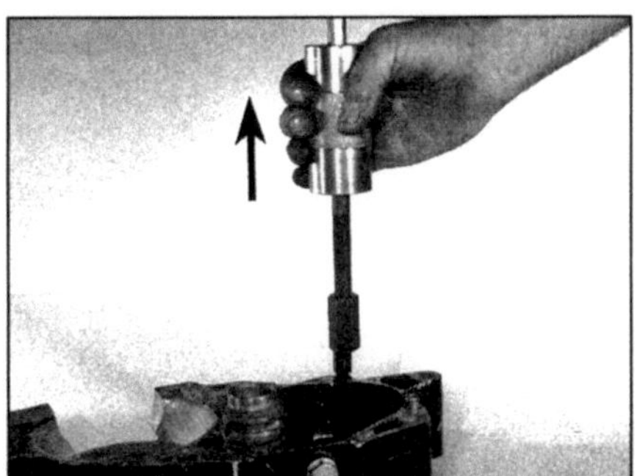

5.7 Dann kann ein Zughammer aufgeschraubt und durch dessen nach oben geschlagenes Gewicht das Lager ausgetrieben werden.

Lager bis auf seinen Sitz geschlagen werden (siehe Abbildung 5.5).

- Lager, die in Sacklöchern stecken, können nicht ausgeschlagen werden. Hier wird ein Innenauszieher benötigt, der in das Lager gesteckt und dann aufgespreizt wird (siehe Abbildung 5.6). Dieser Auszieher wird zusammen mit dem Lager entweder mit einem Abzieher herausgezogen oder einem Zughammer herausgetrieben (siehe Abbildung 5.7).
- Es kann auch möglich sein, daß das Lager durch sein Eigengewicht aus dem Gehäuse fällt, nachdem dieses, wie unten beschrieben, erhitzt worden ist. Legen Sie das Gehäuse, um die Dichtfläche nicht zu beschädigen, so auf eine nicht zu harte Oberfläche, daß das Lager

5.8 Schlagen Sie das erwärmte Gehäuse mehrmals auf Holzblöcke, um das Lager herausfallen zu lassen.

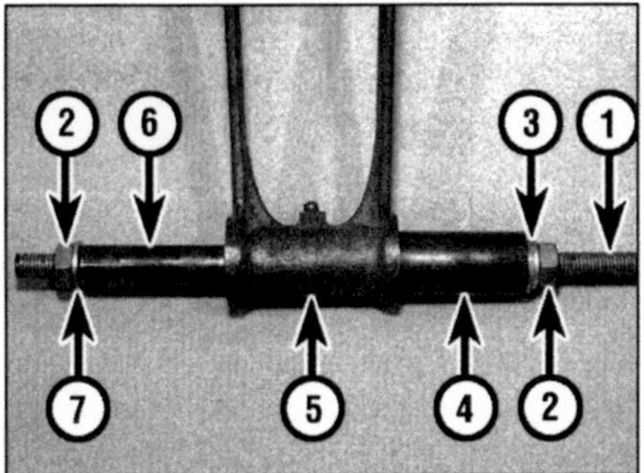

5.9 Hier soll eine Lagerbuchse gewechselt werden

1 lange Schraube oder Gewindestange
2 Muttern
3 Scheiben mit größerem Außendurchmesser als Rohr-Innendurchmesser
4 Rohr mit zur Buchse passendem Durchmesser
5 Hebelarm mit Lagerbuchse
6 Rohr mit etwas kleinerem Durchmesser als Lagerbuchse
7 Scheibe mit etwas kleinerem Außendurchmesser als Lagerbuchse

nach unten herausfallen kann. Tragen Sie beim Erwärmen Handschuhe und klopfen Sie dabei das Gehäuse regelmäßig auf die Oberfläche, um das Lager leichter herausfallen zu lassen (siehe Abbildung 5.8).

- Lager können genauso in Sacklöcher montiert werden, wie es oben beschrieben ist.

Einzieh-Vorrichtungen

- Lager oder Buchsen, die z.B. in obere Pleuelaugen oder andere Hebel eingepreßt sind, können nicht ohne Beschädigung des Bauteils aus-

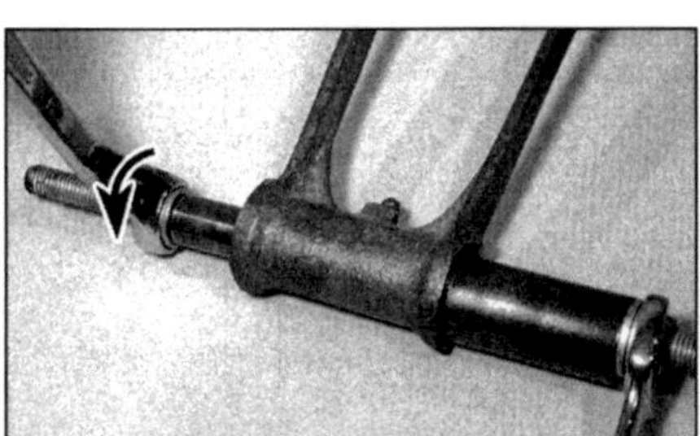

5.10 Hier wird die Lagerbuchse aus dem Hebel gezogen.

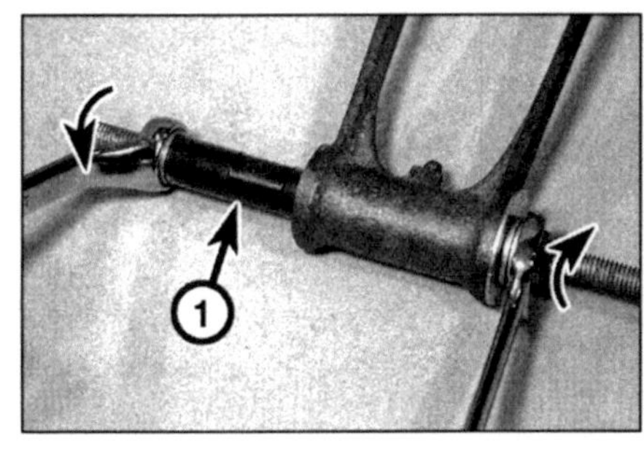

5.11 Die neue Lagerbuchse (1) wird in das Bauteil gezogen.

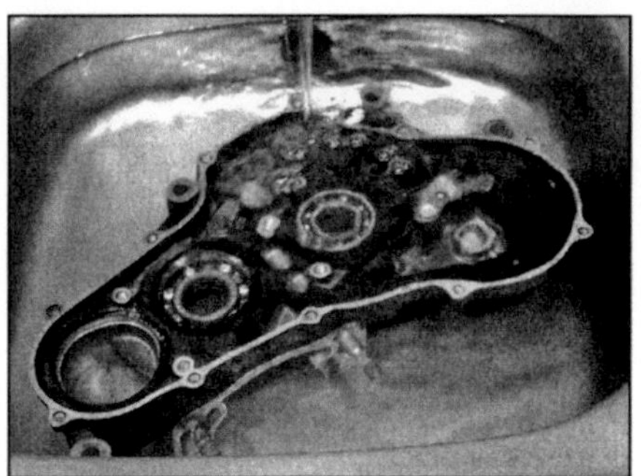

5.12 Wenn das Teil in einen Topf paßt, kann es in kochendem Wasser erwärmt werden. Achten Sie danach bei Stahlteilen auf Rostschutz!

geschlagen werden. Auch Gummibuchsen lassen sich schlecht durch Schläge aus- und eintreiben. Wenn man Zugang zu einer maschinellen Presse hat, kann man hiermit arbeiten, falls nicht, muß zum Aus- und Einziehen von Buchsen ein Werkzeug angefertigt werden.

- Man benötigt eine lange Schraube mit Mutter (oder eine Gewindestange mit zwei Muttern, ein Stück Rohr, das einen größeren Innendurchmesser als die Buchse hat, ein weiteres Stück Rohr mit einem kleineren Außendurchmesser als die Buchse und eine Reihe verschiedener Scheiben (siehe Abbildungen 5.9 und 5.10). Die Rohre müssen länger sein als die Buchse.
- Das gleiche Werkzeug, ohne Rohre, kann man zum Einziehen der Buchse benutzen (siehe Abbildung 5.11).

Ausdehnung durch Erwärmung

- Wenn der Lager-Außenring fest im Leichtmetallgehäuse steckt, kann dieses erwärmt werden, um das Lager zu lockern. Aluminium dehnt sich bei Erwärmung mehr aus als Stahl, also darf auch das Lager warm werden. Es gibt verschiedene Möglichkeiten der Erwärmung, doch sollte man auf offene Brennerflammen verzichten, da das Material sich verziehen oder sogar schmelzen kann.
- Man kann das Teil in einen auf nicht mehr als 100°C erwärmten Backofen oder kochendem Wasser erwärmen (siehe Abbildung 5.12). Eine gezielte Erhitzung ist mit einem Heißluft-

5.13 Die Umgebung des Lagers kann mit einem Heißluftgebläse erwärmt werden. Schützen Sie Dichtungen vor direkter Hitze!

gebläse, wie es zum Abbeizen verwendet wird, oder einem Bügeleisen zu erreichen (siehe Abbildung 5.13).

Warnung: Bei all diesen Methoden müssen zur Vermeidung von Verbrennungen Handschuhe getragen werden.

- Beim Erhitzen des ganzen Gehäuses muß darauf geachtet werden, daß Kunststoffteile, wie Leerlaufschalter, beschädigt werden könnten – bauen Sie sie vorher aus.
- Bauen Sie unverzüglich nach dem Erhitzen das Lager aus. Sie werden merken, daß es sehr leicht auszutreiben ist oder gar alleine herausfallen wird.
- Auch zur Erleichterung des Einbaus neuer Lager kann das Gehäuse erhitzt werden. Die Motorradhersteller haben oft die Gehäuse entsprechend konstruiert und benutzen diese Methode bei der Motor-Montage.
- Zur leichteren Montage kann man Lager auch über Nacht in die Kühltruhe legen, damit sie sich zusammenziehen. Empfohlen wird diese Methode z.B. bei den Lagerschalen, die in den Lenkkopf getrieben werden.

Lager-Typen und Markierungen

- An Motorrädern findet man Gleitlager-Schalen und Wälzlager (Nadellager, Kegellager und Kugellager) in verschiedenen Größen (siehe Abbildungen 5.14 und 5.15) Die Rollen (Kugeln, Kegel oder Nadeln) der Wälzlager sitzen meistens in Käfigen, doch gibt es auch offene Lager.
- Gleitlager werden normalerweise bei Kurbelwellen und Pleuelfüßen verwendet, da sie hohe Druckbelastung aushalten, auch die Fertigung des Kurbeltriebs wird dadurch erheblich erleichtert. Sie benötigen konstanten Öldruck, da sie sonst schnell fressen. Sie sind zumeist aus gesinterter (selbstschmierender) Phosphor-Bronze, um beim Motorstart, wenn erst Öldruck aufgebaut wird, Notlauf-Eigenschaften zu besitzen.

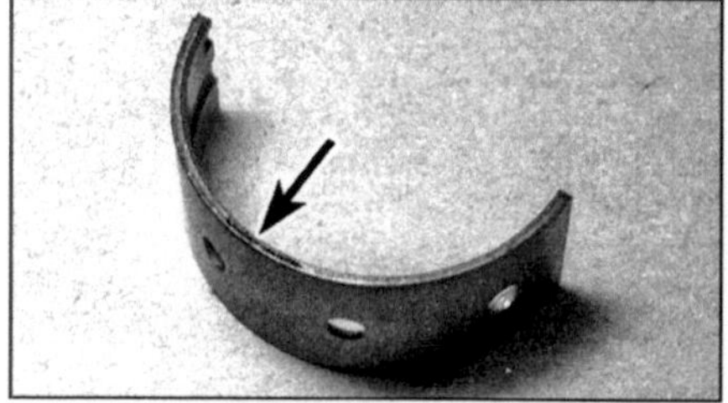

5.14 Gleitlager-Schalen gibt es glatt oder mit Nuten. Normalerweise sind sie mit Farb-Codes markiert.

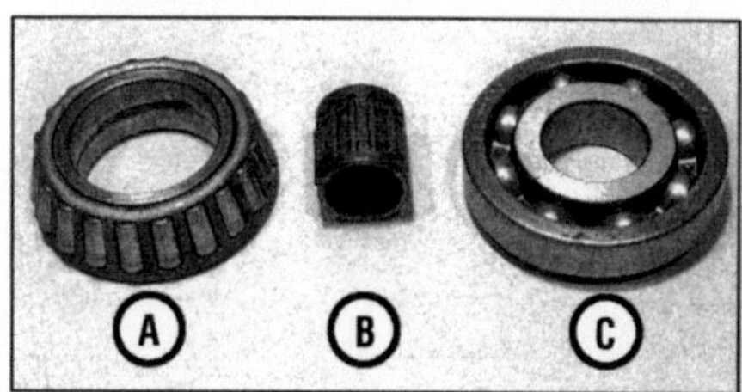

5.15 Kegelrollenlager (A), Nadellager (B) und Kugellager (C), alle mit Käfig.

5.16 Typische Markierung eines Kugellagers

- Wälzlager besitzen einen inneren und einen äußeren Ring, zwischen denen Rollen oder Kugeln laufen. Sie benötigen konstante Schmierung, aber keinen Druck, und halten axiale Belastungen aus. Kugellager sind nur komplett als Bauteil zu montieren, die meisten Nadellager und Kegellager bestehen aus getrennt zu montierenden Innen- und Außenringen. Letztere halten hohe axiale Belastungen aus und werden deshalb oft in Lenkköpfen eingesetzt.
- Wälzlager sind im Gegensatz zu Gleitlagern Normteile, die bei bekannter Markierung (anhand derer das Maß, die Belastbarkeit und der Typ bestimmt werden können) im Fachhandel besorgt werden können (siehe Abbildung 5.16).
- Metallbuchsen bestehen üblicherweise aus Phosphorbronze, in Stoßdämpfer-Augen werden Gummibuchsen verwendet, in billigen Schwingen-Lagerungen fristen Plastikbuchsen ein kurzes Dasein.

Fehlersuche bei Lagern

- Wenn ein Lager-Außenring sich im Lagersitz gedreht hat, ist das Gehäuse beschädigt. Wenn noch nicht allzu viel Material abgetragen ist, kann man das Lager mit Spezialkleber einsetzen.

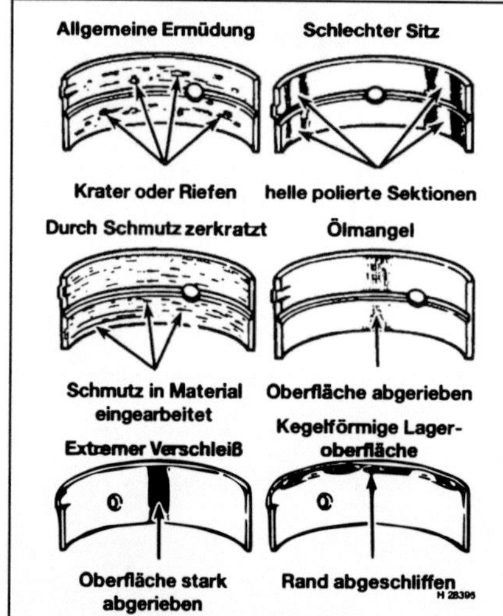

5.17 **Typische Lager-Schäden**

5.18 Diese Kugeln haben deutliche Abdrücke – das Lager ist defekt.

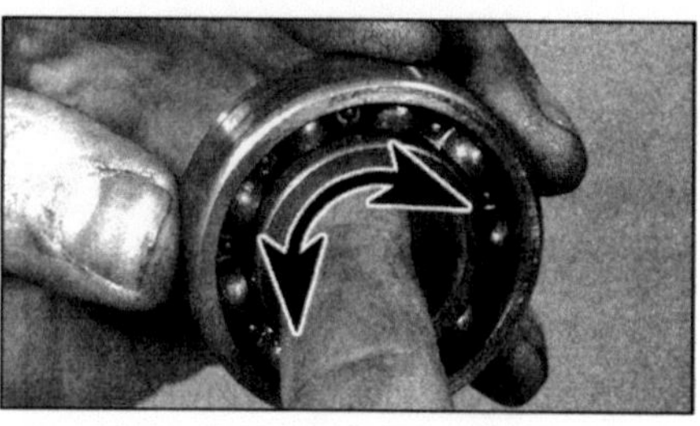

5.19 Halten Sie den äußeren Ring und drehen Sie den inneren Ring dicht am Ohr.

- Gleitlagerschalen können durch Ölmangel, Korrosion oder Fremdteilchen im Öl beschädigt werden (siehe Abbildung 5.17). Kleine Teilchen werden in die Lageroberfläche eingearbeitet, während große Teile die Schale und die Welle zerkratzen. Wird das Motorrad viel auf Kurzstrecken eingesetzt, kann sich der Motor nur ungenügend erwärmen, und dadurch entstehendes Kondenswasser sorgt für mangelnde Schmierung und kann das Lager korrodieren lassen.
- Kugel- und Rollenlager können durch Überhitzung (bei Ölmangel) und eindringenden Schmutz zerstört werden, Kegelrollenlager drücken sich bei zu hoher Last ein. Wälzlager unterliegen auch bei vorschriftsmäßiger Benutzung einem gewissen Verschleiß. Wenn ein Wälzlager nicht auf beiden Seiten abgedichtet ist, kann es in Paraffin von alten Fettresten befreit und anschließend getrocknet werden, so daß bei einer Sicht-Inspektion die Kugeln, Käfige und Laufflächen durchgeführt werden kann (siehe Abbildung 5.18).
- Ein Kugellager kann auf Verschleiß kontrolliert werden, wenn man sich seinen Rundlauf genau anhört. Geben Sie dünnes Öl in das Lager und drehen Sie den Innenring dicht am Ohr (siehe Abbildung 5.19). Es sollten keine Laufgeräusche festzustellen sein, wenn es hakt oder rauh läuft, ist es verschlissen.

6.1 Alte Dichtringe werden beim Aushebeln zerstört, weiterverwenden darf man sie nicht.

6.2 Diese Dichtring-Markierungen geben die Innengröße, die Außengröße und die Breite an.

6 Öl-Dichtringe

Aus- und Einbau

- Wellen-Dichtringe (auch »Simmerringe« genannt) sollten bei jeder Demontage der entsprechenden Baugruppe erneuert werden, da die Dichtlippen mit der Zeit verschleißen und das Material altert.
- Dichtringe können mit einem großen Schlitzschraubendreher aus ihrem Sitz gehebelt werden (siehe Abbildung 6.1). Achten Sie beim Ausbau darauf, daß der Dichtring nicht durch Seegerringe oder Draht gesichert ist.
- Neue Dichtringe werden normalerweise mit den markierten Seiten nach außen und der Feder-Seite gegen die Flüssigkeit eingebaut. Sonderformen dichten z.B. Kurbelgehäuse von Zweitaktmotoren in beide Richtungen ab.
- Mit einem nur außen am Ring anliegenden Lagertreiber oder Steckschlüssel wird der neue Dichtring senkrecht an seinen Platz getrieben – Schläge auf die Dichtfläche zerstören den Ring.

Dichtring-Typen und Markierungen

- Dichtringe sind normalerweise mit einfachen Dichtlippen ausgerüstet. Doppeldichtungen werden verwendet, wenn beidseitig Flüssigkeit oder Gas gegeneinander abgedichtet werden müssen.
- Dichtringe härten nach langer Zeit aus. Wenn das Motorrad lange gestanden hat, hilft nur ein Auswechseln aller Dichtringe.
- Dichtringe sind meistens Normteile. Doch außer den angegebenen Maßen (siehe Abbildung 6.2) sind sie aus ihrem Einsatzzwecke entsprechendem Material konstruiert.

7 Dichtungen und Dichtmasse

Dichtungs- und Dichtmassen-Typen

- Um das Austreten von Flüssigkeiten und Überdruck zu verhindern, werden Gehäuseteile mit Dichtungen gegeneinander geschraubt. Aluminium- oder Kupfer-Dichtungen findet man häufig an Zylinderköpfen, die meisten Dichtungen sind aus Papier. Wenn die Dichtflächen der Gehäuse nicht beschädigt sind, können die Dichtungen trocken angesetzt werden, mit etwas Fett oder Dichtmasse können sie eventuell für die Montage in Position gehalten werden.
- Mit Silikondichtmasse können kleine Löcher oder Unregelmäßigkeiten ausgeglichen werden. Durch Zusammenziehen der Gehäuseteile wird Silikon zur Seite herausgepreßt. Man kann zwar damit Papierdichtungen ersetzen, doch muß zuvor kontrolliert werden, ob die Dicke des Papiers nicht für bestimmte Bauteile wichtig ist. Silikon sollte nicht bei hohen Temperaturen oder Benzin-Berührung eingesetzt werden.
- Dauerelastische, anhärtende oder aushärtende Dichtmasse kann zusammen mit Dichtungen oder direkt zwischen Metall-Dichtflächen eingesetzt werden. Für bestimmte Zwecke werden bestimmte Dichtmassen benötigt: Dauerelastische Dichtmasse kann an fast allen Verbindungen eingesetzt werden, anhärtende Masse an rauhen oder beschädigten Dichtungen, und aushärtende Dichtmasse wird an immer bestehenden Verbindungen oder bei hohen Temperaturen und hohem Druck verwendet. Anmerkung: Kontrollieren Sie zunächst, ob die verwendeten Papierdichtungen mit Dichtmasse imprägniert sind, bevor Sie zusätzliche Dichtmasse auftragen.
- Überprüfen Sie, ob die ausgewählte Dichtmasse den Ansprüchen der Dichtung genügt, d.h. hohe Temperaturen oder Benzin aushält. Einige Anbieter verkaufen Dichtmassen in verschiedenen Farben, so daß man für seinen Motor die unscheinbarste aussuchen kann.
- Geben Sie nicht zuviel Dichtmasse auf die Flächen, da sie sich nicht nur nach außen, wo sie abgewischt werden kann, sondern auch nach innen drücken kann, wo abgefallenes Material im Extremfall Ölkanäle verstopfen kann.

7.1 Wenn Hebel-Laschen vorhanden sind, kann hier vorsichtig mit einem Schraubendreher auseinandergehebelt werden.

7.2 Klopfen Sie mit einem weichen Hammer die Dichtungs-Umgebung ab – zerstören Sie keine Kühlrippen.

Praxis TiP

Viele Bauteile werden mit einer oder zwei Paßhülsen zwischen den Dichtflächen zusammengefügt. Wenn eine Paßhülse sich nicht entfernen läßt, darf sie nicht mit Zangen gegriffen werden, da sie dabei verbogen und zerstört wird. Legen Sie zur Stabilisierung eine eng sitzende Steckschlüssel-Nuß oder einen passenden Kreuzschlitzschraubendreher hinein, und greifen Sie die Hülse dann mit der Zange.

Öffnen einer Dicht-Verbindung

- Alter, Hitze, Druck und die Verwendung aushärtender Dichtmasse können dafür sorgen, daß zwei zusammenhängende Bauteile alleine mit Fingerkraft kaum wieder auseinander zu

7.3 Dichtungsreste können mit einem Dichtungs-Schaber, . . .

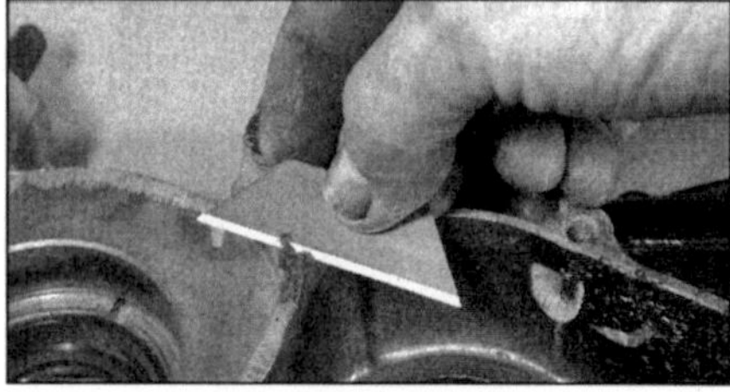

7.4 . . . einer Messerklinge . . .

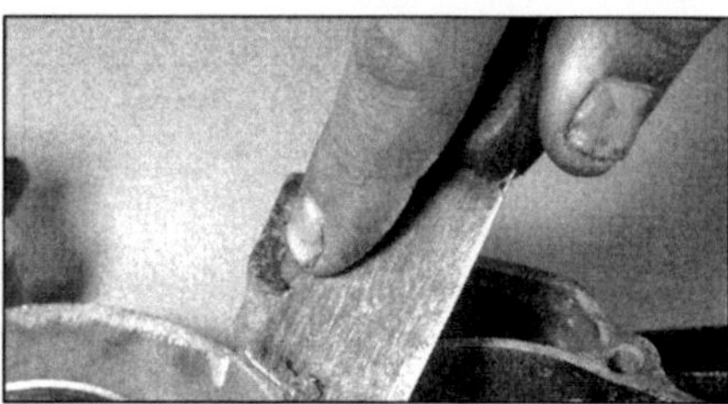

7.5 . . . oder einem Spachtel entfernt werden.

A

7.6 Mit um eine flache Feile gewickeltem feinen Schleifpapier kann die Dichtfläche gereinigt werden.

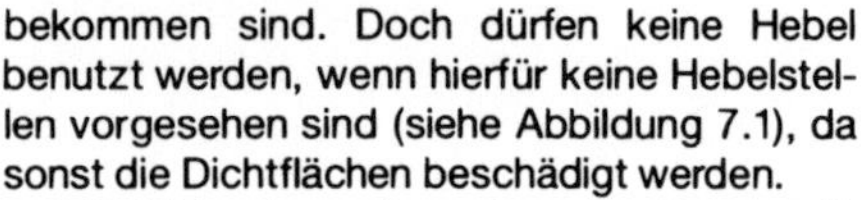

bekommen sind. Doch dürfen keine Hebel benutzt werden, wenn hierfür keine Hebelstellen vorgesehen sind (siehe Abbildung 7.1), da sonst die Dichtflächen beschädigt werden.

- Mit Hilfe eines Gummi- oder Kunststoffhammers (siehe Abbildung 7.2) oder aber eines Stahlhammers mit Holzstück wird in der Nähe der Dichtflächen gegen die Bauteile geklopft. Schlagen Sie nicht gegen filigrane Gußteile wie Kühlrippen, da sie abbrechen können. Zeigt diese Methode Erfolg, können die Gehäusehälften mit einem zwischengeschobenen Holzstück auseinandergedrückt werden.

Achtung: Wenn Die Verbindung sich gar nicht lösen will, kontrollieren Sie, ob wirklich alle Schrauben gelöst sind.

Entfernen alter Dichtungen

- Papierdichtungen lassen sich zumeist relativ rückstandsfrei entfernen. Übriggebliebene Reste müssen vor dem Auflegen einer neuen Dichtung gründlich entfernt werden.
- Kratzen Sie alle Dichtungsreste sorgfältig und vorsichtig ab, hobeln Sie dabei kein Aluminium ab und kerben Sie es nicht ein (siehe Abbildungen 7.3, 7.4 und 7.5). Hartnäckige Rückstände können mit Dichtungsentferner aus der Sprühdose entfernt werden. Zum Schluß der Reinigung können die Dichtflächen mit sehr feinem Schleifpapier oder einem Topfschwamm gereinigt werden.
- Alte Dichtmasse kann je nach Typ abgekratzt oder abgepult werden. Beachten Sie, daß es chemische Dichtungs-Entferner gibt, die die Arbeit erleichtern, doch müssen sie für die vorhandene Dichtungsmasse ausgelegt sein.

8 Ketten

Trennen und Verbinden von Antriebsketten

- Antriebsketten für größere Motorräder sind endlos, d.h. sie haben kein Schloß zum Öffnen. Soll die Kette gewechselt werden, muß die alte mit einem Kettentrenner geöffnet, und die neue nach dem Aufziehen ordentlich vernietet werden. Federclip-Schlösser dürfen nur im Notfall verwendet werden. Zum Trennen und Vernieten gibt es neben den gezeigten Werkzeugen eine Vielzahl anderer – lesen Sie vor dem Arbeiten deren Gebrauchsanweisungen.

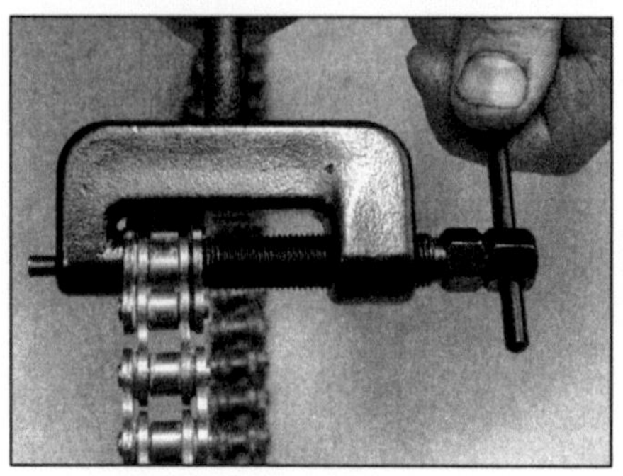

8.1 Drücken Sie mit dem Kettentrenner den Bolzen durch die Kette, . . .

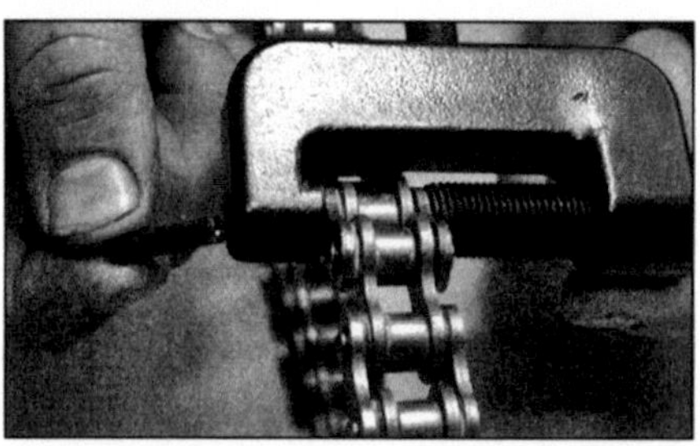

8.2 . . . entfernen Sie den Bolzen, nehmen Sie das Werkzeug ab . . .

8.3 . . . und öffnen Sie die Kette.

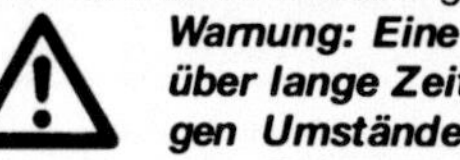

Warnung: Eine Antriebskette ist über lange Zeit und unter widrigen Umständen einer sehr hohen Belastung ausgesetzt. Nur mit einer korrekten Vernietung kann sie die gewünschte Lebensdauer erreichen. Eine abreißende Kette stellt für Mensch und Maschine eine hohe Gefahr dar!

- Drehen Sie die Kette und suchen Sie das Nietschloß. Im Gegensatz zu den anderen Bolzen, die am Rand plattgehauen sind, sind seine Bolzen durch zentrale Schläge aufgespreizt (siehe Abbildung 8.9). Positionieren Sie das Schloß zwischen die Ritzel, und setzen Sie an einen Bolzen die Trennvorrichtung an (siehe Abbildung 8.1). Drücken Sie den Bolzen durch die Kette (siehe Abbildung 8.2). Achten Sie bei einer O-Ringkette auf die entsprechenden Dichtungen (siehe Abbildung 8.3). Führen Sie die Prozedur am anderen Bolzen durch.

8.4 Drücken Sie das neue mit O-Ringen bestückte Schloß durch die Enden der Kette, . . .

8.5 . . . legen Sie neue O-Ringe über die Bolzen-Enden . . .

8.6 . . . und legen Sie die neue Lasche auf.

Achtung: Bei großen und sehr harten Ketten kann es nötig sein, die Vernietung der Bolzen abzufeilen oder abzuschleifen, bevor sie sich durch die Kette drücken lassen.

- Überprüfen Sie, ob das neue Schloß in der Größe und Stärke der Kette entspricht – verwenden Sie niemals das alte Schloß wieder. Die Größen und Ausführungen der Ketten sind auf den Gliedern eingestanzt (siehe Abbildung 8.10).
- Legen Sie die Enden der Kette über das hintere Kettenrad. Legen Sie bei einer O-Ringkette je einen neuen O-Ring auf die Bolzen des Schlosses und schieben Sie das Schloß durch die beiden Kettenenden (siehe Abbil-

8.7 Mit einer solchen Klemme läßt sich die Lasche leicht in ihre Position schieben.

8.8 **Mit dem Ketten-Verniet-Werkzeug wird pro Arbeitsgang ein Bolzen vollständig vernietet.**

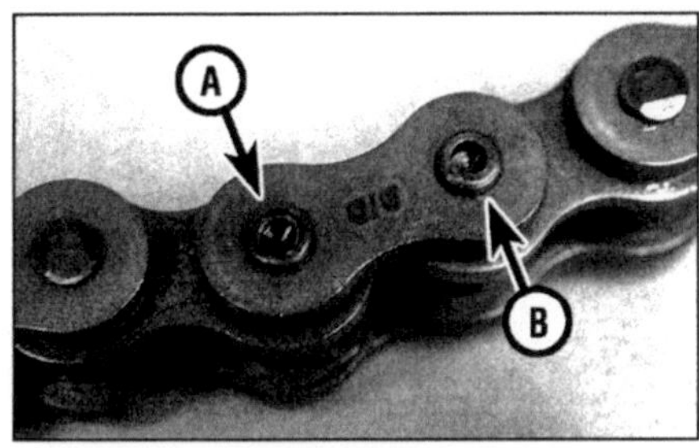

8.9 **Korrekt vernieteter Bolzen (A), Bolzen noch nicht vernietet (B)**

dung 8.4). Legen Sie auf jedes Bolzenende einen neuen O-Ring und über beide die neue Lasche (siehe Abbildungen 8.5 und 8.6).

- Die Lasche läßt sich nicht mit der Hand aufschieben. Benutzen Sie entweder ein spezielles Werkzeug (siehe Abbildung 8.7), eine Zange oder Klemme, mit der Sie die Lasche über die Bolzen drücken können.
- Positionieren Sie das Verniet-Werkzeug der Anleitung entsprechend über dem Bolzen, und spreizen Sie ihn durch Einschrauben der Spindel auseinander (siehe Abbildungen 8.8 und 8.9). Wiederholen Sie die Prozedur am anderen Bolzen.

Warnung: Kontrollieren Sie genau die Vernietung der Bolzen und vergewissern Sie sich, daß die Lasche sich nicht lösen kann. Wenn die Bolzen-Enden reißen, muß ein neues Schloß verwendet werden.

Antriebsketten-Größen

- Die Kettengröße wird durch eine dreistellige Zahl angegeben, folgende Buchstaben stehen

8.10 **Typische Kettengröße und Typenmarkierung**

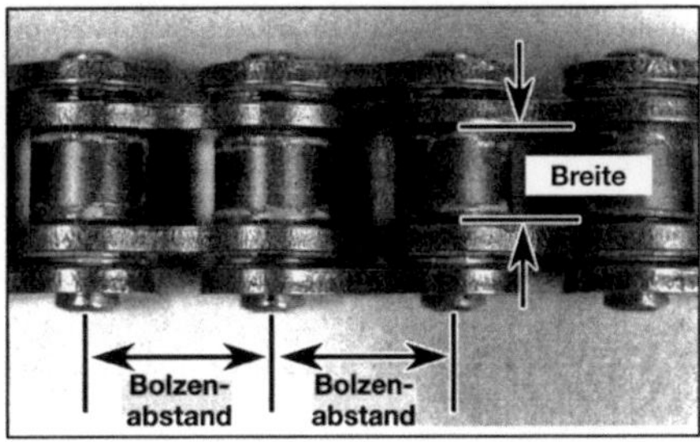

8.11 **Maße zur Bestimmung der Kettengröße**

für den Kettentyp (siehe Abbildung 8.10). Die Typen sagen etwas über die Qualität und Stärke (Dicke der Laschen) aus, und ob es sich um eine O-Ring-Kette handelt.

- Die erste Ziffer gibt den Abstand der Bolzen-Mitten zueinander an (siehe Abbildung 8.11). Die Ziffer wird in einen Bruch über eine acht gesetzt, und dieser gibt den Abstand in Zoll an:
Beginnt die Größenangabe mit einer 4 (z.B. 428), haben die Bolzen einen Abstand von 4/8 Zoll = 12,7 mm
Beginnt die Größenangabe mit einer 5 (z.B. 520), haben die Bolzen einen Abstand von 5/8 Zoll = 15,9 mm
Beginnt die Größenangabe mit einer 6 (z.B. 630), haben die Bolzen einen Abstand von 6/8 Zoll = 19,1 mm
- Anhand der zweiten und dritten Ziffer kann die Breite der Rollen bestimmt werden, die ebenfalls in englischen Maßen angegeben ist, z.B. hat eine 525er Kette Rollen mit einer Breite von 5/16 Zoll (7,94 mm) (siehe Abbildung 8.11).

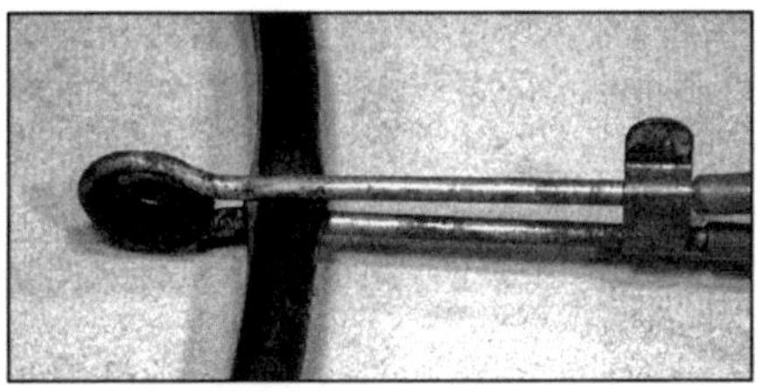
9.1 **Schläuche können mit einer Bremsleitungs-Klemme, . . .**

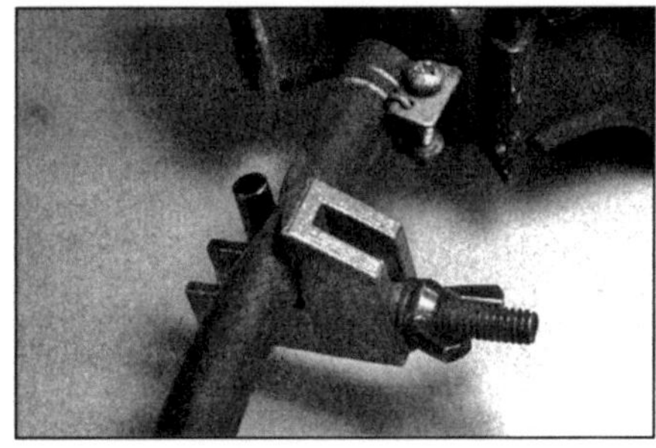
9.2 **. . . einer Flügelmutter-Klemme, . . .**

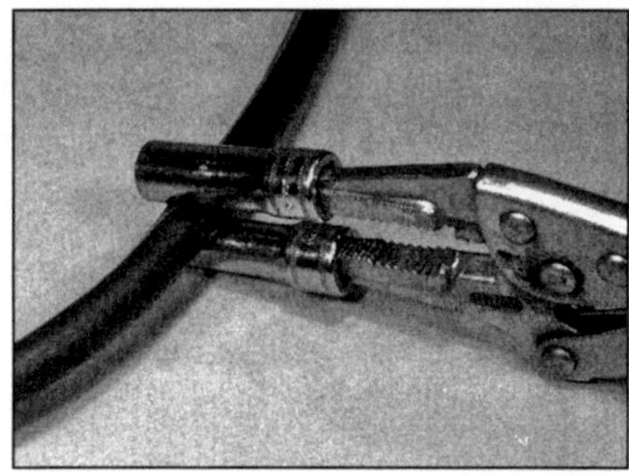
9.3 **. . . auf einer Gripzange steckenden Nüssen . . .**

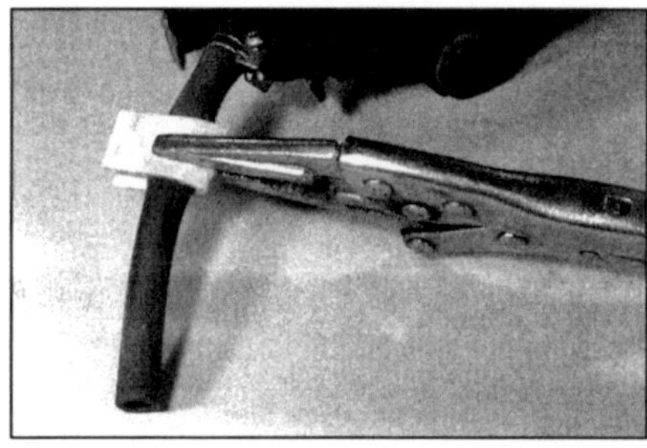
9.4 **. . . oder unterlegter Pappe abgeklemmt werden.**

9 Schläuche

Abklemmen zur Durchfluß-unterbrechung

- Dünne flexible Schläuche können abgeklemmt werden, damit man an bestimmten Bauteilen arbeiten kann. Welche Methode auch immer gewählt wird, das Schlauch-Material darf nicht dauerhaft verbogen oder durch die Klemme beschädigt werden (vgl. Abb. 9.1–9.4).

Lösen und Aufschieben von Schläuchen

- Gehen Sie sicher, daß alle Klemmen und Schellen entfernt sind. Greifen Sie den Schlauch und ziehen Sie ihn drehend vom Stutzen. Wenn der Schlauch im Laufe der Zeit ausgehärtet ist und sich nicht bewegt, schlitzen Sie ihn am Stutzen mit einem scharfen Messer längs auf, und ziehen Sie ihn dann ab.
- Widerstehen Sie der Versuchung, zur Erleichterung der Schlauch-Montage die Anschlüsse mit Fett oder Seife einzuschmieren; es hilft zwar, doch kann dann am Stutzen auch Flüssigkeit leichter austreten. Es wird empfohlen, das Schlauchende ggf. in heißem Wasser oder anderen Flüssigkeiten zu erwärmen und damit geschmeidig zu machen.

Sicherheits-Check

Hauptuntersuchung

In Deutschland müssen Motorräder alle zwei Jahre zur Hauptuntersuchung nach § 29 der Straßenverkehrszulassungsordnung (StVZO). Diese Untersuchung wird im Volksmund als »TÜV« bezeichnet; das stammt noch aus der Zeit, als der Technische Überwachungsverein (TÜV bzw. TÜH) das Monopol auf Hauptuntersuchungen besaß. Das ist seit einigen Jahren nicht mehr der Fall. Dekra und auch freie Sachverständige, die einer anerkannten Überwachungsorganisation wie KÜS oder GTÜ angeschlossen sind, dürfen die Hauptuntersuchung durchführen.

Gerade bei freien Sachverständigen hat dies seine Vorteile für den Fahrzeugbesitzer: Eine familiäre Atmosphäre, sehr kurze Wartezeiten und hohe Kompetenz unterscheiden diese kleinen Prüfbüros von den häufig anonymen und bürokratischen Prüfstellen der eingesessenen Organisationen.

TÜV/TÜH (alte Bundesländer) und Dekra (neue Bundesländer) besitzen allerdings nach wie vor das Monopol für die Begutachtung von Änderungen am Fahrzeug, für die keine Gutachten vorliegen – etwa selbstgebaute Auspuffanlagen, Umbauten zum Gespann o. ä.

Bei der Hauptuntersuchung werden Betriebs- und Verkehrssicherheit des Motorrads geprüft. Sachverstand des Prüfers vorausgesetzt – was leider nicht immer der Fall ist –, ist dies ein notwendiger Check im Interesse des Fahrzeugbesitzers. Doch unabhängig von dieser regelmäßigen Untersuchung sollte der Fahrer des Motorrades wissen, wo die sicherheitsrelevanten Baugruppen sitzen und sie selber prüfen können.

Wenn Sie ein gebrauchtes Motorrad kaufen möchten, so ist eine kürzlich durchgeführte Hauptuntersuchung (HU) keinesfalls eine Gewähr für den einwandfreien Zustand des Fahrzeugs. Motor, Getriebe und wesentliche Teile der Elektrik werden bei der HU nicht geprüft, und selbst wichtige Baugruppen wie Bremsen und Rahmen können von einem inkompetenten Prüfer falsch beurteilt worden sein.

Elektrik

Beleuchtung

Prüfen Sie die Funktion aller Leuchten am Motorrad: Stand-, Abblend-, Fern-, Rück- und Bremslicht, letzteres bei Fuß- und Handbremse. Das gleiche gilt für die Blinker und eventuelle Zusatzleuchten wie Breit- oder Zusatzscheinwerfer, Nebelschlußleuchte oder Warnblinker. Häufig wird die Instrumentenbeleuchtung nicht beachtet (übrigens auch nicht bei der HU), doch auch bei einer Nachtfahrt möchte man doch wissen, wie schnell man fährt.

Scheinwerfereinstellung

Im Gegensatz zu Autos wird bei der HU die Scheinwerfereinstellung bei Motorrädern nicht überprüft. Tun Sie das daher selbst im eigenen Interesse; weder ist es angenehm, andere Verkehrsteilnehmer zu blenden, noch, nachts lediglich das Vorderrad oder die Baumwipfel zu beleuchten.

Stellen Sie in einer Werkstatt, die ein Prüfgerät für PKW besitzt, den Scheinwerfer Ihres Motorrades ein. Achten Sie dabei darauf, daß Sie das Motorrad mit dem üblichen Fahrgewicht belasten (1).

Batterie

Auch der Zustand von Batterie, Sicherungen, Regler und Lichtmaschine ist sicherheitsrelevant. Stellen Sie sich beispielsweise vor, auf der Überholspur der Autobahn geht schlagartig der Motor aus, weil es an Zündfunken fehlt, oder nachts in der gleichen Situation bleibt plötzlich das Licht weg.

Prüfen der Scheinwerfereinstellung mit einem PKW-Prüfgerät

Auspuff und Antrieb

Auspuff

Auspuff und Schalldämpfer haben zugegebenermaßen wenig mit Sicherheit zu tun. Allerdings kann mit einer nicht genehmigten Änderung die Betriebserlaubnis des Fahrzeugs erlöschen, was bei einem Unfall – der noch nicht einmal selbstverschuldet sein muß – unangenehme Folgen haben kann: Fahren ohne Versicherungsschutz, eventuell Fahren ohne Führerschein (wenn das Motorrad serienmäßig leistungsbegrenzt und die Fahrerlaubnis darauf beschränkt war), Fahren ohne Betriebserlaubnis u.a. Stellen Sie also sicher, daß der angebaute Auspuff entweder serienmäßig oder eingetragen ist, daß die Anlage fest sitzt und keine Löcher oder Durchrostungen vorliegen.

Antrieb

Sehr viel mehr mit Sicherheit hat der Hinterradantrieb zu tun, obwohl er bei der HU nicht geprüft wird. Ist die Kette in ordentlichem Zustand und weist die richtige Spannung auf? Sind Ritzel und Kettenrad nicht übermäßig abgenutzt? Bei Kardanmaschinen: Ist der Hinterradantrieb öldicht? Ist die Mitnehmerverzahnung des Hinterrads in Ordnung? (Für diese Prüfung muß das Hinterrad ausgebaut werden.)

Steuerkopf und Federung

Steuerkopf

Entlasten Sie das Vorderrad, so daß es frei in der Luft steht. Schwenken Sie den Lenker langsam von Anschlag zu Anschlag. Ist der Lenker dabei schwergängig? Sind »Raststellen« zu spüren? Schlägt etwas am Tank an? Das alles darf nicht der Fall sein, andernfalls sind Lenkkopflager und/oder Anschläge neu zu justieren bzw. auszutauschen (2).
Fassen Sie die beiden Enden der Vorderachse mit den Fäusten und versuchen, das Rad nach hinten und vorne zu drücken. Ein loses Lenkkopflager können Sie dabei an einem Klacken hören, wobei das Geräusch auch von einer ausgeschlagenen Telegabel kommen kann. Um sicher zu gehen, lassen Sie bei diesem Test eine zweite Person einen Finger an den Spalt zwischen Lenkkopf und unterer Gabelbrücke legen. Selbst ein kleines Spiel des Lagers läßt sich so feststellen (3).

Vorderradfederung

Bocken Sie das Motorrad ab und halten es mit der Vorderbremse fest. Drücken Sie nun mit dem Lenker die Telegabel zusammen. Sie darf dabei nicht stocken oder klemmen (4).
Prüfen Sie die Enden der Tauchrohre auf Öldichtigkeit. Ölnebel oder gar -tropfen weisen auf undichte Simmerringe hin (5).
Prüfen Sie schließlich den Ölstand in den Telegabelrohren nach Anleitung.

Hinterradfederung

Lassen Sie das Motorrad in abgebocktem Zustand von einer zweiten Person festhalten. Drücken Sie das Heck nach unten. Die Hinterradfederung darf dabei nicht stocken oder klemmen. Das Heck darf nach dem Loslassen auch nicht nachschwingen (6).
Prüfen Sie das oder die hinteren Federbein/e auf Öldichtigkeit. Nur wenige Federbeine sind reparabel. Erkundigen Sie sich danach.
Fassen Sie das Hinterrad an und versuchen Sie, es nach links und rechts zu drücken. Damit kann Spiel im Hinterradlager und im Schwingenlager festgestellt werden (9).
Bei Maschinen mit einem Zentralfederbein können die Lager der Anlenkhebel ausschlagen. Lassen Sie eine zweite Person das Hinterrad des Motorrads anheben und beobachten dabei mit einer Taschenlampe die Lagerstellen, um Spiel festzustellen (7, 8).

2

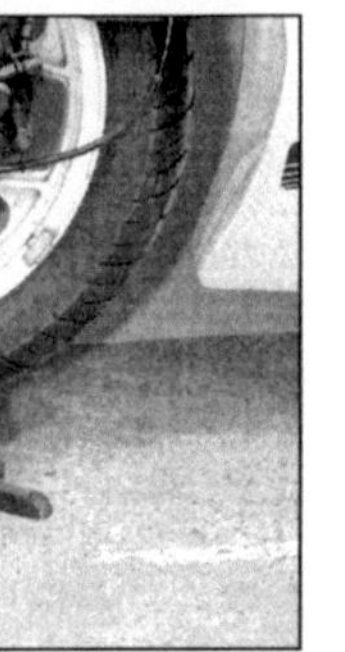

Um das Lenkkopflager zu prüfen, darf das Vorderrad nicht aufstehen, auch nicht so!

3

Prüfen von unzulässigem Spiel in Lenkkopflager und Telegabel

4

Bei gezogener Handbremse mit dem Lenker die Telegabel zusammendrücken.

5

Bei undichten Simmerringen tritt Öl am oberen Ende des Tauchrohrs aus.

6

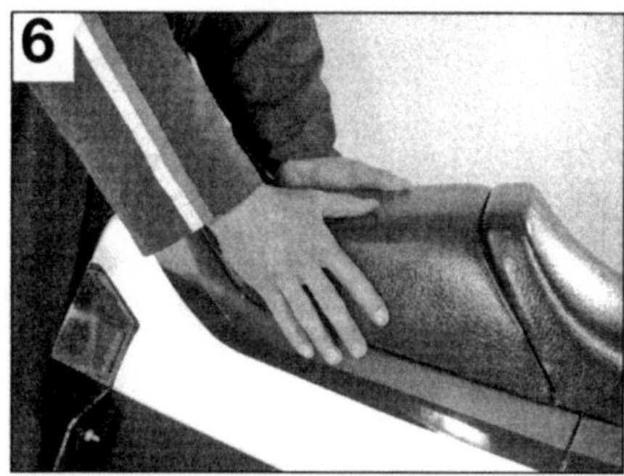

Herunterdrücken des Hecks zum Prüfen der Hinterradfederung

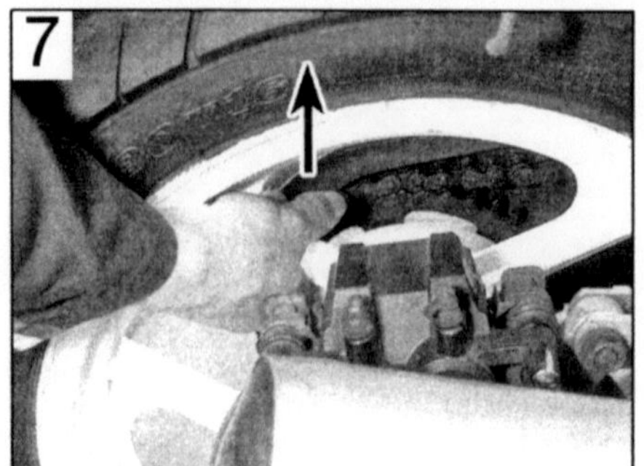
Anheben des Hinterrads, um Spiel ...

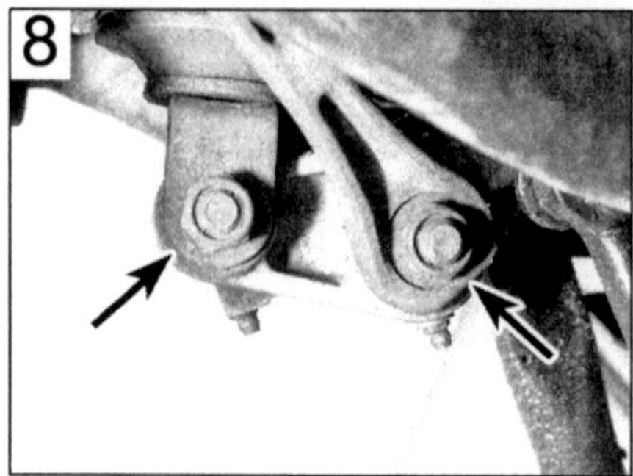
... in den Lagern der Federbein-Anlenkung aufzuspüren.

Hinterradschwinge nach links und rechts drücken, um unzulässiges Spiel in den Schwingenlagern festzustellen.

Bremsen, Räder und Reifen

Bremsen

Ziehen Sie bei angehobenem Rad die jeweilige Bremse, und lösen Sie sie wieder. Danach muß sich das Rad frei drehen lassen, ohne daß die Bremse klemmt. Leichte Schleifgeräusche dabei sind bei Scheibenbremsen normal.
Unterziehen Sie die Bremsscheibe einer Sichtprüfung. Sie darf im Bremsbereich keine Riefen und Absätze aufweisen, erst recht keine Risse.
Prüfen Sie die Belagstärke der Bremsbacken, wie im Handbuch beschrieben (10).
Betätigen Sie bei Trommelbremsen den Bremshebel bis zum Anschlag und prüfen den Winkel zwischen Bremsnockenhebel und Bremsstange bzw. -seilzug; er muß knapp unter 90° liegen (11).
Prüfen Sie bei hydraulischen Bremsen alle Schläuche und Leitungen bei betätigter Bremse auf Undichtigkeiten. Prüfen Sie den Pegel im Bremsflüssigkeits-Vorratsbehälter.

Räder und Reifen

Prüfen Sie Gußräder auf Beschädigung und Risse, Drahtspeichenräder auf lose, verbogene und gebrochene Speichen. Lassen Sie das angehobene Rad frei drehen und prüfen es und den Reifen auf runden Lauf. Kontrollieren Sie, ob das Rad ausgewuchtet wurde und die Wuchtgewichte noch an ihren Plätzen sitzen.
Fassen Sie das Rad, und versuchen Sie, es nach links und rechts zu drücken. Dabei darf kein Spiel der Radlager feststellbar sein (13).
Prüfen Sie den Reifen auf Risse, Beschädigungen und Profiltiefe. In Deutschland muß das Profil an allen Stellen mindestens 1,6 Millimeter tief sein (14).
Stellen Sie sicher, daß Reifen mit den vorgeschriebenen Maßen und Herstellerbindungen montiert sind (siehe Angaben im Fahrzeugschein). Beachten Sie Laufrichtungspfeile an den Reifen-Seitenwänden (15).
Prüfen Sie den Festsitz aller Achsen- und Klemmfaust-Muttern und das Vorhandensein vorgesehener Splinte (16).
Die Radflucht (Spur) können Sie am besten mit einer Spurlatte feststellen (17, siehe Beschreibung vorne im Buch).

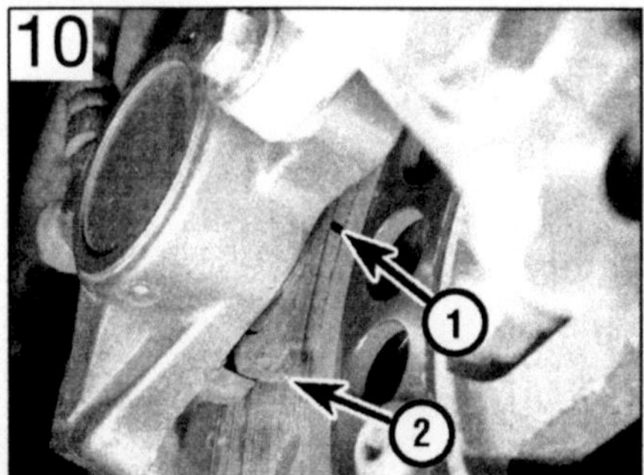
Der Verschleiß von Bremsbelägen kann meist ohne Abnahme der Bremssättel festgestellt werden. Die meisten besitzen Verschleißnuten (1) oder -markierungen (2).

Prüfen Sie an Trommelbremsen bei betätigter Bremse den Winkel zwischen Nockenhebel und Bremsstange bzw. -seilzug. Viele Bremsen besitzen einen Verschleißanzeiger.

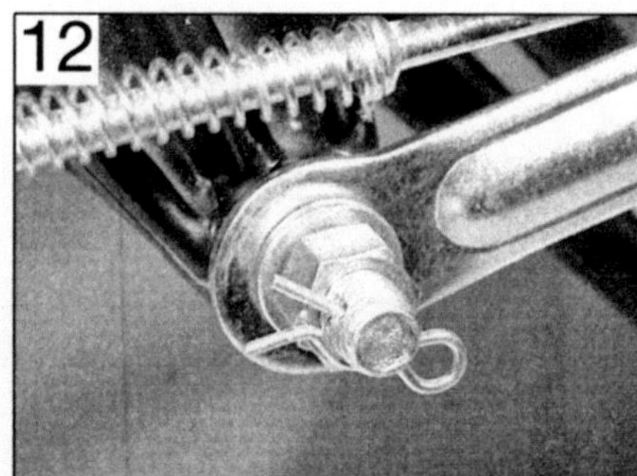
Die Verschraubung des Bremssattelhalters muß wie vorgeschrieben gesichert sein.

Prüfen Sie das Radlagerspiel, indem Sie das Rad nach links und rechts drücken.

Prüfen der Profiltiefe

Manche Reifen besitzen einen Laufrichtungspfeil an der Seitenwand.

Achsenmuttern, die als Kronenmuttern ausgeführt sind, müssen mit einem Splint gesichert werden.

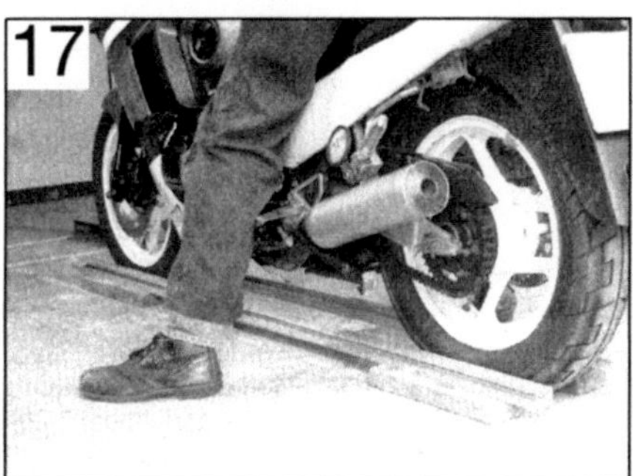
Prüfen der Radflucht mit Spurstangen

Allgemeine Checks

Prüfen Sie den Festsitz aller wesentlichen Muttern von Verkleidung, Lenker, Sitzbank, Motor, Rahmen und Schutzblechen. Fußrasten und Haltegriffe dürfen nicht verbogen oder lose sein. An keiner Stelle darf der Rahmen Durchrostungen zeigen.

Stillegen

Es sind einige Dinge zu beachten, bevor man das Motorrad für längere Zeit stillegt, etwa über den Winter. Das Fahrzeug abzustellen, ohne die beschriebenen Arbeiten auszuführen, bringt erhöhten Verschleiß und Schwierigkeiten beim »Ausmotten« mit sich.

1. Waschen und reinigen Sie das Motorrad gründlich. Führen Sie notwendige Reparaturen jetzt durch, da Sie nach dem Winter ja doch keine Lust dazu haben werden...

2. Fahren Sie das Motorrad warm. Legen Sie dazu an einem sonnigen Tag eine Tour von mindestens 20 Kilometer ein. Fahren Sie auf dem Rückweg an einer Tankstelle vorbei, tanken Sie randvoll und erhöhen Sie den Reifendruck um etwa 1 bar über den vorgeschriebenen Wert.

3. Stellen Sie das Motorrad an einem trockenen Platz ab, wo es längere Zeit stehen soll. Bocken Sie es so auf, daß kein Reifen den Boden berührt.

4. Führen Sie Motor-, Getriebe- und eventuell (bei Kardanmaschinen) Hinterradölwechsel durch. Das geht gut, weil der Motor jetzt noch warm ist. Altes Öl enthält aus Verbrennungsrückständen saure Bestandteile, die mit der Zeit Metall angreifen, daher sollte es nicht im Motorrad belassen werden.

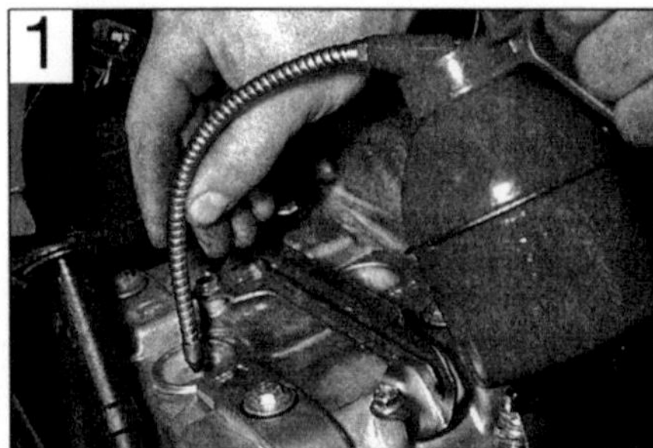

Etwas Motoröl in jedes Kerzenloch geben.

Die meisten Vergaser-Schwimmerkammern besitzen eine Schraube, mit der man das Benzin aus der Kammer ablassen kann.

5. Schmieren Sie die Antriebskette.

6. Verschließen Sie die Auspuffe mit Plastiktüten oder stopfen Sie Lappen hinein, um Kondenswasser und damit Innenrost zu vermeiden (3).

7. Drehen Sie alle Zündkerzen heraus und füllen in jedes Loch etwa 20 ml (1 Eßlöffel) frisches Motoröl. Legen Sie danach den höchsten Gang ein und drehen den Motor ein paar Mal mit dem Hinterrad durch. Das verteilt das Öl an die Zylinderwände und verhindert Rost. Schrauben Sie die Kerzen wieder ein (1).

8. Ölen Sie alle Bowdenzüge mit einer alten Spritze und Nähmaschinenöl (Beschreibung siehe vorne im Buch).

9. Schließen Sie die Benzinhähne und entleeren Sie die Schwimmerkammern aller Vergaser, um Verharzung des Benzins zu vermeiden und um beim späteren Start gleich frisches Benzin aus dem Tank zur Verfügung zu haben (2).

10. Bauen Sie die Batterie aus (4) und stellen sie an einen kühlen, frostfreien, trockenen Ort (z. B. Keller). Laden Sie sie etwa alle vier Wochen mit einem Steckerladegerät (5) einen Tag lang nach (Ladestrom max. 1/10 des Werts der Batterie-Kapazität). Noch besser ist es, die Batterie ins Auto einzubauen (Parallelanschluß zur Autobatterie).

11. Konservieren Sie leicht rostende und Chromstellen des Motorrades mit Sprühöl oder Wachs.

12. Reinigen Sie den Luftfiltereinsatz und bauen ihn wieder ein.

13. Bedecken Sie das Motorrad mit einem alten Laken oder einem anderen Stoff. Plastikfolie ist nicht geeignet, weil sich darunter Kondenswasser bildet und das Fahrzeug rostet.

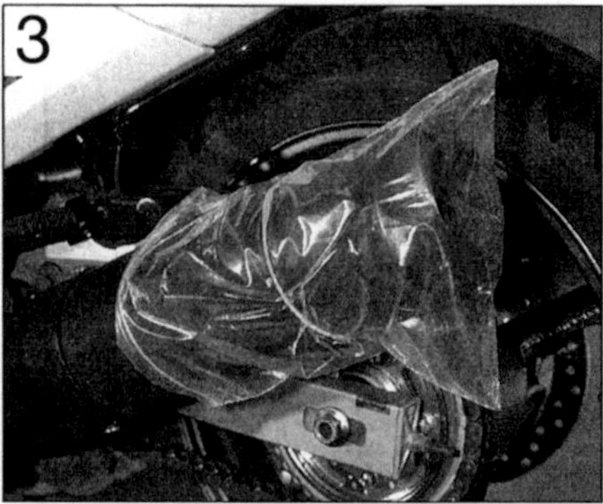

Auspuffenden mit Plastiktüte oder Lappen verschließen.

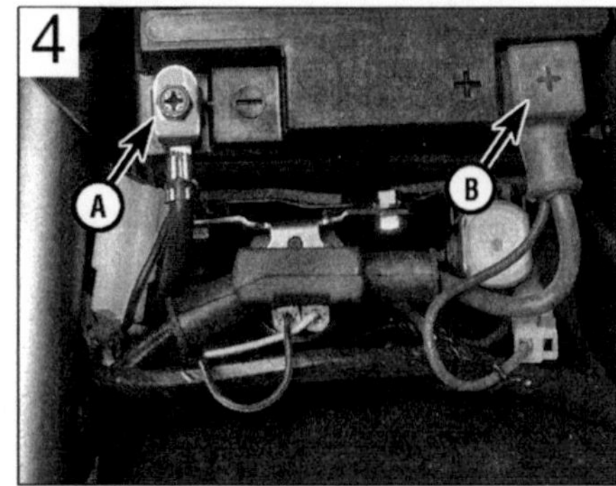

Batterie abklemmen, Minuspol (A) zuerst.

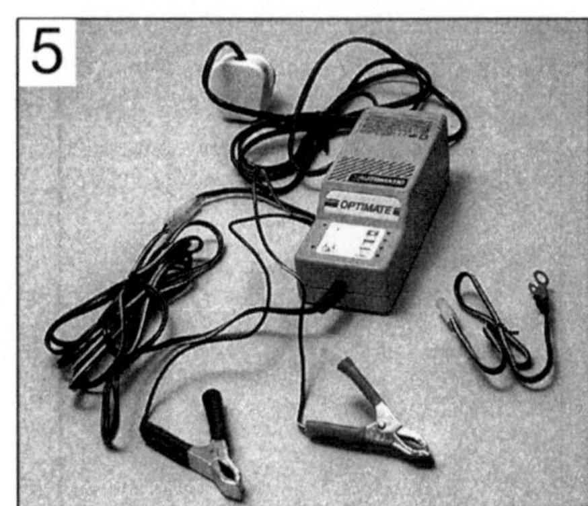

Batterieladegeräte dürfen klein sein, weil sonst der Ladestrom zu hoch wird.

Inbetriebnahme

Haben Sie das Motorrad wie beschrieben gewissenhaft »eingemottet«, so ist der Start in die neue Saison kein Problem.

1. Bauen Sie die geladene Batterie wieder ein (Pluspol zuerst anschließen, Kupferpaste an den Polen nicht vergessen).

2. Wischen Sie überschüssiges Konservierungsöl und -wachs ab.

3. Kontrollieren Sie den Reifen-Luftdruck.

4. Entfernen Sie Plastiktüten bzw. Lappen von den Auspuffen.

5. Stellen Sie die Benzinhähne auf »ON« (bei normalen Hähnen) bzw. auf »PRI« (bei Unterdruck-Benzinhähnen), damit die Schwimmerkammern mit frischem Benzin gefüllt werden.

6. Ziehen Sie die Kupplung und befestigen den Hebel mit einem Gummi am Handgriff. Nach längerer Standzeit können die Lamellen zusammenkleben (6).

7. Starten Sie den Motor und lassen ihn etwa eine Minute laufen. Stellen Sie dabei einen eventuellen Unterdruck-Benzinhahn wieder auf »ON«.

8. Schalten Sie den Motor wieder aus und kontrollieren nach etwa einer Minute den Motorölstand. Bei Motoren mit Trockensumpf-Schmierung kann es nämlich sein, daß durch die lange Standzeit das Öl aus dem Öltank in den Motor gelaufen ist, so daß eine Kontrolle vor dem Laufenlassen ein falsches Ergebnis brächte. Lösen Sie den Kupplungshebel wieder.

9. Prüfen Sie die Funktion beider Bremsen. Vor allem müssen sie nach dem Bremsen die Räder wieder freigeben.

Das Motorrad ist jetzt bereit zur ersten Fahrt. Lassen Sie es langsam angehen, denn auch die Reflexe müssen erst wieder sitzen. Gute Fahrt!

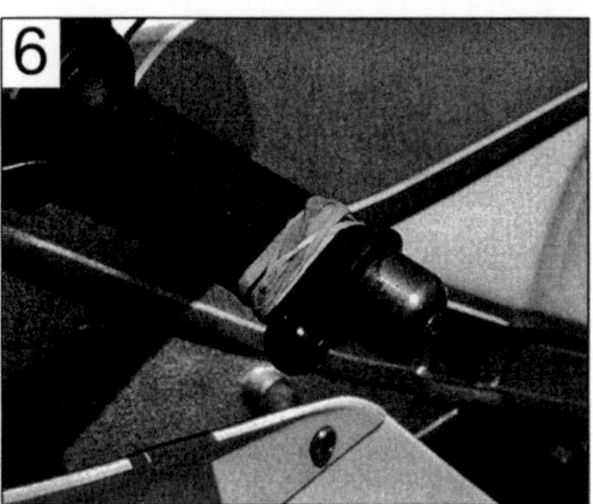

Der Kupplungshebel wird mit einem Gummi am Handgriff festgebunden.

Fehlersuche

(von Hans Hohmann)

In diesem Abschnitt sind die häufigsten Fehler am Motorrad zusammengestellt und ihre Behebung beschrieben. Dennoch kann es vorkommen, daß ausgerechnet die Ursache Ihrer Panne nicht beschrieben ist. Eine umfassende Darstellung der Technik aller Motorräder kann dieses Kapitel nicht leisten. Dazu sind eine Menge spezieller Bücher geschrieben worden.

Eine erfolgreiche Fehlersuche besteht aus etwas Grundwissen zusammen mit systematischer und logischer Vorgehensweise, nicht zu vergessen innerer Ruhe. Daher gibt es keine »mysteriösen Fehler«, sondern nur mangelnde Erfahrung oder mangelnde Systematik.

Beginnen Sie jede Fehlersuche mit der genauen Feststellung der Fehler-Symptome. Überlegen Sie, was es sein könnte; danach, was es noch sein könnte. Beginnen Sie dann mit systematischer Suche, Schritt für Schritt. Die beiden Schemata »Programmierte Fehlersuche« sollen Ihnen dabei helfen. Danach sind Baugruppe für Baugruppe mögliche Fehler erklärt.

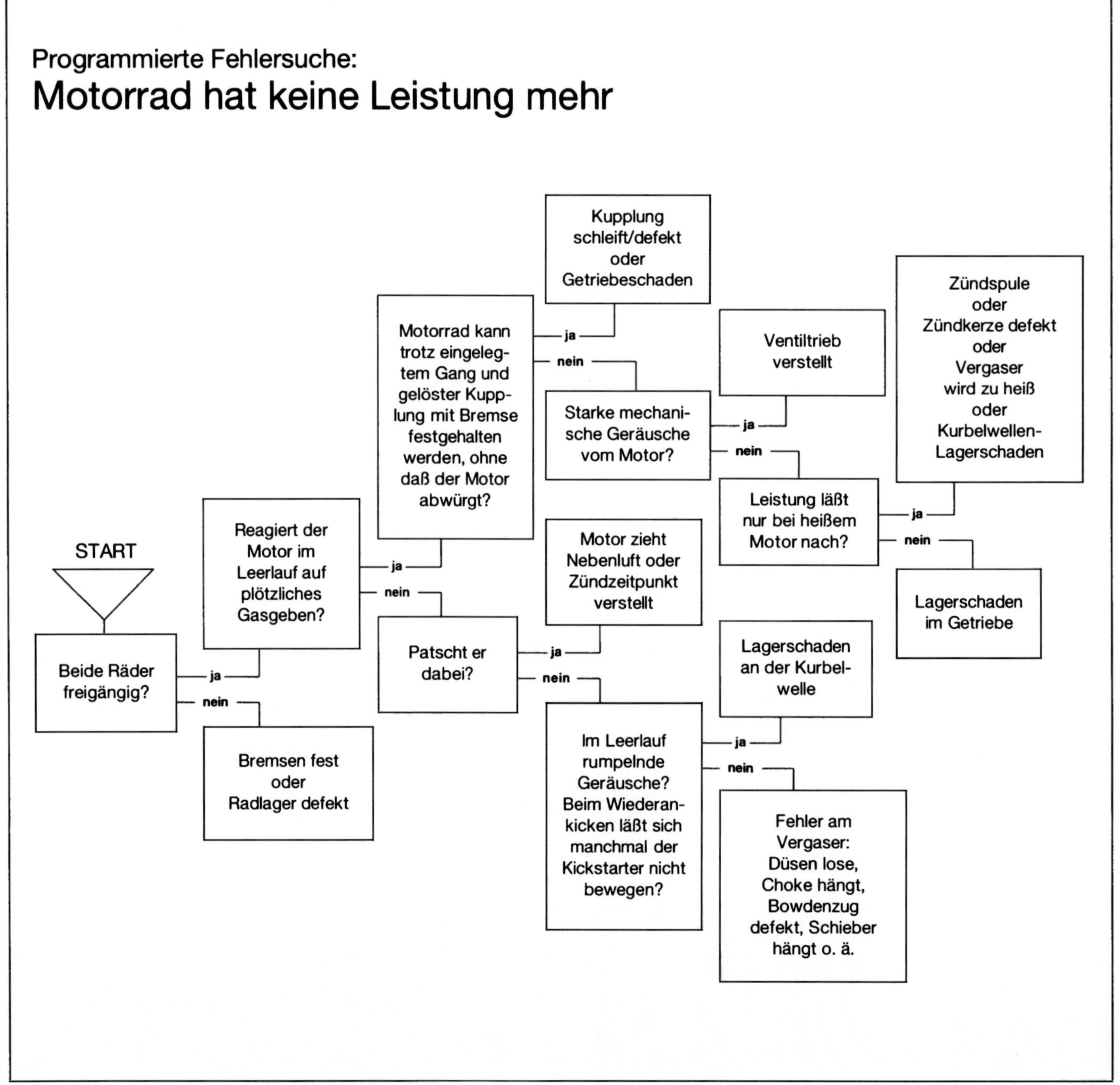

Programmierte Fehlersuche:

Motorrad springt nicht an

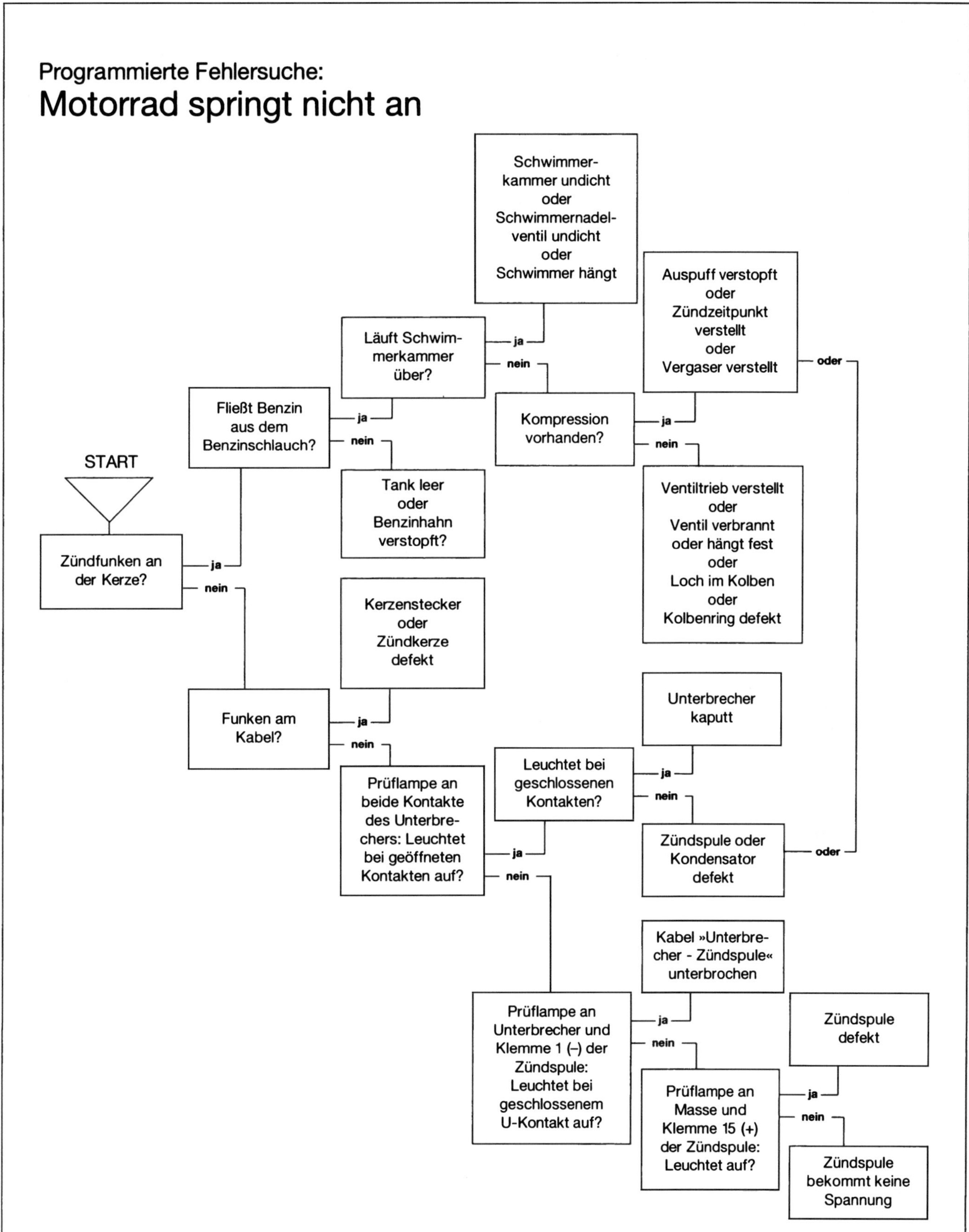

A

1 Anlasserprobleme

Anlasser dreht sich nicht:

- ☐ Killschalter umgelegt.
- ☐ Sicherung durchgebrannt. Prüfen Sie die Hauptsicherung am Anlasser-Relais.
- ☐ Batterie leer. Prüfung: Zündung einschalten, Fernlicht an und Hupenknopf drücken. Funktioniert alles, so ist die Batterie voll. Wenn nicht, laden bzw. ersetzen.
- ☐ Leerlauf nicht eingelegt.
- ☐ Defekter Leerlauf-, Kupplungshebel- oder Seitenständerschalter. Schalter und Kabel prüfen.
- ☐ Zündschalter defekt. Mit Ohmmeter prüfen.
- ☐ Killschalter oder dessen Kabel defekt. Prüfen Sie beide auf elektrischen Durchgang in der »RUN«-Position.
- ☐ Anlasserknopf defekt. Mit Ohmmeter prüfen.
- ☐ Anlasserrelais defekt. Siehe Beschreibung vorne im Buch.
- ☐ Verkabelung gebrochen oder Kurzschluß. Prüfen Sie den Anlasserstromkreis mit einer Prüflampe durch.
- ☐ Anlasser defekt. Prüfen: Lösen Sie das Plus-Kabel vom Anlasser und schließen daran und an Masse eine Prüflampe an. Zündung einschalten und Anlasserknopf drücken. Leuchtet die Prüflampe auf, so ist der Anlasser defekt.

Anlasser dreht sich, aber Motor nicht:

- ☐ Anlasserfreilauf defekt. Ausbauen und reparieren.

Anlasser will sich drehen, Motor blockiert aber:

- ☐ Motorschaden. Hierfür kann einiges die Ursache sein: Kurbelwellenlager defekt, Kolbenklemmer, Steuerkette übergesprungen, Ventiltrieb defekt u. a.

2 Motor springt nicht an

Kein Benzinfluß zum Vergaser:

- ☐ Kein Benzin im Tank.
- ☐ Benzinhahn steht auf »OFF«.
- ☐ Bei Unterdruck-Benzinhahn: Unterdruck-Schlauch ist defekt oder nicht angeschlossen oder Membran im Hahn ist defekt. Benzinhahn als Notbehelf auf »PRI« stellen.
- ☐ Benzinfilter am Benzinhahn oder am Vergaser verstopft.
- ☐ Bei installierter Benzinpumpe: Pumpe defekt oder bekommt keine Spannung.
- ☐ Tankbelüftung verstopft. Die Belüftung befindet sich oft im Tankdeckel – freiblasen. Manchmal verschließen auch Tankrucksäcke die Belüftung.
- ☐ Benzinleitung verstopft. Das ist sehr unwahrscheinlich, weil ein Filter vorgeschaltet ist. Höchstens kann noch ein Stopfen von einer Reparatur darin stecken.

Kein Benzin im Brennraum:

- ☐ Schwimmerkammer ist leer und Schwimmer klemmt in oberer Stellung. Das kann nach langer Standzeit des Motorrads der Fall sein, wenn das Benzin aus der Schwimmerkammer verdunstet ist und harzige Rückstände zurückgeblieben sind.
- ☐ Düsen des Vergasers verstopft. Freiblasen.
- ☐ Wassertropfen vor der Hauptdüse. Das kann z. B. nach Wäschen oder langer Standzeit (Kondenswasser) vorkommen. Schwimmerkammer entleeren.
- ☐ Benzinpegel in der Schwimmerkammer zu niedrig. Schwimmer verbogen?

Motor »abgesoffen«:

- ☐ Schwimmernadelventil klemmt oder ist defekt. Freiblasen oder ersetzen.
- ☐ Schwimmer klemmt in unterer Stellung.
- ☐ Schwimmer verbogen.
- ☐ Choke-Mechanismus läßt sich nicht ausschalten. Prüfen und reparieren.
- ☐ Verstopfter Lufteinlaß. Der Luftfilter-Einsatz kann sehr dreckig oder naß sein, ein Lappen vor dem Lufteinlaß liegen oder ähnliches.

Kein Zündfunke:

- ☐ Zündschalter nicht an.
- ☐ Killschalter auf »OFF«.
- ☐ Sicherung durchgebrannt.
- ☐ Batterie leer.
- ☐ Anlasser verschlissen. Ein verschlissener Anlasser kann beim Starten so viel Strom ziehen, daß die Batteriespannung für einen genügenden Zündfunken nicht mehr ausreicht.
- ☐ Zündkerzen defekt. Dies kann sogar bei neuen Zündkerzen passieren.
- ☐ Zündkerzenkörper feucht und/oder dreckig. Der Zündfunken wandert dann draußen am Zündkerzen-Isolator gegen Masse. Kerze trocknen und säubern, auch den Stecker von innen.
- ☐ Kerzenstecker defekt. Haarrisse im Stecker lassen, vor allem bei feuchtem Wetter, den Funken im Stecker gegen Masse wandern.
- ☐ Zündkabel brüchig. Auch hier können Kriechfunkenstrecken gegen Masse entstehen.
- ☐ Zündkabel lose. Befestigen.
- ☐ Zündspule defekt. Bei einem Mehrzylindermotor ist es allerdings unwahrscheinlich, daß alle Zündspulen gleichzeitig kaputtgehen; er müßte dann zumindest auf einem oder zwei Zylindern zünden.
- ☐ Verkabelung im Zündstromkreis gebrochen oder Kurzschluß.
- ☐ Zündgeberspulen defekt. Spulen wie vorne beschrieben prüfen, evtl. ersetzen.
- ☐ Zündbox defekt. Prüfen – soweit möglich – und evtl. ersetzen.

Schwacher Zündfunke:

- ☐ Viele der vorgenannten Ursachen können auch einen zu schwachen Zündfunken hervorrufen. Beginnen Sie mit der Prüfung an den Kerzen: Elektrodenabstand korrekt?

Fehlende Kompression:

- ☐ Zündkerze(n) lose. Nachziehen bzw. defektes Gewinde im Zylinderkopf reparieren.
- ☐ Zylinderkopfdichtung defekt.
- ☐ Ventil schließt nicht. Das kann an einer falschen Ventileinstellung liegen, oder an einem verbrannten oder verklemmten Ventil. Die Steuerkette kann auch übergesprungen sein.
- ☐ Verschleiß von Zylinder, Kolben und Kolbenringen.
- ☐ Kolbenringe klemmen im Kolben (Ölkohle) oder sind gebrochen.
- ☐ Loch im Kolben. Das passiert bei einer falschen Zündkerze mit zu niedrigem Wärmewert oder zu heißem Motor, etwa durch abgemagertes Gemisch.

3 Motor geht nach dem Starten wieder aus

Ursachen:

- ☐ Choke defekt oder falsch justiert. Ohne Choke springt ein kalter Motor unter Umständen an, läuft jedoch nicht weiter. Umgekehrt mag ein warmer Motor mit Choke anspringen, dann aber wegen Überfettung wieder ausgehen.
- ☐ Fehlfunktion der Zündung. Siehe »schwacher Zündfunke«.
- ☐ Vergaser falsch eingestellt. Falsche Leerlaufdrehzahl oder schlecht justierte Leerlaufgemisch- bzw. Leerlaufluftschraube kann die Ursache sein.
- ☐ Motor zieht Nebenluft. Prüfen Sie Ansaugstutzen und Zylinderkopfdichtung auf Risse und lose Teile.
- ☐ Benzinzulauf schlecht. Verstopfte Benzinfilter, Nachrüstfilter oder Wasser können den Benzinzulauf verringern, so daß der Motor nach kurzer Zeit wegen Benzinmangels ausgeht.
- ☐ Lufteinlaßquerschnitt stark verringert. Das kann durch einen verstopften Luftfiltereinsatz oder einen vergessenen Lappen geschehen. Das Gemisch überfettet, und der Motor stirbt ab.
- ☐ Tankbelüftung verstopft. Die Belüftung befindet sich oft im Tankdeckel – freiblasen. Manchmal verschließen auch Tankrucksäcke die Belüftung.

4 Schlechter Motorlauf bei Standgas

Schwacher Zündfunke oder Fehlzündungen:

- ☐ Batteriespannung zu schwach. Batterie laden bzw. ersetzen.
- ☐ Defekte Zündkerzen, siehe »kein Zündfunke«.
- ☐ Defekte Kerzenstecker oder Zündkabel.
- ☐ Falscher Wärmewert der Zündkerze. Wird eine Kerze zu heiß, kann es zu Glühzündungen kommen, was oft kapitale Motorschäden nach sich zieht. Achten Sie streng auf den vorgeschriebenen Wärmewert. Siehe auch Zündkerzen-Vergleichstabelle weiter hinten im Buch.
- ☐ Falscher Zündzeitpunkt. Prüfen Sie statischen und dynamischen Zündzeitpunkt und die Verstellung bei höheren Drehzahlen.
- ☐ Defekte Zündspule(n). Ein Zündspulendefekt kann nicht nur in totalem Ausfall bestehen, sondern sich auch in Fehlzündungen bemerkbar machen.
- ☐ Defekte Zündgeberspulen. Prüfen Sie sie wie im Buch beschrieben.
- ☐ Defekte Zündbox. Prüfen durch Messen oder Austausch.

Benzin-Luft-Gemisch falsch:

- ☐ Motor zieht Nebenluft, siehe Punkt 3.
- ☐ Leerlaufgemisch falsch eingestellt. Leerlaufgemisch- bzw. Leerlaufluftschraube justieren.
- ☐ Vergaser nicht synchronisiert. Synchronisation wie vorne im Buch beschrieben.
- ☐ Leerlaufdüse oder Leerlaufsystem des Vergasers verstopft. Freiblasen.
- ☐ Luftfiltereinsatz fehlt oder ist beschädigt. Ersetzen. Achten Sie auch auf den korrekten Sitz des Luftfilterdeckels.
- ☐ Choke defekt oder falsch justiert. Prüfen Sie auch den Choke-Zug auf Leichtgängigkeit und nötiges Spiel.
- ☐ Schwimmerstand zu hoch oder zu niedrig. Einstellen.
- ☐ Benzintank-Belüftung verstopft. Reinigen.
- ☐ Ventilspiel falsch. Ventile neu einstellen (siehe vorne im Buch).

Niedrige Kompression:

- ☐ Siehe unter Punkt 2 »fehlende Kompression«.

5 Schlechte Beschleunigung

Ursachen:

- ☐ Siehe Ursachen unter Punkt 4.
- ☐ Vergaserschieber klemmt.
- ☐ Bremsen klemmen. Prüfen Sie die Freigängigkeit der Räder. Verbogene Radachsen und verzogene Bremsscheiben können die gleiche Wirkung hervorrufen.

6 Schlechter Motorlauf/wenig Leistung bei hoher Geschwindigkeit

Schwacher Zündfunke oder Fehlzündungen:

☐ Siehe unter Punkt 4.
☐ Bei Motorrädern mit Unterbrecherkontaktzündung kann der Unterbrecherkondensator defekt sein. Prüfen durch Austausch.
☐ Isolierung von Zündkerzenstecker oder Zündkabel schlecht. Poröse Stecker und Kabel können bei hoher Drehzahl Kriechströme zur Masse leiten und damit Zündunterbrechungen bzw. Fehlzündungen hervorrufen.

Benzin-Luft-Gemisch falsch:

☐ Alle unter Punkt 4 beschriebenen Ursachen sind möglich außer der zweiten (Leerlaufgemisch falsch) und der vierten (Leerlaufsystem verstopft).
☐ Hauptdüse des Vergasers hat sich losvibriert oder fehlt ganz.
☐ Hauptdüse hat die falsche Größe. Vielleicht hat ein Vorbesitzer eine kleine eingebaut, um vermeintlich Benzin zu sparen. Oder die Hauptdüse ist nach dem Luftdruck im Flachland gewählt, und Sie fahren in den Bergen.
☐ Düsennadel und Nadeldüse sind ausgeschlagen. Ersetzen Sie sie als Satz.
☐ Belüftungsbohrungen des Vergasers verstopft. Reinigen.
☐ Benzinzulauf schlecht. Verstopfte Benzinfilter, Nachrüstfilter oder Wasser können den Benzinzulauf verringern.
☐ Tankbelüftung verstopft. Siehe oben.
☐ Gummimembran am Vergaserschieber eingerissen (nur bei Gleichdruckvergasern). Erneuern.

Niedrige Kompression:

☐ Siehe unter Punkt 2 »fehlende Kompression«.

7 Klopfen und Klingeln

Ursachen:

☐ Ölkohleablagerungen im Brennraum. Nach hoher Laufleistung oder bei defekten Kolbenringen oder Ventilschaftdichtungen kann es dazu kommen. Die Kohle beginnt zu glühen und verursacht unkontrollierte Zündungen. Klopfen, Klingeln und kapitale Motorschäden sind die Folge. Zylinderkopf demontieren und Brennraum reinigen.
☐ Schlechtes Benzin. Benzin mit zu niedriger Oktanzahl kann zu Klopfen und Klingeln führen. Tanken Sie Superbenzin oder – z. B. im Ausland – erhöhen Sie die Oktanzahl durch Zugabe von Benzol.
☐ Wärmewert der Zündkerze falsch. Wird eine Kerze zu heiß, kann es zu Glühzündungen (Klopfen und Klingeln) kommen, was oft kapitale Motorschäden nach sich zieht. Achten Sie streng auf den vorgeschriebenen Wärmewert. Siehe auch die Zündkerzen-Vergleichstabelle am Schluß des Buches.
☐ Zu mageres Benzin-Luft-Gemisch. Fehlender Luftfilter(einsatz), Nebenluft, niedriger Schwimmerstand, falsche Nadeldüsenstellung und zu kleine Hauptdüse können das Gemisch mit gefährlichen Folgen abmagern.

8 Überhitzung

Falsche Zündeinstellung:

☐ Defekte Zündkerzen, siehe Punkt 2.
☐ Zündkerzen mit falschem Wärmewert. Wird eine Kerze zu heiß, kann auch der Motor selbst durch Glühzündungen zu heiß werden, was oft kapitale Motorschäden nach sich zieht. Achten Sie streng auf den vorgeschriebenen Wärmewert. Siehe auch Zündkerzen-Vergleichstabelle am Schluß dieses Buches.
☐ Falscher Zündzeitpunkt. Einstellen.

Falsches Benzin-Luft-Gemisch:

☐ Leerlaufgemisch- bzw. Leerlaufluftschraube verstellt. Neu justieren.
☐ Hauptdüse zu klein.
☐ Luftfilter beschädigt oder fehlt.
☐ Motor zieht Nebenluft. Lassen Sie den Motor im Standgas laufen und sprühen dabei Starthilfe-Spray auf die Stellen an Ansaugstutzen und Zylinderkopfdichtung, wo Sie Nebenluft vermuten. Läuft darauf der Motor mit höherer Drehzahl, so zieht er Nebenluft. Ist die Drehzahl unverändert, so sind die Stellen dicht.
☐ Benzinstand im Schwimmergehäuse zu niedrig. Schwimmer nachstellen.
☐ Benzintankbelüftung blockiert.

Mangelnde Schmierung:

☐ Motorölstand zu niedrig. Prüfen und nachfüllen.
☐ Motoröl zu alt. Sehr altes Motoröl verliert seine Schmier- und Kühlwirkung. Wechseln Sie rechtzeitig Öl und Ölfilter.
☐ Motoröl von schlechter Qualität oder falscher Viskosität. Wechseln gegen eines der richtigen Sorte.

Ungewöhnliche Ursachen:

☐ Rippen des Kühlers sind verdreckt. Sehr stark zugesetzte Kühlrippen beeinträchtigen den Wärmetausch zwischen Fahrtwind und Kühler. Das kann zu Überhitzungen führen.

9 Kupplungsprobleme

Kupplung rutscht durch:

- ☐ Kein Spiel am Kupplungshebel (bei Seilzug-Kupplungen). Einstellen.
- ☐ Kupplungszug schwergängig, weil zu stark geknickt oder Seele aufgefasert. Ersetzen.
- ☐ Ausrückmechanismus verschlissen oder defekt. Reparieren.
- ☐ Flüssigkeitsstand im Ausgleichsbehälter zu hoch (bei hydraulischer Kupplungsbetätigung). Ausgleichen.
- ☐ Reibscheiben stark verschlissen. Erneuern als Paket.
- ☐ Kupplungsfedern gebrochen oder ermüdet. Ausmessen und als Satz erneuern.
- ☐ Kupplungsmitnehmer und/oder -korb verschlissen: Reibscheiben und Lamellen haben sich in die Mitnehmernuten eingearbeitet, so daß sie nicht mehr in den Nuten gleiten können. Mit Schlüsselfeile glätten oder bei starkem Verschleiß Teile ersetzen.
- ☐ Falsches Schmiermittel (bei Naßkupplung). Auch nicht vorgesehene Zusätze wie Molybdändisulfit können die Kupplung zum Durchrutschen bringen. Schmiermittel gegen das vorgeschriebene tauschen. Unter Umständen sind die Reibscheiben der Kupplung durch falsche Zusätze unbrauchbar geworden und müssen ersetzt werden.

Kupplung trennt nicht:

- ☐ Zu viel Spiel am Kupplungshebel (bei Seilzug-Kupplungen). Einstellen.
- ☐ Ausrückmechanismus verschlissen oder defekt. Reparieren.
- ☐ Flüssigkeitsstand im Ausgleichsbehälter zu niedrig (bei hydraulischer Kupplungsbetätigung). Ausgleichen.
- ☐ Luft im Betätigungssystem (bei hydraulischer Kupplungsbetätigung). Entlüften.
- ☐ Kupplungs-Sekundärzylinder defekt (bei hydraulischer Kupplungsbetätigung). Ein beschädigter Kolben kann im Zylinder feststecken und die Kupplung nicht mehr betätigen.
- ☐ Kupplungsfedern unterschiedlich stark. Passiert bei einer oder mehreren gebrochenen Federn.
- ☐ Verbranntes Motoröl steckt zwischen Lamellen und Reibscheiben. Das kann passieren, wenn die Kupplung unter hoher Last lange geschliffen hat. Motoröl wechseln.
- ☐ Fremdkörper sitzen zwischen Reibscheiben und Lamellen. Kupplung auseinandernehmen und reinigen.
- ☐ Motoröl-Viskosität zu hoch. Öl wechseln.
- ☐ Kupplungsmitnehmer und/oder -korb verschlissen: Reibscheiben und Lamellen haben sich in die Mitnehmernuten eingearbeitet, so daß sie nicht mehr in den Nuten gleiten können. Mit Schlüsselfeile glätten oder bei starkem Verschleiß Teile ersetzen.
- ☐ Stahllamellen der Kupplung verzogen und wellig. Das kann bei zu langem Schleifenlassen geschehen.
- ☐ Lose Kupplungsmutter. Dadurch sind Mitnehmer und Kupplungskorb nicht mehr zentriert, was eine mangelhafte Trennung der Kupplung verursachen kann. Symptom: Das Kupplungsspiel am Hebel ändert sich ständig. Reparieren.

10 Schaltprobleme

Schalthebel kehrt nicht in Mittelstellung zurück:

- ☐ Gebrochene oder verschlissene Schaltfeder. Erneuern.
- ☐ Schaltwelle verbogen oder festgefressen. Verbogene Schaltwellen sind oft Folge eines Sturzes auf den Schalthebel. Leichte Beschädigungen können an der ausgebauten Schaltwelle gerichtet werden.

Getriebe läßt sich nicht oder schwer schalten:

- ☐ Kupplung trennt nicht, siehe Punkt 9.
- ☐ Schaltwelle verbogen. Siehe oben.
- ☐ Schaltmechanismus verschlissen oder defekt. Reparieren.
- ☐ Schaltgabeln verbogen oder verschlissen. Reparieren bzw. ersetzen.

Herausspringen eines Ganges:

- ☐ Schaltmechanismus verschlissen oder defekt. Reparieren.
- ☐ Schaltklauen und -fenster der Getrieberäder verschlissen. Die Klauen weisen gegen ein Herausspringen eine Hinterschneidung von etwa 5° auf. Nach langer Laufzeit oder durch Härtefehler können die Klauen verschleißen. Entsprechende Getrieberäder ersetzen.
- ☐ Getrieberäder, -gleitbuchsen und -wellen verschlissen. Erneuern.
- ☐ Schaltwelle verbogen. Siehe oben.

Überspringen eines Ganges:

- ☐ Schaltmechanismus verschlissen oder defekt. Reparieren.

11 Ungewöhnliche Motorgeräusche

Klopfen und Klingeln:

☐ Siehe Punkt 7.

Kolbenklappern:

☐ Kolbenspiel zu groß. Das kann mehrere Ursachen haben: Bei einer Reparatur wurden zu kleine Kolben eingesetzt; Verschleiß nach langer Laufzeit; Schrumpfung der Kolben durch Überhitzung. Kolbenklappern ist ein hohes Klappergeräusch, das bei leichter oder gar keiner Last auftritt, vor allem, wenn gerade Gas gegeben wird. Zylinder aufbohren und Übermaßkolben einsetzen.
☐ Pleuel verbogen. Mögliche Ursachen: Motor überdreht; Starten des Motors mit Flüssigkeit im Brennraum (übergelaufener Vergaser); Beschädigung der Kurbelwelle bei einer Reparatur. Bei einem verbogenen Pleuel muß die Kurbelwelle ausgebaut und das Pleuel ersetzt werden.
☐ Verschleiß von Kolbenbolzen, Bolzenbohrung im Kolben oder oberem Pleuelauge. Ursache: Mangelnde Schmierung oder hohe Laufleistung. Verschlissene Teile ersetzen.
☐ Kolbenringe verschlissen, gebrochen oder festgeklemmt. Erneuern nach gründlicher Prüfung von Kolben und Zylinderbohrung.

Ventilklappern:

☐ Ventilspiel zu groß. Einstellen.
☐ Ventilfeder ermüdet oder gebrochen. Erneuern.
☐ Nockenwelle oder Zylinderkopf verschlissen oder beschädigt. Die Lagerstellen der Nockenwelle sind sehr empfindlich gegen mangelnde Schmierung, die bei zu niedrigem Ölstand vorkommen kann, aber auch bei hohen Drehzahlen bei kaltem Motor.
☐ Schlepphebel verschlissen. Starker Verschleiß eines Hebels und schnelle Änderung des Ventilspiels weisen auf einen gebrochenen Schlepphebel bzw. auf einen Verschleiß der Oberflächenhärte hin. Meist ist auch der zugehörige Nocken verschlissen. Teile erneuern.
☐ Verschlissener Nockenwellenantrieb. Eine lose oder gelängte Steuerkette, verschlissene Zahnräder u. a. können sehr unangenehme Geräusche machen. Erneuern Sie die Teile, bevor größerer Motorschaden die Folge ist.

Andere Geräusche:

☐ Pleuelfußlager verschlissen. Ein deutliches Klopfen aus dem Kurbelgehäuse, das schnell lauter wird. Ursache: Mangelnde Schmierung oder sehr hohe Laufleistung. Bei Verdacht auf diesen Fehler sollte der Motor sofort abgeschaltet werden, um noch stärkeren Schaden zu vermeiden (z. B. Pleuel-Abriß).
☐ Kurbelwellen-Hauptlager defekt. Dieser Fehler macht sich durch rumpelnde Geräusche und starke Vibrationen bemerkbar. Die Lagerschalen müssen erneuert und die Kurbelwelle eventuell überdreht werden.
☐ Kurbelwelle stark unrund. Eine verbogene oder verschränkte Kurbelwelle kann die Folge von Überdrehzahlen oder Schäden im Zylinderkopf sein. Auch ein plötzlich blockierendes Getriebe oder Hinterrad kann Verursacher sein, ebenso wie ein Schlag auf ein Kurbelwellenende, etwa beim Umfallen der Maschine.
☐ Motorhalterungen lose. Alle Schrauben und Muttern festziehen.
☐ Zylinderkopfdichtung defekt. Das Geräusch ist ein hohes Pfeifen vom Zylinderkopf, es kann aber auch jedes andere Geräusch sein, daß man mit ausströmendem Gas in Verbindung bringt. Meist ist die Leckstelle auch von einem Ölnebel umgeben. Wenn die Dichtung nach innen defekt ist, kann ein Überdruck im Kurbelgehäuse die Folge sein, wodurch einiges Öl aus der Kurbelgehäuseentlüftung gepreßt wird. Ursache einer defekten Zylinderkopfdichtung kann sein: sehr hohe Laufleistung; Überhitzung; ungleichmäßiges Anziehen der Zylinderkopfschrauben. Dichtung schnellstmöglich ersetzen.
☐ Undichter Auspuff.

12 Ungewöhnliche Getriebe- und Endantriebsgeräusche

Kupplungsgeräusche:

☐ Zuviel Spiel in einzelnen Komponenten der Kupplung. Vermessen und nötigenfalls erneuern.
☐ Zahnrad des Primärantriebs verschlissen oder beschädigt. Erneuern.

Getriebegeräusche:

☐ Lager oder Buchsen verschlissen oder beschädigt. Vermessen und erneuern.
☐ Getriebezahnräder verschlissen oder beschädigt. Erneuern.
☐ Fremdkörper im Getriebe. Das kann Dreck oder Sand sein, aber auch Metallstücke von beschädigten Motorteilen. Öl ablassen und auf Fremdkörper untersuchen, nötigenfalls Getriebe inspizieren.
☐ Getriebe-/Motorölstand zu niedrig. Auffüllen.
☐ Schaltmechanismus defekt. Reparieren.

Endantriebsgeräusche:

☐ Ritzel lose. Festziehen, wenn Innenverzahnung und Abtriebswellenprofil noch in Ordnung sind. Sonst ersetzen.
☐ Abtriebskette zu lose. Eine lose oder stark verschlissene Kette kann beim Lauf an Gehäuse und Hinterradschwinge schlagen. Kette spannen oder ersetzen.
☐ Ölstand im Winkeltrieb zu niedrig. Auffüllen. (Kardanantrieb)
☐ Kegelrad/Tellerrad schlecht justiert. Prüfen und einstellen. (Kardanantrieb)
☐ Kegelrad/Tellerrad beschädigt oder verschlissen. Stets paarweise auswechseln! (Kardanantrieb)

13 Starker Auspuffrauch

Weißer Rauch:

- ☐ Rein weißer Rauch deutet auf verdampfendes Kondenswasser und hört kurz nach dem Kaltstart auf.

Blauer Rauch durch verbranntes Öl:

- ☐ Kolbenringe verschlissen oder gebrochen. Besonders trifft dies auf den Ölabstreifring zu. Kolben, -ringe und Zylinder vermessen und nötigenfalls erneuern.
- ☐ Zylinder riefig oder verschlissen. Auf nächstes Übermaß aufbohren und Übermaßkolben mit neuen Ringen einsetzen.
- ☐ Ventilschaftdichtungen verschlissen, beschädigt oder verhärtet. Erkenntlich an blauem Rauch, wenn der Gasgriff nach dem Beschleunigen schnell geschlossen wird, etwa beim Gangwechsel. Ersetzen.
- ☐ Ventilführungen verschlissen. Vermessen und ersetzen.
- ☐ Ölstand im Motor zu hoch. Messen und ausgleichen.
- ☐ Zylinderkopfdichtung nach innen defekt. Ersetzen.
- ☐ Defektes Rückschlagventil in der Kurbelgehäuseentlüftung. Ventil ersetzen.

Schwarzer Rauch durch zu fettes Gemisch:

- ☐ Luftfiltereinsatz verstopft oder naß. Erneuern.
- ☐ Hauptdüse zu groß oder lose. Ersetzen bzw. festziehen.
- ☐ Choke-Mechanismus defekt: Choke läßt sich nicht ausschalten. Reparieren.
- ☐ Benzinstand im Schwimmergehäuse zu hoch. Schwimmer nachbiegen.
- ☐ Schwimmernadelventil undicht. Reinigen oder erneuern.

14 Öldrucklampe leuchtet auf

Schmierungsmangel:

- ☐ Ölmangel im Motor. Auffüllen.
- ☐ Öl-Viskosität zu niedrig. Ölwechsel.
- ☐ Ölpumpe defekt. Reparieren.
- ☐ Ölansaugleitung verstopft. Reinigen.
- ☐ Lagerstellen der Nockenwelle verschlissen. Bei zu großen Lagerspalten kann sich kein Öldruck mehr aufbauen, die Lampe leuchtet auf. Nockenwelle und/oder Zylinderkopf ersetzen bzw. reparieren.
- ☐ Kurbelwellenlager verschlissen. Siehe oben. Hier genügt es oft, neue Lagerschalen einzubauen.
- ☐ Rückschlagventil klemmt offen. Dadurch kann sich an den Lagerstellen kein genügender Öldruck aufbauen. Ventil reparieren bzw. erneuern.

Elektrischer Fehler:

- ☐ Öldruckschalter defekt. Durchmessen (siehe vorne) und nötigenfalls erneuern.
- ☐ Verkabelung defekt. Prüfen Sie den Öldruckschaltkreis auf Kurzschlüsse, aufgescheuerte oder geknickte Kabel.

15 Schlechte Fahreigenschaften

Schlechter Geradeauslauf:

- ☐ Lenkkopflager zu straff eingestellt. Das verursacht Pendeln bei niedrigen Geschwindigkeiten. Neu justieren.
- ☐ Lenkkopflager verschlissen oder beschädigt. Nach zu straffem Einstellen oder nach einem Unfall kann dies die Folge sein. Das ist auch der Fall, wenn Strom über die Lenkkopflager fließen muß, etwa Masseleitung der Scheinwerfer. Neue Lager sollten geschmiert werden.
- ☐ Reifenluftdruck zu niedrig. Grundsätzlich gilt: besser zu hoch als zu niedrig.
- ☐ Reifen vorne und/oder hinten verschlissen. Abgefahrene Reifen können sich in Pendeln, instabilem Geradeauslauf und Kippeln bemerkbar machen. – Hinterradschwingenlager verschlissen. Erneuern.
- ☐ Verzogene Hinterradschwinge. Dies wird normalerweise nur nach einem Unfall auftreten. Schwinge richten oder erneuern.
- ☐ Radlager verschlissen oder defekt. Erneuern.
- ☐ Falsche Reifen. Manche Reifentypen oder -kombinationen sind einfach ungeeignet für das Motorrad, auch wenn sie noch reichlich Profil haben.

Motorrad zieht nach links oder rechts:

- ☐ Hinterrad aus der Spur. Ungleichmäßiges Anziehen der Kettenspanner stellt das Hinterrad schräg. Die gleiche Wirkung kann eine verbogene Radachse haben.
- ☐ Räder fluchten nicht. Auch ein verbogener Rahmen, Telegabel oder Hinterradschwinge kann das gleiche Ergebnis haben.
- ☐ Verdrehte Gabelbrücken. Schlaglöcher oder schlechte Wegstrecken können die Gabelbrücken gegeneinander verdrehen. Klemmschrauben der Gabelbrücken, Vorderradachse und Schutzblechhalter lösen, Lenker und Vorderrad gerade stellen und alle Schrauben, von unten beginnend, wieder anziehen.

Lenker vibriert oder schlägt:

- ☐ Reifen abgefahren oder nicht ausgewuchtet.
- ☐ Reifen nicht ordentlich montiert. An den Reifenflanken sind Linien aufvulkanisiert, die bei richtiger Montage überall den gleichen Abstand zum Felgenhorn haben müssen. Wenn nicht, sitzt der Reifen nicht richtig auf der Felgenschulter. Bei Schlauchreifen kann auch der Schlauch eingeklemmt sein.
- ☐ «Bremsplatte«. Nach starken Bremsungen mit blockierendem (Hinter)Rad kann der Reifen am Aufstandspunkt abradiert sein. Er »hoppelt« dann und gehört ausgewechselt.
- ☐ Felgen verzogen oder beschädigt. Prüfen Sie sie auf Rundlauf.
- ☐ Hinterradschwingenlager verschlissen. Erneuern.
- ☐ Radlager defekt. Erneuern.
- ☐ Lenkkopflager zu lose. Neu einstellen bzw. erneuern.
- ☐ Lose Vorderradführung. Lose Schrauben und Muttern an Gabelbrücken, Schutzblech, Gabelstabilisator und Achse können zu Vibrationen im Lenker führen.
- ☐ Motoraufhängung lose. Ziehen Sie alle Muttern und Schrauben nach.

Schlechte Wirkung der Telegabel:

- ☐ Gabelöl-Pegel falsch. Bei zu geringem Ölstand ist mangelnde Dämpfung die Folge, das Rad schlägt nach. Zu viel Öl kann die Gabel steif machen und zu den Dichtringen herausdrücken.
- ☐ Falsches Gabelöl. Im Gegensatz zum Motoröl kommt es beim Gabelöl stark auf die Viskosität an. Wechseln Sie es im Zweifel gegen eines der vorgeschriebenen Sorte.
- ☐ Dämpfermechanik verschlissen. Dies passiert nur bei sehr hoher Laufleistung oder langer Fahrt mit verschlissenen Dichtringen. Die Gabel muß überholt werden.
- ☐ Weiche oder ermüdete Gabelfedern. Die Gabel taucht beim Bremsen extrem stark ein. Gabelfedern ersetzen.
- ☐ Verbogene oder korrodierte Standrohre. Beides kann zum Festklemmen der Gabel führen. Stand- und eventuell Tauchrohre müssen erneuert werden.
- ☐ Verkantete Gabel. Werden beim Festziehen der Vorderradachse die Gabelfäuste zusammengezogen, verkantet die Gabel und kann nicht mehr einfedern. Klemmfäuste lockern und mit gezogener Bremse Gabel ein paar Mal einfedern, damit sie sich wieder ausrichtet. Danach Klemmfäuste wieder anziehen.
- ☐ Defekt im Anti-Dive-Mechanismus, wenn vorhanden.

Telegabel stuckert beim Bremsen:

- ☐ Zu viel Spiel zwischen Stand- und Tauchrohren. Gabel überholen.
- ☐ Lose Lenkkopflager. Neu einstellen.
- ☐ Verzogene Bremsscheibe(n). Erneuern.

Schlechte Wirkung der Hinterradfederung:

- ☐ Federbeindämpfer verschlissen oder undicht. Erneuern.
- ☐ Weiche oder ermüdete Feder. Das Motorrad sinkt bei Beladung zu tief ein und verliert an Bodenfreiheit. Ersetzen durch stärkere bzw. neue Feder.
- ☐ Hinterradschwingenlager festgefressen. Erneuern.
- ☐ Lager der Umlenkhebel festgefressen. Erneuern.
- ☐ Verbogene Dämpferstange des Federbeins. Erneuern.

16 Ungewöhnliche Rahmen- und Federungs-Geräusche

Geräusche von vorne:

- ☐ Gabelöl zu dünn oder zu wenig. **Das kann ein »spritzendes« Geräusch verursachen** und ist meist mit unkorrektem Gabelverhalten verbunden.
- ☐ Gabelfeder gebrochen. Dies macht ein klickendes oder schabendes Geräusch.
- ☐ Lenkkopflagerschalen gebrochen. Klickende Geräusche.
- ☐ Gabelbrücken lose. Festziehen.
- ☐ Zu viel Spiel zwischen Stand- und Tauchrohren. Klapperndes Geräusch.

Geräusch von hinten:

- ☐ Dämpferöl des Federbeins zu wenig. Das kann ein »spritzendes« Geräusch verursachen.
- ☐ Defektes Federbein mit innerer Beschädigung.

17 Bremsprobleme

Bremsen sind schwammig oder zeigen wenig Wirkung:

- ☐ Luft im Bremssystem. Entlüften.
- ☐ Bremsbeläge abgenutzt. Prüfen Sie die Stärke anhand der Verschleißmarken und erneuern Sie sie nötigenfalls.
- ☐ Verölte Beläge. Beläge können bereits verölen, wenn sie mit Fingern auf der Belagfläche angefaßt werden. Verölte Beläge können nicht mehr entfettet werden, sind unbrauchbar und durch neue zu ersetzen.
- ☐ Verglaste Beläge. Schlechtes Belagmaterial kann bei bestimmten Reibpaarungen verglasen, d. h. es bildet sich eine glasharte Schicht darauf, die nicht mehr bremst. Notbehelf: mit grobem Schmirgel oder Feile Glasschicht entfernen. Besser: Beläge ersetzen.
- ☐ Wasser im Bremssystem. Da Bremsflüssigkeit wasseranziehend ist, enthält sie nach einigen Jahren einen relativ großen Wasseranteil. Das kann in Extremsituationen zu Dampfblasenbildung und damit nachlassender Bremsleistung führen. Bremsflüssigkeit erneuern.
- ☐ Manschette im Hauptbremszylinder verschlissen. Symptom: Bei leichtem Zug am Hebel ist zunächst ein Druckpunkt spürbar, doch dann gibt der Hebel nach und wandert langsam Richtung Griff. Hauptbremszylinder überholen.
- ☐ Kolbendichtung im Bremssattel undicht. Ersetzen und Sattel überholen.
- ☐ Hebel bzw. Bremspedal falsch eingestellt. Neu justieren.

Bremsen schleifen:

- ☐ Bremsscheibe(n) verzogen. Erneuern.
- ☐ Korrosion in den Bremssätteln: Kolben, Bohrungen, Bremsklötze. Überholen und reinigen.
- ☐ Kolbendichtung im Bremssattel beschädigt oder zu alt. Der Kolben kann klemmen und nicht mehr in die Ausgangsposition zurückkehren. Dichtung ersetzen.
- ☐ Bremsklotz beschädigt. Bruch oder abgelöster Belag verklemmen die Bremse. Erneuern.
- ☐ Radachse verbogen. Erneuern.
- ☐ Bremspedal/Hebel klemmt. Schmieren und leichtgängig machen.
- ☐ Bremse zu straff eingestellt. Das passiert nur bei gestängebetätigter hinterer Trommelbremse. Das Pedalspiel sollte bei normal beladenem Motorrad eingestellt werden, da sich bei Beladung die Bremse zuzieht.
- ☐ Bremssattelhalter verbogen. Das kann bei einem Unfall passieren. Gußteile austauschen, Schmiedeteile lassen sich wieder richten.
- ☐ Fehler im Anti-Dive-System (wenn vorhanden). Hier kann der zweite Hauptbremszylinder defekt oder die Kolbenstange zu lang sein.

Pulsierender Bremshebel/-pedal:

- ☐ Das Motorrad ist mit einem Antiblockier-System (ABS) ausgerüstet. Pulsieren ist dann normal.
- ☐ Bremsscheibe(n) verzogen. Erneuern.
- ☐ Radachse verbogen. Erneuern.

Scheibenbremsgeräusche:

- ☐ Bremsenquietschen. Mehrere Ursachen möglich: Schwingungsquietschen kann durch Benetzen der *Rück*seite der Bremsklötze mit Kupferpaste beseitigt werden; Reibpaarungsquietschen, liegt an der Art des Bremsbelages, neue Bremsklötze ausprobieren; verschmutzte Beläge durch Verglasung, Dreck, Öl u. ä.
- ☐ Bremsscheibe verzogen. Das kann rhythmische Geräusche wie Quietschen, Schaben oder Klicken verursachen. Bremsscheibe erneuern.
- ☐ Bremsklötze zu klein. Es ist sehr unwahrscheinlich, daß falsche Bremsklötze eingebaut wurden, dennoch würde dies ein Klopfen beim Beginn jedes Bremsens hervorrufen.

Schütteln beim Bremsen:

- ☐ Ausgeschlagene Telegabeln und Lenkkopflager rufen ein Schütteln beim Bremsen hervor. Ursache prüfen und beseitigen.

18 Elektrik-Probleme

Batterie schwach oder leer:

- ☐ Batterie zu alt und sulfatiert. Ersetzen.
- ☐ Batterie wurde lange nicht geladen. Tiefentladung, kurzfristig kann die Batterie zwar noch einmal zum Leben erweckt werden, aber ihre Lebensdauer ist drastisch verkürzt. Daher Batterien bei langer Stillstandszeit des Motorrads regelmäßig nachladen oder, noch besser, im PKW parallel zur PKW-Batterie anschließen.
- ☐ Säurestand zu niedrig. Destilliertes Wasser nachfüllen und Batterie nachladen.
- ☐ Pole korrodiert. Leitungen abnehmen, blank schaben, mit Kupferpaste benetzen und wieder anbauen.
- ☐ Batterie ständig entladen. Entweder liegt ein Kriechstrom vor, der auch bei ausgeschalteter Zündung die Batterie entlädt, oder Regler/Lichtmaschine sind defekt. Prüfen und Reparieren.
- ☐ Ständige Stadtfahrten. Bei häufigen Fahrten mit niedriger Drehzahl kann es sein, daß die Batterie nicht genügend geladen wird.
- ☐ Verkabelung defekt. Suchen Sie im Ladestromkreis systematisch nach gebrochenen oder gequetschten Kabeln.

Batterie überladen:

- ☐ Regler defekt. Eine überladene Batterie erkennt man an starkem Gasen. Regler prüfen und erneuern.

Totaler Ausfall:

- ☐ Sicherung durchgebrannt. Prüfen Sie die Hauptsicherung und die Ursache für ihr Durchbrennen.
- ☐ Batterie leer. Ursache feststellen und beseitigen.
- ☐ Massekabel der Batterie lose. Prüfen Sie die Befestigung am Batteriepol und am Motor bzw. Rahmen.
- ☐ Zündschalter defekt. Durchmessen und evtl. erneuern.
- ☐ Verkabelung gebrochen. Systematisch mit Prüflampe prüfen.

Starker Lampenverschleiß:

- ☐ Vibrationsverschleiß. Bei starken Vibrationen von Motor oder Fahrwerk leben Birnen nicht lange. Versuchen Sie, durch Aufhängung in Gummilagern die Schwingungen fernzuhalten.
- ☐ Wackelkontakt. Durch einen »Wackler« wird die Lampe ständig an- und ausgeschaltet, was ihre Lebensdauer verringert.
- ☐ Überspannung. Durch einen defekten Regler kann Überspannung entstehen, was die Birnen schnell durchbrennen läßt.
- ☐ Falsche Birne. Eine 6-Volt-Birne in einem 12-Volt-Bordnetz lebt nicht lange.

Ausrüstung zur Fehlersuche

Kompressionsprüfung

Niedrige Kompression hat Auspuffqualm, hohen Ölverbrauch, schlechtes Startverhalten und mangelnde Leistung zur Folge. Ein Kompressionstest liefert wichtige Informationen zum Zustand des Motors und kann, regelmäßig durchgeführt, frühzeitig Schadensgefahren anzeigen.

Ein Kompressionstester ist zum Einschrauben in das Zündkerzenloch gedacht, eventuell mit einem Adapter versehen. Einschraub-Tester sind denen mit Gummiadapter vorzuziehen.

Vor dem Test überprüfen Sie bitte das Ventilspiel und justieren es nötigenfalls.

1 Fahren Sie das Motorrad warm bis zur Betriebstemperatur, schalten dann den Motor aus und schrauben die Zündkerzen heraus. Verbrennen Sie sich dabei nicht!

2 Schrauben Sie Adapter und Kompressionstester in das Kerzenloch von Zylinder 1 (siehe Abbildung 1).

3 Stellen Sie bei Motorrädern mit Kickstarter den Killschalter auf »OFF«, drehen den Gasgriff ganz auf und treten dann den Motor einige Male durch, bis die Anzeige des Kompressionstesters nicht weiter steigt.

4 Bei Motorrädern mit elektrischem Anlasser hängt das Vorgehen von der Art der Zündung ab. Schalten Sie den Killschalter auf »OFF«

Einschrauben des Adapters in das Kerzenloch, dann Aufschrauben des Kompressionstesters

und die Zündung an. Drehen Sie den Gasgriff ganz auf und drehen den Motor per Anlasser einige Sekunden durch, bis die Anzeige des Kompressionstesters nicht weiter steigt. Arbeitet der Anlasser nicht bei ausgeschaltetem Killschalter, schalten Sie die Zündung aus und machen bei Punkt 5 weiter.

5 Stecken Sie die Zündkerzen wieder in ihre Stecker und legen sie so auf den Motorblock, daß die Metallkörper der Kerzen Kontakt mit Masse haben (eventuell mit Blumendraht befestigen, siehe Abbildung 2). Das verhindert Beschädigung des Zündsystems, wenn der Motor durchgedreht wird. Plazieren Sie die Kerzen nicht in der Nähe der Kerzenlöcher, damit nicht unabsichtlich austretender Benzindampf entzündet wird.

Schalten Sie Zündung und Killschalter auf »ON«, drehen den Gasgriff ganz auf und drehen den Motor per Anlasser einige Sekunden durch, bis die Anzeige des Kompressionstesters nicht weiter steigt.

Alle Zündkerzen müssen beim Test gegen Masse geerdet sein.

6 Lesen Sie die Anzeige des Testers ab und notieren Sie. Wiederholen Sie bei Mehrzylindermotoren den Vorgang bei allen Kerzenlöchern.

7 Vergleichen Sie die Werte mit denen in den technischen Daten. Liegen sie im angegebenen Bereich und sind die Werte der verschiedenen Zylinder nicht sehr unterschiedlich, so ist der Motor in gutem Zustand. Andernfalls müssen Zylinderkopf und evtl. Kolben und Zylinder überholt werden.

8 Niedrige Kompression kann die Folge von zu viel Kolbenspiel, verschlissenen Kolbenringen, defekter Zylinderkopfdichtung oder undichten Ventilen sein.

9 Um zwischen undichten Ventilen und verschlissenen Kolben zu unterscheiden, geben Sie etwas Öl in das Kerzenloch, um kurzfristig die Kolbenringe abzudichten (siehe Abbildung 3). Führen Sie dann erneut den Kompressionstest durch. Erreicht er deutlich höhere Werte, so sind Kolben/Ringe/Zylinder verschlissen. Im anderen Fall prüfen Sie Ventile und Zylinderkopfdichtung.

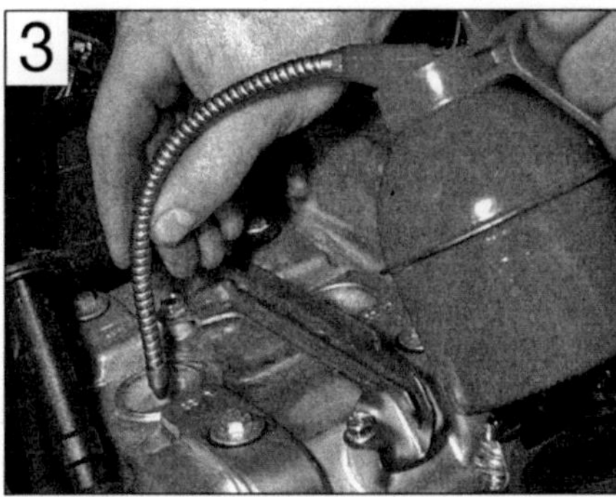

Verschlissene Kolbenringe können kurzfristig durch etwas Motoröl abgedichtet werden.

10 Weniger häufig ist eine hohe Kompression, die die Werte in den technischen Daten übersteigt. Entweder hat ein Vorbesitzer wegen Leistungssteigerung die Kompression erhöht, oder es hat sich viel Ölkohle im Brennraum abgelagert. In diesem Fall sollte der Zylinderkopf abgenommen und gereinigt werden.

Batterietest

Warnung: Batteriegase sind explosiv (Knallgas). Halten Sie Feuer, offene Flammen und Funken von der Batterie fern, vor allem, wenn sie geladen wird.

Zur Prüfung brauchen Sie ein Voltmeter. Am besten ist eines mit Digitalanzeige (siehe Abbildung 4), da es auch Zehntel Volt anzeigt. Halten Sie auch eine Stoppuhr bereit.

1 Die Batterie bleibt im Motorrad eingebaut. Sitzbank oder Seitendeckel abnehmen, damit Sie leicht an die Pole herankommen.

2 Meßbereich am Voltmeter auf 20 Volt (Gleichspannung, DC) stellen. Prüfkabel an den Batteriepolen anklemmen. Die Anzeige wird nun je nach Ladezustand des Akkus zwischen 11 und 13,2 Volt betragen. Den abgelesenen Wert notieren.

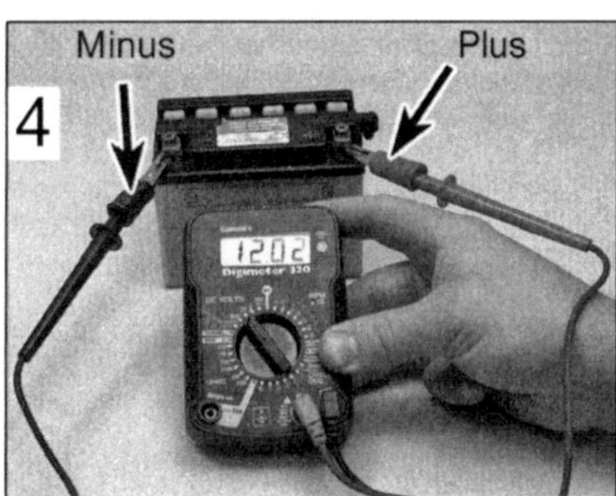

Digitalmultimeter, als Voltmeter geschaltet, beim Messen der Batteriespannung ohne Belastung.

3 Jetzt Zündung und Fernlicht anschalten (Motor bleibt aus!) und sofort das Meßgerät beobachten. Die Spannung wird jetzt sinken, und es gibt drei Möglichkeiten:

- Die Voltzahl fällt um lediglich 0,3 bis 0,4 Volt ab und verändert sich dann kaum noch. Die Batterie ist intakt und geladen.
- Die Spannung sinkt stärker als 0,4 Volt innerhalb von fünf bis zehn Sekunden (Stoppuhr!). Die Batterie ist tiefentladen, kann aber noch gerettet werden.
- Die Spannung bricht sofort nach Einschalten von Zündung und Fernlicht zusammen, sinkt also um mehr als 2 Volt. Mindestens eine Zelle der Batterie ist defekt. Erneuern.

Durchgangsprüfung

»Durchgangsprüfung« meint den Test einer elektrischen Verbindung auf ungehinderten Stromfluß. Sie kann unterbrochene Kabel, korrodierte Stecker u. ä. aufspüren. Durchgang kann mit einem Ohmmeter, Durchgangsprüfer oder einer Prüflampe mit Batterie getestet werden (siehe Abbildungen 6, 7 und 8). Alle diese Instrumente sind mit eigener Stromquelle ausgestattet, daher erfolgt der Test bei ausgeschalteter Zündung. Klemmen Sie grundsätzlich vor jeder Durchgangsprüfung den Minuspol der Batterie ab.

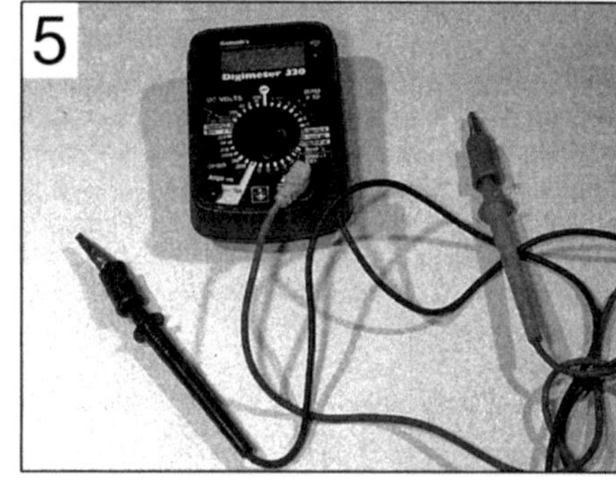

Ein Digitalmultimeter kann für alle elektrischen Tests verwendet werden.

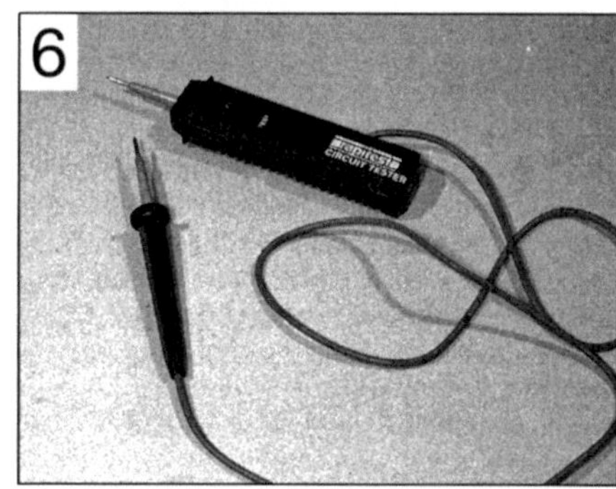

Durchgangsprüfer mit eigener Spannungsquelle

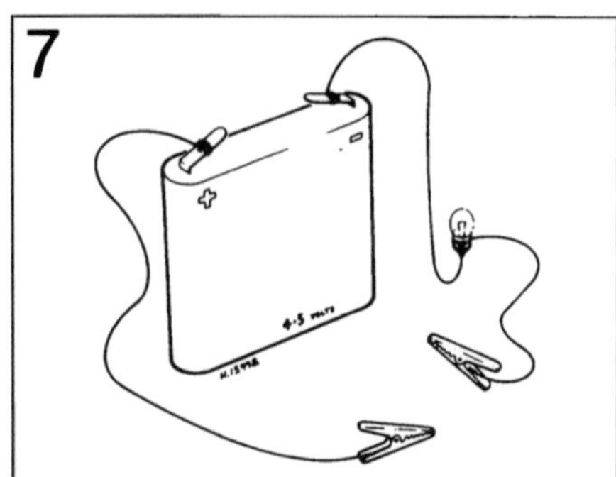

Selbstgebauter Durchgangsprüfer mit Batterie und Glühlampe in Reihenschaltung

Verwenden Sie ein Ohm- oder Multimeter, so schalten Sie den korrekten Widerstandbereich ein und halten die Prüfspitzen aneinander. Die Anzeige muß Null sein. Bei getrennten Prüfspitzen muß das Gerät »unendlich« (bzw. bei manchen Geräten »1«, ohne Kommastelle) anzeigen.
Schalten Sie das Meßgerät nach der Messung aus, um dessen Batterie zu schonen.

Schalter-Test

1 Verfolgen Sie die Kabel eines Schalters zurück bis zu den ersten Steckern. Trennen Sie die Stecker und untersuchen sie auf Zustand und Sauberkeit.

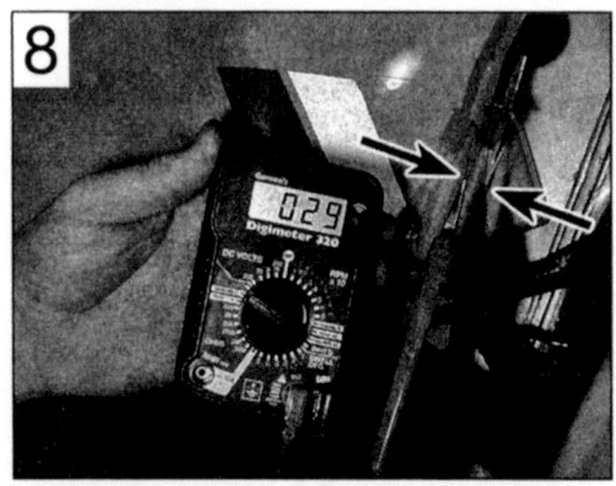

Durchgangsprüfung mit dem Ohmmeter am vorderen Bremsschalter

2 Stellen Sie das Multimeter auf »OHMs x 10« (Widerstand in Ohm x 10) und verbinden die Prüfspitzen mit den Steckern (siehe Abbildung 9). Einfache An/Aus-Schalter besitzen nur zwei Kabel, während Schalter mit mehreren Stellungen, z. B. Zündschalter, entsprechend viele Kabel haben. Prüfen Sie anhand des Schaltbildes die korrekten Verbindungen zwischen den Kabeln bei verschiedenen Schalterstellungen. Durchgang (0 Ohm) sollte bei geschlossenem, kein Durchgang (unendlicher Widerstand) bei geöffnetem Schalter vorhanden sein.

3 Hinweis: Die Polung der Prüfspitzen spielt bei dem Test keine Rolle. Anders ist es bei der Prüfung von Dioden oder anderen Halbleitern.
4 Ein Durchgangsprüfer oder eine Batterie mit Prüflämpchen kann in gleicher Weise benutzt werden (siehe Abbildung 10). Bei Durchgang (Schalter an) muß das Lämpchen leuchten bzw. der Summer arbeiten.

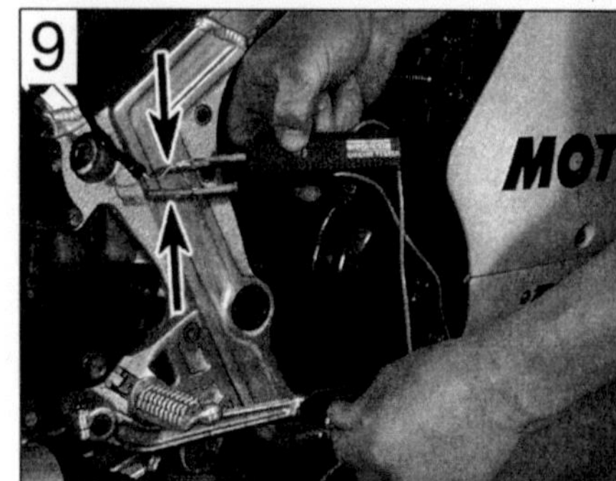

Test mit dem Durchgangsprüfer am hinteren Bremsschalter

Kabeltest

Viele elektrische Defekte werden von durchgescheuerten Kabeln oder losen Steckern verursacht. Auch korrodierte Anschlüsse oder Kabelklemmungen können Ursachen sein.

1 Ein Durchgangstest kann an einem Kabel durchgeführt werden, indem das Kabel an beiden Enden vom Bordnetz getrennt und mit den Prüfspitzen verbunden wird (siehe Abbildung 11).

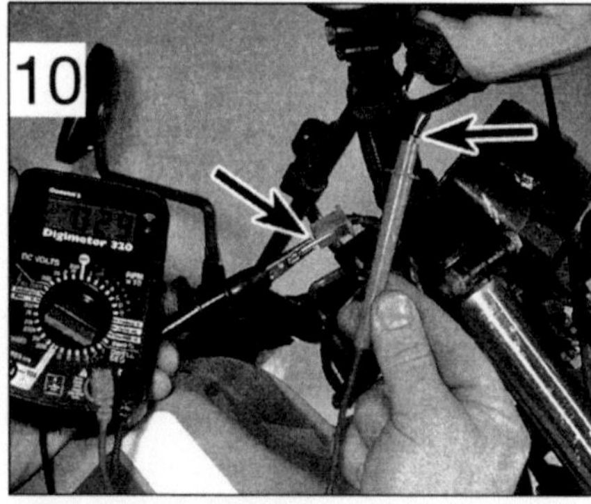

Durchgangsprüfung am vorderen Bremslichtschalter. Eine Prüfspitze durchsticht dabei den Isolationsmantel.

2 Die Prüfung erfolgt wie beim Schalter-Test (siehe oben).

Spannung messen

Oft muß festgestellt werden, ob die Bordspannung ein Bauteil überhaupt erreicht. Das kann mit einem Voltmeter erfolgen, einer Prüflampe oder einem Summer (siehe Abbildungen 12 und 13).

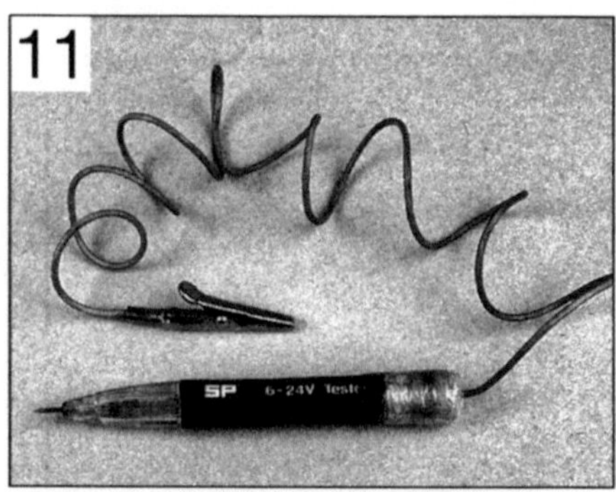

Eine einfache Prüflampe kann gut für Spannungsprüfung benutzt werden.

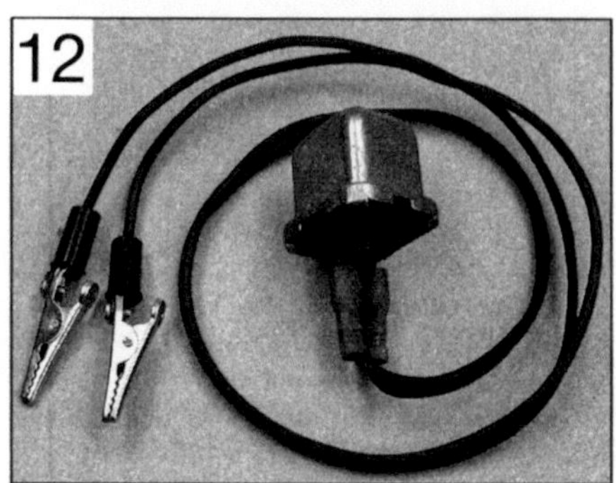

Summer statt Prüflampe

Ein Meßgerät besitzt den Vorteil der genauen Spannungsmessung. Auch hier ist ein Digital-Voltmeter vorzuziehen, da es erstens Spannungswerte hinter dem Komma anzeigen kann und zweitens eine versehentlich falsche Polung der Prüfspitzen nicht durch Defekt des Gerätes, sondern lediglich durch ein Minus vor der Anzeige beantwortet. Bei Analog(Skala)-Geräten achten Sie dagegen peinlich auf die Polung der Prüfspitzen.
Spannung wird immer parallel zur Spannungsquelle gemessen, nie in Reihe.
1 Finden Sie zunächst den betreffenden Schaltkreis anhand des Schaltplans heraus. Sollten auch noch andere Bauteile von diesem Schaltkreis – d.h. von dieser Sicherung – betrieben werden, stellen Sie sicher, daß sie korrekt funktionieren. Trennen Sie sie nötigenfalls vom Schaltkreis, um Meßergebnisse nicht zu verfälschen.
2 Stellen Sie das Multimeter auf Gleichspannung (DC), 20 Volt, und verbinden die schwarze (negative) Prüfspitze mit Masse (Minus), etwa am Rahmen (siehe Abbildung 14). Nun können Sie mit der roten (positiven)

Spitze Spannungstests durchführen, z. B. an Klemme 15 der Zündspule, an einem Stecker oder einer Lampe.

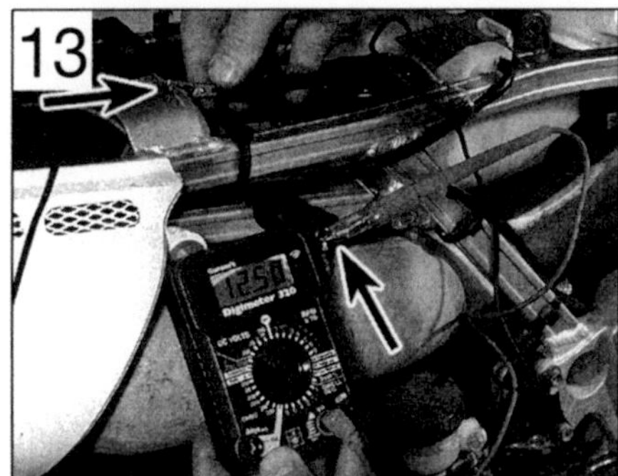

Spannungsprüfung mit dem Voltmeter an den Kabeln des Bremslichts

3 Verfahren Sie ähnlich, wenn Sie eine Prüflampe oder einen Summer benutzen (siehe Abbildung 15). Hier ist die Polung der Anschlüsse egal, lediglich bei einigen Summern ist sie vorgeschrieben. Beachten Sie, daß alte englische Motorräder meist nicht Minus, sondern Plus an Masse haben.

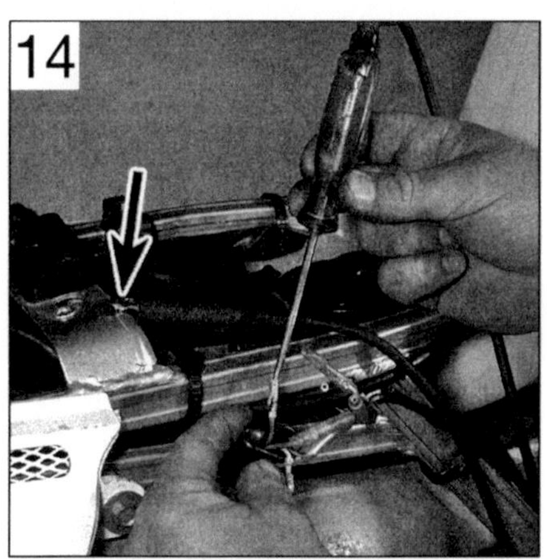

Spannungsprüfung an einem Kabel mit der Prüflampe – Lampe mit Masse verbunden

4 Können Sie keine Spannung feststellen, wo sie sein sollte, so arbeiten Sie sich systematisch den Schaltkreis zurück Richtung Sicherung. Erreichen Sie dabei einen spannungsführenden Punkt, so wissen Sie, daß zwischen diesem und dem Meßpunkt davor die Unterbrechung liegen muß.

Masseverbindung prüfen

Masseanschlüsse sitzen entweder direkt am Rahmen oder Motor (z. B. Leerlaufschalter, Öldruckgeber u. a.) oder laufen über ein Massekabel, das seinerseits am Rahmen befestigt ist.

Ursache schlechter Masseanschlüsse ist oft Korrosion, z. B. bei Birnen.

Bei Totalausfall der Elektrik prüfen Sie das Massekabel von der Batterie (Minuspol) zu Rahmen oder Motor. Lösen Sie nötigenfalls das Kabel, schaben Sie die Enden blank, streichen sie mit Kupferpaste ein und montieren es wieder.

1 Um den Masseanschluß eines Bauteils zu testen, benötigen Sie Meßkabel mit Krokodilklemmen auf beiden Seiten (siehe Abbildung 16). Es ist gut, etwa fünf solcher Kabel in der Länge von je einem Meter in der Werkstatt zur Hand zu haben. Verbinden Sie mit diesem Kabel vorübergehend den Rahmen (Masse) des Motorrads mit dem Minusanschluß des Bauteils und prüfen seine Funktion.

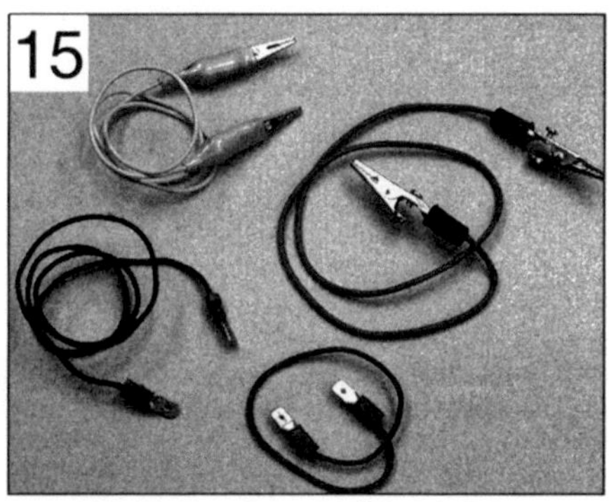

Einige Meßkabel, die als Überbrückung verwendet werden können – oben zwei mit Krokodilklemmen.

2 Funktioniert das Bauteil nun, so ist sein Masseanschluß defekt. Prüfen Sie den Schaltkreis auf Unterbrechungen und korrodierte Anschlüsse.

Kurzschluß finden

Ein Kurzschluß besteht immer dann, wenn der Verbraucher in einem Stromkreis (Birne, Hupe o. ä.) überbrückt wird und der Strom, ohne dessen Widerstand zu passieren, ungehindert nach Masse fließen kann. Üblicherweise brennt dabei die Sicherung des Stromkreises durch.

Oft sind durchgescheuerte Kabel die Ursache, deren Scheuerstelle mit Masse (Rahmen, Motor o. ä.) in Berührung kommt.

1 Bauen Sie alle Verkleidungsteile ab, die den Schaltkreis verdecken.

2 Schalten Sie alle Schalter des Schaltkreises aus und entfernen die Sicherung des Kreises. Verbinden Sie eine Prüflampe mit den beiden Anschlüssen der Sicherung. Sie darf nicht leuchten.

3 Bewegen Sie Schritt für Schritt alle Kabel des Schaltkreises, bis die Lampe aufleuchtet. So können Sie leicht die Stelle des Kurzschlusses feststellen.

Erklärung technischer Begriffe

A

ABE Allgemeine Betriebserlaubnis eines Fahrzeugs.
Asbest Natürliches Mineral in Faserform mit hoher Hitzebeständigkeit. Früher in Bremsbelägen und Dichtungen verwendet, heute wegen Krebsgefahr durch andere Materialien ersetzt.
ABS Antiblockier-System. Elektronisches oder mechanisches System, das das Blockieren von Rädern beim Bremsen verhindern soll.
Abzieher Spezialwerkzeug, das Lager oder Zahnräder von Wellen oder aus Gehäusebohrungen zieht.
Akkumulator Chemischer Stromspeicher, landläufig *Batterie* genannt.
Ampere (sprich: Ampehr) Einheit für Stromstärke. Abkürzung: A.
Amperestunden (Ah) Kapazität eines Akkumulators (Batterie)
Anlaufscheibe Unterlegscheibe zwischen zwei sich gegeneinander bewegenden Teilen auf einer Welle.
Anti-Dive Wörtlich: »Eintauch-Verhinderer«. In die Vorderradbremse integriertes System, das das Eintauchen der Telegabel beim Bremsen verhindern soll.
API American Petroleum Institute. Ein Qualitätsmaß für Viertakt-Motorenöle.
ATF Automatic Transmission Fluid. Dünnflüssiges Öl für Automatik-Getriebe, wird oft auch als Dämpferöl in Telegabeln verwendet.
Aufbohren Größerdrehen einer Bohrung, z. B. des Zylinders. Erfordert Übermaßkolben.
axial In Längsrichtung einer Achse wirkend.

B

bar Einheit für Luftdruck. Faustregel für Motorradreifen: 2,5 bar.
Batteriesäure Schwefelsäure bestimmter Dichte und Reinheit.
Benzin-Luft-Gemisch Das Gemisch aus Benzinnebel und Luft, das Vergaser oder Einspritzanlage erzeugen, und dessen Volumenverhältnis erfahrungsgemäß bei 1:14,7 liegen sollte, um optimal verbrennen zu können.
Blinkrelais Schalter, der unter Spannung automatisch und regelmäßig an- und ausschaltet. Mechanische und elektronische Bauformen.
Bowdenzug (Sprich: Baudenzug.) Flexibler Seilzug zur mechanischen Fernbetätigung. Beispiel: Gaszug, Kupplungszug, Chokezug. Besteht aus Hülle und Seele.
Buchse An beiden Enden offene Hülse, die im Maschinenbau meist als Lager dient.
Büchse An nur einem Ende offene Hülse, die im Maschinenbau als Verstärkung von Sacklöchern oder als Lager dient.

D

Diagonalreifen Reifen, bei dem die Karkassenfäden schräg zur Laufrichtung liegen.
Dichtring Wellendichtring für rotierende (manchmal auch lineare, siehe Telegabel) Bewegung. Auch: Simmerring (geschützte Bezeichnung der Firma Freudenberg).
Dichtung Flächendichtung zwischen Gehäusehälften, Deckeln oder anderen Maschinenbauteilen. Kann aus unterschiedlichen Materialien bestehen, je nach Einsatzzweck.
Diode Elektronisches Ventil. Läßt Strom nur in einer Richtung passieren. Halbleiterbauteil.
dohc (double overhead camshaft). Doppelte obenliegende Nockenwelle. Bauform der Ventilsteuerung.
Drehmoment Maß für die Kraft, mit der etwas (Kurbelwelle, Schraube) gedreht wird. Einheit: Newtonmeter (Nm), Kraft mal Hebelarm.

E

E-Starter Elektrischer Starter, Anlasser.
Einbereichsöl Öl mit nur einer Viskosität, z. B. SAE 50W.
Einspritzsystem Im Gegensatz zum Vergaser, der das Benzin durch Luftströmung passiv vernebeln läßt, spritzt die Einspritzung den Kraftstoff in exakter Menge in den Ansaugstutzen oder direkt in den Brennraum ein. Sehr aufwendig und teuer, aber genau und kraftstoffsparend.
Elektrodenabstand Spalt zwischen den Zündkerzenelektroden, der ab und zu nachgestellt werden muß. Meist 0,6 bis 0,8 mm breit.
Endloskette Antriebskette, deren Enden nicht zerstörungsfrei getrennt werden können.

F

Federkeil (Auch: Scheibenfeder.) Halbmondförmiger Metallkeil, der, in die Nut einer Welle gelegt, das darüber geschobene Bauteil (Zahnrad, Lichtmaschine) formschlüssig mit der Welle verbindet.
Federscheibe Gewellte Unterlegscheibe aus Federstahl, die Mutter bzw. Schraube am Losdrehen hindern soll.
Flüssige Schraubensicherung Flüssigkeit, von der ein paar Tropfen auf ein Gewinde gegeben und dann die Mutter/Schraube eingedreht wird. Die Flüssigkeit erhärtet unter Luftabschluß und sichert damit die Mutter/Schraube. Verbindung ist mit Schraubenschlüssel wieder lösbar.
Frostschutz Zusatz zum Kühlwasser, der den Gefrierpunkt senkt. Auf Alkohol- oder Glykol-Basis.
Fühlerlehre Auch: Ventillehre. Satz mit verschieden dicken Metallplättchen, die zur Bestimmung von kleinen Innenmaßen dienen.

G

Gabelbrücken Dreieckige Metallklemmen ober- und unterhalb des Lenkkopfs zur Aufnahme der Standrohre.
Gleichrichter Elektronisches Halbleiterbauteil (»Diodenplatte«) zum Umformen der von der Lichtmaschine gelieferten Wechselspannung in Gleichspannung.
Gleichstrom Stromfluß ohne Änderung der Polarität.
Gleitlager Lagerschalen aus bronzebeschichtetem Kupfer oder aus Sintermaterial. Funktioniert nur mit Öldruck: Die Welle gleitet auf einem dünnen Ölfilm in der Lagerbohrung ohne Materialberührung. Verwendung als Kurbelwellen- und Nockenwellenlager. Billig, schnell austauschbar und leise, aber empfindlich und mit hohem Reibwiderstand.

H

Halogenlampe Scheinwerferbirne besonderer Bauform, die mit Halogengas gefüllt ist, um den Niederschlag von verdampfendem Metall der Glühwendel an der Glaswand zu verhindern. Bauformen als H1-, H3- und H4-Birnen.

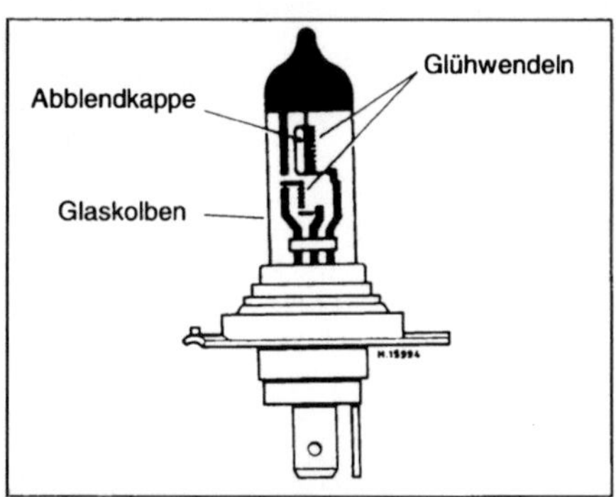

Halogen-Scheinwerferbirne

Hauptlager Lager der Kurbelwelle im Motorgehäuse.
Helicoil Spiralförmiger Gewindeeinsatz zur Reparatur ausgerissener Gewinde, wenn wenig Material vorhanden ist, so daß das Loch nur wenig ausgebohrt werden kann.

Einschrauben eines Helicoil-Gewindeeinsatzes in ein Zündkerzenloch

Hochspannung Spannung im Sekundärstromkreis des Zündsystems zur Produktion des Zündfunkens. Liegt zwischen 15.000 und 35.000 Volt bei sehr geringer Stromstärke. Unangenehm, aber nicht gefährlich.

Honen Überschleifen der Oberfläche eines Zylinders, wobei feine diagonale Riefen entstehen, in denen das Motoröl zur Kolbenschmierung haften kann.

Hydraulik Ein mit Flüssigkeit gefülltes System von Leitungen, um Druck zu übertragen. Üblich an (Scheiben)Bremsen und manchen Kupplungen.

hygroskopisch Wasseranziehend. Trifft auf Bremsflüssigkeit zu.

Hypoidverzahnung Bauform eines Kegeltriebes (siehe Kegelrad), bei der Antriebs- und Abtriebsachse nicht in einer Ebene liegen, so daß die Zähne von Kegel- und Tellerrad in speziellen Kurven (Hypoidkurven) geschliffen werden müssen. Aufwendig und teuer, aber leise und belastbar. Benötigt spezielles Schmieröl (Hypoidöl).

I

IC Integratet circuit, integrierter Schaltkreis. Halbleiterbauteil.

Inbusschlüssel Schlüssel für Innensechskantschrauben.

K

Kabelbaum Durch Schutzschlauch zusammengefaßte Kabel, die entlang einer Strecke im Motorrad verlegt sind, z. B. am Rahmen entlang.

Kardanwelle Welle, die mit einem Kreuz– oder Gleichlaufgelenk ihre Drehrichtung um einige Winkelgrade ändern kann. Wurde bei Motorrädern mit Wellenantrieb mit Einführung der Hinterradfederung nötig.

Katalysator Mit Edelmetall beschichtetes Bauteil im Auspuff, das auf chemisch-katalytischem Weg schädliche Abgasbestandteile (Stickoxide, Kohlenwasserstoffe u. a.) in unschädliche umwandeln soll. Wirkung und Nebenwirkungen sind umstritten.

Kegelrad Zusammen mit dem Tellerrad bildet es ein Getriebe, das Drehbewegungen um 90° umlenkt (siehe Abbildung).

Kegel- und Tellerrad zum Umlenken einer Drehbewegung um 90°

Kegelrollenlager Lager mit Innen- und Außenring, Kegelrollen als Wälzkörper. Hohe axiale und radiale Belastbarkeit. Verwendung als Lenkkopf-, Schwingen- und Radlager. Lagerspiel muß eingestellt werden.

Kickstarter Fußbetätigter Hebel zum Durchdrehen des Motors, um ihn zu starten.

Killschalter Not-Aus-Schalter, bei den meisten Motorrädern am rechten Lenkerende. Funktioniert als Kurzschluß- oder Zündunterbrechungs-Schalter. In Deutschland nicht vorgeschrieben.

km Abkürzung für Kilometer.

km/h Abkürzung für Kilometer pro Stunde. Geschwindigkeitseinheit.

Kolbenbolzen (Hohler) Bolzen als Verbindung zwischen Kolben und Pleuelauge. Darf weder im Pleuelauge noch im Kolben Klemmsitz haben. Oberfläche poliert und gehärtet.

Kompression Verringerung des Volumens und Erhöhung des Drucks im Brennraum durch den aufwärtsgehenden Kolben. Kompression wird als Verhältniszahl genannt, z. B. 1:10 = zehn Volumenteile Benzin-Luft-Gemisch werden auf ein Volumenteil zusammengepreßt.

Kontermutter Mutter, die fest gegen eine andere geschraubt wird, um durch die dadurch hervorgerufene Spannung im Gewinde die zweite am Losdrehen zu hindern.

Kronenmutter Mutter mit zinnenartigen Zacken an einem Ende. Zusammen mit einem Querloch im zugehörigen Gewinde kann die Mutter mit einem Splint gegen Aufdrehen gesichert werden.

Kugellager Lager mit Innen- und Außenring, Kugeln als Wälzkörper. Häufigste Ausführung: Radialrillen-Kugellager. Kann fast nur radiale Kräfte aufnehmen.

L

Lager Mechanische Verbindung zwischen zwei sich gegeneinander bewegenden Maschinenteilen.

Läppen Materialabtrag mit äußerst feinem Schmirgelleinen (Läppleinen). Kurz vor dem Polieren.

LCD Liquid crystal display. Flüssigkristall-Anzeige. Bekannt von Armbanduhren, setzt sie sich langsam auch in Kraftfahrzeug-Instrumenten durch.

LED Light emitting diode. Leuchtdiode. Wird als verschleißfreier und stromsparender Ersatz für Kontrollämpchen verwendet.

Lenkkopfwinkel, auch Steuerkopfwinkel, Winkel zwischen der gedachten Verlängerung des Lenkkopfs (nicht der Telegabel!) und der Horizontalen.

Lichtmaschine Stromgenerator im Kraftfahrzeug. Unterschiedliche Bauarten möglich.

M

Manschette Topfförmiger Gummiring, der in Bremszylindern für Dichtigkeit beim Betätigen sorgt.

Masse Bezeichnung des Minuspols am Kraftfahrzeug, der außer bei alten englischen Fahrzeugen am Rahmen (Masse) liegt.

Mehrbereichsöl Öl mit speziellen Legierungen, die die Schmierfähigkeit bei unterscheidlichen Temperaturen gewährleisten. Diese Eigenschaft wird in Viskositätsgrenzen ausgedrückt, z. B. SAE 20W 50. D. h., daß das Öl bei niedrigen Temperaturen die Viskosität von 20, bei hohen von 50 besitzt.

Mikrometerschraube Meßgerät für Längen, das durch feine Einteilung bis tausendstel Millimeter anzeigt. Verwendet zum Messen von Durchmessern, z. B. Kolben, Kolbenbolzen, Ventilschäfte u. a.

Multimeter Elektrisches Meßinstrument, das Spannung, Widerstand, oft auch Stromstärke und Kapazität messen kann.

N

Nachlauf Strecke vom Aufstandspunkt des Vorderrads zur Kreuzung der Verlängerung des Lenkkopfs mit dem Boden (siehe Abbildung). Der Nachlauf bestimmt wesentlich die Handlichkeit (geringer N.) bzw. die Spurstabilität (großer N.).

Nadellager Lager mit nadelähnlichen Wälzkörpern. Kann hohe, aber nur radiale Kräfte aufnehmen. Verwendung als Pleuellager.

Nasse Zylinderlaufbuchsen Bauform eines wassergekühlten Motors, bei dem die Zylinderlaufbuchsen nicht in den Block eingeschrumpft sind, sondern direkt vom Kühlmittel umspült werden.

Nm Newtonmeter. Maßeinheit für Drehmoment (Kraft mal Weg).

Nylstop-Mutter Mutter mit einem Nylonring in einem Ende. Der Ring wird mit auf das Gewinde geschraubt und sichert die Mutter. Solche selbstsichernden Muttern sind höchstens zweimal zu verwenden.

O

O-Ring-Kette Antriebskette, bei der die Rollen gegen die Laschen mit O-Ringen (Gummi-Dichtringen) abgedichtet sind.

ohc (overhead camshaft). Obenliegende Nockenwelle. Bauform der Ventilsteuerung.

Ohm Einheit für elektrischen Widerstand.

Ohmmeter Widerstandsmeßgerät.

ohv (overhead valve). Obenliegende Ventile. Bauform der Gassteuerung beim Viertaktmotor.

Oktanzahl Maß für den Widerstand eines Kraftstoffs gegen Selbstentzündung.

OT Oberer Totpunkt. Höchster Punkt der Kolbenbahn im Zylinder.

P

Pferdestärken (PS) Veraltete Einheit für Leistung. Heute ersetzt durch Watt (W). 1 PS = 0,36 kW.
Plastigauge Dünner Plastikstreifen zum Messen von Gleitlagerspiel.
Pleuel (auch: Pleuelstange) Verbindungsstange zwischen Kolben und Kurbelwelle.
Pleuelauge Obere Bohrung im Pleuel, in der der Kolbenbolzen sitzt.
Pleuelfuß Untere Bohrung im Pleuel, in der der Hubzapfen der Kurbelwelle sitzt.
Primärantrieb Antrieb der Kurbelwelle zum Getriebe.
Primärspannung Spannung im Primärstromkreis des Zündsystems. Bei Batteriezündungen 12 Volt, bei Hochspannungskondensatorzündungen (CDI) etwa 400 Volt bei relativ hoher Stromstärke. CDI-Primärspannung daher gefährlich.
PTFE Polytetrafluorethylen. Markenname: Teflon (Firma Dupont). Extrem gleitfähiger und reaktionsarmer Kunststoff. Kann nur in sehr aufwendigen Verfahren mit Metall verbunden werden.

R

radial Senkrecht zu einer Achse wirkend.
Radialreifen Reifen, bei dem die Karkassenfäden in Laufrichtung liegen.
Radstand Abstand zwischen den Senkrechten durch die Radachsen.
Regler Mechanisches oder elektronisches Bauteil im Kraftfahrzeug, das die von der Lichtmaschine gelieferte Spannung im Netz konstant hält, die Lichtmaschine vor Überlastung schützt und den Ladezustand der Batterie regelt.
Relais (Sprich: Relee.) Elektromagnetischer, fernsteuerbarer Schalter. Wird zur Schaltung von hohen Strömen eingesetzt.
Ruckdämpfer Gummiteile in der Hinterradnabe, die den Ruck plötzlicher Lastwechsel zwischen Kettenrad und Nabe dämpfen (siehe Abbildung). Manchmal werden auch rein metallische Ruckdämpfer konstruiert, z. B. in der Kupplung oder am Getriebeausgang (Knagge).

Gummi-Ruckdämpfer in der Hinterradnabe

S

SAE Society of automotive engineers. Standard für Flüssigkeits-Viskosität.
Schaltgabeln Gabelförmige Metallteile, die beim Schalten die Zahnräder auf den Getriebewellen hin und her schieben.
Schaltklauen Radiale Verbindungszapfen zwischen Getriebezahnrädern. Die Zapfenflanken sind schräg gefräst (hinterschnitten), damit sich der Eingriff unter Last nicht lösen kann.
Schieblehre Meßgerät für Längen, das durch feine Einteilung bis hunderstel Millimeter anzeigt.
Schraubenfeder Spiralförmig gewickelte Feder in Zylinderform. Verwendung als Gabel- und Ventilfeder.
Seegerring Radial federnder Ring, der zur Sicherung eines Bauteils in eine Nut gesetzt wird.
Shim Stahlplättchen spezifischer Stärke, das bei direkt auf die Ventile wirkender Nockenwelle (oft bei dohc-Motoren) als Scheibe dazwischengelegt wird und das Ventilspiel bestimmt.
Sicherung Feiner Draht (Schmelzsicherung) oder Automat, der bei zu hohem Strom in einem Stromkreis (z. B. durch Kurzschluß) den Stromkreis unterbricht.
Simmerring Siehe Dichtring.
Spiel Strecke, mit der sich zwei Bauteile voneinander wegbewegen können, ohne auf Widerstand zu stoßen.
Standrohr Teil der Telegabel, der verchromt und poliert ist und in das Tauchrohr eintaucht.
Steuerkette Antriebsmöglichkeit der Nockenwelle. Billig, aber relativ verschleißanfällig.
Steuerkettenspanner Mechanische Spannvorrichtung, die die Längenausdehnung der Steuerkette ausgleicht.
Stirnräder Antriebsmöglichkeit der Nockenwelle: Zahnradkaskade zwischen Kurbel- und Nockenwelle. Teuer, aber genau und verschleißarm.
sv (side valve). Seitliche Ventile. Bauform der Gassteuerung beim Viertaktmotor (sehr alt).

T

Tauchrohr Teil der Telegabel, in den das Standrohr eintaucht.
Teflon Siehe PTFE.
Telegabel Häufigste Bauart der Vorderradführung und -federung, die aus Stand- und Tauchrohren besteht.
Tellerrad Siehe Kegelrad.
Thyristor Halbleiterbauteil mit hoher elektrischer Belastbarkeit. Verwendung als elektronischer, verschleißfreier Schalter.
Torx Speziell geformtes, sechskantiges Schraubenkopfprofil.
Transistor Halbleiterbauteil, in Zündboxen, Reglern und elektronischen Blinkrelais verbaut.
TWI Tyre waer indicator. Reifenverschleißmarke.

U

U/min Alte Abkürzung für »Umdrehungen pro Minute«, Drehzahl. Heute: 1/min oder min^{-1}
Unterdruckuhren Meßinstrumente, mit denen der Unterdruck in den Ansaugstutzen zwischen Vergaser und Zylinderkopf gemessen werden kann. Erforderlich zum Synchronisieren von Vergasern bei Mehrzylindermotoren.
Unwucht Unterschiedliche Masseverteilung auf dem Umfang eines rotierenden Teils (Rad, Kurbelwelle u. a.). Kann durch Gegengewichte ausgeglichen werden.
Upside-down-Gabel »Umgedrehte« Telegabel, bei der die Standrohre unten und die Tauchrohre oben sind. Modeerscheinung, von der die Hersteller wieder abkommen.
UT Unterer Totpunkt. Unterster Punkt der Kolbenbahn im Zylinder.

V

Ventillehre Siehe auch: Fühlerlehre.
Viskosität Fließfähigkeit von Schmierstoffen. Die Viskosität von SAE 5 ist sehr hoch (dünnflüssiges Öl), SAE 90 ist sehr dickflüssig.
Volt Einheit für elektrische Spannung.

W

Watt Einheit für Leistung (W).
Wechselstrom Ständig und regelmäßig die Polung ändernder Stromfluß.
Welle Runder, sich drehender Stab im Maschinenbau.
Widerstand Elektrische Größe, gemessen in Ohm.
Winkel-Anzugsmoment Drehmoment, ausgedrückt in Winkelgraden.
Winkelgradscheibe Meßscheibe mit einem Winkelkreis von 360°, mit der sich, auf ein Kurbelwellenende montiert, die Kolbenstellung in Winkelgraden der Kurbelwelle angeben läßt.

Z

Zahnriemen Flacher Antriebsriemen, dessen Innenseite gezahnt ist und damit in entsprechende Zahnräder eingreifen kann. Verwendung als Nockenwellenantrieb und (seltener) als Hinterradantrieb.
Zündreihenfolge Die Reihenfolge, in der Mehrzylindermotoren ihre einzelnen Zylinder zünden. Wird ab Zylinder Nummer eins gezählt.
Zündzeitpunkt Punkt in der Kolbenbahn kurz vor Ende des Verdichtungstakts, bei dem der Zündfunke das Gemisch entzündet. Wird in »Millimeter vor OT« oder in Winkelgraden der Kurbelwelle gemessen.

Zündkerzen-Vergleichstabelle

Zündkerzen-Wärmewerte

Bosch			
alt	neu	alt	neu
50	12	170	7
60	12 – 11	180	7
70	11	190	6
80	10 – 11	200	6
90	10	210	6
100	9 – 10	220	5
110	9	230	5
120	9	240	4
130	8	250	4
140	8	260	3
150	8	270	3
160	7	280	3

Zündkerzen-Vergleichstabelle

Gewinde	Bosch alt	Bosch neu	Beru alt	Beru neu	Champion	NGK
18 x 1,5	M45T1	M12B	45/18	18-128		AB-2
18x1,5	M95T1	M10A	95/18	18-10A	D16 v D16Y	A-6
18x1,5	M145T1	M8A	145/18	18-8A	D14 v D15Y	A-6
18x1,5	M175T1	M7A	175/18	18-7A	K9 v D10	A-6
18x1,5	M225T1	M5A	225/18	18-5A	UK10	A-7
18x1,5	M240T1	M4AC	240/18	18-4A2	K9 v D9	A-7
18x1,5	M260T1	M4AC	260/18	18-4A1	K7 v K8G	A7
14x1,25	W95T1	W10A	95/14	14-10A		B-4H
14x1,25	W145T1	W8A	145/14	14-8A	H88	B5HS
14x1,25	W145T2	W8C	145/14/3	14-8C	N5 v N6	B5ES
14x1,25	W145T30	W8D	175/14/3	14-8D	N5	BP5ES
14x1,25	W145T35	W8B	145/14A	14-8B	L92Y v L95Y	BP5HS
14x1,25	W175T1	W7A	175/14	14-7A	L85 v H88	B6HS
14x1,25	W175T2	W7C	175/14/3	14-7C	N88	B6ES
14x1,25	W175T30	W7D	175/14/3	14-7D	N9Y	BP6ES
14x1,25	W175T35	W7B	175/14A	14-7B	L87Y	BP6HS
14x1,25	W175T7		D175/14	14-7B	L87Y	BP6HS
14x1,25	W190M11S	W6AS	190/14Z	14Z-6A2		B6HV
14x1,25	W200T27		D200/14/3	14-5D	N6Y	BP7ES
14x1,25	W200T30	W6DC	200/14/3A	14-7D	N9Y	BP6ES
14x1,25	W200T35	W6B	200/14A	14-6B		BP6HS
14x1,25	W215T28		D215/14/3		L6Y	BP6ES
14x1,25	W225T1	W5A	225/14	14-7A	L85 v H88	B7HS
14x1,25	W225T2	W5C	225/14/3	14-7C	N4	B7ES
14x1,25	W225T30	W5D	225/14/3A	14-5D	N6Y	BP7ES
14x1,25	W225T35	W5B	225/14/A	14-5B	UL82Y	BP7HS
14x1,25	W225T7		D225/14	14-7B	L87Y	BP6HS
14x1,25	W230T30	W5D1	230/14/3A	14-5D1	N6Y	BP7ES
14x1,25	W240T1	W4A2	240/14	14-5A	L81	B7HS
14x1,25	W240T2	W4C2	240/14/3	14-4CS1	N3	B7ES
14x1,25	W240T28		D240/14/3	14-5D	N6Y	BP7ES
14x1,25	W260T1	W3AC	260/14	14-4A1	L4G	B8HS
14x1,25	W260T2	W3CC	260/14/3	14-4CS1	N3	B8ES
14x1,25	W260T28		D260/14/3	14-4CS1	N3	B8EV

Zündkerzen-Gesichter

(siehe Kapitel 1 Zündkerzen-Wartung)

Kontrollieren Sie regelmäßig die Zündkerzen. Bei Motorproblemen können Kerzengesichter Aufschluss über die Ursache geben. Nach Sichtung einer überhitzten Zündkerze kann man Schritte unternehmen, die teure Motorschäden verhindern. Wechseln Sie auch scheinbar funktionierende Zündkerzen regelmäßig aus – Sie werden merken, dass der Motor besser anspringt, gleichmäßiger läuft und weniger Benzin verbraucht.

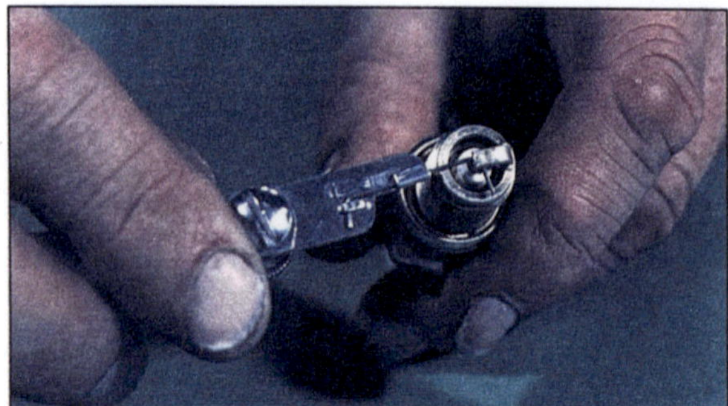

Kontrolle des Elektroden-Abstands – Benutzen Sie besser eine Drahtlehre als eine Fühlerlehre.

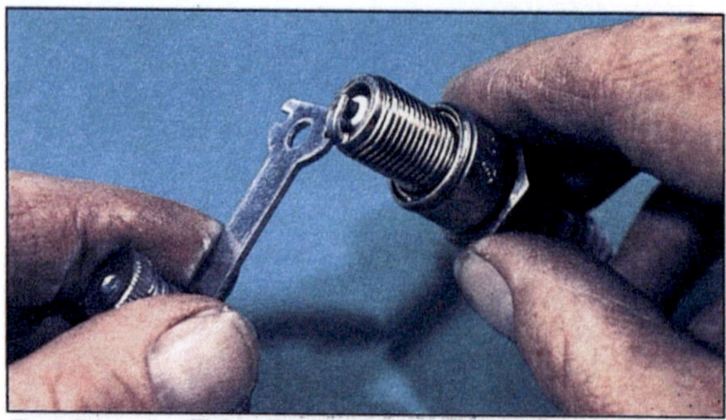

Einstellung des Elektroden-Abstands – Biegen Sie vorsichtig die Masse-Elektrode mit einem geeigneten Werkzeug nach.

Normaler Zustand – Eine hellbraune oder graue Färbung zeigt, daß der Motor in einem guten Zustand und die Zündkerze vom richtigen Typ ist. An den Elektroden ist kein Verschleiß festzustellen.

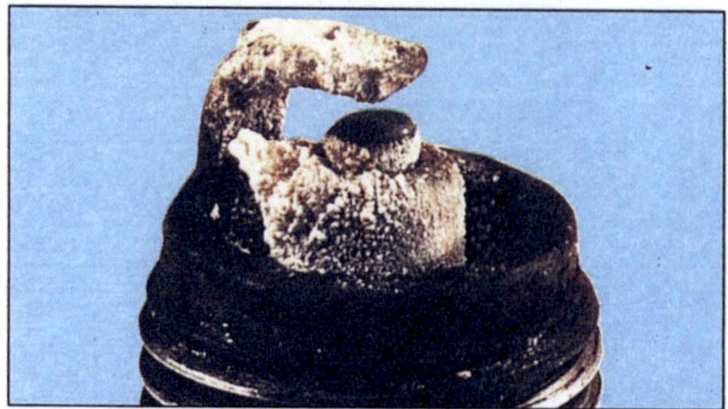

Asche-Ablagerungen – Hellbraune Ablagerungen an den Elektroden bewirken Fehlzündungen oder Zündaussetzer. Gründe: Eindringen und Verbrennen von Öl und schlechtes Benzin.

Kohleablagerungen – Schwarze, trockene und rußige Ablagerungen sorgen für Fehlzündungen und schwache Zündfunken. Gründe: falscher Wärmewert der Kerze, fettes Benzin/Luft-Gemisch, ein fehlerhaft arbeitender Choke oder ein stark verschmutzter Luftfilter.

Verölte Kerze – Nasse schwarze klebrige Ablagerungen führen zu Fehlzündung und einem schwachen Funken. Gründe: Undichte Kolbenringe oder Ventilführungen (bei Viertaktern) sowie zu fettes Öl/Benzin-Gemisch bei Zweitaktern.

Überhitzung – Weiß gefleckter Isolator und verglaste Elektroden. Gründe: Falscher Wärmewert der Kerze, falsch arbeitende Zündung, minderwertiges Benzin, Kühlprobleme des Motors.

Verschlissene Kerze – Abgebrannte und abgerundete Elektroden, Verschmutzung oder abgeplatzte Isolatoren sorgen für schlechtes Startverhalten, besonders bei schlechtem Wetter, sowie erhöhten Benzinverbrauch.